云南轿子山
国家级自然保护区

彭 华 刘恩德 主编

中国林業出版社

图书在版编目(CIP)数据

云南轿子山国家级自然保护区/彭华，刘恩德主编．－北京：中国林业出版社，2015.11

ISBN 978-7-5038-8142-8

Ⅰ.①云… Ⅱ.①彭… ②刘… Ⅲ.①自然保护区－概况－昆明市 Ⅳ.①S759.992.741

中国版本图书馆 CIP 数据核字(2015)第 214655 号

出版：中国林业出版社（100009 北京西城区德内大街刘海胡同 7 号）

E-mail：forestbook@163.com 电话 010－83143515

网址：http：//lycb.forestry.gov.cn

发行：中国林业出版社

印刷：北京中科印刷有限公司

版次：2015 年 11 月第 1 版

印次：2015 年 11 月第 1 次

开本：787mm×1092mm 1/16

印张：28.25 彩插 48 面

字数：780 千字

印数：1～3800 册

定价：98.00 元

《云南轿子山国家级自然保护区》
编　写　组

主　　编　彭　华　刘恩德

副 主 编　王　平　杜　凡　蒋学龙

参编人员（按拼音排序）

陈　丽　陈　鹏　陈　勇　陈　晓　董　锋　董朝辉
董洪进　杜　凡　杜小浪　甘云浩　蒋学龙　李朝阳
李玉辉　李泽军　刘恩德　刘红楠　刘鲁明　刘志学
罗　华　彭　华　饶定齐　宋绍明　任宾宾　苏　骅
王　凯　王　平　王应祥　王泽欢　向春雷　向建英
徐　强　杨　帆　杨　勇　杨国荣　杨晓君　姚　莹
尹志坚　曾　辉　张　静　张　辉　张美珠

审　　稿　王　平　王应祥　朱　华

制　　图　黎国强　刘智军　朱仕荣

摄　　影　杜　凡　蒋学龙　刘恩德　饶定齐　王　平　向春雷
杨晓君　尹志坚　郁文彬

封面摄影　周雪松

前　言

云南轿子山自然保护区位于云南省昆明市禄劝彝族苗族自治县和东川区境内，由轿子山和普渡河两个片区组成，保护区总面积16456.0hm²。其中轿子山片为1994年成立的云南轿子山省级自然保护区，地理坐标位于26°00′25″～26°11′53″N、102°48′21″～102°58′43″E之间，面积为16193.0hm²；普渡河片为1984年成立的云南普渡河攀枝花苏铁省级自然保护区，地理坐标位于25°56′30″～25°57′59″N、102°42′43″～102°44′10″E之间，面积为263.0hm²。保护区以重点保护攀枝花苏铁、须弥红豆杉、林麝等为代表的珍稀濒危野生动植物资源及其栖息环境，我国面积最大的高山柏林和分布海拔最低的高山松林，以及典型古冰川遗迹等，属于自然生态系统类森林生态系统类型的自然保护区。

轿子山保护区地处滇东高原北部金沙江及其一级支流普渡河和小江之间的大凉山南延东部支脉拱王山中上部。保护区主体是轿子山，为滇中名山，其主峰雪岭海拔4344.1m，属于地垒式断块隆升侵蚀高山，是我国青藏高原以东地区海拔最高的山地，也是北半球该纬度带上最高的山地之一，山势险峻，地形崎岖。保护区地貌格局受构造控制明显，地貌类型及其空间结构复杂多样。中生代以来地质、地貌的演化深刻地影响了该区域的现代自然地理特征。受亚热带纬度、高原与高山峡谷地形和季风环流的综合影响，保护区低纬高原季风气候、山地气候和干热河谷气候十分显著。从保护区最低海拔1200m的普渡河河谷上升到海拔4344.1m的最高峰雪岭，相对高差3144.1m，使得保护区发育了滇东高原最为完整的气候、土壤、植被和自然带的垂直带谱和最丰富的植被类型，是滇东高原植被的典型缩影，也是滇中地区原生植被保存最为完好的区域。其中有我国面积最大的高山柏林、我国分布纬度最低和海拔最低的高山松林和我国分布经度最东、海拔最低的长苞冷杉林。另外，寒温山地硬叶常绿栎林乔木层主要由黄背栎构成，形成大面积的黄背栎林，面积连片，而且保存完好，不但在滇中地区罕见，在云南乃至西南地区也是十分少见的。保护区现记录到野生维管植物157科563属1613种，野生脊椎动物293种，其物种多样性较为丰富。轿子山自然保护区多样、完整和保存完好的植被系统，是我国重要的植被资源，是研究滇中地区植被形成、演变和联系规律的重要地区。其生态系统的组成成分与结构极为复杂、类型多样，物种相对丰富度高，珍稀濒危和特有物种所占比重大，具有重要的研究价值和保护价值。另外，保护区地处金沙江流域，属典型的高山峡谷地区，具有水源涵养、土壤保持和协调区域生态环境等重要生态功能，保护好该地区的生态平衡对维护长江中下游的生态安全和金沙江、长江水电开发均具有极为重要的意义。同时，鉴于保护区的区位优势和资源优势，在开展在资源利用、旅游、教育等多方面亦具有重大意义。

保护区自成立以来，全面开展了自然保护区的建设和管理工作。经过努力，保护区的自然资源和环境得到了有效保护，特别是在开展攀枝花苏铁这一极小种群的就地保护方面取得了明显的成效。自然保护区管理部门多次联合相关科研院所开展了一系列科学考察和研究活动，为保护区管理提供科学依据，并积累了丰富的管理经验。近年来，当地各级政府在经济建设过程中对保护区周边社区给予了大力扶持，积极协调保护与发展的矛盾，为保护区的长远建设和发展创造了良好的条件。

为更有效地保护该地区的原始自然生态系统和生物多样性，为珍稀濒危野生动植物的生存和繁衍提供更广阔的空间，并进一步加强自然保护区管理和建设，昆明市人民政府决定报请云南省人民政府将轿子山自然保护区申报为国家级自然保护区。受昆明市林业局的委托，中国科学院昆明植物研究所牵头承担了本次申报工作的综合科学考察任务。本次综合科学考察主要于 2008 年 6 ~ 11 月进行（自然地理、植被、植物区系等专题于 2009 年又进行了数次补充调查）。根据自然保护区综合科学考察的要求和轿子山保护区自然环境和自然资源的特点，主要设了自然地理、植被、植物、兽类、鸟类、两栖爬行类、社会经济、保护管理和摄像等 9 个专题。本次考察是该保护区迄今为止关于自然资源和环境最为全面的一次综合考察，基本摸清了保护区生物资源本底和一些重要物种的分布和数量。本报告系根据上述考察结果并收集以往标本和资料作系统整理编写而成。

本次综合科学考察得到了云南省林业厅、昆明市人民政府、禄劝彝族苗族自治县人民政府、东川区人民政府、昆明市林业局、禄劝彝族苗族自治县林业局和东川区林业局等单位的大力支持，还得到了中国科学院昆明动物研究所、云南师范大学、西南林业大学等单位众多专家的帮助，使得野外考察工作和成果报告得以顺利完成，在此一并表示感谢。由于时间紧，水平有限，本次考察和本报告集难免有不足之处，敬请各位同仁和专家批评指正。

《云南轿子山国家级自然保护区》编写组

2010 年 7 月 1 日

目　录

轿子山国家级自然保护区概览

云南轿子山

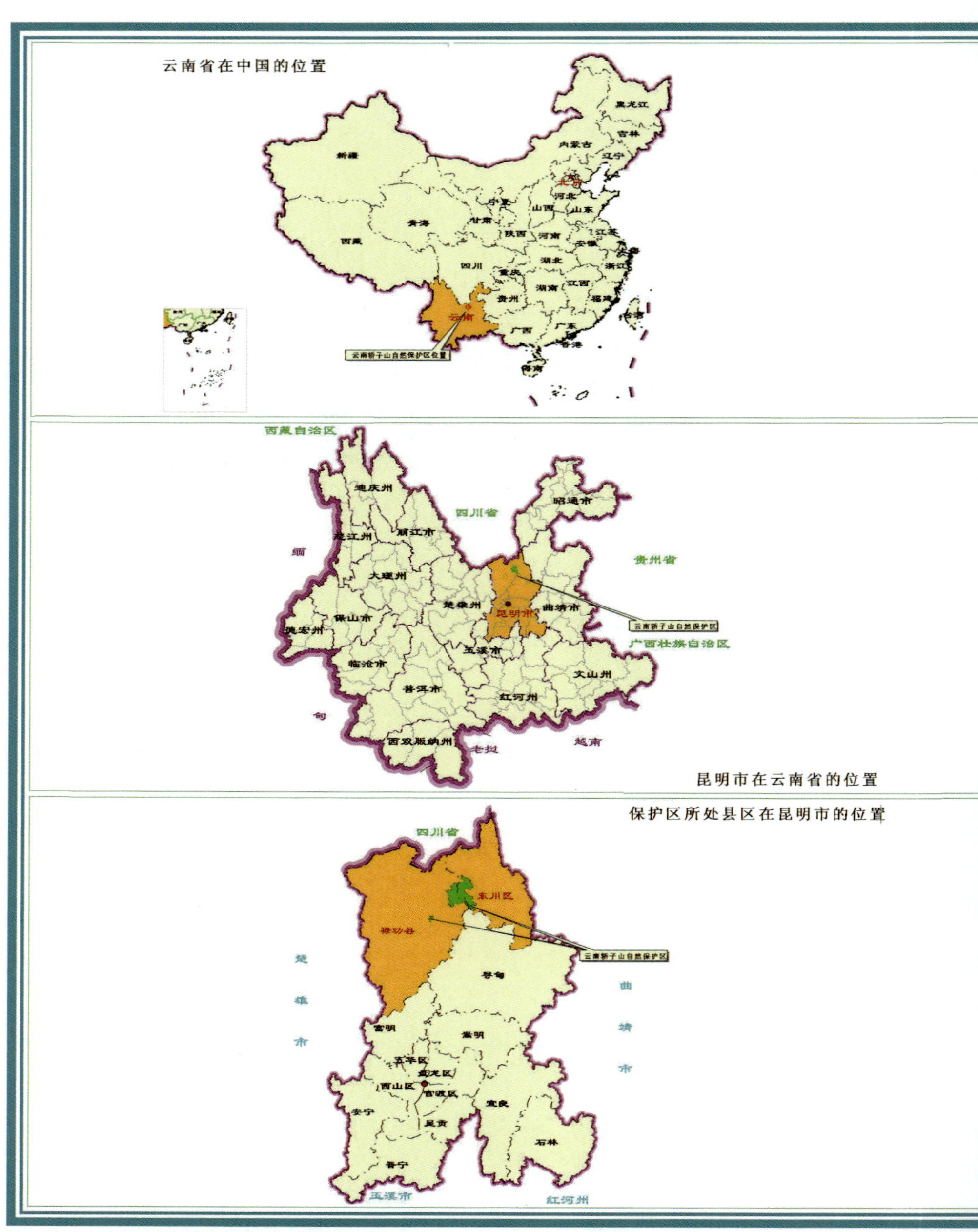

国家林业局昆明勘察设计院

自然保护区位置图

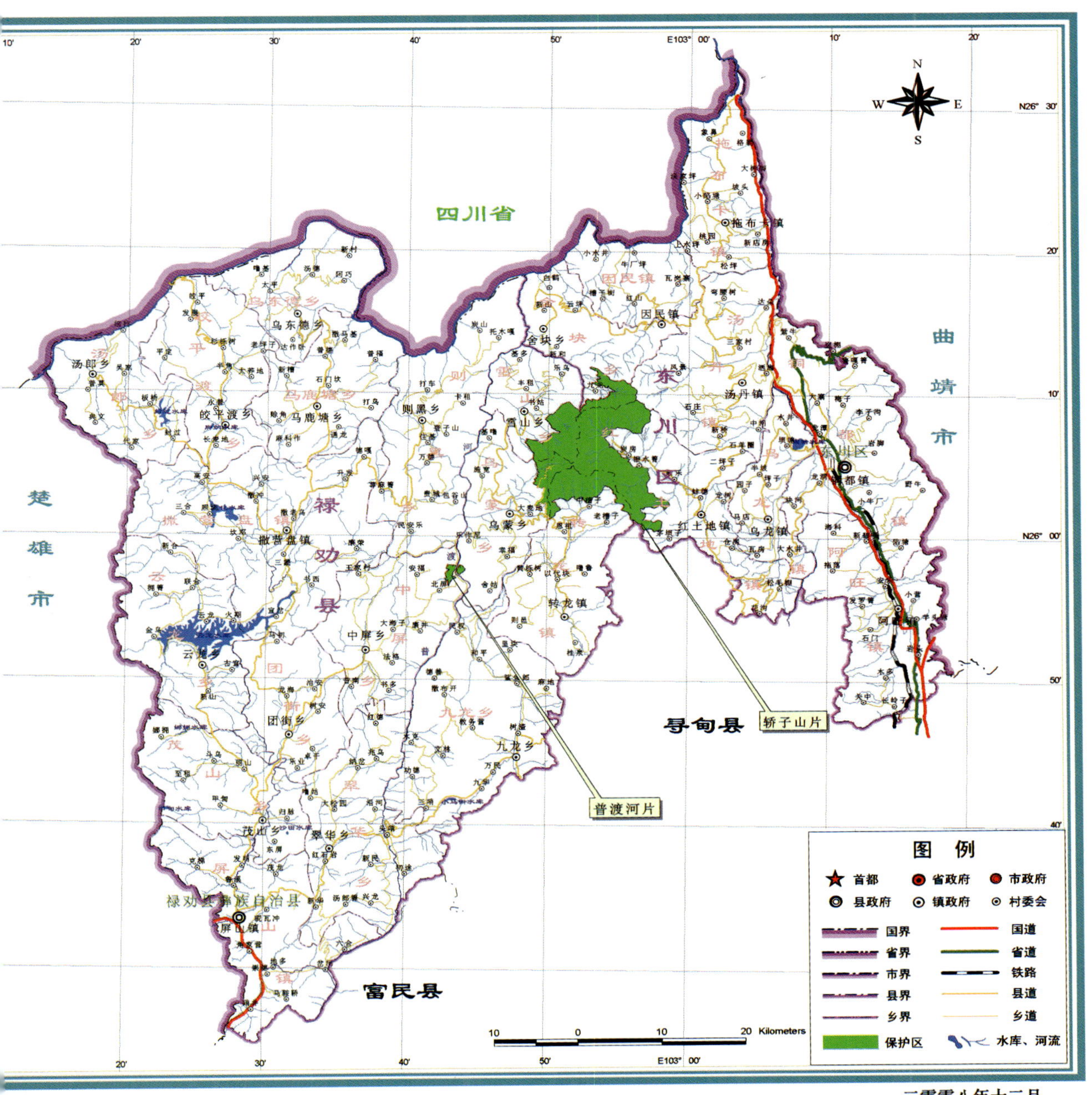

二零零八年十二月

云南轿子山自然保护区地质图

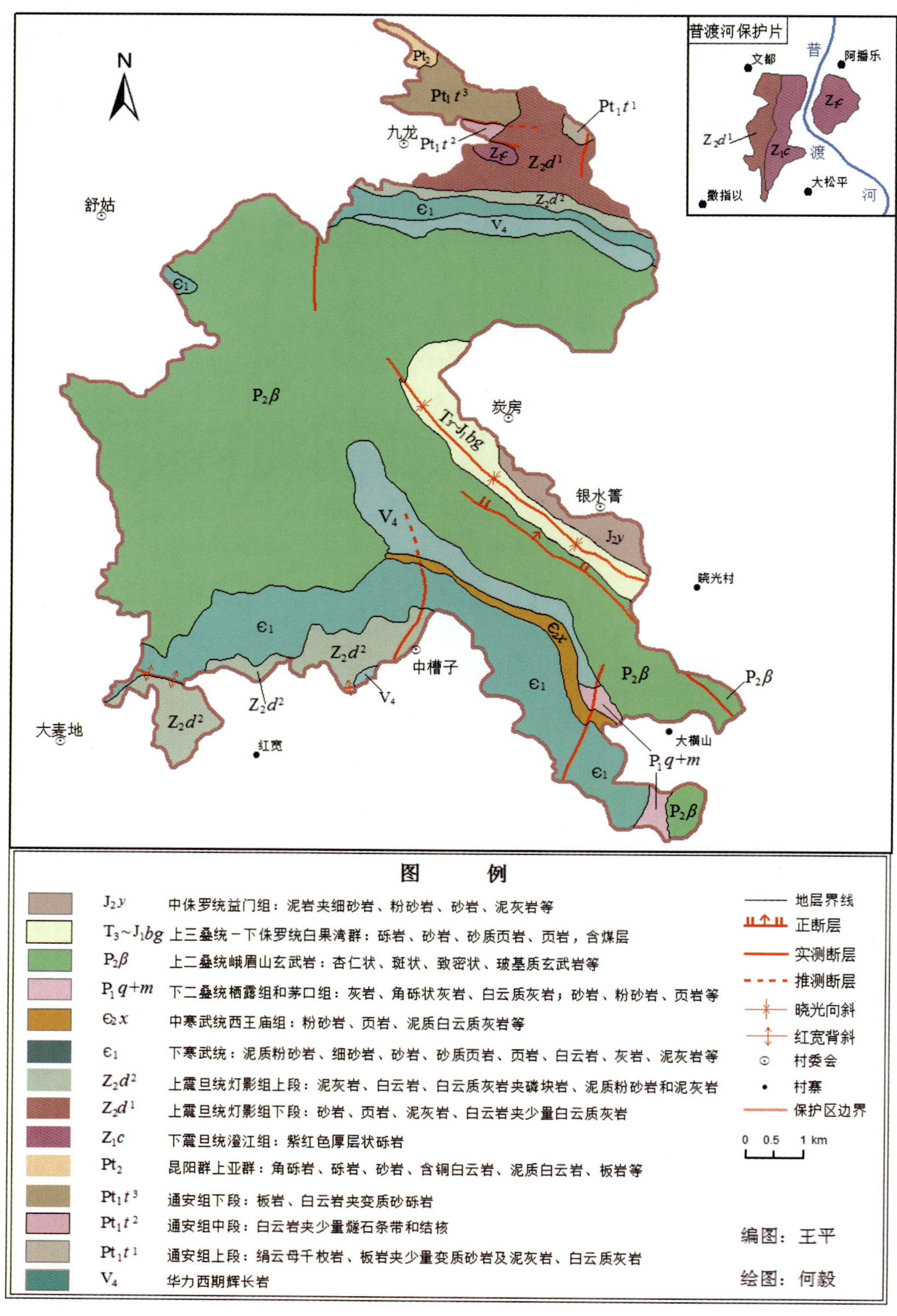

云南轿子山自然保护区水系图

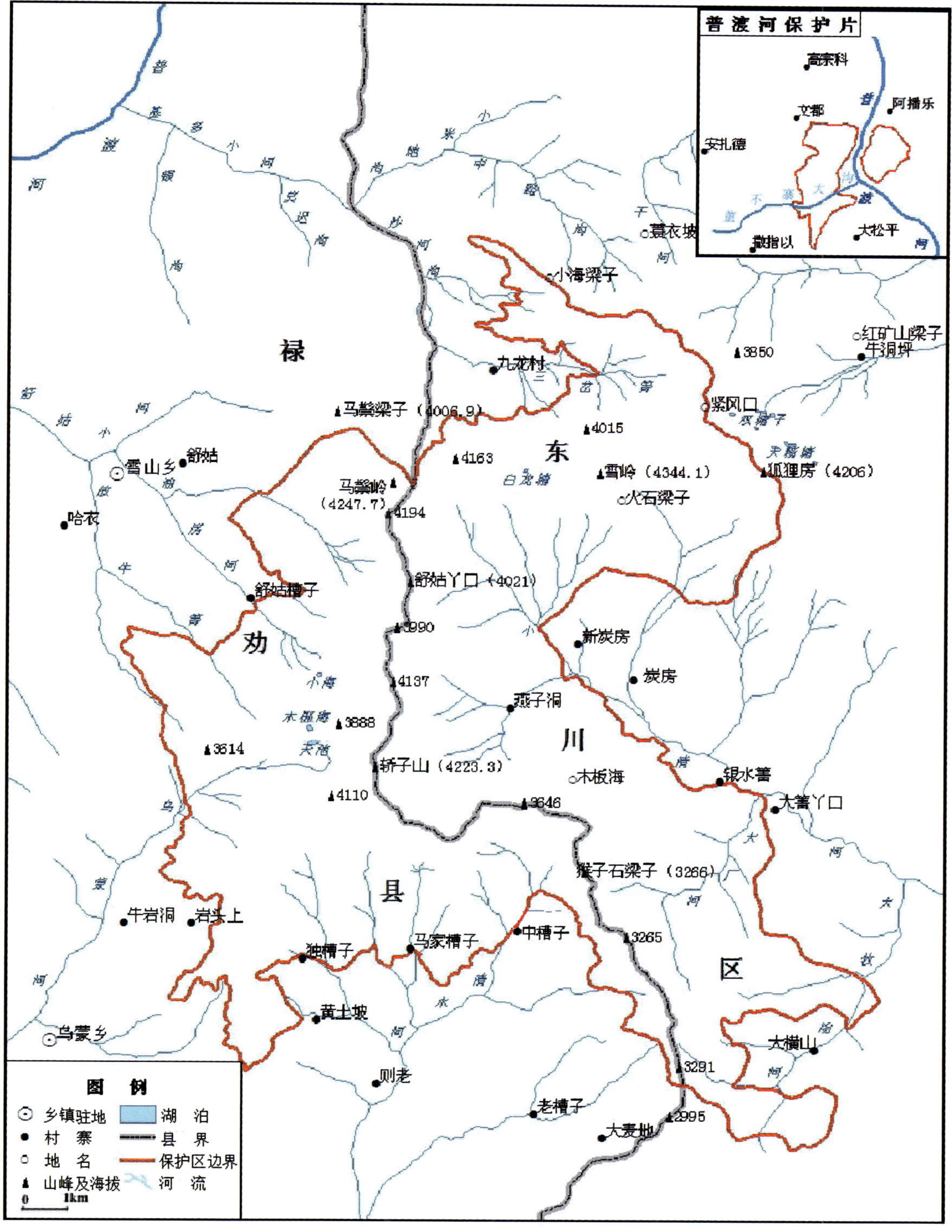

云南轿子山自然保护区土壤分布图

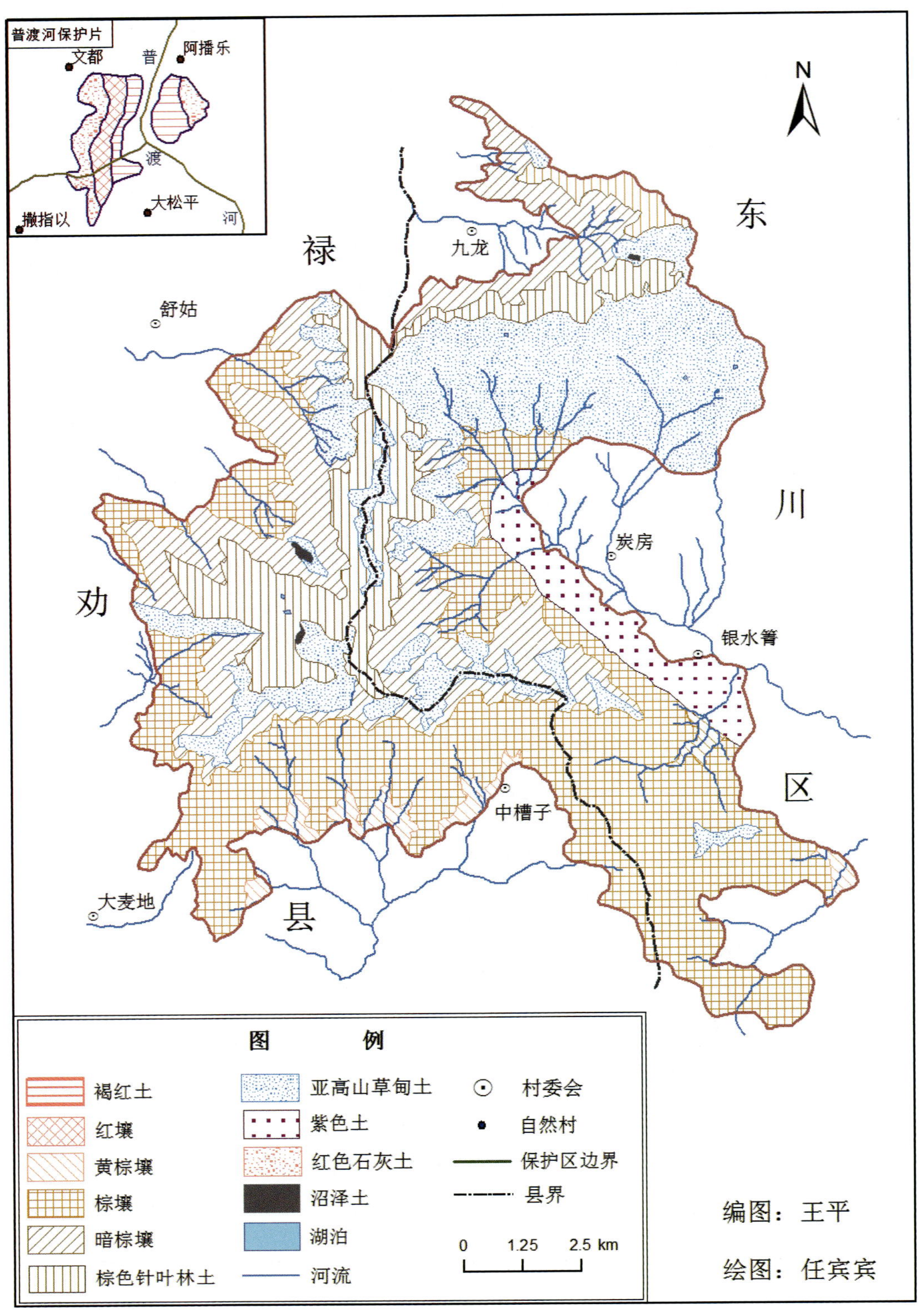

云南轿子山自然保护区植被图

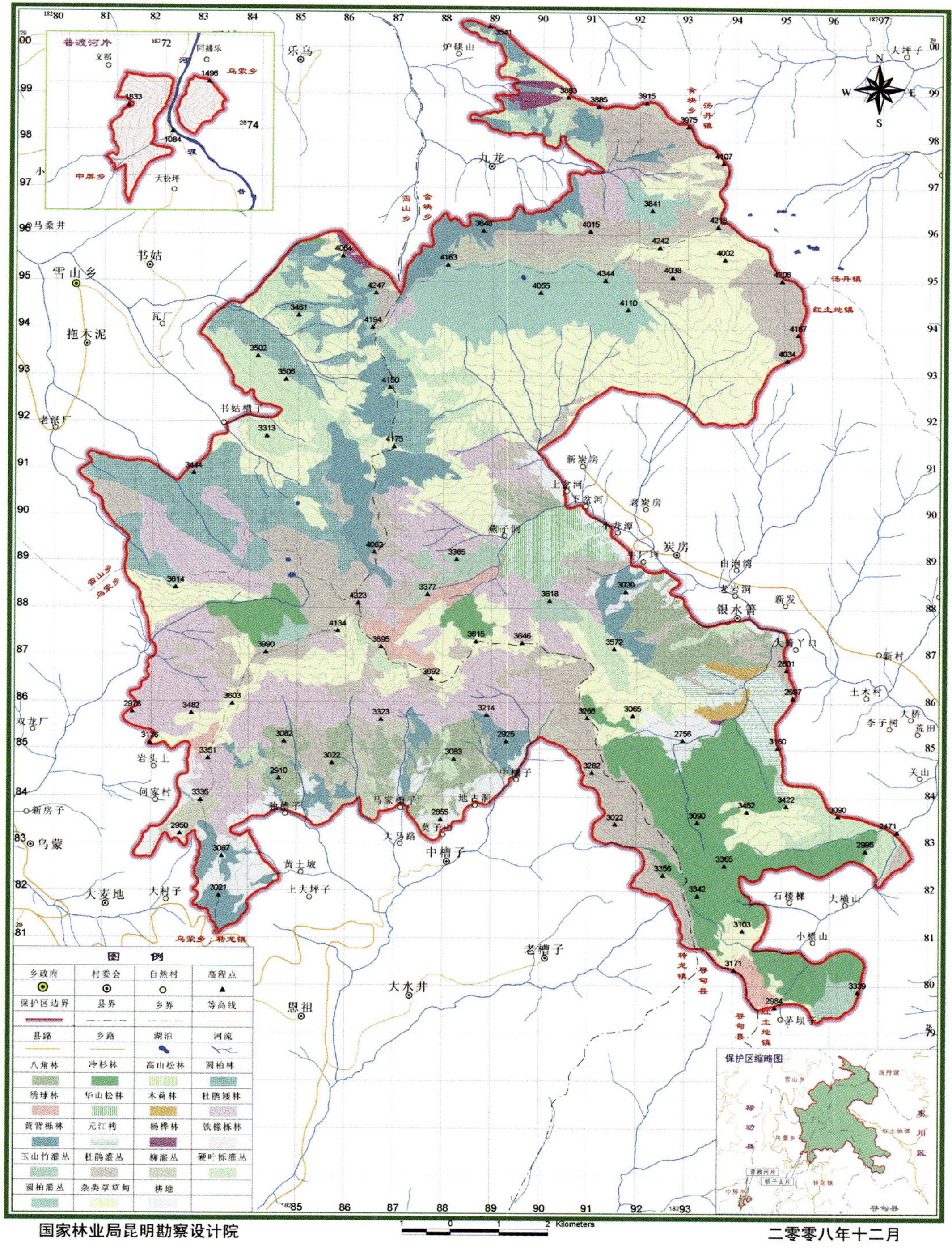

国家林业局昆明勘察设计院

二零零八年十二月

云南轿子山自然保护区主要保护植物分布图

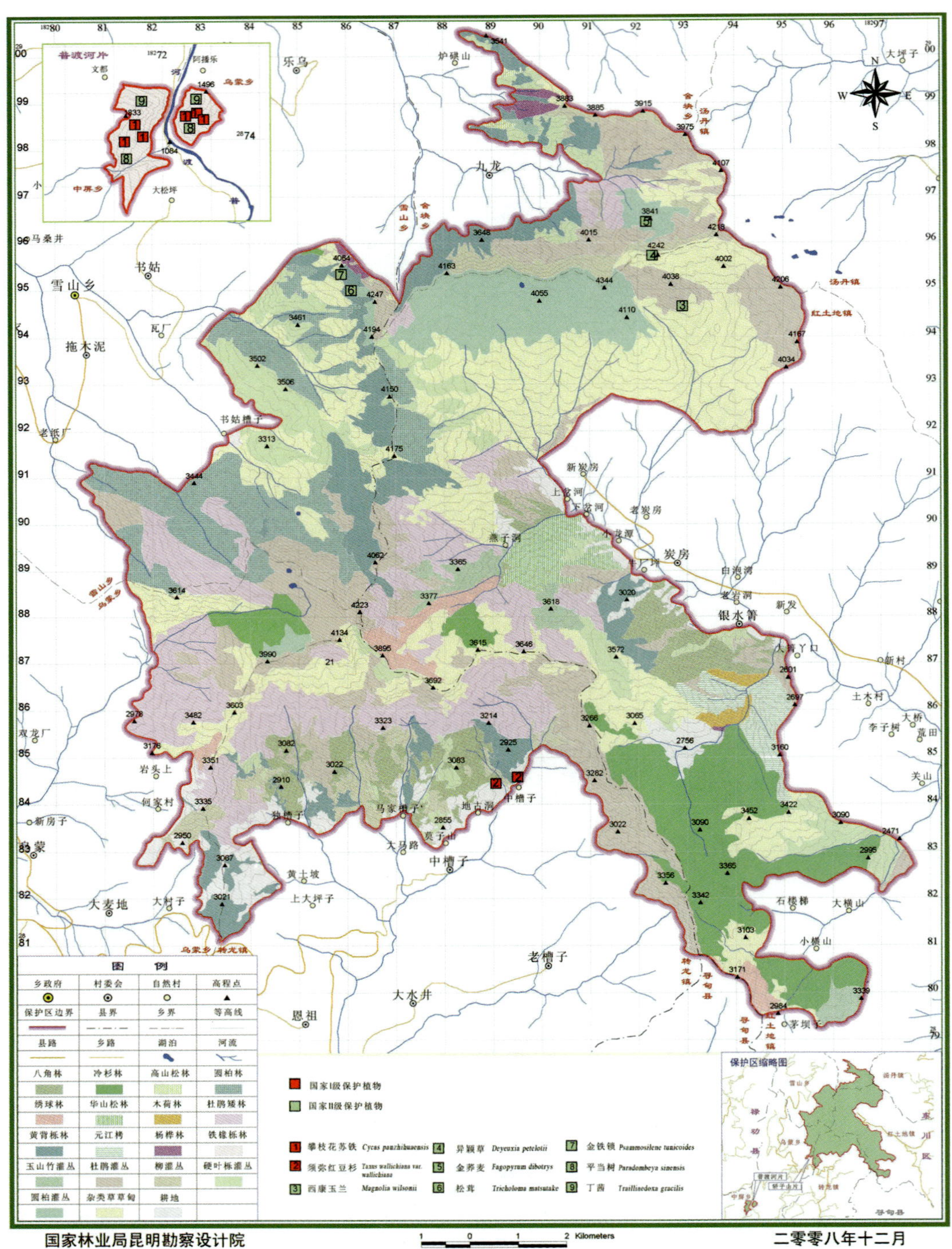

国家林业局昆明勘察设计院　　二零零八年十二月

云南轿子山自然保护区主要保护动物分布图

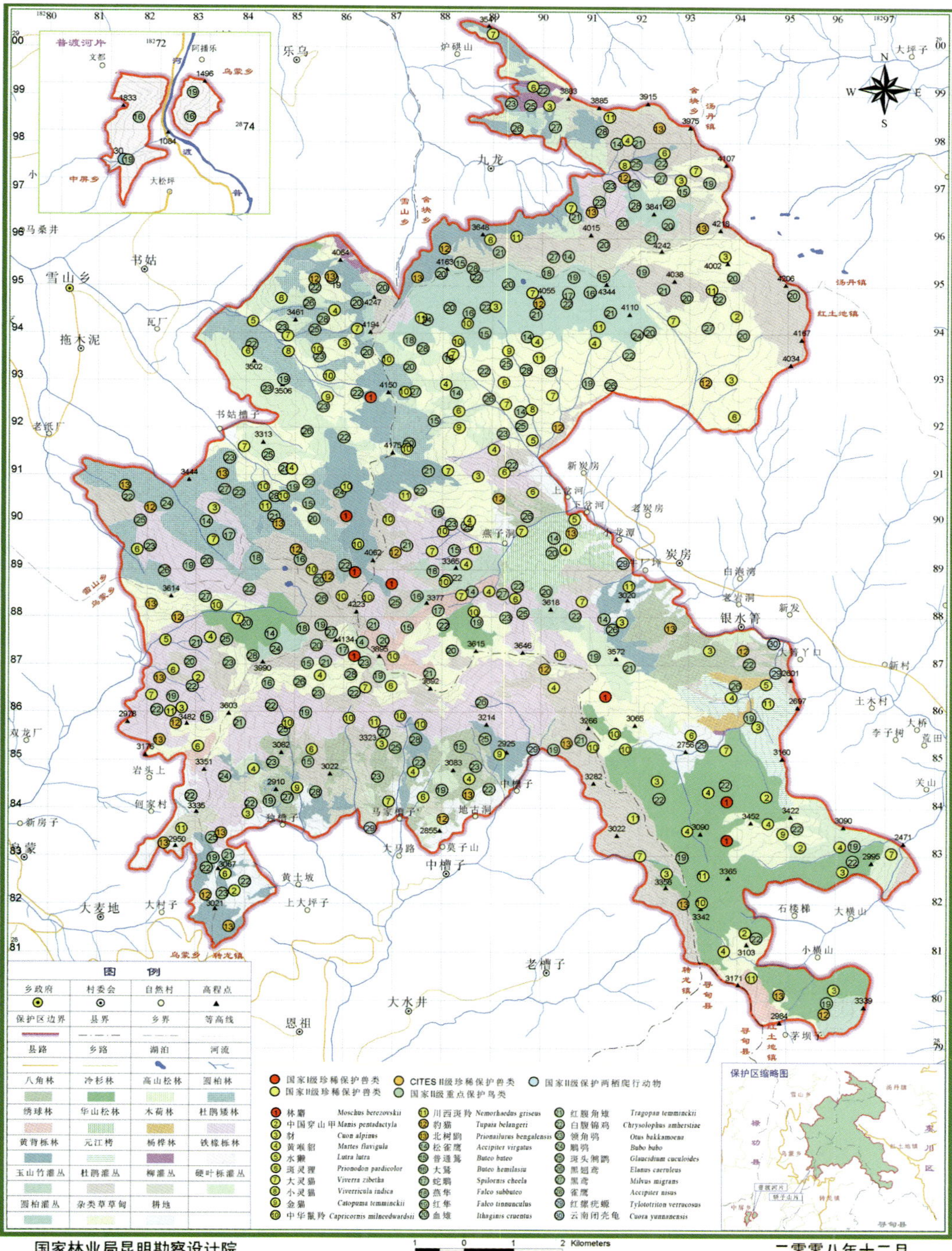

古夷平面——轿子山山顶

玄武岩柱状节理

石蘑菇

构造侵蚀谷

普渡河 V 形峡谷

高山湿地

高山松林

长苞冷杉林

草血竭——嵩草草甸

红棕杜鹃灌丛

锈红毛杜鹃灌丛

铁橡栎林

高山柏林

元江栲林

丁茜 *Trailliaedoxa gracilis*

须弥红豆杉 *Taxus wallichiana*

攀枝花苏铁 *Cycas panzhihuaensis*

金铁锁 *Psammosilene tunicoides*

林麝 *Moschus berezovski*

中华鬣羚 *Capricornis milneedwardsii*

普通鵟 *Buteo buteo*

白腹锦鸡 *Chrysolophus amherstiae*

川西斑羚 *Nemorhaedus griseus*

中国穿山甲 *Manis pentadactyla*

领角鸮 *Otus bakkamoena*

白鹇 *Lophura nycthemera*

四川湍蛙 *Amolops mantzorum*

沙坪角蟾 *Megophrys shapingensis*

云南闭壳龟 *Cuora yunnanensis*

红瘰疣螈 *Tylototriton verrucosus*

菜花烙铁头 *Protobothrops jerdonii*

职工宿舍

森林消防车

巡护管理

科学考察

四方井管理站

第 1 章　自然地理环境[①]

云南轿子山自然保护区位于昆明市北部禄劝彝族苗族自治县(以下简称禄劝县)境内以及禄劝县与东川区交界处，滇东高原北部普渡河中游河谷以及金沙江及其一级支流普渡河和小江环绕的拱王山中上部。保护区由轿子山保护片(即1994年成立的云南轿子山省级自然保护区，简称轿子山片)和与之相邻的普渡河保护片(即1984年成立的云南普渡河攀枝花苏铁省级自然保护区，简称普渡河片)组成，总面积16456.0hm²。属自然生态系统类别森林生态系统类型自然保护区，主要保护对象为以攀枝花苏铁、须弥红豆杉、林麝等为代表的珍稀濒危野生动植物资源及其栖息环境，我国面积最大的高山柏林和分布海拔最低的高山松林以及典型的第四纪古冰川遗迹等。

轿子山片位于拱王山中上部，最低点位于大厂河汇入小清河处，海拔2300.0m，最高点位于主峰雪岭，海拔4344.1m，是我国青藏高原以东地区和北半球该纬度带上海拔最高的山地之一。地理坐标26°00′25″~26°11′53″N，102°48′21″~102°58′43″E，总面积为16193.0hm²，其中禄劝县辖区内面积为6951.6hm²，占轿子山片总面积为42.9%，东川区辖区内面积为9241.4hm²，占57.1%。

普渡河片位于普渡河中游，禄劝县乌蒙乡和中屏乡交界处，地理坐标25°57′15.8″~25°57′38.5″N，102°43′28.7″~102°43′44.4″E。距轿子山片直线距离12km。普渡河片以普渡河为界分为东片和西片，东片面积75.0hm²，西片面积188.0hm²，总面积263.0hm²。东、西两片的最低海拔和最高海拔相同，分别为1100.0m和1800.0m。

1.1　调查方法和调查内容

1.1.1　考察时间和考察区域

1.1.1.1　考察时间

2008年7月25日至8月9日；2008年10月16~23日；2009年10月3~9日。

1.1.1.2　考察区域

滇北大凉山南延东部支脉拱王山中、上部和普渡河中游河谷，包括海拔2300.0~4344.1m的轿子山保护片和海拔1100.0~1420.0m的普渡河片。行政区划上涉及昆明市北部禄劝县东部的雪山乡、乌蒙乡、转龙镇和中屏乡，东川区西部的舍块乡、汤丹镇和红土地镇。以保护区范围为主，兼顾保护区周边地区。

---

① 第1、2、4、5节由王平执笔，第3节由徐强、王平执笔，第6节由王平、任宾宾执笔，第7节由张静、苏骅执笔；参加人员：李玉辉、杨帆、刘红楠、张美珠、罗华、甘云浩等。

1.1.2　地质地貌资料收集与调查方法和调查内容

1.1.2.1　收集资料

主要有1:20万会理幅区域地质调查报告(四川省地质局革命委员会，1970)、1:20万会理幅区域水文地质普查报告(中国人民解放军建字730部队，1977)、1:5万、1:10万、1:20万地形图、卫星影像图、《小江活动断裂带》(宋方敏等，1998)、《云南省志·地震志》(罗荣联，1999)、《小江断裂带第四纪新构造运动与地震》(云南省地震局地震地质队，1990)、《云南东川拱王山、轿子山地区次末冰期冰川演化序列》(张威，崔之久，2003)、《云南省志·地质矿产志》(杨荆舟，1997)等。

1.1.2.2　调查方法和内容

借助罗盘仪、GPS等仪器用具，选择典型调查路线，就沿线天然露头和自然或人工地质剖面多的地段，观察、测量、记录、绘制以下内容和图件：①地层及其产状、接触关系、岩性、沉积建造、成矿等；②中、小地质构造(褶皱、断裂等)的形态、特征及其与构造地貌发育的成因关系；③地壳运动，特别是新构造运动的表现及其对现代地貌发育的影响；④第四纪沉积物的类型和分布；⑤现代地貌外营力类型、主要地貌类型的形态特征与分布、主要地质灾害及其危害；⑥主要地质地貌遗迹、景观及其价值；⑦研究地区地质地貌特点及其对其他自然地理要素、垂直自然带、生物多样性影响的表现；⑧绘制典型地段地质剖面图、地势剖面图等；⑨采集代表性岩石、矿物、沉积物等标本、样品，拍摄典型地质地貌遗迹和景观照片。

1.1.3　气候资料收集与调查方法和调查内容

1.1.3.1　收集资料

主要有《云南省农业气候资料集》(云南省气象局，1984)、《云南省地面气候资料三十年(1960～1990)整编》(云南省气象档案馆，1993)、《东川市农业气候资源及农业气候区划》(东川市气象处，1987)、《东川市气象志》(东川市气象处，1987)、《禄劝彝族苗族自治县气象志》(李兴尧，1997)。

1.1.3.2　研究方法

受时间限制，本次调查没有设置野外气象观测点，主要应用东川区的新村、汤丹、落雪和禄劝4个气象站、当地曾经设立的气象哨(点)、邻县气象台站已有各种地面气象观测数据和气候统计资料、气候图件、农业气候区划等成果，结合实地气候考察和调查访问所得非常规气象资料，完成轿子山保护区气候考察研究任务。

1.1.3.3　野外考察和调查访问内容

①地方性天气气候状况，包括冷、热、干、湿、风、云、雨、雪、雾、霜、气象灾害等的基本状况，如出现的季节、年代、持续时间长短、局地分布、数量、强度大小、危害损失程度等；②气象、气候与主要植物群落、主要树种分布、物候的关系等；③气象、气候与保护区主要河流、湖泊水情季节变化的关系；④主要气候要素的垂直分异及其对其他自然地理要素和自然环境整体性特征影响的表现。

1.1.4 水文资料收集与调查研究方法和调查内容

1.1.4.1 收集资料

主要有《昆明国土资源》(程屏，1989)、《东川市水利志》(东川市水利电力局，1998)、《1:20万会理幅区域水文地质调查报告》(中国人民解放军建字730部队，1977)、《云南小江泥石流综合考察与防治规划研究》(杜榕桓等，1987)、《云南省水文特征值统计资料》(云南省水文总站革命委员会，1971)等。

1.1.4.2 河流调查方法和调查内容

应用1:20万会理幅区域地质图(四川省地质局革命委员会，1970)、1:5万和1:10万地形图，观察分析地质构造、地势起伏与河谷发育、水系结构的关系、河流几何特征等；选择主要河流(基多小河、小清河、清水河、乌蒙河、苏菇小河等)，就上、中、下游河道特征、水情要素及其季节变化情况作对比观察；利用1:5万地形图量算部分河流的河长、流域面积、落差、河流坡降等。

1.1.4.3 湖泊调查方法和分析测试项目

(1)调查时间：2008年10月19日16:40~17:40。天气状况：晴朗微风。

(2)调查项目和方法：①测量湖泊形态特征值：在保护区管理人员协助下，考察小组用皮尺现场量算了木梆海和大海(天池)2个湖泊的形态特征值，包括长度、宽度、岸长、面积等。②测量湖泊水深：用美国生产的"HONDEX PS-7便携式数字声纳深度计"，按要求现场测量湖泊水深，选点力求均匀，木梆海设置测点47个，大海(天池)设置测点32个。③采集湖泊水样：在湖滨浅水和相对深水处，就木梆海和大海(天池)分别采集水样2份，按要求固定、保存，带回昆明室内分析。采集人：王平、李玉辉、刘红楠。采集时间：2008年10月19日17时40分左右。④湖泊水质测定项目和分析方法：选择比较稳定而有代表性的项目进行测定。pH值用美国生产的"IQ150便携式pH/mV/温度计"按要求现场测量，其余测定项目和方法详见表1-1。

表1-1 轿子山自然保护区湖泊水质分析项目和分析方法

分析项目	分析方法	分析单位	分析时间
五日生化需氧量(BOD_5)	稀释与接种法 GB7488—87	云南省环境分析测试中心	2008年10月20~21日
化学需氧量(COD_{Cr})	重铬酸盐法 GB11914—89		
总氮(TN)	碱性过硫酸钾消解—紫外分光光度法 GB11894—89		
总磷(TP)	钼酸铵-分光光度法 GB11893—89		
粪大肠菌群	滤膜法 HJ/T347—2007		

1.1.4.4 地下水调查方法和调查内容

应用已有1:20万会理幅区域水文地质图和水文地质普查报告(中国人民解放军建字730部队，1977)、1:5万和1:10万地形图，初步观察分析地下水类型、主要含水层的水文地质特征、含水层富水性及其主要影响因素、主要泉水出露情况等。

1.1.5　土壤资料收集与调查方法和调查内容

1.1.5.1　收集资料

主要有东川区和禄劝县二次土壤普查成果《东川土壤》(东川市土壤普查办公室，1984)、《禄劝土壤》(禄劝县土壤普查办公室，1986)；云南林业调查规划院调查研究成果《云南轿子山自然保护区土壤类型及其分布规律初探》(陈玉桥，2006)等。

1.1.5.2　野外调查方法和调查内容

(1)调查方法：轿子山保护区属于典型高山、高中山峡谷地区，因此选择路线调查方法完成此次野外土壤调查任务。选择的路线大多能垂直于等高线，通过各种成土因素的典型地段，能见到各种典型土壤类型。共确定8条调查线路。

(2)调查内容：应用土壤发生学原理和野外常规土壤调查方法，开展以下内容的调查：①观察沿线母岩、母质、地貌、植被、气候、水文、人为活动等成土因素及其对土壤形成和分布的影响；②借助沿线自然剖面和所挖检查剖面，分析确定沿线及其附近地区地带性土壤和隐地带性土壤的类型及其分布范围和界限，并标注、勾绘在1∶5万地形图上，以掌握沿途土壤水平分布和垂直分布规律；③选择不同土壤类型的典型地段，按照《土壤理化分析与剖面描述》(刘光崧，蒋能慧等，1996)中的方法和具体要求，共设置、挖掘主要剖面21个，并就每个土壤剖面的形态特征，作了观察、描述和记载，采集土盒标本21个，采集土壤分析样品48袋，每袋1kg左右。

1.1.5.3　室内分析项目和分析方法

(1)土壤样品的制备和保存：按照《土壤农化分析》(第3版)中的要求来风干、制备、保存(鲍士旦，2003)。

(2)土壤理化性质分析项目和分析方法选取：土壤化学性质选择8项，依据《土壤农化分析》(第3版)中的分析方法(鲍士旦，2003)，按照自然土壤的特定要求，选择表1-2中的具体分析方法进行测定。土壤物理性质选择土壤颗粒组成1项，依据《土壤理化分析与剖面描述》中的比重计法(刘光崧，蒋能慧等，1996)进行测定(表1-2)，对照美国制土壤质地分类标准，依据砂粒、粉粒和黏粒质量百分数，确定土壤质地名称。

表1-2　轿子山自然保护区土壤分析项目和分析方法

<table>
<tr><th colspan="2">分析项目</th><th>分析方法</th><th>方法来源</th><th>分析单位</th><th>分析人员</th></tr>
<tr><td rowspan="8">土壤化学性质</td><td>土壤pH值</td><td>电位法</td><td>GB7856—87①</td><td rowspan="9">云南农业大学植物营养省级重点实验室；云南师范大学旅游与地理科学学院土壤地理实验室</td><td rowspan="9">任宾宾
肖靖秀
苏　骅
王　平</td></tr>
<tr><td>土壤有机质</td><td>重铬酸钾氧化—外加热法</td><td>GB7857—87①</td></tr>
<tr><td>土壤全氮</td><td>半微量开氏法</td><td>GB7173—87①</td></tr>
<tr><td>土壤全磷</td><td>NaOH熔融—钼锑抗比色法</td><td>GB7852—87①</td></tr>
<tr><td>土壤全钾</td><td>NaOH熔融—火焰光度法</td><td>GB7854—87①</td></tr>
<tr><td>土壤速效磷</td><td>0.5mol/L $NaHCO_3$法</td><td>GB7853—87①</td></tr>
<tr><td>土壤速效钾</td><td>NH_4OAc浸提—火焰光度法</td><td>GB7856—87①</td></tr>
<tr><td>土壤碱解氮</td><td>碱解扩散法</td><td>②</td></tr>
<tr><td>土壤物理性质</td><td>土壤颗粒组成</td><td>比重计法</td><td>GB7845—87①</td></tr>
</table>

①引自：《土壤理化分析与剖面描述》(刘光崧、蒋能慧等，1996)；

②引自：《土壤农化分析(第3版)》(鲍士旦，2003)。

1.1.5.4 研究方法

应用土壤发生学原理，在野外综合考察、对比分析保护区地形、气候、植被、母岩母质、水文、人类活动等成土因素，土壤主要剖面形态特征，土壤发生特性及其空间分异的基础上，参考东川区和禄劝县二次土壤普查成果，依据中国土壤分类系统，划分土壤类型，分析土壤发育及其空间分异。

应用气温和降水资料、1∶5 万地形图、1∶20 万区域地质图、1∶5 万植被图(第 2 章 植被)叠加分析，在 ARC/INFO 等软件支持下，编制 1∶5 万土壤类型分布图，定性分析土壤类型的空间分异格局。以土壤类型分布图为数据基础，选用景观格局指数，进一步分析土壤类型空间组合的数量结构。

1.2 地质基础

1.2.1 地层和岩石

轿子山自然保护区内出露有古元古代、中元古代、新元古代、寒武纪、二叠纪、三叠纪、侏罗纪、第四纪等地质年代的地层(图 1-1)，缺失奥陶纪、志留纪、泥盆纪、石炭纪和白垩纪等地质年代的地层(四川省地质局革命委员会，1970)。区内出露最古老的地层为前震旦系，出露面积最大的地层为寒武系和二叠系。二叠纪及其以前的地层，均为海相沉积地层，二叠纪以后结束了海洋沉积环境，发育陆相地层，包括河流相、湖相、冰川相等。保护区岩性多样，沉积岩包括砾岩、砂岩、粉砂岩、泥质粉砂岩、钙质粉砂岩、变质砂砾岩等碎屑岩，页岩、泥岩、钙质页岩、砂质页岩、炭质页岩等黏土岩，白云岩、泥质白云岩、灰岩、角砾状灰岩、泥灰岩、白云质灰岩等碳酸盐岩；含铁铝土岩、磷块岩、燧石岩、铁质岩等化学岩；变质岩有板岩、千枚岩、粉砂质板岩、铁质板岩、炭质绢云母千枚岩、石英岩、大理岩等；岩浆岩有致密状玄武岩、斑状玄武岩、杏仁状玄武岩、辉长岩、斑状辉绿岩、磁铁橄榄岩等。

1.2.1.1 元古界

1.2.1.1.1 下元古界通安组(Pt_1t)

形成于距今约 23.0 亿至 17.0 亿年之间。分布于轿子山片东北部，九龙村北部、东北部的肖箕凹梁子和大楼梯一带(图 1-1)。自下而上分为以下 3 段，层彼此呈整合接触，与上覆地层震旦系呈不整合接触(四川省地质局革命委员会，1970)。

(1)下段：岩性为灰紫、紫红色含磷粉砂质板岩及板状白云岩，夹变质砂砾岩、铁质板岩或鲕状、肾状赤铁矿层，厚 60.0～300.0m。

(2)中段：下部为灰、灰白色中至厚层状白云岩，底部夹泥质白云岩，厚 127～180m；上部为灰、青灰色中至厚层状白云岩，具层纹，并含少量燧石条带和结核，厚 60～136m。产棍棒藻、阮螺藻、聚环藻等化石。

(3)上段：下部以灰黑色炭质绢云母千枚岩及板岩为主，夹少量变质砂岩及泥灰岩，板岩风化后具条带状构造，上部为灰黑色绢云母板岩、炭质板岩及千枚岩，夹结晶泥灰岩、白云质灰岩，厚 1031～2714m。

1.2.1.1.2 中元古界昆阳群上亚群

形成于距今约 17.0 亿至 9.0 亿年之间。分布于轿子山片东北部及附近的因民镇(图 1-1)，出露齐全，自下而上分为以下5个组(云南省地矿局，1990)。

表1-3　轿子山自然保护区地层表

界	系	统	组	符号	岩性描述
新生界	第四系			Q	冰碛物、冲积物、洪积物、坡积物、残积物等，零星分布，厚数米至百余米
中生界	侏罗系	中统	益门组	J_2y	下部为暗紫色砂质泥岩夹细砂岩、粉砂岩，上部为紫红色泥岩夹砂岩、泥灰岩透镜体。厚40～340m。含介形类、植物类等化石
	侏罗系	下统	上三叠—下侏罗统白果湾群	$T_3 \sim J_1bg$	紫红色砾岩，灰色灰绿色砂岩、砂质页岩、页岩，含煤层。厚30～1729m。含瓣鳃类、植物类化石
	三叠系	上统			
上古生界	二叠系	上统	峨眉山玄武岩	$P_2\beta$	杏仁状、斑状、致密状玄武岩夹粗玄岩。产虫䗴类化石。厚度超过2000.0m
		下统	栖霞组和茅口组	P_1q+m	底部为石英砂岩、粉砂岩、页岩夹煤线或煤层；下部为灰色、灰白色灰岩，产珊瑚及贝类化石；上部为灰色灰岩、角砾状灰岩、白云质灰岩等，产虫䗴类化石。厚167～355m
下古生界	寒武系	中统	西王庙组	ϵ_2x	紫红色、灰绿色、黄绿色粉砂岩、页岩、泥质白云质灰岩，厚81～221m
		下统	大槽河组	ϵ_1d	下部为灰绿色、紫红色粉砂岩和页岩互层，厚15～70m；上部为灰色泥灰岩、灰岩、白云质灰岩，偶夹粉砂岩和页岩，厚40～95m
			龙王庙组	ϵ_1l	灰、深灰色中厚层状白云岩、白云质灰岩，夹少量砂页岩薄层，含三叶虫化石，厚44～127m
			沧浪铺组	ϵ_1c	灰绿色、灰色泥质粉砂岩、砂质页岩、泥灰岩，含三叶虫化石，厚49～106m
			筇竹寺组	ϵ_1q	中下部为灰黑色、灰绿色、紫色薄至厚层状细砂岩、粉砂岩、页岩，夹灰色泥灰岩透镜体。厚约108～266m。含三叶虫化石
元古界	上元古界	上震旦统	灯影组　上段	Z_2d^2	下部为灰黑色、紫色泥灰岩，中部为灰白色白云岩夹磷块岩、泥质粉砂岩和泥灰岩，上部为厚层状白云质灰岩、白云岩。具硅质条带和燧石结核。厚370～470m
			灯影组　下段	Z_2d^1	下部为紫红色、灰绿色砂岩、页岩及泥灰岩。上部为灰白色厚层状白云岩，夹少量白云质灰岩。含同园藻等化石。厚389～650m
		下震旦统	澄江组	Z_1c	底部为紫红色厚层状砾岩，其上为灰紫、紫红色长石砂岩、岩屑砂岩夹泥质粉砂岩、砂砾岩，厚1844m
	中元古界	昆阳群上亚群	大营盘组	Pt_2d	由板岩、角砾岩、粉砂岩组成，含丰富的微古植物化石，厚960～1220m
			绿汁江组	Pt_2l	以灰色、青灰色白云岩、泥质白云岩为主，局部夹有硅质板岩、砂质灰岩，含丰富的叠层石和微古植物化石，厚1050m
			鹅头厂组	Pt_2e	以灰黑色、黑色炭质板岩为主，夹泥质灰岩、泥质白云岩、砂质白云岩、凝灰质砾岩、砾砂岩、砂岩，厚度1700.0m左右
			落雪组	Pt_2l	含铜白云岩、白云岩，夹少量钙质板岩，含丰富的叠层石、核形石和微古植物化石，厚100～506m，是东川式铜矿主要的含矿层位
			因民组	Pt_2y	下部为灰紫色角砾岩、砾岩，上部为紫红色粉砂质白云岩夹板岩，厚度大于400.0m。含丰富的微古植物化石

（续）

界	系	统	组		符号	岩 性 描 述
元古界	下元古界		通安组	上段	Pt_1t^3	以灰黑色炭质绢云母千枚岩及板岩为主，夹少量变质砂岩及泥灰岩、白云质灰岩，厚1031～2714m
				中段	Pt_1t^2	中至厚层状白云岩、泥质白云岩夹少量燧石条带和结核，厚60～136m。产棍棒藻、阮螺藻、聚环藻等化石
				下段	Pt_1t^1	含磷粉砂质板岩及板状白云岩，夹变质砂砾岩、铁质板岩，厚60.0～300.0m

注：符号一列中，——表示地层之间的整合接触关系，--------- 表示地层之间的不整合接触关系。

(1)因民组(Pt_2y)：源于孟宪民1939年在今东川区因民创建的“因民紫色层”，王可南、何毅等1962年改称因民组。下部为灰紫色角砾岩、砾岩，上部为紫红色粉砂质白云岩夹板岩，厚度大于400.0m。有含铜磁铁矿、赤铁矿扁豆体夹层，铁矿层面上见波痕、干裂。含丰富的微古植物化石。与上下地层呈整合接触关系。

(2)落雪组(Pt_2l)：源于孟宪民1939年在今东川区落雪命名的“落雪白云岩”，王可南1962年改称落雪组。该组由厚层、中层、薄层含铜白云岩、白云岩组成，夹少量钙质板岩，白云岩颜色有肉红色、黄色、灰白色、青灰色、灰色等，其成分有钙质的、粉砂质的、硅质的、泥质的。含丰富的叠层石、核形石和微古植物化石。厚度100～506m。是东川式铜矿主要的含矿层位。与上下地层呈整合接触关系。

(3)鹅头厂组(Pt_2e)：云南省地质局综合研究队1965年创名，以禄丰县罗茨鹅头厂矿区地层剖面为代表。以灰黑色、黑色炭质板岩为主，夹泥质灰岩、泥质白云岩、砂质白云岩、凝灰质砾岩、砾砂岩、砂岩。下部富含黄铁矿。厚度1700.0m左右。

(4)绿汁江组(Pt_2l)：以灰色、青灰色中层—厚层块状结晶白云岩、泥质白云岩为主，局部夹有硅质板岩、砂质灰岩，含丰富的叠层石和微古植物化石，厚1050.0m。

(5)大营盘组(Pt_2d)：源于王可南1962年在今东川区茂炉建立的“茂炉组”，1965年谢振西、杨暹和改称大营盘组，命名地点位于今东川区大营盘—茂炉，以因民—三风口剖面为代表。由绢云母板岩、炭硅质板岩、铁质板岩、泥质板岩、角砾岩、粉砂岩组成，含丰富的微古植物化石，厚度960～1220m。

1.2.1.1.3 上元古界

主要出露震旦系，为地台型沉积，可分为下震旦统澄江组、上震旦统灯影组(四川省地质局革命委员会，1970)，形成于距今约6.8亿至5.43亿年之间。

(1)下震旦统澄江组(Z_1c)：主要分布于普渡河片以及轿子山片北部及附近地区(图1-1)。底部为紫红色厚层状砾岩，砾石磨圆度良好，粒径2～8cm不等，成分复杂，以石英岩为主，次为石英砂岩、脉石英、板岩及少量的辉长岩、花岗岩等，胶结物质为砂泥质、铁质。其上为灰紫、紫红色长石砂岩、岩屑砂岩夹泥质粉砂岩、砂砾岩。略具定向排列，具有下粗上细的韵律构造，局部斜层理发育，厚1844m。与下伏地层古元古界通安组呈不整合接触，与上覆地层震旦系上统灯影组呈平行不整合或不整合接触关系。

(2)上震旦统灯影组(Z_2d)：分布于轿子山片南部和东北部以及普渡河片(图1-1)，自下而上分为2段，与上、下2段之间呈平行不整合接触。

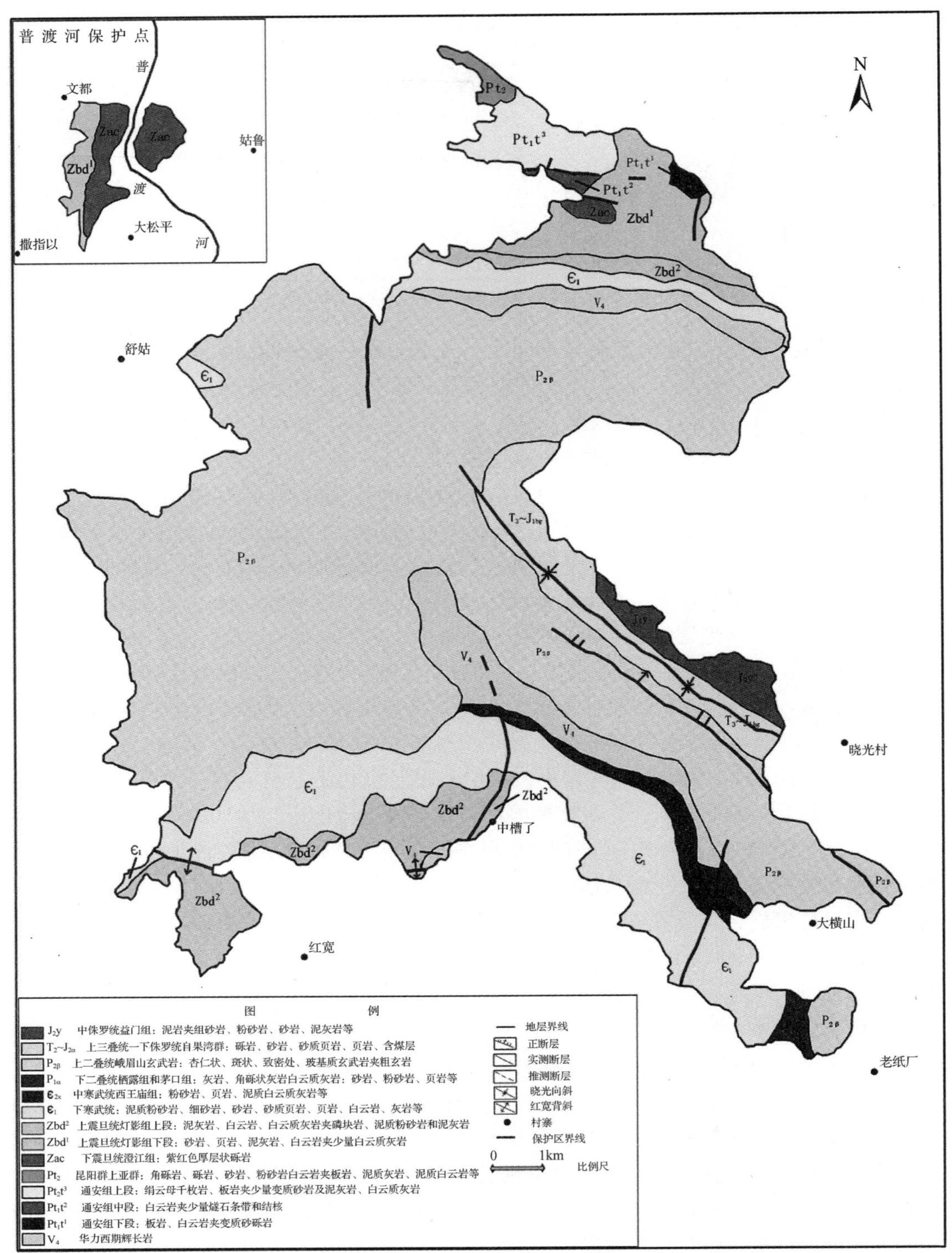

图 1-1　轿子山自然保护区地质简图

依据 1∶20 万会理幅(G-47-Ⅷ)区域地质图编制

下段：下部主要为紫红色、灰绿色砂岩、钙质页岩及条带状泥灰岩。底部一般为0～10cm含砾砂岩，个别地段厚度增大，且含不规则状赤铁矿及铜矿，一般厚10～50m。上部为灰白色厚层状白云岩，夹少量灰白色、白色白云质灰岩。白云岩具葡萄状结构。该段厚389～650m，含同园藻等化石。与下伏地层震旦系下统澄江组呈平行不整合接触。

上段：下部为灰黑色薄层条带状泥灰岩夹紫色砂质泥灰岩，含磷，相变明显；中部为灰白色厚层块状白云岩夹灰黑色磷块岩，含胶磷矿的泥质粉砂岩和泥灰岩、白云岩，偶夹硅质条带；上部为灰、灰白色厚层状含磷的白云质灰岩、白云岩、磷块岩，白云质灰岩具硅质条带和燧石结核。富含磷矿、铅锌矿。该段厚370～470m。与上覆地层寒武系筇竹寺组呈平行不整合接触。

1.2.1.2 古生界

出露有寒武系和二叠系(四川省地质局革命委员会，1970)。

(1)寒武系下统：形成于距今约5.43亿～5.13亿年之间。广泛分布于轿子山片南部、舒姑附近、妖精塘山峰附近和法者林场南部等地(图1-1)。自下而上分为以下4个组，彼此之间呈整合接触关系。

筇竹寺组($\epsilon_1 q$)：中下部为灰黑色、灰绿色薄至厚层状细砂岩、粉砂岩、页岩，夹灰色中厚层状泥灰岩透镜体，间夹紫色、紫红色薄层粉砂岩、页岩；上部为中—厚层状紫色石英砂岩，夹紫色薄层状云母钙质细砂岩、粉砂岩。岩性纵向较稳定，横向变化较大，普渡河东侧，紫红色石英砂岩逐渐增厚。组厚108～266m。含三叶虫化石。与下伏地层震旦系上统灯影组呈平行不整合接触。

沧浪铺组($\epsilon_1 c$)：下部为灰绿色泥质粉砂岩、页岩、泥灰岩，上部为灰色中厚层状泥灰岩，偶夹灰绿色砂质页岩，厚49～106m。含三叶虫化石。

龙王庙组($\epsilon_1 l$)：岩性为灰、深灰色中厚层状白云岩、白云质灰岩，夹少量砂页岩薄层，含三叶虫化石，厚44～127m。

大槽河组($\epsilon_1 d$)：下部为灰绿色、紫红色薄层状泥质粉砂岩和页岩互层，厚15～70m。上部为灰色中—厚层状泥灰岩，局部有斑纹状、条带状白云质灰岩和竹叶状灰岩，偶夹钙质粉砂岩和页岩，厚40～95m。

(2)寒武系中统西王庙组($\epsilon_2 x$)：形成于距今约5.13亿～5.00亿年之间。呈条带状、西北—东南向分布于晓光向斜的西南翼，大横山附近(图1-1)。岩性为紫红色薄—中厚层状石英粉砂岩、钙质粉砂岩、夹杂色粉砂岩、页岩、泥质白云质灰岩，底部偶见灰绿色页岩，顶部为2～3m厚黄绿色泥质石英粉砂岩，组厚81～221m。与下伏地层大槽河组呈整合接触，与上覆地层下二叠统呈不整合接触。

(3)二叠系下统栖露组和茅口组($P_1 q+m$)：形成于距今约2.95亿～2.77亿年之间。是构成轿子山山体下部的主要地层，出露于轿子山片东南部及附近海拔3300.0m以下的地区(图1-1)。为一套浅海相的沉积地层，底部为薄—中厚层状石英砂岩、粉砂岩、含铁铝土质岩、炭质页岩夹煤线或煤层，产羊齿类化石；下部为灰色、灰白色厚层块状灰岩，产珊瑚及贝类化石；上部为灰色石灰岩、角砾状灰岩、白云质灰岩等，产虫筳类化石，厚167～355m。部分石灰岩已变质形成乳白色的大理岩(汉白玉)，分布于雪岭至双糖子一代。与下伏地层震旦系、寒武系呈不整合接触。构成轿子山周围陡峭的石灰岩山崖、溶洞、石芽及石林等喀斯特景观。

(4)二叠系上统峨眉山玄武岩($P_2\beta$):形成于距今约2.60亿~2.50亿年之间。广泛分布于轿子山片3000.0m以上的中西部、北部和东南部地区(图1-1),是保护区分布面积最大的地层,其厚度超过2000.0m。主要由玄武集块岩、粗玄岩、斑状玄武岩、杏仁状玄武岩、致密状玄武岩、玻基质玄武岩构成。玄武脉岩为斑状辉绿岩脉、辉绿岩脉、磁铁橄榄岩脉。矿物成分为普通辉石、拉长石、橄榄石、磁铁矿、钛铁矿、绿泥石、纤闪石、帘石类等。自下而上,下部为杏仁状、致密状、玻基质玄武岩;中部为斑状玄武岩、粗玄岩与杏仁状玄武岩互层;上部为杏仁状及玻基质玄武岩夹粗玄岩、斑状玄武岩。喷发时代始于早二叠世,但大量喷发当在晚二叠世,属于海相喷发。产虫䗴类化石。与下伏地层下二叠统栖露组和茅口组呈平行不整合接触,与上覆地层上三叠统呈不整合接触。

1.2.1.3 中生界

出露有三叠系和侏罗系(四川省地质局革命委员会,1970)。

(1)上三叠统—下侏罗统白果湾群($T_3 \sim J_1bg$):形成于距今约2.27亿~1.50亿年之间。湖相沉积地层,主要分布在轿子山片东部边缘,法者林场西侧的小清河沿岸(图1-1)。下部为紫红色砾岩、灰色长石石英砂岩、砂质页岩、灰质页岩等,上部为砾岩、浅灰色长石石英砂岩及黄灰色、灰绿色砂质页岩,含煤层。厚30~1729m。含瓣鳃类、植物类化石。平行不整合或角度不整合于二叠系之上。

(2)中侏罗统益门组(J_2y):形成于距今约1.50亿~1.3亿年之间。主要分布于轿子山片东部边缘及附近的小清河沿岸,呈西北—东南向展布(图1-1)。下部为暗紫色砂质泥岩夹黄灰色细砂岩、粉砂岩,上部为紫红色泥岩夹砂岩、泥灰岩透镜体,层理发育,厚40~340m。含介形类、植物类等化石。与下伏地层下侏罗统呈整合接触。

1.2.1.4 新生界

仅出露第四系(Q),形成于距今1.1万年以来。广泛分布于盆地、山前地带、宽谷地带,成因类型较多,有冰碛物、冲积物、洪积物、坡积物、残积物等,沿不同高度零星分布,厚数米至百余米。

(1)冰碛物:主要由冰碛物和冰水沉积物组成。轿子山地区在更新世晚期已隆升至雪线以上,曾经历了末次冰期(张威、催之久,2003),发育有海洋性山岳冰川,冰川作用形成了一定面积的典型的冰碛物,主要分布在海拔3000~3950m的古冰斗、古冰川谷内。冰碛砾石层由白云岩、泥质灰岩、玄武岩、砂岩、粉砂岩等巨砾、砂砾及岩屑组成,大小悬殊,岩块零乱破碎,杂乱无章,未胶结。构成的地貌形态为侧碛堤、终碛垄等。

(2)冲积物、洪积物、坡积物、残积物:冲积物主要分布于小清河、乌蒙河、清水河、舒姑小河、基多小河等沿岸的谷坡和谷底,常组成河漫滩和河流阶地,其成分以砂、砾石为主,部分河段有粉砂、淤泥,磨圆度和分选性好,具二元结构,比降大的河段有巨大砾石。部分地段,冲积物常被现代洪积物和坡积物所覆盖。

残积物主要分布于缓坡、山脊、夷平面上,大多是亚热带气候条件下形成的,多为红色黏土。海拔较低、形态保存较好的夷平面,残积物一般较厚,海拔高的夷平面往往因流水侵蚀切割强烈而支离破碎。

在陡坡下部、山麓,因坡面流水和重力作用常形成大量的坡积物。在沟谷下游谷底和沟口附近,常分布有较大面积的泥石流堆积物、洪积物,地貌上表现为泥石流滩地和洪积扇。

1.2.2 地质构造

1.2.2.1 大地构造

保护区主要位于南北走向的普渡河断裂以东，小江断裂以西。

(1)按板块构造学说，保护区所属板块构造为欧亚板块，位于二级构造单元“青藏亚板块”东南部三级构造单元“川滇菱形断块”中段东部边缘，东部隔小江深大断裂与“南华亚板块”相接(马杏垣，1986)。

(2)按槽台学说，据《云南省区域地质志》(云南省地矿局，1990)，保护区位于一级构造单元扬子准地台的西南部，所属二级构造单元为滇东台褶带，三级构造单元为昆明台褶束，四级构造单元为嵩明台隆，大地构造性质属于褶皱基底上的长期坳陷区。据《小江断裂带第四纪新构造运动与地震》，轿子山位于扬子准地台内的二级构造单元即“康滇古隆起”东侧的“昆明—建水褶断区”中北部(云南省地震局地震地质队，1990)。按《中国大地构造及其演化》，轿子山地区所属最小构造单元为雪山穹隆，位于杨子准地台内的二级构造单元“康滇地轴”(黄汲青，1980)中段东部。“康滇地轴”由地质学家黄汲青在1954年最早命名，南北长750km，东西宽320km，面积6万km^2，周边均为深大断裂控制，其基底是前寒武纪地层，主要为昆阳群、大红山群等。

(3)按地质力学，保护区所处构造单元系典型经向构造体系“川滇经向构造带”，是我国一条长期活动且新构造活动强烈的经向构造带，从燕山期直至新生代均表现为强烈挤压褶皱和隆起(许桂林等，1982)。

川滇菱形断块又称康滇古隆起或康滇古陆、康滇地轴、川滇经向构造带等，其地质构造和演化过程是该区域地貌发育的基础。

1.2.2.2 构造形迹

1.2.2.2.1 褶 皱

(1)晓光向斜：位于轿子山片东部的晓光村一带，呈西北东南向延伸。核部由二叠系峨眉山玄武岩及上三叠统—下侏罗统白果湾群陆相地层组成，翼部则为海相古生界及震旦系。两翼不对称，北翼平缓，倾角15°～20°，南翼较陡，倾角20°～50°。宽10km，长约22km。

(2)红宽背斜：位于轿子山片南部边缘，东西走向，长12km，宽8～9km，为一较平缓的短轴背斜。核部地层为上震旦统灯影组，翼部为寒武系、二叠系，轴部断裂发育，沿断裂有辉绿岩脉侵入。

(3)方建背斜：呈南北向沿普渡河东岸分布，长约22km。核部地层为震旦系，两翼分别出露古生界、中生界，背斜微向南倾伏，两翼张性南北向断层发育。

1.2.2.2.2 断 裂

(1)小江断裂带：位于保护区东侧的小江河谷一带，是大地构造单元和亚板块划分的重要界限，是一条形成时间早、活动时间长的超岩石圈断裂带，在长期的地质历史发展中对区域构造起着重要的控制作用。它北起巧家以北，经小江南沿至建水东南，全长400多km。根据其内部构造可划分为北、中、南三段，其中的中段与保护区地质背景和地貌特征存在密切关系。中段分东西两支，东支北起巧家蒙姑，经功山、寻甸、小新街、宜良，一直延伸到徐家渡一带，全长约200km。西支由东川达朵北向南，经乌龙、沧溪、甸沙、杨林、汤池，一直延伸到澄江，全长约180km(宋方敏等，1998)。小江断裂带由多条次级剪切断层和张剪切断层构成，内部构造十分复杂。在长期活动过程中，曾经历压、张、扭不同力学性质的转化，沿带有最宽500.0m左右的断层破碎带，沿断面断层泥发育(宋方敏等，1998)。其中段对保护区岩浆活动、沉积建造、新构造运动、地貌和水系的发育、地质灾害的发生等具有重要的控制作用。

(2)普渡河断裂：位于普渡河片，北起金沙江以北，向南大致沿普渡河延伸，之后经昆明、玉溪至峨山一带，穿越了普渡河片，全长约280km。走向近南北，是川滇菱形块体内部的一条断裂，与小江断裂带大致平行。普渡河断裂是一条长期活动的岩石圈断裂，断层面向西陡倾，且具有扭压性质，为高角度逆冲断层，破碎带宽200.0～300.0m。沿断裂印支期、燕山期岩浆活动强烈。二叠纪沿断裂有基性火山喷发和侵入活动。中、新生代控制了沿线盆地和湖泊的发育。沿断裂带现今地震活动仍很强烈(罗荣联，1999)。

1.2.2.3 矿　产

分布于轿子山片附近，已知矿产主要有铜矿和大理石2种。

1.2.2.3.1 铜　矿

保护区位处川滇成矿区，变质基底为中元古界昆阳群，分布有多个含铜层位，包括因民组中上部、落雪组下部、鹅头厂组下部，均为稳定的区域性含铜层位。其中，因民组中上部铜矿系火山—喷流成因类型，其余层位铜矿为变质层状成因类型。落雪组是著名的“东川式”铜矿的主要含矿层位，成矿期为中元古代。铜矿中普遍伴生金、银、钴、锗、镓等(杨荆舟，1997)。保护区内仅有小型矿点，至今未开发利用。主要铜矿产地均分布于保护区周边东川区境内，有因民镇的因民铜矿、落雪铜矿、牛厂坪铜矿、四棵树铜矿，以及汤丹镇的汤丹铜矿、滥泥坪铜矿、石将军铜矿、白锡腊铜矿等10余处，均为大型或中型矿床(杨荆舟，1997)。

1.2.2.3.2 大理石

保护区及周边地区分布有2种大理石，一是肉红色白云岩，花纹清晰，图案绚丽多姿，分布于汤丹镇的硫铜坪、石将军，因民镇的稀矿山，舍块乡的九龙等地；二是乳白色大理石(汉白玉)，呈条带状分布于红土地镇的雪岭—双糖子一带。其中，仅后者分布于轿子山片内，至今未开发利用。因雪岭—双糖子一带海拔4000.0m左右，冰缘作用强烈，冻融侵蚀明显，生态环境十分脆弱，应严禁开发这里的大理石。

此外，因民组中还分布有铁矿床，产地为因民镇豹子铺，以赤铁矿为主，多为贫矿石，可选性差。

1.2.3 构造运动和演化历史

古元古代，区内沉积巨厚的浅海相砂质、砂泥质碳酸盐岩。古元古代末，地壳强烈地褶皱回返，伴有大规模的断裂和岩浆活动，岩石发生变质，并形成了区内主要铜矿及部分铁、铅、锌等矿床。

早震旦世，继古元古代末期形成的构造拗陷带堆积了紫红色碎屑岩层。随之地壳缓慢上升，产生轻微褶皱。晚震旦世该区再次下降，普遍遭受海侵，沉积了浅海相的泥质、镁质碳酸盐岩。晚震旦世末期，沿北北东向海岸边缘，在普渡河断层以东相对有所上升，表现为震旦纪和寒武纪之间沉积略有间断。

早寒武世，地壳再度下降，在振荡的环境下，沉积了浅海相的砂泥质及泥质、镁质碳酸盐岩。中寒武世为相对上升阶段，气候炎热，但仍保持了浅海环境，沉积了一套紫红色碎屑岩。晚寒武世海侵有所发展，但就保护区范围来说，未形成沉积层。早奥陶世又开始缓慢上升，至早奥陶世末，海水全部退出，直到早二叠世前，地壳长期遭到剥蚀。在此期间，伴随地壳振荡运动，产生一些断裂和局部褶皱(四川省地质局革命委员会，1970)。

二叠纪该地区发生海侵，而且是震旦纪之后规模最大的一次。由于自奥陶纪以来长期风化剥蚀，区内已处于夷平状态，海侵初期，滨海沼泽遍布，加之气候温和，在地壳频繁振荡的条件下，沉积了含铁铝质、有机质的砂岩和黏土页岩。随着海水加深，发育了一套浅海相生物—化学沉积碳酸盐岩沉积建造。

早二叠世后期至晚二叠世，南北向主要断裂活动显著。海相碳酸盐沉积迅速为沿南北向断裂断续喷发的海相与陆相玄武岩所中断，并伴有同源的基性、超基性岩浆的侵入。晚二叠世末期，出现海退，结束了海侵的历史。

晚三叠世—侏罗纪，该地区仍处于缓慢上升阶段，因断裂发育，陆源物质供给丰富，因而在相对下降的山前拗陷带中形成了湖沼相含煤碎屑岩建造和河流相紫红色泥质碳酸岩沉积建造(四川省地质局革命委员会，1970)。

第三纪时期，该地区与云南大部分地区一样，经历了准平原化过程，保护区及其附近山地海拔3800.0～4050.0m的山顶平面就是这一原面的残留地形。新生代以来，轿子山地区以断裂为主的构造运动比较活跃，东侧以小江大断裂呈阶梯断陷的形式发生断陷，西侧以普渡河大断裂发生断陷，北部则以金沙江大断裂发生断陷，轿子山地区成为强烈的穹隆区。

该区新构造运动表现为区内地壳不均衡的间歇性急剧上升，引起局部发生断陷，地层挠曲以及强烈的地震活动等。早更新世末期，轿子山地区发生了强烈的地质构造运动，称为“元谋运动”，使地面抬升形成新的断陷盆地；中至晚更新世，地壳强烈抬升，轿子山隆升的高度超过海拔4000.0m，主峰海拔4344.1m，成为云贵高原上的最高峰，也是我国青藏高原以东地区海拔最高的山地。更新世晚期，轿子山地区经历了第四纪末次冰期(张威，催之久等，2003)即大理冰期，冰川活动强烈，冰川活动遗迹广布，系该时期云贵高原冰川主要活动区。第四纪以来，在强烈的地壳隆升和河流侵蚀切割双重作用下，近代地貌格局基本形成。这里的古冰川遗迹是云南北部、东北部和四川东部地区的代表遗迹，可与云南西北部和四川西部的同期冰川活动遗迹对比。

1.3 地 貌

轿子山自然保护区位于大凉山南延东部支脉拱王山的中上部，在云南地貌区划中位于“滇东盆地山原区(Ⅰ)”中的“滇中湖盆喀斯特高原亚区($Ⅰ_4$)”(陈永森，1998)的北部，为普渡河与小江流域的分水岭，是由砂岩、碳酸盐岩和玄武岩等构成的构造侵蚀高山，是云贵高原也是我国青藏高原以东地区海拔最高的山地之一。

1.3.1 地貌特征

(1)地势中部高，向东西两侧呈阶梯状下降，河谷切割深，相对高差大。轿子山的地质基础是个穹隆构造，其东西两侧受小江深大断裂和普渡河大断裂控制，是典型的地垒式断块隆升侵蚀高山，其地势以山脊线附近地区最高，海拔一般在3800.0～4200.0m，向四周迅速降低，东部小江河谷海拔1100.0～12000.0m，西部普渡河河谷900.0～1000.0m，北部金沙江河谷仅700.0～800.0m。受地势的影响和控制，水系发育和河流流向表现出明显的放射状特点。轿子山最高点雪岭主峰，海拔4344.1m，最低点是小江与金沙江汇合处的小河口，海拔695m，相对高度是3649.1m。轿子山山脊与东部小江河谷的相对高度一般为3000.0m左右，与西部普渡河河谷的相对高度一般为3200.0m左右(图1-2)。

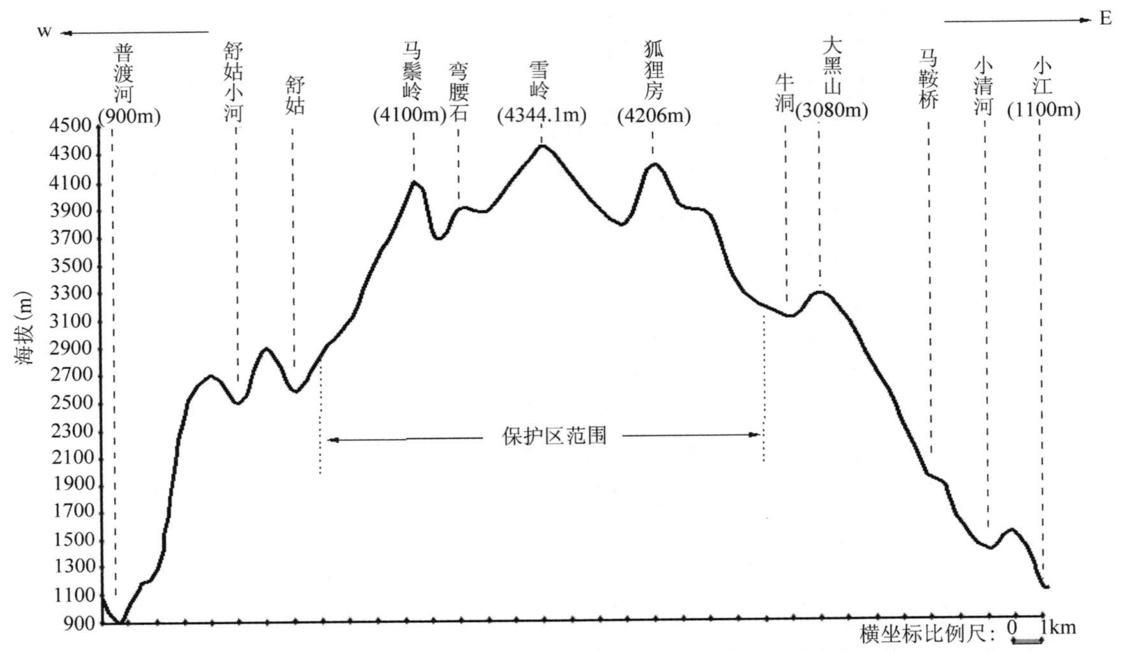

图1-2 轿子山自然保护区地势剖面图(沿26°08′45″N)

轿子山地区在新构造运动中抬升幅度大，致使金沙江、普渡河、小江及其支流下切侵蚀强烈，深切峡谷众多，地势起伏大，山体破碎。受轿子山地垒构造的控制，以及构造抬升的间歇性和阶段性影响，轿子山东坡和西坡均残留有3级剥蚀面，地形从山脊向东西两侧呈阶梯状下降(图1-2)。

(2)地貌大格局受构造控制明显，构造地貌发育。轿子山地区位于康滇地轴中段，其东、西、南三面均为深大断裂围陷，是新生代以来快速隆升的典型断块山。东部小江和西部普渡河深切河谷均是受小江及普渡河深大断裂控制之结果，沿河谷两岸还形成了次一级的类型多样的构造地貌，如断错沟谷、断错阶地、断错山脊、断层崖、断层三角面等(朱成男，1982)。轿子山东部的小清河谷地是受西北—东南走向的晓光向斜控制，并经河流侵蚀而发育形成的。受许多次一级断裂的影响和控制，形成分布有众多规模不等的断层崖。受岩层产状控制，发育有单斜构造地貌，如单面山、猪背脊等。受构造节理控制，玄武岩分布区形成有许多玄武岩石柱。

(3)第四纪古冰川遗迹广布，冻土地貌较为发育。轿子山地区经历了第四纪末次冰期，是云贵高原上第四纪冰川活动的主要场所，经受过第四纪冰川的强烈作用，古冰川遗迹分布十分普遍。在海拔3000.0m以上的高中山、高山地区，特别是山脊附近，冰斗、角峰、刃脊、“U”形谷、羊背石、冰溜槽、冰蚀洼地、冰蚀槽、冰蚀湖、冰坎等冰蚀地貌以及冰碛堤等冰碛地貌甚为常见，冰碛砾石、冰川漂砾广布。轿子山典型的第四纪古冰川遗迹，为研究该区域第四纪环境演变过程提供了重要依据。

轿子山海拔3600.0m以上区域，属于山地寒温带气候，寒冷潮湿，积雪时间长达半年，冰缘作用强烈，季节冻土和冻土地貌较为发育，石海、石河、岩屑锥(又称倒石堆)、雪蚀洼地等地貌形态分布普遍。

(4)喀斯特地貌发育，玄武岩台地分布范围广。轿子山地区出露的元古界、寒武系、二叠系等地层中，均有碳酸盐类岩石，在其出露地段，发育有类型多样的地表和地下喀斯特地貌形态，形成特有的喀斯特生态环境；高海拔地区发育有典型的高寒喀斯特地貌形态。

晚二叠世，沿小江断裂带有大量基性岩浆喷发，形成峨眉山玄武岩熔岩被，其厚度超过2000.0m，所形成的玄武岩台地是保护区内分布最广的次级地貌类型，经新构造运动隆升至现在的山顶面，成为轿子山地区的第一级夷平面。

1.3.2 主要地貌类型及其分布

1.3.2.1 山 地

轿子山地区是上新世末以来的新构造运动的强烈隆起区，经过线性褶被、断裂作用、冰川作用和长期流水作用的切割，山地地貌分布很广，成为保护区最主要的地貌类型。根据海拔高度，保护区内的山地可划分为以下类型。

(1)高山(海拔>3500.0m)：主要分布于轿子山片的山脊线附近，在保护区内所占面积不大，但却构成保护区地势最高的部分。保护区内海拔超过4000.0m的山峰有10余座，如雪岭、轿子山、马鬃岭、白石岩、狐狸房等，其中雪岭(又叫火石梁子)是最高峰，海拔4344.1m。海拔3500.0~4000.0m的山峰有多座(表1-4)，如山蒜包包、木板海等。山峰顶部及附近地区常有典型的刃脊、角峰、冰斗、U形谷等古冰川地貌以及石海、岩屑锥等现代冻土地貌。

表1-4 轿子山自然保护区主要山峰一览表

山峰名称	海拔(m)	山地类型	组成岩石
雪岭(火石梁子)	4344.1	高山	白云岩、泥质白云岩、石灰岩等
轿子山	4223.3	高山	玄武岩
白石岩	4242.0	高山	白云岩、泥质灰岩、粉砂岩等
狐狸房	4206.0	高山	泥灰岩、白云岩、泥质灰岩、粉砂岩
马鬃岭	4247.7	高山	玄武岩
马鬃梁子	4006.9	高山	玄武岩、石灰岩
山蒜包包	3572.8	高山	玄武岩、白云岩等
木板海	3618.0	高山	玄武岩、白云岩等
草药山脑包	3427.0	高中山	玄武岩、白云岩等
大白岩	3422.0	高中山	玄武岩、石灰岩
大钟山	3482.0	高中山	玄武岩、白云岩等
猴子石梁子	3266.0	高中山	砂岩、页岩、白云岩、石灰岩
大药山包包	3328.0	高中山	玄武岩、白云岩等

(2)中山(海拔1000.0~3500.0m):包括高中山(海拔2500.0~3500.0m)、中山(海拔1500.0~2500.0m)和低中山(海拔1000.0~1500.0m)。其中，高中山是保护区内面积最大的地貌类型，主要分布在轿子山主山脊线东西两侧海拔<3500.0m的剥蚀面上，是由普渡河、小江的支流切割而成，大多为东西向的次级山脊，与河谷相间分布，大致沿东西方向延伸，多与轿子山主山脊线垂直，当地称其为梁子，例如肖箕凹梁子、中山梁子、马鬃梁子、火石梁子、大海梁子等等。中山和低中山所占面积很小，仅分布于普渡河片区。

1.3.2.2 河流地貌

轿子山东侧是小江，西侧是普渡河，北侧是金沙江。在新构造运动中本区域大幅度抬升，上述河流及其众多支流强烈下切，在侵蚀、泥沙搬运和堆积、重力等多种作用下，保护区内河流地貌广泛发育，峡谷普遍，宽谷少见。

(1)峡谷：保护区北部的金沙江河谷、西部的普渡河河谷和东部的小江河谷均属典型深切峡谷，其横剖面一般呈"V"形，少数呈"U"形，如小江中下游峡谷。金沙江、小江、普渡河与轿子山之间的岭谷高差分别2000.0~3000.0m、3000.0m和3200.0m。

普渡河和小江的众多支流河谷，如基多小河、小清河中上游、舒姑小河、乌蒙河等的河谷均属深切峡谷，峡谷地貌特征十分典型。河床都比较窄，几乎占据整个谷底，比降大，水流湍急，下切侵蚀和溯源侵蚀强烈，沿河裂点众多，跌水和瀑布常见，河漫滩、边滩不发育，物质组成以基岩、砾石、粗砂为主。峡谷谷坡坡度一般都较大，加之岩石多属中、浅变质岩，比较破碎，土体浅薄，生态系统甚为脆弱，雨季容易发生崩塌、滑坡、泥石流等地质灾害。

(2)宽谷：仅分布于清水河下游和小清河的部分河段。两岸地势起伏小，河谷宽浅，发育有规模不等的边滩、河漫滩及河流阶地。

(3)河流阶地和冲—洪积扇：新构造运动以来，轿子山地区大幅度、间隙性抬升，部分河流沿岸发育有2~3级阶地，这些阶地集中分布于小江、普渡河、小清河河谷，以及清水河下游、舒姑小河下游、乌蒙河下游河谷，大多位于保护区之外。

小江和普渡河所属支流在汇入干流的河口附近，基本上都形成了规模不等的冲—洪积扇，又以小江支流的河口附近最典型。

河流阶地、冲—洪积扇的面积都不大，但却是重要的农耕区和部分居民点的分布区。

1.3.2.3 喀斯特地貌

保护区范围内，广泛出露不同时代的碳酸盐类岩石，在新构造运动中本地区间隙性的抬升造成河流下切强烈，地下水位不断下降，加之水热条件较好，喀斯特地貌比较发育，类型多，分布较广，在不同海拔高度上都有表现。主要集中分布于以下几个地区：①轿子山片北部、东北部的舍块乡和汤丹镇；②轿子山片东南部红土地镇的小海顶至小海(位置：26°02′02″N，102°56′02″E，海拔约3240.0m)、大兴场、大厂村一带以及茅坝子至小横山一带；③轿子山片南部乌蒙乡的乌蒙村、何家村一带(位置：26°3′6.3″N，102°49′56.9″E，海拔约3240m)以及转龙镇清水河源头地区；④整个普渡河片。喀斯特地貌十分发育，常见地表类型有溶丘、峰丛、石芽、石林(如苏姑四村大腰崖的塔状石林，位置：26°09′05.9″，102°50′20.9″，海拔3180~3250m)、溶蚀洼地、溶斗、落水洞、岩溶河谷等，地下类型有溶洞、地下河及其洞内的石钟乳、石笋、石柱、石幔等。主要溶洞有舍块乡九龙村的燕子洞、豪猪洞等，红土地镇大厂村的硝洞(洞口位置：26°2′27″N，102°56′10.4″E，海拔约3200.0m)、大燕洞(洞口位置:26°2′49.7″N,102°56′7″E,海拔约2940.0m)等,炭房村的燕子洞(洞口位置:26°05′51.5″N,102°53′42.1″E,海拔约2950.0m)等,银水箐村的老岩洞等,溶洞成因和洞内堆积地貌的发育等有待深入调查研究。在3500.0m以上的高寒地区,尚有典型高寒喀斯特发育,例如雪岭地区、狐狸房、石将军等地。

1.3.2.4 玄武岩地貌

(1)玄武岩台地。由峨眉山玄武岩构成,广布于保护区及附近广大地区,厚度超过2000.0m,有的是平缓的古夷平面,如轿子山顶、油房河源头的小海附近、木板海附近、圣山门(位置:26°05′21.1″N,102°51′53.7″E,海拔约3950.0m)等,有的是剥蚀面。

(2)玄武岩陡崖。主要分布于普渡河与小江两个流域的分水岭附近地区,即草药山脑包经轿子山山峰往北至苏姑垭口、马鬃岭主峰、弯腰石主峰沿线附近地区,以及轿子山顶古夷平面与周边峡谷等地貌单元转折过渡的部位,相对高度悬殊,大者超过100.0m,小者仅二三十米,均由峨眉山玄武岩构成,苏姑小河支流油房河南岸的陡崖等等。著名的陡崖如乌蒙河源头的大黑箐陡崖,轿子山顶天台峰陡崖周边陡崖,小清河上游支流燕子洞小河源头西岸的普渡崖(又称美女峰陡崖)等。

(3)玄武岩石柱。玄武岩因柱状节理发育,地表岩体在坡面流水、沟谷流水、冻融、风力等外营力综合作用下,在部分由致密状玄武岩、斑状玄武岩构成的山脊、山顶、谷坡、台地边缘等地貌部位,发育形成典型的玄武岩石柱。集中分布于布于普渡河与小江两个流域的分水岭附近,例如马鬃岭山脊、弯腰石梁子顶部、轿子山顶至苏姑垭口的山脊上,都发发育分布有典型的玄武岩石柱,高者近20m,矮者仅0.5m,多数5~10m。

1.3.2.5 盆 地

仅分布于轿子山片内,数量少,面积小,类型主要有构造盆地和冰蚀盆地两种。最大的构造盆地位于小清河一带,系向斜盆地,是二叠纪时期的拗陷作用形成的,当时是个内陆湖盆,接受侏罗和三叠纪湖相沉积,形成今天广泛出露的紫红色砂岩、页岩、砾岩。第四纪时期由冰川作用形成的小型冰蚀洼地或盆地比较多,较为典型的有轿子山顶附近的木梆海、大海(也叫天池),舒姑槽子沟源头的小海,狐狸房北部的大精塘、双塘子等,均积水形成了冰蚀湖。也有因冲积作用而形成的小型盆地,如茅坝子、小横山、大横山、新炭房、舒姑等。

1.3.2.6 灾害地貌

轿子山地区地质条件复杂,其上部坡度大,由于地质历史时期断裂、挤压作用强,大多数地区的岩体都较为破碎,加之夏季降水集中,沟谷下切侵蚀强烈,很容易形成高陡边坡,沟内容易发生崩塌、滑坡,并形成相应的崩塌崖壁、滑坡壁、倒石锥、滑坡体、落石、滚石等。泥石流主要发育在轿子山片周边海拔2000.0~2500.0m以下的沟谷中,其活动历史可追溯到早更新世。复杂的地质构造、频繁的地震活动、特殊的地形以及集中的暴雨等因素是泥石流发生的主要原因(张威、催之久,2003)。轿子山片东部的小江流域是中国雨洪型泥石流最典型的地区。

1.3.2.7 构造地貌

轿子山地区构造地貌类型多样,分布广泛。轿子山位于康滇地轴中段,其东、西、南三面均为深大断裂围陷,是新生代以来快速隆升的典型断块山。东部小江和西部普渡河深切河谷均是受小江及普渡河深大断裂控制之结果,沿河谷两岸还形成了次一级的类型多样的构造地貌，如断尾河(谷)、断头河(谷)、断错沟谷、断错阶地、断错山脊、断层崖、断层三角面等(朱成男，1982)。轿子山片东部的小清河谷地是受西北—东南走向的晓光向斜控制，并经河流侵蚀发育形成。

保护区内受众多次一级断裂的影响和控制，形成许多规模不等的断层崖，例如轿子山顶附近的大黑箐断层崖，由上二叠统峨眉山玄武岩构成；红土地镇大厂村的大白岩断层崖(位置：26°3′1.1″N，102°56′9.7″E，崖脚海拔约3050.0m，长约4.0km，高差几十米至百米)、猴子石陡崖等，由下二叠统茅口和栖霞组石灰岩构成；舍块乡九龙村的大羊桥崖、穿风崖、岩头崖、锅圈崖等，由古元古界白云岩构成；乌蒙乡至雪山乡公路沿线的断层崖，主要由下二叠统茅口和栖霞组石灰岩构成。这些断层崖大多典型壮观，具有较高的观赏价值。

小清河上游哓光桥以西区域，发育有大面积典型的单斜构造地貌，有单面山、猪背脊、顺向谷、次成谷等类型，均有上三叠统及侏罗系紫色砂岩、砂页岩构成，例如老炭房双塘子沟源头至三道湾、老红坡、雷打岩一带(位置：26°06′51″N，102°56′07″E，海拔约3000.0～3300.0m)，小清河大箐丫口至下岔河、麻糖河段的南岸地区等。此外，雪岭亦为典型单面山，由震旦系白云岩、白云质灰岩构成(易朝露等，1991；张威等，2003；施雅风等，2006)。

1.3.2.8 第四纪古冰川地貌和冻土地貌

第四纪晚更新世至全新世期间，3000m以上山地曾发育过海洋性山地冰川，遗存有典型的古冰川地貌遗迹，集中分布于妖精塘—牛洞坪、轿子山峰附近、老炭房以及雪岭等地区。妖精塘—牛洞坪地区冰斗、冰川槽谷、冰蚀岩盆、侧碛堤等分布最集中、最典型，有海拔3700～3800m的妖精塘、贝母房和双龙塘等冰斗—槽谷，以及3900～4000m的白石崖子、紧风口等冰斗，有海拔3000～3300m、3300～3700m、3700～3800m三级侧碛堤。老炭房地区则有2级冰碛堤，分布的海拔高度分别是2950.0～3250.0m(老炭房村后)和3250.0～3550.0m。上述冰碛物堆积，大多为砾石和黏土混合物，砾石大小不等，有些砾石的表面尚存明显的冰川擦痕，堆积物无分选、无磨圆、无层理，成分复杂。轿子山峰附近的山顶面海拔约4000m，发育有冰蚀岩盆、羊背石、冰坎、岩丘、小型冰斗等，冰蚀岩盆已积水成湖，有木梆海、大海(也称天池)等。老炭房地区有3900m左右的绿荫塘等和3700m左右的倒观音等两级冰斗，海拔2950～3250m和3250～3550m两级侧碛堤。雪岭发育有良好的冰川槽谷和角峰。冰川作用时代可划分为丽江冰期(又称倒数第二次冰期)和大理冰期(又称末次冰期)两个阶段，丽江冰期距今10万～11万年(热释光年代，后同)，以牛洞坪村对面海拔3140～3170m的侧碛堤为代表，北坡古雪线高度3700m，南坡3550m；大理冰期可细分为三序列：①早冰期，距今4万至5万年，以海拔3000m左右的侧碛堤为代表，南北坡古雪线高度基本一致，约3720.0m；②盛冰期，距今1.8万至2.5万年，以妖精塘、双龙塘、倒观音等冰斗为代表，北坡古雪线高度3750m，南坡3700m；③晚冰期，距今1万年左右，以白石崖子、紧风口和绿荫塘等冰斗为代表，古雪线高度约3950m。大理冰期的冰期序列比较完整，是研究中国东部古冰川发育的重要依据，也是研究东亚地区季风演化的物质基础。

轿子山海拔3600.0m以上区域，气候属于山地寒温带，寒冷潮湿，积雪时间长4～6个月，寒冻风化强烈，冰缘作用显著，季节冻土和冻土地貌较为发育，石海、石河、石冰川、岩屑锥(又称倒石堆)、雪蚀洼地等地貌形态分布普遍。例如妖精塘冰斗后壁的东南方，就分布有一大型的石冰川，覆盖于侧碛堤之上。双龙塘冰斗后壁，倒石堆、石海、石河、石冰川等随处可见。

1.3.3 地貌发育简史

地质构造及其演化过程是区域地貌发育的基础。从大地构造单元的划分来看，轿子山所属构造单元为雪山穹隆，位于杨子准地台的二级构造单元—康滇地轴中段东部(黄汲青，1954)。康滇地轴经历了十分漫长且复杂的演化进程，大体可分为下列几个阶段(薛步高，1981)。

1.3.3.1 太古代—元古代阶段

这是康滇地轴构造基底形成的时期，时间跨度很漫长。研究表明，从晚元古代早期开始，特提斯板块向东移动并俯冲，使康滇地轴的基底(昆阳群)先后经历了5个沉积旋回，此期间发生了武陵运动(1700Ma B. P.)、东川运动(1400Ma B. P.)、满银沟运动(1000Ma B. P.)、晋宁运动(1000 ~850Ma B. P.)和澄江运动(700Ma B. P.)。其中最强烈的一次是席卷整个扬子地台区的晋宁运动，它使该地区基本完成了从洋壳到陆壳的彻底转化。

1.3.3.2 古生代和中生代阶段

澄江运动后，康滇地轴进入地台演化阶段。早古生代，本区位于高纬度海洋环境，形成震旦系冰碛层和寒武系的磷矿床。奥陶纪、志留纪、泥盆纪和石炭纪期间本区抬升露出海面成为隆起剥蚀区。二叠纪开始时本区又遭受海侵，形成一整套下二叠系的海相沉积地层。晚二叠发生的海西运动对本区域影响巨大，沿断裂带有大规模的玄武岩喷发，轿子山地区分布广，厚度大的玄武岩就是这次岩浆喷发的产物。上二叠纪以后轿子山地区所处的整个康滇地轴区上升为陆地并接受剥蚀。

中生代上三叠纪时，康滇地轴的南段产生一些拗陷盆地，小清河谷地当时就是个典型内陆湖盆，它接受周边的沉积物，形成一套完整的内陆湖相沉积红色岩系。中侏罗纪时，轿子山所处的康滇地轴南段全部上升为陆地。中生代后期燕山运动时，康滇地轴进一步整体隆升，各种褶皱、断裂经强化改造后基本定型，沿地轴周边的断裂带形成串珠状、地堑式的断陷盆地和湖泊。

1.3.3.3 新生代阶段

这是现代地貌的发展演化阶段。燕山运动后一直到第三纪渐新世中期，轿子山所处的康滇地轴中段进入相对稳定阶段，在长期外营力作用下，隆起的地带都受到剥蚀夷平作用，最终形成一个范围很广的夷平面，在轿子山及周边山地，海拔3800.0 ~4100.0m山顶附近保存的就是这个夷平面。第四纪以来，强烈的新构造运动，使整个康滇地轴(包括轿子山地区)发生间隙性的大幅抬升，轿子山成为云贵高原上的最高峰之一，后期的外力作用(流水、冰川等)进一步塑造了今天我们所看到的现代地貌景观。

1.4 气 候

由于经纬度位置、云南高原下垫面性质、冬夏半年性质不同天气系统的交替影响和控制的综合作用，致使该地区所处水平气候带(基带)具有一般云南低纬高原季风气候的典型特点。轿子山系高山峡谷地区，山高谷深，岭谷高差一般为3000.0 ~3200.0m，水分和热量条件垂直分异显著。以北亚热带为水平基带，向上依次发育有山地暖温带、山地中温带、高山寒温带和高山寒带，向下依次发育有河谷中亚热带和南亚热带，构成一个典型完整的山地垂直气候带系列。

1.4.1　气候特征

1.4.1.1　低纬高原季风气候显著

轿子山自然保护区位于北亚热带半湿润气候区，这是其水平气候基带，海拔范围约1600.0～2000.0m，低纬高原季风气候显著。

(1)冬无严寒，夏无酷暑，四季如春。保护区气候基带范围内，夏季正值雨季，受热带海洋气团控制，多云雨天气，日照少，气温不高，最热月(7月)平均气温18.4～21.7℃，各候均温不超过22℃，气候凉爽宜人，可谓盛夏而无夏热。冬季进入干季，受热带大陆气团控制，降水稀少，多干暖、晴朗天气，最冷月(1月)平均气温6.6～7.9℃，并不感到寒冷，可谓隆冬而无冬寒。年平均气温13.4～15.6℃。与同纬度低海拔的其他地区相比，保护区基带的气温具有夏季偏低凉爽，冬季偏高暖和，年较差偏小、四季如春的特点。按气候学上划分四季的标准(候均温<10℃为冬季，>22℃为夏季，10～22℃为春秋季)，保护区基带范围内，全年无夏，冬季3个多月，春秋相连，长达8个多月，四季分配属“短冬无夏，春秋相连”型。

(2)日较差略大于甚至小于年较差。保护区位于滇北拱王山中上部，东部和西部均为深切河谷，气候基带范围内，气温的日变化大于年变化，这显著有别于滇中山原地区气温日变化显著大于年变化的规律。表明山地下垫面的热效应不如高原面的热效应强烈。例如，海拔1669.0m的禄劝气象站，年均气温日较差13.3℃，年较差13.2℃；海拔2251.0m的汤丹气象站日较差8.8℃，年较差12.2℃。

(3)春温高于秋温。保护区气候基带范围内，春温明显高于秋温，春温平均比秋温高1.0～3.0℃。春季(3～5月)正值干季、雨季转换季节，云雨天气少，天气晴朗，日照充足，太阳辐射量多，地面干燥，蒸发耗热少，因而升温快，气温较高。而秋季(9～11月)正处于雨季或雨季结束不久，多云雨天气，湿度大，情况与春季相异，气温较低；中国东部地区则与此不同，春季多阴雨天气，光照少，常受冷空气影响，气温低，而秋季，西太平洋副热带高压南撤，秋高气爽，日照充足，秋温高于春温。例如，海拔1669.0m的禄劝气象站，4月均温比10月均温高6.8℃。

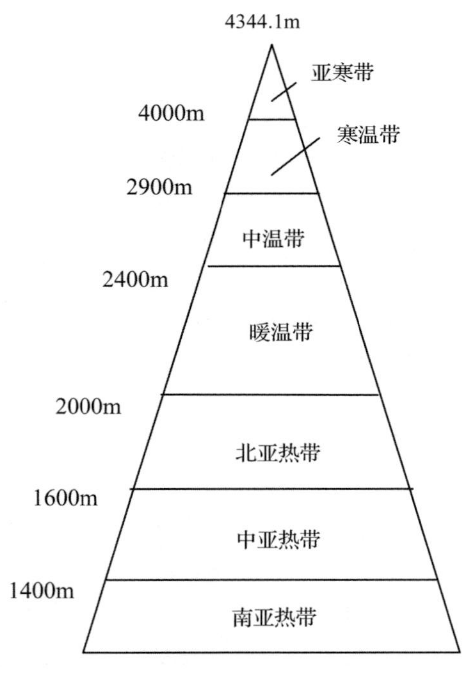

图1-3　轿子山自然保护区垂直气候带示意图

(4)降水季节变化大，干湿(雨)季分明。保护区气候基带范围内，年降水量800.0～1100.0mm，在全省属中等水平。但季节分配极不均匀，夏秋多雨，冬春干旱，一年内有一个明显的干季和雨季。雨季(5～10月)降水量占全年降水总量的85%～90%，特别是6～8月降水量可占全年降水量的60%，干季(11月至翌年4月)降水量只占全年降水量的10%～15%。11月至翌年4月主要受来自西亚的温暖干燥的南支西风急流(热带大陆气团)控制，降水很少，形成长达半年的干季，多晴朗、干暖天气。5~10月保护区主要受来自印度洋孟加拉湾的西南暖湿气流即西南季风和来自太平洋南海的东南季风气流(热带海洋气团)的控制，降水丰沛，形成长达半年的雨季，多云雨天气，日照少，湿度大。

1.4.1.2 气候垂直分异显著

保护区属典型的高山、高中山峡谷区，地势起伏大，水热状况的垂直分异显著。从海拔1100.0m左右的普渡河河谷上升到海拔4344.1m的最高峰雪岭，相对高差达3244.1m，在小范围的地区内，随海拔高度的增加，山地垂直气候带依次更替。普渡河河谷及山麓地带，气温较高，降水量较少，蒸发量大，气候较干热。山腰气候温和，降水增多。山顶和山脊附近气温低，降水丰沛，湿度大，气候寒冷潮湿。依据云南省热量区划指标(王宇，1990)，参照《云南省地综合农业区划》中云南东部各垂直气候带区划的主要气候指标和海拔高度指标(云南省农业区划委员会，1999)以及《东川区综合农业区划》中垂直气候带区划指标和海拔高度指标(东川市农业区划委员会办公室，1988)，对轿子山保护区垂直气候带作如下划分：1400.0m以下为河谷南亚热带，1400.0~1600.0m为河谷中亚热带，1600.0~2000.0m为山地北亚热带，2000.0~2400.0m为山地暖温带，2400.0~2900.0m为山地中温带，2900.0~4000.0m为山地寒温带，4000.0~4344.1m为山地亚寒带。其中，山地北亚热带为该地区山地气候垂直带谱中的基带，基带以下属于负向垂直带，基带以上属于正向垂直带(图1-3)，气候垂直分异非常显著，“一山有四季”的立体气候特点十分突出。这是保护区及附近地区土壤和植被垂直带谱完整而典型的气候基础，也是保护区植被类型多样、动植物种类丰富的重要原因。

1.4.2 气候资源

1.4.2.1 光能资源

(1)日照时数：保护区年日照时数介于2000.0~2500.0h之间，其中普渡河片最高，多达2500.0h，光能资源丰富。轿子山片偏低，在1800.0~2100.0h之间，其周边地区日照时数在2000.0~2350.0h之间，在云南省范围内处于中等水平。例如，轿子山片东部海拔1254.1m的新村年平均日照时数为2315.8h，海拔2251.0m的汤丹年平均日照时数为2103.4h，海拔3227.7m的落雪仅有1899.8h。其垂直分布表现出随海拔升高而降低的特点，又以雨季最为显著(图1-4)，而干季并不明显。其主要原因是随海拔的升高，云雨天气增多，晴朗天气减少，特别是雨季。

依据新村、汤丹、落雪等台站资料分析，日照时数Y_R与海拔高度H之间存在着良好的线性相关，得出回归方程为：

$$Y_R = -0.2108H + 2579.4$$

其中，Y_R为日照时数，H为海拔高度，相关系数R^2为0.9998。

从季节分配来看，保护区所在地日照时数与云南省大部分地区相似，干季(11月至翌年4月)显著多于雨季(5~10月)，冬春季显著多于夏秋季，又以春季最多，其次是冬季，秋季或夏季最少(图1-6)。海拔3227.7m的落雪，春季平均日照时数为648.7h，占全年的34.0%；冬季平均为611.0h，占全年的32.0%；夏季最少，平均为289.1h，仅占全年的15%(表1-6)；干季平均为1253.9h，占全年的66%，雨季为645.9h，仅占全年的34.0%。

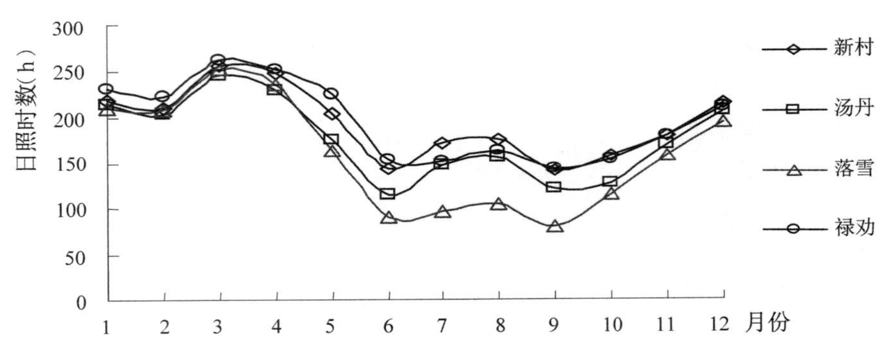

图1-4　轿子山自然保护区日照时数变化曲线图

从图1-4和表1-5的分布差异可知，保护区雨季日照时数还具有随海拔升高显著降低的特点。

表1-5　轿子山自然保护区各站日照时数(h)及占全年比例(%)

站名	海拔(m)	全年	春季		夏季		秋季		冬季		干季		雨季	
			a	b	a	b	a	b	a	b	a	b	a	b
新村	1254.1	2314.9	701.5	30.3	495.0	21.4	475.2	20.5	643.3	27.8	1322.1	57	992.8	42.9
禄劝	1669.4	2261.4	705.0	31.2	450.0	19.9	459.0	20.3	647.4	28.6	1311.3	58.0	950.1	42.0
汤丹	2251.0	2103.4	647.8	30.8	416.3	19.8	414.9	19.7	624.4	29.7	1265.2	60.2	838.2	39.8
落雪	3227.7	1899.8	648.7	34.2	289.1	15.2	351.0	18.5	611.0	32.2	1253.9	66.0	645.9	34.0

注：(1)表中4个台站地理坐标分别为：新村26°06′N，103°10′E；汤丹26°11′N，103°04′E；落雪26°14′N，103°00′E；禄劝25°35′N，102°26′E，后同。(2)表中a代表各季日照时数，b代表各季日照时数占全年日照时数的比例。(3)表中数据引自：云南省气象档案馆，云南省地面气候资料三十年整编，1993。

(2)太阳辐射：太阳辐射是地面气候系统的能源，是大气中一切物理过程与物理现象的基本动力。保护区太阳总辐射量5200.0～5900.0MJ/m²，其中普渡河片最高，约5900.0MJ/m²，是云南省内最丰富的地区之一，轿子山片偏低，在5200.0～5500.0MJ/m²，在云南省范围内处于中等水平。在垂直分布上，保护区太阳辐射总量具有随海拔高度增加而减少的特点。以新村、汤丹、落雪3个站为代表。海拔1254.1m的新村，年均太阳辐射总量为5891.4MJ/m²；海拔2251.0m的汤丹，年均太阳辐射总量为5595.5MJ/m²。与新村相比，汤丹海拔增加了996.9m，辐射总量减少了295.9MJ/m²；海拔3227.7m的落雪，年均太阳辐射总量为5296.2MJ/m²，与汤丹相比，落雪海拔增加了976.7m，辐射总量减少了299.3MJ/m²(表1-6)。

总辐射量的季节变化与云南省内大部分地区相似，干季(11月至翌年4月)略多于或等于雨季(5～10月)，但地域差异显著，普渡河片位于低海拔的干热河谷，雨季降水不多，太阳高度角比干季大，雨季略多于干季，季节分配比较均匀。例如位处小江干热河谷的新村，干季太阳辐射总量占全年的49.0%，雨季量占全年的51%。轿子山片则是干季多于雨季，原因是海拔较高，干季空气干燥，云量少，大气透明度高，日照充足，太阳直接辐射强，而雨季多云雨天气，日照较少，虽然太阳高度角比干季大，太阳总辐射量仍不如干季丰富，在海拔更高的4000.0m左右的山脊、山顶地区，干季所占比例更高。例如海拔3227.7m的落雪，干季太阳总辐射量占全年的53.0%，雨季占全年的47.0%。四季分配上，春季最多，其次是夏季和冬季，秋季最小(表1-6)。

表1-6 轿子山自然保护区各季太阳辐射总量(MJ/m^2)占全年比例(%)

站名	春季		夏季		秋季		冬季		干季		雨季		全年
	数值	比例	数值	比例	数值	比例	数值	比例	数值	比例	数值	比例	
新村	1832.1	31	1559.7	27	1225.2	21	1260.4	21	2890.2	49	3001.2	51	5891.4
汤丹	1747.7	31	1455.4	26	1143.3	20	1235.9	22	2810.4	50	2785.1	50	5595.5
落雪	1762.0	33	1240.3	23	1050.7	20	1230.6	23	2819.0	53	2477.2	47	5296.2
禄劝	1715.6	32	1326.6	25	1093.2	21	1192.9	22	2709.5	51	2631.6	49	5341.1

引自：云南省气象局，云南省农业气候资料集，1984

1.4.2.2 热量资源

热量资源是气候资源的主要表征，植被的类型和分布很大程度上是由热量条件决定的。

1.4.2.2.1 气 温

(1)空间分布：保护区山体高大，气温垂直变化显著，总的分布趋势是由1100.0m左右的普渡河河谷到轿子山最高峰雪岭，随海拔升高，气温逐渐降低，气温年较差和日较差都有降低的趋势，等温线大致与等高线平行，年平均气温由21.0℃降低至0.0℃左右，最热月均温(5月或7月)由25.0℃左右降低至4.0℃，最冷月(1月)均温由12.5℃左右降低至-5.5℃，气温年较差由约12.5℃降低至约9.5℃。

普渡河片位于1200.0m左右的河谷地带，年均温20.0℃左右，最热月(5月)均温约25.0℃，最冷月(1月)均温约12.5℃，气温年较差约12.5℃，气温日较差约11.5℃。轿子山片位于2300.0m~4344.1m高度，年均温0.0~13.0℃之间，最热月(7月)均温约4.0~18.0℃，最冷月(1月)均温-5.5~5.5℃，气温年较差为9.5~12.5℃。例如，2630.0m的雪山乡政府所在地，年均温10.7℃，最热月(7月)均温15.9℃，最冷月(1月)均温4.1℃，年较差为12.0℃。3227.7m的落雪，年均温7.0℃，最热月(7月)均温11.8℃，最冷月(1月)均温1.1℃，年较差为10.7℃(表1-7)。

表1-7 轿子山自然保护区气温(℃)状况

站名	海拔(m)	年均温	最冷月均温	最热月均温	日较差	年较差
新村	1254.1	20.2	12.6(1月)	25.2(7月)	11.5	12.6
禄劝	1669.4	15.6	7.9(1月)	21.1(7月)	13.3	13.2
汤丹	2251.0	13.1	6.1(1月)	18.3(7月)	8.8	12.2
转龙	2100.0	14.2	6.7(1月)	19.5(7月)	8.5	13.3
乌蒙	2240.0	12.8	5.6(1月)	18.1(5月)	8.3	12.5
雪山	2651.0	10.7	4.1(1月)	15.9(5月)	8.1	12.0
落雪	3227.7	7.0	1.1(1月)	11.8(7月)	7.5	10.7

引自：云南省气象局，云南省农业气候资料集，1984

依据轿子山片附近的新村、汤丹、落雪等站点资料，分析得出保护区年平均气温 T 与海拔高度 H 之间存在密切的线性相关(图1-4)，回归方程为：

$$T_{年} = -0.0066H + 28.33 \quad R^2 = 0.9992$$

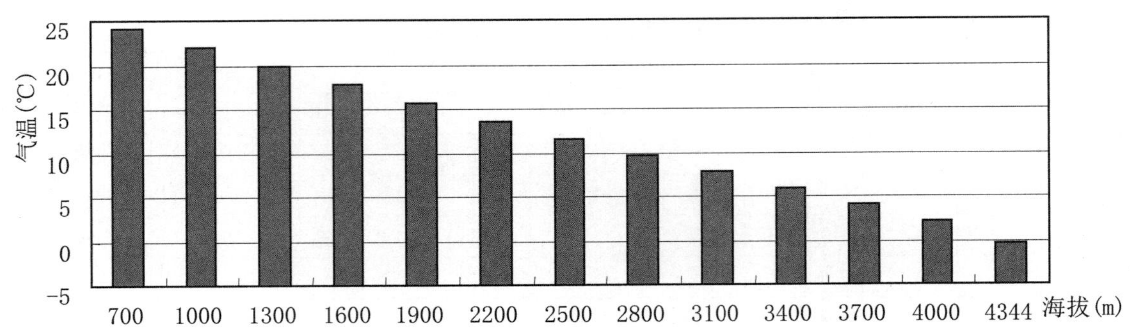

图1-5　轿子山自然保护区年均温垂直变化柱状图

最冷月1月平均气温 T 与海拔高度 H 之间存在密切的线性相关，回归方程为：

$$T_{1月} = -0.0058H + 19.695 \quad R^2 = 0.9954$$

最热月7月平均气温 T 与海拔高度 H 之间存在密切的线性相关，回归方程为：

$$T_{7月} = -0.0068H + 33.574 \quad R^2 = 0.9979$$

上述3个方程式中，R^2为相关系数。

(2)时间变化：保护区气温年内季节变化较为和缓，与省内大部分地区相似。从保护区逐月气温变化曲线图(图1-6)可以看出，春温回升快，从2~4月，月际升温一般达3~5℃。夏季是一年中气温高而比较稳定的时节，5~8月，月均温变幅很小，最热月除雪山、乌蒙、转龙为5月外，其余站点均出现在7月，6月因降雨多，蒸发耗热明显，气温略有降低。秋温下降快，9~12月，月际降温一般达2.3~6℃。1月为保护区各地一年中的最冷月(图1-6)。极端最高气温多出现在干季末期的5月上旬，不像国内绝大多数地区出现在盛夏7月份，极端最低气温多出现在冬季1月份。大部分地区气温年较差都大于日较差(表1-7)。气温年内变化曲线均呈单峰型，曲线起伏不大，峰谷之间的差值较小，峰顶较平缓。

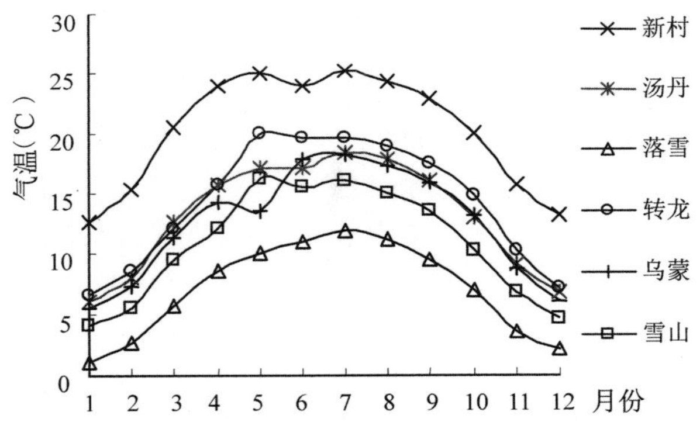

图1-6　轿子山自然保护区各站逐月气温变化曲线图

1.4.2.2.2　积　温

用日平均气温≥0℃、≥5℃、≥10℃和≥18℃积温和持续日数来表示，其中≥5℃是多数温带木本植物恢复和停止生长，喜温植物能安全越冬的界限温度，≥10℃积温是我国用来衡量一地热量资源丰欠的重要指标。普渡河片日平均气温全年几乎都在10℃以上，≥10℃

积温7000.0℃左右。轿子山片日平均气温≥0℃持续日数<350d，≥0℃积温<4600.0℃，并随海拔的升高，逐渐降低。保护区≥10℃积温空间分布状况为：海拔1500.0m以下，大于6000.0℃；海拔1500.0~1800.0m，4500.0~6000.0℃；海拔1800.0~2200.0m，4000.0~4500.0℃；海拔2200.0~2600.0m，为3000.0~4000.0℃；2600.0m以上，小于3000.0℃。

1.4.2.2.3 无霜期

普渡河片霜期短，不到50d，无霜期长，超过315d，霜日小于10d。轿子山片海拔高，热量水平比普渡河片低，并随着海拔的升高，气温的降低，初霜日逐渐提早，终霜日逐渐推迟，霜日增多，霜期应增长。例如，海拔2251.0m的汤丹，霜期106d，无霜期259d。海拔3227.7m的落雪，霜期198 d，霜日54.8d，无霜期167d(表1-9)。

表1-8 轿子山自然保护区各站各界限温度持续日数和积温

站名	≥5℃				≥10℃				≥18℃			
	初日(日/月)	终日(日/月)	持续日数(d)	积温(℃)	初日(日/月)	终日(日/月)	持续日数(d)	积温(℃)	初日(日/月)	终日(日/月)	持续日数(d)	积温(℃)
新村	–	–	364.6	7367.0	7/2	12/12	310.0	6703.9	17/4	4/10	171.5	4144.3
禄劝	–	–	360.7	5653.2	27/2	21/11	268.1	4848.4	22/5	13/9	114.6	2375.4
汤丹	19/2	5/12	293.3	4344.6	23/2	21/10	213.4	3519.0	28/6	19/7	20.3	395.7
落雪	1/4	18/10	200.9	2035.1	20/6	22/8	63.8	746.6	–	–	–	–

引自：云南省气象局，云南省农业气候资料集，1984。

表1-9 轿子山自然保护区无霜期

站名	初霜日	终霜日	霜期(d)	无霜期(d)	霜日(d)
新村(1254.1m)	12月17日	2月3日	48	317	6.8
汤丹(2251.0m)	11月16日	3月2日	106	259	33.6
落雪(3227.7m)	10月7日	4月23日	198	167	54.8
禄劝(1669.4m)	11月18日	3月28日	131	234	68.2

引自：云南省气象局，云南省农业气候资料集，1984。

表1-10 轿子山自然保护区各级霜冻初、终日期

站名	≤2℃				≤0℃				≤-2℃			
	出现天数(d)	初日(日/月)	终日(日/月)	持续日数(d)	出现天数(d)	初日(日/月)	终日(日/月)	持续日数(d)	出现天数(d)	初日(日/月)	终日(日/月)	持续日数(d)
新村	4.1	1/1	27/1	27	0.9	19/1	23/1	5	0.1	9/2	10/2	2
禄劝	71.7	24/11	25/3	122	39.9	8/12	5/3	88	13.0	21/12	1/2	43
汤丹	39.7	21/11	24/4	124	24.0	2/12	28/2	89	12.4	19/12	23/2	67
落雪	130.9	1/10	12/5	224	87.1	24/10	19/4	178	50.4	10/11	11/4	153

引自：云南省气象局，云南省农业气候资料集，1984。

1.4.2.3 水分资源

1.4.2.3.1 年降水量及时空分布

普渡河片年降水量800.0～900.0mm。轿子山西坡(禄劝县一侧)由普渡河河谷到轿子山山顶，年降水量由850.0mm左右增加到1700.0mm左右，在全省属中上水平。轿子山东坡、东北坡(东川一侧)由小江河谷到轿子山山顶，年降水量由700.0mm左右增加到1500.0mm左右。山脊山顶地区，降水量最丰富，高达1600.0～1800.0mm。保护区年降水量的分布受轿子山地形影响，呈现出由西南向东北逐渐减少的趋势。

年降水量空间分布：年降水量垂直分异明显，随高度增加逐渐增多。地形对降水分布影响较大，西坡、西南坡为西南暖湿气流的迎风坡，东坡、东南南坡为东南暖湿气流的迎风坡，但因西南暖湿气流输送到该地区的水汽，明显多于东南暖湿气流，加之轿子山东坡尤其小江河谷是西南暖湿气流的雨影区，以致轿子山西坡、西南坡降水量明显多于东坡和东北坡。西部普渡河河谷的三江口水文站，年降水量907.8mm，西南坡海拔2240m的乌蒙1126.7mm，西坡海拔2651m的雪山1168.0mm。东部小江河谷的新村气象站，年降水量700.5mm，东北坡海拔2252.4m的汤丹838.0mm，海拔3227.7m的落雪1136.1mm。

表1-11 轿子山自然保护区逐月降水量(mm)

站名	1月	2月	3月	4月	5月	6月	7月	8月	9月	10月	11月	12月	全年
乌蒙	11.5	10.0	10.0	21.8	84.4	229.9	245.5	220.3	154.1	92.7	34.5	12.0	1126.7
雪山	10.7	15.0	23.2	30.8	110.1	210.7	253.5	219.1	135.3	105.5	40.5	13.8	1168.2
转龙	20.3	15.7	17.5	26.6	70.1	232.6	240.8	205.1	152.7	89.0	23.5	10.3	1104.2
三江口	10.7	8.8	7.2	15.3	70.4	204.1	197.6	159.9	120.8	95.4	24.1	7.1	907.8
新村	8.5	10.7	10.4	18.6	71.4	160.4	117.0	107.3	89.1	71.9	27.4	7.8	700.5
汤丹	11.8	13.5	16.0	23.1	81.5	168.4	151.8	139.2	104.2	84.8	32.6	11.1	838.0
落雪	8.9	10.9	21.4	28.7	97.1	218.5	224.8	229.2	134.4	109.1	37.7	15.4	1136.1

注：乌蒙、雪山、转龙3站数据引自：禄劝彝族苗族自治县志编撰委员会，禄劝彝族苗族自治县志禄劝县志，1995；新村、汤丹、落雪3站数据引自：云南省气象局，云南省农业气候资料集，1984；三江口站数据引自：云南省水文站革命委员会，云南省水文特征值统计资料，1971。

依据轿子山片附近的新村、汤丹、落雪等站点降水资料，分析得出轿子山东坡年平均降水量R与海拔高度H之间存在密切的线性相关，得出回归方程为：

$$R = 396.6 + 22.611 \times H$$

降水量的季节变化：保护区位处季风区，降水量季节分配极不均匀，一年内有一个非常明显的干季和雨季。雨季(5～10月)降水量占全年降水总量的85.0%～90.0%，特别是6～8月降水量可占全年降水量的60%，干季(11月至翌年4月)降水量只占全年降水量的10%～15%。例如，海拔2651.0m的雪山，雨季(5～10月)降水量多达1034.2mm，占全年89%，干季(11月至翌年4月)降水量134.0mm，仅占全年的11.5%，降水量最多为7月，达253.5mm，降水量最少是1月，仅10.7mm。海拔2240m的乌蒙，雨季降水量1111.3mm，占全年降水量的92%，干季降水量99.8mm，仅占全年的8%，7月最多，达245.5mm，2月、3月最少，仅10.0mm(表1-11、图1-7至图1-10)。

干季一般与风季同步，土壤较干燥，山脊、山顶部位风蚀作用明显，中低海拔地区旱情突出。湿季雨量集中，山麓易出现水洪和涝灾，山区沟谷水蚀严重，易发生地质灾害。

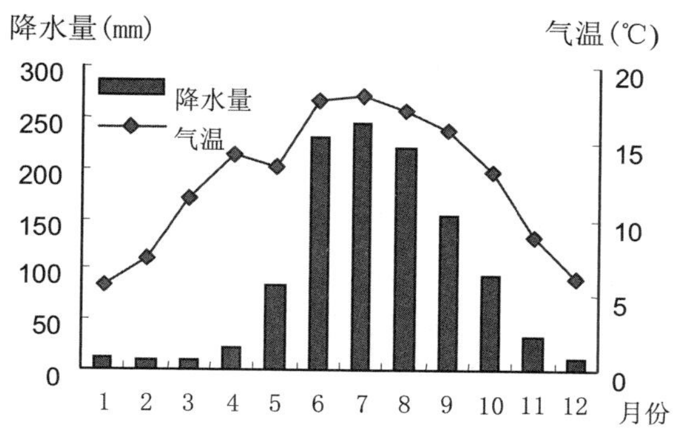

图 1-7 乌蒙逐月水、热变化图

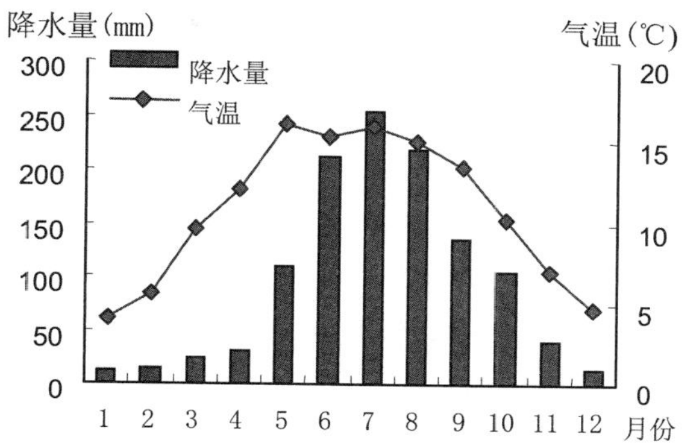

图 1-8 雪山逐月水、热变化图

1.4.2.3.2 降水日数及降水强度

保护区年降水日数 110 ~ 170d，具有从普渡河河谷、小江河谷至轿子山山顶明显增多的规律，73% ~79% 的雨日集中在雨季，这与降水量的分布特征基本一致。例如，从新村到汤丹、落雪，年降水日数分别由 112.2d 增加到 141.1d、158.3d，山脊和山顶地区约 170d，3 个台站雨季(5 ~ 10 月)雨日数占全年降水日数比例分别为 78.3%、73.5%、77.0%，月均降水日数以 6 ~ 8 月最多(表 1-12)。干季(11 月至翌年 4 月)降水日数较少，仅占全年降水日数的 21% ~27%，其中又以 12 月和 1 月最少，月均降水日数仅 3 ~ 5d，而且每次降水强度远小于雨季(表 1-12)。

表 1-12 轿子山自然保护区各气象站累年各月降水日数(d)

站名	等级	1 月	2 月	3 月	4 月	5 月	6 月	7 月	8 月	9 月	10 月	11 月	12 月	全年
新村	≥0.1mm	3.1	3.6	3.5	4.8	11.7	17.2	16.8	17.0	12.5	12.6	6.3	3.0	112.2
	≥10.0mm	0.3	0.3	0.2	0.5	2.3	4.8	3.8	3.2	3.0	2.2	0.9	0.2	21.8
	≥25.0mm	–	0.1	–	0.1	0.4	1.6	1.2	0.8	0.7	0.4	0.1	–	5.5
	≥50.0mm	–	–	–	–	0.1	0.3	0.1	0.0	–	0.0	0.1	–	0.7
汤丹	≥0.1mm	4.8	6.3	6.1	6.8	14.4	20.2	19.6	19.2	15.3	15.0	8.8	4.6	141.1
	≥10.0mm	0.3	0.3	0.4	0.5	2.4	5.3	5.3	4.0	3.4	2.4	0.9	0.2	25.3
	≥25.0mm	0.1	0.0	–	0.1	0.5	1.7	1.8	1.1	0.8	0.5	0.2	–	6.8
	≥50.0mm	–	–	–	–	0.1	0.3	0.3	0.2	0.1	0.0	–	–	1.1
落雪	≥0.1mm	3.5	5.0	6.9	8.0	15.8	22.6	24.2	22.6	19.6	17.1	8.9	4.3	158.3
	≥10.0mm	0.2	0.3	0.5	0.7	3.7	7.5	8.6	7.9	4.1	3.3	1.1	0.5	38.4
	≥25.0mm	0.0	–	–	0.1	0.8	2.2	2.3	2.2	1.2	0.8	0.2	–	9.9
	≥50.0mm	–	–	–	–	0.0	0.3	0.3	0.3	0.2	0.1	0.0	–	1.3

引自：云南省气象局，云南省农业气候资料集，1984。

保护区全年大雨(日降雨量 25 ~ 50mm)、暴雨(日降雨量≥50mm)日数较少，大多集中在 5 ~ 10 月，大雨日数 5 ~ 10d，暴雨日数 0.7 ~ 2.0d。保护区附近海拔 3227.7m 的落雪大雨日数 9.9d，暴雨日数 1.3d(表 1-12)。

1.4.2.3.3 蒸发力及干燥度

蒸发力是指在水分充分供应情况下的最大蒸发能力，即在水体充分大时自由水面的蒸发量。保护区蒸发力具有从普渡河河谷、小江河谷到轿子山山顶明显减少的特点。普渡河片年蒸发力在1700.0～1800.0mm，一年中3～9月蒸发力大，特别是3～5月，最大值出现在4月(表1-13)，10月至翌年2月较小(表1-13)，12月最小。轿子山片年蒸发力在1000.0～1200.0mm，远小于普渡河片，春季蒸发力最大，其次是夏季，大约海拔3000.0m以下地区冬季最小，3000.0m以上地区秋季最小。例如，海拔2252.4m的汤丹蒸发力1258.0mm，春季439.0mm，夏季372.5mm，秋季237.6mm，冬季208.9mm。海拔3227.7m的落雪年蒸发力1124.3mm，春季403.0mm，夏季272.8mm，秋季192.1mm，冬季256.4mm(表1-13)。

表1-13 轿子山自然保护区逐月蒸发力(mm)

站名	1月	2月	3月	4月	5月	6月	7月	8月	9月	10月	11月	12月	全年
新村	94.8	125.8	196.4	221.8	210.8	156.5	173.2	158.8	137.4	116.4	88.6	82.3	1762.9
禄劝	60.4	81.5	124.0	148.4	151.0	117.0	112.8	108.1	89.3	73.6	55.8	48.1	1169.8
汤丹	66.9	85.2	138.3	154.8	145.9	115.1	130.8	126.7	98.5	78.1	60.9	56.8	1258.0
落雪	82.1	100.4	141.7	142.0	119.3	89.9	92.9	90.1	70.0	63.9	58.2	73.9	1124.3

引自：云南省气象局，云南省农业气候资料集，1984。

干燥度是指蒸发力与降水量之比，是表征某地干湿状况的重要指标。按我国气候标准，干燥度<0.5为潮湿，0.5～0.9为湿润，1.0～1.49为半湿润，1.5～3.49为半干旱，≥3.5为干旱。按此标准，保护区雨季干湿类型均为潮湿、湿润、半湿润，干季均为半湿润、半干旱、干旱；从普渡河河谷、小江河谷到轿子山山顶，干旱、半干旱持续时期明显缩短，湿润时期明显增长，大约3000.0m以上地区出现潮湿类型，持续时期长达3至5个月(表1-14)。

表1-14 轿子山自然保护区逐月干燥度

站名	1月	2月	3月	4月	5月	6月	7月	8月	9月	10月	11月	12月	全年
新村	11.2	11.8	18.9	11.9	3.0	1.0	1.5	1.5	1.5	1.6	3.2	10.5	2.5
禄劝	5.6	10.6	13.1	8.2	2.1	0.6	0.5	0.6	0.7	0.8	1.7	4.7	1.2
汤丹	5.7	6.3	8.6	6.7	1.8	0.7	0.9	0.9	0.9	0.9	1.9	5.1	1.5
落雪	9.2	9.2	6.6	4.9	1.2	0.4	0.4	0.4	0.5	0.6	1.5	4.8	1.0

引自：云南省气象局，云南省农业气候资料集，1984。

普渡河片各月干燥度≥1.0，其中，6月份1.0～1.49之间，为半湿润，7～11月份1.5～3.49之间，为半干旱，12月至翌年5月≥3.5，为干旱，长达半年。轿子山片大约3000.0m以下地区，6～10月为湿润，5月和11月为半干旱，12月至翌年4月均为干旱，长达5个月。3000.0m以上地区，6～8月为潮湿，5月、9～11月为半湿润，12月至翌年4月均为半干旱、干旱(表1-14)。

干旱期间，土壤和空气都十分干燥，旱情突出，不利于植物的生长发育。湿润期间，土壤和空气中水分含量高，有利于植物的生长发育。

1.4.2.3.4 雾日数

普渡河片几乎全年无雾，年均雾日数1d左右，一般出现在秋季10月份，浓度小，持续时间短。轿子山片因位于中山、高山地区，是滇中著名的多雾区，并具有随海拔升高雾日数显著增多的特点；全年各月都有雾，中山中下部主要集中在秋季的10~12月，中山上部和高山地区主要集中在雨季的6~10月；大约海拔3000.0m以上地区，年均雾日数150~230d，6~10月月均雾日数都超过20d，具有浓度大，持续时间长的特点。例如海拔3227.7m的落雪站，年均雾日数高达193.7d，6~10月月均雾日数都超过20d，其中7~9月月均雾日数超过25d(表1-15)，是云南省年雾日数最多的站点，许多地区经常云雾缭绕，多云多雨，少日照。

表1-15 轿子山自然保护区各月雾日数(d)

站名	1月	2月	3月	4月	5月	6月	7月	8月	9月	10月	11月	12月	全年
新村	0.0	0.0	0.0	0.0	0.0	0.0	0.0	0.0	0.0	0.1	0.0	0.0	0.3
禄劝	1.5	0.9	0.7	0.4	0.2	0.1	1.2	3.5	2.9	4.6	7.9	5.8	29.6
汤丹	3.5	3.3	1.9	2.3	6.1	11.3	9.9	9.7	8.4	10.0	5.8	3.0	75.2
落雪	6.5	5.3	4.8	7.6	17.5	23.6	26.5	25.4	26.8	21.9	17.3	10.5	193.7

引自：云南省气象局，云南省农业气候资料集，1984。

1.4.2.3.5 降 雪

普渡河片年均降雪日数1.0~2.0d，降雪时间一般出现在1月中下旬。轿子山片降雪日数10.0~30.0d，其周边的低海拔地区一般10.0d左右，随海拔升高而逐渐增多，到3500.0m以上的高山地区，增加至25.0~30.0d。东坡、东北坡为南下冷空气迎风坡，降雪日数平均比相同海拔高度的西坡、西南坡多。东川境内，汤丹年均降雪日数为10.0d，落雪年均降雪日数为25.0d。

马鬃岭—轿子山山脊线、雪岭等海拔3500.0m以上的地方，降雪初日约为10月下旬，终日约为翌年4月下旬，积雪始于11月中旬，持续至翌年4月中下旬，1月积雪最厚，平均厚达60.0~70.0cm，迎风地段较薄，平均30cm左右，低洼背风处较厚，平均厚约1.5~2.0m。这给保护区部分动物的觅食以及保护区日常管护工作造成不利影响。

1.4.3 气候类型

1.4.3.1 河谷南亚热带气候

主要分布于海拔1400.0m以下的普渡河河谷地区，年平均气温>19.6℃，最冷月平均气温12.4℃左右，最热月平均气温≥24.3℃，年降水量850.0mm左右，≥10℃的积温≥6000.0℃，≥10℃日数320.0~360.0d。气候类型属干热河谷南亚热带半湿润季风气候，降水较少，蒸发量较大，属半湿润地区。

1.4.3.2 河谷中亚热带气候

主要分布于海拔1400.0~1600.0m的普渡河河谷、中山下部及坝区，年平均气温15.0~18.0℃，最冷月平均气温8.0~10.0℃，最热月平均气温21.0~23.0℃，年降水量800.0~950.0mm，≥10℃的积温为5200.0~6000.0℃，≥10℃日数为280.0~320.0d。气候类型属河谷中亚热带半湿润季风气候，气温较高，降水少，蒸发量较大，空气湿度较小，属半湿润地区。

1.4.3.3 山地北亚热带气候

主要分布于海拔1600.0~2000.0m的中山上部，年平均气温13.0~15.0℃，最冷月平均气温6.0~8.0℃，最热月平均气温18.0~20.0℃，年降水量950.0~1100.0mm，≥10℃的积温为4800.0~5200.0℃，≥10℃日数为220.0~280.0d。气候类型属北亚热带高原湿润季风气候。除部分河谷地区外，降水较为丰富，空气湿度较大，属湿润地区，但热量条件较前两类气候稍有欠缺。

1.4.3.4 山地暖温带气候

主要分布于海拔2000.0~2400.0m的高中山中下部，年平均气温11.0~13.0℃，最冷月平均气温4.0~6.0℃，最热月平均气温16.0~18.0℃，年降水量1100.0~1200.0mm，≥10℃的积温为4200.0~4800.0℃，≥10℃日数为160.0~220.0d。气候类型属于山地暖温带湿润季风气候。降水量适中，空气湿度较大，气候以温湿为主要特征。

1.4.3.5 山地中温带气候

主要分布于轿子山片海拔2400.0~2900.0m的高中山上部，年平均气温8.0~12.0℃，最冷月平均气温2.0~5.0℃，最热月平均气温14.0~17.0℃，年降水量1200.0~1300.0mm，≥10℃的积温为2400.0~4200.0℃，≥10℃日数为100.0~160.0d。气候类型属山地中温带湿润季风气候，雨量充沛，空气湿度大，气候以温凉潮湿为主要特征。

1.4.3.6 山地寒温带气候

主要分布于轿子山片海拔2900.0~4000.0m的中高山和高山地区，年平均气温2.5~8.0℃，最冷月均温< -3.0~2.0℃，最热月均温小于6.5~14.0℃，年降水量1300.0~1500.0mm，≥10℃的积温<2400.0℃，≥10℃日数为<100.0d，下部降雪日数10.0天左右，上部降雪日数25.0~30.0d，冬半年积雪时间长达5个月。气候类型属于山地寒温带湿润季风气候，气候冷湿，云雾多，气候以冷湿为主要特征。

1.4.3.7 山地亚寒带气候

主要分布于轿子山片海拔4000.0~4344.1m的高山地区，年平均气温0~2.5℃，最冷月均温-5.5~-3.0℃，最热月均温4~6.5℃，年降水量1500.0~1700.0mm，年降雪日数30.0d左右，冬半年积雪时间5~6个月。气候类型属于山地亚寒带湿润季风气候，以寒湿为主要特点。

1.4.4 气象灾害

(1)干旱：主要分布于普渡河片，该区域位于干热河谷地区，温度高，降水少，蒸发量大，干旱频繁，尤其以春旱、夏旱最为显著。做好护林防火工作，尤为重要。

(2)洪水：主要分布于轿子山片周边地区，对社区生产、生活、设施等危害较大，给保护区管护工作带来一定难度。

(3)低温寒害：主要有“倒春寒”“晚霜冻”以及低温冷冻等。多发生在秋末和冬春时节，易给周边社区的秧苗、树苗以及保护区内的幼树造成危害。

(4)冰雹：多发生在夏秋时节，对周边社区人畜、农作物及幼树危害较大。

(5)大风：多发生于海拔较高的东川区舍块、红土地、因民、汤丹等乡镇，易造成保护区树木风折和风倒，易给周边社区农作物、经济林木造成危害。

1.5 水 文

1.5.1 河 流

1.5.1.1 水系特征

保护区内所有的河流均属金沙江水系，由一级支流小江水系和普渡河水系构成，两者之间以拱王山山脊为分水岭，东部属小江流域，西部属普渡河流域。其中禄劝县辖区内的河流均属普渡河水系，东川区辖区内的河流除北部的基多小河属普渡河水系外，其余均属小江水系。汇入普渡河的支流主要有基多小河、舒姑小河、乌蒙河、洗马河等。汇入小江的支流主要有黄水箐、小清河(又叫中厂河或晓光河)、块河、乌龙河等。拱王山因其山体高大而成为小江和普渡河许多重要支流的发源地，致使轿子山整体水系呈典型的放射状(图1-11)。普渡河、小江及其主要支流多为树枝状水系。

1.5.1.2 河道特征

源于保护区的河流，都属于典型的山区河流。流程短，最长的小清河也只有38.4km。河床比降大，除小清河、清水河外，比降均超过10%，下切侵蚀和溯源侵蚀强烈，纵剖面呈阶梯状。河床狭窄，河谷横断面多呈“V”形，谷坡大多陡峭，重力和水力梯度效应显著，易发生崩塌、滑坡、泥石流等地质灾害。因河床比降大，水流湍急，在落差集中的河段，特别是海拔2500.0~2800.0m、3500.0~4000.0m的河段，易形成跌水、瀑布。河床组成物质以基岩、砾石、粗砂为主，谷底宽几米到几十米。其中，边滩、河漫滩和阶地很少发育。

发源于保护区的河流几乎都发育有瀑布，主要分布于轿子山片及其边缘地区，例如乌蒙河源头——花溪上的精怪塘瀑布、妖精塘瀑布等，乌蒙河上游的大高桥瀑布(由五级构成，每级落差在1~3m)和石坎子瀑布(位置：26°03′55.6″N，102°48′41.4″E，海拔约2720.0m，由5级构成，第一级落差约12m，第二级落差约6.5m，总落差约24.0m，雨季水量大，景象甚为壮观)，苏姑小河上游支流油房河上的大崖脚(又叫吊水崖)瀑布，小清河上游支流大厂河中游瀑布(位置：26°04′21.8″N，102°56′43.9″E)和下游瀑布(位置：26°03′55.2″N，102°56′30.4″E)以及其上游支流三分窑沟上的瀑布(位置：26°04′12.7″N，102°56′33.4″E)，小清河上游支流燕子洞小河源头的天来瀑布(位于轿子山顶天台峰东边陡崖上，26°05′04.3″N，102°51′05.6″E，海拔约3910.0m，落差约20m，由3级构成，第一级约6m，第二级约10m，第三级约4m)，燕子洞附近支流小岔沟上的7级瀑布，红土地镇二坪子村的滴水岩瀑布，基多小河上的小腰岩瀑布等。这些瀑布夏秋水量大，甚为壮观，冬春水量小，但均不会断流。

1.5.1.3 径流特征

(1)年径流深度。从云南省年径流深度图上可以看到，轿子山片年径流深度在1000.0~1400.0mm之间，边缘及附近地区在700.0~1000.0mm之间，属云南东部多水带之一。普渡河片年径流深度在200.0~300.0mm之间。空间分布上存在明显差异，表现出西南部、西部高于东部和东北部、随海拔高度增加而增多、迎风坡高于背风坡的规律。按云南省年径流地带划分标准(年径流深度<100.0mm：极少水带；100.0~300.0mm：少水带；300.0~700.0mm：平水带；700.0~1000.0mm：丰水带；1000.0~2000.0mm：多水带；>2000.0mm：极多水带)(徐才俊，1990)，轿子山片属多水带，降水丰富，气温低，蒸发弱，单位面积产水量高，地表水资源丰富；普渡河片属少水带，降水较少，气温较高，蒸发较强烈，单位面积产水量低，地表

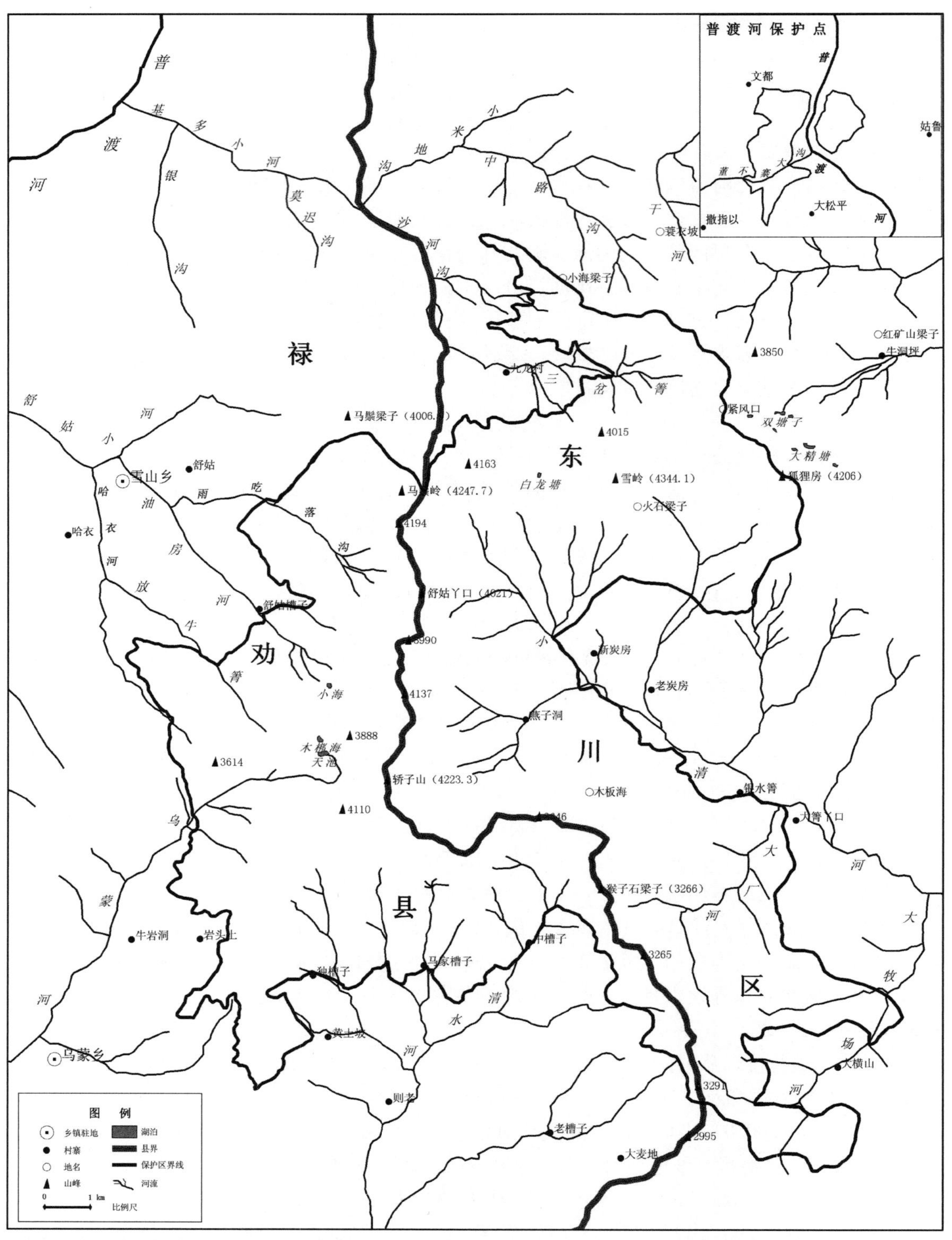

图1-11 轿子山自然保护区水系图

水资源较缺乏。而保护区附近的小江河谷径流深度仅100mm左右，上游河谷属少水带，中下游河谷属极少水带，地表水资源十分贫乏，冬春季节干旱严重。

(2)径流季节变化。受当地季风气候及其他自然地理因素的深刻影响，保护区河川径流的年内分配极不均匀，季节变化很大。夏秋雨季降水丰富，为各河流丰水期(6～11月)。冬春干季降水稀少，为各河流枯水期(12月至翌年5月)。就流经保护区的普渡河、清水河和小清河为例(表1-16)，丰水期河水补给以雨水为主，径流量丰富，约占全年的76.0%～89.0%之间。枯水期河水补给以积雪融水和地下水为主，径流量贫乏，仅占全年的11.0%～24.0%之间。夏季(6～8月)水量最多，约占全年的42.0%～53.0%，秋季(9～11月)其次，约占全年的33.5%～40.0%之间，冬季(12月至翌年2月)较少，约占7.0%～13.0%之间，春季(3～5月)最少，仅占4.0%～11.5%。最大水3个月均出现于7～9月，水量占全年的49.0%～56.5%。最大水月份多数河流出现在8月，个别河流出现在7月(如清水河站)，径流量占全年的20.0%～21.5%；最小水月份均出现在4月，径流量仅占全年的1.0%～3.0%；最大水月份水量为最小水月份的7.0～20.0倍。干支流相比较，干流因流域面积大，冬、春季节地下水量补给较丰富等原因，径流季节变化明显小于支流，其冬、春两季及枯水期、最枯水月(4月)径流量占全年的比例均高于支流(表1-16)。三江口水文站历年最大流量1120.0m^3/s(1966年8月27日)，历年最小流量6.1m^3/s(1954年5月29日)，两者相差183.6倍。清水河水文站历年最大流量115.0m^3/s(1961年7月10日)，历年最小流量0.23m^3/s(1963年4月30日)，两者相差500倍。

表1-16 轿子山自然保护区主要河流径流量四季分配

河名	站名	集水面积(km^2)	年径流量($\times10^8m^3$)	四季分配(%)				丰水期(%)	枯水期(%)	最大水月份		最小水月份		最大水3个月	
				春	夏	秋	冬			月份	%	月份	%	月份	%
普渡河	三江口	9529.0	24.20	11.1	42.5	33.7	12.5	76.3	23.7	8	20.3	4	3.0	7～9	49.1
清水河	清水河	86.8	0.77	5.4	52.3	34.0	7.3	86.3	13.7	7	21.1	4	1.6	7～9	55.7
小江	小江	2241.0	11.57	9.4	41.7	34.8	14.1	76.5	23.5	8	17.4	4	2.8	7～9	46.1
小清河	小清河水电站坝址	104.9	1.46	4.0	49.1	39.5	7.4	88.6	11.4	8	20.7	4	1.1	7～9	56.3

注：表中三江口水文测站数据依据《云南省地表水资源》(云南省水利水电厅，云南省水文总站，1984)计算而得，清水河和小江水文测站数据依据《云南省水文特征值统计资料》(云南省水文总站革命委员会，1971)计算而得，小清河水电站坝址数据依据昆明市水利水电勘测设计院提供的各月径流量计算而得。各水文测站位置和基本参数如下：①三江口站位于普渡河保护片附近，禄劝县九龙乡民权村委会河底自然村，地理坐标：25°54′N，102°44′E，实测资料年代1954～1979年；②清水河站位于轿子山保护片南部边缘，禄劝县转龙镇以代块村委会棕匹树自然村，地理坐标：25°58′N，102°51′E，实测资料年代1959～1966年；③小江站位于东川区汤丹镇小江桥附近，实测资料年代1958～1966年；④小清河水电站坝址位于轿子山保护片东部小清河上游晓光桥以西红土地镇银水箐村委会新法自然村，插补延长的径流系列为1954～1989年。

(3)径流年际变化。受降水量年际变化的影响，保护区河川径流年际变化较大，最丰水年流量与最枯水年流量相差1.9～4.6倍。以三江口水文站为例，在1954～1979年26年中，年平均径流量24.2$\times10^8m^3$，最丰年份的年径流量53.3$\times10^8m^3$(1966年)，最枯年份的年径流量10.5$\times10^8m^3$(1960年)，两者之比为5.1(表1-17)。轿子山片河流年径流变差系数(Cv)明显小于普渡河片，前者Cv在0.2～0.32之间，后者0.45左右。

表1-17 轿子山自然保护区主要河流径流量年际变化特征值

河名	站名	多年平均径流量（$\times10^8m^3$）	实测最大年径流量		实测最小年径流量		最大年径流量/最小年径流量
			径流量（$\times10^8m^3$）	年份	径流量（$\times10^8m^3$）	年份	
普渡河	三江口	24.20	53.30	1966	10.50	1960	5.1
清水河	清水河	0.78	1.06	1966	0.57	1963	1.9
小江	小江	11.58	16.41	1966	8.24	1963	2.0

注：表中数据依据《云南省地表水资源》（云南省水利水电厅，云南省水文总站，1984）和《云南省水文特征值统计资料》（云南省水文总站革命委员会，1971）计算而得。各水文测站位置和基本参数与表1-16相同。

1.5.1.4 主要河流简介

流经轿子山片东部及附近地区的河流为金沙江一级支流小江的支流，流经轿子山片西部及普渡河片的河流为普渡河及其支流。

1.5.1.4.1 普渡河

发源于嵩明县阿子营黄龙潭，经昆明滇池、安宁市、富民县后，进入禄劝县，由南向北流经崇德、翠华等7个乡镇，于火头田渡口（小河口）注入金沙江。自滇池的出海口至石龙坝称海口河，石龙坝以下经安宁市至富民县境称螳螂川，自禄劝县至金沙江交汇处称普渡河。除正源滇池外，尚有鸣矣河、掌鸠河、洗马河等数十条支流，拥有丰富的水利和水能资源，对于昆明市现在和将来社会经济的持续发展具有十分重要的作用。干流流经普渡河片。包括滇池流域在内的径流面积11750.0km^2，全长359.0km，落差1854.0m，河床平均比降5.2‰，年平均流量71.4m^3/s，年平均径流总量23.0$\times10^8m^3$（程屏，1989）（表1-18），丰水年30.1$\times10^8m^3$，干旱年15.2$\times10^8m^3$。以佛教“普渡苦海”一语取名，因两岸山高谷深，水流湍急，希望能平安渡河，故名普渡河。发源并流经轿子山片的主要支流有乌蒙河、舒姑小河、基多小河、清水河（属洗马河支流）等。

（1）乌蒙河：源于轿子山片内禄劝县轿子山东北部的大海，由东北向西南流经新房子、白衣柱等汇入普渡河，树枝状水系。河长21.0km，流域面积72.0km^2，落差3020.0m，比降14.4%（表1-18），最大洪峰流量38.7m^3/s，年平均流量0.9m^3/s，年平均径流总量2160.0$\times10^4m^3$（程屏，1989）。年径流深度600.0mm，径流系数0.54。

（2）舒姑小河：源于轿子山片内禄劝县雪山乡，由东向西流经小米地直接汇入普渡河，河长14.0km，流域面积74.0km^2，落差3150.0mm，比降22.5%（表1-18）。流域年平均降水量1240.0mm，年平均流量1.7m^3/s，最大洪峰流量40.1m^3/s。年平均径流总量2220.0$\times10^4m^3$，年内分配不均，5～11月占82.3%。年均含沙量0.91kg/m^3，年径流深度700.0mm，径流系数0.57（程屏，1989）。为树枝状水系，主要支流有哈衣河、油房河、雨吃落沟、大沙沟等，其中的哈衣河上游出露有1眼泉水，油房河上游出露有2眼泉水。

（3）基多小河：发源于轿子山片内东川区舍块乡九龙村，火石梁子北麓，上游叫三岔箐，经二荒地、岔河、锅底档、下落乌、新田，至船房汇入普渡河，系东川区舍块乡与禄劝县雪山乡之间的界河。“基多”是彝语，意为铜，基多小河的含义是有铜矿石的河。河长19.0km，落差2806.0m，比降14.8%（表1-18），流域面积109.0km^2，年平均径流量3270$\times10^4m^3$（程屏，1989），年径流深度681.3mm。有沙河沟、小米地沟和中路沟等7条小支流，水系类型属树枝状。河床固定，两岸陡峻，基本上无阶地和河漫滩，河谷属典型的“V”型峡谷，中上游少数河段的河谷属嶂谷。流域内森林植被较好，河水含沙量小。

表 1-18 轿子山自然保护区主要河流水文特征

河流名称	河长(km)	流域面积(km^2)	落差(m)	河流坡降(%)	多年平均径流量($\times 10^8 m^3$)	流量(m^3/s)		
						最大	最小	平均
普渡河	359.0	11750.0	1854	0.5	23.0	1780.0	–	74.6
小　江	140.3	3086.2	1796	1.3	7.26	674.0	6.1	36.8
舒姑小河	14.0	74.0	3150	22.5	0.22	40.1	–	1.7
乌蒙河	21.0	72.0	3020	14.4	0.22	38.7	–	0.9
清水河	16.0	91.0	1293	8.3	0.78	61.4	–	2.5
基多小河	19.0	109.0	2806	14.8	0.33	–	–	–
小清河	38.4	348.7	1056	6.9	3.57	142.0	2.6	9.8

注：部分数据引自：①昆明计划委员会，昆明国土资源，1987；②东川市水利电力局，东川市水利志，1998；③部分数据根据 1:5 万地形图量算而得。

(4)清水河：为洗马河上游重要支流，发源并流经轿子山片。河长 16.0km，流域面积 91.0km^2，比降 83.0‰(表 1-18)。呈树枝状水系。年平均流量 2.5m^3/s，最大流量 61.4m^3/s，年径流深度 848.0mm，径流系数 0.57。

1.5.1.4.2 小　江

干流位于轿子山片东部，为金沙江右岸一级支流，其左岸支流大多流经轿子山片。古称壁谷江，发源于寻甸县清水海(也叫车湖)，经功山进入东川区，于格勒坪汇入金沙江，上段称响水河，中段称大白河，下段称小江，是东川纵贯南北的一条主要河流。当地称金沙江为大江，小江与之相对而得名。中、下游河谷开阔，呈“U”形，谷底宽 600.0～1500.0m，河漫滩平均宽 300.0～600.0m，河床不稳定，冲淤变化频繁，河槽摆动不定，河水常年浑浊，含沙量高。两岸泥石流发育，水土流失严重，是我国雨洪型泥石流最典型的地区之一。沿江两岸有 87 条泥石流沟，较大的泥石流沟 54 条，危害严重的有 12 条，其中以蒋家沟和大桥河最著名。全长 140.3km，比降 1.3%，流域面积 3086.2km^2(表 1-18)，年径流深度 512.9mm。据小江水文站(位于小江桥附近)观测资料，最大流量 670.0m^3/s，最小流量 6.1m^3/s，年平均流量 36.8m^3/s，年均径流量 $7.26\times10^8 m^3$，河水含沙量 2.67～6.77kg/m^3，最高达 220.0kg/m^3，年输沙量 $610.5\times10^4 t$，是金沙江支流中含沙量最高的河流。主要支流有黄水箐、小清河、块河、乌龙河、大桥河等，其中，小清河发源并流经轿子山片。

小清河发源于轿子山片内东川区的拱王山白龙潭，由西南向东北至石膏塘汇入小江。上段叫晓光河，中段叫中厂河，下段叫小清河。全长 38.4km，比降 6.9%，流域面积 248.7km^2。最大流量 142.0m^3/s，最小流量 2.6m^3/s，年平均流量 9.8m^3/s，年均径流量 $1024.0\times10^4 m^3$(表 1-18)，年径流深度 1024.0mm，是东川市境内单位面积产水量最多的河流，也是保护区内流程最长的河流。河谷横剖面呈“V”形，除局部河段外，很少有河流阶地及河漫滩发育。沿河两岸地势陡峻，紫色砂页岩广布，但因植被覆盖较好，土壤侵蚀不严重，河水含沙量少，水质好。沿河有多个泉眼补给河水，汛期过后，河水清澈。

1.5.2 湖　泊

1.5.2.1 湖泊成因

轿子山在第四纪更新世晚期已隆升至雪线以上，曾经历了末次冰期，经冰川作用形成了许多冰蚀洼地、冰蚀槽、冰斗等冰蚀地形，部分凹地在冰后期积水即形成冰蚀湖泊。主要分布在3000～3950m高度，数量近百个，但面积都很小，主要有轿子山附近的木梆海、大海（也叫天池），舒姑槽子沟源头的小海，狐狸房北部的大精塘、双塘子等，弯腰石东部的白龙塘等。

1.5.2.2　主要湖泊形态特征

木梆海（小海）和大海（天池）2个湖泊的形态特征值见表1-19。

表1-19　轿子山自然保护区主要湖泊形态特征值

名称	位置	平均水位（m）	最长（m）	最宽（m）	平均宽（m）	岸长（m）	面积（hm^2）	平均水深（m）	最深（m）	蓄水量（m^3）
大海（天池）	26°05′18.8″N，102°50′55.04″E	4048.6	98	84	约45	228	0.39	1.92	3.9	7488.0
木梆海（小海）	26°05′28.8″N，102°50′52.4″E	4044.7	151	62	约51	343	0.66	0.79	1.4	5124.0

1.5.2.3　湖泊水质

大海（天池），在水位4048.6m时，平均水深1.92m，最深处3.9m，位于湖泊的中心部位，湖底呈浅漏斗形。湖水面积0.39hm^2，蓄水量7488.0m^3。pH值6.43～6.48，平均6.46，呈中性。湖水透明度超过4.0m，湖泊各处清澈见底。按《地表水环境质量标准》（GB3838—2002），大海各项水质指标均达到Ⅰ类标准（表1-20）。

木梆海（小海），在水位4044.7m时，平均水深0.79m，最深处1.4m，位于湖泊中心偏北的部位。湖水面积0.66hm^2，蓄水量5124.0m^3。pH值6.55～6.68，平均6.62，呈中性。湖泊各处清澈见底。按《地表水环境质量标准》（GB3838—2002），水质达Ⅱ类，原因是总磷（TP）偏高，比Ⅰ类标准超标2倍（表1-20）。

表1-20　轿子山自然保护区主要湖泊水质测试结果

湖泊名称	pH值	COD_{Cr}（mg/L）	BOD_5（mg/L）	TN（mg/L）	TP（mg/L）	粪大肠菌群（个/L）
大海（天池）	6.46	<10.0	<2.0	0.021	0.01	<200
木梆海（小海）	6.62	11.0	2.79	0.087	0.02	<200

1.5.3　地下水

1.5.3.1　地下水类型及其水文地质特征

根据含水层岩性、地下水赋存条件、水理性质及水力特征，将保护区及邻近地区的地下水划分为3种基本类型（中国人民解放军建字730部队，1977）：碎屑岩孔隙裂隙层间水、基岩裂隙水（包括碎屑岩裂隙水、岩浆岩裂隙水、变质岩裂隙水）、碳酸盐岩裂隙溶洞水（裸露型）。

（1）碎屑岩孔隙裂隙层间水：粗粒相碎屑岩连续分布的单斜和向斜构造，在地貌条件有利于地下水补给时，会形成较好的自流斜地及向斜储水构造，单孔涌水量100.0～1000.0t/d，含水层的顶板埋深不等，一般为数十米至百米深度，承压水头高度为7.3～73.16m，随着顶板埋深的增加而增加，部分可自喷，以大气降水为主要补给来源。含水层在背、向斜两翼单斜地带裸露地表，岩石裂隙发育，成为地下水的主要补给区，降水沿裂隙下渗，顺岩层及构造倾斜方向向深部运动，形成承压(自流)水，动态较稳定，泉水量年变幅一般为1~2倍，一般在15cm深度以下，因裂隙逐渐闭合，含水性变弱，其富水性主要受裂隙发育程度、砂岩、砾岩厚度及岩石的富钙程度、颗粒粗细影响。总的来讲，保护区内层间水补给面积较小，且岩层厚度变化较大，层间水源不丰富。

(2)基岩裂隙水：分布遍及保护区，以"红层"为主的碎屑岩裂隙水，泉流量0.01~0.1L/s，地下径流模数0.5~1.0L/(s·km^2)。此外，震旦系澄江组等碎屑岩亦含裂隙水，其富水性较好，泉流量0.1~1.0L/s，岩浆岩裂隙水多处于山岭地段，侵蚀切割强烈，风化作用较强，泉眼较多，流量一般为0.1~1.0L/s，地下径流模数0.5~3.0L/(s·km^2)。基岩裂隙水一般属于浅层裂隙潜水。由于侵蚀切割强烈，含水层裸露，节理、裂隙比较发育，泉水较多，以分散排泄为主。地下水的补给来源以大气降水为主，一般为就地补给，就近排泄，循环交替较活跃，泉流量季节变化较大，年变幅一般3~5倍。

(3)碳酸盐岩裂隙溶洞水：在南北向构造体系内呈片段分布，岩石裸露，地形陡峻，切割较深，因而地表喀斯特地貌一般发育不显著，落水洞、漏斗、溶蚀洼地等个体形态规模较小，且分布不普遍，仅局部地段发育较好。但溶洞的发育、分布则较为普遍，说明地下喀斯特发育较好，是地下水在侵蚀基准面以上岩体中进行长期循环活动的结果，形成了3~4层水平溶洞。

岩溶地区的地下水较丰富，天然露头亦较多，大泉、暗河流量一般10.0~100.0L/s，最大可达945.0L/s。以大气降水补给为主，亦有地表水(主要通过落水洞)补给。一般情况下，地下水在接受降水补给的过程中先是垂直运动，然后顺构造线方向进行汇集，作水平运动，当含水层被切割时，就近排泄于河谷之中，一般以集中排泄为主，分散排泄为辅。岩溶水往往沿南北向构造体系中的断裂和向斜翼部(具有非碳酸盐岩相对阻水边界处)集中排泄，成为相对富水块段(或贮水构造)。在金沙江一带，地下水随着地表侵蚀基准面的降低而向下运动，变成反虹吸循环从江中涌出，岩溶水埋深较大，大部分地区超过100.0m，一般以潜水为主。

1.5.3.2 含水层富水性

1.5.3.2.1 碎屑岩孔隙裂隙层间水

上部以泥岩、泥质粉砂岩为主，下部则以砂岩、砾岩为主，底砾岩厚度变化大，一般在数米至整十米之间，砾岩富含钙质，蜂窝状溶蚀孔洞发育，直径一般1~2mm，大者20.0mm，岩石裂隙较发育，裂隙率1.10%~2.41%，单孔涌水量每月数十吨至数百吨不等。承压水以大铜厂地区钻孔涌水量最大，单孔涌水量每月可达728.35t(降深24.65m)。由于岩性变化大，节理裂隙发育程度不一，以及补给条件的差异，各地段富水程度相差很大。下部砂岩、砾岩富水性强，水量丰富，当沟谷切割该含水层段时，往往形成流量较大的侵蚀泉。

1.5.3.2.2 基岩裂隙水

(1)碎屑岩裂隙水：以砂岩、砾岩为主的裂隙含水层(组)：包括中寒武统西王庙组(ϵ_2x)、下震旦统澄江组(Z_1c)，以砂岩、砾岩为主夹粉砂岩、页岩，分布零散，面积较小，岩石裂隙发育，裂隙率4.3%左右，泉流量一般0.1~1.0L/s，最大流量可达3.5L/s，地下径流模数0.5~1.0L/(s·km^2)。

以泥岩、泥质粉砂岩为主的裂隙含水层(组)：包括中侏罗统益门组(J_2y)，为泥岩、泥质粉砂岩及砂岩、页岩，裂隙不甚发育，裂隙率1.83%左右，泉流量常见值为0.01～0.1L/s，地下径流模数0.1～0.5L/(s·km^2)。

(2)变质岩裂隙水：以板岩、千枚岩、石英岩为主的裂隙含水层(组)：包括古元古界通安组第一至第三段(Pt_1t^1、Pt_1t^2、Pt_1t^3)，以板岩、千极岩、石英岩互层为主，夹有碳酸盐岩及变质岩浆岩，节理、裂隙较发育，地下水露头较多，泉流量常见值为0.1～1.0L/s，通安组第三段(Pt_1t^3)风化裂隙含水带厚度为12～60cm。

以片岩为主的裂隙含水层(组)：以绢云母片岩为主，虽经每次构造运动，但多塑性变形，裂隙不发育，富水性较差，泉流量常见值为0.01～0.1L/s，地下径流模数0.5L/(s·km^2)。

(3)岩浆岩裂隙含水层：以上二叠统峨眉山玄武岩($P_2\beta$)为主，包括零散分布的各期岩浆岩，裂隙发育，裂隙率2.21%～4.17%，泉流量常见值为0.1～1.0L/s，最大6.84L/s，地下径流模数1.0～2.0L/(s·km^2)。岩浆岩的风化带发育深度各地不一致，富水性及涌水量差异较大，一般而言风化带厚度大者，涌水量亦大，反之涌水量则小。

1.5.3.2.3　*碳酸盐岩裂隙溶洞水*

溶洞、暗河强烈发育的含水层(组)：以下二叠统(P_1)、下寒武统(ϵ_1)碳酸盐岩为主，夹有砂页岩层，灰岩质纯，岩溶发育，岩溶率13%～18%，大泉、暗河流量100.0～1000.0L/s，以方建背斜南端富水性最强，大泉、暗河流量分别可达220.94L/s和945.0L/s，富水性不均。钻孔单井涌水量0.27～80.26L/d，局部具承压性质。

溶洞、暗河中等发育的含水层(组)：包括上震旦统灯影组(Z_2d)等。以白云岩、白云质灰岩为主，Z_2d^2夹有磷块岩，岩溶率为6.2%，底部有砂岩，地表岩溶发育，岩溶率为19%，Pt_1t^4夹有板岩，岩溶率为7.8%，大泉、暗河常见流量为10.0～100.0L/s，个别大泉可达每秒百升，富水性主要受构造影响控制，断裂影响带及不整合接触附近，大泉较多，泉水流量30.0～50.0L/s之间，钻孔涌水量以“灯影组”下段最大，在构造断裂带富水性最好。

溶洞暗河不发育的含水层：包括古元古界通安组下段(Pt_1t^1)和中段(Pt_1t^2)结晶灰岩、变质白云岩，岩溶不发育，泉流量常见值0.1～1.0L/s，个别大者可达78.7L/s。钻孔单井涌水量0.78～5.70t/d。

1.5.3.3　水化学特征

1.5.3.3.1　*碎屑岩孔隙裂隙层间水*

水化学类型以重碳酸钙质水、重碳酸钙镁质水为主，约占60%，其次为重碳酸硫酸钙镁质、重碳酸钙氯化钙镁质及硫酸钙镁质水(石膏水)，大部分为淡水，矿化度0.1～0.4g/L，硫酸钙镁质水，矿化度1.0～2.0g/L。下侏罗统白果湾群(J_{1bg})中的地下水有时为弱酸性水，pH值5.8～6.5，软水和极软水占40%，硬度27～29德度。白果湾群中的地下热水氟离子常超过1.5mg/L。当含铁砂岩厚度较大时，铁离子的含量也较高，最高可达8.34mg/L。

1.5.3.3.2　*基岩裂隙水*

(1)碎屑岩裂隙水：水化学类型以重碳酸钙质水、重碳酸钙镁质水为主，约占80%，其次为重碳酸硫酸钙质水和氯化物重碳酸钠质水(咸水)，咸水主要分布于中侏罗统益门组(J_2y)，矿化度0.1～0.43g/L，咸水矿化度5.44g/L，大部分为中性水，pH值6.8～7.5，咸水为弱碱性水，pH值8.1，软水占40%，硬度4～7.5德度，微硬水占30%，硬度11～17德度，硬水占18%～20%。

(2)岩浆岩裂隙水：主要为重碳酸钙镁质水及重碳酸氯化钙质水，矿化度0.1~0.3g/L，部分为中性水，pH值5~6.5，绝大部分为软性水及极软性水，硬度1~3德度。

(3)变质岩裂隙水：以重碳酸钙镁质水和重碳酸钙质水为主，约占70%，其次为重碳酸硫酸钙镁质水，后一种水型主要出露在通安组第四段和第五段，矿化度0.1~0.24g/L，少数达0.5g/L，中性水，pH值7~8；软水占60%，硬度5.9~8德度，微硬度水和硬水占40%，硬度10~22德度，邻近金属矿附近，铜、铅、锌、汞、氟、铁等有害成分增高，如东川因民落雪地区、淌银沟地区。

1.5.3.3.3 碳酸盐岩裂隙溶洞水

重碳酸钙镁质水和重碳酸钙质水占90%，少数为氯化钠质水(盐卤水)，矿化度0.1~0.3g/L，深层热水可达1.2~7.1g/L，中性水，pH值6.8~7.9，软水占40%，硬度5.9~8德度；深部地下热水为极硬水，硬度50德度；氟离子含量2.0mg/L(中国人民解放军建字730部队，1977)。

1.5.4 水文评价

(1)保护区位于长江上游金沙江流域内，发源于保护区、流经保护区的河流分别属于金沙江一级支流小江和普渡河水系，主要河流有普渡河及其支流基多小河、舒姑小河、乌蒙河、清水河等，小江支流小清河等。

(2)保护区除普渡河外，其余河流流程短、比降大，水流湍急，水量较丰富，年内变化很大，洪枯季节显著，系典型山地型季风性河流，水利水能资源较丰富。

(3)保护区均远离居民点和工矿区，生态环境和生态系统几乎都处于天然状态，流经保护区的各条河流以及各类型地下水，均未受到污染，均适宜工业、农业灌溉和生活饮用。

(4)保护区山体高大，是普渡河和小江流域的分水岭，众多河流的发源地和汇水区域，保留有大面积原始亚高山森林生态系统和亚高山、高山草甸生态系统，蓄留降水能力强，水源涵养功能好，山地增水效应显著，是金沙江流域和云南高原上重要的水源地之一，在维护、保障附近社区社会经济发展以及区域生态安全方面发挥着重要作用。

(5)分布于保护区山顶的冰蚀湖泊、沼泽、沼泽化草甸、河流、泉水等湿地，是轿子山高山寒区生态与环境稳定的重要调节器，一旦这些特殊的水文环境发生重大变化，必将导致保护区内生态与环境的严重退化，进而影响保护区之外更广泛的地区。因此，保护好轿子山水源涵养区生态环境和生态系统是非常重要的。

1.6 土 壤

1.6.1 成土的环境条件

1.6.1.1 地 形

地形是一个多维变量，包括海拔高度、坡向、坡位、坡度、起伏程度等要素，是形成山地结构和功能、导致山地各种生态现象和过程发生变化的最根本的因素(方精云等，2004)，亦是导致山地土壤类型空间结构和土壤生态过程和生态属性产生分异的根本因素。保护区所在拱王山，为金沙江及其一级支流普渡河、小江的分水岭，是由玄武岩、石灰岩、白云岩、砂岩等构成的构造侵蚀高山，海拔超过4000.0m的山峰有10余座，如雪岭、轿子山、马鬃岭、白石岩、狐狸房等，其中雪岭(又叫火石梁子)是最高峰，海拔 4344.1m，最低点位于普渡河河谷，海拔 1100.0m 左右，切割深度超过 3000.0m，属典型的高山、中山深切峡谷区，地势中部高，由中部向四周倾斜。受北部金沙江、东部小江、西部普渡河及其支流的强烈切割，地势起伏大，地表破碎，地貌类型多样，有高山、高中山、中山、深切峡谷、剥蚀面、高原面(夷平面)等宏观地貌形态，以及古冰川地貌、现代冻土地貌、高寒喀斯特地貌等(第 1 章 第 3 节 地貌)。他们彼此交错，相间分布，并通过对成土母质、土壤水热条件、土壤组成成分的重新分配来影响土壤的发育和演化。

轿子山巨大的高差是导致该山地土壤垂直带谱发育良好的基本原因。不同海拔高度上的阴坡和阳坡、迎风坡和背风坡、山脊和山谷、陡坡和缓坡等不同地貌部位，是引起成土母质和土体厚度、土壤所处发育阶段不同，土壤颗粒组成、化学性质、生态属性等产生异质性的主要原因。山脊附近，陡崖众多，基岩出露比例大，加之海拔高，气候寒冷，土壤发育程度低，原始土壤、幼年土壤广布。夷平面上地势低洼平缓终年积水或过度潮湿地段、地下水出露地段容易发育分布沼泽土，例如木梆海、大海(也叫天池)和小海的湖滨低洼地段以及若干山间洼地(大多为冰斗和冰蚀洼地)。

1.6.1.2 母岩母质

保护区出露的地层有下元古界、中元古界、上元古界、寒武系、二叠系、三叠系、侏罗系、第四系等(四川省地质局革命委员会，1970)，出露面积最大的地层为下元古界、寒武系和二叠系。成土母岩有白云岩、石灰岩、玄武岩、辉长岩、板岩、千枚岩、砾岩、砂岩、页岩等(第 1 章 第 2 节 地质基础)。母质类型主要是上述各类岩石的风化残积物以及经外力作用后形成的坡积物、冲—洪积物、河积物、冰碛物等。坡积母质主要分布于山麓及山的中部，残积母质主要分布于山脊及分水岭附近，河积母质主要分布于河流谷底和沿岸谷坡地段，冰碛物和冰水堆积物主要分布于海拔 3000.0m 以上的高中山和高山地区。多样的母质类型为土壤的发育奠定了多样的物质基础条件，并影响着土壤的矿物组成、质地和结构、空隙状况、渗透性等物理性质。其中，河谷南亚热带、山地中亚热带地区碳酸盐岩和紫红色砂岩、页岩的出露直接影响控制着石灰土、紫色土等初育土壤的分布，例如普渡河片的石灰土，小清河上游的紫色土等。

1.6.1.3 气 候

保护区位于北亚热带半湿润季风气候区域(水平基带，海拔 1600.0 ~ 2000.0m)，低纬高原季风气候显著，夏秋季节受西南暖湿气流(热带海洋气团)控制，温度高，降水多，雨热同期；冬春季主要受西风南支急流(热带大陆气团)和南侵的北方冷空气(极地大陆气团)的影响，天气晴朗，日照充足，气温低，降水少，风速大、湿度小。干湿季分明，日较差大，年较差小。年平均气温 13.4 ~ 15.6℃，最热月(7 月)平均气温 18.4 ~ 21.7℃，最冷月(1 月)平均气温 6.6 ~ 7.9℃，全年无夏，冬季 3 个多月，春秋相连，长达 8 个多月。以海拔 1669.0m 的禄劝气象站为例，年日照时数为 2261.4h，年太阳辐射总量 5341.1MJ/m^2，年平均气温 15.6℃，最热月均温 7.9℃，最冷月均温 21.1℃，≥10℃积温 4848.4℃，初终日数为 268.1d，霜期 131d(第 1 章 第 4 节气候)。

保护区相对高度巨大，立体气候十分显著。从普渡河河谷、小江河谷到雪岭最高峰，随海拔升高，气温逐渐下降，降水量不断增多，水热组合由河谷的干热逐渐向山顶的寒冷潮湿过渡，依次出现河谷南亚热带(1400.0m 以下)、河谷中亚热带(1400.0 ~ 1600.0m)、山地北亚热带(1600.0 ~ 2000.0m)、山地暖温带(2000.0 ~ 2400.0m)、山地中温带(2400.0 ~ 2900.0m)、山地寒温带(2900.0 ~4000.0m)和山地亚寒带(4000.0 ~4344.1m)等垂直气候带(第1章 第4节 气候)。不同海拔高度上的阴坡和阳坡、迎风坡和背风坡、山脊和河谷等地貌部位，水热条件存在显著差异。多样的气候，决定了土壤发育方向和强度的差异性以及土壤垂直带谱的显著性。多样的水热条件与不同的植被类型相互作用，共同决定着地带性土壤的形成过程、性状特征、肥力水平和空间分布格局。

1.6.1.4 生 物

生物是影响土壤发生发展最活跃的因素。在不同的植被带内，所发育的土壤类型迥然不同。受立体气候的影响和控制，保护区内植被垂直分带十分明显，由低海拔的普渡河、小江干热河谷到主峰雪岭，1500.0m以下以硬叶常绿栎林为主；1500.0 ~2600.0m以半湿润常绿阔叶林和云南松林为主；2600.0 ~2900.0m以中山湿性常绿阔叶林为主；2900.0 ~3500.0m则以暖温性、温性、寒温性的华山松林、山顶苔藓矮林、硬叶常绿栎林、高山柏林和高山松林等为主；2800.0 ~3900.0m以寒温性针叶林、亚高山草甸为主；3900.0 ~4300.0m以亚高山灌丛草甸为主(第2章 植被)。其中，面积最大的是寒温性灌丛、亚高山草甸和寒温性针叶林等。保护区内的森林和草甸植被基本上保持原生状态，土壤有机质来源丰富，加上中、高海拔地区气候冷凉湿润，有利于土壤腐殖质的合成与累积，形成了肥力较高的森林土壤和高山土壤。土壤微生物以及丰富的土壤动物，在分解有机残体、释放养分、合成腐殖质方面发挥了重要的作用，同时还增加了土壤有机质的含量，改善了土壤的物理性状，促进了土壤的形成和演化。

1.6.1.5 人为活动

19世纪末到20世纪80年代初，保护区边缘部分地区因铜矿的开采和冶炼、毁林开荒、采伐薪柴、过度放牧等原因，森林遭到一定程度的破坏，成土环境条件明显退化。近年来，由于保护区的建立及其有效管理，人为干扰显著减弱，成土环境条件逐渐得到改善。

1.6.2 土壤类型及其空间结构特征

1.6.2.1 土壤类型

保护区所在山地系典型高山，成土环境条件垂直分异和局地分异十分显著，土壤形成机理复杂，发育的土壤类型多样。陈玉桥2006年在考察的基础上，结合禄劝县和东川市二次土壤普查成果，提出轿子山片发育有红壤、黄棕壤、暗棕壤、棕色针叶林土、亚高山草甸土5个土类(陈玉桥，2006)。本次综合考察结果表明，轿子山片(任宾宾、王平，2009)：①没有红壤的发育。原因是该保护片最低点附近海拔较高，为2300.0m左右，热量条件不能满足红壤发育的需要，附近出露紫红色砂、页岩，发育的土壤为酸性紫色土和暗黄棕壤。②发育有一定面积的酸性紫色土、草甸沼泽土、黄棕壤性土和棕壤性土。紫色土分布于该保护片东部小清河上游出露三叠系、侏罗系紫红色砂、页岩的区域，土壤颜色及矿物组成与紫红色砂、页岩相似。草甸沼泽土分布于海拔3400.0 ~4100.0m低洼地貌部位，土壤终年处于湿润状态，植被为沼泽化草甸，加之气候寒冷，土壤还原过程强烈，潜育层明显。暗黄棕壤性土分布于该保护片南部边缘，棕壤性土主要分布于该保护片东部，两者均系历史上过度毁林、垦荒，经土壤侵蚀退化而形成，土体瘠薄，粗骨性强，但所占面积不大。普渡河片发育有红壤、褐红土、红色石灰土、黑色石灰土。

按照土壤发生学原理、地带性和非地带性土壤的发育和分布规律、土壤属性，对典型剖面的形态特征、成土过程的分异及各发生层理化性质进行对比分析，以《中国土壤分类系统》(全国土壤普查办公室，1993)和《云南省土壤分类系统》(王文富等，1996)为依据，将保护区土壤划分为铁铝土等 6 个土纲，湿热铁铝土等 9 个亚纲，红壤、燥红土等 10 个土类，红壤、褐红土等 13 个亚类(表 1-21)。

表 1-21 轿子山自然保护区土壤分类及面积

土纲	亚纲	土类	亚类	面积(hm^2)	占总面积比例(%)
铁铝土	湿热铁铝土	红壤	红壤	69. 13	0. 42
半淋溶土	半湿热半淋溶土	燥红土	褐红土	87. 10	0. 53
淋溶土	湿暖淋溶土	黄棕壤	暗黄棕壤 黄棕壤性土	409. 68	2. 49
	湿暖温淋溶土	棕壤	棕壤 棕壤性土	5926. 64	36. 02
	湿温淋溶土	暗棕壤	暗棕壤	3024. 85	18. 38
	湿寒温淋溶土	棕色针叶林土	棕色针叶林土	1930. 21	11. 73
初育土	石质初育土	石灰土	红色石灰土 黑色石灰土	107. 07	0. 65
		紫色土	酸性紫色土	756. 21	4. 60
水成土	矿质水成土	沼泽土	草甸沼泽土	14. 57	0. 09
高山土	湿寒高山土	亚高山草甸土	亚高山灌丛草甸土	4130. 83	25. 10

1. 6. 2. 2 土壤发育及其空间分异(以轿子山片为例)

轿子山片土壤的发育主要有 2 种表现形式(任宾宾、王平，2009)，一是土壤类型之间的垂直演替，二是在同一土类的分布地域内，不同发育阶段的土壤同时并存。

轿子山土壤类型空间格局是该山地地带性成土因素和非地带性成土因素长期综合作用的结果。支配淋溶土各土类发育和演替的根本因素是海拔高度的变化，直接原因是随海拔高度变化而产生的水热条件和生物群落的变化。随海拔高度的增加，水热条件由 2300. 0m 左右的暖湿逐渐演变为温湿、冷湿、寒湿，植被的生态类型亦相应地由暖温性逐渐演变为温凉性和寒温性类型，由常绿阔叶林逐渐演变为针叶林、灌丛、草甸等，岩石风化逐渐减弱，土壤发育程度降低，风化壳和土体厚度逐渐变薄，表土层和心土层的颜色相应地由浅变深，土壤黏粒含量逐渐减少，而粗砂、砾石含量逐渐增多，粗骨性逐渐增强，自然水分含量逐渐增大，表土层有机质含量逐渐增大等，土壤由黄棕壤逐渐演替为棕壤、暗棕壤、棕色针叶林土和亚高山草甸土等。土壤类型的垂直演替规律亦同时反映了成土因素和土壤生态属性的垂直递变特性。

同一土类在其分布地域内，因所处地形坡度、坡位不同，成土条件的稳定性优劣程度和土壤自然侵蚀强度等存在明显差异，导致其发育程度和所处演替阶段不同，原始土壤、幼年土壤、成熟土壤、老年土壤同时存在。南部的黄棕壤和东部的棕壤分布区域，局部地段因曾经毁林垦荒等原因，经土壤侵蚀而退化为黄棕壤性土和棕壤性土。

林线(3800. 0 ~4000. 0m)以上的亚高山草甸土是高山亚寒带、高山寒带气候和寒温草甸、寒温灌丛长期共同作用的结果。这里冰缘作用强烈，土壤冻融侵蚀、水力侵蚀和风力侵蚀显著，现代成土环境严酷，成土过程十分缓慢，加之高山地区脱离第四纪冰川时间短，土壤发育程度很低，原始土壤和幼年土壤交错分布，其中原始土壤主要分布于陡崖、陡坡地段，基岩出露，以玄武岩、白云岩、石灰岩为主，土壤生态非常脆弱，敏感性程度很高。东北部2900.0～3800.0m高度范围内的大面积亚高山草甸土，是原有暗棕壤和棕色针叶林土长期逆行演替形成的。该区域历史上为原生性的寒温山地硬叶常绿阔叶林、寒温性针叶林、寒温灌丛等覆盖，因东川铜矿开采和冶炼对木材的需要，曾长期大量伐木，加上持续过度放牧、砍伐薪柴等干扰因素，原有森林逆行演替为次生亚高山灌丛草甸和亚高山草甸，在长期草甸作用和冬半年冻融作用下，土壤草毡状有机物质累积作用显著，逐渐演变为亚高山草甸土。

紫色土集中分布于出露有紫、红色砂、页岩，坡度较大，自然侵蚀为中度至极强烈的陡坡地区。缓坡地段，因成土过程稳定，大多已顺向发育为地带性的黄棕壤、红壤等。紫、红色砂、页岩是影响紫色土发育的物质基础，坡度是紫色土是否发育的根本因素，植被覆盖变化、人类活动强弱则是促进其顺向或逆行演替的重要因素。

沼泽土是低洼地形条件下，引起地表水汇集，土壤长期过湿甚至积水，发育沼泽、沼泽化草甸的结果，仅零星分布于古冰斗、古冰蚀洼地、古冰川槽谷、湖滨以及坡麓和河流源头宽缓地段。地形起伏形成的低洼地貌部位是沼泽土得以发育的根本因素或前提条件。

1.6.2.3 土壤类型的空间结构(以轿子山片为例)

从空间尺度上，山地土地类型存在着区、带和类3个序列的分异格局(刘彦随，2001)，山地土壤类型的分异格局亦遵循这一规律。但因该保护片所跨纬度较小，仅9′57″，处于云南省土壤区划中的同一土壤区——昆明曲靖山原红壤区(王文富，1996)内，因此其空间分异格局仅表现为中观层面的垂直带分异以及垂直带内部和之间的地域性组合2个序列。

1.6.2.3.1 *垂直地带性结构*

从云南地带性土壤分布模式——“山原型水平地带”(王文富等，1996)来看，轿子山地区基带土壤应为红壤带(1400.0～2300.0m)，在红壤带之上的山地(2300.0m到雪岭主峰)发育了属于正向垂直地带的黄棕壤带(2300.0～2700.0m)、棕壤带(2700.0～3300.0m)、暗棕壤带(3300.0～3700.0m)、棕色针叶林土带(3700.0～4000.0 m)和亚高山草甸土带(3300.0～4344.1m)(图1-12)，空间分布表现为南北向圈层式、逐层递变的特点(图1-13)。

保护区位于2300.0m以上的高中山和高山，发育的土壤带均分布于红壤带之上，属正向垂直带。轿子山红壤带之下的金沙江、普渡河和小江河谷还发育有属于负向垂直带的燥红土带。土壤的垂直分布是轿子山生物气候条件垂直变化显著的必然结果。按熊毅、李庆逵等(1990)以及高以信、李明森(2000)对中国和横断山区土壤垂直带谱结构类型的论述，轿子山位处北亚热带高原季风气候区，其基带土壤为红壤，建谱土壤带为黄棕壤带，垂直带土壤所属土纲以铁铝土和淋溶土为主，山地土壤垂直带谱结构类型应属于季风性带谱系统、亚热带湿润型。

保护区内部由于所处地貌部位(如沟谷、山脊、阴坡、阳坡、迎风坡、背风坡)不同，水热组合状况存在明显差异，致使土壤垂直带谱中2个土壤带之间存在交错分布和过渡的现象，同一土壤垂直带内的南坡、西南坡，其热量条件优于北坡、西北坡，土壤带分布上限比北坡、西北坡要高100.0～200.0m。

1.6.2.3.2 *地域性组合结构*

(1)中域组合结构：保护区东部海拔3300.0～4100.0m的小清河源头地区，紫色土与棕壤、暗棕壤、亚高山草甸土呈复区分布；西北部的雨吃落沟地区和西部的乌蒙河源头地区，

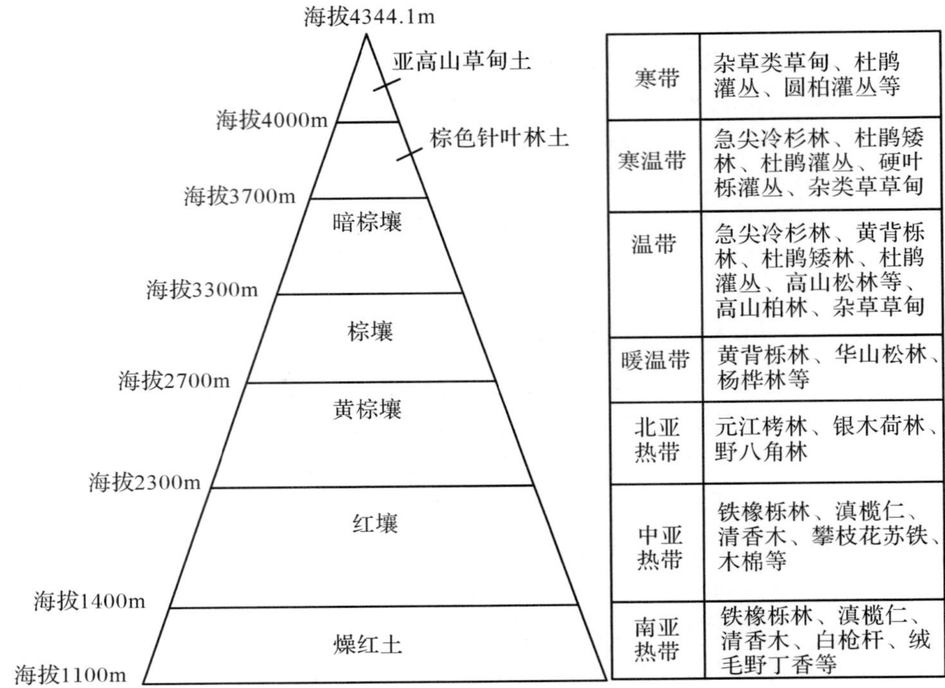

图 1-12 轿子山自然保护区土壤垂直带谱示意图

棕壤、暗棕壤、棕色针叶林土与亚高山草甸土交错分布，均属土壤类型的中域组合结构(图 1-13)。

(2)微域组合结构：沼泽土呈斑点状分布于海拔 3400. 0 ~ 4100. 0m 高度范围内的某些低洼地段，例如古冰斗、高原面和剥蚀面上的古冰蚀洼地、湖滨洼地、溶蚀洼地，以及坡麓和河流源头宽缓地段，零星点缀于亚高山草甸土和棕色针叶林土内。东部小清河上游海拔 3000. 0m 以下的大厂、银水箐、燕子洞等村寨附近，南部清水河源头的中槽子、马家槽子、独槽子等村寨附近，梯旱地和坡旱地，呈斑点状分布于黄棕壤、棕壤、紫色土内(图 1-13)。这些旱耕地因土壤侵蚀等原因，其质量明显劣于附近相同土类的自然土壤。

1. 6. 2. 3. 3 土壤类型的数量结构

土壤类型数量结构，可反映各种土壤类型在空间分布上的数量对比关系。土壤类型空间结构的数量特征包括面积特征、形态特征和类型特征等，多采用景观空间格局指数来描述(邵晓梅，2004)。借鉴土壤类型和土地类型数量结构的研究方法，选用面积百分比、频率和优势指数等指标来表征轿子山片土壤类型的数量结构特征。结果表明：轿子山片地带性土壤中棕壤的面积最大，为 5926. 64hm^2，空间分布较为连续，是保护区内的优势土壤类型。暗棕壤面积较大，斑块数较多，出现频率较大，空间分布趋于分散，因此优势度偏低。棕色针叶林土面积较小，但因斑块数少，频率较低，分布较为集中，故优势度略高于暗棕壤。黄棕壤带，所占面积最小，优势度最低，因受保护区界线分割，频率指数偏高，破碎化程度较高。非

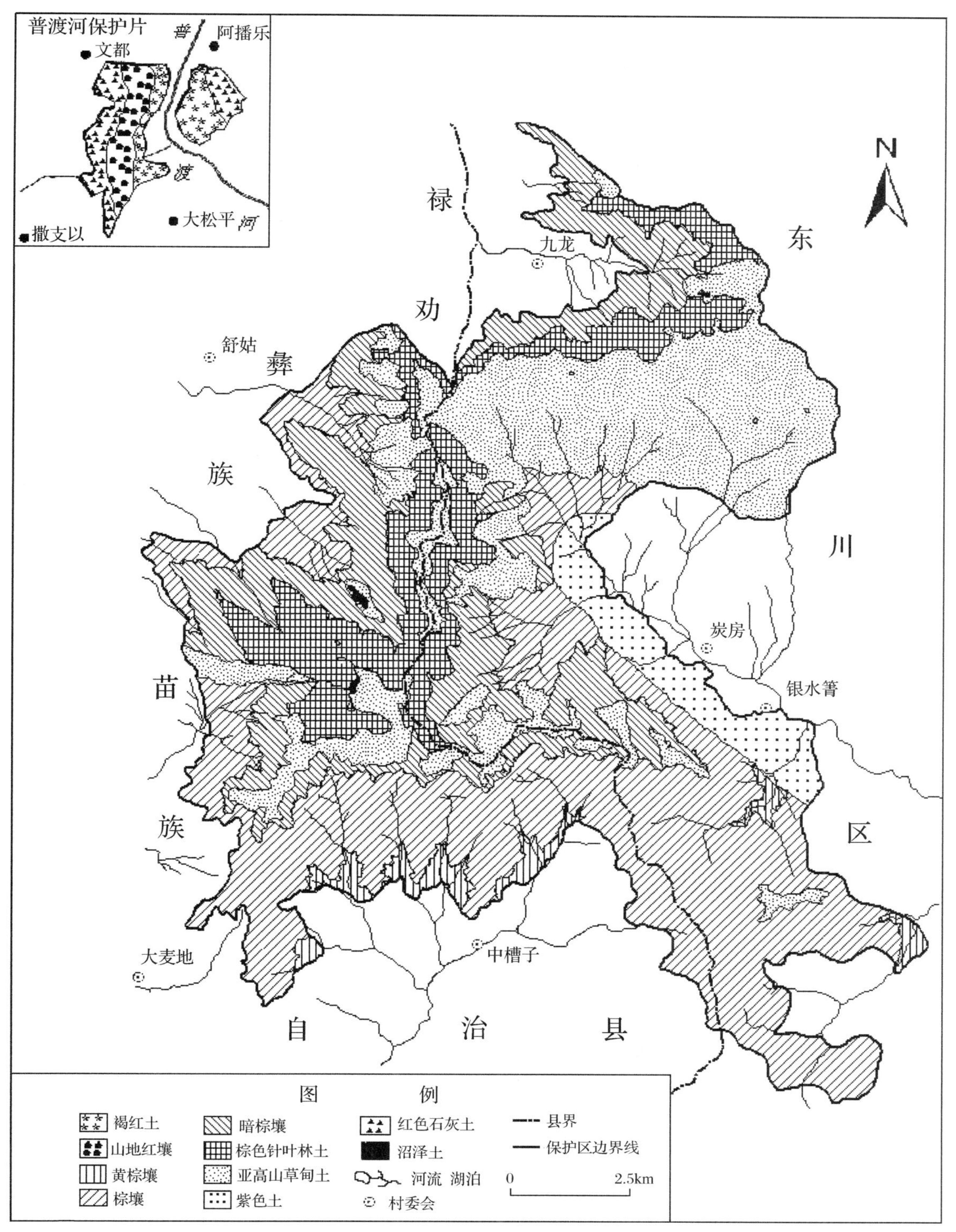

图 1-13 轿子山自然保护区土壤类型分布图

地带性土壤中亚高山草甸土面积较大，斑块数最多，频率最大，空间分布最分散，优势度较低，斑块破碎化突出，致使林线以下至海拔3300.0m高度内，亚高山草甸土和暗棕壤交错分布现象突出，空间组合的复杂性和变异性明显。沼泽土分布面积最小，仅14.57hm^2，但空间分布较分散，优势度最低。紫色土分布面积较小，频率最低，只有1个斑块，分布最完整。

1.6.3 土壤类型及特征

1.6.3.1 燥红土

只有褐红土1个亚类，是红壤向燥红土过渡的土壤类型(王文富等，1996)，相当于中国土壤系统分类中的铁质干润雏形土(陈志诚等，2004)。面积87.10hm^2，占保护区土壤总面积的0.53%。分布于海拔1100.0～1400.0m的普渡河片(图1-13)。气候类型属南亚热带半干旱季风气候，年平均气温约19.6℃，最冷月均温约12.4℃，最热月均温>24.3℃，年降水量<800.0mm。降水较少，蒸发量较大，属半干旱地区。植被类型以硬叶常绿栎林及稀树灌丛为主。成土母岩有白云岩、灰岩、砂岩、砂质页岩等。褐红土的脱硅富铝化作用、生物累积过程和淋溶作用较红壤弱，阳离子代换量和盐基饱和度较红壤高。发育于石灰岩、白云岩上的褐红土多呈中性至弱碱性，土壤有机质含量较高，质地多砾质黏土(表1-22)，全磷、全钾、全氮及速效氮偏低，速效钾丰富，速效磷缺乏(表1-23)。

表1-22 轿子山自然保护区土壤机械组成

土壤类型(亚类)	剖面编号	采样深度(cm)	石砾(>2mm)	各级土粒质量(%)			质地
				砂粒(2～0.02mm)	粉粒(0.02～0.002mm)	黏粒(<0.002mm)	
亚高山灌丛草甸土	08	0～12	50.37	85.39	12.52	2.09	壤质砂土
		12～24	64.64	89.53	8.32	2.15	壤质砂土
	06	0～27	1.40	61.39	31.10	7.51	砂质壤土
		27～46	22.44	73.81	19.43	6.76	砂质壤土
棕色针叶林土	09	0～17	5.70	79.47	17.28	3.25	砂质壤土
		17～25	27.58	78.18	19.56	2.26	砂质壤土
	11	0～10	0.46	71.72	21.75	6.53	砂质壤土
		10～15	19.39	66.82	17.42	15.76	砂质黏壤土
	18	0～16	9.19	63.83	22.26	13.91	砂质壤土
		16～42	24.08	62.02	21.10	16.88	砂质黏壤土
暗棕壤	10	0～26	41.72	81.17	15.22	3.61	砂质壤土
		26～42	22.45	84.56	13.38	2.06	砂质壤土
		42～66	45.56	93.68	3.40	2.92	砂土
	15	0～21	19.25	73.36	19.69	6.95	砂质壤土
		21～37	32.24	85.95	10.91	3.14	壤质砂土
		>37	28.00	84.86	11.76	3.38	砂质壤土
棕 壤	02	0～22	48.39	81.16	11.40	7.44	砂质壤土
		22～48	34.29	72.10	17.19	10.71	砂质壤土
		>48	51.99	79.75	12.27	7.98	砂质壤土

（续）

土壤类型（亚类）	剖面编号	采样深度（cm）	石砾（>2mm）	各级土粒质量（%）			质地
				砂粒（2～0.02mm）	粉粒（0.02～0.002mm）	黏粒（<0.002mm）	
棕 壤	05	0～8	42.92	82.46	13.02	4.53	砂质壤土
		8～24	33.08	81.56	15.61	2.84	砂质壤土
		24～61	26.73	75.04	21.06	3.90	砂质壤土
		>61	39.40	77.32	20.16	2.52	砂质壤土
	16	0～15	27.14	74.50	13.19	12.31	砂质壤土
		15～53	23.51	57.22	27.81	14.97	砂质壤土
		53～71	19.53	46.86	36.13	17.00	黏壤土
		>71	23.74	55.47	31.81	12.72	砂质壤土
黄棕壤	04	0～22	31.48	77.26	14.12	8.62	砂质壤土
		22～61	45.04	80.54	10.75	8.71	砂质壤土
		>61	63.34	81.46	9.97	8.57	砂质壤土
褐红土	14	0～7	59.22	75.27	10.32	14.41	砂质壤土
		7～36	81.48	92.09	3.85	4.06	砂土
紫色土	19	0～30	15.73	66.81	16.60	16.60	砂质黏壤土
		30～73	14.37	58.41	24.83	16.76	砂质黏壤土
黑色石灰土	13	0～24	61.13	79.43	9.52	11.04	砂质壤土
		24～46	85.82	96.26	1.74	1.99	砂土
沼泽土	07	0～4	26.43	76.01	16.50	7.50	砂质壤土
		4～23	25.99	77.04	16.50	6.46	砂质壤土
		>23	51.67	82.65	12.01	5.34	砂质壤土
	17	0～17	0	76.06	12.54	11.40	砂质壤土
		17～33	4.01	85.79	6.99	7.22	壤质砂土
		33～53	0	74.71	16.10	9.20	砂质壤土

表 1-23 轿子山自然保护区土壤化学性质

土壤亚类	剖面编号	采样深度（cm）	pH	有机质（g/kg）	全氮（g/kg）	全磷（g/kg）	全钾（g/kg）	速效养分（mg/kg）			C/N	成土母岩
								氮	磷	钾		
亚高山灌丛草甸土	08	0～12	5.05	295.93	12.60	0.40	15.02	389.00	1.621	221.60	13.32	玄武岩
		12～24	5.15	309.92	8.50	0.72	15.52	326.00	2.053	116.94	19.79	
	06	0～27	5.01	205.50	6.10	1.79	9.80	665.21	5.85	203.81	19.55	
		27～46	5.05	161.20	4.90	2.13	9.70	568.82	3.46	139.05	19.08	
棕色针叶林土	09	0～17	5.39	267.09	8.00	1.59	8.79	770.00	1.175	320.40	22.46	玄武岩
		17～25	5.25	71.54	6.90	1.93	9.69	580.00	0.685	155.88	22.61	
	11	0～10	4.07	311.10	8.90	1.24	5.30	1001.98	18.96	228.83	20.28	
		10～15	4.12	457.30	6.20	0.58	9.40	510.51	2.57	141.12	21.39	

（续）

土壤亚类	剖面编号	采样深度(cm)	pH	有机质(g/kg)	全氮(g/kg)	全磷(g/kg)	全钾(g/kg)	速效养分(mg/kg)			C/N	成土母岩
								氮	磷	钾		
棕色针叶林土	18	0～16	3.52	717.82	13.08	0.81	6.12	824.16	67.90	768.53	31.83	玄武岩
		16～42	4.05	255.02	2.51	1..43	16.31	384.99	59.16	214.68	58.93	
暗棕壤	10	0～26	4.90	212.90	7.90	2.93	3.20	787.78	3.58	255.95	15.63	玄武岩
		26～42	5.23	153.70	5.10	2.40	3.10	516.46	0.70	184.42	17.47	
		42～66	5.67	115.40	3.40	1.23	3.10	371.28	2.36	172.53	19.68	
	15	0～21	5.21	146.19	5.30	1.38	16.35	445.00	6.047	78.78	16.26	
		21～37	5.39	148.22	4.70	2.06	14.47	360.00	3.320	68.70	18.59	
		>37	5.68	85.44	3.30	1.27	16.73	240.00	3.450	2.29	15.09	
棕　壤	02	0～22	5.31	165.43	8.70	1.83	28.74	380.00	16.720	340.99	11.03	玄武岩
		22～48	5.90	64.73	4.20	1.47	34.09	185.00	4.783	262.29	8.94	
		>48	5.73	35.19	2.60	0.61	33.93	120.00	2.563	171.55	8.09	
	05	0～8	6.06	125.20	3.78	1.05	7.60	323.68	1.42	169.86	19.21	
		8～24	6.05	99.50	4.67	1.13	7.80	226.10	0.77	146.37	12.36	
		24～61	6.23	79.10	2.30	1.07	7.70	207.06	1.40	144.35	19.94	
		>61	6.31	33.00	2.69	0.90	7.60	291.55	1.52	118.83	7.08	
	16	0～15	5.30	194.65	5.82	2.61	3.46	425.49	9.91	175.75	19.40	
		15～53	5.02	66.93	2.30	2.41	4.08	173.57	8.77	54.45	16.88	
		53～71	5.04	36.38	1.16	2.30	3.92	97.49	94.95	26.73	18.19	
		>71	4.77	39.89	1.31	2.22	4.61	105.00	11.49	26.67	17.66	
暗黄棕壤	04	0～22	5.04	183.12	6.20	0.91	7.50	470.00	1.327	133.66	17.06	玄武岩
		22～61	5.07	65.31	2.00	0.84	7.20	170.00	0.706	101.85	19.07	
		>61	5.40	34.25	1.70	1.20	7.20	130.00	1.289	95.97	11.90	
褐红土	14	0～7	8.30	95.34	4.20	0.88	27.15	210.00	3.478	129.94	13.17	石灰岩
		7～36	8.18	34.45	1.80	0.67	19.96	100.00	2.897	86.42	11.43	
酸性紫色土	19	0～30	5.08	41.35	0.89	2.49	3.82	127.56	86.35	69.25	26.95	砂岩
		30～73	5.29	33.52	0.58	0.85	17.91	124.11	84.88	73.17	33.52	
黑色石灰土	13	0～24	8.49	71.53	3.65	1.34	20.07	115.00	1.990	222.79	11.37	石灰岩
		24～46	8.51	63.81	2.75	1.01	20.06	65.00	3.208	140.40	15.09	
草甸沼泽土	07	0～4	5.54	256.70	10.10	2.57	12.86	482.00	7.358	427.93	14.84	玄武岩
		4～23	5.00	170.51	6.80	0.64	14.99	339.00	4.464	192.86	14.62	
		>23	5.45	91.57	3.30	0.68	14.55	199.00	3.770	121.37	16.05	
	17	0～17	4.53	645.58	18.18	3.00	6.09	1402.23	39.05	247.82	20.60	
		17～33	5.06	739.81	20.33	4.86	3.83	1443.86	67.19	190.81	21.11	
		33～53	4.90	699.48	10.32	1.21	3.62	1570.29	74.72	229.37	39.32	

以禄劝县中屏乡北屏村大松坪海拔1270m的剖面(轿14号)为例(表1-24)，母质为白云

岩、灰岩坡积、残积物，其剖面特征为：

A 层：0～7cm，暗灰棕色(5YR 4/2)，多砾质壤土，潮，团粒结构，疏松，根系多量，有白云岩、石灰岩砾石碎块；

B 层：7～36cm，红棕色(5YR 4/6)，多砾质砂质黏土，潮，小块状结构，较疏松，根系多量至中量，有铁锰胶膜及白云岩、石灰岩碎块。

表 1-24 轿子山自然保护区红褐土剖面(轿 14 号)环境因子

剖面号	轿 14 号	地理坐标：25°57′24.1″N，102°43′20.8″E		
采集地点	禄劝县中屏乡北屏村大松坪，属普渡河片			
地貌类型	大中地形：中山下部		小地形：山坡	
地形	海拔：1270m	坡位：山坡下部	坡度：41°	坡向：NE50°
母质母岩	母岩：白云岩		母质：坡、残积物	
植被	植被类型：铁橡栎林		植被总盖度：约 92%	
	代表物种：铁橡栎、滇榄仁、清香木、白枪杆、绒毛野丁香、紫茎泽兰、茅叶荩草			

总的来说，褐红土区土壤发育程度不深，具有幼年土特征，土壤结构差，有效肥力低，加上该地区地势陡峭，石灰岩广布，干旱现象突出。

1.6.3.2 红 壤

只有红壤 1 个亚类，相当于中国土壤系统分类中的富铝湿润富铁土(陈志诚等，2004)。是轿子山地区的基带土壤，面积 69.13hm^2，占保护区土壤总面积的 0.42%。分布于保护区 2300.0m 以下的亚热带半湿润地区(图 1-13)，年平均气温 13.0～15.0℃，最冷月平均气温 6～7℃，最热月平均气温大于 18.0～21.0℃，≥10℃积温大于 4000.0～4500.0℃，年降水量 960.0～1000.0mm。成土母质主要是海相沉积的砂岩、砾岩、页岩、石灰岩、白云岩等的残积坡积物。原生植被以半湿润常绿阔叶林为主，现状植被主要是云南松林等。具有中度脱硅富铝化过程、强烈的淋溶作用和较弱的生物累积过程。红壤在形成过程中，矿物分解较慢，硅酸盐流失较多，土壤矿物以高岭石含量较多，含有大量的铁、铝、锰、钛等氧化物，使红壤的理化性质有别于其他土类。一般土层深厚，但表土层浅，质地黏重，结构不良。剖面构型为 A—B—C 型。以禄劝县石灰岩风化残积母质上发育的剖面为例(禄劝县土壤普查队，1986)，其形态特征如下：

A 层：0～18cm，黄棕色(10YR 5/8)，重壤土，粒状结构，紧实；

B 层：18～41cm，红棕色(5YR 4/6)，中壤土，小块状结构，紧实。

红壤化学性质和机械组成分别见表 1-25 和表 1-26。

表 1-25 轿子山自然保护区红壤化学性质

采样深度 (cm)	pH 值	有机质 (g/kg)	全氮 (g/kg)	全磷 (g/kg)	全钾 (g/kg)	碱解氮 (mg/kg)	速效磷 (mg/kg)	速效钾 (mg/kg)	C/N
0～18	6.0	76.90	2.22	1.70	5.60	184.00	5.80	754.00	20.1
18～41	6.1	46.00	0.85	1.66	6.60	143.00	5.50	177.00	31.4

引自：禄劝县土壤普查队，禄劝土壤，1986，67～68。

表 1-26 轿子山自然保护区红壤机械组成

土壤亚类	采样深度(cm)	各粒级(mm)土粒百分含量(%)							质地
		1～0.25	0.25～0.05	0.05～0.01	0.01～0.005	0.005～0.001	<0.001	黏粒	
红壤	0～18	14.87	23.13	17.0	10.3	18.2	16.5	45.0	重壤土
	18～41	10.21	17.79	28.0	9.1	17.9	17.0	44.0	中壤土

引自：禄劝县土壤普查队，禄劝土壤，1986，67～68。

1.6.3.3 黄棕壤

黄棕壤是暖湿气候条件下形成的土壤类型，有暗黄棕壤和黄棕壤性土2个亚类，分别相当于中国土壤系统分类中的铁质湿润淋溶土和铁质湿润雏形土(陈志诚等，2004)。分布于2300.0～2700.0m的海拔范围内(图1-13)，面积409.68hm^2，占保护区土壤总面积的2.49%。成土母岩以玄武岩及泥质岩类为主，母质主要以残积物、坡积物为主。原生植被为中山湿性常绿阔叶林。气候为山地北亚热带、暖温带湿润季风气候，平均气温11～13℃，最冷月均温4～6℃，最热月均温16～18℃，≥10℃积温3000.0～4000.0℃，年降水量1000.0～1100.0mm。土层颜色较深，土壤质地以砂壤土为主，黏粒的下移和淀积现象比较明显。剖面发育较完整，土体构型多为A－AB－B－C型或A－B－C型。以东川区红土地镇银水箐村大箐丫口松岭岗梁子海拔2410m的剖面(轿04号)为例：母质为砂、页岩坡积物，坡度37°，植被类型为中山湿性常绿阔叶林(表1-27)，各发生层特征如下：

表 1-27 轿子山然保护区黄棕壤剖面(轿04号)环境因子

剖面号	轿04号	地理坐标：26°04′29.1″N，102°56′51.8″E		
采集地点	东川区红土地镇银水箐村大箐丫口松岭岗梁子			
地貌类型	大中地形：中山上部		小地形：山坡	
地形	海拔：2410m	坡位：山坡中部	坡度：37°	坡向：NE72°
母质母岩	母岩：紫红色砂页岩、页岩		母质：坡积、残积物	
植被	植被类型：野八角林		植被总盖度：95%	
	代表物种：野八角、长尖叶蔷薇、多变石栎、山鸡椒、野草莓、大锥剪股颖等			

A层：0～22cm，黑棕色(7.5YR 2/2)，砂壤土，潮湿，团粒结构，较疏松，植物根系多，夹有碎砾，局部有少量碳屑；

B层：22～61cm，暗棕色(7.5YR 3/4)，砂壤土，潮湿，团粒至小块状结构，较疏松，植物根系多，有砾石，有少量铁锰胶膜、根孔及腐殖质聚集体；

C层：61cm以下，棕色(7.5YR 4/4)，砂壤土，潮湿，小块至中块状结构，较紧实，有砾石，有中量至少量植物根系，少量铁锰胶膜。

黄棕壤既有一定的黏化过程，又有较弱的脱硅富铝化过程和较强的生物累积作用。剖面层次完整，土体一般较厚，质地黏壤至轻黏(表1-22)。由于母岩和小地形的影响，pH值变化较大，由酸性至微酸性，有机质和氮、磷、钾含量较丰富，盐基饱和度高，保肥能力较强(表1-23)。黄棕壤地区，水湿条件好，但土体比较松泡，如原生植被一经遭破坏，在雨季很容易引起水土流失，甚至发生泥石流。

1.6.3.4 棕 壤

有棕壤和棕壤性土2个亚类，分别相当于中国土壤系统分类中的简育湿润淋溶土和简育湿润雏形土(陈志诚等, 2004)。分布于轿子山中上部海拔2700.0~3300.0m地区(图1-13),面积5926.64hm^2,占保护区土壤总面积的36.02%,是保护区内面积最大的土壤类型。气候属于山地暖温带湿润季风气候,年均温<11℃,最冷月均温<4℃,最热月均温<16℃,≥10℃积温<3000.0℃,年降水量约1100.0mm。原生植被以针阔混交林为主,主要有寒温山地硬叶常绿阔叶林(如黄背栎林)、温性落叶阔叶林(如滇山杨林等)、寒温性灌丛(如杜鹃灌丛等)、亚高山灌丛草甸。成土母质为玄武岩及泥质岩类为主的风化残积物、坡积物。以东川区红土地镇大横山石楼梯村小组海拔2980.0m剖面(轿02号)为例,母质为板岩风化形成的坡积、残积物,植被为落叶阔叶林—山杨林(表1-28),其剖面特征如下:

表1-28 轿子山自然保护区棕壤剖面(轿02号)环境因子

剖面号	轿02号	地理坐标:26°01′48.3″N,102°56′36.2″E		
采集地点	红土地镇大横山村石楼梯小组			
地貌类型	大中地形:高中山		小地形:山坡	
地形	海拔:2980.0m	坡位:山坡中部	坡度:33°	坡向:NW205°
母质母岩	母岩:板岩		母质:坡积、残积物	
植被	植被类型:滇山杨林		植被总盖度:94%	
	主要组成:滇山杨、马桑、华山松、木帚栒子、长托菝葜、剪股颖等			

A层:0~22cm,暗棕色(7.5YR 3/4),中等砾质砂壤土,潮湿,团粒结构,较疏松至较紧实,植物根系多,含有较多的死亡根系及虫孔;

B层:22~48cm,灰黄棕色(10YR 5/2),砂壤土,潮湿,团粒至小块状结构,较紧实,植物根系多量至中量,多砾石,含有死亡根系及腐殖质聚集体;

C层:48cm以下,棕黄色(2.5Y 4/4),砂壤土,潮湿,中至大块状结构,较紧实,有中量至少量植物根系,少量石块。

另以东川区老炭房村海拔2975m剖面(轿05号)为例,母质为玄武岩风化形成的坡积、残积物,坡度为26°,植被为华山松幼林(表1-29),其剖面特征如下:

A层:0~8cm,棕黄色(2.5Y 4/4),多砾质砂壤土,潮湿,团粒结构,紧实,植物根系多,有大块砾石;

AB层:8~24cm,淡棕色(7.5YR 5/6),少砾质砂壤土,潮湿,团粒至小块状结构,较疏松,植物根系多,含有死亡根系、虫孔及腐殖质聚集体;

B层:24~61m,棕色(7.5YR 4/4),少砾质砂壤土,潮湿,小块至中块状结构,较紧实,植物根系多至少量,含有死亡根系、虫孔及腐殖质聚集体;

C层:61cm以下,棕色(7.5YR 4/4),少砾质砂壤土,潮湿,小块至中块状结构,紧实,无植物根系。

其成土过程均具有明显的黏化过程和较强的生物累积过程,淋溶作用强烈,风化作用微弱,呈酸性反应。土壤质地多为砂质壤土(表1-22),表土层以团粒结构为主,中下部以块状结构为主。剖面发育程度差,土体不厚,砾石含量多,且随海拔升高、湿度增大,这种趋势愈明显。土壤有机质含量高,全量N、P、K及速效养分均丰富(表1-23),自然肥力高,是保护区内肥力较高的土壤类型,是森林生态系统的主要分布区之一。

表1-29 轿子山自然保护区棕壤剖面(轿05号)环境因子

剖面号	轿05号	地理坐标：26°06′56.6″N，102°55′35.6″E		
采集地点	东川区红土地镇炭房村赖石梁子			
地貌类型	大中地形：高中山		小地形：山坡	
地形	海拔：2975m	坡位：山坡上部	坡度：26°	坡向：SW285°
母质母岩	母岩：玄武岩		母质：残积、坡积物	
植被	植被类型：华山松林		植被总盖度：80%	
	主要组成：华山松、碎米花杜鹃、刺菝葜、东川画眉草、西南委陵菜、四脉金茅等			

1.6.3.5 暗棕壤

只有暗棕壤1个亚类，相当于中国土壤系统分类中的冷凉湿润雏形土和暗沃冷凉淋溶土(陈志诚等，2004)。主要分布在海拔3300.0～3700.0m的亚高山地带(图1-13)，面积3024.85hm^2，占保护区土壤总面积的18.38%，是保护区内分布面积第二大的土壤类型。属于山地中温带湿润季风气候，年均温5～9℃，≥10℃积温1500.0～2500.0℃，年降水量900.0～1300.0mm，冬季长寒，季节性冻土层可达0.3～0.5m，云雾比棕壤地带多，湿度也更大，植被为寒温性的硬叶常绿栎类林、冷杉林、杜鹃矮林、圆柏林、寒温性灌丛等。成土母质以玄武岩风化的坡积、残积物。因气候冷凉潮湿，通常地表都有0.5～5.0cm厚的枯枝落叶层，土壤有机质含量丰富。以禄劝县雪山乡舒姑村海拔3593.0m剖面(轿15号)为例，母质为玄武岩风化残、坡积物，坡度21°，植被为黄背栎林(表1-30)，其剖面特征如下：

A层：0～21cm，红棕色(5YR 4/6)，壤土，潮，团粒结构，较疏松，植物根系多，含有较多的死亡根系及虫孔；

B层：2～37cm，暗红棕色(5YR 2/4)，壤土，潮，团粒至小块状结构，较疏松至较紧实，植物根系中量，多砾石，含有死亡根系及腐殖质聚集体；

C层：37cm以下，黑棕色(7.5Y 2/2)，黏壤土，潮湿，块状结构，较紧实，少量植物根系，少量石块。

表1-30 轿子山自然保护区暗棕壤剖面(轿15号)环境因子

剖面号	轿15号	地理坐标：26°09′22.6″N，102°50′41.5″E		
采集地点	禄劝县雪山乡舒姑村小马路洼子			
地貌类型	大中地形：高山		小地形：山坡	
地形	海拔：3593.0m	坡位：高山上部	坡度：21°	坡向：西坡
母质母岩	母岩：斑状玄武岩		母质：残积、坡积物	
植被	植被类型：黄背栎林		植被总盖度：95%	
	主要组成：黄背栎、高山柏、山鸡椒、红毛花楸、西南栒子、南烛、宽叶兔儿风等			

由于气候冷凉湿润，生物累积过程活跃，腐殖质层厚7.0～20.0cm。土壤质地一般为砂壤，存在轻度的淋溶黏化过程，土壤多呈酸性，由表土层向下，酸性逐渐增强，pH值为5.2～5.7。土壤有机质含量高，全量N、P、K及速效养分均丰富(表1-23)，自然肥力较高。

另以禄劝县乌蒙乡乌蒙村何家村法地丫口海拔3470m剖面(轿10号)为例，母质为玄武岩风化残、坡积物，坡度25°，植被为杜鹃灌丛(表1-31)，其剖面特征如下：

表 1-31 轿子山自然保护区暗棕壤剖面(轿 10 号)环境因子

<table>
<tr><td>剖面号</td><td>轿 10 号</td><td colspan="3">地理坐标：26°03′49.0″N，102°49′53.0″E</td></tr>
<tr><td>采集地点</td><td colspan="4">禄劝县乌蒙乡乌蒙村何家村法地丫口</td></tr>
<tr><td>地貌类型</td><td colspan="2">大中地形：高中山</td><td colspan="2">小地形：山坡</td></tr>
<tr><td>地形</td><td>海拔：3470.0m</td><td>坡位：中山上部</td><td>坡度：25°</td><td>坡向：NW330°</td></tr>
<tr><td>母质母岩</td><td colspan="2">母岩：玄武岩</td><td colspan="2">母质：残积、坡积物</td></tr>
<tr><td rowspan="2">植被</td><td colspan="2">植被类型：杜鹃灌丛</td><td colspan="2">植被总盖度：85%</td></tr>
<tr><td colspan="4">主要组成：露珠杜鹃、高山柏、弯柱杜鹃、密枝杜鹃、喜阴悬钩子等</td></tr>
</table>

A 层：0～26cm，暗灰棕色(5YR 4/2)，砂壤土，团粒结构，较疏松，植物根系多量，含有较多的死亡根系及虫孔；

BA 层：26～42cm，淡棕色(7.5YR 5/6)，砂壤土，小块状结构，较紧实，植物根系中量，含砾石。

B 层：42～66cm，暗棕色(7.5YR 3/4)，较紧实，砂土，中块状结构，植物根系少量，含砾石。

轿 10 号暗棕壤剖面化学性质见表 1-23。

由于气候冷凉湿润，生物累积过程活跃，腐殖质层厚约 1cm。土壤质地一般为轻壤或砂壤，存在轻度的淋溶黏化过程，土壤多呈酸性，由表土层向下，酸性逐渐增强，pH 值为 5.0～5.7。土壤有机质含量高，全量 N、P、K 及速效养分均丰富(表 1-23)，自然肥力较高。

1.6.3.6 棕色针叶林土

只有棕色针叶林土 1 个亚类，相当于中国土壤系统分类中的暗瘠寒冻雏形土(陈志诚等，2004)。简育湿润淋溶土分布在林线下海拔 3700.0～4000.0m 的高山地带(图 1-13)，面积 1930.21hm^2，占保护区土壤总面积的 11.73%，是保护区内面积较大的土壤类之一。气候寒冷潮湿，年均温 3～6℃，1 月均温约 -5℃，极端最低温为 -30～ -25℃；年降水量 800.0～1200.0mm，年相对湿度 70% 以上，冬半年积雪长达 4～6 个月。植被以急尖长苞冷杉林为主，其次是杜鹃矮林，林木繁茂，郁闭度大，林内苔藓地衣生长良好，凋落物层较厚。成土母质以玄武岩风化后坡积、残积物以及冰碛物为主。以禄劝县乌蒙乡轿子山顶附近一线天海拔 3790.0m 剖面(轿 09 号)为例，母质为玄武岩的风化坡积、残积物，坡度为 13°，植被为急尖长苞冷杉林，林下有杜鹃等(表 1-32)，其剖面特征如下：

表 1-32 轿子山自然保护区棕色针叶林土剖面(轿 09 号)环境因子

<table>
<tr><td>剖面号</td><td>轿 09 号</td><td colspan="3">地理坐标：26°05′13.5″N，102°50′49.0″E</td></tr>
<tr><td>采集地点</td><td colspan="4">禄劝县乌蒙乡轿子山一线天</td></tr>
<tr><td>地貌类型</td><td colspan="2">地形：高山</td><td colspan="2">小地形：山坡</td></tr>
<tr><td>地形</td><td>海拔：3790.0m</td><td>坡位：山坡上部</td><td>坡度：13°</td><td>坡向：SW260°</td></tr>
<tr><td>母质母岩</td><td colspan="2">母岩：玄武岩</td><td colspan="2">母质：残积物</td></tr>
<tr><td rowspan="2">植被</td><td colspan="2">植被类型：急尖长苞冷杉林</td><td colspan="2">植被总盖度：94%</td></tr>
<tr><td colspan="4">主要组成：急尖长苞冷杉、大白花杜鹃、云南杜鹃、斑壳玉山竹、长叶枸骨、野草莓、凉山悬钩子</td></tr>
</table>

A 层：0～17cm，黑棕色(7.5YR 2/2)，壤土，潮湿，团粒结构，较疏松，植物根系多

量，含有砾石，含有死亡根系及腐殖质聚集体；

E层：17～25cm，暗灰棕色(5YR 4/2)，黏壤土，潮湿，小块状结构，较紧实，植物根系多量至中量，多砾石，含有死亡根系及腐殖质聚集体。

林内温度低，湿度大，土体长期处于湿润状态，酸性淋溶作用强，灰化过程明显，腐殖质层之下即为呈棕灰色的灰化层，厚度一般小于15cm。发生层分异明显，土体较薄，土壤质地较轻，含有较多砾石。土壤呈酸性，腐殖化过程明显，表土层有机质含量高(表1-23)。

另以禄劝县轿子山大黑箐海拔3815.0m剖面(轿11号)为例，母质为玄武岩的风化坡积、残积物，坡度为10°，植被为急尖长苞冷杉林，林下有杜鹃灌丛(表1-33)，其剖面特征如下：

表1-33 轿子山自然保护区棕色针叶林土剖面(轿11号)环境因子

剖面号	轿11号	地理坐标：26°04′39.5″N，102°50′32.5″E			
采集地点	禄劝县轿子山大黑箐				
地貌类型	地形：高山		小地形：山坡		
地形	海拔：3815.0m	坡位：山坡上部		坡度：10°	坡向：东坡
母质母岩	母岩：玄武岩		母质：残积物		
植被	植被类型：急尖长苞冷杉林		植被总盖度：91%		
	主要组成：急尖长苞冷杉、露珠杜鹃、斑壳玉山竹、阿坝堇菜、野草莓等				

A层：0～10cm，暗灰色(5Y 4/1)，潮湿，疏松，植物根系少量至中量，含有砾石；

E层：10～15cm，暗青灰色(10BG 4/1)，潮湿，紧实，植物根系少量至无。

轿11号棕色针叶林土剖面化学性质详见表1-23。

1.6.3.7 亚高山草甸土

只有亚高山灌丛草甸土(或棕黑毡土)1个亚类，相当于中国土壤系统分类中的草毡寒冻雏形土(陈志诚等，2004)。主要分布在保护区海拔3300.0m以上的高中山和高山地区(图1-13)，面积4130.83hm^2，占保护区土壤总面积的25.10%，是保护区内面积第二大的土壤类型。气候寒冷潮湿，常年积雪达七八个月，属寒温带气候。自然植被为亚高山草甸、高山灌丛(高山柏、杜鹃等)等高山矮生垫状植被，裸露的岩面多有附生的地衣苔藓。成土母质为玄武岩和石灰岩的风化残积物，并有少量的坡积物和冰碛物。

以禄劝县轿子山山顶海拔4221.0m剖面(轿08号)为例，母质为玄武岩的风化残积物，坡度为9°，植被为灌丛草甸(表1-34)，其剖面特征如下：

表1-34 轿子山自然保护区亚高山灌丛草甸土剖面(轿08号)环境因子

剖面号	轿08号	地理坐标：26°05′03.6″N，102°51′51.6″E		
采集地点	禄劝县轿子山顶部			
地貌类型	大中地形：高山		小地形：山坡	
地形	海拔：4221.0m	坡位：山坡上部	坡度：9°	坡向：NW205°
母质母岩	母岩：玄武岩		母质：残积物	
植被	植被类型：灌丛草甸		植被总盖度：84%	
	主要组成：高山柏、小叶栒子、黄杯杜鹃、野草莓、川甘灯心草、尼泊尔蓼等			

A 层：0～12cm，黑棕色(7.5YR 2/2)，壤土，潮湿，团粒结构，较疏松，根量多，含有砾石，含有死亡根系及腐殖质聚集体；

AB 层：12～24cm，黑棕色(7.5YR 2/2)，黏壤土，潮湿，团粒至小块状结构，较紧实，根量少，多砾石；

土体发育程度低，粗骨性强，通体夹有半风化玄武岩砾石、碎块。成土过程以腐殖质积累和融冻作用为主。土体浅薄，质地疏松，多砾石，土壤湿度大。表土有 3～12cm 的草毡层，根系交织似毛毡，因腐殖质含量高，土壤颜色较暗。土壤为酸性反应，有机质及全氮、全磷、全钾等养分含量均较高(表 1-23)。

另以东川区法者林场大海护林站海拔 3450.0m 剖面(轿 06 号)为例，母质为石灰岩的风化残积物，坡度为 28°，植被为灌丛草甸(表 1-35)，其剖面特征如下：

表 1-35 轿子山自然保护区亚高山灌丛草甸土剖面(轿 06 号)环境因子

剖面号	轿 06 号	地理坐标：26°05′23″N，102°53′08.3″E		
采集地点	东川区法者林场大海护林站			
地貌类型	大中地形：高中山		小地形：山坡	
地形	海拔：3450.0m	坡位：山坡上部	坡度：28°	坡向：东坡
母质母岩	母岩：白云岩、石灰岩		母质：残积物	
植被	植被类型：亚高山灌丛草甸		植被总盖度：90%	
	主要组成：狼毒、铺地柏、矮杜鹃、细叶莎草、草血竭、野草莓等			

A 层：0～27cm，暗棕色(7.5YR 3/4)，壤土，潮湿，团粒结构，较紧实，根量多，含有砾石，含有死亡根系及腐殖质聚集体；

B 层：27～46cm，黑棕色(7.5YR 2/2)，砂壤土，潮湿，团粒结构，较紧实，根量少。

轿 06 号亚高山灌丛草甸土剖面化学性质见表 1-23。

1.6.3.8 石灰土

有红色石灰土和黑色石灰土 2 个亚类，分别相当于中国土壤系统分类中的钙质湿润雏形土和黑色岩性均腐土(陈志诚等，2004)。红色石灰土面积 87.02hm^2，占保护区土壤总面积的 0.53%。黑色石灰土面积 20.05hm^2，占保护区土壤总面积的 0.12%。其中，黑色石灰土分布于保护区内 2200.0m 以下碳酸盐岩出露的亚热带生物气候区，与红壤呈复区分布(图 1-13)。植被以南亚热带稀树灌丛和中亚热带半湿性常绿阔叶林、湿性常绿阔叶林为主。成土母岩为石灰岩、白云岩。大多由于植被遭到严重破坏，原以石灰岩为成土母岩发育的地带性土壤淋失殆尽，深受石灰岩影响。土体厚度不一，与母岩呈明显过渡，表土呈暗灰棕色，质地黏重或轻黏，pH 值一般≥7，呈中性至微碱性反应，有游离的碳酸钙存在，土壤有机质含量较高。以禄劝县中屏乡北屏村普渡河片董不寨大沟边海拔 1270m 的黑色石灰土剖面(轿 13 号)为例，母质为白云岩风化坡积、残积物，植被为铁橡栎林(表 1-36)，其剖面特征如下：

A 层：0～24cm，暗灰棕色(5YR 4/2)，砂壤土，潮，团粒结构，较疏松，根系多量，多白云岩砾石、碎块；

BA 层：24～46cm，棕灰色(10YR 5/1)，砂土，潮，单粒至团粒结构，较疏松，根系少量，多白云岩砾石、碎块。

表1-36 轿子山自然保护区黑色石灰土剖面(轿13号)环境因子

剖面号	轿13号	地理坐标：25°57′13.7″N，102°43′19.1″E		
采集地点	禄劝县中屏乡北屏村普渡河片董不寨大沟边			
地貌类型	大中地形：中山		小地形：山坡	
地形	海拔：1270.0m	坡位：山坡下部	坡度：46°	坡向：SE122°
母质母岩	母岩：石灰岩、白云岩		母质：坡积、残积物	
植被	植被类型：铁橡栎林		植被总盖度：95%	
	代表物种：铁橡栎、滇榄仁、清香木、攀枝花苏铁、木棉、毛叶柿、野桐、余甘子、川楝、绒毛野丁香、蒙自合欢、紫茎泽兰、茅叶荩草、布朗卷柏、猫耳朵等			

轿13号黑色石灰土化学性质见表1-23。

1.6.3.9 紫色土

只有酸性紫色土1个亚类，相当于中国土壤系统分类中的紫色湿润雏形土(陈志诚等，2004)。面积756.21hm^2，占保护区土壤总面积的4.6%。集中分布于轿子山片保护区东部小清河上游出露三叠系、侏罗系紫、红色砂、页岩的地区(图1-13)。原生植被为中山湿性常绿阔叶林、针阔混交林等。坡度较大，自然侵蚀为中度至极强烈的陡坡地区。缓坡地段，因成土过程稳定，大多已顺向发育为地带性的黄棕壤、红壤等。紫、红色砂、页岩是影响紫色土发育的物质基础，坡度是紫色土是否发育的根本因素，植被覆盖变化则是促进其顺向或逆行退化演替的重要因素。紫色土的发育大多处于幼年阶段，土体浅薄，土体构型一般为A－AC－C型，粗砂和砾石含量普遍较高，土壤颜色及矿物组成与母岩近似，土壤侵蚀普遍较强烈，土壤生态较脆弱、敏感。有机质含量偏低，速效磷不足，速效钾较丰富。该区域历史上人类活动一直很强烈，过度毁林、持续过度放牧、顺坡陡坡耕种现象突出，虽然近10多年来，大多已退耕还林，荒山造林，但森林生态环境依然很脆弱、敏感，需要加强生态建设，减轻土壤侵蚀，促进土壤恢复。

以禄劝县红土地镇炭房村下岔河海拔2630m的酸性紫色土剖面(轿19号)为例，母质为紫色砂岩风化形成的残、坡积物，植被为暖温性针叶林、针阔混交林等(表1-37)。其剖面特征如下：

表1-37 轿子山自然保护区酸性紫色土剖面(轿19号)环境因子

剖面号	轿19号	地理坐标：26°06′19.3″N，102°54′28.5″E		
采集地点	禄劝县红土地镇炭房村下岔河			
地貌类型	大中地形：中山下部		小地形：山坡	
地形	海拔：2630.0m	坡位：山坡下部	坡度：46°	坡向：331°
母质母岩	母岩：紫红色砂、页岩		母质：残、坡积物	
植被	植被类型：华山松林		植被总盖度：约93%	
	代表物种：华山松、箭竹			

A层：0～30cm，紫色(5YR 6/3)，砂壤土，团粒结构，松散，潮湿，根系多量，多砾石；

B层：30～73cm，紫灰色(2.5YR 6/2)，砂壤土，团粒至小块状结构，疏松，潮湿，根系中量，多砾石；

轿19号酸性紫色土化学性质详见表1-23。

1.6.3.10 沼泽土

只有草甸沼泽土1个亚类，相当于中国土壤系统分类中的有机正常潜育土(陈志诚等，2004)。面积14.57hm^2，占保护区土壤总面积的0.09%。是保护区高山湿地的主要构成部分，主要分布于轿子山海拔3300.0～4050.0m的夷平面或剥蚀面上，冰蚀冰碛湖边缘，地势低洼，土壤长期处于湿润状态，有季节性积水。气候寒冷潮湿，冬季土壤冻结，湖沼结冰。植被为高山沼泽化草甸，成土母质为玄武岩风化残积物、冰碛物。由于土壤过湿或季节性积水，长期处于嫌气状态下，成土特点表现出明显的草甸沼泽化、冻结沼泽化和潜育化过程(王文富等，1996)。剖面构型为AHg—Bg—G型，表层(AHg)多草根及粗腐殖质，有粒状结构；心土层(Bg)颜色较淡，有绣斑；底土层为浅灰色的潜育层(G)，有机质含量丰富。以东川区法者林场大海保护站附近海拔3470.0m的剖面(轿07号)为例，母质为玄武岩风化残积物、冰碛物，植被为亚高山沼泽化草甸(表1-38)，各发生层特征如下：

AHg层：0～4cm，黑棕色(7.5YR 2/2)，砂壤土，粒状结构，紧实，根系多量；

Bg层：4～23cm，暗棕色(7.5YR 3/4)，砂壤土，块状结构，紧实，根系少量；

G层：23cm以下，棕色(7.5YR 4/4)，砂壤土，块状结构，紧实，无根系。

表1-38 轿子山自然保护区草甸沼泽土剖面(轿07号)环境因子

剖面号	轿07号	地理坐标：26°05′23.8″N，102°53′07.6″E		
采集地点	东川区法者林场大海保护站东侧200.0m附近			
地貌类型	大中地形：高中山		小地形：山坡	
地形	海拔：3470.0m	坡位：山坡中部	坡度：9°	坡向：NE41°
母质母岩	母岩：玄武岩		母质：玄武岩风化残积物、冰碛物	
植被	植被类型：亚高山沼泽化草甸		植被总盖度：95%	
	代表物种：西南委陵菜、藏象牙参、草血竭、黄毛草莓、野草莓			

轿07号草甸沼泽土化学性质详见表1-23。

另以禄劝县乌蒙乡轿子山顶精怪塘边海拔3990.0m剖面(轿17号)为例，母质为玄武岩风化残积物，坡度约8°，植被类型为沼泽化草甸(表1-39)。其发生层特征如下：

表1-39 轿子山自然保护区沼泽土剖面(轿17号)环境因子

剖面号	轿17号	地理坐标：26°05′11.2″N，102°51′13.7″E		
采集地点	禄劝县乌蒙乡轿子山顶附近精怪塘边			
地貌类型	大中地形：高山夷平面		小地形：冰蚀洼地	
地形	海拔：3990.0m	坡位：山顶	坡度：8°	坡向：SW100°
母质母岩	母岩：玄武岩		母质：残积物	
植被	植被类型：沼泽化草甸		植被总盖度：88%	
	代表物种：西南委陵菜、黄毛草莓、草血竭、藏象牙参等			

AHg层：0～17cm，黑色(5YR 2/1)，砂壤土，单粒结构，较紧实，根系多量；

Bg层：17～33cm，黑色(5YR 2/1)，砂土，单粒至小团粒结构，较紧实，根系多量；

G层：33～53cm以下，黑色(5YR 2/1)，砂壤土，小团粒结构，较紧实，根系多量。

1.6.4 土壤资源的利用与保护

1.6.4.1 土壤资源的重要性和脆弱性

1.6.4.1.1 利用现状及其重要性

保护区及附近地区土壤资源丰富多样，从普渡河片海拔1100.0m左右的普渡河河谷到4344.1m的最高峰雪岭，发育分布着燥红土、红壤、黄棕壤、棕壤、暗棕壤、棕色针叶林土、亚高山草甸土、石灰土、紫色土、沼泽土10个土类，又以棕壤、暗棕壤、亚高山草甸土、棕色针叶林土4个土类为主，其上生长发育的典型植被有干热河谷硬叶常绿栎林(如铁橡栎林等)、常绿阔叶林(如银木荷林、元江栲林、野八角林等)、温凉性针叶林(如高山柏林和高山松林)、寒温性针叶林(如急尖长苞冷杉林)、寒温性灌丛(如柳灌丛、硬叶栎灌丛和杜鹃灌丛等)、寒温性草甸、山地苔藓矮林(如杜鹃矮林)和山地硬叶常绿栎林(如黄背栎林)等。这表明轿子山保护区复杂多样的土壤资源为各类植物群落及珍稀濒危物种的形成和演化提供了多样而有利的土壤生态条件。

保护区绝大部分植物群落至今仍保持原始状态，受其长期深刻影响而发育形成的各类土壤，也几乎都保持着自然原生状态，大多土体较深厚，地表枯枝落叶层完好，质地、结构、通气、透水等物理性质良好，抗冲性、抗蚀性强，雨水易于下渗，有机质、N、P、K含量丰富，水热组合类型多样，自然肥力较高，生态和环境功能正常，都能支持、满足保护区不同森林、灌丛、草甸生态系统及不同类群动、植物生长、发育、演化的需要，维持了土壤生物的多样性以及高山景观的异质性。

土壤与植被有机结合，形成了多类组成、结构和功能不同的土壤－植被系统，构建了独特的季风气候区低纬高原上的高山生态系统。通过土壤—植被系统截留、下渗、储蓄的降水，是金沙江、小江和普渡河众多支流的补给来源，也是轿子山山麓工农业生产和人畜饮水的重要水源。

轿子山土壤—植被系统高山生态系统过去和现在都拥有良好的高山水塔效应，改善、协调了该区域的生态环境，保障了轿子山山麓广大社区的生态安全和生存发展。

保护区及附近地区是国家“长防林建设工程”及国家水电资源开发的重点区域之一，轿子山土壤的保护直接关系到金沙江中、下游在建的向家坝、溪落渡、白鹤滩等大型水电站将来的保库防沙等。轿子山天然良好的水土保持效应对于金沙江流域生态环境的保护和恢复治理有着极其重要的本底示范作用。

1.6.4.1.2 潜在的脆弱性和不稳定性

保护区系深切割高山、高中山峡谷区，山高谷深，地势起伏大，陡坡、陡崖众多，重力梯度效应显著，石灰岩山体所占面积较大，山脊山顶(高海拔地区)地区，冰缘作用强烈，季节冻土和石质冻土地貌发育，土壤和风化壳的冻融侵蚀和风力侵蚀现象明显。陡坡、陡崖地段，植被覆盖少，自然成土环境条件极不稳定，自然成土过程十分缓慢，母质及土体较薄，土壤物理性质差，抗侵蚀和涵养水源的能力弱，局部地段，砂化、砾质化、石漠化现象突出，土壤生态系统具有潜在的脆弱性和不稳定性。

1.6.4.2 土壤资源保护对策与措施

土壤是生态系统的重要组成部分，是生态系统中物质与能量交换的主要场所，它本身又是生物群落与无机环境相互作用的产物，为生物尤其是植物提供了最直接的物质基础。因此，保护好保护区及其附近地区的土壤资源对生物多样性及地质地貌遗迹、自然景观的保护具有重要意义。

(1)继续加强保护区的管理，保护好现有各类植被。植被是影响土壤发育和演化的最活跃的因素，也是确保土壤生态系统平衡、稳定的最重要的条件，它的发展变化必然导致土壤的变化，管护好各类植被(森林、灌丛、草甸等)就能保护好土壤。措施是：①加大执法力度，严禁放牧、采挖药材等不良行为的出现，防止灌草层及枯枝落叶层被破坏，确保保护区各类土壤—植被系统，特别是脆弱地段的土壤—植被系统不受人为干扰，受到干扰而退化的植被能逐步得到恢复更新；②发展周边社区经济，增加当地居民的经济收入和提高保护意识，这是保护好保护区土壤的根本措施。保护区附近少数民族较多，生活水平较低，政府必须加大投入，发展社区经济，并实施生态补偿，增加当地居民的经济收入，满足其生活需要，提高其生活水平。同时，调整土地利用方式，发展山区特色经济，帮助周边社区加快脱贫致富进程，让社区居民从中得到实惠，使社区与自然保护区之间建立一种非过度消耗保护区资源的和谐的依赖关系。加强森林法和自然保护区管理条例等法规的宣传教育工作，提高周边社区居民的森林保护意识。

(2)采取人工造林措施，加快疏林、灌木林的恢复。采取人工造林措施，加快保护区边缘疏林、灌木林地的恢复和发展。造林过程中要参照保护区内的原始森林，选择应用其组成树种，营造与天然林相似的稳定的半人工植物群落，以促进植被与土壤之间的物质能量的循环转化，促进土壤—植被系统的恢复和发展。

(3)因地制宜，搞好局部地段土壤侵蚀的防治。土壤的形成是一个漫长的自然历史过程，而土壤侵蚀在短期内就会造成土壤的退化。因此，要因地制宜，搞好保护区局部地段土壤流失的防治。措施是：①对轻度和中度流失区，采取封禁、人工造林等有效措施，提高植被覆盖率，促进植被恢复，逐渐减轻土壤片状侵蚀；②对于保护区边缘及附近土壤严重流失的生态脆弱地段，要辅之以工程措施，以减缓、遏制现有的沟状侵蚀。

1.7 自然环境综合评价

1.7.1 典型性

保护区所在拱王山，东部有著名的小江深大断裂，西部有普渡河大断裂，系典型的地垒式断块隆升侵蚀高山。因岭谷高差巨大，为3649.1m，以致热量和水分条件随海拔升高相应发生变化，发育了该自然区域完整的自然垂直带谱，有7个垂直气候带、7个土壤垂直带，是云贵高原上垂直带谱最典型、最完整的山地，是我国东部地区残留有典型第四纪古冰川遗迹的少数山地之一。保护区拥有滇中地区最为完整的植被垂直带谱和最丰富的植被类型。其中，杜鹃灌丛和圆柏灌丛面积大而连片分布，保存完好，是保护区最具特色的原生植被类型之一；高山柏在轿子山自然保护区内长成了乔木状，高度超过10m，发育成大面积连片分布的高山柏林，在云南和全国都十分罕见；保护区高山松林大面积连片分布，是我国高山松林分布纬度最低、分布海拔也最低的地区；保护区急尖长苞冷杉林不仅是我国冷杉林中分布纬度最低，经度最东，而且也是分布海拔最低的类型，在海拔2700.0m就大量出现，这是云南省植被地理分布的极为特殊的现象；轿子山的寒温山地硬叶常绿栎林——黄背栎林，不仅大面积连片分布，而且保存完好，不但在滇中地区绝无仅有，在云南和西南地区也是十分罕见和典型的。保护区的寒温草甸是滇中地区面积最大、最为壮观的草甸类型。

1.7.2 脆弱性

轿子山自然保护区系深切割高山、高中山峡谷区，山高谷深，地势起伏大，陡坡、陡崖众多，重力梯度效应显著，石灰岩山体所占面积较大，山脊山顶(高海拔地区)冰缘作用强烈，季节冻土和石质冻土地貌发育，土壤和风化壳的冻融侵蚀和风力侵蚀现象明显。陡坡、陡崖地段，植被覆盖少，自然成土环境条件极不稳定，自然成土过程十分缓慢，母质及土体较薄，土壤物理性质差，抗侵蚀和涵养水源的能力弱，局部地段砂化、砾质化、石漠化现象突出，自然生态环境十分脆弱。湿季雨量大且集中，水蚀严重，在植被覆盖差的地方容易造成水土流失，尤其是地质环境脆弱地带，容易造成泥石流、崩塌等地质灾害，系我国地质灾害隐患较严重的地区之一。

高海拔地区特别是3600m以上的高山地区，气温低，岩石风化、土壤发育、植物生长乃至生物地球化学过程均很缓慢，加之降水多，风速大，冬半年冻融作用强烈，土壤易受侵蚀，植被的发生、发展和演替非常缓慢，因而保护区的高山生态系统甚为脆弱，许多植被类型如黄背栎林、高山柏林等，一旦被破坏很难再恢复。高山森林中栖息有很多处于其分布边缘区、自身脆弱性和敏感性显著的动植物物种(如血雉、急尖长苞冷杉等)，如果森林植被遭到破坏或发生变化，将很快濒临绝迹或消失。

1.7.3 多样性

保护区自然地理条件独具一格，生境类型复杂多样，为野生动植物的栖息创造了得天独厚的条件，使得其生物多样性极其丰富，生物区系复杂，多样性显著。

中生代以来地质、地貌的演化深刻影响了该区域的现代自然地理特征，保护区地貌格局受构造控制明显，地貌类型及其空间结构复杂多样。保护区高差很大，气候垂直分异十分显著，从普渡河及小江河谷到雪岭主峰，依次发育有河谷南亚热带、河谷中亚热带、山地北亚热带、山地暖温带、山地中温带、山地寒温带、山地亚寒带等气候类型，拥有滇中地区最丰富的土壤类型和植被类型，包括6个土纲、9个亚纲、10个土类、11个亚类，7个植被型、11个植被亚型、17个群系组和28个群系，和与之相适应的完整的植被和生境的垂直带谱构成了一系列复杂多样的生态系统类型。同一气候带内，阴坡与阳坡，迎风坡与背风坡，山顶、山脊、山腰与河谷、箐沟、陡坡和缓坡，局地小气候和土壤性质存在明显分异，为生物多样性的发育演化奠定了优越、多样、独特的小生境，并形成了迥然不同的自然景观。

1.7.4 稀有性

保护区所在的拱王山，主峰雪岭海拔4344.1m，是我国青藏高原以东地区海拔最高的少数山地之一，也是北半球该纬度带最高的山地之一，经历了第四纪末次冰期(即大理冰期)，是我国东部地区少数残留有第四纪古冰川遗迹的少数山地之一。海拔3600.0m以上高山地区，冰缘作用强烈，现代冻土地貌分布普遍。

1.7.5 科学价值

保护区丰富的地学现象和类型，一直以来都是云南有关科研院所和大专院校理想的科研基地。

保护区经历了第四纪末次冰期(即大理冰期)，冰斗、刃脊、角峰、“U”形谷、冰蚀湖、羊背石、冰川漂砾、冰碛物和冰水沉积物等古冰川遗迹典型，是研究中国东部第四纪古冰川发育的良好场所，它与中国台湾山地末次冰期的冰川遗迹等一并为研究东亚地区的季风演化等提供了物质基础。

1.7.6 生态价值

(1)保护区位于金沙江流域，其森林覆盖率为73%，是我国最重要的河流——长江的直接汇水区域，其森林生态系统、草甸生态系统的状况及其保护的好坏在维护金沙江流域生态安全，维持滇中地区的水源涵养、空气净化、固碳释氧、水土保持、生物多样性等方面，均具有重要意义。

(2)保护区所在的拱王山位于滇东高原北部，与东北部的乌蒙山、东部的梁王山等，成为冬半年冷空气(极地大陆气团)南下的屏障，这些山地海拔高，起伏大，可有效减缓南下冷空气的运行速度，有效降低冷空气侵袭频次和降温强度，致使海拔2000.0m左右的昆明地区、滇中地区，冬半年尤其是冬季(12月至翌年2月)各月均温比相同纬度的东部贵州高原(海拔1000.0m左右)、江南丘陵地区高，表现出冬季也如春的独特气候特点。2008年1~2月份，我国南方遭受50年一遇的冰雪灾害，滇东北、滇东地区成为重灾区之一，而包括昆明市区在内的滇中、滇南地区，则因为上述山地对南下寒冷空气的有效屏障，灾害轻微，许多地区安然无恙。

第2章 植　　被

2.1 考察及分析方法

2.1.1 植被调查方法

对轿子山自然保护区各个片区的主要路线沿海拔自下而上进行线路调查，确定所走过的路线及其附近肉眼所及范围的植被类型，勾绘在1∶5万的地形图上，以掌握沿途植被水平分布和垂直分布的规律。

在线路调查的基础上，根据地形、海拔、坡向、坡位、土壤，以及植物群落的结构等特征，采取典型选样的方式设置方形样地，深入调查不同群落类型的物种组成、结构等，并据此确定保护区植被的群系或群丛等基本单位。

依据不同群落类型植物种类的复杂程度，样地面积有所差异，通常，常绿阔叶林类型的样地面积为500m^2(20m×25m)，灌木林、人为干扰严重的次生林及稀树灌木草丛等类型的样地面积为100 m^2，草甸群落的面积为16 m^2。

乔木层的调查：对样地中胸径大于5cm的所有乔木植株进行每木调查，记录其种名、胸径、高度、冠幅、物候、生活力等因子。

灌木层的调查：每个样地内设5个面积为5m×5m的小样方，梅花型布局，即在样地4个角和中心各设1个，作灌木层的调查，记录小样方内胸径小于5cm、未记录在乔木层内的所有木本植物，包括乔木的幼树和真正的灌木，记录因子包括种名、株(丛)数、高度、基径、冠幅等。

草本层的调查：每个样地内再设2m×2m的样方5个，同样是梅花型布局，进行草本层调查，记录其内所有的草本植物，记录因子与灌木层一致。

层间植物调查：对样地中藤本和附生维管植物的种类、数量及附生高度也作详细记录。

2.1.2 样地资料整理

一种群落类型超过一个样地的，要将所调查的样地整理为样地综合表。

乔木层树种按照植物群落学的方法，计算每个树种的相对株数、相对材积、相对频度等因子，再计算每个树种的重要值；灌木层和草本层物种先计算其相对盖度、相对株数和相对频度，再计算其重要值。重要值反映了每个物种在群落中的生态重要程度。

$$乔木层树种的重要值 = (相对株数 + 相对材积 + 相对频度)/300$$

其中：相对株数为某个树种的株数除以样地总株数；相对材积为某个树种的材积除以样地总材积；相对频度为该群落的某个树种出现的样地数除以总样地数。

$$灌木层草本层物种的重要值 = (相对株数 + 相对盖度 + 相对频度)/300$$

整理灌木层的调查资料时，将胸径5cm以下的乔木幼树和真正的灌木都作为灌木层看待，但是统计和列表时，乔木幼树和真正的灌木加以区分。前者可以反映出群落的更新情况，实际上等同于“更新层”。

为了计算灌木层和草本层中的重要值和生物多样性指数，需要获得样地内灌木层和草本层物种的株丛属。样地调查时，如果灌木草本的个体数量不多，基本是靠逐一清点5个小样方内的灌木草本个体获得其株数；当有的种类的个体数量很多时，难以靠逐一清点获得株数，则先记录各个种的平均冠幅和盖度等，在整理资料时，根据每个样地内5个小样方的记录，平均后据此计算出样地内，而不是小样方内的灌木和草本株丛数。所以，植被样方中记录的灌木、草本的株丛数代表的是整个样地内的数量。

2.1.3 植被图及各植被类型面积的确定

依据地面实际调查点的植被类型及其GIS坐标位置，以及野外观察勾绘的植物群落的图面资料，建立保护区各种植被类型与其生境各因素(海拔、地形、地貌、坡向、坡位等)关系之间的模型。以这些野外调查资料为基础，再利用卫星数据对保护区范围内的所有植被类型进行判读，经过反复核对及校正后，作出保护区的植被分布图，进而计算各植被类型的面积。在卫星影像图上进行植被类型判读时，难以判读到群系，但是可以判读到群系组，所以最终形成的植被图的基本植被单位是群系组，面积也只确定到群系组的面积。但是，对于轿子山自然保护区内的许多植被类型而言，一个群系组多数情况下就只包含一个群系，所以实际上植被图中的多数植被类型的单位事实上已经是群系，其面积也就是群系的面积。

2.2 植被类型及系统

2.2.1 植被类型的划分

按照《云南植被》(吴征镒，朱彦丞，1987)和《中国植被》(中国植被编辑委员会，1980)关于植被分类的原则和系统，即以群落本身的综合特征为分类依据，群落的种类组成、外貌和结构、地理分布、动态演替、生态环境等特征在不同的分类等级中均作了相应的反映。主要分类单位分3级，即植被型(高级单位)、群系(中级单位)和群丛(基本单位)。每一等级之上和之下又各设一个辅助单位，如植被亚型、群系组等。高级单位的分类依据侧重于外貌、结构和生态地理特征，中级和中级以下的单位则侧重于种类组成。

植被型：凡建群种生活型(一级或二级)相同或相似，同时对水热条件的生态关系一致的植物群落联合为植被型。如常绿阔叶林、硬叶常绿阔叶林、温性针叶林、灌丛、草甸等。

植被亚型：在植被型内根据优势层片或指示层片的差异划分植被亚型。这种层片结构的差异一般是由于气候亚带的差异或一定的地貌、基质条件的差异而引起。例如，轿子山自然保护区内的硬叶常绿栎林划分为干热河谷硬叶常绿栎林和寒温山地硬叶常绿栎林两个植被亚型，前者以铁橡栎为优势，分布于普渡河海拔1100～1500m的干热河谷区域；后者以黄背栎为优势，分布于保护区海拔2600m以上山地。

群系组：将优势种或建群种亲缘关系近似(同属或相近属)、生活型(三级和四级)近似或生境相近的群系连合为群系组。例如，保护区的半湿润常绿阔叶林(植被亚型)，根据优势种的差异分为元江栲林和木荷林两个群系组，前者主要层次以壳斗科的元江栲为优势，后者的主要层次以山茶科的银木荷为优势。

群系：凡是优势种或建群种相同的植物群落联合为群系。例如，保护区内元江栲林(群系组)面积不大，其建群种只有元江栲一个树种(实际上是优势种)，没有其他组合情况，因此就只可能划分出元江栲林一个群系。而保护区内的杜鹃矮林(群系组)，分布面积较广，依据优势种的不同分为三个群系，即假乳黄杜鹃—斑壳玉山竹林、洁净红棕杜鹃—斑壳玉山竹林和锈红毛杜鹃林。

群丛：是植物群落分类的基本单位，犹如植物分类中的种。凡是层片结构相同，各层片的优势种或共优种相同的植物群落联合为群丛。保护区内的生境受人为干扰较为严重，相邻地段上的植被类型的组成成分和优势种、建群种的过渡情况和交叉情况比较突出，植物群落之间的过渡和镶嵌频繁，连片的从外貌到组成完全相同的植物群落的面积较小，所以群系之下很难再划分群丛。因此，本保护区的植被类型暂时划分到群系，不划分到群丛。

(1)关于落叶阔叶林的划分：《云南植被》中，对云南落叶阔叶林的划分比较简单，没有划分植被亚型。事实上，云南的落叶阔叶林由于是次生植被类型，分布很广泛，分布到不同的纬度带和垂直带上，因而不同气候类型下的落叶阔叶林之间具有显著的外貌和组成上的差异。轿子山自然保护区位于滇中偏北的区域，保护区内的落叶阔叶林分布的海拔达到2700m以上，为了与其他植被型在分类体系上保持一致，我们将轿子山自然保护区内的落叶阔叶林(植被型)先定位于“暖温性落叶阔叶林”，作为植被亚型，其下再根据优势种的差异分为绣球林和杨桦林两个群系组。

(2)关于竹林的划分：《云南植被》中，竹林作为植被型，但是其下面的分类十分简单，没有划分植被亚型，只介绍了云南南部几个大型丛生竹林，对亚热带山地大面积的高山竹类形成的竹林，完全没有涉及。我们根据轿子山自然保护区内竹林的分布特点和生态特点，将其定为“暖温性竹林”，作为一个植被亚型。在轿子山自然保护区界限范围内，暖温性竹林只由紫干玉山竹构成，因而只有一个群系组，包含一个群系。实际上轿子山自然保护区内的紫干玉山竹群落，高度通常不超过3m，称之为“竹灌丛”更为合适。但是，不论是《中国植被》还是《云南植被》，将所有由竹类植物构成的优势群落都称为“竹林”，并作为植被型。本考察研究中，也沿用上述专著中的体系，不把轿子山自然保护区的玉山竹群落称为“竹灌丛”，而是称为“竹林”。

2.2.2　植物群落的命名

目前，植物群落的名称如何命名，国内和国际上都没有完全统一。轿子山自然保护区植物群落的命名主要参照《中国植被》《云南植被》和《植被生态学》等专著中使用和倡导的方法，充分考虑到植物群落命名的传统性和科学性，具体说明如下。

2.2.2.1　植被型和植被亚型的命名

植被型和植被亚型的命名，与《云南植被》中的相应名称保持一致。即：植被型的命名以群落主要层次的建群种的一级或二极生活型类型来命名，如常绿阔叶林、硬叶常绿阔叶林、草甸等。植被亚型，在植被型名称之前，将该植被亚型所在的气候特征或垂直带特征放到其所属于的植被型之前构成，如中山湿性常绿阔叶林、半湿润常绿阔叶林、干热河谷硬叶常绿栎林、寒温草甸等。

2.2.2.2 群系(群系组)的命名

对群系(群系组)的命名采用群落中主要层次的优势种或建群种的拉丁学名，前面加上“Form.”(群系)或“Form. Group”(群系组)构成，而不考虑构成群落的次要层次的物种。如：

云南松林 Form. *Pinus yunnanensis*(群系)；

如果主要层次中有2个或更多的建群种，在前面的两个建群种之间用“+”连结，后面的建群种省略，以免名称太长。如：

绣球+杜鹃林 Form. *Hydrangea mollis* + *Rhododendron* ssp.(群系)；

如果主要层次中的建群种包括同属的几个物种，而且难以区分哪一种更优势时，其植物名称处只写出属名加 spp.，不具体写出同属中的每个建群种的学名。如：

栎类林 Form. Group *Quercus* ssp.(群系组)。

绣球+杜鹃林 Form. *Hydrangea mollis* + *Rhododendron* ssp.(群系)。

2.2.2.3 群丛的命名

群丛的命名，将各层最主要的优势种的拉丁学名连接起来表示。不同层次间的优势种用“-”，同层间如果有几个共优种(建群种)，则用“+”。如果某个层次的物种数量少(如草本层十分稀疏)，不存在明显的优势种，则该层次可以不命名。例如：

云南松-马缨花-翅柄蓼+云南莎草群落 Ass. *Pinus yunnanensis* - *Rhododendron delavayii* - *Polygonum sinomontanum* + *Cyperus duclouxii*。

2.2.3 植被分类系统

按照上述植被分类的原则和方法，轿子山自然保护区的植被类型可以划分为7个植被型、11个植被亚型、17个群系组和28个群系，其植被分类系统见表2-1。

保护区植被类型丰富多样，而且具有十分完整的垂直带谱类型，发育了滇中高原最典型和完整的植被类型，是滇中高原植被的典型缩影。

表2-1 轿子山自然保护区植被系统及其面积表

植被型	植被亚型	群系组	群系	面积(hm^2)	%
1. 常绿阔叶林	1. 半湿润常绿阔叶林	1. 元江栲林	1. 元江栲林	234.10	1.42
		2. 银木荷林	2. 银木荷林	57.82	0.35
		小计		291.92	1.77
	2. 中山湿性常绿阔叶林	3. 野八角林	3. 野八角林	674.36	4.10
		小计		674.36	4.10
	3. 山顶苔藓矮林	4. 杜鹃矮林	4. 假乳黄杜鹃-斑壳玉山竹林	1932.00	11.74
			5. 洁净红棕杜鹃-斑壳玉山竹林		
			6. 锈红毛杜鹃林		
		小计		1932.00	11.74
	合计			2898.29	17.61

（续）

植被型	植被亚型	群系组	群系	面积（hm^2）	%
2. 硬叶常绿栎林	4. 干热河谷硬叶常绿栎林	5. 铁橡栎林	7. 铁橡栎林	263. 29	1. 60
		小计		263. 29	1. 60
	5. 寒温山地硬叶常绿栎林	6. 黄背栎林	8. 黄背栎林	1205. 67	7. 33
		小计		1205. 67	7. 33
	合计			1468. 96	8. 93
3. 温性针叶林	6. 温凉性针叶林	7. 高山柏林	9. 高山柏林	1050. 50	6. 38
		8. 高山松林	10. 高山松林	17. 33	0. 11
		小计		1067. 83	6. 49
	7. 寒温性针叶林	9. 冷杉林	11. 急尖长苞冷杉林	1356. 84	8. 25
		小计		1356. 84	8. 25
	合计			2424. 67	14. 73
4. 落叶阔叶林	8. 暖温性落叶阔叶林	10. 绣球林	12. 绣球 + 杜鹃林	199. 33	1. 21
		11. 杨桦林	13. 山杨林	67. 96	0. 41
			14. 皂柳 + 大白花杜鹃林		
	合计			267. 29	1. 62
5. 竹林	9. 暖温性竹林	12. 玉山竹林	15. 紫秆玉山竹林	227. 20	1. 38
	合计			227. 20	1. 38
6. 灌丛	10. 寒温灌丛	13. 杜鹃灌丛	16. 红棕杜鹃灌丛	2357. 01	14. 32
			17. 露珠杜鹃灌丛		
			18. 密枝杜鹃灌丛		
			19. 锈红毛杜鹃灌丛		
		14. 柳灌丛	20. 长花柳灌丛	521. 42	3. 17
			21. 密穗柳灌丛		
			22. 乌柳灌丛		
			23. 小垫柳灌丛		
		15. 圆柏灌丛	24. 高山柏灌丛	839. 38	5. 10
			25. 小果垂枝柏灌丛		
		16. 硬叶栎灌丛	26. 黄背栎灌丛	1114. 70	6. 77
	合计			4832. 50	29. 37
7. 草甸	11. 寒温草甸	17. 杂类草草甸	27. 草血竭 + 嵩草草甸	3452. 25	20. 98
			28. 西南委陵菜 + 遍地金 + 糙野青茅草甸		
	合计			3452. 25	20. 98
人工林（人工华山松林）				223. 63	1. 36
其他（村寨、耕地等）				661. 50	4. 02
保护区面积合计				16456. 00	100. 00

2.3 植被类型各论

2.3.1 常绿阔叶林

常绿阔叶林是亚热带区域的地带性森林，在北半球主要分布于中国的长江流域、珠江流域至朝鲜半岛、日本列岛南部。其植物组成以壳斗科、茶科、樟科和木兰科中常绿种类为主。在外貌和群落组成结构上，林冠较整齐，缺少大型叶种类，革质叶和中小型叶的种类多，乔木上层中缺乏羽状复叶的高大乔木类型。林层结构较简单，缺少大型藤本植物，缺少老茎生花、板根、花叶、滴水叶尖及种子植物附生现象(中国森林编辑委员会，1999)。

云南常绿阔叶林的分布极广。根据群落所在区域的热量水平、群落的物种组成、结构和生态特点，云南的常绿阔叶林可划分为5个植被亚型，即季风常绿阔叶林、半湿润常绿阔叶林、中山湿性常绿阔叶林、山地苔藓常绿阔叶林和山顶苔藓矮林。

轿子山自然保护区位于滇中地区，区内海拔范围介于1100～4344.1m之间，而常绿阔叶林占据的海拔区间为2300～3600m。在该垂直带内，依次分布着半湿润常绿阔叶林、中山湿性常绿阔叶林和山顶苔藓矮林3个植被亚型，其累计面积约为2898.29 hm^2，占保护区面积的17.61%。

2.3.1.1 半湿润常绿阔叶林

半湿润常绿阔叶林是滇中高原地区垂直基带上最重要的地带性植被，与滇中高原面的起伏高度基本一致，海拔1700～2500(2700)m之间。其生境具有"四季如春、干湿季分明"的季风高原气候特点(云南植被编写组，1987)。但是，由于长期的农业生产、土地开发、城镇扩展等人类活动的影响，目前原始状态的森林已很少见，残存呈岛屿状星散分布，多在阴坡和陡坡等不易利用的地段保留较好。

在轿子山自然保护区内，半湿润常绿阔叶林主要分布在海拔2300～2600m的保护区边缘地带，面积很小，累计约291.92hm^2，仅占保护区面积的1.77%，目前人为破坏较为严重。它可以进一步划分为2个群系(组)，即元江栲林和银木荷+柳条杜鹃林。

2.3.1.1.1 元江栲林 Form. *Castanopsis orthacantha*

元江栲林(表2-2)主要分布于滇中高原，是半湿润常绿阔叶林中常见的群落类型之一。分布于海拔2000m以上的湿润山坡。轿子山自然保护区的元江栲林主要分布于东川市大厂村海拔2400～2600m的边缘地区，面积约234.10 hm^2，占轿子山自然保护区面积的1.42%。

群落外貌深绿，林冠波状起伏，疏密不一，高约7m，郁闭度大。群落组成简单，木本植物有25个种，草本植物33种，常绿乔木树种占有主要优势，群落分为4个层次，即乔木层、灌木层、草本层和层间层。

乔木层盖度约60%，高5～7m，最大胸径达45cm，有12个种，优势种为元江栲 *Castanopsis orthacantha*，其重要值为31.42，盖度约为25%；其次为光叶高山栎 *Quercus rehderiana*，重要值为20.62，盖度约为6%；在伴生树种中大白花杜鹃 *Rhododendron decorum* 的性状为灌木，但胸径已达6cm。

灌木层盖度50%，高度0.12～4m，有18个种，优势种为斑壳玉山竹 *Yushania maculata*，重要值为34.3，盖度为30%；美丽马醉木 *Pieris formosa* 的重要值为9.5，盖度为5%。

乔木幼树有6个种，树高0.55～4m，优势种为毛梾 *Swida walteri*，重要值为4.5。

草本层盖度60%，有33个种，优势种有大锥剪股颖 *Agrostis brachiata*，重要值为29.6，盖度为25%；薄叶旋叶香青 *Anaphalis contorta* var. *pellucida*，重要值为10.35，盖度为7%等。

层间层有1个种，即肉色土圞儿 *Apios carnea*，调查所见只有3株。

表2-2 元江栲林样地记录表

样地号，面积，时间	样43，500 m^2，20080731
调查人	杜凡、曾辉、姚莹、陈勇
地点	大厂村
GPS点	N 26°03′36.7″，E102°55′55.8″
海拔，坡向，坡位，坡度	2500m，东北，下，40°
生境地形特点	
母岩 土壤特点，地表特征	
特别记载/人为影响	砍柴
乔木层盖度	60%，元江栲25%，野八角10%
灌木层盖度，优势种盖度	50%，斑壳玉山竹30%
草本层盖度，优势种盖度	60%，大锥剪股颖25%

(一)乔木层

中文名	拉丁名	株数	高(m)	盖度(%)	重要值
元江栲	*Castanopsis orthacantha*	22	6	25	31.42
野八角	*Illicium simonsii*	18	5	10	13.19
大白花杜鹃	*Rhododendron decorum*	6	5	5	7.08
山鸡椒	*Litsea cubeba*	9	7	5	9.08
光叶高山栎	*Quercus rehderiana*	6	7	6	20.62
银木荷	*Schima argentea*	7	5	7	10.33
散毛樱桃	*Cerasus patentipila*	5	3	3	7.57

(二)灌木层

中文名	拉丁名	株数	高(cm)	盖度(%)	重要值
乔木幼树					
毛梾	*Swida walteri*	346	55	2	4.5
茶条果	*Symplocos lucida*	116	120	3	4.1
山鸡椒	*Litsea cubeba*	111	80	2	3.4

（续）

中文名	拉丁名	株数	高(cm)	盖度(%)	重要值
灌木层					
斑壳玉山竹	*Yuhania maculata*	3750	150～200	0.3	34.3
柳条杜鹃	*Rhododendron virgatum*	25	150	5	4.5
美丽马醉木	*Pieris formosa*	1111	40	5	9.5
细枝柃	*Eurya loquaiana*	41	180	1	2.5
华西悬钩子	*Rubus stimulans*	444	55	2	4.9
绢毛蔷薇	*Rosa sericea*	3	140	1	2.4
木帚栒子	*Cotoneaster dielsianus*	49	200	2	3.1
无毛粉花绣线菊	*Spiraea japonica* var. *glabra*	82	200	2	3.2
纤枝金丝桃	*Hypericum lagarocladum*	80	100	1	2.7
西域旌节花	*Stachyurus himalaicus*	250	40	2	4
水红木	*Viburnum cylindricum*	296	30	1	3.7
鸡骨柴	*Elsholtzia fruticosa*	80	80	1	2.7
鄂西绣线菊	*Spiraea veitchii*	59	50	0.2	2.2
南烛	*Lyonia ovalifolia*	8	65	0.1	1.9
马缨花	*Rhododendron delavayi*	400	80	5	6.2

（三）草本层

中文名	拉丁名	株数	高(cm)	盖度(%)	重要值
阿坝堇菜	*Viola tienschiensis*	78	20	0.1	1.12
薄叶蹄盖蕨	*Athyrium delicatulum*	35	15	0.1	1.09
薄叶旋叶香青	*Anaphalis contorta* var. *pellucida*	7143	15	7	10.35
抱茎柴胡	*Bupleurum longicaule* var. *amplexicaule*	26	25	0.1	1.08
苍山隐子蕨	*Crypsinus subebenipes*	122	150	3	2.67
菱羽耳蕨	*Polystichum pseudorhomboideum*	444	15	2	2.41
糙叶秋海棠	*Begonia asperifolia*	150	65	1.2	1.76
草血竭	*Polygonum paleaceum*	2344	20	3	4.44
寸金草	*Clinopodium megalanthum*	78	22	0.1	1.12
大锥剪股颖	*Agrostis megathyrsa*	19531	30	25	29.60
滇香薷	*Origanum vulgare*	500	35	1	1.93
灌丛马先蒿	*Pedicularis thamnophils*	500	32	1	1.93
黑足金粉蕨	*Onychium contiguum*	444	40	2	2.41
红缨合耳菊	*Synitis erythropappa*	2000	80	4	4.69
花佩菊	*Faberia sinensis*	1000	15	2	2.85
金毛裸蕨	*Paragymnopteris vestita*	1000	80	3	3.37

（续）

中文名	拉丁名	株数	高(cm)	盖度(%)	重要值
具角凤仙花	*Impatiens ceratophora*	78	18	0.1	1.12
块茎卷柏	*Selaginella chrysocaulos*	320	45	4	3.35
拉拉藤	*Galium aparine* var. *echinospermum*	278	16	0.2	1.34
濑水龙骨	*Polypodioides lachnopus*	200	10	0.1	1.22
落新妇	*Astilbe chinensis*	111	25	0.5	1.36
偏翅唐松草	*Thalictrum delavayi*	35	28	0.1	1.09
石莲	*Sinocrassula indica*	313	8	0.1	1.31
铁角蕨	*Asplenium trichomanes*	50	13	0.1	1.10
头花蓼	*Polygonum capitatum*	391	18	0.5	1.58
西南委陵菜	*Potentilla fulgens*	22	35	0.1	1.08
线茎虎耳草	*Saxifraga filicaulis*	313	10	0.1	1.31
腺药珍珠菜	*Lysimachia stenosepala*	4000	40	2	5.24
小斑叶兰	*Goodyera repens*	50	25	0.1	1.10
缬草	*Valeriana officinalis*	102	22	0.1	1.14
野坝子	*Elsholtzia rugulosa*	41	25	0.1	1.09
野草莓	*Fragaria vesca*	50	14	0.1	1.10
圆瓣冷水花	*Pilea angulata*	125	30	1	1.63

(四)层间植物

中文名	拉丁名	株数	高(cm)	盖度(%)
肉色土圞儿	*Apios carnea*	3	60	0.1

元江栲林是滇中高原最重要的典型地带性植被之一，并从滇中高原向四周延伸至滇西南、滇东、滇中南等地，自然分布海拔范围介于1700～2600 m之间，最高可以分布到2900m。轿子山自然保护区内的元江栲林面积很小，主要分布在东川市大厂村一带海拔约2400～2600m的山地，因长期人为活动的严重干扰，大量的砍材和放牧，使得群落的高度降低到10m以下，乔木基本都是从老树桩上萌生，成为丛状。元江栲是当地中低海拔区域最受欢迎的薪炭柴，过去是当地烧炭的主要树种资源，由于过度利用，加之元江栲的生长十分缓慢，致使元江栲资源大量减少，已经不能再用于烧炭。但是，当地至今砍伐元江栲作为薪炭柴的现象仍然没有停止。目前，当地的元江栲林已经非常衰退，林内次生物种比较多，原生物种数量下降，而且调查中未见到元江栲的更新实生幼苗和幼树，今后群落的演替方向值得关注。就轿子山自然保护区而言，元江栲林是保护区范围内分布的海拔最低的常绿阔叶林，尽管是次生林，但是仍然蕴藏着丰富的植物种类，具有较高的生物多样性。同时它作为众多的野生动物和微生物的栖息地、食物来源，是维持动物、微生物多样性的前提。此外，其水源涵养的功能对地区持续发展是重要的保障，也是最具保护价值的植被类型之一。

2.3.1.1.2 银木荷、柳条杜鹃群落(Form *Schima argentea* + *Rhododendron virgatum*)

以银木荷为优势的森林类型(表2-3)，分布于滇中、滇西、滇西北、滇东北，是云南省分布面积较广的森林群落类型。轿子山自然保护区的银木荷林面积很小，而且仅分布于东川区红土地镇的小清河一带，位于保护区边缘，靠近村寨，海拔约2320m的山地，面积约57.82 hm^2，仅占保护区面积的0.35%。由于长期以来的砍伐作薪炭柴，保护区现存的银木荷林的高度下降到3m以下，甚至2m以下，原生种类减少，次生的灌木和草本成分大量增加。

群落外貌深绿，林冠波状起伏，疏密不一，高约2m，郁闭度小。群落组成简单，木本植物有14个种，草本植物40种。群落分为3个层，即灌木层、草本层和层间层。

由于曾被砍伐，目前群落高度降低，成为灌丛状态，现阶段没有乔木层。灌木层总盖度约60%，高度20~250cm，样地内有14个种，优势种是柳条杜鹃 *Rhododendron virgatum*，其重要值为13.5，盖度约为18%；无毛粉花绣线菊 *Spiraea japonica* var. *glabra* 的重要值为10.1，盖度约为3%；紫秆玉山竹 *Yushania violascens* 的重要值为9，盖度约为5%。还有红腺悬钩子 *Rubus sumatranus*、细枝柃 *Eurya loquaiana*、南烛 *Lyonia ovalifolia* 等。乔木幼树，有3个种，树高100~250cm，优势种为银木荷 *Schima argentea*，重要值为9.6。此外还有毛梾、散毛樱桃 *Cerasus patentipila* 也较为常见。

草本层盖度约80%，有40个种，优势种是野草莓 *Fragaria vesca*，重要值为21.98，盖度约为7%。其他还有长茎还阳参 *Crepis elongata*、过路黄 *Lysimachia christiniae*、野坝子 *Elsholtzia rugulosa*、宿蹄盖蕨 *Athyrium anisopterum*、黑足金粉蕨 *Onychium contiguum* 等。

层间植物盖度很低，约1.8%，只有3个种，即柔毛山黑豆 *Dumasia villosa*、异叶赤瓟 *Thladiantha hookeri* 和飞蛾藤 *Porana racemosa*，株数很少，而且生长不良。

表2-3 银木荷+柳条杜鹃群落表

样地号，面积，时间	样45，100 m^2，20080731
调查人	杜凡、曾辉、姚莹、陈勇
地点	小清河左边
GPS点	N 26°03′48.8″，E 102°56′21.0″
海拔，坡向，坡位，坡度	2320m，东南，下，40°
生境地形特点	
母岩 土壤特点，地表特征	
特别记载/人为影响	砍伐、放牧等干扰严重
乔木层盖度	无
灌木层盖度，优势种盖度	60%
草本层盖度，优势种盖度	80%

(一)灌木层

中文名	拉丁名	株数	高(cm)	盖度(%)	重要值
乔木幼树					
银木荷	*Schima argentea*	15	200~250	10	9.6
毛梾	*Swida walteri*	8	100	0.5	3.7
散毛樱桃	*Cerasus patentipila*	6	130	1	3.7

（续）

中文名	拉丁名	株数	高(cm)	盖度(%)	重要值
		灌木			
柳条杜鹃	*Rhododendron virgatum*	12	200	18	13.5
无毛粉花绣线菊	*Spiraea japonica* var. *glabra*	48	80	3	10.1
紫秆玉山竹	*Yushania violascens*	31	120	5	9
红腺悬钩子	*Rubus sumatranus*	44	20	1	8.5
细枝柃	*Eurya loquaiana*	33	150	3	8.2
南烛	*Lyonia ovalifolia*	8	200	8	7.7
腋花杜鹃	*Rhododendron racemosum*	7	150	7	7
无毛粉花绣线菊	*Spiraea japonica* var. *glabra*	18	200	3	6.3
鸡骨菜	*Elsholtzia fruticosa*	22	100	2	6.3
薄叶野丁香	*Leptodermis velutiniflora* var. *tenera*	6	100	1	3.7
光叶野丁香	*Leptodermis pilosa* var. *glabrescens*	3	30	0.1	2.8

（二）草本层

中文名	拉丁名	株数	高(m)	盖度(%)	重要值
野草莓	*Fragaria vesca*	7777	10	7	21.98
长茎还阳参	*Crepis elongata*	320	40	20	9.73
过路黄	*Lysimachia christinae*	2222	6	2	6.88
野坝子	*Elsholtzia rugulosa*	700	40	7	5.33
宿蹄盖蕨	*Athyrium anisopterum*	357	10	7	4.52
黑足金粉蕨	*Onychium contiguum*	311	20	7	4.41
滇香薷	*Origanum vulgare*	468	20	3	3.16
革叶茴芹	*Pimpinella coriacea*	123	40	4	2.75
虎掌草	*Anemone rivularis*	208	25	3	2.54
苍山隐子蕨	*Crypsinus subebenipes*	32	80	4	2.54
黄腺香青	*Anaphalis aureopunctata*	312	25	2	2.38
白苞蒿	*Artemisia laciflora*	200	50	2	2.12
车前	*Plantago asiatica*	88	25	2	1.85
块茎卷柏	*Selaginella chrysocaulos*	50	35	2	1.76
喙花姜	*Rhynchanthus beesianus*	16	70	2	1.68
寸金草	*Clinopodium megalanthum*	138	10	0.5	1.36
短叶水蜈蚣	*Kyllinga brevifolia*	138	40	0.5	1.36
东川鼠尾	*Salvia mairei*	51	40	1	1.36
头花蓼	*Polygonum capitatum*	111	25	0.4	1.26
仙鹤草	*Agrimonia pilosa* var. *nepalensis*	120	20	0.3	1.24
糯米团	*Gonostegia hirta*	50	15	0.5	1.15

（续）

中文名	拉丁名	株数	高(cm)	盖度(%)	重要值
蜜蜂花	*Melissa axillaris*	50	30	0.5	1.15
大理委陵菜	*Potentilla taliensis*	34	15	0.5	1.12
胀萼蓝钟花	*Cyananthus inflatus*	34	30	0.5	1.12
菱羽耳蕨	*Polystichum pseudorhomboideum*	34	20	0.5	1.12
挺茎遍地金	*Hypericum elodeoides*	4	80	0.5	1.05
大叶冷水花	*Pilea martini*	13	20	0.3	0.99
野青茅	*Deyeuxia arundinacea*	31	60	0.2	0.99
亮绿薹草	*Carex finitima*	31	40	0.2	0.99
细蝇子草	*Silene gracilicaulis*	20	30	0.2	0.96
灰毛风铃草	*Campanula cana*	13	25	0.2	0.95
异叶茴芹	*Pimpinella diversifolia*	13	30	0.2	0.95
拉拉藤	*Galium aparine* var. *echinospermum*	27	15	0.1	0.94
丝毛柳叶菜	*Epilobium brevifolium*	27	25	0.1	0.94
川续断	*Dipsacus asperoides*	2	50	0.2	0.92
东川画眉草	*Eragrostis mairei*	15	35	0.1	0.91
露水草	*Cyanotis arachnoidea*	10	15	0.1	0.9
细柄野青茅	*Deyeuxia filipes* Keng	10	30	0.1	0.9
砖子苗	*Mariscus sumatrensis*	4	50	0.1	0.88
密穗马先蒿	*Pedicularis densispica*	4	70	0.1	0.88

（三）层间植物

中文名	拉丁名	株数	高(m)	盖度(%)
柔毛山黑豆	*Dumasia villosa*	50	25	0.3
异叶赤瓟	*Thladiantha hookeri*	55	60	1
飞蛾藤	*Porana racemosa*	23	50	0.5

银木荷林在云南分布比较广泛，自然分布的海拔介于2100～2800m之间，是云南大部分地区山地垂直带的重要植被类型之一。轿子山自然保护的银木荷林分布在保护区边缘，位于大厂村一带海拔2300～2400m的区域，而且靠近村寨，长期以来是当地的砍柴山，群落受砍伐影响严重。目前群落高度下降到3m以下，甚至2m以下，成为灌丛状的次生银木荷林，亟待加强保护。该类型本身蕴藏着丰富的植物种类，具有较高的生物多样性。同时它作为野生动物的栖息地、食物来源，是维持动物多性样的基础。此外，其水源涵养的功能对地区持续发展是重要的保障。该类型林下天然更新比较好，优势树种的幼苗比较多，而其他乔木幼树相对较少。由于离居民点近，受人为影响较大，过度的砍伐和放牧使乔木层受到破坏，草本层物种较多。如果加强保护将有可能向森林类型转变，否则仍将停留在灌丛状态，或更加退化。

2.3.1.2 中山湿性常绿阔叶林

中山湿性常绿阔叶林主要分布于滇中高原及其南北两侧的几条大山脉的中山地带，是遍布全云南省亚热带中山山地，并且是山地垂直带上最重要的植被类型。构成群落的植物种类丰富，乔木以常绿阔叶树种为主，混生少量落叶阔叶树种和针叶树种，附生苔藓植物种类多而发达，常常布满树干，厚度可达2～5 cm。

在轿子山自然保护区内，中山湿性常绿阔叶林主要分布在海拔2500～2900m的保护区边缘，面积不大，而且距离村寨较近，人为破坏严重，目前只保留一个群系，即野八角林Form. *Illicium simonsii*，面积约674.36hm^2，占保护区面积的4.10%。

野八角林样地(表2-4)位于桦木林和大厂村，海拔2500～2794m。群落外貌深绿，林冠波状起伏，疏密不一，高约7m，郁闭度大。群落组成简单，木本植物有45个种，草本植物103种，常绿乔木树种占有主要优势，群落分为4个层，即乔木层、灌木层、草本层和层间层。

乔木层只有1个树种，即野八角 *Illicium simonsii*，盖度约27%，高5m，平均胸径5cm。群落中的野八角基本呈萌生丛状，具有较粗壮的树桩，但是萌生的枝干较小，表明群落至今仍然遭到严重的砍伐。这样的群落，实际上在"次生矮林"和"次生灌丛"之间变化。

灌木层盖度约68.75%，高度0.12～4m，有35个种，优势种为斑壳玉山竹，重要值为19.19，盖度约为7.5%。长尖叶蔷薇 *Rosa longicuspis*，重要值为6.67，盖度约为10%。乔木的幼树(更新层)树高0.55～4m，调查所见有6个种，优势种为野八角，重要值为14.17。其他还有毛楝，重要值为2.11，多变石栎 *Lithocarpus variolosus*，重要值为1.34，山鸡椒 *Litsea cubeba*，重要值为1.24，光叶泡花树 *Meliosma cuneifolia* var. *glabriuscula*，重要值为0.68，茶条果 *Symplocos ernestii*，重要值为1.54。

草本层盖度约88.75%，4个样地中有82个种，优势种有野草莓，重要值为7.97，盖度约为21.25%；其他常见种类还有大锥剪股颖，重要值为6.78，盖度约为5%；头花蓼 *Polygonum capitatum*，重要值为6.04，盖度约为2.1%；黑足金粉蕨、菜蕨 *Callipteris esculenta*、薄叶旋叶香青等。

层间层有3个种，有滇川铁线莲，单叶铁线莲 *Clematis henryi* 和肉色土圞儿，都是小型柔弱的草质藤本植物，生长不良，高度不超过2m，数量也不多，零星存在。

野八角在滇中地区分布较广，是各地中山湿性常绿阔叶林中的伴生成分。但是就目前现有资料记载，尚没有记载过以野八角为绝对优势的森林群落。轿子山自然保护区内形成大面积的以野八角为优势的森林类型，面积约674.36hm^2，占保护区面积的4.10%，是当地独特的森林植被类型，而且保护边界外围还有分布，连片分布的面积很大，十分难得。当地野八角林，由于分布海拔较低(介于2600～2900m之间)，靠近村寨，是当地主要的砍柴山，因而也同样遭到了较为严重的人为破坏，乔木多为萌生状，群落高度降低，平均高仅约5m，处于次生矮林至次生灌木林之间的状态。但是，该类型本身蕴藏着丰富的植物种类，具有较高的生物多样性。也是最具保护价值的植被类型之一。该类型林下天然更新比较好，优势树种的幼苗比较多，目前多处于萌生状态，而其他乔木幼树相对较少，如果不加以保护将有可能向灌丛类型逆行转化，所以亟待加强保护。

2.3.1.3 山顶苔藓矮林

山顶苔藓矮林主要分布于云南省热带或亚热带山地的山顶和山脊生境，分布海拔一般都在2500m以上。生境的共同特点是多盛行强风，土壤浅薄，使得群落树木低矮，树干粗大弯曲，分枝低而多，树冠向顺风一面斜生等。此外，生境的湿度极大，经常处于浓雾笼罩之

表 2-4 野八角林样地调查表

样地号 面积 时间	样 34,100m², 20080730	样 36,100m², 20080730	样 41,500m², 20080731	样 72,100m², 20080805
调查人	张辉、杜小浪、李朝阳	张辉、杜小浪、李朝阳	杜凡、曾辉、姚莹、陈勇	陈勇、杜小浪、李朝阳
地点	桦木林	桦木林	大厂村	雪山乡
GPS 点	N 26°06′18.1″, E 102°54′23.9″	N 26°06′09.9″, E 102°54′02.6″	N 26°5′6.6″, E 102°56′57.1″	N 26°07′05.4″, E 102°48′41.4″
海拔 坡向 坡位 坡度	2645m, 西, 下, 25°	2710m, 南, 中下, 25°	2630m, 南, 中, 40°	2794m, 西, 下, 25°
生境地形特点	中山山地	中山山地	中山山地	中山山地
母岩 土壤特点 地表特征	石灰岩	石灰岩	变质岩	石灰岩
特别记载/人为影响	砍柴、放牧	砍柴、放牧	砍柴、放牧	砍柴、放牧
乔木层盖度			50%, 野八角 50%	
灌木层盖度, 优势种盖度	85, 长尖叶蔷薇 45%, 野八角 20%	90, 野八角 30%	30%, 野八角 15%	70%, 野八角 52%
草本层盖度, 优势种盖度	90, 野草莓 40%	90, 野草莓 30%	80%, 黑足金粉蕨 20%, 疏穗小野荞麦 12%	95%, 野草莓 15%

（一）乔木层：1 种，盖度 18.75%

中文名	拉丁名	样 34			样 36			样 41			样 72			重要值
		株数	高 (m)	胸径 (cm)	株数	高 (m)	胸径 (cm)	株数	高 (m)	胸径 (cm)	株数	高 (m)	胸径 (cm)	
野八角	*Illicium simonsii*							22	5	5				100

（二）灌木层：24 种，盖度 68.75%

中文名	拉丁名	样 34			样 36			样 41			样 72			重要值
		株数	高(cm)	盖度(%)	株数	高(cm)	盖度(%)	株数	高(cm)	盖度(%)	株数	高(cm)	盖度(%)	
乔木幼树														
多变石栎	*Lithocarpus variolosus*										10	400	7	1.76
大白花杜鹃	*Rhododendron decorum*	5	180	2										1.16
野八角	*Illicium simonsii*	36	210	20	25	230	30	75	150	15	32	200	52	18.59
高山三尖杉	*Cephalotaxus fortunei* var. *alpina*										1	120	0.1	0.88

（续）

中文名	拉丁名	样 34			样 36			样 41			样 72			重要值
		株数	高（cm）	盖度（%）	株数	高（cm）	盖度（%）	株数	高（cm）	盖度（%）	株数	高（cm）	盖度（%）	
灌木														
斑壳玉山竹	*Yushania maculata*				128	80	8							8.07
察瓦龙小檗	*Berberis tsarongensis*							26	100	3	1	30	0.1	2.55
云南娃儿藤	*Tylophora yunnanensis*				12	35	0.5							1.14
大乌泡	*Rubus multibracteatus*	4	160	0.2	1	200	0.1							1.84
粉花绣线菊	*Spiraea japonica*				12	240	15							2.61
黄杨叶栒子	*Cotoneaster buxifolius*										10	80	8	1.86
绢毛蔷薇	*Rosa sericea*										11	120	8	2.84
柳树寄生	*Taxillus delavayi*										3	45	0.1	0.92
毛柱红棕杜鹃	*Rhododendron rubiginosum* var. *ptilostylum*							2	150	0.5				0.94
木帚栒子	*Cotoneaster dielsianus*	200	165	6	23	170	10	34	150	5				10.76
椭叶小舌紫菀	*Aster albescens* var. *limprichtii*	62	130	10										3.08
无刺菝葜	*Smilax mairei*							102	80	0.1				2.85
无毛粉花绣线菊	*Spiraea japonica* var. *glabra*							200	200	10				6.82
西南木蓝	*Indigofera mairei*										3	12	0.2	0.93
狭叶清香桂	*Sarcococca ruscifolia* var. *chinensis*				95	60	10							3.72
纤枝金丝桃	*Hypericum lagarocladum*	48	145	3	100	85	5							6.36
长尖叶蔷薇	*Rosa longicuspis*	180	130	45	7	180	5							10.43
壮刺小檗	*Berberis deinacantha*	50	120	2	160	95	10							7.01

（续）

中文名	拉丁名	样 34			样 36			样 41			样 72			重要值
		株数	高(cm)	盖度(%)	株数	高(cm)	盖度(%)	株数	高(cm)	盖度(%)	株数	高(cm)	盖度(%)	
(三)草本层:82 种,盖度 88.75%														
艾叶火绒草	*Leontopodium artemisiifolium*										24	21	0.5	0.51
百脉根	*Lotus corniculatus*										25	10	0.2	0.37
薄叶旋叶香青	*Anaphalis contorta* var. *pellucida*							3125	30	1				0.55
菜蕨	*Callipteris esculenta*							12500	60	5	4	35	0.3	0.70
车前	*Plantago asiatica*	617	10	5				1000	15	0.5	9	10	0.3	0.96
丛林蝇子草	*Silene dumincola*							34	45	0.1				0.27
寸金草	*Clinopodium megalanthum*							78	30	0.1	32	24	0.8	1.19
大叶冷水花	*Pilea martini*							375	20	3				0.27
大锥剪股颖	*Agrostis megathyrsa*							2222	40	10				0.27
滇白前	*Silene viscidula*							600	10	0.3	25	22	1.5	1.24
滇藏羊茅	*Festuca vierhapperi*							12	25	0.1				0.27
滇香薷	*Origanum vulgare*							1020	30	1	34	20	6	3.58
短柄草	*Brachypodium sylvaticum*										72	20	5	2.57
钙生鹅观草	*Roegneria calcicola*										63	15	4	2.11
高玄参	*Scrophularia elatior*							222	40	1				0.27
汉荭鱼腥草	*Geranium robertianum*				200	25	2.5				18	21	0.5	0.78
黑足金粉蕨	*Onychium contiguum*	1000	15	10				10000	30	20				0.82
狐尾马先蒿	*Pedicularis alopecuros*										20	26	0.5	0.51
花佩菊	*Faberia sinensis*							200	25	0.4				0.55
黄毛草莓	*Fragaria nilgerrensis*										62	10	4	2.11
灰蓟	*Crisium griseum*	8	50	0.5							9	13	0.4	0.73
灰毛风铃草	*Campanula cana*							50	25	0.1	27	34	0.7	0.88
火烧兰	*Epipactis helleborine*										17	30	0.3	0.42

（续）

中文名	拉丁名	样34			样36			样41			样72			重要值
		株数	高(cm)	盖度(%)	株数	高(cm)	盖度(%)	株数	高(cm)	盖度(%)	株数	高(cm)	盖度(%)	
鸡蛋参	*Codonopsis Convolvulacea*							20	80	0.1				0.27
鸡爪凤尾蕨	*Pteris gallinopes*										8	25	0.6	0.56
剪股颖	*Agrostis clavata*										31	20	0.4	0.46
接骨草	*Sambucus chinensis*				277	70	15							0.27
荩草	*Arhraxon hispidus*							250	40	0.1				0.27
具角凤仙花	*Impatiens ceratophora*							50	35	0.1				0.55
聚花马先蒿	*Pedicularis confertiflora*							312	45	0.1				0.27
蕨状薹草	*Carex filicina*				500	12	1							0.27
喀斯早熟禾	*Poa khasiana*										54	18	5	2.57
昆明象牙参	*Roscoea kunmingensis*										14	10	0.5	0.51
拉拉藤	*Galium aparine* var. *echinospermum*				666	20	4	555	15	0.1				0.82
辣子草	*Galinsoga parviflora*							1555	20	7				0.27
亮绿薹草	*Carex finitima*										43	12	1.5	0.96
裂萼钉柱委陵菜	*Potentilla saundersiana* var. *jacquemontii*										19	8	1.5	0.96
菱羽耳蕨	*Polystichum pseudorhomboideum*							25	55	0.1				0.55
陆生珍珠茅	*Scleria terrestris*							34	40	0.1				0.27
轮叶蟹甲草	*Parasenecio cyclotus*							22	25	0.1				0.27
马红凤仙花	*Impatiens bachii*	30	20	1.5										0.27
茅叶荩草	*Arthraxon prionodes*										23	13	0.5	0.51
美小膜盖蕨	*Araiostegia pulchra*							200	60	0.1				0.27
南黄堇	*Corydalis davidii*				200	20	2	694	35	0.5				0.55
尼泊尔蓼	*Polygonum nepalense*	266	12	6	2333	15	7							0.55

（续）

中文名	拉丁名	样34			样36			样41			样72			重要值
		株数	高(cm)	盖度(%)	株数	高(cm)	盖度(%)	株数	高(cm)	盖度(%)	株数	高(cm)	盖度(%)	
尼泊尔香青	*Anaphalis nepalensis*	333	15	5										0.27
偏翅唐松草	*Thalictrum delavayi*							8	45	0.1	9	17	0.4	1.01
匍茎谷蓼	*Circaea repens*				1000	15	2							0.27
清明菜	*Gnaphalium affine*							312	40	0.4	25	16	0.3	0.69
全柱秋海棠	*Begonia grandis*							62	35	0.5				0.27
绒毛钟花蓼	*Polygonum campanulatum* var. *fulvidum*	125	45	5										0.27
三角叶马先蒿	*Pedicularis deltoidea*				111	15	0.5							0.27
石椒草	*Boenninghausenia sessilicarpa*							37	45	0.3				0.27
疏穗小野荞麦	*Fagopyrum leptopodum* var. *grossii*							6000	25	12				0.27
丝毛柳叶菜	*Epilobium brevifolium*	222	20	5	625	25	5				14	21	0.6	1.10
天名精	*Carpesium abrotanoides*	16	35	1	114	45	2							0.55
头花蓼	*Polygonum capitatum*							20000	25	10				0.55
突隔梅花草	*Parnassia delavayi*										16	11	0.6	0.55
椭圆叶花锚	*Halenia elliptica*				1000	25	6	250	35	0.5	14	24	0.3	0.97
微柱麻	*Chamabainia cuspidata*							12	25	0.1				0.27
西南鬼灯檠	*Rodgersia sambucifolia*	57	70	5										0.27
豨莶	*Siegesbeckia orientalis*							617	40	1				0.27
细叶孩儿参	*Pseudostellaria sylavatica*	20	40	1										0.27
仙鹤草	*Agrimonia pilosa* var. *nepalensis*										15	31	0.3	0.42
象头花	*Arisaema franchetianum*							5	50	0.1	4	17	0.3	0.69
缬草	*Valeriana officinalis*	200	30	10	700	30	7	1562	35	2	15	30	0.2	1.47
星花灯心草	*Juncus diastrophanthus*	50	15	0.5										0.27

（续）

中文名	拉丁名	样34			样36			样41			样72			重要值
		株数	高(cm)	盖度(%)	株数	高(cm)	盖度(%)	株数	高(cm)	盖度(%)	株数	高(cm)	盖度(%)	
星毛紫柄蕨	*Pseudophegopteris levingei*										28	20	7	3.49
雅灯心草	*Juncus concinnus*										24	23	0.5	0.51
羊齿天门冬	*Asparagus filicinus*				5	100	0.1							0.27
野艾蒿	*Artemisia lavandulaefolia*	20	30	1										0.27
野草莓	*Fragaria vesca*	4000	10	40	15000	10	30				72	10	15	7.97
野棉花	*Anemone vitifolia*										15	15	2	1.19
一把伞南星	*Arisaema erubescens*							40	35	0.5				0.27
鱼眼菊	*Dichrocephala auriculata*										15	8	0.3	0.41
雨蕨	*Gymnogrammitis dareiformis*							3333	30	2				0.27
圆舌粘冠草	*Myriactis nepalensis*							78	30	0.1	16	23	0.5	0.78
圆叶无心菜	*Arenaria rotundifolia*										13	10	0.3	0.41
云南繁缕	*Stellaria yunnanensis*							312	20	0.1				0.27
云雾薹草	*Carex nubigena*										32	15	0.5	0.51
中华老鹳草	*Geranium sinense*							250	45	2				0.27
紫雀花	*Parochetus communis*				3333	10	10				32	10	11	5.59

（四）层间植物

中文名	拉丁名	样34			样36			样41			样72			重要值
		株数	高 cm	盖度(%)	株数	高 cm	盖度(%)	株数	高 cm	盖度(%)	株数	高 cm	盖度(%)	
滇川铁线莲	*Clematis kockiana*	667	150	1.5	2	150	0.5							
单叶铁线莲	*Clematis henryi*							22	140	0.1				

中，树干、树桠、树冠、地表、岩面均厚厚地覆盖着一层苔藓植物(云南植被编写组，1987)。《云南植被》中记载的山顶苔藓矮林只有杜鹃—乌饭矮林一种类型。

在轿子山自然保护区内，山顶苔藓矮林主要分布在海拔3000～3500m的山地，在禄劝轿子山和东川的法者等区域均有分布，面积较大，达到1932.00 hm^2，占保护区面积的11.74%，只包括一个1个群系组，即杜鹃矮林。

2.3.1.3.1 杜鹃矮林 Form. Group *Rhododendron* spp.

轿子山自然保护区的杜鹃矮林(群系组)的乔木均以杜鹃属的种类为优势，或者为标志。群落呈矮林状，高一般在10m以下，有的约5m。主要有3个群系，即：锈红毛杜鹃林、洁净红棕杜鹃+斑壳玉山竹林、假乳黄杜鹃+斑壳玉山竹林。

(1)假乳黄杜鹃+斑壳玉山竹林 Form *Rhododendron fictolacteum* + *Yushania maculata*

假乳黄杜鹃+斑壳玉山竹林分布于东川境内的大姚平。样地位于海拔3099m的山坡上。群落外貌油绿色，林冠半球形，林冠较为整齐，群落结构分4层，即乔木层、灌木层、草本层和层间层(表2-5)。

表2-5 假乳黄杜鹃+斑壳玉山竹林样地调查表

样地号 面积 时间	样42，500m^2，20080730
调查人	杜小浪、张辉、李朝阳
地点	大腰坪
GPS点	N26°05′16.3″，E102°53′35.5″
海拔 坡向 坡位 坡度	3099m，西南，中，25°
生境地形特点	
母岩 土壤特点 地表特征	
特别记载/人为影响	
乔木层盖度	50%，假乳黄杜鹃30%
灌木层盖度，优势种盖度	80%，斑壳玉山竹70%
草本层盖度，优势种盖度	45%，野草莓15%

(一)乔木层：48株，5种，盖度50%

中文名	拉丁名	株数	高(m)	胸径(cm)	重要值
假乳黄杜鹃	*Rhododendron fictolacteum*	17	7	13	25.24
锈红毛杜鹃	*Rhododendron bureavii*	22	5	6	23.39
散毛樱桃	*Cerasus patentipila*	1	8	20	23.38
冠萼花楸	*Sorbus coronata*	7	5	9.4	15.07
木姜子	*Litsea pungens*	1	6	11.8	12.94

（续）

(二)灌木层：4种，盖度80%					
中文名	拉丁名	株数	高(cm)	盖度(%)	重要值
斑壳玉山竹	*Yushania maculata*	2187	160	70	68.05
宜昌荚蒾	*Viburnum erosum*	45	160	10	12.91
齿叶忍冬	*Lonicera setifera*	19	210	5	10.57
无刺菝葜	*Smilax mairei*	6	80	0.1	8.46
(三)草本层：19种，盖度45%					
中文名	拉丁名	株数	高(cm)	盖度(%)	重要值
野草莓	*Fragaria vesca*	4167	13	15	24.42
绵毛橐吾	*Ligularia vellerea*	444	35	8	8.35
流苏龙胆	*Gentiana panthaica*	1500	12	3	8.35
紫雀花	*Parochetus communis*	1250	10	2	6.92
中甸兔儿风	*Ainsliaea fulvioides*	1000	35	3	6.80
车前	*Plantago asiatica*	625	15	1.5	4.66
长茎还阳参	*Crepis elongata*	444	20	2	4.43
草血竭	*Polygonum paleaceum*	333	28	2	4.09
毛凤仙花	*Impatiens lasiophyton*	250	30	2	3.83
寸金草	*Clinopodium megalanthum*	133	35	2	3.47
云南鸢尾	*Iris forrestii*	44	55	2	3.20
尼泊尔蓼	*Polygonum nepalense*	150	25	1.5	3.20
椭圆叶花锚	*Halenia elliptica*	150	50	1.5	3.20
星毛唐松草	*Thalictrum cirrhosum*	42	52	1.5	2.86
酸模	*Rumex acetosa*	125	26	1	2.79
束花凤仙花	*Impatiens desmantha*	31	40	1	2.50
接骨草	*Sambucus chinensis*	12	110	1	2.44
天名精	*Carpesium abrotanoides*	60	40	0.6	2.33
一把伞南星	*Arisaema erubescens*	24	60	0.5	2.15

(四)层间植物：3株，1种，盖度0.2%				
中文名	拉丁名	株数	高(cm)	盖度(%)
裂叶铁线莲	*Clematis parviloba*	3	60	0.2

乔木层盖度约50%，高度5~8m，最大胸径可达20cm。有5个种，优势种为假乳黄杜鹃 *Rhododendron fictolacteum*，重要值为25.24，盖度约为30%，锈红毛杜鹃 *Rhododendron bureavii*，重要值为23.39，盖度约为10%。伴生树种有散毛樱桃、冠萼花楸 *Sorbus coronata*、木姜子 *Litsea pungens* 等，胸径达9.4~20cm。

灌木层总盖度约80%，高度0.8~2.1m，有4个种，优势种是斑壳玉山竹，重要值为68.05 盖度约为70%；宜昌荚蒾 *Viburnum erosum* 重要值为12.91，盖度约为10%、齿叶忍冬

Lonicera setifera 重要值为 10.57，盖度约为 5%。

草本层盖度约 45%，有 19 个种，优势种有野草莓，重要值为 24.2，盖度约为 15%。其中草本植物相对较多有绵毛橐吾 *Ligularia vellerea*、流苏龙胆 *Gentiana panthaica*、紫雀花 *Parochetus communis*、中甸兔儿风 *Ainsliaea fulvioides*、车前 *Plantago asiatica*、长茎还阳参、草血竭 *Polygonum paleaceum* 等。

层间层总盖度较小，约 0.2%，仅有 1 个种，即裂叶铁线莲 *Clematis parviloba*。

假乳黄杜鹃 + 斑壳玉山竹林天然更新差，没有见到优势种的幼苗，没有见到乔木树种的幼树。灌木层种类较少，草本层物种较多。受到人为影响破坏比较严重，如果不加以保护，将有可能向灌丛方向转化。

（2）洁净红棕杜鹃 + 斑壳玉山竹林 Ass. *Rhododendron rubiginosum* var. *leclerei* + *Yushania maculata*

洁净红棕杜鹃 + 斑壳玉山竹林主要分布于禄劝境内的轿子山。样地位于惊风崂和被风窝，海拔 3347 ~ 3500m 之间，土壤是棕壤。群落外貌油绿色，林冠半球形，林冠较为整齐，群落结构分 4 层，即乔木层、灌木层、草本层和层间层（表 2-6）。

乔木层盖度约 70%，高度 5 ~ 10m，最大胸径 21cm，有 6 个种，优势种为洁净红棕杜鹃 *Rhododendron rubiginosum* var. *leclerei*，重要值为 50.74，盖度约为 65%。伴生树种乳黄杜鹃 *Rhododendron lacteum*、红毛花楸 *Sorbus rufopilosa*、柳叶忍冬 *Lonicera lanceolata*、微绒绣球 *Hydrangea heteromalla* 的性状一般为灌木，但胸径 5 ~ 21cm。此外，样地中还有落叶树种苹婆槭 *Acer sterculiaceum* 分布。

灌木层总盖度约 27.5%，高度 3 ~ 200cm，样地中有 13 个种，优势种是长托菝葜 *Smilax ferox*，重要值为 25.28，盖度约为 0.5%；斑壳玉山竹的重要值为 16.11，盖度约为 5%；紫秆玉山竹的重要值为 11.52，盖度约为 7%。另有少量的柳叶忍冬、湖北荚蒾、洱源小檗 *Berberis willeana*、川滇绣线菊等。

草本层盖度 60%，样地中调查到 40 个种，优势种有四叶葎 *Galium bungei*，重要值为 20.72 盖度为 5%；黄毛草莓 *Fragaria nilgerrensis* 的重要值为 13.20，盖度约为 6%；华扁穗草 *Blysmus sinocompressus* 的重要值为 10.08，盖度约为 15%。另有少量的短叶水蜈蚣 *Kyllinga brevifolia*、纤维鳞毛蕨 *Dryopteris sinofibrillosa*、阿坝堇菜、苍山橐吾 *Ligularia tsangchanensis*、尼泊尔蓼 *Polygonum nepalense* 等。

层间植物，总盖度约 10%，样地中见到 5 个种，优势种为乌蔹莓 *Cayratia japonica*。其他还有东南茜草 *Rubia argyi*、绣球藤 *Clematis montana*、柳树寄生 *Taxillus delavayi*、华中五味子 *Schisandra sphenanthera*，数量都很少。

表 2-6 洁净红棕杜鹃 + 斑壳玉山竹林样地调查表

样地号 面积 时间	样 71，500m^2，20080804	样 64，100 m^2，20080804
调查人	杜凡，姚莹，增辉，陈勇	张辉、杜小浪、李朝阳
地点	惊风崂	被风窝
GPS 点	N 26°3′35.9″，E 102°49′36.6″	N 26°03′49.0″，E 102°49′53.0″
海拔 坡向 坡位 坡度	3347m，西北，下，20°	3500m，北偏东 30°，中，30°
生境地形特点		平缓

（续）

母岩 土壤特点 地表特征		棕壤，没有岩石出露
特别记载/人为影响	杜鹃树上有苔藓 寄生	苔藓覆盖70%（假硫蕨、水龙骨）
灌木层盖度，优势种盖度	30%，斑壳玉山竹10%	25%
草本层盖度，优势种盖度	70%，华扁穗草30%	50%

（一）乔木层：6种，盖度：70%

中文名	拉丁名	样71			样64			重要值
		株数	高（m）	胸径（cm）	株数	高（m）	胸径（cm）	
洁净红棕杜鹃	*Rhododendron rubiginosum* var. *leclerei*	80	5	6～7	65	8～9	12～18	50.74
乳黄杜鹃	*Rhododendron lacteum*				2	7	12	10.27
红毛花楸	*Sorbus rufopilosa*				1	8	7	6.71
柳叶忍冬	*Lonicera lanceolata*				1	8	13	10.93
微绒绣球	*Hydrangea heteromalla*				2	8	5/21	12.10
苹婆槭	*Acer sterculiaceum*				1	10	11	9.24

（二）灌木层：13种，盖度：27.5%

中文名	拉丁名	样71			样64			重要值
		株数	高（cm）	盖度（%）	株数	高（cm）	盖度（%）	
湖北荚蒾	*Viburnum hupehense*	10	200	8				7.46
洱源小檗	*Berberis willeana*	39	150	5				6.84
柳叶忍冬	*Lonicera lanceolata*	43	100	7				8.17
斑壳玉山竹	*Yushania maculata*	200	100	10				16.11
长托菝葜	*Smilax ferox*	500	5	1	5	12	0.1	25.28
川滇绣线菊	*Spiraea schneideriana*				8	10	5	5.62
大刺茶藨子	*Ribes alpestre*				1	3	0.1	2.47
红毛花楸	*Sorbus rufopilosa*				1	3	0.2	2.53
洁净红棕杜鹃	*Rhododendron rubiginosum* var. *leclerei*				3	5	3	4.25
乳黄杜鹃	*Rhododendron lacteum*				1	30	0.5	2.71
宜昌荚蒾	*Viburnum erosum*				4	5	2	3.71
无刺菝葜	*Smilax mairei*				8	10	1	3.28
紫秆玉山竹	*Yushania violascens*				24	30～150	14	11.52

（三）草本层：40种，盖度：60%

中文名	拉丁名	样71			样64			重要值
		株数	高（cm）	盖度（%）	株数	高（cm）	盖度（%）	
一把伞南星	*Arisaema erubescens*	126	30	0.5				0.96
石松	*Lycopodium japonicum*	143	5	0.1				0.86
椭圆叶花锚	*Halenia elliptica*	156	20	0.2				0.89
珠子参	*Panax japonicus* var. *major*	167	7	0.1	16	13	0.5	1.81

（续）

中文名	拉丁名	样 71			样 64			重要值
		株数	高(cm)	盖度(%)	株数	高(cm)	盖度(%)	
圆舌粘冠草	*Myriactis nepalensis*	375	15	0.3				0.94
沼生橐吾	*Ligularia lamarum*	400	30	0.8				1.08
长柄象牙参	*Roscoea debilis*	781	15	1				1.18
东南茜草	*Rubia argyi*	1250	5	0.1				1.01
聚花马先蒿	*Pedicularis confertiflora*	2041	20	2				1.67
双参	*Triplostegia glandulifera*	2500	5	0.2				1.21
头花蓼	*Polygonum capitatum*	3061	25	3				2.03
块茎卷柏	*Selaginella chrysocaulos*	4000	10	2				1.90
肾叶龙胆	*Gentiana crassuloides*	6250	6	0.5				1.81
纤维鳞毛蕨	*Dryopteris sinofibrillosa*	6250	10	8				3.80
华扁穗草	*Blysmus sinocompressus*	9370	20	30				10.08
阿坝堇菜	*Viola tienschiensis*	12500	3	1				2.80
黄毛草莓	*Fragaria nilgerrensis*	66667	3	12				13.20
四叶葎	*Galium bungei* var. *bungei*	125000	3	10				20.72
阿墩紫堇	*Corydalis atuntsuensis*				26	10	1.5	1.22
白鳞酢浆草	*Oxalis leucolepis*				35	10	1.5	1.22
苍山橐吾	*Ligularia tsangchanensis*				25	12	6	2.41
草血竭	*Polygonum paleaceum*				33	10	0.5	0.95
刺齿隐子蕨	*Crypsinus glaucopsis*				20	5	1.5	1.21
顶囊轴鳞蕨	*Dryopsis apiciflora*				18	11	1.2	1.13
短叶水蜈蚣	*Kyllinga brevifolia*				73	13	18	5.61
多花剪股颖	*Agrostis myriantha*				24	13	1	1.08
高山囊瓣芹	*Pternopetalum subalpinum*				13	10	0.5	0.95
黄茎无心菜	*Arenaria blinkwarthii*				23	12	2.5	1.48
康定玉竹	*Polygonatum prattii*				16	12	0.5	0.95
路南凤仙花	*Impatiens loulanensis*				19	11	2.5	1.48
毛轴假蹄盖蕨	*Athyriopsis petersenii*				14	12	0.5	0.95
尼泊尔蓼	*Polygonum nepalense*				23	10	5	2.15
松林老鹳草	*Geranium pinetorum*				14	13	0.5	0.95
兔儿风一种	*Ainsliaea* sp.				28	15	5	2.15
椭圆叶齿果草	*Salomonia oblongifolia*				20	7	1.2	1.135
象头花	*Arisaema franchetianum*				14	17	0.5	0.95
云南红景天	*Rhodiola yunnanensis*				16	10	1.2	1.13
展毛短柄乌头	*Aconitum brachypodum* var. *laxiflorum*				9	23	0.5	0.95
爪哇唐松草	*Thalictrum javanicum*				14	7	1	1.08

（续）

中文名	拉丁名	样71			样64			重要值
		株数	高(cm)	盖度(%)	株数	高(cm)	盖度(%)	
珠芽支柱蓼	*Polygonum suffultoides*				20	12	0.5	0.95

(四)层间植物：5种，盖度：10%

中文名	拉丁名	样71			样64		
		株数	高(cm)	盖度(%)	株数	高(cm)	盖度(%)
乌蔹莓	*Cayratia japonica*				6	10	12
东南茜草	*Rubia argyi*				3	15	0.2
绣球藤	*Clematis montana*	1000	300	0.5	1	30	0.1
柳树寄生	*Taxillus delavayi*	667	80	1			
华中五味子	*Schisandra sphenanthera*	1250	25	0.1			

洁净红棕杜鹃+斑壳玉山竹林天然更新状况较差，样地中优势种的幼苗仅有3株，其他乔木树种的幼树也很少。出现在灌木层中种类较少，草本层物种较多。破坏较为严重，如果不加以保护，将有可能向灌丛方向转化。

(3)锈红毛杜鹃林 Ass. *Rhododendron bureavii*

锈红毛杜鹃林主要分布于禄劝境内的轿子山。样地海拔3265m。土壤是紫砂岩形成的。群落外貌油绿色，林冠半球形，林冠较为整齐，群落结构分4层，即乔木层、灌木层、草本层和层间层(表2-7)。

乔木层盖度约85%，高度4~24m，最大胸径可达30cm，样地中有4个种，优势种为锈红毛杜鹃，其重要值为38.9，盖度约为45%；锐齿槭 *Acer hookeri* 的重要值为24.75，盖度约为30%。伴生树种为大刺茶藨子 *Ribes alpestre*、长梗润楠 *Machilus longipedicellata* 等。

灌木层总盖度约40%，高度15~300cm，样地中有10个种，优势种是藏南悬钩子 *Rubus austrotibetanus*，重要值为17.66，盖度约为3%；紫秆玉山竹的重要值为14.54，盖度约为10%；锈红毛杜鹃的重要值为12.61，盖度约为15%；山栀子 *Hypericum pseudohenryi* 的重要值12.61，盖度约为1%。另有湖北荚蒾、大刺茶藨子、洱源小檗、柳叶忍冬、粉花绣线菊 *Spiraea japonica*、戟叶酸模 *Rumex hastatus* 等零星分布。

草本层盖度约20%，样地中有38个种，优势种有绒毛钟花蓼 *Polygonum campanulatum* var. *fulvidum*，重要值为16.56，盖度约为7%。其次还有束花凤仙花 *Impatiens desmantha*、丝毛柳叶菜 *Epilobium brevifolium*、红指香青 *Anaphalis rhododactyla*、圆舌粘冠草 *Myriactis nepalensis* 等零星分布。

层间层不发达，盖度约0.1%，只见到1个种，即柳树寄生 *Taxillus delavayi*，寄生于杜鹃植株上，数量不多。

表 2-7 锈红毛杜鹃林样地调查表

样地号 面积 时间	样 70，500m^2，20081011
调查人	赫尚丽、杜小浪
地点	轿子山
GPS 点	N 26°04′28.3″，E 102°49′58.1″
海拔 坡向 坡位 坡度	3265m，南，中，40°
生境地形特点	
母岩 土壤特点 地表特征	紫砂岩，土壤少，碎石覆盖 95%
特别记载/人为影响	
乔木层盖度	85%，锈红毛杜鹃 45%
灌木层盖度，优势种盖度	40%，锈红毛杜鹃 15%
草本层盖度，优势种盖度	20%，绒毛钟花蓼 7%

（一）乔木层：4 种，盖度 85%

中文名	拉丁名	株数	高（m）	胸径（cm）	重要值
锈红毛杜鹃	*Rhododendron bureavii*	16	8	25	38.9
锐齿槭	*Acer hookeri*	4	16	30	24.75
大刺茶藨子	*Ribes alpestre*	1	7	20	14.5
长梗润楠	*Machilus longipedicellata*	2	15	30	21.85

（二）灌木层：10 种，盖度 40%

中文名	拉丁名	株数	高（cm）	盖度（%）	重要值
藏南悬钩子	*Rubus austrotibetanus*	8	250	1.5	17.66
紫秆玉山竹	*Yushania violascens*	39	130	5	14.54
锈红毛杜鹃	*Rhododendron bureavii*	26	300	10	12.61
山栀子	*Hypericum pseudohenryi*	50	40	0.1	12.61
湖北荚蒾	*Viburnum hupehense*	2	250	0.5	10.65
大刺茶藨子	*Ribes alpestre*	20	40	0.2	7.97
洱源小檗	*Berberis willeana*	50	25	0.1	7.97
柳叶忍冬	*Lonicera lanceolata*	42	50	0.5	6.41
粉花绣线菊	*Spiraea japonica*	100	20	0.2	5.68
戟叶酸模	*Rumex hastatus*	100	15	0.2	3.9

（三）草本层：种，盖度 20%

中文名	拉丁名	株数	高（cm）	盖度（%）	重要值
绒毛钟花蓼	*Polygonum campanulatum* var. *fulvidum*	200	30	2	16.56
束花凤仙花	*Impatiens desmantha*	33	25	0.2	9.34
丝毛柳叶菜	*Epilobium brevifolium*	111	25	0.5	7.6
密花香薷	*Elsholtiza densa*	50	15	0.1	6.63
红指香青	*Anaphalis rhododactyla*	50	35	0.3	4.95

（续）

中文名	拉丁名	株数	高(cm)	盖度(%)	重要值
圆舌粘冠草	*Myriactis nepalensis*	22	25	0.1	4.15
尼泊尔蓼	*Polygonum nepalense*	111	25	0.5	3.25
美丽蓝钟花	*Cyananthus formosus*	13	12	0.1	3.04
宽叶假鹤虱	*Eritrichium brachytubum*	67	20	0.2	3
车前	*Plantago asiatica*	63	10	0.1	2.87
野草莓	*Fragaria vesca*	250	10	0.5	2.83
囊状嵩草	*Kobresia fragilis*	167	15	1	2.83
东川画眉草	*Eragrostis mairei*	78	15	0.1	2.68
鞭打绣球	*Hemiphragma heterophyllum*	50	10	0.1	2.68
千里光	*Senecio scandens*	8	60	0.1	2.59
风轮菜	*Clinopodium chinense*	50	20	0.1	2.51
纤细黄堇	*Corydalis gracillima*	78	10	0.1	2.51
宽叶兔儿风	*Ainsliaea latifolia*	67	35	0.2	2.34
钙生鹅观草	*Roegneria calcicola*	63	15	0.1	2.34
缬草	*Valeriana officinalis*	22	30	0.1	2.21
野艾蒿	*Artemisia lavandulaefolia*	33	30	0.1	2.17
大花玄参	*Scrophularia delavayi*	50	25	0.1	1.98
大花獐牙菜	*Swertia tibetica*	22	35	0.1	1.98
星毛紫柄蕨	*Pseudophegopteris levingei*	4	15	0.1	1.97
喀斯早熟禾	*Poa khasiana*	30	15	0.1	1.81
剪股颖	*Agrostis clavata*	32	20	0.1	1.72
短柄草	*Brachypodium sylvaticum*	43	10	0.1	1.48

(四)层间植物：1种，盖度0.1%

中文名	拉丁名	株数	高(cm)	盖度(%)
柳树寄生	*Taxillus delavayi*	3	20	0.1

锈红毛杜鹃林天然更新情况比较好，样地中优势种的幼苗有26株，保护得比较好，因此灌木层的种类较多，草本层物种也较多。

2.3.1.3.2 杜鹃矮林评价

锈红毛杜鹃林，洁净红棕杜鹃+斑壳玉山竹林、假乳黄杜鹃+斑壳玉山竹林同属于杜鹃矮林，但由于它们的物种组成、建群种和优势种的不同而表现出不同的特征。从它们的多样性指数看，假乳黄杜鹃，斑壳玉山竹林中物种多样性指数(Simpson)的特点是：整个样地>草本层>乔木层>灌木层。生态优势度(Shannon - wiener)的特点是：整个样地>草本层>乔木层>灌木层。群落均匀度指数(Pielou)的特点是：乔木层>草本层>整个样地>灌木层。同层的生态优势度(Shannon - wiener)也相对大于物种多样性指数(Simpson)和群落均匀度指数(Pielou)。

洁净红棕杜鹃+斑壳玉山竹林中乔木层、灌木层和草本层的生物多样性指数在71号样地中，物种多样性指数(Simposn)特点是：整个样地>乔木层>草本层>灌木层。生态优势度(Shannon - wiener)的特点是：整个样地>草本层>灌木层>乔木层。群落均匀度指数(Pielou)的特点是：灌木层>草本层>整个样地>乔木层。灌木层和草本层的生态优势度(Shannon - wiener)也相对大于物种多样性指数(Simpson)和群落均匀度指数(Pielou)。而在样地64中，物种多样性指数(Simpson)的特点是：整个样地>草本层>灌木层>乔木层。生态优势度(Shannon - wiener)的特点是：草本层>整个样地>灌木层>乔木层。群落均匀度指数(Pielou)的特点是：灌木层>草本层>整个样地>乔木层。同层的生态优势度(Shannon - wiener)也相对大于物种多样性指数(Simpson)和群落均匀度指数(Pielou)。

锈红毛杜鹃林中物种多样性指数(Simpson)的特点是：整个样地>草本层>灌木层>乔木层。生态优势度(Shannon - wiener)的特点是：整个样地>草本层>灌木层>乔木层。群落均匀度指数(Pielou)的特点是：整个样地>草本层>灌木层>乔木层。同层的生态优势度(Shannon - wiener)也相对大于物种多样性指数(Simposn)和群落均匀度指数(Pielou)，具体情况见表2-8。

表2-8 杜鹃矮林生物多样性指数对比表

群落	样地号	分层	物种丰富度（S）	物种多样性指数 Simpson 指数	生态优势度 Shannon-wiener 指数	群落均匀度指数 Pielou 指数
假乳黄杜鹃、斑壳玉山竹林多样性指数	样74	乔木层	5	0.656	1.1673	0.7253
		灌木层	4	0.0606	0.1646	0.1187
		草本层	19	0.8004	2.0705	0.7032
		整个样地	29	0.84	2.222926	0.660152
洁净杜鹃、斑壳玉山竹林多样性指数	样71	乔木层	1	1	0	0
		灌木层	5	0.5328	0.99955	0.62105
		草本层	18	0.64836	1.461063	0.505493
		整个样地	27	0.6591	1.5437	0.46838
	样64	乔木层	6	0.185446	0.469614	0.262096
		灌木层	9	0.763636	1.542656	0.702093
		草本层	23	0.944658	7.512684	2.396013
		整个样地	38	0.952983	3.270973	0.899215
锈红毛杜鹃林多样性指数	样70	乔木层	4	0.498024	0.905369	0.653085
		灌木层	10	0.847837	2.018733	0.876725
		草本层	27	0.935107	2.978827	0.903815
		整个样地	38	0.953076	3.3050395	0.90858

杜鹃矮林是山地垂直带上部重要的植被类型，是分布海拔最高的类型。轿子山自然保护区海拔比较高，最高达到4344.1m，所以杜鹃矮林在保护区内的高海拔地段发育较好，面积达到1932.00hm^2，占保护区面积的11.74%，而且在保护区外围还有分布，因此，当地的杜鹃矮林的优势度程度很高。从形成原因看，轿子山自然保护区的杜鹃矮林中，有些是由急尖

长苞冷杉林被破坏后退化演变而成的一类次生植被。分布在地形陡峻岩石区域的杜鹃矮林则多为原生森林类型。轿子山自然保护区的杜鹃矮林处于山体湿度条件最好的地带，生境水分充足，保护区即周边地区的许多溪流都起发源于此，这些矮林的保护和存在对维持该地区的水资源平衡起着重要作用。它的存在不仅有很好的水土保持和水源涵养功能，而且杜鹃种类较多，在花期有极高的观赏价值，是轿子山开发生态旅游的重要森林类型，同时也是部分野生动物的重要栖息地和活动场所。因此，杜鹃矮林也是轿子山最具保护价值的植被类型之一。

2.3.2 硬叶常绿阔叶林

硬叶常绿阔叶林是世界植被的重要组成部分。就世界范围而言，硬叶常绿阔叶林主要分布在地中海沿岸、澳大利亚南部、北美西南部、非洲南部等地。我国见于西南地区的云南北部、四川西部及藏东南地区，尤以金沙江流域为集中。组成硬叶常绿阔叶林的优势树种都是常绿的栎属 *Quercus* 树种，其叶常绿、革质坚硬、叶型偏小、叶缘常反卷并具尖刺和硬锯齿、叶背面一般密被黄色和褐色或灰色的短绒毛，树皮多坚厚而粗纹，分枝多而密集，树干弯曲而低矮等等，这些特征都是耐寒、适应旱生的生态特征。

云南的硬叶常绿阔叶林主要分布于滇西北和滇北金沙江流域及高山峡谷地区，其东界至巧家、东川、禄劝，西至维西、德钦，而与川西连成很大的分布区。但比较集中分布的地区是丽江、中甸、宁蒗、永胜、华坪一线。垂直分布的海拔范围低至1500m，高达3700m，主要分布范围在2600～3300m。

根据群落的优势种、结构和生态特点，云南的硬叶常绿阔叶林可划分为2个植被亚型，即寒温山地硬叶常绿栎林和干热河谷硬叶常绿栎林。

轿子山自然保护区内两个植被亚型都有分布。海拔3000m以上发育寒温山地硬叶常绿栎林，可以分为黄背栎 *Quercus pannosa* 林和川滇高山栎 *Quercus aquifolioides* 林；在普渡河河谷海拔1500m以下地区发育干热河谷硬叶常绿栎林，为铁橡栎 *Quercus cocciferoides* 林等。轿子山自然保护区内硬叶常绿栎林的总面积为1468.96 hm^2，占保护区总面积的8.93%，仅次于灌丛、草甸、常绿阔叶林，为保护区中面积第四大的植被类型。

2.3.2.1 干热河谷硬叶常绿栎林

干热河谷硬叶常绿栎林分布地气候特征主要是干热，与寒温山地硬叶常绿栎林的冷湿明显不同。主要分布于金沙江河谷两侧海拔2600m以下的坡面，部分顺河谷下延可分布至1500m或更低。生长地的年平均温度约15～19℃，最热月均温在20℃以上。年降水量仅700mm，集中于雨季降落。全年蒸发量大于降水量2倍以上。越近河谷底部，气候越干热。本类植被一般只分布于干热河谷的中上部，尤其以石灰岩坡面为多见。由于生境中气候与基质均极干燥，因而此类植被耐干旱的特征很明显。群落内几乎不见苔藓、地衣等附生植物和其他喜湿的植物种类。群落低矮而树干多弯曲，耐旱喜阳的灌木和草本植物比较常见。

在轿子山自然保护区内，干热河谷硬叶常绿栎林主要分布在普渡河河谷攀枝花苏铁片区，分布的海拔1100～1600m，只有一个群系，即铁橡栎林 Form. *Quercus cocciferoides*。

轿子山自然保护区的铁橡栎林仅出现在普渡河两岸的苏铁自然保护区内，面积较小，约263.0hm^2，仅占保护区积的1.6%。群落乔木层以铁橡栎 *Quercus cocciferoides* 为优势，由于长期人为干扰和石灰岩的干旱因素，多以铁橡栎萌生灌丛类型出现，但本次综考发现当地仍然有高度 7 ~9m 的矮林分布(表 2-9)。

表 2-9　铁橡栎林样地调查表

样地号，面积，时间	样 101，500m^2，20080807	样 102，500 m^2，20080807
调查人	杜凡，陈勇，姚莹	杜凡，陈勇，姚莹
地点	普渡河支流	普渡河左岸，离河面垂直距离 100m
GPS 点	N 25°57′14.6″，E 102°43′21″	N 25°57′27.4″，E 102°43′20.5″
海拔，坡向，坡位，坡度	1303m，南偏东 15°，中，40°	1273m，正东，中，35°
生境地形特点	岩石出露度 20% ~30%	有碎石
母岩	石灰岩	石灰岩
土壤特点，地表特征		
特别记载/人为影响	无	无
灌木层盖度，优势种盖度	30%，长叶荆 8%	20%，牡荆 5%
草本层盖度，优势种盖度	30%，茅叶荩草 9%	30%，紫茎泽兰 20%

(一)乔木层

中文名	拉丁名	样 101			样 102			重要值
		株数	高(m)	胸径(cm)	株数	高(m)	胸径(cm)	
铁橡栎	*Quercus cocciferoides*	1	9	8	8	7	30	26.46
滇榄仁	*Terminalia franchetii*	6	8	9	5	4	8	16.55
清香木	*Pistacia weinmannifolia*	6	9	28				14.95
白枪杆	*Fraxinus malacophylla*	1	7	8	3	9	6.5	10.59
木棉	*Bombax ceiba*				4	11	20	9.68
毛叶柿	*Diospyros mollifolia*	8	5	6				9.06
密花树	*Myrsine seguinii*	1	10	12				4.94
三叶白蜡树	*Fraxinus trifoliolata*	1	6	7				4.00
余甘子	*Phyllanthus emblica*	1	6	5				3.76

(二)灌木层

中文名	拉丁名	样 101			样 102			重要值
		株数	高(cm)	盖度(%)	株数	高(cm)	盖度(%)	
乔木幼树								
野桐	*Mallotus japonicus*	296	20	1	313	10	0.1	9.71

（续）

中文名	拉丁名	样101			样102			重要值
		株数	高（cm）	盖度（%）	株数	高（cm）	盖度（%）	
余甘子	*Phyllanthus emblica*	11	300	5	3	135	1	5.09
毛叶合欢	*Albizia mollis*	1	8	5	8	145	1	5.03
带叶石楠	*Photina loriformis*	3	300	2				1.94
短柄铜钱树	*Paliurus orientalis*	3	120	1.5				1.66
黄连叶白蜡树	*Fraxinus retusifoliolata*	2	150	0.5				1.1
川楝	*Melia toosenden*	17	30	0.1				1.06
毛叶柿	*Diospyros mollifolia*				1	130	0.1	0.86
灌木								
绒毛野丁香	*Leptodermis potanini* var. *tomentosa*	1000	60	0.5				13.4
假杜鹃	*Barleria cristata*	100	45	0.2	500	55	1	9.65
长叶荆	*Vitex lanceifolia*	15	500	8	5	6~7	3	7.95
坡柳	*Dodonaea viscosa*	13	200	5	5	2	1.5	5.42
牡荆	*Vitex negundo* var. *cannabifolia*				13	250	5	3.73
滇黔黄檀	*Dalbergia yunnanensis*				20	140	4	3.26
长叶溲疏	*Deutzia lingifolia*	2	200	1	30	30	0.1	2.59
苘麻叶扁担杆	*Grewia abutilifolia*				31	150	2	2.29
截叶铁扫帚	*Lespedeza cuneata*	77	58	0.5				2.02
攀枝花苏铁	*Cycas panzhihuaensis*				6	1	2	1.98
阿达子	*Maytenus royleana*	4	200	2				1.95
丁茜	*Trailliaedoxa gracilis*	78	30	0.1				1.81
白菊木	*Gochnatia decora*	4	170	1				1.4
小鞍叶羊蹄甲	*Bauhinia brachycarpa* var. *microphylla*	3	300	1				1.39
细女贞	*Ligustrum gracile*				3	160	1	1.39
密花树	*Myrsine seguinii*	1	300	1				1.36
雀梅藤	*Sageretia thea*				38	70	0.1	1.32
西南杭子梢	*Campylotropis delavayi*	35	65	0.1				1.28
刺蒴麻	*Triumfetta rhomboidea*				12	110	0.5	1.22
密花荚蒾	*Viburnum congestum*	4	160	0.5				1.12
长尖叶蔷薇	*Rosa longicuspis*	3	120	0.5				1.11
无刺菝葜	*Smilax mairei*	20	75	0.1				1.1
马桑	*Coriaria nepalensis*	2	40	0.5				1.1
水茄	*Solanum torvum*	8	70	0.2				1
疏果山蚂蝗	*Desmodium griffithianum*	5	60	0.1				0.91
盐肤木	*Rhus chinensis*				5	45	0.1	0.91
须弥茜树	*Himalrandia lichiangensis*				3	120	0.1	0.89

（续）

中文名	拉丁名	样 101			样 102			重要值
		株数	高（cm）	盖度（%）	株数	高（cm）	盖度（%）	
（三）草本层								
紫茎泽兰	*Ageratina adenophora*	278	55	5	2500	60	20	19.30
茅叶荩草	*Arthraxon prionodes*	1500	50	9	1775	60	6	14.95
布朗卷柏	*Selaginella braunii*	4167	15	1				8.18
多鳞粉背蕨	*Aleuritopteris anceps*	3125	5	1	26	14	0.1	7.59
穗状香薷	*Elsholtzia stachyodes*	225	45	1	1607	45	3	6.96
深裂铁线蕨	*Adiantum capillus – veneris* f. *dissectum*	347	14	1	347	18	1	4.11
小叶蓼	*Polygonum delicatulum*				1389	30	1	3.73
猫耳朵	*Boea hygrometriea*	1000	15	2				3.62
中国蕨	*Sinopteris grevilleoides*	446	45	1	83	30	0.5	3.58
白酒草	*Conyza japonica*	375	65	3				3.13
卷叶黄精	*Polygonatum cirrhifolium*	278	60	2				2.46
羊耳菊	*Inula cappa*	36	45	0.5	30	48	0.1	2.38
点花黄精	*Polygonatum punctatum*	413	60	1				2.16
糯米团	*Gonostegia hirta*				208	45	1	1.83
西南黄花茅	*Anthoxanthum hookeri*	95	35	1				1.65
松风草	*Boenninghausenia albiflora*	87	20	1				1.64
马鞭草	*Verbena officinalis*	69	60	1				1.61
大叶茜草	*Rubia schumanniana*	156	20	0.2				1.33
橘草	*Cymbopogon goeringii*				78	90	0.1	1.16
银针七	*Leucas mollissima* var. *mollissima*	1	210	0.3				1.14
大叶女蒿	*Hippolytia yunnanensis*	25	45	0.2				1.12
一把伞南星	*Arisaema erubescens*	8	50	0.2				1.1
黑足金粉蕨	*Onychium contiguum*				35	25	0.1	1.09
臭灵丹	*Laggera alata*	26	55	0.1				1.07
香附子	*Cyperus rotundus*	17	24	0.1				1.06
锚刺倒提壶	*Cynoglossum glochidiatum*	7	38	0.1				1.04
蜈蚣蕨	*Pteris vittata*	6	40	0.1				1.04
合计								100.00

铁橡栎林乔木层盖度约 40%，主要树种为铁橡栎，其重要值为 26.46；另外，滇榄仁 *Terminalia franchetii*、清香木 *Pistacia weinmannifolia* 和白枪杆 *Fraxinus malacophylla* 的数量也较多，为主要的伴生种，三者的重要值均超过 10；还有如木棉 *Bombax ceiba*、毛叶柿 *Diospyros mollifolia*、密花树 *Myrsine seguinii* 等数量较少的种类。在样地外还分布有国家Ⅱ级保护植

物平当树 *Paradombeya sinensis* 和云南省Ⅲ级保护植物网膜籽 *Hymenodictyon flaccidum* 等乔木。

灌木层盖度约为25%，真正的灌木以绒毛野丁香 *Leptodermis potanini* var. *tomentosa* 为优势，重要值为13.4。另外还有假杜鹃 *Barleria cristata*、长叶荆 *Vitex lanceifolia* 和坡柳 *Dodonaea viscosa* 等多种灌木种类伴生。在灌木层中还有许多乔木幼树，如野桐 *Mallotus japonicus*、余甘子 *Phyllanthus emblica*、毛叶合欢 *Albizia mollis*、带叶石楠 *Photina loriformis*、短柄铜钱树 *Paliurus orientalis*、黄连叶白蜡树 *Fraxinus retusifoliolata*、川楝 *Melia toosenden*、毛叶柿等，种类较为丰富，但未见优势种铁橡栎的幼树，说明铁橡栎的更新能力较差。国家Ⅰ级保护植物攀枝花苏铁 *Cycas panzhihuaensis*，国家Ⅱ级保护植物丁茜 *Trailliaedoxa gracilis* 在本层中出现。在样地外还分布有新近发现的金沙江河谷特有植物毛蕊三角车 *Rinorea erianthera* 等。

草本层种类较少，盖度约为30%，占据优势的是外来入侵植物紫茎泽兰 *Ageratina adenophora*，盖度约为20%，重要值为19.30。其次是茅叶荩草 *Arthraxon prionodes*，重要值为14.95。其他种类还有布朗卷柏 *Selaginella braunii*、多鳞粉背蕨 *Aleuritopteris anceps*、穗状香薷 *Elsholtzia stachyodes* 等。

铁橡栎林中有较丰富的附生植物和藤本植物，如素方花 *Jasminum officinale*、山白前 *Cynanchum fordii*、青紫葛 *Cissus javana*、毛菱叶崖爬藤 *Tetrastigma triphyllum* var. *hirtum* 等10余种，以古钩藤 *Cryptolepis buchananii*、苦葛 *Pueraria peduncularis*、素方花等几种的数量较多。

铁橡栎林的物种丰富度指数中各样地和整个群系均以灌木层的最高，灌木层中的乔木幼树优势种多为一些阳性树种，如野桐、余甘子、毛叶合欢等。这一方面说明群落破坏较为严重，另一方面也预示着如果群落进一步被破坏将可能发生植被类型的彻底改变。物种多样性指数以群系中群落的数值为最大，而生态优势度指数却以群系中群落的数值为最小。群落均匀度指数显示无论是单块样地还是整个群落都是乔木层的数值最高，说明乔木层的均匀度最高，见表2-10。

表2-10　铁橡栎林生物多样性指数

		物种丰富度 (*S*)	物种多样性指数 Simpson 指数	生态优势度 Shannon-wiener 指数	群落均匀度指数 Pielou 指数
样101	乔木层	8	0.8067	1.6934	0.8144
	灌木层	26	0.6187	1.5149	0.4650
	草本层	23	0.8058	2.0510	0.6541
	群落	67	0.8518	2.4715	0.5878
样102	乔木层	4	0.7526	1.3195	0.9519
	灌木层	17	0.6527	1.4140	0.4991
	草本层	13	0.7841	1.7040	0.6643
	群落	41	0.8331	2.1428	0.5770
群系	乔木层	9	0.8525	1.9260	0.8766
	灌木层	35	0.8115	1.4391	0.4048
	草本层	27	0.8765	2.3555	0.7147
	群落	87	0.9051	0.4123	0.0923

轿子山自然保护区铁橡栎林的面积虽然不大，仅为263.0hm²，仅占保护区总面积的1.6%，但这是在峡谷的干热生境上发育起来的原生特有植被类型。在我国，有铁橡栎林分布的河谷地区，一般为人类生产和生活的重要区域，同时也是近年来热区开发和水电开发的重点区域，人为影响十分巨大，破坏非常严重。普渡河也存在类似的情况，形势十分严峻。虽然为了保护国家Ⅰ级保护植物攀枝花苏铁，已经把普渡河沿岸一小块区域划定为苏铁保护区，但由于普渡河流域众多梯级水电站的建设，破坏仍然十分严重。仅就攀枝花苏铁这一物种而言，近年来数量减少也是十分惊人的。本区的铁象栎群落，不仅是特金沙江流域特有的植被类型，还是国家Ⅰ级保护植物攀枝花苏铁、国家Ⅱ级保护植物丁茜和平当树等重要珍稀濒危特有物种的重要生境。所以，无论是从保护多种国家级保护植物重要栖息地，还是保护一种特殊生境上发育的植被类型——铁橡栎林方面来讲，这一区域都有极高的保护价值。铁橡栎林虽然因为位于攀枝花苏铁保护区内得以保存下来，但倘不加强保护，进一步的人为破坏难免加剧。

2.3.2.2 寒温山地硬叶常绿栎林

寒温山地硬叶常绿栎林主要分布在2600～3300m的山地，上限可达3800m，楔入亚高山针叶林的多石阳坡地段，其下界与亚热带山地常绿阔叶林相接交错。所以本植被型是亚热带山地植被垂直带的上部类型。生境全年气候夏凉而冬寒，植物生长季短，年均温在10℃以下，最热月均温不超过20℃，海拔越高，气温越低。有些地段由于夏季云雾的影响也出现了大气湿润的生境，则群落具有了某些偏湿的特征，树木枝干上附生较多的苔藓、地衣。然而，对本类植被的分布有直接影响的是石灰岩或多石地所造成的基质干旱的生境，这在一定程度上排除了其他树种的竞争，而使喜阳耐干的硬叶常绿栎类得以发展。本植被亚型与亚高山针叶林有着分布上的联系。一般在阴坡、缓坡、土壤肥沃、水分良好之处主要分布铁杉林、云杉林或冷杉林；而阳坡、陡坡、土壤瘠薄多石处，特别是石灰岩地段则分布着硬叶常绿栎林。

轿子山自然保护区内，寒温山地硬叶常绿栎林主要分布在东川九龙沟和禄劝雪山乡舒姑村的磨当垭一带，均位于保护区边缘，分布海拔2800～3500m，其分布与保护区内分布最低的冷杉林同处一个地带。在保护区内有一个群系，即黄背栎林。

1）黄背栎林 Form. *Quercus pannosa*

轿子山自然保护区内黄背栎林见于禄劝县雪山乡舒姑村磨当垭一带，位于保护区边界附近，面积约1205.67hm²，占保护区总面积的7.33%。分布区海拔3190～3500m。群落分为乔木、灌木、草本3个层次。群落组成不丰富，在2个500m²的样地中，共记录了蕨类以上的高等植物69种，平均每样地出现40种左右（表2-11）。

表2-11 黄背栎林样地调查表

样地号，面积，时间	样73，500m²，20080805	样75，500 m²，20080805
调查人	杜凡、曾辉、张辉	杜凡、曾辉、张辉
地点	磨当垭	雪山乡舒姑保护区边界
GPS点	N 26°09′21.3″，E 102°49′40.1″	N 26°09′23.6″，E 102°49′52.9″
海拔，坡向，坡位，坡度	3190m，西南，中坡，35°	3360m，西偏南20°，中坡，35°

（续）

生境地形特点	地被覆盖度0%，枯枝落叶厚度2%，岩石出露度40%	地被覆盖度5%，枯枝落叶厚度20%，岩石出露度5%
母岩	玄武岩	玄武岩
土壤特点、地表特征		
特别记载/人为影响	扫叶垫圈（林下干净），中，无伐桩	已保护，无干扰，无伐桩
乔木层盖度	90%	70%
灌木层盖度，优势种盖度	10%，紫秆玉山竹3%，西南木蓝3%	10%，南烛5%
草本层盖度，优势种盖度	20%，野草莓5%	20%，宽叶兔耳风5%

（一）乔木层

中文名	拉丁名	样73			样75			重要值
		株数	高（m）	胸径（cm）	株数	高（m）	胸径（cm）	
黄背栎	*Quercus pannosa*	15	6	9	4	13	18	43.34
大白花杜鹃	*Rhododendron decorum*	9	6	7				12.11
杜鹃一种	*Rhododendron* sp.				6	8	7	9.78
清溪杨	*Populus rotundifolia* var. *duclouxiana*	2	8	10				8.16
川滇高山栎	*Quercus aquifolioides*	3	7	8				7.89
山鸡椒	*Litsea cubeba*				1	13	9	6.83
红毛花楸	*Sorbus rufopilosa*				2	9	7	6.68
云贵柳	*Salix camusii*				1	5	5	5.21

（二）灌木层

中文名	拉丁名	样73			样75			重要值
		株数	高（cm）	盖度（%）	株数	高（cm）	盖度（%）	
灌木								
西南栒子	*Cotoneaster franchetii*	40	70	2	40	25	2	15.12
紫秆玉山竹	*Yushania violascens*	60	100	3	17	90	1	14.92
南烛	*Lyonia ovalifolia*				17	250	5	9.9
大刺茶藨子	*Ribes alpestre*				63	60	2	9.06
矮探春	*Jasminum humile*	56	50	1				7.32
长托菝葜	*Smilax ferox*				56	30	1	7.32
高山柏	*Juniperus squamata*	56	40	1				7.32
西南木蓝	*Indigofera mairei*	56	25	1				7.32
杯萼忍冬	*Lonicera inconspicua*				15	180	3	7.21
绢毛蔷薇	*Rosa sericea*	20	100	2				6.25
乌蒙小檗	*Berberis woomungensis*				8	130	1	4.19
水红木	*Viburnum cylindricum*	6	100	1				4.06

（续）

（三）草本层								
中文名	拉丁名	样73			样75			重要值
		株数	高（cm）	盖度（%）	株数	高（cm）	盖度（%）	
宽叶兔儿风	*Ainsliaea latifolia*	111	10	0.5	2500	15	5	8.54
野草莓	*Fragaria vesca*	1111	14	5				5.31
星毛唐松草	*Thalictrum cirrhosum*	167	35	1	667	25	3	4.93
寸金草	*Clinopodium megalanthum*	1250	12	2				3.74
大理蟹甲草	*Parasenecio taliensis*	167	30	1	500	15	1	3.49
糙毛糙苏	*Phlomis strigosa*	333	80	2	83	35	0.5	3.40
西南委陵菜	*Potentilla fulgens*	1000	15	2				3.36
丽江瓦韦	*Lepisorus likiangensis*	500	15	1	111	15	0.5	3.11
粘冠草	*Myriactis wallichii*	625	15	1	50	20	0.1	2.97
沿阶草	*Ophiopogon bodinieri*	167	20	0.5	347	15	0.5	2.66
糙野青茅	*Deyeuxia scabrescens*				444	30	2	2.51
火烧兰	*Epipactis helleborine*	444	25	2				2.51
昆明象牙参	*Roscoea kunmingensis*	781	10	1				2.43
凉山悬钩子	*Rubus fockeanus*				781	10	1	2.43
铁线蕨一种	*Adiantum* sp.				781	15	1	2.43
西南鬼灯檠	*Rodgersia sambucifolia*				250	40	2	2.21
钝瓣景天	*Sedum obtusipetalum*	833	8	0.5				2.21
藏布鳞毛蕨	*Dryopteris redactopinnata*				625	14	1	2.19
三角叶假冷蕨	*Pseudosystopteris subtriangularis*				500	20	1	2.00
雅灯心草	*Juncus concinnus*	500	20	1				2.00
美花老鹳草	*Geranium calanthum*	333	20	1				1.74
尼泊尔香青	*Anaphalis nepalensis*	333	30	1				1.74
疏花火烧兰	*Epipactis consimilis*				333	25	1	1.74
异叶茴芹	*Pimpinella diversifolia*	333	18	1				1.74
半育鳞毛蕨	*Dryopteris sublacera*	250	30	1				1.62
大理鹿蹄草	*Pyrola forrestiana*	222	20	1				1.57
花佩菊	*Faberia sinensis*	222	25	1				1.57
齿叶虎耳草	*Saxifraga hispidula*				391	10	0.5	1.54
匍茎谷蓼	*Circaea repens*				391	10	0.5	1.54
白亮独活	*Heracleum candicans*	167	30	1				1.49
川续断	*Dipsacus asperoides*	167	30	1				1.49
大叶女蒿	*Hippolytia yunnanensis*	167	30	1				1.49
大叶茜草	*Rubia schumanniana*				313	20	0.5	1.42

（续）

中文名	拉丁名	样73			样75			重要值
		株数	高（cm）	盖度（%）	株数	高（cm）	盖度（%）	
红缨合耳菊	*Synitis erythropappa*				313	15	0.5	1.42
轮叶黄精	*Polygonatum verticillatum*				313	15	0.5	1.42
宿枝小膜盖蕨	*Araiostegia hookei*				313	15	0.5	1.42
突隔梅花草	*Parnassia delavayi*	313	15	0.5				1.42
拉拉藤	*Galium aparine* var. *echinospermum*	250	18	0.5				1.32
芽生虎耳草	*Saxifraga gemmipara*	250	18	0.5				1.32
圆舌粘冠草	*Myriactis nepalensis*	250	20	0.5				1.32
点花黄精	*Polygonatum punctatum*	167	25	0.5				1.19
车前	*Plantago asiatica*				111	30	0.5	1.11
野雉尾金粉蕨	*Onychium japonicum*	111	25	0.5				1.11
剪股颖	*Agrostis clavata*	50	50	0.5				1.01
多茎景天	*Sedum multicaule*				78	10	0.1	0.82

群落上层优势树种为黄背栎，仅有少数几株其他树种杂陈其间，因而群落外貌基本上由黄背栎的球形树冠所决定，高度整齐，色调暗绿，季相变化不明显。由于生境的气候较寒冷，雨量较丰富，湿度很大，乔木层的树干、树冠上都布满了附生的地衣、苔藓植物，附生地衣、苔藓植物可以下垂达50cm，十分引人注目，外貌类似于山顶苔藓矮林，只是优势种为常绿栎类。在主林层之下，零星分布少数落叶树种，极不明显。乔木层盖度约80%，平均高约8m，最高13m。由8个树种组成，优势种为黄背栎 *Quercus pannosa*，一般胸径5～18cm，重要值43.34。伴生种为大白花杜鹃和另一种杜鹃 *Rh.* sp.1以及一些落叶树种，如清溪杨 *Populus rotundifolia* var. *duclouxiana*、山鸡椒 *Litsea cubeba* 等，其高度一般都不超过黄背栎的高度。

灌木层盖度约为10%，高度为35～180cm，样地中出现有12个种，优势种为西南栒子 *Cotoneaster franchetii* 和紫秆玉山竹，盖度均为2%，高度分别为50cm、90cm，生长状况较好，重要值分别为15.12和14.92。其他常见的种类还有南烛 *Lyonia ovalifolia*、大刺茶藨子、矮探春 *Jasminum humile*、长托菝葜、高山柏 *Juniperus squamata*、西南木蓝 *Indigofera mairei*、杯萼忍冬 *Lonicera inconspicua* 等。群落灌木层中缺乏乔木的幼树。

草本层盖度为20%，高度为10～40cm，有46个种，优势种为宽叶兔耳风 *Ainsliaea latifolia*，盖度2.75%，重要值为8.54，野草莓盖度2.5%，重要值为5.31。其他常见的种类还有星毛唐松草 *Thalictrum cirrhosum*、寸金草 *Clinopodium megalanthum*、大理蟹甲草 *Parasenecio taliensis*、糙毛糙苏 *Phlomis strigosa*、西南委陵菜 *Potentilla fulgens*、丽江瓦韦 *Lepisorus likiangensis* 等。

群落中有少量藤本植物零星分布，调查所见约4种，株数较少。主要种类有昆明山海棠 *Tripterygium hypoglaucum*、细茎旋花豆 *Cochlianthus gracilis*、二色瓦韦 *Lepisorus bicolor* 和粗齿铁线莲 *Clematis grandidentata* 等。

黄背栎林在云南主要分布在滇西北、滇中北部各山地，是一类分布普遍的硬叶常绿栎林。黄背栎林在轿子山自然保护区的面积约1205.67 hm^2，占保护区总面积的7.33%，为保护区中面积较大的森林类型，也是保护区内山地垂直带上，土壤贫瘠区域的重要的原生植被类型，同时也是很脆弱的植被类型，在维持保护区生态平衡和水土保持上有重要意义。其灌木层中未见自然更新的乔木树种的实生苗。但硬叶栎类的根蘖萌生能力很强，森林经砍烧破坏之后，不久就成为不同高度的硬叶栎类萌生灌丛。

表 2-12　黄背栎林生物多样性指数

		物种丰富度（S）	物种多样性指数 Simpson 指数	生态优势度 Shannon-wiener 指数	群落均匀度指数 Pielou 指数
样 73	乔木层	4	0.6429	1.1232	0.8102
	灌木层	7	0.8290	1.8056	0.9279
	草本层	32	0.9489	3.1968	0.9224
	群落	45	0.9515	3.2900	0.8643
样 75	乔木层	5	0.7582	1.3761	0.8550
	灌木层	7	0.7985	1.7291	0.8886
	草本层	21	0.9037	2.6932	0.8846
	群落	34	0.9082	2.7918	0.7917
群系	乔木层	8	0.7486	1.6091	0.7738
	灌木层	12	0.8870	2.2661	0.9120
	草本层	46	0.9608	3.5543	0.9283
	群落	69	0.9640	3.6502	0.8621

从物种丰富度指数来看(表2-12)，无论是单块样地，还是整个群系，存在 $S_{乔} < S_{灌} < S_{草}$的关系。物种多种样指数和生态优势度指数一致表现为乔 < 灌 < 草。群落均匀度指数在整个群系中则以草本层最高，群系的值多位于两样地值之间。

黄背栎在当地被广泛被利用，主要用作薪炭柴，由于黄背栎材质较为坚硬，是烧炭最好的材料，烧炭后大量出售(厂矿利用)，当地很多地名被称为“炭房”，是过去大规模烧炭时期炭的集散地，即是明证。因此，历史上遭受到的破坏十分严重，大面积砍伐和过度放牧导致植被类型退化，甚至完全改变为草甸，这种情况在东川片更为严重。本次科考在东川片未见到黄背栎林，多形成次生的黄背栎灌丛。黄背栎林的大面积破坏导致地表裸露水土流失，土壤瘠薄。

禄劝舒姑一带的黄背栎林，在局部地形引起的山地湿润气候影响下，发育成为山地苔藓林状的硬叶常绿栎林，是一类旱湿性兼具的独特类型。本区的黄背栎林面积较大，连片完整，而且位于保护区内，得到长期有效保护，目前群落保存良好，人为影响较小，群落近于原始状态，是研究滇中地区硬叶常绿阔叶林的最好区域之一，具有重要的保护价值。

2.3.3　温性针叶林

针叶林是以针叶树为建群种所组成的各种森林的总称。在《中国植被》中，针叶林作为植被型组分为5个植被型，包括寒温性针叶林、温性针叶林、温性针阔混交林、暖性针叶林和热性针叶林。在《云南植被》中，没有采用“针叶林”这一植被型组的总称，而直接分为暖性针叶林和温性针叶林两个植被型(吴征镒、朱彦丞，1987)。按照分布区域的热量水平的差异，云南植被中的暖性针叶林又分为暖热性针叶林和暖温性针叶林两个植被亚型。前者主要分布于滇中南、滇东南或滇东北海拔(600) 800~1500m的地区，后者主要分布于海拔1500~2800m的以滇中高原山地为主体的云南亚热带北部地区。温性针叶林又分为温凉性针叶林和寒温性针叶林两个植被亚型，前者主要分布于滇西、滇中南以及滇西北地区的中山上部或亚高山下部，海拔在2400~3300m；后者分布于云南亚热带亚高山中上部，海拔2700~4000(4100)m，直到亚高山森林界线(吴征镒、朱彦丞，1987)。

轿子山自然保护区属滇中高原季风气候类型，海拔2000m以上，热量逐渐降低。区内只有温性针叶林一种植被型。温性针叶林是云南省亚热带中山和亚高山森林垂直的针叶林类型，其分布海拔在2400~4100m之间，从中山上部至亚高山中上部。轿子山自然保护区相对高差大，温凉性针叶林和寒温性针叶林两个植被亚型都有分布。保护区针叶林的面积约2424.67hm^2，占保护区面积的14.73%。

2.3.3.1 温凉性针叶林

温凉性针叶林是云南省亚热带中山上部的针叶林，其分布海拔在1800~2900(3300)m之间。温凉性针叶林的组成主要为铁杉属 *Tsuga*，松属 *Pinus*，圆柏属 *Juniperus*。轿子山自然保护区温凉性针叶林可分为两个群系，即高山柏林和高山松林。温凉性针叶林面积约为1067.83 hm^2，占保护区面积的6.38%。其中高山柏林主要分布于轿子山的东坡(禄劝县境内)，而高山松林主要分布于轿子山的西坡(东川区境内)，具有明显的区域特点。

2.3.3.1.1 高山柏林 Form. *Juniperus squamata*

高山柏 *Juniperus squamata* 主要分布于云南、西藏、贵州、四川、甘肃、陕西南部、湖北西部、安徽黄山、福建及台湾，通常均为零星分布，而且以往报道过的高山柏都为灌木状，而罕见乔木状的报道。因此，《中国植被》和《云南植被》都没有记载过以高山柏为绝对优势的单优高山柏林。而在轿子山自然保护区内，高山柏不但生长成为高度达到8m以上的乔木，而且形成大面积的单优群落，仅保护区内的面积就约为1050.50hm^2，占保护区面积的6.38%，是保护区内一个极为特殊的植被类型，而且紧接着的保护区外还有同样大面积的高山柏林存在，十分难得。就所调查的高山柏林的2个样地而言，乔灌木有12种，草本植物33种。群落可分为乔木、灌木、草本3个层次(表2-13)。

乔木层盖度55%~70%，高度5~8 m，平均胸径7~10cm，仅由2个种组成，优势种为高山柏，高度5~10m，盖度为45%~65%，重要值为70.30；伴生种为黄背栎，高度为8m，盖度约10%，重要值为29.70。

灌木层盖度约为33.4%，高度介于30~300cm，大约由10个种组成，优势种为斑壳玉山竹，高度为200cm，盖度为10%，重要值为44.86。由于放牧严重，斑壳玉山竹生长状况差，枝叶大多被啃食；大白花杜鹃高度为300cm，盖度为13%，重要值为16.98。

草本层盖度为54.5%，高度为2~50cm，由30多种草本植物构成，优势种为圆叶无心菜 *Arenaria rotundifolia*，高度为20cm，盖度为15%，重要值为24.66；绒毛钟花蓼 *Polygonum campanulatum* var. *fulvidum*，高度为30cm，盖度为20%，重要值为20.18。

群落中缺少层间植物。

表 2-13　高山柏林样地调查表

样地号 面积 时间	样 65，500m²，20080804	样 83，500m²，20080805
调查人	曾辉、姚莹、陈勇	杜凡、曾辉、张辉
地点	箐门口	
GPS 点	N 26°04′32.4″，E 102°05′20.3″	N 26°09′22.6″，E 102°50′41.5″
海拔 坡向 坡位 坡度	3599m，北，中，30°	3590m，南、上，30°
生境地形特点		
母岩	玄武岩	玄武岩
土壤特点 地表特征	棕壤、薄	棕壤
特别记载/人为影响	有地衣，松萝附生；人为干扰少	地衣；人工林，放牧、砍伐
乔木层盖度	30%	80%
灌木层盖度，优势种盖度	75%，斑壳玉山竹 20%	15%，云南杜鹃 10%
草本层盖度，优势种盖度	85%，圆叶无心菜 30%	20%，西南委陵菜 5%

(一)乔木层：2 种 32 株 盖度 55%

中文名	拉丁名	样 65			样 83			重要值
		株数	胸径(cm)	高(m)	株数	胸径(cm)	高(m)	
高山柏	*Juniperus squamata*	10	8	5	14	7	5	70.30
黄背栎	*Quercus pannosa*				8	10	8	29.70

(二)灌木层：10 种 2111 株 盖度 33.4%

中文名	拉丁名	样 65			样 83			重要值
		株数	均高(cm)	盖度(%)	株数	均高(cm)	盖度(%)	
乔木幼树								
华山松	*Pinus armandii*				4	60	3.00	4.89
木姜子	*Litsea pungens*				2	60	2.00	4.36
真正的灌木								
斑壳玉山竹	*Yushania maculata*	1998	200	20.00				44.86
大白花杜鹃	*Rhododendron decorum*	11	300	27.00				16.98
云南杜鹃	*Rhododendron yunnanense*				5	120	10.00	8.40
藏南悬钩子	*Rubus austro - tibetanus*	62	150	0.50				4.56
两列栒子	*Cotoneaster nitidus*				2	30	2.00	4.36
乌蒙小檗	*Berberis woomungensis*				2	45	2.00	4.36
山栀子	*Hypericum pseudohenryi*	22	30	0.10				3.73
细枝茶藨子	*Ribes tenue*	3	50	0.20				3.48

（续）

中文名	拉丁名	样65			样83			重要值
		株数	均高（cm）	盖度（%）	株数	均高（cm）	盖度（%）	
（三）草本层：33种15254株 盖度53%								
圆叶无心菜	*Arenaria rotundifolia*	6667	20	30				24.66
绒毛钟花蓼	*Polygonum campanulatum* var. *fulvidum*	3200	30	40				20.16
东川画眉草	*Eragrostis mairei*	2000	20	1				5.64
东南茜草	*Rubia argyi*	781	50	1	8	20	1.0	4.29
野草莓	*Fragaria vesca*	178	5	8				3.81
西南委陵菜	*Potentilla fulgens*				24	15	5.0	2.56
花佩菊	*Faberia sinensis*				3	18	5.0	2.52
宽叶兔儿风	*Ainsliaea latifolia*				8	17	3.0	1.92
滇藏羊茅	*Festuca vierhapperi*	400	35	0.2				1.91
松林老鹳草	*Geranium pinetorum*				5	30	3.0	1.91
亮白紫地榆	*Geranium candicans*	222	15	1				1.77
银叶委陵菜	*Potentilla leuconota*	154	15	1				1.62
虎掌草	*Anemone rivularis*				6	20	2.0	1.61
黄腺香青	*Anaphalis aureo punctata*	234	20	0.3				1.59
三角叶假冷蕨	*Pseudosystopteris subtriangularis*	125	15	1				1.56
爪哇唐松草	*Thalictrum javanicum*	125	30	1				1.56
接骨草	*Sambucus chinensis*	80	30	1				1.46
长花羊茅	*Festuca dolichantha*	200	40	0.1				1.45
六叶葎	*Galium asperuloides* ssp. *hoffmeisteri*	200	5	0.1				1.45
草血竭	*Polygonum paleaceum*	156	15	0.2				1.38
分枝伏毛虎耳草	*Saxifraga strigosa* var. *ramosa*				7	18	1.0	1.30
丽江瓦韦	*Lepisorus likiangensis*				5	20	1.0	1.30
象头花	*Arisaema franchetianum*	63	18	0.5				1.27
沼生橐吾	*Ligularia lamarum*	63	20	0.5				1.27
丝毛柳叶菜	*Epilobium brevifolium* ssp. *pannosum*	102	15	0.1				1.23
华扁穗草	*Blysmus sinocompressus*	78	20	0.1				1.18
粘冠草	*Myriactis wallichii*	44	13	0.2				1.14
白鳞酢浆草	*Oxalis leucolepis*	50	3	0.1				1.12
匍枝千里光	*Senecio filiferus*	50	15	0.1				1.12
云南红景天	*Rhodiola yunnanensis*	16	10	0.2				1.08
火烧兰	*Epipactis helleborine*	22	25	0.1				1.06
堇菜	*Viola verecunda*	22	2	0.1				1.06
展毛短柄乌头	*Aconitum brachypodum* var. *laxiflorum*	22	20	0.1				1.06

高山柏林群落中，物种多样性指数特点是：群落 > 草本层 > 乔木层 > 灌木层；生态优势度指数特点是：群落 > 草本层 > 乔木层 > 灌木层；群落均匀度指数特点是：乔木层 > 群落层 > 草本层 > 灌木层。在这三个多样性指数中，灌木都是最小，见表 2-14。

表 2-14 高山柏林多样性指数

		物种丰富度 (*S*)	物种多样性指数 Simpson 指数	生态优势度 Shannon-wiener 指数	群落均匀度指数 Pielou 指数
群落	乔木层	2	0.3871	0.5623	0.8113
	灌木层	10	0.1032	0.2859	0.1242
	草本层	33	0.7452	1.9146	0.5476
	群落	45	0.7908	2.0971	0.5509

据《中国植被》和《云南植被》记载，高山柏一般形成外观上非常特殊的垫状灌丛，很少见到森林类型。而在轿子山自然保护区内高山柏成了乔木状，高度达到 10m 以上，发育成罕见的高山柏林。该植被类型在轿子山主要分布在禄劝县雪山乡马鬃岭一带，海拔 3200 ~ 3700m，属于垂直地带性植被，面积约为 1050.50hm^2。而且在保护区外围还有更大面积的高山柏林连片分布。如此大面积连片的高山柏林，不仅在云南省，在我国也是绝无仅有的。高山柏主要分布于我国西南地区，所形成的高山柏群落自然是我国的特有植被类型。

轿子山自然保护区属于滇中北部地区，是大凉山南延东支，是高山柏分布的最南端。保护区的高山柏林不但面积大，而且原生性较强，群落中有中国特有种 18 种，占总种数的 40%，如斑壳玉山竹、展毛短柄乌头 *Aconitum brachypodum* var. *laxiflorum*、白鳞酢浆草 *Oxalis leucolepis*、花佩菊 *Faberia sinensi*、松林老鹳草 *Geranium pinetorum*；云南特有种 5 种，占总种数的 11%，如亮白紫地榆 *Geranium candicans*、乌蒙小檗 *Berberis woomungensis*、丽江瓦韦 *Lepisorus likiangensis*。

在此区域，高山柏林下更新层为华山松 *Pinus armandi*、木姜子 *Litsea pungens*，林下没有乔木层优势种高山柏的幼树，高山柏更新较差，华山松和木姜子都属于阳性物种，不稳定，如果高山柏自然更新得到改善，华山松和木姜子则不会成为优势种。据调查，目前在轿子山自然保护区内，放牧较为严重，植被自然更新较差。高山柏林作为轿子山乃至云南省和我国的一个特殊的植被类型应该加强保护。

2.3.3.1.2 高山松林 Form. *Pinus densata*

高山松林为我国西部高山地区的特有森林类型，主要分布于云南西北部、四川西部、青海南部及西藏东部高山地区。在轿子山自然保护区内面积约为 17.33hm^2，仅占保护区面积的 0.11%。

高山松林外貌整齐，就所调查的高山松样地而言，乔灌木种类有 7 个，草本植物 20 个种，群落可分为乔木、灌木、草本 3 个层次(表 2-15)。

乔木层盖度 70%，高度 8 ~ 12 m，平均胸径 14 ~ 35 cm，仅 2 个种，优势种为高山松 *Pinus densata*，高度为 12 m，盖度约为 55%，重要值为 66.97。伴生种为华山松 *Pinus armandi*，高度为 8 m，盖度约为 18%，重要值为 33.03。

灌木层盖度为 32%，高度为 15 ~ 160cm，有 5 个种，优势种为滇西北小檗 *Berberis franchetians*，高度为 40cm，盖度约为 12%，重要值为 31.35；长梗木蓝 *Indigofera henryi*，高

度为15cm，盖度约为3%，重要值为26.13。

表2-15 高山松林样地调查表

样地号 面积 时间	样5，500m^2，2008.0726
调查人	杜凡、曾辉、陈勇等
地点	羊桥梁子
GPS点	N 26°10′47.9″，E 102°53′24.5″
海拔 坡向 坡位 坡度	2910m，西南，中坡，30°
生境地形特点	岩石无裸露，平坦，枯枝落叶较厚
母岩 土壤特点 地表特征	砂岩
特别记载/人为影响	放牧、采集松针等
乔木层盖度	70%，高山松55%
灌木层盖度，优势种盖度	32%，滇西北小檗12%
草本层盖度，优势种盖度	70%，西南黄花茅20%

(一)乔木层：2种17株 盖度70%

中文名	拉丁名	株数	胸径(cm)	高(m)	重要值
高山松	*Pinus densata*	11	12~35	12	66.97
华山松	*Pinus armandi*	6	14	8	33.03

(二)灌木层：5种4621株 盖度32%

中文名	拉丁名	株数	均高(cm)	盖度(%)	重要值
渐尖叶粉花绣线菊	*Spiraea japonica* var. *acuminata*	95	160	8	14.19
滇西北小檗	*Berberis franchetians*	2000	40	12	31.35
小叶六道木	*Abelia parvifolia*	111	50	8	14.31
长梗木蓝	*Indigofera henryi*	2344	15	3	26.13
峨嵋荚迷	*Viburnum omeiense*	71	130	8	14.02

(三)草本层：20种15473株 盖度70%

中文名	拉丁名	株数	均高(cm)	盖度(%)	重要值
西南黄花茅	*Anthoxanthum hookeri*	2500	40	20	15.62
笄石菖	*Juncus prismatocarpus*	2500	30	15	13.48
滇丹参	*Salvia yunnanensis*	2778	10	4	9.37
云南唐松草	*Thalictrum yunnanense*	1667	30	10	9.54
挺茎遍地金	*Hypericum elodeoides*	139	45	5	4.11
尖果马先蒿	*Pedicularis oxycarpa*	800	30	8	6.82
松风草	*Boenninghausenia albiflora*	833	35	5	5.60
金毛裸蕨	*Paragymnopteris vestita*	667	20	2	3.96
尼泊尔香青	*Anaphalis nepalensis*	444	20	2	3.48
黑足金粉蕨	*Onychium contiguum*	139	20	0.5	2.18
西南鸢尾	*Iris bulleyana* f. *bulleyana*	125	25	0.5	2.15

（续）

中文名	拉丁名	株数	均高(cm)	盖度(%)	重要值
一把伞南星	*Arisaema erubescens*	25	40	0.2	1.81
小斑叶兰	*Goodyera repens*	83	15	0.2	1.93
菊状千里光	*Senecio laetus*	667	30	2	3.96
高獐牙菜	*Swertia elata*	1042	15	1	4.34
抱茎柴胡	*Bupleurum longicaule* var. *amplexicaule*	67	20	0.3	1.94
裂瓣角盘兰	*Herminium alaschanicum*	625	15	1	3.44
滇香薷	*Origanum vulgare*	50	20	0.1	1.82
大叶茜草	*Rubia schumanniana*	22	30	0.1	1.76
菜蕨	*Callipteris esculenta*	300	25	0.9	2.70

草本层盖度为70%，高度为10～45cm，有20个种，优势种为西南黄花茅 *Anthoxanthum hookeri*，高度为40cm，盖度约为20%，重要值为15.62；笄石菖 *Juncus prismatocarpus*，高度为30cm，盖度约为15%，重要值为13.47。

高山松林的物种多样性指数特点是：群落 > 草本层 > 灌木层 > 乔木层；生态优势度指数特点是：群落 > 草本层 > 灌木层 > 乔木层；群落均匀度指数特点是：乔木层 > 草本层 > 群落 > 灌木层(表2-16)。

高山松林为我国西部高山地区的特有树种，是我国西南、青藏高原东南缘横断山脉高山峡谷区的主要松林类型，东起川西的岷江流域，西迄西藏的雅鲁藏布江中游一带，北起川西的道孚南部，南至云南西北部为云南松所接替，垂直分布较云南松高，能生长在干旱瘠薄的环境中，耐寒性较强，材质较好，生长迅速，是优良用材树种。

表2-16 高山松林生物多样性指数

		物种丰富度(S)	物种多样性指数 Simpson 指数	生态优势度 Shannon-wiener 指数	群落均匀度指数 Pielou 指数
群落	乔木层	2	0.3934	0.6492	0.9367
	灌木层	5	0.5543	0.9403	0.5843
	草本层	20	0.8871	2.422	0.8085
	群落	27	0.9096	2.6257	0.7967

高山松林在轿子山自然保护区主要分布在东川舍块乡九龙村一带，由于保护区界限的划分原因，在保护区内的面积仅17.33hm^2，分布海拔约2800m，属于垂直地带性植被。高山松林在保护区外围还有更大面积的分布。当地的高山松林为原生群落类型，在500 m^{2}的样地中，有27个物种。其中，中国特有种有13种，占总种数的48%，如小叶六道木 *Abelia parvifolia*、尖果马先蒿 *Pedicularis oxycarpa*、长梗木蓝和高獐牙菜 *Swertia elata*；云南特有种有2种，占总种数的7%，云南唐松草 *Thalictrum yunnanense* 和滇西北小檗。

在我国，高山松林主要分布在四川西南部和云南西北迪庆藏族自治州，形成一个完整的分布区。在云南西北，高山松林分布的海拔大致起始于3200m。轿子山自然保护区高山松林与云南西北的高山松林，在地理上没有连接，其起始海拔约为2800m，直至分布到3500m。可见，轿子山自然保护区内的高山松林，不仅是我国高山松林分布纬度最低的类型，而且也是分布海拔最低的类型。这对研究高山松林的形成演变等诸多问题具有重要的意义。此外，本区的高山松生长状况良好，是当地林业上重要的造林树种和种源地，因而在林业实践和生物多样性保护方面具有重要的保护价值。

2.3.3.2 寒温性针叶林

寒温性针叶林分布到我国温带、暖温带、亚热带和热带地区的高海拔山地，构成垂直分布的山地寒温性针叶林带。轿子山自然保护区寒温性针叶林可分为一个群系组，即冷杉林 Form *Abies georgei* var. *smithii*，包括1个群系，即急尖长苞冷杉林，面积约为1356.84hm^2，占保护区面积的8.25%。

急尖长苞冷杉主要分布在云南西北部、四川西南部和西藏东南部海拔2600～4100m的山地。在轿子山自然保护区内面积约为1356.84hm^2，大部分分布于东川法者林场大场林区一带，少部分分布于禄劝境内轿子山及其附近。

就所调查的6个样地而言，群落郁闭度大的，林下阴暗潮湿，灌草层物种较为稀少，可分为乔木、灌木、草本3个层次，地表面覆盖的苔藓层较厚，而且盖度很大；郁闭度小的一般出现乔木层、乔木下层、灌木层、草本层、层间层5个层次，且物种较为丰富(表2-17)。

急尖长苞冷杉林乔木层盖度约60%，高度5～24.5m，胸径5～60cm。样地中有16个常见种，优势种为急尖长苞冷杉 *Abies georgei* var. *smithii*，平均高为16m，盖度约为40%，重要值为33.55。伴生树种有大白花杜鹃、洁净红棕杜鹃 *Rhododendron rubiginosum* var. *leclerei*、乳黄杜鹃 *Rhododendron lacteum*、小卫矛 *Euonymus nanoides*、云南杜鹃 *Rhododendron yunnanense* 和长叶枸骨 *Ilex georgei* 等，胸径达6～8 cm，高度5～10m，属乔木下层。

灌木层盖度为55.3%，高度5～500cm。有51个种，优势种为斑壳玉山竹，平均高为142cm，盖度约为30%，重要值为29.51。另外杜鹃属和悬钩子属植物也占有一定优势。

乔木的幼树(更新层)的盖度为4.6%，调查所见有12个种，优势种为野八角 *Illicium simonsii*，高度为45cm，盖度约为2.5%，重要值为4.75；此外，急尖长苞冷杉幼树也比较常见，平均高为92cm，盖度约为0.87%，重要值为4.7。

草本层盖度57.3%，样地中有123个种，优势种为莎草科一种 *Cyperus* sp.，高度为27cm，盖度约为10.8%，重要值为8.78；野草莓高度为6cm，盖度约为4.5%，重要值为6.7；凉山悬钩子 *Rubus fockeanus*，高度为17cm，盖度约为6.3%，重要值为5.3。

层间植物较少，盖度约为1.6%，优势种为扶芳藤 *Euonymus fortunei*，高度为45cm，盖度为0.67%，重要值为26.8；五风藤 *Holboellia latifolia*，高度为15cm，盖度为0.18%，重要值为26.4。

急尖长苞冷杉林的物种多样性指数的特点是：群落>草本>灌木>层间>乔木；生态优势度指数的特点是：群落>草本>灌木>乔木>层间；群落均匀度指数的特点是：草本>群落>灌木>层间>乔木(表2-18)。

急尖长苞冷杉林是中国西南山地特有的植被类型。轿子山是急尖长苞冷杉林分布的东南端。该类型树形为塔形，外形美观，且林木高大挺拔，具有重要的保护价值和观赏价值。

表 2-17 急尖长苞冷杉林样地调查表

样地号 面积	样 27,500m^2	样 33,500 m^2	样 35,500 m^2	样 37,500 m^2	样 40,500 m^2	样 59,500 m^2
时间	2008730	2008730	2008730	2008731	2008730	20080803
调查人	杜凡、曾辉	杜凡、姚莹、陈勇	杜凡、姚莹、陈勇	曾辉、张辉、李朝阳	杜小浪、张辉、李朝阳	杜凡、姚莹、陈勇
地点	大兴场	抱水进丫口	抱水井哑口	大厂大洼子	桦木林	轿子山
GPS 点	N 26°00′50.42″, E 102°57′20.3″	N 26°12′6″, E 102°56′21.5″	N 26°52′48.9″, E 102°55′58.3″	N 26°1′55.3″, E102°56′1″	N 26°05′23.8″, E102°53′36.9″	N 26°04′57.3″, E102°50′52.0″
海拔 坡向	2860m,西南	3215 m,南偏西	3000 m,西	2930 m,东	3034 m,西北	3840 m,西
坡位 坡度	下坡,30°	下坡,15°	中坡,25°	上坡,30°	中坡,10°	上坡,20°
生境地形特点						
母岩				石灰岩	石灰岩	棕壤
土壤特点地表特征			苔藓盖度 30%	岩石出露 50%	岩石裸露少,草本盖度大	苔藓 50% 超过 10cm
特别记载/人为影响		零星分布华山松	郁闭度 65%,有砍伐	苔藓地衣附生到树上,放牧对林下幼苗幼较大影响		苔藓包满树冠
乔木层盖度	60%,急尖长苞冷杉 30%	60%,急尖长苞冷杉 60%	65%,急尖长苞冷杉 50%	70%,云南铁杉 35%	15%,急尖长苞冷杉 12%	75%,急尖长苞冷杉 60%
灌木层盖度,优势种盖度	35%,野八角 15%	50%,斑壳玉山竹 30%	95%,斑壳玉山竹 80%	40%,狭叶清香桂 10%	65%,斑壳玉山竹 50%	25%,急尖长苞冷杉幼苗 3%
草本层盖度,优势种盖度	60%,白鳞酢浆草 10%	80%,莎草一种 65%	40%,凉山悬钩子 20%	50%,野草莓 2%	90%,野草莓 25%	5%,西南委陵菜 2%

（续）

中文名	拉丁名	样27			样33			样35			样37			样40			样59			重要值
		株数	胸径（cm）	高（m）	株数	胸径（cm）	高（m）	株数	胸径（cm）	高（m）	株数	胸径（cm）	高（m）	株数	胸径（cm）	高（m）	株数	胸径（cm）	高（m）	
（一）乔木层:16 种 173 株 盖度 60%																				
山鸡椒	*Litsea cubeba*							1	11	12	1	10	10							3. 62
微绒绣球	*Hydrangea heteromalla*							1	10	12										2. 13
八角枫	*Alangium chinensis*							1	5	6										1. 72
洁净红棕杜鹃	*Rhododendron rubiginosum* var. *leclerei*							2	8	7. 5										2. 13
红毛花楸	*Sorbus rufopilosa*	1	6	7				6	10	13										4. 50
急尖长苞冷杉	*Abies georgei* var. *smithii*	21	52	18	18	7	5	29	38	25	11	40	19	9	25	15	19	35	14	33. 55
野八角	*Illicium simonsi*	18	8	9																5. 21
长叶枸骨	*Ilex georgei*	1	6	8																1. 78
冠萼花楸	*Sorbus coronata*	1	28	12																5. 90
大白花杜鹃	*Rhododendron decorum*	1	7	5							2	7	7							3. 63
苹婆槭	*Acer sterculiaceum*										2	5	6							1. 91
小卫矛	*Euonymus nanoides*										3	6	5							2. 17
云南铁杉	*Tsuga dumosa*										12	60	20							23. 54
四籽柳	*Salix tetrasperma*													2	14	13				2. 85
云南杜鹃	*Rhododendron yunnanense*																3	6	5	2. 17
乳黄杜鹃	*Rhododendron lacteum*																8	7	6	3. 20

（续）

（二）灌木层:51 种 18269 株 盖度 55.3%																				
中文名	拉丁名	样 27			样 33			样 35			样 37			样 40			样 59			重要值
		株数	均高（cm）	盖度（%）	株数	均高（cm）	盖度（%）	株数	均高（cm）	盖度（%）	株数	均高（cm）	盖度（%）	株数	均高（cm）	盖度（%）	株数	均高（cm）	盖度（%）	
华山松	*Pinus armandii*				5	250	1													0.61
苹婆槭	*Acer sterculiaceum*							4	25	1										0.61
藏刺榛	*Corylus thibetica*										1	500	0.5							0.61
光叶泡花树	*Meliosma* cuneifolia var. *glabriuscula*										1	80	0.1							0.52
倒卵叶旌节花	*Stachyurus* aff. *obovatus*										2	400	0.5							0.56
云南铁杉	*Tsuga dumosa*										1	250	0.5							0.56
冠萼花楸	*Sorbus coronata*	167	22	1																0.91
红毛花楸	*Sorbus rufopilosa*	167	19	1																0.91
川滇长尾槭	*Acer caudatum* var. *prattii*	313	6	0.1																1.09
青榨槭	*Acer davidii*	333	20	1																1.21
野八角	*Illicium simonsii*	1500	45	15																4.75
急尖长苞冷杉	*Abies georgei* var. *smithii*	313	5	0.1	8	170	1.5	200	5	0.1	1	250	0.5				375	30	3	4.69
湖北荚蒾	*Viburnum hupehense*	13	30	0.1																0.54
毛柱红棕杜鹃	*Rhododendron rubiginosum* var. *ptilostylum*	56	60	1							1	1.5	2							1.42
狭叶清香桂	*Sarcococca ruscifolia* var. *chinensis*	95	60	2							800	55	10							3.85
大刺茶藨子	*Ribes alpestre*	167	30	1																0.91
斑壳玉山竹	*Ynshania maculata*	238	70	5	150	130	30	400	300	80	94	100	15	4000	110	50				29.51
细瘦悬钩子	*Rubus macilentus*	556	30	2																1.72
洱源小檗	*Berberis willeana*	1000	40	10				17	100	1										3.97
无刺菝葜	*Smilax mairei*	5556	5	1																10.74

（续）

中文名	拉丁名	样27			样33			样35			样37			样40			样59			重要值
		株数	均高（cm）	盖度（%）	株数	均高（cm）	盖度（%）	株数	均高（cm）	盖度（%）	株数	均高（cm）	盖度（%）	株数	均高（cm）	盖度（%）	株数	均高（cm）	盖度（%）	
洁净红棕杜鹃	*Rhododendron rubiginosum* var. *leclerei*				100	250	20													2. 70
三叶悬钩子	*Rubus delavayi*							2	200	1										0. 61
冰川茶藨子	*Ribes glaciale*							3	20	1							132	20	1	1. 46
漾濞荚蒾	*Viburnum chingii*							35	2	5										1. 07
长苞十大功劳	*Mahonia longibracteata*							45	80	5										1. 09
长托菝葜	*Smilax ferox*							333	30	1	13	120	0. 1							1. 75
云南勾儿茶	*Berchemia yunnanensis*										4	180	0. 5							0. 56
木帚栒子	*Cotoneaster dielsianus*													56	130	2				0. 81
西南栒子	*Cotoneaster franchetii*										21	150	3							0. 84
云南双盾木	*Dipelta yunnanensis*										1	200	0. 5							0. 56
小卫矛	*Euonymus nanoides*										2	130	0. 5							0. 56
青荚叶	*Helwingia japonica*										22	35	0. 1							0. 56
短柱金丝桃	*Hypericum hookerianum*										15	15	0. 1							0. 54
云南冬青	*Ilex yunnanensis*										3	200	1. 5							0. 66
小叶女贞	*Ligustrum quihoui*										3	200	0. 5							0. 56
柳叶忍冬	*Lonicera lanceolata*																31	100	1	0. 66
木犀一种	*Osmanthus* sp.										1	350	0. 5							0. 56
滇南山梅花	*Philadelphus henryi*										3	500	2							0. 71
锈红毛杜鹃	*Rhododendron bureavii*													18	200	5				1. 04
弯柱杜鹃	*Rhododendron campylogynum*																25	400	5	1. 05
亮毛杜鹃	*Rhododendron microphyton*																21	400	5	1. 05

（续）

中文名	拉丁名	样27			样33			样35			样37			样40			样59			重要值
		株数	均高(cm)	盖度(%)	株数	均高(cm)	盖度(%)	株数	均高(cm)	盖度(%)	株数	均高(cm)	盖度(%)	株数	均高(cm)	盖度(%)	株数	均高(cm)	盖度(%)	
圆头杜鹃	*Rhododendron semnoides*																63	300	8	1.42
杜鹃一种	*Rhododendron* sp.																240	35	3	1.24
红果悬钩子	*Rubus erythrocarpus*										1	60	0.1							0.52
喜阴悬钩子	*Rubus mesogaeus*										3	100	0.5				160	30	2	1.56
针刺悬钩子	*Rubus pungens*													150	65	6				1.38
华西悬钩子	*Rubus stimulans*										4	90	0.5	133	160	4				1.71
高山柏	*Juniperus squamata*																28	40	0.5	0.61
光叶粉花绣线菊	*Spiraea japonica* var. *fortunei*										39	200	5							1.08
西南花楸	*Sprbus rehderiana*																4	220	0.5	0.56
宜昌荚蒾	*Viburnum erosum*										21	250	3							0.84

（三）草本层:123 种 104537 株 盖度 57.3%

中文名	拉丁名	样27			样33			样35			样37			样40			样59			重要值
		株数	均高(cm)	盖度(%)	株数	均高(cm)	盖度(%)	株数	均高(cm)	盖度(%)	株数	均高(cm)	盖度(%)	株数	均高(cm)	盖度(%)	株数	均高(cm)	盖度(%)	
狗筋蔓	*Cucubalus baccifer*	17	30	0.1																0.20
昆明象牙参	*Roscoea kunmingensis*	28	20	0.1																0.20
岩生剪股颖	*Agrostis rupestris*	42	20	0.1																0.21
多花茜草	*Rubia wallichiana*	63	10	0.1																0.22
鳞叶龙胆	*Gentiana squarrosa*	167	9	0.1																0.25
蹄盖蕨一种	*Athyrium* sp.	556	10	1																0.46
东南茜草	*Rubia argyi*	650	45	6.5																1.02

（续）

中文名	拉丁名	样27			样33			样35			样37			样40			样59			重要值
		株数	均高(cm)	盖度(%)	株数	均高(cm)	盖度(%)	株数	均高(cm)	盖度(%)	株数	均高(cm)	盖度(%)	株数	均高(cm)	盖度(%)	株数	均高(cm)	盖度(%)	
红花龙胆	*Gentiana rhodantha*	833	3	0.1																0.46
窄裂缬草	*Valeriana stenoptera*	1333	20	4																1.00
匍茎谷蓼	*Circaea repens*	1563	10	1.5																0.83
一把伞南星	*Arisaema erubescens*	17	34	0.1	48	30	0.1				63	35	0.5	188	36	1.5				1.06
云南鸢尾	*Iris forrestii*	35	15	0.1	83	30	0.1													0.43
流苏龙胆	*Gentiana panthaica*	167	6	0.1	200	5	0.1				78	15	0.1	4167	10	3				2.54
二色瓦韦	*Lepisorus bicolor*	78	10	0.1	67	30	0.1	4167	10	3	78	10	0.1							2.46
剪股颖	*Agrostis clavata*	3472	10	5	13	25	0.1	22	25	0.1	625	25	5							3.05
尼泊尔蓼	*Polygonum nepalense*	1042	20	2.5	22	10	0.1	500	1	1				833	32	10				2.83
雅灯心草	*Juncus concinnus*	2222	20	8	22	15	0.1	1111	35	5										2.90
凉山悬钩子	*Rubus fockeanus*	800	30	8	457	3	8	714	3	20	750	31	1.5							5.25
爪哇唐松草	*Thalictrum javanicum*	667	21	2				16	45	0.2										0.80
头花蓼	*Polygonum capitatum*	3333	5	1				200	2	0.1	250	18	0.5							1.92
双参	*Triplostegia glandulifera*	69	10	0.1				200	15	0.1										0.48
白鳞酢浆草	*Oxalis leucolepis*	6944	10	10				313	3	0.1	333	8	0.2							3.98
束花凤仙花	*Impatiens desmantha*	222	20	1				320	15	4	600	20	1.2							1.52
宽叶兔儿风	*Ainsliaea latifolia*	167	30	1				500	10	1	40	30	0.5							1.03
珠子参	*Panax japonicus* var. *major*	250	6	0.1				694	15	0.5										0.73
天名精	*Carpesium abrotanoides*	1875	10	3							160	50	2							1.51
西南委陵菜	*Potentilla fulgens*	1563	10	2													1563	15	2	1.76
缬草	*Valeriana officinalis*	2431	10	3.5																1.30
丽江瓦韦	*Lepisorus likiangensis*	500	18	1							50	20	0.1							0.65
小红参	*Galium elegans*	500	30	3							139	35	0.5							0.92
吉祥草	*Reineckia carnea*	79	10	0.1							22	45	0.1							0.42
接骨草	*Sambucus chinensis*	125	40	1										15	90	1.5				0.66

（续）

中文名	拉丁名	样27			样33			样35			样37			样40			样59			重要值
		株数	均高（cm）	盖度（%）	株数	均高（cm）	盖度（%）	株数	均高（cm）	盖度（%）	株数	均高（cm）	盖度（%）	株数	均高（cm）	盖度（%）	株数	均高（cm）	盖度（%）	
三角叶假冷蕨	*Pseudosystopteris subtriangularis*				83	25	0.1	510	20	0.5										0.62
遍地金	*Hypericum wightianum*				17	20	0.1	80	12	1	85	35	0.1	750	19	1.5				1.30
中甸兔儿风	*Ainsliaea fulvioides*				13	35	0.1	4000	10	2	22	20	0.1							2.06
花佩菊	*Faberia sinensis*				8	35	0.1				22	35	0.1							0.40
偏翅唐松草	*Thalictrum delavayi*				111	25	0.5				83	55	1.5							0.63
大叶茜草	*Rubia schumanniana*				100	15	0.1				125	30	1							0.55
寸金草	*Clinopodium megalanthum*				50	25	0.1				444	35	2							0.73
喜马拉雅灯心草	*Juncus himalensis*				13	28	0.1				667	35	3							0.89
野草莓	*Fragariavesca*				200	2	0.1				2500	5	2	8333	10	25				6.71
星花灯心草	*Juncus diastrophanthus*				22	3	0.1							125	16	1				0.53
阿坝堇菜	*Viola tienschiensis*				556	6	0.1										200	6	0.1	0.63
细柄野青茅	*Deyeuxia filipes*				22	15	0.1													0.20
会理野青茅	*Deyeuxia mazzettii*				22	20	0.1													0.20
丝毛柳叶菜	*Epilobium brevifolium* ssp. *pannosum*				200	20	0.1													0.26
川西龙胆	*Gentiana wilsonii*				50	5	0.1													0.21
路边青	*Geum aleppicum*				6	20	0.1													0.20
同距凤仙花	*Impatiens holocentra*				22	15	0.1													0.20
沼生橐吾	*Ligularia lamarum*				8	24	0.1													0.20
粘冠草	*Myriactis wallichii*				22	25	0.1													0.20
多叶委陵菜	*Potentilla polyphylla*				17	10	0.1													0.20

（续）

中文名	拉丁名	样 27			样 33			样 35			样 37			样 40			样 59			重要值
		株数	均高（cm）	盖度（%）	株数	均高（cm）	盖度（%）	株数	均高（cm）	盖度（%）	株数	均高（cm）	盖度（%）	株数	均高（cm）	盖度（%）	株数	均高（cm）	盖度（%）	
长柄象牙参	*Roscoea debilis*				167	6	0. 1													0. 25
细叶亮蛇床	*Selinum candollei*				22	25	0. 1													0. 20
多枝婆婆纳	*Veronica javanica*				556	4	0. 1													0. 37
豌豆七	*Rhodiola henryi*				500	2	1													0. 44
奇形橐吾	*Ligularia paradoxa*				250	20	2													0. 46
突隔梅花草	*Parnassia delavayi*				2500	30	5													1. 47
莎草一种	*Cyperus* sp.				6500	30	65	44	24	0. 2										8. 78
西藏棱子芹	*Pleurospermum hookeri* var. *thomsonii*							78	20	0. 1										0. 22
弯弓隐子蕨	*Crypsinus malacodon*							625	10	0. 2										0. 40
藏布鳞毛蕨	*Dryopteris redactopinnata*							278	15	0. 2										0. 29
蕨一种	*Polygonatum verticillatum*							400	15	0. 2										0. 33
轮叶黄精	*Impatiens loulanensis*							188	10	0. 3										0. 28
路南凤仙花	*Aconitum hemsleyanum* var. *circinatum*							208	17	0. 5										0. 30
拳距瓜叶乌头	*Aconitum hemsleyanum* var. *circinatum*										111	20	0. 5							0. 27
深裂铁线蕨	*Adiantum capillusveneris*										50	15	0. 1							0. 21
野棉花	*Anemone vitifolia*										188	35	1. 5							0. 39
圆叶无心菜	*Arenaria rotundifolia*										400	5	0. 2							0. 33
天南星一种	*Arisaema* sp.										6	45	0. 1							0. 20
羊齿天门冬	*Asparagus filicinus*										95	45	2							0. 41
宝兴铁角蕨	*Asplenium moupinense*										33	20	0. 1							0. 21

（续）

中文名	拉丁名	样 27			样 33			样 35			样 37			样 40			样 59			重要值
		株数	均高（cm）	盖度（%）	株数	均高（cm）	盖度（%）	株数	均高（cm）	盖度（%）	株数	均高（cm）	盖度（%）	株数	均高（cm）	盖度（%）	株数	均高（cm）	盖度（%）	
板蓝	*Baphicacanthus cusia*										100	20	0. 2							0. 24
肾唇虾脊兰	*Calanthe brevicornu*										67	30	0. 2							0. 23
碎米荠一种	*Cardamine* sp.										250	35	2							0. 46
飞廉	*Carduus crispus*										111	30	0. 5							0. 27
升麻	*Cimicifug foetida*										12	70	0. 5							0. 24
南方露珠草	*Circaea mollis*										333	30	1. 5							0. 44
南黄堇	*Corydalis davidii*										67	35	0. 2							0. 23
膜叶冷蕨	*Cystopteris pellucida*										78	25	0. 1							0. 22
短蕊万寿竹	*Disporum bodinieri*										42	15	0. 1							0. 21
硬果鳞毛蕨	*Dryopteris fructuosa*										50	30	0. 1							0. 21
大花柳叶菜	*Epilobium wallichianum*										833	20	2. 5							0. 69
小颖羊茅	*Festuca parvigluma*										222	25	1							0. 35
四叶葎	*Galium bungei*										156	80	5							0. 72
裂瓣角盘兰	*Herminium alaschanicum*										89	10	0. 1							0. 22
马红凤仙花	*Impatiens bachii*										85	35	0. 1							0. 22
腺药珍珠菜	*Lysimachia stenosepala*										83	45	0. 5							0. 26
菱叶紫菊	*Notoseris rhombiformis*										7	25	0. 1							0. 20
黑足金粉蕨	*Onychium contiguum*										63	15	0. 1							0. 22
圆瓣冷水花	*Pilea angulata*										500	20	3							0. 64
沿阶草	*Ophiopogon bodinieri*										313	35	2. 5							0. 53
椭圆叶花锚	*Halenia elliptica*										167	25	0. 5	190	48	6				1. 12
茅叶荩草	*Arthraxon prionodes*													889	25	4				0. 86

（续）

中文名	拉丁名	样27			样33			样35			样37			样40			样59			重要值
		株数	均高（cm）	盖度（%）	株数	均高（cm）	盖度（%）	株数	均高（cm）	盖度（%）	株数	均高（cm）	盖度（%）	株数	均高（cm）	盖度（%）	株数	均高（cm）	盖度（%）	
尼泊尔香青	*Anaphalis nepalensis*													500	25	5				0.83
长茎还阳参	*Crepis elongata*													750	12	1.5				0.57
灰蓟	*Crisium griseum*													22	65	1				0.29
绵毛橐吾	*Ligularia vellerea*													143	35	3				0.52
挺茎遍地金	*Hypericum elodeoides*													25	120	1.5				0.34
三角叶马先蒿	*Pedicularis deltoidea*													4167	15	15				2.97
凤尾蕨	*Pteria nervosa*										3	50	0.1							0.20
黛鳞耳蕨	*Polystichum nigrum*										8	55	0.1							0.20
菱羽耳蕨	*Polystichum pseudorhomboideum*										8	60	0.1							0.20
鸡爪凤尾蕨	*Pteris gallinopes*										8	55	0.1							0.20
黄水枝	*Tiarella polyphylla*										13	15	0.1							0.20
红缨合耳菊	*Synitis erythropappa*										17	25	0.1							0.20
兰叶峨眉香科	*Teucrium omeiense*										35	15	0.1							0.21
云南唐松草	*Thalictrum yunnanense*										56	50	1							0.30
红毛虎耳草	*Saxifraga rufescens*										78	10	0.1							0.22
西南鬼灯檠	*Rodgersia sambucifolia*										100	60	1.5							0.36
瑞香缬草	*Valeriana daphniflora*										111	15	0.5							0.27
山景天	*Sedum oreades*										400	5	0.2							0.33
车前	*Plantago asiatica*										100	10	0.2	625	16	1.5				0.77
酸模	*Rumex acetosa*													3	50	0.3				0.22
洱源土桔梗	*Silene delavayi*													222	26	1				0.35

（续）

中文名	拉丁名	样27			样33			样35			样37			样40			样59			重要值
		株数	均高(cm)	盖度(%)	株数	均高(cm)	盖度(%)	株数	均高(cm)	盖度(%)	株数	均高(cm)	盖度(%)	株数	均高(cm)	盖度(%)	株数	均高(cm)	盖度(%)	
伏毛虎耳草	*Saxifraga strigosa*													1339	10	1.5				0.76
草血竭	*Polygonum paleaceum*													2222	27	10				1.86
珠芽支柱蓼	*Polygonum suffultoides*																333	20	1	0.39
糙野青茅	*Deyeuxia scabrescens*																391	10	0.5	0.36
小叶蓼	*Polygonum delicatulum*																556	4	0.1	0.37
台氏管花马先蒿	*Pedicularis siphonantha* var. *delavayi*																694	12	0.5	0.46
条裂委陵菜	*Potentilla lancinata*																781	12	1	0.53
绒毛钟花蓼	*Polygonum campanulatum* var. *fulvidum*																2000	12	1	0.92

（四）层间植物:7 种 1502 株 盖度 1.7%

中文名	拉丁名	样27			样33			样35			样37			样40			样59			重要值
		株数	均高(cm)	盖度(%)	株数	均高(cm)	盖度(%)	株数	均高(cm)	盖度(%)	株数	均高(cm)	盖度(%)	株数	均高(cm)	盖度(%)	株数	均高(cm)	盖度(%)	
扶芳藤	*Euonymus fortunei*	500	45	4																26.77
棉花藤	*Celastrus vaniotii*	13	167	2							1	200	0.1							13.35
五风藤	*Holboellia latifolia*	781	10	1							22	20	0.1							26.45
单叶铁线莲	*Clematis henryi*	208	20	0.5				63	200	0.5	5	130	0.1							18.5
常春藤	*Hedera nepalensis* var. *sinensis*										2	170	0.5							4.74
华中五味子	*Schisandra sphenanthera*										2	80	0.1							3.41
宝兴马兜铃	*Aristolochia moupinensis*										4	200	1.1							6.78

表 2-18 急尖长苞冷杉林多样性指数

		物种丰富度 (S)	物种多样性指数 Simpson 指数	生态优势度 Shannon-wiener 指数	群落均匀度指数 Pielou 指数
群落	乔木层	16	0. 5999	1. 526	0. 5504
	灌木层	51	0. 8188	2. 2617	0. 5752
	草本层	123	0. 9626	3. 7727	0. 784
	层间层	7	0. 6215	1. 0857	0. 558
	群落	190	0. 9697	4. 0033	0. 763

急尖长苞冷杉林在轿子山自然保护区主要分布在轿子山东坡、东南坡的东川境内，西坡的禄劝境内也有分布，但是面积较小，总面积约为 1356. 84hm^2，分布海拔 2700 ~ 4000m，属于垂直地带性植被。保护区的急尖长苞冷杉林为保存相对完好的原始林类型，物种组成丰富，在所调查的 6 个样地中，有 190 个物种，其中中国特有种有 67 种，占总数的 35%，如长叶枸骨、条裂委陵菜 *Potentilla lancinata*、华西悬钩子 *Rubus stimulans*、长苞十大功劳 *Mahonia longibracteata*、台氏管花马先蒿 *Pedicularis siphonantha* var. *delavayi*、藏刺榛 *Corylus thibetica*；云南特有种有 13 种，占总种数的 7%，如洱源土桔梗 *Silene delavayi*、兰叶峨眉香科 *Teucrium omeiense*、昆明象牙参 *Roscoea kunmingensis*、马红凤仙花 *Impatiens bachii* 等。

轿子山自然保护区的冷杉林不仅是我国冷杉林中分布纬度最低，经度最东，而且是分布海拔最低的类型。我国的冷杉林主要分布在滇西北地区，分布的海拔一般大于 3300 m。而轿子山自然保护区的急尖长苞冷杉林在海拔 2700m 就大量出现，这里的纬度比滇西北低1°以上，而冷杉林出现的海拔反而比滇西北低约 600m，这是云南省植被地理分布上的一个奇怪现象。轿子山自然保护区的冷杉林主要分布在国有林范围内，一直以来得到较好的保护，林相整齐，冷杉高大挺拔，最粗胸径接近 90cm，而林下自然更新良好，是云南省最为难得的一片低纬度、低海拔，面积大而完整、保存良好的特有的急尖长苞冷杉林，具有重要的理论研究价值和利用价值。

2. 3. 4 落叶阔叶林

落叶阔叶林是一类由冬季落叶树种构成的植被类型，全国各地都有分布。构成落叶阔叶林的优势树种通常是壳斗科栎属 *Quercus* 中的落叶种类，以及桦木科的桦木属 *Betula*、槭树科的槭属 *Acer*、杨柳科的杨树 *Populus* 和柳属 *Salix* 等落叶树种。落叶阔叶林通常都是在寒温针叶林、针阔混交林或常绿阔叶林破坏后所形成的次生植被，因此，其群落结构一般比较简单，由乔木层，灌木层，草本层组成。

云南的落叶阔叶林通常分布在滇中高原、滇西、滇西北、滇东南、滇东北各地的低山丘陵、中山及亚高山之中下部，海拔为 1000 ~ 3500m，分布广，但一般面积不大，不形成明显的地带性植被。

轿子山自然保护区内的落叶阔叶林只有一个植被亚型，即暖温性落叶阔叶林。面积约为 267. 29hm^2，占保护区面积的 1. 62%，包括了两个群系组：绣球林和杨桦林。

2. 3. 4. 1 绣球林 Form. Group *Hydrangea mollis*

轿子山自然保护区的绣球林主要出现在海拔 2900 ~ 3300m 的丘陵和山沟内，附近常有杜鹃林分布，因此绣球林内常有杜鹃存在。保护区的绣球林面积约为 199.33hm^2，占保护区面积的 1.21%（表 2-19）。

轿子山自然保护区内的绣球林群系组只有一个群系，即绣球 + 杜鹃林 Form. *Hydrangea mollis* + *Rhododendron decorum*，位于轿子山自然保护区的东川片区。

一般来说，八仙花科的绣球属 *Hydrangea* 植物多数为灌木，难以成林。但是轿子山保护区的白绒绣球 *Hydrangea mollis* 长成乔木，其高度超过 15m，胸径超过 20cm，而且在群落中的优势度较大，下层以杜鹃为主，而形成绣球 + 杜鹃林。

绣球 + 杜鹃林在保护区内通常分布在海拔 2970 ~ 3300m 的山沟和丘陵，是当地的森林植被遭到破坏后形成的次生植被类型。就调查的样地而言，群落高约 15cm，约有物种 55 种，其中木本植物 23 种，草本植物 32 种。群落可以分为乔木层，灌木层，草本层，层间层四层。

乔木层盖度约为 70%，高度为 7 ~ 16m。最大胸径可达到 40cm。样地中有 13 个种，优势种为木姜子 *Litsea pungens*，平均高为 15m，平均胸径为 20cm，重要值为 14.24；白绒绣球 *Hydrangea mollis*，平均高为 15m，平均胸径为 18cm，重要值为 12.32；大白花杜鹃平均高为 6m，平均胸径为 8cm，重要值为 9.34。其他伴生树种有弯月杜鹃 *Rhododendron mekongense*，平均高为 10m，平均胸径为 21cm，重要值为 8.36；川滇长尾槭 *Acer caudatum* var. *prattii*，平均高为 12m，平均胸径为 28cm，重要值为 7.91。

灌木层总盖度约为 20%，高度为 3 ~ 250cm，有 10 个种，优势种为紫秆玉山竹，平均高为 60cm，盖度为 55，重要值为 21.11；湖北荚蒾，平均高为 250cm，盖度为 5%，重要值为 18.65；狭叶清香桂 *Sarcococca ruscifolia* var. *chinensis*，平均高为 60cm，盖度为 7%，重要值为 12.96。灌木层内还有白绒绣球的幼树，胸径小于 5cm。白绒绣球幼树平均高为 10cm，共 6 株，盖度为 0.1%，重要值为 3.71。

草本层的总盖度为 60%，有 31 个种，优势种为拉拉藤 *Galium aparine* var. *echinospermum*，平均高为 15cm，盖度为 5%，重要值为 12.73；阿坝堇菜 *Viola tienschiensis*，平均高为 15cm，盖度为 10cm，重要值为 9.94；圆瓣冷水花 *Pilea angulata*，平均高为 30cm，盖度为 11%，重要值为 8.79。

群落中层间植物稀少，仅发现小型藤本植物棉花藤 *Celastrus vaniotii* 一种，而且数量极少。

表 2-19 绣球林样地调查表

样地号 面积 时间	样 29，500 m^2，20080730	样 66，500 m^2，20080805
调查人	杜凡，曾辉，陈勇，姚莹	杜凡，曾辉，杜小狼，张辉，李朝阳，姚莹
地点	大厂村	轿子山大山沟
GPS 点	N 26°1′48.6″，E102°56′36.1″	N26°03′08.4″，E102°49′45.4″
海拔 坡向 坡位 坡度	2970m，东南，沟底，20°	3300m，东北，公路下方，35°
生境地形特点		沟谷
母岩 土壤特点 地表特征	黄壤，苔藓层 2cm	玄武岩，棕壤
特别记载/人为影响	有附生石韦，沟底宽阔	
乔木层盖度	60%，大白花杜鹃 18%	80%
灌木层盖度，优势种盖度	30%，湖北荚蒾 20%	10%
草本层盖度，优势种盖度	80%，拉拉藤 15%	40%

（续）

(一)乔木层：13种 50株 盖度60%								
中文名	拉丁名	样29			样66			重要值
		株数	高(m)	胸径(cm)	株数	高(m)	胸径(cm)	
木姜子	*Litsea pungens*				7	15	40	14.24
白绒绣球	*Hydrangea mollis*	1	15	22	1	11	30	12.32
大白花杜鹃	*Rhododendron decorum*	10	6	8				9.35
弯月杜鹃	*Rhododendron mekongense*				6	10	21	8.36
川滇长尾槭	*Acer caudatum* var. *prattii*				3	12	28	7.91
多花含笑	*Michelia floribunda*	1	17	32				7.65
山茱萸	*Macrocarpium chinense*	5	15	20				7.51
野八角	*Illicium simonsii*	6	10	14				7.26
糙皮桦	*Betula utilis*				5	7	7	5.93
川滇冷杉	*Abies forrestii*	1	16	25				5.86
乳黄杜鹃	*Rhododendron lacteum*				2	7	20	5.51
冠萼花楸	*Sorbus coronata*	1	15	18				4.51
细齿稠李	*Padus obtusat*	1	9	11				3.59

(二)灌木层：10种 628株 盖度51.2%								
中文名	拉丁名	样29			样66			重要值
		株数	高(cm)	盖度(%)	株数	高(cm)	盖度(%)	
乔木幼树								
白绒绣球	*Hydrangea mollis*				6	10	0.1	3.71
灌木								
紫秆玉山竹	*Yushania violascens*				278	60	5	21.12
湖北荚蒾	*Viburnum hupehense*	44	250	20				18.65
狭叶清香桂	*Sarcococca ruscifolia* var. *chinensis*	97	60	7				12.96
藏南悬钩子	*Rubus austrotibetanus*				100	3	2	9.86
滇南山梅花	*Philadelphus henryi*	18	240	8				9.48
斑壳玉山竹	*Yushania maculata*	20	150	4				6.98
宜昌荚蒾	*Viburnum erosum*				15	4	3	6.07
伏毛金路梅	*Potentilla fruticosa* var. *arbuscula*	50	25	0.1				6.02
柳叶忍冬	*Lonicera lanceolata*					3	2	5.16

（续）

（三）草本层：31 种 34201 株 盖度 72%

中文名	拉丁名	样 29			样 66			重要值
		株数	高（cm）	盖度（%）	株数	高（cm）	盖度（%）	
拉拉藤	*Galium aparine* var. *echinospermum*	7500	15	15	125	15	0.1	12.73
阿坝堇菜	*Viola tienschiensis*	4000	15	18	50	10	0.1	9.94
圆瓣冷水花	*Pilea angulata* ssp. *angulata*	2250	40	18	167	15	2	8.79
大唇香科	*Teucrium labiosum*	3333	40	15				7.62
路南凤仙花	*Impatiens loulanensis*				3333	20	15	7.62
白亮独活	*Heracleum candicans*	1500	15	15				5.84
湄公鼠尾	*Salvia mekongensis*	2222	35	10				5.38
白鳞酢浆草	*Oxalis leucolepis*	2000	10	1	833	10	2	5.26
丝毛柳叶菜	*Epilobium brevifolium* ssp. *pannosum*	50	30	0.1	1333	20	4	4.10
丽江瓦韦	*Lepisorus likiangensis*				875	25	7	3.37
天名精	*Carpesium abrotanoides*	1111	30	5				3.14
短叶水蜈蚣	*Kyllinga brevifolia*				750	20	6	3.02
头花蓼	*Polygonum capitatum*	63	25	0.1	250	10	0.5	2.25
天南星一种	*Arisaema* sp.	444	55	2				1.80
小叶蓼	*Polygonum delicatulum*				625	10	1	1.74
黄毛草莓	*Fragaria nilgerrensis*	500	10	1				1.62
束花凤仙花	*Impatiens desmantha*				250	25	1.5	1.49
刺齿隐子蕨	*Crypsinus glaucopsis*				111	20	2	1.47
接骨草	*Sambucus chinensis*				133	60	1	1.25
三角叶假冷蕨	*Pseudosystopteris* ssp. *triangularis*				63	5	0.5	1.08
寸金草	*Clinopodium megalanthum*	78	25	0.1				1.00
须花翠雀花	*Dlphinium delavayi* var. *pogonanthum*	50	35	0.1				0.97
圆舌粘冠草	*Myriactis nepalensis*				50	30	0.1	0.97
紫雀花	*Parochetus communis*	50	35	0.1				0.97
阿墩紫堇	*Corydalis atuntsuensis*				25	30	0.1	0.95
剪股颖	*Agrostis clavata*	22	30	0.1				0.95
鳞瓦韦	*Lepisorus digolepidus*				13	25	0.1	0.94
菱羽耳蕨	*Polystichum pseudorhomboideum*				13	30	0.1	0.94
云南唐松草	*Thalictrum yunnanense*	13	45	0.1				0.94
无腺老鹳草	*Geranium wallichianum*	8	60	0.1				0.93
爪哇唐松草	*Thalictrum javanicum*				8	40	C.1	0.93

（四）层间植物：1 种 250 株 盖度 2%

中文名	拉丁名	样 29			样 66		
		株数	高（cm）	盖度（%）	株数	高（cm）	盖度（%）
棉花藤	*Celastrus vaniotii*	250	12	2			2

绣球+杜鹃林的生物多样性特点如下：物种丰富度(S)：草本层>乔木层>灌木层；物种多样性指数(Simposn)：乔木层>草本层>灌木层；生态优势度指数(Shannon-Wiener)：草本层>乔木层>灌木层；群落均匀度指数(Pielou)：乔木层>草本层>灌木层。(表2-20)。

表2-20 绣球—杜鹃林的生物多样性指数

	物种丰富度 (S)	物种多样性指数 Simpson 指数	生态优势度 Shannon-wiener 指数	群落均匀度指数 Pielou 指数
乔木层	13	0.9012245	2.3058002	0.8989652
灌木层	10	0.7500627	0.7754096	0.3367561
草本层	31	0.8945792	2.5553895	0.7441465
总的	55	0.8999995	2.6654857	0.665152

绣球+杜鹃林面积约为199.33hm^2，占保护区面积的1.21%。主要分布在轿子山，是一种次生植被类型，在景区及其周边地区广泛分布，其原生植被多为常绿阔叶林，由于周边社区居民的放牧和砍伐，导致了常绿阔叶林被破坏，最终形成了次生的绣球+杜鹃林。林内的生境比较好，且林下有常绿阔叶树种的幼苗。如果采取一定的保护措施，如封山育林，阻止其继续退化，则绣球+杜鹃林能向原生植被常绿阔叶林方向演替。此外，保护区内的绣球，杜鹃林的乔木层内还有三至四种的杜鹃，在春夏季开花，具有极强的观赏性。

2.3.4.2 杨桦林 Form. Group *Populus* spp. +*Betula* spp.

杨桦林在轿子山自然保护区主要分布在海拔2600~2800m的范围，主要分布在村庄附近，人为干扰较大，多为原生林被破坏后形成的次生林。

轿子山自然保护区内的杨桦林群系组的面积约为67.96hm^2，占保护区面积的0.41%。包括了两个群系，即山杨林和皂柳+大白花杜鹃林。

2.3.4.2.1 山杨林 Form. *Populus davidiana*

山杨林主要分布在保护区海拔2600~2800m之间，常常在与村庄附近，受人为干扰较大。群落高约11m，群落组成丰富，调查所见有86种植物，其中木本植物23种，草本植物55种，藤本植物6种，寄生植物1种。群落可以分为乔木层、灌木层、草本层和层间层。(表2-21)

乔木层盖度约为40%，高度为5~11m，最大胸径可达50cm，有6个种。优势种为山杨 *Populus davidiana*，平均高为10m，胸径可达40cm，重要值为40.97；马桑 *Coriaria nepalensis*，平均高为5m，胸径可达20cm，重要值为19.38；华山松 *Pinus armandi*，平均高为10m，胸径为18cm，重要值为15.38。其他的伴生树种还有皂柳 *Salix disperma*，光叶泡花树 *Meliosma cuneifolia* var. *glabriuscula* 等。

灌木层盖度约为40%，高度为60~300cm，有17个种。优势种是木帚栒子 *Cotoneaster dielsianus*，平均高为100cm，盖度为40%，重要值是19.67；长托菝葜平均高为120cm，盖度为0.5%，重要值为11.95；狭叶清香桂 *Sarcococca ruscifolia* var. *chinensis*，平均高为100cm，盖度为2%，重要值为8.21。灌木层内还有乔木的幼苗，胸径均不达5cm，分别是多变石栎 *Lithocarpus variolosus*，高约200cm，盖度为8%，重要值为5.40；川滇高山栎 *Quercus aquifolioides*，高度约为300cm，盖度为1.5%，重要值为2.58。

草本层盖度约为90%，有55个种。优势种有剪股颖 *Agrostis clavata*，平均高为60cm，盖度为60%，重要值为23.32；野雉尾金粉蕨 *Onychium japonicum*，平均高为30cm，盖度为9%，重要值为7.92；大叶女蒿 *Hippolytia yunnanensis*，平均高为50cm，盖度为10%，重要值为5.74。

表 2-21 山杨林样地调查表

样地号 面积 时间	样39，500m^2，20080731	样82，500 m^2，20080805
调查人	杜凡，曾辉，陈勇，姚莹	陈勇、杜小浪、李朝阳
地点	大厂村 村角 河边	百家洼
GPS 点	N 26°3′42.7″，E 102°56′17.2″	N 26°07′21.1″，E 102°48′14.0″
海拔 坡向 坡位 坡度	2660m，南偏东10°，下坡，35°	2782m，东，下坡，30°
生境地形特点		
母岩 土壤特点 地表特征	石灰岩，岩石出露度30%	棕壤
特别记载/人为影响	村寨周边	
乔木层盖度	50%，滇杨50%，	10%
灌木层盖度，优势种盖度	20%，狭叶清香桂2%，野八角15%	60%
草本层盖度，优势种盖度	100%，剪股颖60%	60%

(一)乔木层：6种 39株 盖度50%

中文名	拉丁名	样39			样8			重要值
		株数	高(m)	胸径(cm)	株数	高(m)	胸径(cm)	
山杨	*Populus davidiana*	22	11	50	7	8	10	40.97
马桑	*Coriaria nepalensis*				3	5	20	19.38
华山松	*Pinus armandi*				1	10	18	15.38
皂柳	*Salix disperma*	1	6	2				8.63
光叶泡花树	*Meliosma cuneifolia* var. *glabriuscula*	3	5	2				8.41
野八角	*Illicium simonsii*	2	5	1				7.22

(二)灌木层：17种 373株 盖度45.65%

中文名	拉丁名	样39			样82			重要值
		株数	高(cm)	盖度(%)	株数	高(cm)	盖度(%)	
乔木幼树								
野八角	*Illicium simonsii*	62	200	15	5	200	7	17.72
多变石栎	*Lithocarpus variolosus*				7	200	8	5.40
川滇高山栎	*Quercus aquifolioides*	2	300	1.5				2.58
灌木								
木帚栒子	*Cotoneaster dielsianus*				36	100	40	19.67
长托菝葜	*Smilax ferox*	111	120	0.5				11.95

（续）

中文名	拉丁名	样39			样82			重要值
		株数	高（cm）	盖度（%）	株数	高（cm）	盖度（%）	
狭叶清香桂	*Sarcococca ruscifolia* var. *chinensis*	63	100	2				8.21
鄂西绣线菊	*Spiraea veitchii*	17	80	5				5.20
高山三尖杉	*Cephalotaxus fortunei* var. *alpina*				2	100	5	3.86
纤枝金丝桃	*Hypericum lagarocladum*	20	80	0.1				3.68
丽江木蓝	*Indigofera balfouriana*	18	60	0.1				3.50
察瓦龙小檗	*Berberis tsarongensis*	10	100	2				3.48
斑壳玉山竹	*Yushania maculata*	10	100	2				3.48
长尖叶蔷薇	*Rosa longicuspis*				4	80	2	2.94
紫药女贞	*Ligustrum delavayanum*	1	300	0.5				2.12
藏南悬钩子	*Rubus austrotibetanus*	2	110	0.2				2.10
无毛粉花绣线菊	*Spiraea japonica* var. Glabra	2	80	0.2				2.10
云南勾儿茶	*Berchemia yunnanensis*	1	200	0.2				2.01

（三）草本层：55 种 22892 株 盖度 84%

中文名	拉丁名	样39			样82			重要值
		株数	高（cm）	盖度（%）	株数	高（cm）	盖度（%）	
剪股颖	*Agrostis clavata*	7500	60	60				23.32
野雉尾金粉蕨	*Onychium japonicum*	2222	40	10	43	25	8	7.92
大叶女蒿	*Hippolytia yunnanensis*	2222	50	10				5.74
红缨合耳菊	*Synitis erythropappa*	2500	50	5				5.16
长柄象牙参	*Roscoea debilis*	1563	12	2	35	10	2	4.18
薄叶蹄盖蕨	*Athyrium delicatulum*	833	35	5				2.73
茅叶荩草	*Arthraxon prionodes*	63	70	0.1	83	12	6	2.48
灌丛马先蒿	*Pedicularis thamnophils*	1000	40	2				2.38
短柄草	*Brachypodium sylvaticum*	400	25	5				2.10
星花灯心草	*Juncus diastrophanthus*	500	30	4				2.05
菜蕨	*Callipteris esculenta*				74	40	7	2.02
野草莓	*Fragaria vesca*				65	10	6	1.81
仙鹤草	*Agrimonia pilosa* var. *nepalensis*	78	15	0.1	38	25	2	1.64
齿苞筋骨草	*Ajuga lupulina*				72	10	5	1.62
滇香薷	*Origanum vulgare*				53	25	5	1.60
紫雀花	*Parochetus communis*				52	10	5	1.59
尖果马先蒿	*Pedicularis oxycarpa*				29	10	5	1.56

（续）

中文名	拉丁名	样 39			样 82			重要值
		株数	高（cm）	盖度（%）	株数	高（cm）	盖度（%）	
南黄堇	*Corydalis davidii*	550	30	1.1				1.55
偏翅唐松草	*Thalictrum delavayi*	98	50	0.5	29	45	0.2	1.38
块茎卷柏	*Selaginella chrysocaulos*	556	5	0.1				1.36
中华老鹳草	*Geranium sinense*	38	60	0.3	35	18	0.3	1.28
缬草	*Valeriana officinalis*	26	30	0.1	35	30	0.3	1.23
千里光	*Senecio scandens*	391	50	0.5				1.20
点花黄精	*Polygonatum punctatum*	30	60	0.1	30	12	0.1	1.19
鸡爪凤尾蕨	*Pteris gallinopes*				38	33	3	1.18
西南委陵菜	*Potentilla fulgens*				68	25	2	1.02
头花蓼	*Polygonum capitatum*	313	18	0.1				1.00
一把伞南星	*Arisaema erubescens*				26	16	2	0.96
薄叶旋叶香青	*Anaphalis contorta* var. *pellucida*	200	45	0.1				0.84
碎米荠一种	*Cardamine* sp.	102	35	0.1				0.70
之形喙马先蒿	*Pedicularis sigmoidea*	102	45	0.1				0.70
大叶假冷蕨	*Pseudocystopteris atkinsonii*	100	20	0.1				0.69
芽生虎耳草	*Saxifraga gemmipara*				39	8	0.5	0.68
圆叶无心菜	*Arenaria rotundifolia*				32	10	0.5	0.67
兰叶峨眉香科	*Teucrium omeiense*	78	25	0.1				0.66
车前	*Plantago asiatica*	62	15	0.1				0.64
阿坝堇菜	*Viola tienschiensis*				43	16	0.2	0.63
菜蕨	*Callipteris esculenta*	56	70	0.1				0.63
抱茎柴胡	*Bupleurum longicaule* var. *amplexicaule*	50	45	0.1				0.62
钝叶沿阶草	*Ophiopogon amblyphyllus*	50	18	0.1				0.62
灰毛风铃草	*Campanula cana*				43	16	0.1	0.61
绒毛钟花蓼	*Polygonum campanulatum* var. *fulvidum*	41	35	0.1				0.61
烟管头草	*Carpesium cernuum*	35	40	0.1				0.60
山梗菜	*Lobelia sessilifolia*	26	70	0.1				0.59
花佩菊	*Faberia sinensis*	22	20	0.1				0.58
黑足金粉蕨	*Onychium contiguum*	20	15	0.1				0.58
单翅秋海棠	*Begonia grandis* ssp. *grandis* var. *unialata*	17	35	0.1				0.57
花佩菊	*Faberia sinensis*				17	20	0.1	0.57
窃衣	*Torilis japonica*	15	40	0.1				0.57
拳距瓜叶乌头	*Aconitum hemsleyanum* var. *circinatum*	13	80	0.1				0.57
陆生珍珠茅	*Scleria terrestris*	13	70	0.1				0.57
象头花	*Arisaema franchetianum*				9	20	0.1	0.56
石椒草	*Boenninghausenia sessilicarpa*	9	50	0.1				0.56

（续）

中文名	拉丁名	样39			样82			重要值
		株数	高（cm）	盖度（%）	株数	高（cm）	盖度（%）	
川续断	*Dipsacus asperoides*	6	130	0.1				0.56
圆瓣冷水花	*Pilea angulata*	4	65	0.1				0.55

（四）层间植物：7种 254株 盖度3.65%

中文名	拉丁名	样39			样82		
		株数	高（cm）	盖度（%）	株数	高（cm）	盖度（%）
柳树寄生	*Taxillus delavayi*	50	20	0.1			
高山薯蓣	*Dioscorea kamoonensis*	42	150	0.1	26	37	0.3
单叶铁线莲	*Clematis henryi*	13	75	0.1			
乌蔹莓	*Cayratia japonica*	61	18	0.1			
宝兴马兜铃	*Aristolochia moupinensis*	10	90	0.1			
多花茜草	*Rubia wallichiana*				16	36	6
细茎旋花豆	*Cochlianthus gracilis*				36	35	0.5

层间植物有柳树寄生 *Taxillus delavayi*、高山薯蓣 *Dioscorea kamoonensis*、单叶铁线莲、乌敛梅 *Cayratia japonica*、宝兴马兜铃 *Aristolochia moupinensis* 和细茎旋花豆 *Cochlianthus gracilis* 等，种类较多而且混杂，反映了群落的次生性特点。

2.3.4.2.2 皂柳 + 大白花杜鹃林 Form. *Salix disperma* + *Rhododendron decorum*

皂柳 + 大白花杜鹃林多分布于保护区海拔2700m左右的山地，主要位于保护区西坡禄劝县轿子山附近。群落高约9m，组成物种较少，约有37种。群落可以分为乔木层、灌木层、草本层、层间层等4个层次（表2-22）。

表2-22 皂柳－大白花杜鹃林样地调查表

样地号 面积 时间	样104，400m^2，20080726
调查人	杜凡、曾辉、张辉、陈勇、姚莹、杜小浪、李朝阳
地点	沟谷中
GPS点	N 26°10′53.5″，E 102°53′31.2″
海拔 坡向 坡位 坡度	2730m，南，中坡，60°～70°
生境地形特点	
母岩 土壤特点 地表特征	厚层粉砂岩，岩石裸露80%
特别记载/人为影响	砍柴、放牧等人为干扰严重
乔木层盖度	40%，皂柳4%，大白花杜鹃15%
灌木层盖度，优势种盖度	80%，紫秆玉山竹35%
草本层盖度，优势种盖度	50%，斜茎樟芽菜12%

（续）

(一)乔木层：8 种 20 株 盖度 40%					
中文名	拉丁名	株数	高(m)	胸径(cm)	重要值
大白花杜鹃	*Rhododendron decorum*	9	5	6	21.79
光叶泡花树	*Meliosma cuneifolia* var. *glabriuscula*	2	9	10	14.79
长叶枸骨	*Ilex georgei*	1	6	9	11.74
皂柳	*Salix disperma*	1	7	9	11.74
青榨槭	*Acer davidii*	2	6.5	7	11.07
吴茱萸	*Euodia rutaecarpa*	2	5	6	10.13
润楠一种	*Machilus* sp.	1	6	7	9.41
灯台树	*Bothrocaryum controversum*	2	5.5	5	9.32

(二)灌木层：10 种 962 株 盖度 83.1%					
中文名	拉丁名	株数	高(cm)	盖度(%)	重要值
乔木幼树					
山鸡椒	*Litsea cubeba*	29	200	10	14.27
灌木					
紫秆玉山竹	*Yushania violascens*	127	150	35	22.57
长尖叶蔷薇	*Rosa longicuspis*	8	150	12	13.34
杯萼忍冬	*Lonicera inconspicua*	16	210	6	13.02
紫花溲疏	*Deutzia purpurascens*	6	220	3	12.16
西南栒子	*Cotoneaster franchetii*	17	160	7	11.69
中华青荚叶	*Helwingia chinensis*	16	100	5	8.80
白龙香茶菜	*Rabdosia provicarii*	313	38	2	5.45
苎麻	*Boehmeria nivea*	420	20	3	5.23
疏果山蚂蝗	*Desmodium griffithianum*	10	46	0.1	4.97

(三)草本层：16 种 11026 株 盖度 52.9%					
中文名	拉丁名	株数	高(m)	盖度%	重要值
斜茎獐牙菜	*Swertia patens*	960	12	12	9.68
宽萼偏翅唐松草	*Thalictrum delavayi*	532	30	10	8.48
过路黄	*Lysimachia christinae*	1482	35	7	6.60
凤尾蕨	*Pteria nervosa*	124	45	5	5.37
大王马先蒿	*Pedicularis rex*	1600	28	4	4.69
美穗草	*Veronicastrum brunonianum*	555	15	4	4.65
西南鬼灯檠	*Rodgersia sambucifolia*	160	30	3	4.06
线茎虎耳草	*Saxifraga filicaulis*	4800	5	3	3.99
象头花	*Arisaema franchetianum*	100	25	1	2.79
蕨状薹草	*Carex filicina*	177	18	1	2.77

（续）

中文名	拉丁名	株数	高(cm)	盖度(%)	重要值
苍山橐吾	*Ligularia tsangchanensis*	20	50	0.5	2.55
心叶合耳菊	*Synotis cordifolia*	69	45	0.5	2.53
全柱秋海棠	*Begonia grandis*	52	18	0.5	2.45
月牙铁线蕨	*Adiantum refractum*	285	15	0.5	2.44
黑足金粉蕨	*Onychium contiguum*	40	10	0.5	2.43
抱茎柴胡	*Bupleurum longicaule* var. *amplexicaule*	70	20	0.4	2.40

（四）层间植物：3 种 6 株 盖度 3.3%

中文名	拉丁名	株数	高(cm)	盖度(%)
小花清风藤	*Sabia parviflora*	2	180	3
粉叶南蛇藤	*Celastrus glaucophyllus*	1	170	0.1
高山薯蓣	*Dioscorea kamoonensis*	3	200	0.2

乔木层盖度约 40%，高度约 5～9m，最大胸径 10cm，样地内有 8 个种。优势种是大白花杜鹃，平均高为 5m，平均胸径为 6cm，重要值是 21.79；光叶泡花树平均高为 9m，平均胸径为 10cm，重要值是 14.79；长叶枸骨，平均高为 6m，平均胸径为 9cm，重要值 11.74；皂柳 *Salix disperma*，平均高为 7m，平均胸径为 9cm，重要值为 11.74。伴生树种还有青榨槭 *Acer davidii*，吴茱萸 *Euodia rutaecarpa* 等。

灌木层盖度约 85%，高度 20～220cm，调查所见有 10 个种。优势种是紫秆玉山竹，平均高为 150cm，盖度为 35%，重要值是 22.57；长尖叶蔷薇平均高为 150cm，盖度为 32%，重要值是 13.34；杯萼忍冬，平均高为 210cm，盖度为 6%，重要值是 13.02。灌木层内还有乔木的幼树，山鸡椒 *Litsea cubeba*，高 200cm，胸径不达 5cm，重要值为 14.27。

草本层盖度约 50%，有 16 个种，优势种是斜茎獐牙菜 *Swertia patens*，平均高为 12cm，盖度为 12%，重要值是 9.68；宽萼偏翅唐松草 *Thalictrum delavayi*，平均高为 30cm，盖度为 10%，重要值是 8.48；过路黄 *Lysimachia christinae*，平均高为 35cm，盖度为 7%，重要值是 6.60。

层间植物有 3 种，小花青风藤 *Sabia parviflora*，粉叶南蛇藤 *Celastrus glaucophyllus*，高山薯蓣 *Dioscorea kamoonensis* 等，数量很少。

山杨林和皂柳 + 大白花杜鹃林虽然属于同一个群系，但生物多样性还是各有特点。山杨林的生物多样性特点是物种丰富度(*S*)：草本层 > 灌木层 > 乔木层；物种多样性指数(Simpson)：草本层 > 灌木层 > 乔木层；生态优势度指数(Shannon - Wiener)：草本层 > 灌木层 > 乔木层；群落均匀度指数(Pielou)：灌木层 > 草本层 > 乔木层。大白花杜鹃林的生物多样性特点，物种丰富度指数(*S*)：草本层 > 灌木层 > 乔木层；物种多样性指数(Simpson)：乔木层 > 草本层 > 灌木层；生态优势度指数(Shannon - Wiener)：草本层 > 乔木层 > 灌木层；群落均匀度指数(Pielou)：乔木层 > 草本层 > 灌木层(表 2-23)。

表 2-23　山杨林和皂柳 + 大白花杜鹃林的生物多样性指数

		物种丰富度（S）	物种多样性指数 Simpson 指数	生态优势度 Shannon-wiener 指数	群落均匀度指数 Pielou 指数
山杨林	乔木层	6	0. 4426	0. 9551	0. 5331
	灌木层	17	0. 8343	2. 1002	0. 7413
	草本层	55	0. 8507	2. 5404	0. 6339
	总的	86	0. 8594	2. 6830	0. 6023
皂柳 + 大白花杜鹃林	乔木层	8	0. 7895	1. 7297	0. 8318
	灌木层	10	0. 6848	0. 9081	0. 3944
	草本层	16	0. 7575	1. 8575	0. 6699
	总的	37	0. 7937	2. 1177	0. 5865

山杨林多数出现在居民点附近，其形成多与人为砍伐和火烧有关，是一种次生植被。其原生植被可能为常绿阔叶林和急尖长苞冷杉林。由于人为原因被破坏，而山杨的种子小而轻，靠风力传播，且结实量多，萌发和扎根能力很强，因此能够很快地在森林被破坏后的空地上生长，常呈块状或带状分布。山杨的生长迅速，是当地的适生树种之一，也是山区群众所喜爱的用材树种，因此很多山杨林常被附近的居民特意保留。

皂柳 + 大白花杜鹃林多分布在保护区西部禄劝县轿子山周边地区，也是一种次生植被类型，其原生植被多为杜鹃林，由于人类活动的破坏，最终形成了皂柳，大白花杜鹃林这种次生植被类型。由于皂柳 + 大白花杜鹃林的生境良好，因此，如果对其加以保护，仍然有可能恢复为杜鹃林，但如果继续被破坏，就很有可能变为次生灌丛，因此需要采取措施对其进行保护。

2. 3. 5　竹　林

竹类群落在结构和植物种类组成、群落的生态外貌等特征方面都很特殊，是植被中的一个特别类型。我国的竹类植物分布非常广泛，东至台湾岛，西至西藏，南至海南岛，北至黄河流域，天然分布范围大约在北纬 18° ~ 35°，东经 85° ~ 122°。轿子山自然保护区的竹类主要为紫秆玉山竹，主要分布在高海拔、低温度的地段，因此该区的竹林主要为寒温性竹林。

2. 3. 5. 1　寒温性竹林

寒温性竹林主要分布在海拔 2500 ~ 4000m 的高山上，这类竹林的生境气温比较低、云雾较大、紫外线辐射较强、空气湿润、土壤通常为山地草甸土。群落结构一般比较简单，比较低矮，常与周边的矮林或灌丛交错分布。

寒温性竹林在云南主要分布在滇东北、滇西、滇西北高山、亚高山地区、亚热带中山地区广布。按照组成竹林的竹子种类的不同，云南的寒温性竹林又可以分为两个群系组，即箭竹林和玉山竹林。轿子山自然保护区内的竹林主要为玉山竹林 Form. Group *Yushania* spp. 。

轿子山自然保护区的玉山竹林常出现在海拔 2000m 以上的山坡或山顶上，一般高 2 ~ 3m，常与周围的灌丛或矮林相间分布，群落结构简单，常有一些低矮的乔木树种混生，形成稀疏的乔木层。

轿子山自然保护区内的玉山竹林只有一个群系，即紫秆玉山竹林 Form. *Yushania violas-*

cens。紫秆玉山竹林在保护区内分布的不多，面积约为227.20hm²，仅占保护区面积的1.38%，主要分布于保护区西坡禄劝县轿子山及其周边地区(表2-24)。

本保护区内的紫秆玉山竹林主要分布在海拔3200~3600m的山地，群落内通常有少数几株低矮的乔木，形成稀疏的乔木层。群落可以分为3层，乔木层、灌木层和草本层。群落内总共有物种76种，乔木层种类比较少，只有2种；灌木层有12种，以紫秆玉山竹为绝对优势；草本层种类最多，有62种。

乔木层的高度为8~11m，盖度为2%。乔木层只有两种植物，各1株，分别是川滇长尾槭，高度为10m，胸径为8cm，重要值为54.58；露珠杜鹃 *Rhododendron irroratum*，高度为9cm，胸径为7cm，重要值为45.25。

灌木层总盖度约为22%，高度介于20~300cm之间，调查所见有12个种。优势种为紫秆玉山竹，高度为70~120cm，盖度为20%，重要值为57.23；宜昌荚蒾 *Viburnum erosum*，高度为20cm，盖度为5%，重要值为5.91；川滇绣线菊高度为80cm，盖度为2%，重要值为4.60。在灌木层内有乔木树种白绒绣球的幼苗，高度为250cm，盖度为0.2%，重要值为2.51。

草本层总盖度约为90%，有62个种，优势种为多叶委陵菜 *Potentilla polyphylla*，高度为20cm，盖度为35%，重要值为10.78；野草莓高度为7cm，盖度为9%，重要值为7.23；紫雀花 *Parochetus communis*，高度为10cm，盖度为8%，重要值为4.59。

表2-24 紫秆玉山竹林样地调查表

样地号 面积 时间	样52，100m²，20080731	样63，100 m²，20080804	样68，500 m²，20080804
调查人	张辉、杜小浪、李朝阳	曾辉、姚莹、陈勇	杜凡、杜小浪、李朝阳
地点	法者林场	空心山头	轿子山
GPS点	N26°07′12.6″，E102°53′17.1″	N26°41′38.3″，E102°50′13″	N26°03′05.3″，F102°49′49.0″
海拔 坡向 坡位 坡度	3370m，北，中，20°	3538m，西南，下，25°	3220m，西北，下，30°
生境地形特点			
母岩 土壤特点 地表特征			棕壤
特别记载/人为影响		样地下两米处幼杜鹃林	
乔木层盖度			2%，露珠杜鹃1%，川滇长尾槭1%
灌木层盖度，优势种盖度	10%，紫秆玉山竹10%	20%，紫秆玉山竹10%	25%
草本层盖度，优势种盖度	90%，银叶委陵菜15%	80%，头花蓼3%	100%，多叶委陵菜35%

(一)乔木层：2种 2株 盖度2%

中文名	拉丁名	样52			样63			样68			重要值
		株数	高(m)	胸径(cm)	株数	高(m)	胸径(cm)	株数	高(m)	胸径(cm)	
川滇长尾槭	*Acer caudatum* var. *prattii*							1	10	8	54.58
露珠杜鹃	*Rhododendron irroratum*							1	9	7	45.25

（续）

(二)灌木层: 12种 1504株 盖度24. 4%											
中文名	拉丁名	样52			样63			样68			重要值
		株数	高(cm)	盖度(%)	株数	高(cm)	盖度(%)	株数	高(cm)	盖度(%)	
乔木幼树											
白绒绣球	*Hydrangea mollis*							1	250	0. 2	2. 51
灌木											
紫秆玉山竹	*Yushania violascens*	133	60	10	308	60	10	1111	100	20	57. 23
宜昌荚蒾	*Viburnum erosum*							44	120	5	5. 91
川滇绣线菊	*Spiraea schneideriana*							62	80	2	4. 60
洁净红棕杜鹃	*Rhododendron rubiginosum* var. *leclerei*				1	150	4				4. 58
高山柏	*Juniperus squamata*				5	300	3. 5				4. 38
大乌泡	*Rubus multibracteatus*							66	50	1	4. 13
壮刺小檗	*Berberis deinacantha*							66	25	0. 2	3. 69
细枝茶藨子	*Ribes tenue* var. *tenue*				2	250	2				3. 51
滇西北小檗	*Berberis franchetians*				1	100	2				3. 49
青刺尖	*Prinsepia utilis*							22	132	1	3. 33
山栀子	*Hypericum pseudohenryi*				10	20	0. 1				2. 62

(三)草本层: 62种 42019株 盖度83. 73%											
中文名	拉丁名	样52			样63			样68			重要值
		株数	高(cm)	盖度(%)	株数	高(cm)	盖度(%)	株数	高(cm)	盖度(%)	
多叶委陵菜	*Potentilla polyphylla*							9722	20	35	10. 78
野草莓	*Fragaria vesca*				355	5	8	6250	10	10	7. 23
紫雀花	*Parochetus communis*							5000	10	8	4. 59
绒毛钟花蓼	*Polygonum campanulatum* var. *fulvidum*				2400	30	15				3. 73
寸金草	*Clinopodium megalanthum*	119	45	2				2500	24	6	3. 50
银叶委陵菜	*Potentilla leuconota*	666	30	15	200	12	1. 5				3. 36
短柄草	*Brachypodium sylvaticum*				3200	50	6				3. 20
头花蓼	*Polygonum capitatum*				76	10	3	1666	18	5	2. 93
椭圆叶花锚	*Halenia elliptica*	5	36	5	175	18	2	750	25	1. 5	2. 91
接骨草	*Sambucus chinensis*							1000	50	15	2. 83
线叶嵩草	*Kobresia capillifolia*							2500	15	4	2. 52
车前	*Plantago asiatica*	8	12	5				1250	12	2	2. 50

（续）

中文名	拉丁名	样52			样63			样68			重要值
		株数	高（cm）	盖度（%）	株数	高（cm）	盖度（%）	株数	高（cm）	盖度（%）	
爪哇唐松草	*Thalictrum javanicum*	500	48	5	133	30	5				2.45
黄毛草莓	*Fragaria nilgerrensis*	375	12	15							2.43
酸模	*Rumex acetosa*	555	25	1				625	35	5	2.34
大锥剪股颖	*Agrostis megathyrsa*				2000	45	5				2.31
一把伞南星	*Arisaema erubescens*	666	40	5				222	30	1	2.15
丝毛柳叶菜	*Epilobium brevifolium*	100	35	8	10	20	0.5				1.94
长花羊茅	*Festuca dolichantha*				666	65	8				1.80
拉拉藤	*Galium aparine* var. *echinospermum*	133	30	6				78	32	0.5	1.77
大籽獐牙菜	*Swertia macrosperma*				208	10	10				1.74
茅叶荩草	*Arthraxon prionodes*	47	18	8							1.40
隐舌橐吾	*Ligularia franchetiana*	33	21	8							1.39
圆叶无心菜	*Arenaria rotundifolia*	533	50	0.5	55	10	0.5				1.37
象头花	*Arisaema franchetianum*				20	18	3	83	28	0.2	1.32
同钟花	*Homocodon brevipes*				800	25	3				1.30
云雾薹草	*Carex nubigena*	19	15	6							1.15
汉荭鱼腥草	*Geranium robertianum*							781	18	1.5	1.12
红指香青	*Anaphalis rhododactyla*				694	15	0.5				0.94
美花老鹳草	*Geranium calanthum*	200	20	3							0.92
尖果婆婆纳	*veronica ciliata*	187	20	3							0.91
线茎虎耳草	*Saxifraga filicaulis*	625	9	0.5							0.90
凉山悬钩子	*Rubus fockeanus*							208	45	2.5	0.86
东旺虎耳草	*Saxifraga dongwanensis*				104	10	3				0.86
鱼眼菊	*Dichrocephala auriculata*							500	11	0.5	0.82
尼泊尔蓼	*Polygonum nepalense*	200	25	2							0.80
长柄象牙参	*Roscoea debilis*	4	10	3							0.79
华扁穗草	*Blysmus sinocompressus*				468	15	0.2				0.76
多枝婆婆纳	*Veronica javanica*							390	15	0.5	0.75
菜蕨	*Callipteris esculenta*							256	26	1	0.72
匍枝千里光	*Senecio filiferus*				44	25	2				0.70
川西龙胆	*Gentiana wilsonii*	41	10	2							0.70
岩生蹄盖蕨	*Athyrium rupicola*							250	20	0.5	0.66
野艾蒿	*Artemisia lavandulaefolia*	133	25	1							0.64
六叶葎	*Galium asperuloides*				31	20	1				0.58
云南毛茛	*Ranunculus yunnanensis*				118	10	0.5				0.57

（续）

中文名	拉丁名	样52			样63			样68			重要值
		株数	高(cm)	盖度(%)	株数	高(cm)	盖度(%)	株数	高(cm)	盖度(%)	
遍地金	*Hypericum wightianum*	97	12	0.6							0.57
美小膜盖蕨	*Araiostegia Pulchra*							111	25	0.5	0.57
绵毛橐吾	*Ligularia vellerea*				4	25	1				0.56
野雉尾金粉蕨	*Onychium japonicum*				78	15	0.4				0.54
兔儿风一种	*Ainsliaea* sp.				80	5	0.2				0.51
亮白紫地榆	*Geranium candicans*				25	15	0.5				0.51
高原毛茛	*Ranunculus tanguticus.*				22	10	0.5				0.51
同距凤仙花	*Impatiens holocentra*	80	20	0.1							0.50
翅瓣黄堇	*Corydalis pterygopetala*	66	25	0.1							0.49
黄腺香青	*Anaphalis aureo – punctata*				44	7	0.2				0.49
羊茅	*Festuca pamirica*				34	10	0.2				0.48
高山囊瓣芹	*Pternopetalum subalpinum*							50	19	0.1	0.48
沼生橐吾	*Ligularia lamarum*				40	2	0.1				0.48
聚花马先蒿	*Pedicularis confertiflora*				30	25	0.1				0.47
滇水金凤	*Impatiens uliginosa*				25	5	0.1				0.47
灰蓟	*Crisium griseum*							18	30	0.1	0.46

紫秆玉山竹的生物多样性表现出如下特征：物种丰富度指数（S），草本层＞灌木层＞乔木层；物种多样性指数（Simpson），乔木层＞草本层＞灌木层；生态优势度指数（Shannon－Wiener），草本层＞灌木层＞乔木层，群落均匀度指数（Pielou），乔木层＞草本层＞灌木层（表2-25）。

表2-25 紫秆玉山竹的生物多样性指数

	物种丰富度（S）	物种多样性指数 Simpson 指数	生态优势度 Shannon-wiener 指数	群落均匀度指数 Pielou 指数
乔木层	2	1	0.693147	1
灌木层	12	0.277968	0.701541	0.282321
草本层	62	0.921485	3.062496	0.742039
总的	76	0.925919	3.130799	0.722926

紫秆玉山竹林在轿子山自然保护区内面积不大，主要分布在保护区西坡禄劝县轿子山及其周边地区，成片存在。保护区内的紫秆玉山竹林是一种次生植被类型，其原生植被多为杜鹃林，由于周边居民经常放牧和砍柴，导致杜鹃林被破坏，最终形成了紫秆玉山竹林。紫秆玉山竹林多处在山坡开阔地带，附近居民经常放牧，是当地重要的放牧场所，导致灌丛内的乔木幼苗没有机会成长，因此紫秆玉山竹林在未来一段时间内都将保持这种状态。但如果采

取保护措施，禁牧禁伐，紫秆玉山竹林将有可能恢复为常绿阔叶林。紫秆玉山竹林本身还是有一定价值的，由于紫秆玉山竹具有假鞭地下茎系统，对于山顶尤其是山坡陡峭地段的瘠薄土壤具有固定保持的作用，起到了保持水土的重要作用。同时这类竹林也是保护区内一些植食性动物的栖息地，因此紫秆玉山竹林对保护区内的野生动物的生存有着重要意义。

2.3.6 灌 丛

灌丛包括一切以灌木占优势所组成的植被类型。群落高度一般均在5m以下，盖度大于30%～40%。灌丛建群种多为生活型为簇生的灌木，而且具有一个较为郁闭的植被层，裸露地面不到50%。灌丛的生态适应幅度极广，在我国从热带到温带，从平地到海拔5000m左右的高山都有分布(中国植被编辑委员会，1995)。云南的灌丛主要分布于高寒山地、亚热带石灰岩山地、干热河谷和热带河滩。根据灌丛的群落结构特征、种类组成、外貌特征以及生态地理分布的特点，可将其划分为寒温灌丛、暖性石灰岩灌丛、干热灌丛和热性灌丛等4个植被亚型。

轿子山自然保护区内的灌丛植被类型仅有一个植被亚型，即寒温灌丛，主要分布于海拔3000m以上的山顶多风、地面多石处，除了原生性的类型之外，还包括原生植被受人为因素等影响遭到破坏后形成的次生灌丛。在轿子山自然保护区内，寒温灌丛主要分布于东川区的红土地、舍块两乡镇，在禄劝境内分布面积较小且零散，海拔在2700m以上，面积约为4832.50hm^2，占保护区总面积的29.37%，可以进一步划分为4个群系组：即杜鹃灌丛、柳灌丛、圆柏灌丛和硬叶栎灌丛。

2.3.6.1 杜鹃灌丛 Form. Group *Rhododendron* spp.

杜鹃灌丛以杜鹃属(*Rhododendron*)中高海拔分布的灌木为优势种，是云南高山—亚高山灌丛的典型类型(吴征镒，朱彦丞，1987)。在中国该类型主要分布在青藏高原东部地区以及秦岭太白山、台湾玉山等山地。轿子山自然保护区内杜鹃灌丛主要分布在海拔较高的地段(2959～4090m)，禄劝和东川均有分布，杜鹃灌丛的面积为2357.01hm^2，占整个保护区面积的14.32%。群落只有2个层次，即灌木层和草本层，有的群落出现层间植物。该群系组主要包括红棕杜鹃灌丛、密枝杜鹃灌丛、露珠杜鹃灌丛和锈红毛杜鹃灌丛4个群系。

2.3.6.1.1 红棕杜鹃灌丛 Form. *Rhododendron rubiginosum*

红棕杜鹃灌丛在轿子山主要分布于海拔2959～3230m的地段。群落外貌绿色，灌丛直立，但枝条分枝较多。群落组成丰富，木本植物有21种，草本植物66种，常绿灌木占有主要优势，其中毛柱红棕杜鹃 *Rhododendron rubiginosum* var. *ptilostylum* 在灌木层中占总主要优势，重要值最大，为29.85。群落中只有3株乔木，为马缨花 *Rhododendron delavayi*，盖度小于0.01%。整个群落分为3个层，即灌木层、草本层、层间层(表2-26)。

表2-26 红棕杜鹃灌丛样地调查表

样地号，面积，时间	样1，100m^2，20080726	样16，100m^2，20080728	样62，100m^2，20080804
调查人	杜凡、曾辉、姚莹、陈勇、张辉、杜小浪、李朝阳	陈勇、张辉、杜小浪	杜小浪、张辉、李朝阳
地点	轿子山	板山沟	轿子山

（续）

GPS 点	N26°12′3.1″, E102°52′17.1″	N26°16′16.3″, E103°00′14.9″	N26°03′32.2″, E102°49′28.9″
海拔，坡向，坡位，坡度	3010m，西北，中，40°	2959m，东南，下，30°	3230m，南偏西 20°，中，25°
生境地形特点			平缓
母岩 土壤特点，地表特征	棕壤、薄	地被物少，泥石流严重	玄武岩 棕壤（偏厚）岩石出露较少 3%
特别记载/人为影响			放牧
乔木层盖度			0.01%
灌木层盖度，优势种盖度	75	40	60
草本层盖度，优势种盖度	60	20	60

(一)乔木层

中文名	拉丁名	样 1			样 16			样 62			重要值
		株数	胸径（cm）	高度（m）	株数	胸径（cm）	高度（m）	株数	胸径（cm）	高度（m）	
马缨花	*Rhododendron delavayi*	3	20	5							100.00

(二)灌木层

中文名	拉丁名	样 1			样 16			样 62			重要值
		株数	高（cm）	盖度（%）	株数	高（cm）	盖度（%）	株数	高（cm）	盖度（%）	
毛柱红棕杜鹃	*Rhododendron rubiginosum* var. *ptilostylum*	50	200	60.0	15	230	17.0				29.85
洁净红棕杜鹃	*Rhododendron rubiginosum* var. *leclerei*				17	250	13.0	4	300	55.0	19.49
川滇绣线菊	*Spiraea schneideriana*	15	200	6.0							5.56
椭圆悬钩子	*Rubus ellipticus*	10	30	2.0							3.85
冰川茶藨子	*Ribes glaciale*				6	200	5.0				3.60
红果悬钩子	*Rubus erythrocarpus*	7	30	1.0							3.08
锈红毛杜鹃	*Rhododendron bureavii*	6	200	2.0							3.06
柳叶忍冬	*Lonicera lanceolata*	5	150	2.0							2.86
渐尖叶粉花绣线菊	*Spiraea japonica* var. *acuminata*				4	300	3.0				2.84
小叶栒子	*Cotoneaster microphyllus*							3	10	3.5	2.74
黄杯杜鹃	*Rhododendron wardii*	4	200	2.0							2.66
茶荚蒾	*Viburnum setigerum*				3	200	3.0				2.65
长花柳	*Salix longiflora*	2	250	4.0							2.63
短柱金丝桃	*Hypericum hookerianum*							4	10	0.5	2.39
两列栒子	*Cotoneaster nitidus*							2	90	2.0	2.27
白绿叶	*Elaeagnus viridis* var. *delavayi*							3	30	0.5	2.19

（续）

中文名	拉丁名	样1			样16			样62			重要值
		株数	高（cm）	盖度（%）	株数	高（cm）	盖度（%）	株数	高（cm）	盖度（%）	
南烛	*Lyonia ovalifolia*	3	40	0.5							2.19
四川忍冬	*Lonicera szechuanica*							2	10	1.3	2.14
洱源小檗	*Berberis willeana*							2	60	1.0	2.09
大乌泡	*Rubus multibracteatus*							1	17	0.5	1.79

（三）草本层

中文名	拉丁名	样1			样16			样62			重要值
		株数	高（cm）	盖度（%）	株数	高（cm）	盖度（%）	株数	高（cm）	盖度（%）	
野青茅	*Deyeuxia arundinacea*	40	20	50.0				36	17	0.5	12.54
川西龙胆	*Gentiana wilsonii*	15	15	10.0				25	10	0.5	3.78
西南委陵菜	*Potentilla fulgens*							80	15	8.0	3.53
黄毛草莓	*Fragaria nilgerrensis*							79	10	7.0	3.31
西南黄花茅	*Anthoxanthum hookeri*	20	40	10.0							2.84
一把伞南星	*Arisaema erubescens*	1	20	0.1	8	47	0.1	33	24	2.0	2.59
野草莓	*Fragaria vesca*							50	10	6.0	2.58
菜蕨	*Callipteris esculenta*				10	52	1.0	15	25	2.5	2.09
尼泊尔香青	*Anaphalis nepalensis*	30	25	5.0							2.01
绒毛钟花蓼	*Polygonum campanulatum* var. *fulvidum*				30	50	5.0				2.01
拉拉藤	*Galium aparine* var. *echinospermum*				15	36	1.5	17	13	0.5	1.91
伏毛虎耳草	*Saxifraga strigosa*							62	6	1.0	1.78
鞭打绣球	*Hemiphragma heterophyum*	4	5	0.1				25	12	1.5	1.77
椭圆叶花锚	*Halenia elliptica*							44	21	2.5	1.76
丝毛柳叶菜	*Epilobium brevifolium* ssp. *pannosum*							48	17	2.0	1.73
尼泊尔蓼	*Polygonum nepalense*				35	40	3.0				1.69
堇菜	*Viola verecunda*							42	8	1.7	1.56
松毛火绒草	*Leontopodium andersonii*							38	7	2.0	1.55
寸金草	*Clinopodium megalanthum*							43	21	1.5	1.54
长柄象牙参	*Roscoea debilis*							32	9	2.0	1.44
挺茎遍地金	*Hypericum elodeoides*				32	150	2.0				1.44
重头马先蒿	*Pedicularis dichrocephala*							32	11	2.0	1.44
虎掌草	*Anemone rivularis*							28	23	2.0	1.37

（续）

中文名	拉丁名	样 1			样 16			样 62			重要值
		株数	高（cm）	盖度（%）	株数	高（cm）	盖度（%）	株数	高（cm）	盖度（%）	
剪股颖	*Agrostis clavata*							37	17	1.0	1.33
双参	*Triplostegia glandulifera*							30	13	1.5	1.30
三叶委陵菜	*Potentilla freyniana*							35	8	0.8	1.25
瓜拉坡蟹甲草	*Parasenecio koualapensis*				16	54	2.5				1.25
三角叶马先蒿	*Pedicularis deltoidea*							37	10	0.5	1.23
小寸金黄	*Lysimachia deltoidea* var. *cinerascens*							36	10	0.5	1.21
戟叶堇菜	*Viola betonicifolia*							35	6	0.5	1.19
瑞香缬草	*Valeriana daphniflora*				23	60	1.5				1.18
宽叶兔儿风	*Ainsliaea latifolia*	17	30	2.0							1.17
戟叶火绒草	*Leontopodium dedekensii*							32	10	0.5	1.14
仙鹤草	*Agrimonia pilosa* var. *nepalensis*				20	41	1.5				1.12
革叶茴芹	*Pimpinella coriacea*							18	13	1.5	1.09
多枝婆婆纳	*Veronica javanica*							29	15	0.5	1.08
突隔梅花草	*Parnassia delavayi*							29	10	0.5	1.08
线叶嵩草	*Kobresia capillifolia*							23	10	1.0	1.08
大锥剪股颖	*Agrostis megathyrsa*							28	45	0.5	1.06
小灯心草	*Juncus bufonius*							28	12	0.5	1.06
滇西北紫菀	*Aster jeffreyanus*							27	10	0.5	1.05
丽江剪股颖	*Agrostis schneideri*							25	11	0.6	1.03
红缨大丁草	*Leibnitzia ruficoma*							26	8	0.5	1.03
茅膏菜	*Drosera peltata*							26	11	0.5	1.03
轮叶黄精	*Polygonatum verticillatum*							25	13	0.5	1.01
笄石菖	*Juncus prismatocarpus*	19	10	1.0							1.00
粘冠草	*Myriactis wallichii*							24	12	0.5	0.99
匐枝千里光	*Senecio filiferus*	6	40	2.0							0.97
细蝇子草	*Silene gracilicaulis*				25	60	0.2				0.95
东川画眉草	*Eragrostis mairei*							20	21	0.5	0.92
叉唇角盘兰	*Herminium lanceum*							19	11	0.5	0.90
车前	*Plantago asiatica*							18	8	0.5	0.88
细柄附地菜	*Trigonotis gracilipes*							21	7	0.2	0.88
三角叶假冷蕨	*Pseudosystopteris subtriangularis*	10	20	1.0							0.84
蒲公英	*Taraxacum mongolicum*							14	10	0.5	0.81
豌豆七	*Rhodiola henryi*	18	63	0.1							0.80

（续）

中文名	拉丁名	样1			样16			样62			重要值
		株数	高（cm）	盖度（%）	株数	高（cm）	盖度（%）	株数	高（cm）	盖度（%）	
灰毛风铃草	*Campanula cana*							15	12	0.3	0.79
升麻	*Cimicifug foetida*				7	56	1.0				0.78
亮白紫地榆	*Geranium candicans*							12	14	0.5	0.77
苍山橐吾	*Ligularia tsangchanensis*							8	10	0.8	0.76
长丝景天	*Sedum bergeri*	5	5	1.0							0.75
西南鬼灯檠	*Rodgersia sambucifolia*				6	96	0.6				0.68
大羽鳞毛蕨	*Dryopteris wallichiana*				10	40	0.1				0.66
昆明蟹甲草	*Parasenecio tripteris*	4	10	0.1							0.55
阔盖粉背蕨	*Araiostegia gresia*	3	20	0.1							0.53
卷叶黄精	*Polygonatum cirrhifolium*	2	20	0.1							0.51

（四）层间层

中文名	拉丁名	样1			样16			样62		
		株数	高（cm）	盖度（%）	株数	高（cm）	盖度（%）	株数	高（cm）	盖度（%）
小叶绣球藤	*Clematis montana* var. *sterilis*	3	100	1.0						
绣球藤	*Clematis montana*							1	16	0.5
东南茜草	*Rubia argyi*							2	8	0.5

灌木层盖度为58%，高度0.1～3m，有20个种，优势种为毛柱红棕杜鹃，重要值为29.85，洁净红棕杜鹃 *Rhododendron rubiginosum* var. *leclerei*，重要值为19.49。该群落没有更新层。

草本层盖度为46%，有66个种，优势种野青茅 *Deyeuxia arundinacea*，重要值为12.54，高度约为20cm，以西南委陵菜和川西龙胆 *Gentiana wilsonii* 为主。

层间植物有3种，每个种在群落中株数较少，其中小叶绣球藤 *Clematis montana* var. *sterilis* 3株，东南茜草2株，绣球藤 *Clematis montana* var. *montana* 仅1株。

2.3.6.1.2 密枝杜鹃灌丛 Form. *Rhododendron fastigiatum*

密枝杜鹃灌丛多分布在轿子山自然保护区海拔3910～4090m的地段，生境岩石裸露可以达到100%，基本无土壤。密枝杜鹃因所在地气候寒冷、风大，所以植株低矮，枝条缩短。群落外貌浅绿色，组成简单，有木本植物11种，草本植物45种。该群系中没有乔木层，但是更新层中有乔木幼树。群落可以分为2层，即灌木层和草本层（表2-27）。

表 2-27 密枝杜鹃灌丛样地调查表

样地号 面积 时间	样 21，100m²，20080728	样 25，100m²，20080728	样 60，100m²，20080802
调查人	杜凡、曾辉、姚莹	杜凡、曾辉、姚莹	杜凡、曾辉、姚莹、陈勇、杜小浪、张辉、李朝阳
地点	白石崖	白石崖附近	轿子山
GPS 点	N32°9′8.2″，E96°19′31.2″	N32°9′9.2″，E96°19′29.4″	N26° 05′ 07.3″， E102° 51′13.9″
海拔 坡向 坡位 坡度	3920m，东，上，30°	3910m，西北，下，15°	4090m，西，顶部，10°
生境地形特点			高原岩石山顶
母岩 土壤特点 地表特征	岩石出露度 100%	粉砂岩	变质岩 基本无土壤 岩石出露度 100%
特别记载/人为影响			
乔木层盖度			
灌木层盖度，优势种盖度	0.6	0.5	0.5
草本层盖度，优势种盖度	0.2	0.95	0.35

(一)灌木层：11 种 195 株 盖度 53%

中文名	拉丁名	样 21			样 25			样 60			重要值
		株数	高(cm)	盖度(%)	株数	高(cm)	盖度(%)	株数	高(cm)	盖度(%)	
乔木幼树											
急尖长苞冷杉	*Abies georgei* var. *smithii*							30	400	2	7.87
冠萼花楸	*Sorbus coronata*	1	200	1							2.72
密枝杜鹃	*Rhododendron fastigiatum*	2	30	3	48	150	50	55	30	50	44.50
宽叶杜鹃	*Rhododendron sphaeroblastum*	10	150	40							11.60
高山柏	*Juniperus squamata*	4	100	20				1	200	3	9.99
西南花楸	*Sprbus rehderiana*							15	200	2	5.31
喜阴悬钩子	*Rubus mesogaeus*	10	40	2							4.45
石生黄杨	*Buxus rugulosa*	9	30	2							4.28
假乳黄杜鹃	*Rhododendron fictolacteum*							8	150	2	4.11
大刺茶藨子	*Ribes alpestre*	1	30	0.1							2.56
乌蒙小檗	*Berberis woomungensis*	1	60	0.1							2.56

(二)草本层：45 种 18435 株 盖度 50%

中文名	拉丁名	样 21			样 25			样 60			重要值
		株数	高(cm)	盖度(%)	株数	高(cm)	盖度(%)	株数	高(cm)	盖度(%)	
草血竭	*Polygonum paleaceum*	8	15	1	4110	12	15	120	18	3	13.34
峨眉报春	*Primula faberi*	9	10	0.1	4000	9	10	500	7	0.2	12.02

（续）

中文名	拉丁名	样21			样25			样60			重要值
		株数	高（cm）	盖度（%）	株数	高（cm）	盖度（%）	株数	高（cm）	盖度（%）	
丽江棱子芹	*Pleurospermum foetens*				3125	10	20				10.37
西南委陵菜	*Potentilla fulgens*	1	10	1	1330	10	30				10.00
尼泊尔嵩草	*Kobresia nepalensis*							400	16	15	4.41
二色棱子芹	*Pleurospermum govanianum* var. *bicolor*	1	20	1	618	10	5				3.52
会理野青茅	*Deyeuxia mazzettii*	18	30	5	135	15	3				3.09
中甸蓝钟花	*Cyananthus chungdienensis*	1	13	0.1	50	5	0.5	350	4	2	2.99
条裂委陵菜	*Potentilla lancinata*							150	8	10	2.91
娇眉梅花草	*Parnassia venusta*				208	5	3	65	9	3	2.90
斑点龙胆	*Gentiana handeliana*	21	20	10							2.68
微药羊茅	*Festuca nitidula*				800	8	2				2.43
狭叶委陵菜	*Potentilla stenophylla*	3	10	0.1	300	10	3				2.35
川甘灯心草	*Juncus leucanthus*	7	10	0.1	200	18	2				1.97
橙花垂头菊	*Cremanthodium citriflorum*	10	20	1	3	10	0.1				1.41
川西龙胆	*Gentiana wilsonii*							450	6	0.1	1.40
小叶蓼	*Polygonum delicatulum*							450	3	0.1	1.40
印度灯心草	*Juncus clarkei*							350	12	0.5	1.30
羽叶穗花报春	*Primula pinnatifida*							60	10	3	1.30
座花针茅	*Stipa subsessiliflora*	10	15	2							1.00
丛生委陵菜	*Potentilla coriandrifolia* var. *dumosa*							200	13	0.2	0.97
褐毛紫菀	*Aster fuscescens*				100	10	1				0.96
丽江紫菀	*Aster likiangensis*							35	15	1	0.84
狭根茎老鹳草	*Geranium donianum*				12	5	1				0.80
盔瓣景天	*Sedum subgaleatum*							65	5	0.5	0.79
大理无心菜	*Arenaria delavayi*	3	17	1							0.78
裂萼钉柱委陵菜	*Potentilla saundersiana* var. *jacquemontii*	3	10	1							0.78
细茎橐吾	*Ligularia hookeri*	1	10	1							0.78
矢叶垂头菊	*Cremanthodium forrestii*							80	5	0.3	0.77
二色香青	*Anaphalis bicolor*				15	7	0.1				0.61
羊茅	*Festuca pamirica*				15	10	0.1				0.61
小泡虎耳草	*Saxifraga bulleyana*				8	8	0.1				0.60
云南瘤果芹	*Trachydium kindon - wardii*				7	20	0.1				0.60

（续）

中文名	拉丁名	样21			样25			样60			重要值
		株数	高（cm）	盖度（%）	株数	高（cm）	盖度（%）	株数	高（cm）	盖度（%）	
长鞭红景天	*Rhodiola fastigiata*	5	8	0.1							0.60
流苏虎耳草	*Saxifraga wallichiana*				4	10	0.1				0.59
缠绕党参	*Codonopsis pilosula* var. *volubilis*	3	7	0.1							0.59
云南开口箭	*Tupistra yunnanensis*							3	23	0.1	0.59
珠峰火绒草	*Leontopodium himalayanum*	3	10	0.1							0.59
大海虎耳草	*Saxifraga dahaiensis*	2	12	0.1							0.59
蓝花韭	*Allium beesianum*	2	30	0.1							0.59
羽裂风毛菊	*Saussurea pachyneura*				2	10	0.1				0.59
大花柳叶菜	*Epilobium wallichianum*	1	15	0.1							0.59
黛鳞耳蕨	*Polystichum nigrum*	1	24	0.1							0.59
黄腺香青	*Anaphalis aureopunctata*	1	10	0.1							0.59
同钟花	*Homocodon brevipes*	1	30	0.1							0.59

灌木层盖度为53%，高度30～400cm，有9种，优势种为密枝杜鹃 *Rhododendron fastigiatum*，重要值为44.50。其他灌木还有宽叶杜鹃 *Rhododendron sphaeroblastum* var. *sphaeroblastum*，重要值为11.60；高山柏，重要值为9.99；西南花楸 *Sorbus rehderiana*，重要值为5.31。更新层都是乔木幼树，有2个种，为急尖长苞冷杉 *Abies georgei* var. *smithii*，重要值7.87；冠萼花楸 *Sorbus coronata*，重要值为2.72。

草本层盖度50%，有45个种，优势种为草血竭，重要值为13.34；峨眉报春 *Primula faberi*，重要值为12.02。以蔷薇科植物居多，有西南委陵菜、条裂委陵菜 *Potentilla lancinata*、狭叶委陵菜 *Potentilla stenophylla* 和裂萼钉柱委陵菜 *Potentilla saundersiana* var. *jacquemontii* 等。由于海拔高，气候寒冷，土层薄，含石量大，出现了长鞭红景天 *Rhodiola fastigiata*。

2.3.6.1.3 露珠杜鹃灌丛 Form. *Rhododendron irroratum*

露珠杜鹃灌丛在东川和禄劝均有分布，在轿子山多分布在海拔3641～3950m的地段。群落外貌较整齐，组成简单，木本植物有14个种，草本植物有56个种。群落可分为2个层，即灌木层和草本层（表2-28）。

表2-28 露珠杜鹃灌丛样地调查表

样地号 面积 时间	样69，100m^2，20080804	样81，100m^2，20080805
调查人	曾辉、姚莹、陈勇	杜凡、曾辉、张辉
地点	背风窝	马鬃岭
GPS点	N26°4′6.7″，E102°50′24″	N26°09′37.1″，E102°51′09.5″
海拔 坡向 坡位 坡度	3641m，东，中，20°	3950m，北坡，上部，30°

（续）

生境地形特点		山顶，风大
母岩 土壤特点 地表特征		玄武岩 棕壤
特别记载/人为影响	放牧、砍伐严重	放牧、砍伐严重
乔木层盖度	——	——
灌木层盖度，优势种盖度	80%	70%
草本层盖度，优势种盖度	60%	80%

（一）灌木层：14 种 480 株 盖度 75%

中文名	拉丁名	样 69			样 81			重要值
		株数	高（cm）	盖度（%）	株数	高（cm）	盖度（%）	
露珠杜鹃	*Rhododendron irroratum*	27	300	45	34	150	30	25.04
高山柏	*Juniperus squamata*	25	150	10	6	50	12	11.2
冰川茶藨子	*Ribes glaciale*	100	15	1				9.24
小叶栒子	*Cotoneaster microphyllus*	50	30	15				8.88
滇西北小檗	*Berberis franchetians*	60	40	1				6.47
斑壳玉山竹	*Yushania maculata*	45	60	5				6.31
山栀子	*Hypericum pseudohenryi*	60	5	0.1				6.27
乌蒙小檗	*Berberis woomungensis*	40	10	5				5.97
弯柱杜鹃	*Rhododendron campylogynum*				10	150	10	4.99
喜阴悬钩子	*Rubus mesogaeus*				5	25	5	3.54
密枝杜鹃	*Rhododendron fastigiatum*				4	180	5	3.47
杜鹃一种	*Rhododendron* sp.				3	200	5	3.4
陇塞忍冬	*Lonicera tangutica*	10	160	1				2.99
滇藏方枝柏	*Juniperus wallichiana*	1	150	0.1				2.17

（二）草本层：56 种 13038 株 盖度 70%

中文名	拉丁名	样 69			样 81			重要值
		株数	高（cm）	盖度（%）	株数	高（cm）	盖度（%）	
阿坝堇菜	*Viola tienschiensis*	2500	3	5				7.98
野草莓	*Fragaria vesca*	1500	13	15				7.51
细茎橐吾	*Ligularia hookeri*	500	30	5	8	30	10	5.52
线茎虎耳草	*Saxifraga filicaulis*	1750	3	0.7				5.16
西南委陵菜	*Potentilla fulgens*				15	10	20	4.75
绒毛钟花蓼	*Polygonum campanulatum* var. *fulvidum*	445	40	10	14	25	0.5	4.45
糙野青茅	*Deyeuxia scabrescens*	1000	35	5				4.14
尼泊尔香青	*Anaphalis nepalensis*	800	15	2	20	25	2	4.02
多枝浅黄马先蒿	*Pedicularis lutescens* ssp. *ramosa*	550	15	8				3.62

（续）

中文名	拉丁名	样69			样81			重要值
		株数	高（cm）	盖度（%）	株数	高（cm）	盖度（%）	
条裂委陵菜	*Potentilla lancinata*	500	15	5				2.86
之形喙马先蒿	*Pedicularis sigmoidea*	204	20	8				2.73
大花玄参	*Scrophularia delavayi*				5	120	10	2.64
分枝伏毛虎耳草	*Saxifraga strigosa* var. *ramosa*	500	5	0.2	10	13	0.5	2.54
欧洲金毛裸蕨	*Paragymnopteris marantae*	300	15	3				1.93
亮白紫地榆	*Geranium candicans*	110	7	5				1.87
双参	*Triplostegia glandulifera*	400	20	1				1.77
头花蓼	*Polygonum capitatum*	278	17	2				1.67
多籽无心菜	*Arenaria polysperma*				16	10	5	1.63
雅灯心草	*Juncus concinnus*				8	10	5	1.60
丝毛柳叶菜	*Epilobium brevifolium* ssp. *pannosum*	138	20	0.5	10	15	0.1	1.59
裂萼钉柱委陵菜	*Potentilla saundersiana* var. *jacquemontii*				15	20	4	1.41
钝瓣景天	*Saussurea centiloba*	250	5	0.1				1.20
百裂风毛菊	*Saussurea centiloba*				4	8	3	1.18
圆叶无心菜	*Arenaria rotundifolia*	225	10	0.2				1.16
多枝婆婆纳	*Veronica javanica*				18	15	2	1.00
黄腺香青	*Anaphalis aureo punctata*				15	20	2	1.00
大理无心菜	*Arenaria delavayi*				12	15	2	0.99
高原毛茛	*Ranunculus tanguticus*				10	18	2	0.98
尼泊尔嵩草	*Kobresia nepalensis*				10	13	2	0.98
小叶蓼	*Polygonum delicatulum*				7	12	2	0.98
睫毛状假冷蕨	*Pseudocystopteris schizochlamys*				5	25	2	0.97
酸模	*Rumex acetosa*				3	16	2	0.97
兔儿风一种	*Ainsliaea* sp.	78	15	1				0.95
滇藏羊茅	*Festuca vierhapperi*	120	30	0.3				0.91
西藏棱子芹	*Pleurospermum hookeri* var. *thomsonii*	110	5	0.1				0.84
同钟花	*Homocodon brevipes*	84	18	0.3				0.82
东川鼠尾	*Salvia mairei*				12	20	1	0.78
康定玉竹	*Polygonatum prattii*	50	15	0.5				0.77
中甸长果婆婆纳	*Veronica ciliata* ssp. *zhongdianensis*				8	10	1	0.77
黄毛草莓	*Fragaria nilgerrensis*				7	12	1	0.77
花佩菊	*Faberia sinensis*	63	7	0.1				0.72
罗平山凤仙花	*Impatiens poculifer*	63	10	0.1				0.72

（续）

中文名	拉丁名	样69			样81			重要值
		株数	高（cm）	盖度（%）	株数	高（cm）	盖度（%）	
高山囊瓣芹	*Pternopetalum subalpinum*	62	7	0.1				0.72
云南红景天	*Rhodiola yunnanensis*	62	10	0.1				0.72
草血竭	*Polygonum paleaceum*				10	15	0.5	0.67
偏花报春	*Primula secundiflora*				9	22	0.5	0.67
虎掌草	*Anemone rivularis*	40	10	0.1				0.66
流苏龙胆	*Gentiana panthaica*	40	15	0.1				0.66
云生早熟禾	*Poa nubigena*				5	15	0.5	0.66
多花剪股颖	*Agrostis myriantha*	27	25	0.1				0.63
象头花	*Arisaema franchetianum*	10	30	0.1				0.59
展毛短柄乌头	*Aconitum brachypodum* var. *laxiflorum*	7	40	0.1				0.58
金钩如意草	*Corydalis taliensis*				6	25	0.1	0.58
拉拉藤	*Galium Aparine* var. *echinospermum*				4	30	0.1	0.57
轮叶黄精	*Polygonatum verticillatum*				3	20	0.1	0.57
锡金丝瓣芹	*Acronema hookeri*				3	20	0.1	0.57

灌木层盖度为75%，有14种，株数约480株，高度10～300cm，优势种为露珠杜鹃*Rhododendron irroratum*，重要值为25.04。其次为高山柏，重要值为11.20。其他各种均只在1个样地里出现，如冰川茶藨子*Ribes glaciale*、小叶栒子*Cotoneaster microphyllus*、滇西北小檗等。灌木下层出现斑壳玉山竹，高度为60cm。

草本层盖度为70%，有56个种，优势种为阿坝堇菜，重要值7.98；野草莓，重要值为7.51；细茎橐吾*Ligularia hookeri*，重要值为5.52；线茎虎耳草*Saxifraga filicaulis*，重要值为5.16。草本层没有明显的优势种。

2.3.6.1.4 锈红毛杜鹃灌丛 Form. *Rhododendron bureavii*

锈红毛杜鹃灌丛主要分布在轿子山自然保护区海拔2970～2900m的山地，仅在东川调查到该群落。生境岩石裸露50%。群落外貌深绿，高度比较一致，郁闭度较大。群落组成简单，物种较少，木本植物7个种，草本植物11个种。该灌丛可以分为2层，即灌木层和草本层（表2-29）。

灌木层盖度80%，有6个种，高度40～150cm。优势种为锈红毛杜鹃，重要值34.01，高度1.5m。灌木下层有斑壳玉山竹，高度70cm。乔木幼树（更新层）仅1种，为华山松*Pinus armandi*。

草本层盖度为45%，有11个种，高度10～38cm。优势种为羊茅*Festuca pamirica*，重要值为23.74，高为38cm。其他还有密毛紫菀*Aster vestitus*，重要值为13.58；草血竭重要值为13.06；野草莓重要值为11.37等。

表 2-29 锈红毛杜鹃灌丛样地调查表

样地号 面积 时间	样 26，100m²，200807028
调查人	陈勇、张辉、杜小浪
地点	腰棚子林场
GPS 点	N26°16′12″，E103°0′12″
海拔 坡向 坡位 坡度	2983m，西南，中，25°
生境地形特点	
母岩 土壤特点 地表特征	岩石裸露 50%
特别记载/人为影响	
乔木层盖度	
灌木层盖度，优势种盖度	80%
草本层盖度，优势种盖度	45%

(一)灌木层：7 种 125 株 盖度 80%

中文名	拉丁名	株数	高(cm)	盖度(%)	重要值
乔木幼树					
华山松	*Pinus armandi*	8	70	6	9.30
真正的灌木					
锈红毛杜鹃	*Rhododendron bureavii*	57	150	35	34.01
南烛	*Lyonia ovalifolia*	11	70	15	13.72
斑壳玉山竹	*Yushania maculata*	13	45	9	11.84
椭叶小舌紫菀	*Aster albescens* var. *limprichtii*	17	140	5	11.30
渐尖叶粉花绣线菊	*Spiraea japonica* var. *acuminata*	13	120	5	10.24
碎米花杜鹃	*Rhododendron spiciferum*	6	40	8	9.57

(二)草本层：11 种 1993 株 盖度 45%

中文名	拉丁名	株数	高(cm)	盖度(%)	重要值
羊茅	*Festuca pamirica*	1000	38	6	23.74
密毛紫菀	*Aster vestitus*	313	25	8	13.58
草血竭	*Polygonum paleaceum*	123	14	12	13.06
野草莓	*Fragaria vesca*	300	10	5	11.37
松毛火绒草	*Leontopodium andersonii*	156	26	5	8.96
齿叶虎耳草	*Saxifraga hispidula*	11	25	5	6.53
百裂风毛菊	*Saussurea centiloba*	10	15	5	6.52
二色瓦韦	*Lepisorus bicolor*	20	15	2	4.69
黄花鼠尾	*Salvia flava*	10	28	2	4.52
阿坝堇菜	*Viola tienschiensis*	40	10	0.1	3.76
鸡肉参	*Incarvillea mairei*	10	15	0.1	3.26

杜鹃灌丛的 4 个群系由于它们的物种组成、建群种和优势种的不同表现出不同的特征。可以从它们的多样性指数看出：红棕杜鹃灌丛中灌木层和草本层的多样性指数呈现共同的特

征，物种多样性指数(Simpson)、生态优势度指数(Shannon - Wiener)和群落均匀度指数(Pielou)都是草本层 > 灌木层 > 整个群落；同层的生态优势度(Shannon - Wiener)相对大于物种多样性指数(Simpson)和群落均匀度指数(Pielou)。密枝杜鹃灌丛中物种多样性指数(Simpson)：草本层 = 整个群落 > 灌木层，生态优势度指数(Shannon - Wiener)：整个群落 > 草本层 > 灌木层，群落均匀度指数(Pielou)：整个群落 > 灌木层 > 草本层；同层的生态优势度(Shannon - Wiener)也相对大于物种多样性指数(Simpson)和群落均匀度指数(Pielou)。露珠杜鹃灌丛物种多样性指数(Simpson)：整个群落 > 草本层 > 灌木层，生态优势度指数(Shannon - Wiener)：整个群落 > 草本层 > 灌木层，群落均匀度指数(Pielou)：灌木层 > 草本层 > 整个群落；同层的生态优势度(Shannon - Wiener)也相对大于物种多样性指数(Simpson)和群落均匀度指数(Pielou)。锈红毛杜鹃灌丛物种多样性指数(Simpson)：灌木层 > 整个群落 > 草本层，生态优势度指数(Shannon - Wiener)：整个群落 > 灌木层 > 草本层，群落均匀度指数(Pielou)：灌木层 > 草本层 > 整个群落；同层的生态优势度指数(Shannon - Wiener)也相对大于物种多样性指数(Simpson)和群落均匀度指数(Pielou)，见表2-30。

杜鹃灌丛在轿子山自然保护区分布最广、面积最大，面积为2357.01hm^2，占保护区面积的14.32%，在保护区内占明显优势。这类群落在维持保护区内的生态平衡和生物多样性保护中占有相当重要的地位。保护区内杜鹃灌丛是垂直地带性植被，属于海拔2900～3900m的寒温性亚高山湿性植被带和海拔3900～4300m寒性高山湿性植被带(金振洲，1998)。

表2-30 生物多样性指数

群系组	分层	物种丰富度(*S*)	物种多样性指数 Simpson 指数	生态优势度 Shannon-wiener 指数	群落均匀度指数 Pielou 指数
红棕杜鹃灌丛	乔木层	1	0	0	
	灌木层	20	0.82	2.28	0.76
	草本层	66	0.98	4.02	0.96
	群落	90	0.96	3.8	0.84
密枝杜鹃灌丛	乔木层				
	灌木层	11	0.67	1.57	0.66
	草本层	45	0.85	2.31	0.61
	群落	56	0.85	2.36	0.59
露珠杜鹃灌丛	乔木层				
	灌木层	14	0.88	2.24	0.85
	草本层	56	0.91	2.86	0.71
	群落	70	0.92	2.99	0.7
锈红毛杜鹃灌丛	乔木层				
	灌木层	7	0.74	1.64	0.84
	草本层	11	0.69	1.53	0.64
	群落	18	0.73	1.76	0.61

轿子山的杜鹃灌丛在高山植被垂直带中占据重要的地位，各种群落中都有多种杜鹃分布，以杜鹃为绝对优势种，构成一个森林以上的植被带，同时也是轿子山自然保护区高山植被景观的重要组成部分，这种植被类型在滇中及以北地区较罕见，具有一定的稀有性。杜鹃灌丛在轿子山自然保护区原生性强，有些地段受人为干扰较强，主要影响方式是放牧和砍柴。在本次调查中，发现有人挖掘杜鹃树根做根雕，这是一种新的破坏方式，对杜鹃生长影响极大。

群落组成种类主要是以杜鹃花科植物为主，约有20种，是滇中地区天然的杜鹃花园，是一个极有观赏价值的植被类型。高山上土壤瘠薄，该植被的盖度较大，树冠整齐，有着良好的涵养水源和保持水土功能，同时能加强成土作用，改善土壤的恶劣环境。红棕杜鹃群落中没有调查到优势树种的幼苗，且没有乔木幼树出现，因此不易演替成为森林。由于离居民点较近，且有放牧影响，如果不加以保护将有可能向草甸转化。密枝杜鹃群落天然更新差，基本没见到优势种的幼苗，仅见表2-30中乔木树种的幼树，冠萼花楸株数很少，仅1株，急尖长苞冷杉幼树有30株。由于该群落分布海拔较高，适宜急尖长苞冷杉生长，如果加以保护，将有可能形成急尖长苞冷杉林。露珠杜鹃灌丛天然更新差，很少见优势种的幼苗，没有见到乔木树种的幼树。由于受人为影响很严重，因此出现灌木层种类较少，草本层物种较多。如果不加以保护，将有可能向草甸转化。如果得以及时有效的保护，该类型灌丛将会稳定的发展下去，进而演替为高山矮林。锈红毛杜鹃灌丛分布在人工华山松林周边，因此林内出现华山松幼树，如果该群落在不受人为干扰下，可能演替为华山松林。

目前还有保存下来的该类型原始林分，在滇中地区是十分难得的资源，应加强保护，可采取封山育林或人工抚育的措施，同时对周围居民开展森林保护宣传，增强人们的自然意识，从而减少人为的破坏。

2.3.6.2 柳灌丛 Form. Group *Salix* spp.

该群系组是以柳属 *Salix* 中的耐寒灌木为主组成的一类高山灌丛。主要分布于滇西北各大雪山树线以上的高山。属于柳灌丛群系组的群落均由落叶的矮生灌木所组成，分布在迎风多石山坡，群落一般都十分低矮；分布在避风的沟边生境，由于土壤条件良好，灌木高度可达3~4m，呈现为高山丛林状。轿子山自然保护区以柳为优势的群落主要分布于东川区的舍块乡和红土地镇，面积约为521.42 hm^2，占保护区总面积的3.17%，主要有4个群系，即长花柳灌丛、密穗柳灌丛、乌柳灌丛和小垫柳灌丛。

2.3.6.2.1 长花柳灌丛 Form. *Salix longiflora*

长花柳灌丛分布在轿子山自然保护区海拔约3000m、地表石灰岩裸露显著的环境中。两个样地均位于保护区东川区舍块乡和红土地镇辖区内局部地段的沟谷中。群落可分为灌木层、草本层、层间层3个层次(表2-31)。

灌木层总平均盖度为77.5%，高度0.05~3.5m，有20个种。优势种是壮刺小檗 *Berberis deinacantha*，重要值为21.8，高度为1.7m，盖度为12.5%；长花柳 *Salix longiflora*，重要值为12.1，高度为2.5m，盖度为19%，虽然优势度没有壮刺小檗高，但是长花柳在两个调查样地中均以优势种出现；大乌泡 *Rubus multibracteatus*，重要值为8.6，高度为3m，盖度为10%；渐尖叶粉花绣线菊 *Spiraea japonica* var. *acuminata*，重要值为7.2，高度为1.7m，盖度为4.5%。群落灌木层的成分以蔷薇科的植物居多，有大乌泡、渐尖叶粉花绣线菊、长尖叶蔷薇、木帚栒子、伏毛金路梅 *Potentilla fruticosa* var. *arbuscula* 等。其次是杨柳科和杜鹃花科的植物。乔木的幼树(更新层)树高13~5m，有3种，优势种是山杨 *Populus davidiana*，重要值为5.9，高度是2m，盖度为9%。

草本层总平均盖度为27.5%，有37个种，优势种是丹参花马先蒿 *Pedicularis salviaeflora*，重要值为14.3，高度为0.25m，盖度为10%；岩生剪股颖 *Agrostis rupestris*，重要值为11.6，高度为0.2m，盖度为8%；紫雀花 *Parochetus communis*，重要值为9.2，高度为0.12m，盖度为3%；黄毛草莓的重要值为8.5，高度为0.11m，盖度为5%。草本层以菊科植物居多，如艾叶火绒草 *Leontopodium artemisiifolium*、大叶女蒿、绵毛黄鹌菜 *Youngia lanata*、尼泊尔香青 *Anaphalis nepalensis*、天名精 *Carpesium abrotanoides*、云南香青 *Anaphalis yunnanensis* 等；其次是蔷薇科，如黄毛草莓、亮白紫地榆 *Geranium candicans*、西南委陵菜、野草莓、路边青 *Geum aleppicum*；玄参科的种类也较多，主要是多种马先蒿，如丹参花马先蒿、大王马先蒿 *Pedicularis rex*、尖果马先蒿、密穗马先蒿 *Pedicularis densispica*、狐尾马先蒿 *Pedicularis alopecuros* 等。

层间植物较少，仅有柔毛山黑豆 *Dumasia villosa* 1个种2丛，高度为0.1m，盖度为0.25%。

表2-31 长花柳群系样地调查表

样地号 面积 时间	样7，100m^2，20080727	样38，100m^2，20080730
调查人	杜凡、曾辉、陈勇、杜小浪、张辉、姚莹、李朝阳	杜小浪、张辉、李朝阳
地点	舍块乡九龙村后面	法者乡桦木林
GPS点	N 26°10′18.9″，E 102°53′42.0″	N 26°05′23.8″，E 102°53′36.9″
海拔 坡向 坡位 坡度	2910m，西北坡，中下坡，35°	2750m，南，中下坡，25°
生境地形特点		
母岩 土壤特点 地表特征	石灰岩	石灰岩，岩石裸露少，灌木盖度大
特别记载/人为影响	退耕地上演替而来，旁边有高山松	砍柴
乔木层盖度		
灌木层盖度，优势种盖度	60%，长花柳25%	95%，壮刺小檗25%
草本层盖度，优势种盖度	35%，东川画眉草4%	75%，丹参花马先蒿20%

(一)灌木层(包括更新层)：20种，盖度77.5%

中文名	拉丁名	样7			样38			重要值
		株数	高(m)	盖度(%)	株数	高(m)	盖度(%)	
乔木幼树								
山杨	*Populus davidiana*	10	2	18				5.88
光叶高山栎	*Quercus rehderiana*	1	1	3				2.20
滇杨	*Populus yunnanensis*				1	3.5	3	2.20
灌木								
壮刺小檗	*Berberis deinacantha*				250	1.7	25	21.84
长花柳	*Salix longiflora*	12	2.5	25	6	2.5	13	12.06

（续）

中文名	拉丁名	样 7			样 38			重要值
		株数	高（m）	盖度（%）	株数	高（m）	盖度（%）	
大乌泡	*Rubus multibracteatus*				48	3	20	8.59
渐尖叶粉花绣线菊	*Spiraea japonica* var. *acuminata*				63	1.7	9	7.20
长尖叶蔷薇	*Rosa longicuspis*				43	1.45	6	5.37
木帚栒子	*Cotoneaster dielsianus*				38	1.5	6	5.06
云南娃儿藤	*Tylophora yunnanensis*	2	0.05	0.5	13	0.4	0.5	4.15
宜昌荚蒾	*Viburnum erosum*				9	1.4	9	3.94
伏毛金路梅	*Potentilla fruticosa* var. *arbuscula*	13	0.12	3				2.93
毛萼香薷	*Elsholtzia eriocalyx*	10	0.3	3				2.75
大白花杜鹃	*Rhododendron decorum*				16	1.3	1	2.69
银果牛奶子	*Elaeagnus magna*				1	3	5	2.62
峨嵋荚迷	*Viburnum omeiense*	3	1.8	3				2.32
滇西北小檗	*Berberis franchetians*	4	1.5	2				2.17
洁净红棕杜鹃	*Rhododendron rubiginosum* var. *leclerei*	4	0.8	2				2.17
杯萼忍冬	*Lonicera inconspicua*	3	2	2				2.11
马桑	*Coriaria nepalensis*	2	0.2	0.5				1.74

（二）草本层：37 种，8383 株，盖度 55%

中文名	拉丁名	样 7			样 38			重要值
		株数	高（m）	盖度（%）	株数	高（m）	盖度（%）	
丹参花马先蒿	*Pedicularis salviacflora*							14.32
岩生剪股颖	*Agrostis rupestris*				1600	0.2	16	11.63
紫雀花	*Parochetus communis*				1567	0.12	6	9.15
黄毛草莓	*Fragaria nilgerrensis*				1235	0.11	10	8.53
车前	*Plantago asiatica*				600	0.12	6	4.91
云南香青	*Anaphalis yunnanensis*				237	0.2	4	2.92
寸金草	*Clinopodium megalanthum*				141	0.21	4.5	2.67
亮白紫地榆	*Geranium candicans*				80	0.23	5	2.57
野棉花	*Anemone vitifolia*	7	0.8	0.5	22	0.29	2	2.56
尼泊尔酸模	*Rumex nepalensis*				174	0.15	2.5	2.25
拉拉藤	*Galium aparine* var. *echinospermum*				133	0.26	3	2.23
东川画眉草	*Eragrostis mairei*	20	0.23	4				2.05
草血竭	*Polygonum paleaceum*	22	0.17	3				1.79

（续）

中文名	拉丁名	样7			样38			重要值
		株数	高（m）	盖度（%）	株数	高（m）	盖度（%）	
狐尾马先蒿	*Pedicularis alopecuros*	21	0.33	3				1.78
尼泊尔蓼	*Polygonum nepalense*	21	0.1	3				1.78
大王马先蒿	*Pedicularis rex*	20	0.38	3				1.78
西南委陵菜	*Potentilla fulgens*	15	0.12	3				1.76
艾叶火绒草	*Leontopodium artemisiifolium*	9	0.14	2.5				1.60
一把伞南星	*Arisaema erubescens*				67	0.35	1.5	1.56
瓶尔小草	*Ophioglossum vulgatum*	19	0.1	2				1.50
尖果马先蒿	*Pedicularis oxycarpa*	18	0.18	2				1.50
西南鬼灯檠	*Rodgersia sambucifolia*	18	0.4	2				1.50
尼泊尔香青	*Anaphalis nepalensis*	11	0.09	2				1.47
齿叶虎耳草	*Saxifraga hispidula*				62	0.18	1.2	1.45
仙鹤草	*Agrimonia pilosa* var. *nepalensis*	18	0.19	1.5				1.36
密穗马先蒿	*Pedicularis densispica*	12	0.2	1.5				1.34
大叶女蒿	*Hippolytia yunnanensis*	10	0.19	1.5				1.33
野草莓	*Fragaria vesca*	20	0.4	1				1.23
虎掌草	*Anemone rivularis*	12	0.21	1				1.20
束花凤仙花	*Impatiens desmantha*				22	0.26	0.5	1.10
窄裂缬草	*Valeriana stenoptera*				20	0.42	0.5	1.09
酸模	*Rumex acetosa*				13	0.26	0.5	1.07
绵毛黄鹌菜	*Youngia lanata*	11	0.13	0.5				1.06
天名精	*Carpesium abrotanoides*				4	0.19	0.6	1.06
路边青	*Geum aleppicum*	8	0.44	0.5				1.05
抱茎柴胡	*Bupleurum longicaule* var. *amplexicaule*	13	0.35	0.1				0.96
弯花筋骨草	*Ajuga campylantha*	1	0.4	0.1				0.91

（三）层间植物：1种，2株，盖度0.25%

中文名	拉丁名	样7			样38		
		株数	高（m）	盖度%	株数	高（m）	盖度%
柔毛山黑豆	*Dumasia villosa*	2	0.1	0.5			

2.3.6.2.2 密穗柳灌丛 Form. *Salix myrtillacea*

密穗柳灌丛分布于轿子山自然保护区海拔3170m较平缓的中坡上，位于东川区的舍块乡九龙沟沟谷中。群落中物种组成简单，可以分为乔木层、灌木层、草本层3个层次，未见层间植物（表2-32）。

乔木层的盖度达40%，高度5～7.5m，胸径以密穗柳 *Salix myrtillacea* 最大，达30cm，但物种较少，仅有4种。优势种是密穗柳，重要值为29.1，高度为5m，盖度为30%。乔木树种只有细齿樱桃 *Cerasus trichostoma* 1种；密穗柳、锈红毛杜鹃、丽江山梅花 *Philadelphus calvescens* 一般为灌木，但其胸径、高度均达到乔木的要求。

灌木层总盖度为30%，高度0.3～1.8m，有11个种，优势种是洁净红棕杜鹃 *Rhododendron rubiginosum* var. *leclerei*，重要值为17.2，高度为1.5，盖度为7%；滇中绣线菊 *Spiraea schochiana*，重要值为14.2，高度为0.5m，盖度为4%；木帚栒子的重要值为9.5，高度为0.49m，盖度为4%；柳叶忍冬的重要值为9.1，高度为2m，盖度为2.5%。灌木层的物种以蔷薇科的植物居多，有滇中绣线菊、木帚栒子、西南栒子 *Cotoneaster franchetii*、多苞蔷薇 *Rosa multibracteata* 等；其次是忍冬科的齿叶忍冬、四川忍冬 *Lonicera szechuanica* 和柳叶忍冬。本群落中未调查到优势树种的幼树。

草本层总盖度为75%，共18个种。优势种是西南黄花茅，重要值为25.4，高度为0.3m，盖度为35%；爪哇唐松草 *Thalictrum javanicum*，重要值为13.4，高度为0.4m，盖度为20%；史氏马先蒿 *Pedicularis smithiana*，重要值为7.9，高度为0.25m，盖度为8%；草血竭重要值为7.3，高度为0.17m，盖度为7%；野草莓重要值为5.3，高度为0.03m，盖度为2%。以毛茛科和虎耳草科的植物为主，有爪哇唐松草、升麻 *Cimicifug foetida*、虎掌草 *Anemone rivularis*、红毛虎耳草 *Saxifraga rufescens*、刚毛虎耳草 *Saxifraga oreophila*、西南鬼灯檠 *Rodgersia sambucifolia* 等。

表2-32 密穗柳灌丛样地调查表

样地号 面积 时间	样12，500m^2，20080727
调查人	杜凡、曾辉、陈勇、张辉、杜小浪、姚莹、李朝阳
地点	舍块乡九龙沟
GPS点	N26°10′19.1″，E102°54′2.5″
海拔 坡向 坡位 坡度	3170m，北偏西10°，中坡，30°
生境地形特点	
母岩 土壤特点 地表特征	无岩石出露
特别记载/人为影响	砍柴
乔木层盖度	40%
灌木层盖度，优势种盖度	30%，洁净红棕杜鹃7%
草本层盖度，优势种盖度	75%，西南黄花茅35%

(一)乔木层：4种，盖度40%

中文名	拉丁名	株数	高(m)	胸径(cm)	重要值
密穗柳	*Salix myrtillacea*	20	5	30	29.12
锈红毛杜鹃	*Rhododendron bureavii*	12	5.5	7	27.44
丽江山梅花	*Philadelphus calvescens*	5	5	2	22.14
细齿樱桃	*Cerasus trichostoma*	7	7.5	4	21.30

（续）

(二)灌木层：11 种，盖度 33%					
中文名	拉丁名	株数	高(m)	盖度(%)	重要值
灌木					
洁净红棕杜鹃	*Rhododendron rubiginosum* var. *leclerei*	6	1.5	7	17.24
滇中绣线菊	*Spiraea schochiana*	6	0.5	4	14.21
木帚栒子	*Cotoneaster dielsianus*	2	0.49	4	9.45
柳叶忍冬	*Lonicera lanceolata*	3	2	2.5	9.13
漾濞荚蒾	*Viburnum chingii*	2	1	3	8.44
四川忍冬	*Lonicera szechuanica*	2	0.3	3	8.44
橙黄瑞香	*Daphne aurantiaca*	2	0.6	2.5	7.94
西南栒子	*Cotoneaster franchetii*	2	1.8	2.5	7.94
多苞蔷薇	*Rosa multibracteata*	1	1.5	2	6.24
齿叶忍冬	*Lonicera setifera*	1	0.3	1.5	5.74
无刺菝葜	*Smilax mairei*	1	0.04	1	5.23

(三)草本层：18 种，257 株，盖度 80%					
中文名	拉丁名	株数	高(m)	盖度(%)	重要值
西南黄花茅	*Anthoxanthum hookeri*	70	0.3	35	25.44
爪哇唐松草	*Thalictrum javanicum*	25	0.4	20	13.39
史氏马先蒿	*Pedicularis smithiana*	21	0.25	8	7.89
草血竭	*Polygonum paleaceum*	20	0.17	7	7.35
野草莓	*Fragaria vesca*	20	0.03	2	5.28
毡毛石韦	*Pyrrosia drakeana*	10	0.23	3	4.39
红毛虎耳草	*Saxifraga rufescens*	17	0.15	0.8	4.39
刚毛虎耳草	*Saxifraga oreophila*	17	0.15	0.5	4.26
窄裂缬草	*Valeriana stenoptera*	12	0.2	0.1	3.45
长丝景天	*Sedum bergeri*	9	0.1	0.8	3.35
西南鬼灯檠	*Rodgersia sambucifolia*	4	0.4	2	3.20
阿坝堇菜	*Viola tienschiensis*	9	0.1	0.3	3.14
瓜拉坡蟹甲草	*Parasenecio koualapensis*	9	0.14	0.2	3.10
黑足金粉蕨	*Onychium contiguum*	6	0.14	0.2	2.71
松林风毛菊	*Saussurea pinetorum*	4	0.2	0.2	2.45
虎掌草	*Anemone rivularis*	2	0.12	0.1	2.15
升麻	*Cimicifug foetida*	1	0.4	0.1	2.02
卷叶黄精	*Polygonatum cirrhifolium*	1	0.1	0.1	2.02

2.3.6.2.3 乌柳灌丛 Form. *Salix cheilophila*

乌柳群灌丛位于东川区舍块乡九龙沟沟谷中较平缓的下坡，海拔2950m，土壤为棕壤。群落仅存在灌木层和草本层两个层次，未见乔木层和层间植物(表2-33)。

灌木层盖度47.9%，高度0.25～1.6m，有9个种。优势种是细瘦悬钩子 *Rubus macilentus*，重要值为22.1，高度为1.6m，盖度为20%；短柱金丝桃 *Hypericum hookerianum* 的重要值为15.7，高度为0.5m，盖度为3.5%；宜昌荚蒾 *Viburnum erosum* 的重要值为10.0，高度为1.6m，盖度为5%；滇西北小檗的重要值为8.4，高度为0.28m，盖度为1%。更新层仅有乌柳 *Salix cheilophila* 的幼苗，其重要值为17.5，高度为1m，盖度为15%。

草本层盖度92%，有21种。优势种是尖果马先蒿，重要值为15.3，高度为0.25m，盖度为33%；戟叶火绒草 *Leontopodium dedekensii* 的重要值为9.3，高度为0.25m，盖度为15%；黄毛草莓的重要值为7.5，高度为0.1m，盖度为6%；糙野青茅 *Deyeuxia scabrescens* 的重要值为7.3，高度为0.32m，盖度为5%；西南黄花茅的重要值为6.5，高度为0.35m，盖度为5%。草本层物种以玄参科马先蒿属的种类居多，有尖果马先蒿、密穗马先蒿 *Pedicularis densispica*、大王马先蒿等。其次是蔷薇科和菊科的植物的种类也较多。

表2-33 乌柳灌丛样地调查表

样地号 面积 时间	样8，100m^2，20080727
调查人	杜凡、曾辉、陈勇、杜小浪、张辉、姚莹、李朝阳
地点	舍块乡九龙沟
GPS点	N 26°10′18.5″，E 102°53′45.1″
海拔 坡向 坡位 坡度	2950m，东北坡，下坡，20°～40°
生境地形特点	
母岩 土壤特点 地表特征	棕壤
特别记载/人为影响	放牧
乔木层盖度	
灌木层盖度，优势种盖度	45%，细瘦悬钩子20%
草本层盖度，优势种盖度	90%，尖果马先蒿33%

(一)灌木层(包括更新层)：9种，盖度47.9%

中文名	拉丁名	株数	高(m)	盖度(%)	重要值
		乔木幼树			
乌柳	*Salix cheilophila*	6	1	15	17.53
		灌木			
细瘦悬钩子	*Rubus macilentus*	8	1.6	20	22.14
短柱金丝桃	*Hypericum hookerianum*	17	0.5	3.5	15.74
宜昌荚蒾	*Viburnum erosum*	5	1.6	5	10.01
滇西北小檗	*Berberis franchetians*	7	0.28	1	8.35
红棕杜鹃	*Rhododendron rubiginosum*	5	0.35	1.2	7.36
刺花椒	*Zanthoxylum acanthopodium*	4	0.52	2	7.36

（续）

中文名	拉丁名	株数	高(m)	盖度(%)	重要值
云南娃儿藤	*Tylophora yunnanensis*	4	0.42	0.1	6.03
无刺菝葜	*Smilax mairei*	3	0.25	0.1	5.47

（二）草本层：21 种，341 株，盖度 92%

中文名	拉丁名	株数	高(m)	盖度(%)	重要值
尖果马先蒿	*Pedicularis oxycarpa*				15.30
戟叶火绒草	*Leontopodium dedekensii*	23	0.25	15	9.27
黄毛草莓	*Fragaria nilgerrensis*	38	0.1	6	7.48
糙野青茅	*Deyeuxia scabrescens*	40	0.32	5	7.31
西南黄花茅	*Anthoxanthum hookeri*	32	0.35	5	6.53
菜蕨	*Callipteris esculenta*	25	1.00	3	5.12
瑞香缬草	*Valeriana daphniflora*	13	0.36	3.5	4.13
豌豆七	*Rhodiola henryi*	20	0.1	1.5	4.09
卷叶黄精	*Polygonatum cirrhifolium*	17	0.26	1.5	3.79
菊状千里光	*Senecio laetus*	15	0.15	2	3.78
管花党参	*Codonopsis tubulosa*	12	0.5	2	3.48
肾唇虾脊兰	*Calanthe brevicornu*	15	0.25	1	3.42
密穗马先蒿	*Pedicularis densispica*	15	0.3	1	3.42
四叶葎	*Galium bungei*	8	0.32	2.5	3.28
凸孔阔蕊兰	*Peristylus coeloceras*	10	0.35	1.5	3.11
酸模	*Rumex acetosa*	8	0.4	2	3.09
大王马先蒿	*Pedicularis rex*	8	0.28	1	2.73
突隔梅花草	*Parnassia delavayi*	8	0.14	1	2.73
路边青	*Geum aleppicum*	4	0.32	2	2.70
云南唐松草	*Thalictrum yunnanense*	7	0.36	1	2.63
云南瘤果芹	*Trachydium kindon - wardii*	5	0.45	1.5	2.62

2.3.6.2.4 小垫柳灌丛(Form. *Salix brachista*)

小垫柳群落位于东川区舍块乡白石崖，海拔 3920 ~ 4000m 的较陡峻的流石滩环境。该类型群落是一种独特的流石滩植被，同时也是轿子山地区一种独特的景观。该群落结构组成简单，仅有灌木层和草本层。群落的盖度很低，只有 10% ~ 20%，生境中基本没有土壤，大量的岩石裸露，而且岩石每年随着冰雪融化都在向下不断的流动，所以形成流石滩上低矮的垫状植被(表 2-34)。

灌木层盖度约 10%，高度 0.1 ~ 0.15m，匍匐垫状，贴近地面生长。灌木层仅有 2 个种。优势种是小垫柳 *Salix brachista*，重要值为 73.9，高度为 0.2m，盖度为 10%。另外一种污毛香青 *Anaphalis pannosa*，重要值为 26.1，高度为 0.15m，盖度为 0.1%。

草本层盖度约 8.4%，有 22 个种。优势种是须花无心菜 *Arenaria pogonantha*，重要值为

19.7，高度为0.16m，盖度为5%；尖果马先蒿 *Pedicularis oxycarpa*，重要值为8.3，高度为0.05m，盖度为1%；线叶嵩草 *Kobresia capillifolia*，重要值为5.7，高度为0.1m，盖度为0.5%。草本层以石竹科植物居多，有须花无心菜、滇藏无心菜 *Arenaria napuligera*、多籽无心菜 *Arenaria polysperma*、灌丛蝇子草 *Silene dumetosa* 等，其次是菊科和莎草科的植物。

表 2-34 小垫柳灌丛样地调查表

样地号 面积 时间	样17，100m^2，20080728
调查人	杜凡、曾辉、姚莹
地点	舍块乡白石崖
GPS 点	N 26°9′10.1″，E 102°54′40.8″
海拔 坡向 坡位 坡度	3940m，西北坡，上坡，30°
生境地形特点	
母岩 土壤特点 地表特征	石灰岩，碎石，岩石出露度100%
特别记载/人为影响	
乔木层盖度	
灌木层盖度，优势种盖度	10%，小垫柳10%
草本层盖度，优势种盖度	8%，须花无心菜5%

（一）灌木层（包括更新层）：2种，盖度10.1%

中文名	拉丁名	株数	高(m)	盖度(%)	重要值
小垫柳	*Salix brachista*	8	0.15	10	73.91
污毛香青	*Anaphalis pannosa*	3	0.15	0.1	26.09

（二）草本层：22种，60，盖度8.4%

中文名	拉丁名	株数	高(m)	盖度(%)	重要值
须花无心菜	*Arenaria pogonantha*	15	0.16	5	29.69
尖果马先蒿	*Pedicularis oxycarpa*	5	0.05	1	8.26
线叶嵩草	*Kobresia capillifolia*	4	0.1	0.5	5.72
川甘灯心草	*Juncus leucanthus*	3	0.1	0.1	3.58
草血竭	*Polygonum paleaceum*	3	0.15	0.1	3.58
小颖羊茅	*Festuca parvigluma*	3	0.15	0.1	3.58
橙花垂头菊	*Cremanthodium citriflorum*	3	0.17	0.1	3.58
阿坝堇菜	*Viola tienschiensis*	3	0.07	0.1	3.58
椭果葶苈	*Draba ellipsoidea*	3	0.2	0.1	3.58
柔软点地梅	*Androsace mollis*	2	0.1	0.1	3.02
三裂毛茛	*Ranunculus hirtellus* var. *orientalis*	2	0.1	0.1	3.02
总状绿绒蒿	*Meconopsis horridula* var. *racemosa*	2	0.2	0.1	3.02
细苞藁本	*Ligusticum capillaceum*	2	0.05	0.1	3.02
丛菔	*Solms - Laubachia pulcherrima*	2	0.05	0.1	3.02

（续）

中文名	拉丁名	株数	高(m)	盖度(%)	重要值
长幅藁本	*Ligusticum changii*	1	0.05	0.1	2.47
滇藏无心菜	*Arenaria napuligera*	1	0.56	0.1	2.47
灌丛蝇子草	*Silene dume tosa*	1	0.05	0.1	2.47
多籽无心菜	*Arenaria polysperma*	1	0.05	0.1	2.47
覆苞毛建草	*Dracocephalum imbricatum*	1	0.05	0.1	2.47
无毛粉条儿菜	*Aletris glabra*	1	0.07	0.1	2.47
缘毛风毛菊	*Saussurea ciliaris*	1	0.05	0.1	2.47
硬叶未知一种		1	0.1	0.1	2.47

长花柳灌丛、密穗柳灌丛、乌柳灌丛和小垫柳灌丛同属于柳灌丛群系组，但由于它们的群落结构组成、物种组成、建群种和优势树种的不同而表现出不同的特征。从它们的多样性指数可以看出：长花柳灌丛中灌木层、草本层(无乔木层)的生物多样性指数呈现相同出的特征，物种多样性指数(Simpson)、生态优势度指数(Shannon – Wiener)和群落均匀度指数(Pielou)都以草本层的较高，灌木层次之；同层的生态优势度(Shannon – Wiener)相对大于物种多样性指数(Simpson)和群落均匀度指数(Pielou)。密穗柳灌丛中物种多样性指数(Simpson)：灌木层 > 草本层 > 乔木层，生态优势度指数(Shannon – Wiener)：草本层 > 灌木层 > 乔木层，群落均匀度指数(Pielou)：灌木层 > 乔木层 > 草本层。同层的生态优势度(Shannon – Wiener)也相对大于物种多样性指数(Simpson)和群落均匀度指数(Pielou)。乌柳灌丛中物种多样性指数(Simpson)、生态优势度指数(Shannon – Wiener)和群落均匀度指数(Pielou)都以灌木层的较高，草本层次之；同层的生态优势度指数(Shannon – Wiener)相对大于物种多样性指数(Simpson)和群落均匀度指数(Pielou)。小垫柳灌丛中物种多样性指数(Simpson)、生态优势度指数(Shannon – Wiener)和群落均匀度指数(Pielou)都以草本层的较高，灌木层次之；灌木层内群落均匀度指数(Pielou) > 生态优势度(Shannon – Wiener) > 物种多样性指数(Simpson)，而草本层内生态优势度指数(Shannon – Wiener) > 物种多样性指数(Simpson) > 群落均匀度指数(Pielou)。

柳灌丛群系组内，物种多样性指数(Simpson)的大小顺序为：乌柳灌丛 > 小垫柳灌丛 > 密穗柳灌丛 > 长花柳灌丛；生态优势度指数(Shannon – Wiener)和群落均匀度指数(Pielou)的大小顺序相同，均为：乌柳灌丛 > 密穗柳灌丛 > 长花柳灌丛 > 小垫柳灌丛。具体情况见表3-35。

柳灌丛是以柳属 *Populus* 植物中的耐寒灌木为主要优势种的一类高山灌丛，分布范围较狭窄，主要分布于滇西北各大雪山树线以上的高山，面积较小，但是种类多样，类型复杂。组成柳灌丛的物种大多为中国—喜马拉雅成分。分布在避风的沟边环境中，由于土壤条件良好，灌木植物高度可达3m，呈现为高山丛林状；分布在多石迎风山坡时，群落一般十分低矮，灌木高度常在15cm左右。它们多少与附近的杜鹃灌丛交错分布。在轿子山自然保护区内柳灌丛的面积约为521.42 hm^2，占保护区总面积的3.17%(表2-35)。

表 2-35 柳灌丛群系组生物多样性指数对比表

群系组	样地	分层	物种丰富度（S）	物种多样性指数 Simpson 指数	生态优势度 Shannon-wiener 指数	群落均匀度指数 Pielou 指数
长花柳灌丛多样性指数	样 7	乔木层	0			
		灌木层	11	0.874008	2.132797	0.889445
		草本层	21	0.948441	2.95543	0.970737
		样地	33	0.961438	3.261467	0.932778
	样 38	乔木层	0			
		灌木层	11	0.696528	1.609595	0.671253
		草本层	17	0.825903	1.980804	0.699137
		样地	28	0.8441942	2.178219	0.6536871
	群系	乔木层	0			
		灌木层	20	0.760561	1.997591	0.666812
		草本层	37	0.838309	2.171133	0.601269
		群系	58	0.856823	2.393817	0.589546
密穗柳群系多样性指数	样 12	乔木层	4	0.696617	1.252324	0.903361
		灌木层	11	0.899471	2.199047	0.917074
		草本层	18	0.883755	2.462084	0.851822
		样地（群系）	31	0.922974	2.934327	0.854496
乌柳群系多样性指数	样 8	乔木层	0			
		灌木层	9	0.8878446	2.1668474	0.9410499
		草本层	21	0.862653	2.049526	0.93278
		样地（群系）	30	0.95114	3.164362	0.930367
小垫柳群系多样性指数	样 17	乔木层	0			
		灌木层	2	0.436364	0.585953	0.845351
		草本层	22	0.9186441	2.7456843	0.8882713
		样地（群系）	24	0.929577	1.077061	0.338906

小垫柳灌丛在轿子山地区仅分布于白石崖流石滩附近，面积不大。是滇中地区唯一能够见到的独特的流石滩植被，也是云南省流石滩植被分布纬度最低的类型。组成种类中有许多高山花卉，如绿绒蒿、报春等，既有研究价值又有观赏价值，是一种资源植被，同时是重要的高山物种基因库。由于地处高海拔多石山坡，立地条件较差，温度低且风大，不利于植物生长，未见乔木幼树和幼苗，且灌木生长状况较差，物种相对较少。该类型的附近交错分布着高山草甸和高山砾石疏生草甸，面积小且分散分布，但很特殊，它是所有滇中地区高山灌丛中最低矮的一类灌丛，其高度可能会不及草甸中的草本植物。虽然面积不大，但是能减缓当地的岩石风化、生境破坏的速度，保护当地生境。

其他几种类型的柳灌丛（密穗柳灌丛、乌柳灌丛和长花柳灌丛）分布海拔较低（3000m 左右），且主要分布于九龙沟沟谷避风向阳处。是一类由于离居民点较近，受人畜活动（主要是砍柴、放牧）严重影响形成的次生植被，其原生植被多为常绿阔叶林。群落内物种组成混杂，次生的、阳性的物种较多。如果采取禁伐禁牧、封山育林等措施，这几种柳灌丛有可能形成稳定的群落并逐渐恢复为其原生植被。

2.3.6.3 圆柏灌丛 Form. Group *Juniperus* spp.

该群系组是由圆柏属(*Juniperus*)的灌木种类为主组成。主要分布于滇西北、滇北的高山和亚高山山地，一般多见于多强风的山头或多岩石的坡面，生境干旱而向阳，所以是高海拔山地较为严酷生境下的一类矮灌丛植被。在云南，圆柏灌丛分布的纬度偏南和海拔偏低，分布区域较局限，面积小且比较零星分散。在轿子山自然保护区内分布于海拔3500m以上的多风、多岩石的向阳坡，主要分布于东川区的舍块乡、红土地镇和禄劝县的雪山乡，面积不大，约839.38hm^2，占保护区总面积的5.10%，以雪山乡的分布最为集中。主要有两个群系，即高山柏群系和小果垂枝柏群系。

2.3.6.3.1 高山柏灌丛 Form. *Juniperus squamata*

高山柏灌丛以灌丛状的高山柏 *Juniperus squamata* 为优势种或标志种，分布于滇西北和滇北的亚高山山地，分布既零散又局部，外观上是非常特殊的垫状灌丛。轿子山自然保护区的高山柏灌丛主要分布于东川区的红土地镇和禄劝县的雪山乡，样地分布海拔均在3600m以上。作为山顶多风生境下的一个矮生灌丛类型，具有一定的代表性。群落呈现出散生、垫状的矮灌丛外貌。群落结构较简单，仅存在灌木层和草本层，未见乔木层和层间植物。

需要特别指出的是，保护区内禄劝县雪山乡的高山柏灌丛，与前面提到的高山柏林同处于一个山体。在这里，海拔3500m以上的高山柏，生长的高度低于5m，至山顶海拔4000m以上时，高山柏的高度降低到约1m；而海拔3500m以下的高山柏，生长的高度超过5m，海拔降到2800m时，高山柏的高度超过8m。但是从海拔2800m直到4100m，高山柏都是大面积的连续分布，没有间断。从植被划分的角度看，大致把海拔3500m以下，高度超过5m的高山柏群落，作为高山柏林；而把海拔3500m以上，高度地于5m的高山柏群落，作为灌丛类型看待。实际上，这里的高山柏林和高山柏灌丛，从发生上看两者是同源的，只是由于随山体海拔的升高，风越来越大，日照、辐射和蒸发越来越强，土壤的厚度逐渐降低，土壤的水分逐渐减少，因而高山柏的高度逐渐降低，从而导致了群落高度不断降低，而可以从外貌上区分为“林”和“灌丛”的程度。所以，这里提供了一个植被类型沿着海拔梯度逐渐变化的一个极好的例子。

以样地记录为例，群落灌木层盖度37%，高度0.1~2.5m，样地中有8个种。优势种是高山柏，重要值为55.9，高度为0.3~2m，盖度为31%；小叶栒子的重要值为10.5，高度为0.1~0.15m，盖度为1.7%。灌木层的物种以蔷薇科的种类居多，有小叶栒子、绢毛蔷薇 *Rosa sericea*、喜阴悬钩子 *Rubus mesogaeus* 等。更新层仅有黄杯杜鹃 *Rhododendron wardii*）的幼树，重要值为7.7，高度为1.7m，盖度为2.7%。

草本层盖度71.7%，有46个种。优势种是野草莓，重要值为6.8，高度为0.11~0.2m，盖度为7%；川甘灯心草 *Juncus leucanthus* 的重要值为6.7，高度为0.15m，盖度为10%；尼泊尔蓼 *Polygonum nepalense* 的重要值为5.7，高度为0.25m，盖度为6.3%；西南委陵菜的重要值为5.2，高度为0.2m，盖度为8.3%；接骨草 *Sambucus chinensis* 的重要值为4.5，高度为0.8，盖度为5%。草本层的物种以蔷薇科植物居多，有野草莓、西南委陵菜、银叶委陵菜 *Potentilla leuconota*、条裂委陵菜 *Potentilla lancinata*、路边青 *Geum aleppicum*、大理委陵菜 *Potentilla taliensis* 等。蓼科和菊科的植物种类也较多(表2-36)。

表 2-36 高山柏灌丛样地调查表

样地号 面积 时间	样 19，100m²，20080728	样 50，100 m²，2008073[illegible]	样 77，100 m²，20080805
调查人	杜凡、曾辉、姚莹	杜小浪、张辉、李朝阳	杜凡、曾辉、张辉
地点	舍块乡白石岩	法者林场	雪山乡干水井
GPS 点	N 26°9′39.2″， E 102°55′24.7″	N 26°06′27.8″， E 102°52′36.4″	N 26°09′30.4″， E 102°50′44.1″
海拔 坡向 坡位 坡度	4025m，南偏西 10°，上坡，30°	3621m，南坡，中坡，20°	3700m，南偏西 20°，上坡，25°
生境地形特点			
母岩 土壤特点 地表特征	石灰岩，岩石出露度 100%，碎石		玄武岩，棕壤，地被覆盖度 2%，枯枝落叶厚度 1%，岩石出露度 5%
特别记载/人为影响			人工林，过度放牧
乔木层盖度			
灌木层盖度，优势种盖度	20%，高山柏 10%	45%，高山柏，38%	45%，高山柏 45%
草本层盖度，优势种盖度	40%，川甘灯心草 30%	80%，接骨草 15%	95%，西南委陵菜 25%

（一）灌木层（包括更新层）：8 种，盖度 37%

中文名	拉丁名	样 19，100m²			样 50，100m²			样 77，100m²			重要值
		株数	高（cm）	盖度（%）	株数	高（cm）	盖度（%）	株数	高（cm）	盖度（%）	
乔木幼树											
黄杯杜鹃	*Rhododendron wardii*				9	1.7	8				7.71
灌木											
高山柏	*Juniperus squamata*	2	0.3	10	71	0.6	38	14	2	45	55.89
小叶栒子	*Cotoneaster microphyllus*	9	0.1	5				2	0.15	0.1	10.55
圆柏一种	*Juniperus* sp. 2	3	0.19	10							6.63
乌蒙小檗	*Berberis woomungensis*							4	0.15	0.1	4.13
绢毛蔷薇	*Rosa sericea*							2	2.5	2	4.12
喜阴悬钩子	*Rubus mesogaeus*	3	0.2	1							4.11
污毛香青	*Anaphalis pannosa*	3	0.1	0.1							3.86

（二）草本层：46 种，854 株，盖度 71.7%

中文名	拉丁名	样 19			样 50			样 77			重要值
		株数	高（cm）	盖度（%）	株数	高（cm）	盖度（%）	株数	高（cm）	盖度（%）	
野草莓	*Fragaria vesca*				48	0.11	8	13	0.2	13	6.84
川甘灯心草	*Juncus leucanthus*	40	0.15	30							6.72
尼泊尔蓼	*Polygonum nepalense*				40	0.25	4	8	0.25	13	5.73
西南委陵菜	*Potentilla fulgens*							20	0.2	25	5.19

（续）

中文名	拉丁名	样19			样50			样77			重要值
		株数	高（cm）	盖度（%）	株数	高（cm）	盖度（%）	株数	高（cm）	盖度（%）	
接骨草	*Sambucus chinensis*				40	0.8	15				4.46
丝毛柳叶菜	*Epilobium brevifolium* ssp. *pannosum*				30	0.35	5	8	0.25	2	3.84
绒毛钟花蓼	*Polygonum campanulatum* var. *fulvidum*				26	0.45	10				3.16
西藏嵩草	*Kobresia tibetica*				42	0.2	5				3.03
川滇景天	*Sedum forrestii*	2	0.03	0.1	37	0.13	1				2.99
银叶委陵菜	*Potentilla leuconota*				30	0.3	7				2.87
多花剪股颖	*Agrostis myriantha*				45	0.35	3				2.85
云雾薹草	*Carex nubigena*							5	0.3	12	2.64
草血竭	*Polygonum paleaceum*	5	0.1	2				9	0.3	3	2.60
小叶蓼	*Polygonum delicatulum*							12	0.15	9	2.46
条裂委陵菜	*Potentilla lancinata*							15	0.2	8	2.43
红指香青	*Anaphalis rhododactyla*				25	0.2	5				2.37
隐舌橐吾	*Ligularia franchetiana*				18	0.4	5				2.10
柔软点地梅	*Androsace mollis*	6	0.1	3.1							2.00
鳞叶龙胆	*Gentiana squarrosa*				26	0.12	2				1.96
中甸长果婆婆纳	*veronica ciliata* ssp. *zhangdianensis*				24	0.15	2				1.88
长蕊斑种草	*Antiotrema dunnianum*				30	0.12	0.3				1.86
中甸蓝钟花	*Cyananthus chungdienensis*				30	0.15	0.3				1.86
寸金草	*Clinopodium megalanthum*				22	0.35	2				1.80
松林老鹳草	*Geranium pinetorum*				18	0.25	3				1.79
山景天	*Sedum oreades*							25	0.07	1	1.77
三角叶马先蒿	*Pedicularis deltoidea*				23	0.15	1				1.69
路边青	*Geum aleppicum*				16	0.25	2				1.56
短柄草	*Brachypodium sylvaticum*							7	0.3	4	1.52
细柄草	*Capillipedium parviflorum*							5	0.32	4	1.44
岩白菜	*Bergenia purpurascens*	5	0.1	4							1.44
大理委陵菜	*Potentilla taliensis*							14	0.2	1	1.34
南黄堇	*Corydalis davidii*							13	0.2	1	1.30
蓝钟花	*Cyananthus hookeri*							10	0.08	1	1.18
拉拉藤	*Galium aparine* var. *echinospermum*							13	0.12	0.1	1.16
云南毛茛	*Ranunculus yunnanensis*							9	0.3	0.5	1.07

（续）

中文名	拉丁名	样 19			样 50			样 77			重要值
		株数	高（cm）	盖度（%）	株数	高（cm）	盖度（%）	株数	高（cm）	盖度（%）	
虎掌草	*Anemone rivularis*							7	0.18	1	1.06
柔弱斑种草	*Bothriospermum tenellum*							8	0.34	0.2	0.98
腺药珍珠菜	*Lysimachia stenosepala*							6	0.25	0.5	0.95
覆苞毛建草	*Dracocephalum imbricatum*	3	0.1	0.5							0.83
灌丛蝇子草	*Silene dumetosa*	3	0.1	0.5							0.83
糙野青茅	*Deyeuxia scabrescens*	4	0.2	0.1							0.81
多籽无心菜	*Arenaria polysperma*	2	0.2	0.5							0.79
大理无心菜	*Arenaria delavayi*	3	0.1	0.1							0.77
二色棱子芹	*Pleurospermum govanianum* var. *bicolor*	2	0.1	0.1							0.73
圆裂毛茛	*Ranunculus dongrergensis*	1	0.03	0.1							0.69
缘毛风毛菊	*Saussurea ciliaris*	1	0.1	0.1							0.69

2.3.6.3.2　小果垂枝柏灌丛 Form. *Juniperus recurva* var. *coxii*

小果垂枝柏灌丛位于东川区舍块乡九龙沟海拔 3050m 的沟谷内坡度较大的下坡处。群落结构相对复杂，可分为乔木层、灌木层、草本层和层间层 4 个层次。

仅调查了 1 个样地。乔木层盖度 15%，高度 8m，仅有 1 种 5 株，即小果垂枝柏 *Juniperus recurva* var. *coxii*，重要值为 100，高度为 8m，盖度为 8%。

灌木层盖度 45.5%，高度 0.2～3m，有 10 种。优势种是石生黄杨 *Buxus rugulosa*，重要值为 16.5，高度为 1.5m，盖度为 10%；滇中绣线菊的重要值为 16.5，高度为 3m，盖度为 30%；高山柏的重要值为 11.5，高度为 2m，盖度为 8%；白龙香茶菜 *Rabdosia provicarii* 的重要值为 10.4，高度为 0.22m，盖度为 2%。灌木层物种中以蔷薇科植物居多，有滇中绣线菊、小叶栒子、绢毛蔷薇 *Rosa sericea*、刺萼悬钩子 *Rubus alexeterius*、细瘦悬钩子 *Rubus macilentus* 等。更新层仅有黄背栎 *Quercus pannosa* 的幼树，重要值为 10.9，高度为 2m，盖度为 8%。

草本层盖度 82%，由 26 种物种构成。优势种是岩生蹄盖蕨 *Athyrium rupicola*，重要值为 8.4，高度为 0.3m，盖度为 13%；笄石菖 *Juncus prismatocarpus* 的重要值为 6.7，高度为 0.2m，高度为 6%；尖果马先蒿 *Pedicularis oxycarpa* 的重要值为 5.9，高度为 0.3m，盖度为 4%；戟叶火绒草的重要值为 5.6，高度为 0.4m，盖度为 7%。草本层的物种以菊科和伞形科的植物居多，有戟叶火绒草、红缨合耳菊 *Synitis erythropappa*、绵毛黄鹌菜 *Youngia lanata*、白亮独活 *Heracleum candicans*、抱茎柴胡 *Bupleurum longicaule* var. *amplexicaule*、云南瘤果芹 *Trachydium kindon－wardii* 等。层间植物盖度 0.5%，1 种 1 株，即素方花 *Jasminum officinale*（表 2-37）。

表 2-37　小果垂枝柏灌丛样地调查表

样地号 面积 时间	样 10，500m²，20080727
调查人	杜凡、曾辉、陈勇、张辉、杜小浪、姚莹、李朝阳
地点	九龙沟
GPS 点	N26°10′18.0″，E102°53′50.3″
海拔 坡向 坡位 坡度	3050m，东南坡，下坡，47°
生境地形特点	
母岩 土壤特点 地表特征	全部是岩石
特别记载/人为影响	砍柴，放牧
乔木层盖度	15%
灌木层盖度，优势种盖度	40%，石生黄杨 10%，滇中绣线菊 10%
草本层盖度，优势种盖度	80%，岩生蹄盖蕨 13%

(一)乔木层：1 种，盖度 15%

中文名	拉丁名	株丛数	高(m)	胸径(cm)	重要值
小果垂枝柏	*Juniperus recurva* var. *coxii*	5	8	30	100.00

(二)灌木层(包括更新层)：10 种，盖度 45.5%

中文名	拉丁名	株丛数	高(cm)	盖度(%)	重要值
乔木幼树					
黄背栎	*Quercus pannosa*	3	200	8	10.95
灌木					
石生黄杨	*Buxus rugulosa* ssp. *rupicola*	10	150	10	16.51
滇中绣线菊	*Spiraea schochiana*	10	300	10	16.51
高山柏	*Juniperus squamata*	4	200	8	11.53
白龙香茶菜	*Rabdosia provicarii*	10	22	2	10.65
小叶栒子	*Cotoneaster microphyllus*	6	300	1	7.57
紫秆玉山竹	*Yushania violascens*	4	100	2	7.14
绢毛蔷薇	*Rosa sericea*	5	30	1	6.99
刺萼悬钩子	*Rubus alexeterius*	2	20	2.5	6.33
细瘦悬钩子	*Rubus macilentus*	3	100	1	5.82

(三)草本层：26 种，331 丛，盖度 82%

中文名	拉丁名	株丛数	高(cm)	盖度(%)	重要值
岩生蹄盖蕨	*Athyrium rupicola*	18	0.3	13	8.38
笄石菖	*Juncus prismatocarpus*	30	0.2	6	6.74
尖果马先蒿	*Pedicularis oxycarpa*	30	0.3	4	5.93
戟叶火绒草	*Leontopodium dedekensii*	15	0.4	7	5.64
柄果高山唐松草	*Thalictrum alpinum* var. *microphyllum*	20	0.5	4	4.92
疏穗小野荞麦	*Fagopyrum leptopodum* var. *grossii*	20	0.4	3	4.52
黑足金粉蕨	*Onychium contiguum*	11	0.3	4	4.02
中国纤细马先蒿	*Pedicularis gracilis* ssp. Sinensis	20	0.3	1.5	3.91

（续）

中文名	拉丁名	株丛数	高(cm)	盖度(%)	重要值
突隔梅花草	*Parnassia delavayi*	20	0.18	1.5	3.91
绵毛黄鹌菜	*Youngia lanata*	9	0.3	4	3.81
偏翅唐松草	*Thalictrum delavayi*	17	0.3	1.5	3.60
线茎虎耳草	*Saxifraga filicaulis*	10	0.2	3	3.51
一把伞南星	*Arisaema erubescens*	9	0.2	3	3.41
昆明象牙参	*Roscoea kunmingensis*	8	0.2	3	3.31
滇丹参	*Salvia yunnanensis*	8	0.2	3	3.31
星毛唐松草	*Thalictrum cirrhosum*	14	0.3	1.5	3.30
抱茎柴胡	*Bupleurum longicaule* var. *amplexicaule*	11	0.3	2	3.20
云南瘤果芹	*Trachydium kindon – wardii*	5	0.2	3	3.01
直角凤仙花	*Impatiens rectangula*	9	0.15	2	3.00
寸金草	*Clinopodium megalanthum*	9	0.18	2	3.00
黛鳞耳蕨	*Polystichum nigrum*	11	0.05	1.5	3.00
白亮独活	*Heracleum candicans*	7	0.3	2	2.80
遍地金	*Hypericum wightianum*	5	0.5	2	2.60
红缨合耳菊	*Synitis erythropappa*	5	0.18	2	2.60
拉拉藤	*Galium aparine* var. *echinospermum*	4	0.3	1.5	2.29
大花韭	*Allium macranthum*	6	0.4	1	2.29

(四)层间植物：1 种，盖度 0.5%

中文名	拉丁名	株丛数	高(cm)	盖度(%)	重要值
素方花	*Jasminum officinale*	1	15	1.5	

高山柏群系和小果垂枝柏群系同属于圆柏群系组，但由于它们的群落结构组成、物种组成、建群种和优势树种的不同而表现出不同的特征。从它们的多样性指数可以看出：高山柏群系中，灌木层和草本层的生物多样性指数基本呈现出共同的特征(样地 19 由于海拔较高与其他样地稍有差异)，物种多样性指数(Simpson)、生态优势度指数(Shannon – Wiener)和群落均匀度指数(Pielou)都以草本层较高，灌木层次之；同层的生态优势度(Shannon – Wiener)相对大于物种多样性指数(Simpson)和群落均匀度指数(Pielou)。小果垂枝柏群系中，草本层的物种多样性指数(Simpson)、生态优势度指数(Shannon – Wiener)和群落均匀度指数(Pielou)均高于灌木层，乔木层最低。同层的生态优势度(Shannon – Wiener)也相对大于物种多样性指数(Simpson)和群落均匀度指数(Pielou)。两群系相比，物种多样性指数(Simpson)、生态优势度指数(Shannon – Wiener)都是高山柏群系较小果垂枝柏群系大，而群落均匀度指数(Pielou)则是小果垂枝柏群系较高山柏群系大。具体情况见表 2-38。

表 2-38 圆柏群系组多样性指数对比表

群系	样地号	分层	物种丰富度 (*S*)	物种多样性指数 Simpson 指数	生态优势度 Shannon-wiener 指数	群落均匀度指数 Pielou 指数
高山柏群系	样 19	乔木层	0			
		灌木层	5	0. 757895	1. 443291	0. 896767
		草本层	14	0. 718045	1. 874031	0. 710114
		样地	19	0. 81293	2. 294078	0. 779122
	样 50	乔木层	0			
		灌木层	2	0. 202215	0. 35171	0. 507411
		草本层	19	0. 944001	2. 897114	0. 983927
		样地	21	0. 944995	2. 956844	0. 971201
	样 77	乔木层	0			
		灌木层	4	0. 571429	1. 033562	0. 745557
		草本层	19	0. 940716	2. 84781	0. 967182
		样地	23	0. 94779	2. 989876	0. 953558
	群系	乔木层				
		灌木层	8	0. 478661	1. 103162	0. 530509
		草本层	46	0. 991242	3. 514548	0. 917962
		群系	54	0. 965698	3. 589775	0. 899922
小果垂枝柏群系	样 10	乔木层	1	0	0	
		灌木层	10	0. 8878446	2. 1668474	0. 9410499
		草本层	26	0. 952449	3. 1130685	0. 9554869
		样地(群系)	38	0. 964015	3. 425421	0. 941674

圆柏属 *Juniperus* 是北温带分布的属，在四川西部、西藏东南至青海、甘肃一带的高海拔处都有分布。在云南，由于纬度偏南和分布的海拔偏低，因而分布的区域较局限，面积小且比较零星分散。其中高山柏为中国－喜马拉雅高山间断分布，在云南山地只有小面积零星分布，较稀有。但是，轿子山自然保护区的高山柏灌丛面积较大，约 839. 38hm^2，占保护区总面积的 5. 10%，主要分布于保护区东川区辖区内的舍块乡、红土地镇和禄劝县的雪山乡，以雪山乡的分布较为集中。圆柏灌丛分布海拔范围较高，达 3500m 以上，迎风多石山坡。海拔低于 3500m，高山柏的高度增加，逐渐形成森林类型。因此，实际上圆柏灌丛是圆柏林由于海拔升高，高山柏的高度降低后形成的类型，两者之间有着发生上逐渐过渡的关系。

轿子山地区的高山柏灌丛在地理分布上处于该类型分布区的东南端，既是滇中及滇东高原北部山地仅有的两类寒温性针叶灌丛之一，又是这一类植被分布区最为东南的边缘类型。该类型生境较为特殊，多生长在海拔较高的迎风坡，土壤瘠薄，岩石裸露，为铺地式迎风生长。作为山顶多风生境下的一个矮生灌丛类型，具有一定的代表性。此外，高山柏树冠整齐，树形优美，景观独特，而且具有良好的水土保持和水源涵养功能，保护价值较大。

由于环境严酷，温度较低，植物的生长期太短，生长缓慢；加上山高坡陡，土壤瘠薄，降水丰富，风大，土层极不稳定；植被的发生、发展和演替非常缓慢，一旦被破坏很难再恢复，因而高山植被是一种较为脆弱的类型。建议加强保护，可采取封山育林、禁伐禁牧或人工抚育等措施，同时对周围居民开展森林保护宣传，提高人们的自然保护意识，从而减少人为的破坏。

2.3.6.4 硬叶栎灌丛 Form. Group *Quercus* spp.

硬叶栎灌丛在滇西北、滇北一带广泛分布，都是由于森林受到砍伐、火烧后形成的萌生灌丛，其组成的优势硬叶栎类均为乔木树种。垂直分布的海拔范围介于1500~3700m之间，主要分布范围在2600~3300m。在轿子山自然保护区内主要分布于海拔3000m左右的阳坡、陡坡、干旱、土壤贫瘠多石处，主要分布于雪山乡、红土地镇和舍块乡辖区范围内，面积约为1114.70hm^2，占保护区总面积的6.77%，在灌丛中面积仅次于杜鹃灌丛的面积。保护区内仅有黄背栎灌丛 Form. *Quercus pannosa* 一种类型。

黄背栎灌丛以黄背栎为主要优势种，分布于滇西北、滇中北部各山地，其分布海拔范围为2900~3700m，是一类比较耐寒的植被。多见于石灰岩山地或多石的阳坡，具耐基质干旱的特性。群落外貌常黄绿相间，色泽不一，林冠参差不齐，季相不明显。调查了3个样地，主要在东川区舍块乡九龙沟沟谷和法者林场大羊圈，所在地均为石灰岩山地。常绿树种占主要优势，其中黄背栎在群落中的盖度达到30%。由于生境较差，所以群落结构简单，未见乔木层，存在灌木层、草本层和层间植物3个层次。

灌木层盖度51.7%，高度0.1~3m，样地中组成灌木层的物种有26种。优势种是云南杜鹃 *Rhododendron yunnanense*，重要值为7.5，高度为0.3m，盖度为5%；高山柏的重要值为6.5，高度为0.7m，盖度为6.7%；小叶栒子的重要值为4.6，高度为0.1~0.2m，盖度为3.3%；紫秆玉山竹的重要值为3.9，高度为0.6m，盖度为0.2%。灌木层的物种以蔷薇科植物居多，如小叶栒子、青刺尖 *Prinsepia utilis*、滇中绣线菊、细瘦悬钩子 *Rubus macilentus*。更新层的优势种是黄背栎 *Quercus pannosa*，重要值为28.5，高度0.6~3m，盖度为30%；乌柳 *Salix cheilophila* 的重要值为4.3，高度为1.2m，盖度为4%。

草本层盖度78.3%，由80余种构成。优势种是糙野青茅，重要值为11.0，高度为0.35m，盖度为23.3%；西南黄花茅的重要值为5.9，高度为0.32m，盖度为11.7%；大花韭 *Allium macranthum* 的重要值为3.5，高度为0.25m，盖度为3.4%。草本层的物种以菊科植物居多，有花佩菊 *Faberia sinensis*、毛香火绒草 *Leontopodium stracheyi*、尼泊尔香青 *Anaphalis nepalensis*、毛连菜 *Picris hieracioides*、松毛火绒草 *Leontopodium andersonii*、红缨大丁草 *Leibnitzia ruficoma*、粘冠草 *Myriactis wallichii*、东俄洛紫菀 *Aster tongolensis*、宽叶兔儿风 *Ainsliaea latifolia*、天名精 *Carpesium abrotanoides*、隐舌橐吾 *Ligularia franchetian*、密毛紫菀 *Aster vestitus* 等。

层间植物仅有两种，即素方花 *Jasminum officinale* 和细茎旋花豆 *Cochlianthus gracilis*，各1株(表2-39)。

表2-39 黄背栎灌丛样地调查表

样地号 面积 时间	样9，100 m^2，20080727	样13，100 m^2，20080727	样56，100m^2，20080801
调查人	杜凡、曾辉、杜小浪、陈勇、张辉、姚莹、李朝阳	杜凡、曾辉、陈勇、张辉、杜小浪、姚莹、李朝阳	杜小浪、张辉、李朝阳
地点	九龙沟	九龙沟	大羊圈

（续）

GPS点	N 26°10′18. 1″, E 102°53′47. 2 ″	N 26°10′19. 1″, E 102°53′55. 9 ″	N 26°06′51. 6″, E 102°56′1. 2″
海拔 坡向 坡位 坡度	南坡，西坡，下坡，45°	3300m，南偏西20°，上坡，30°	3115m，西坡，中坡，30°
生境地形特点			
母岩 土壤特点 地表特征		岩石出露度70%	
特别记载/人为影响			
乔木层盖度			
灌木层盖度，优势种盖度	40%，黄背栎15%	75%，黄背栎40%	40%，黄背栎35%
草本层盖度，优势种盖度	70%，西南黄花茅35%	75%，大花韭10%	90%，糙野青茅70%

（一）灌木层（包括更新层）：26种，盖度51.7%

中文名	拉丁名	样9			样13			样56			重要值
		株数	高(cm)	盖度(%)	株数	高(cm)	盖度(%)	株数	高(cm)	盖度(%)	
乔木幼树											
黄背栎	*Quercus pannosa*	10	100	15	16	300	40	56	60	35	28. 50
乌柳	*Salix cheilophila*	9	120	12							4. 28
云贵柳	*Salix camusii*				4	300	3				2. 12
冠萼花楸	*Sorbus coronata*				2	200	2				1. 72
西康木兰	*Magnolia wilsonii*							5	16	0. 1	1. 69
乳黄杜鹃	*Rhododendron lacteum*							2	30	0. 2	1. 40
灌木											
云南杜鹃	*Rhododendron yunnanense*							51	30	5	7. 45
高山柏	*Juniperus squamata*				16	55	20				6. 47
小叶栒子	*Cotoneaster microphyllus*				4	20	1	16	10	0. 1	4. 65
紫秆玉山竹	*Yushania violascens*							26	60	0. 2	3. 93
青刺尖	*Prinsepia utilis*	5	120	12							3. 86
南烛	*Lyonia ovalifolia*							20	20	0. 2	3. 30
长托菝葜	*Smilax ferox*							19	15	0. 1	3. 18
滇西北小檗	*Berberis franchetians*				5	160	8				3. 13
山栀子	*Hypericum pseudohenryi*							13	15	0. 5	2. 61
滇中绣线菊	*Spiraea schochiana*				8	20	3				2. 54
细瘦悬钩子	*Rubus macilentus*	6	119	3							2. 33
铺地黄杨	*Buxus rugulosa* ssp. *pyostrata*	2	150	5							2. 27
杯萼忍冬	*Lonicera inconspicua*	2	110	5							2. 27
狭叶清香桂	*Sarcococca ruscifolia* var. *chinensis*	4	60	3							2. 12
斑壳玉山竹	*Yushania maculata*				2	200	4				2. 09

（续）

中文名	拉丁名	样9			样13			样56			重要值
		株数	高（cm）	盖度（%）	株数	高（cm）	盖度（%）	株数	高（cm）	盖度（%）	
云南勾儿茶	*Berchemia yunnanensis*	5	30	1							1.86
漾濞荚蒾	*Viburnum chingii*	3	70	1							1.65
四川忍冬	*Lonicera szechuanica*				1	70	2				1.62
圆柏一种	*Juniperus* sp. 2				1	70	2				1.62
云南娃儿藤	*Tylophora yunnanensis*				2	10	0.1				1.38

（二）草本层：85 种，1697 株，盖度 78.3%

中文名	拉丁名	样9			样13			样56			重要值
		株数	高（cm）	盖度（%）	株数	高（cm）	盖度（%）	株数	高（cm）	盖度（%）	
糙野青茅	*Deyeuxia scabrescens*							72	35	70	10.96
西南黄花茅	*Anthoxanthum hookeri*	50	32	35							5.93
大花韭	*Allium macranthum*				40	30	10	32	20	0.1	3.47
岩生蹄盖蕨	*Athyrium rupicola*	10	19	15							2.51
花佩菊	*Faberia sinensis*	10	12	4	8	10	2.5	9	15	0.1	2.45
毛香火绒草	*Leontopodium stracheyi*				43	49	6				2.35
西南委陵菜	*Potentilla fulgens*							40	15	8	2.20
史氏马先蒿	*Pedicularis smithiana*				37	20	8				2.14
草血竭	*Polygonum paleaceum*				20	15	2	31	10	0.1	2.00
寸金草	*Clinopodium megalanthum*				19	10	1.5	25	15	1	1.91
突隔梅花草	*Parnassia delavayi*				14	19	2	18	10	0.2	1.63
高獐牙菜	*Swertia elata*	29	10	5							1.58
野雉尾金粉蕨	*Onychium japonicum*				29	15	5				1.58
虎掌草	*Anemone rivularis*				10	18	2	18	15	0.1	1.54
松风草	*Boenninghausenia albiflora*	18	32	6							1.49
宽萼偏翅唐松草	*Thalictrum delavayi* var. *decorum*	15	21	6							1.43
车前	*Plantago asiatica*				11	10	5				1.22
野草莓	*Fragaria vesca*							37	30	1	1.22
丝毛柳叶菜	*Epilobium brevifolium* ssp. *Pannosum*	9	15	9	8	16	0.5				1.21
椭圆叶花锚	*Halenia elliptica*				16	30	1.2	15	20	0.2	1.18
狐尾马先蒿	*Pedicularis alopecuros*				20	20	3				1.14
羊茅	*Festuca pamirica*							26	10	2	1.13
黛鳞耳蕨	*Polystichum nigrum*				19	24	3				1.12

（续）

中文名	拉丁名	样9			样13			样56			重要值
		株数	高（cm）	盖度（%）	株数	高（cm）	盖度（%）	株数	高（cm）	盖度（%）	
戟叶火绒草	*Leontopodium dedekensii*	19	21	3							1.12
喜马拉雅灯心草	*Juncus himalensis*				30	35	1				1.08
红缨大丁草	*Leibnitzia ruficoma*							35	7	0.1	1.06
柔毛委陵菜	*Potentilla griffithii*							34	50	0.1	1.04
黄毛草莓	*Fragaria nilgerrensis*							28	5	1	1.04
美丽蓝钟花	*Cyananthus formosus*				8	10	4				1.03
尼泊尔香青	*Anaphalis nepalensis*							32	20	0.1	1.00
野棉花	*Anemone vitifolia*	6	69	4							0.99
洱源土桔梗	*Silene delavayi*				18	30	2				0.97
毛连菜	*Picris hieracioides*				18	16	2				0.97
岩白菜	*Bergenia purpurascens*				10	21	3				0.94
狭叶夏枯草	*Prunella vulgaris* var. *lanceolata*							23	10	1	0.94
须花翠雀花	*Dlphinium delavayi* var. *pogonanthum*				16	20	2				0.93
一把伞南星	*Arisaema erubescens*				12	34	2.5				0.91
松毛火绒草	*Leontopodium andersonii*							27	10	0.1	0.90
烟管头草	*Carpesium cernuum*	21	15	1							0.90
茅膏菜	*Drosera peltata*							26	15	0.1	0.88
藏象牙参	*Roscoea tibetica*				6	10	0.4	20	10	0.1	0.88
星毛唐松草	*Thalictrum cirrhosum*				10	23	2.5				0.87
密毛紫菀	*Aster vestitus*				9	19	2.5				0.85
雪山鼠尾	*Salvia evansiana*							23	8	0.1	0.82
三角叶假冷蕨	*Pseudosystopteris subtriangularis*							17	15	1	0.82
阿坝堇菜	*Viola tienschiensis*	10	10	2							0.81
堇菜	*Viola verecunda*							22	5	0.1	0.80
长叶百蕊草	*Thesinm longifolium*							21	15	0.1	0.78
云南红景天	*Rhodiola yunnanensis*							21	40	0.1	0.78
粘冠草	*Myriactis wallichii*							21	13	0.1	0.78
东俄洛紫菀	*Aster tongolensis*							20	20	0.1	0.76
宽叶兔儿风	*Ainsliaea latifolia*							19	15	0.2	0.75
金川阔蕊兰	*Peristylus jinchuanicus*				7	10	2				0.75
菜蕨	*Callipteris esculenta*							18	20	0.1	0.72
伏毛虎耳草	*Saxifraga strigosa*							18	10	0.1	0.72
小柴胡	*Bupleurum hamiltonii*							18	20	0.1	0.72

（续）

中文名	拉丁名	样9			样13			样56			重要值
		株数	高（cm）	盖度（%）	株数	高（cm）	盖度（%）	株数	高（cm）	盖度（%）	
长茎还阳参	*Crepis elongata*							17	40	0.1	0.70
弯弓隐子蕨	*Crypsinus malacodon*							12	10	0.1	0.70
卷叶黄精	*Polygonatum cirrhifolium*							16	10	0.1	0.68
狭瓣粉条儿	*Aletris stenoloba*							16	20	0.1	0.68
萓	*Viola moupinensis*							16	7	0.1	0.68
隐舌橐吾	*Ligularia franchetiana*	10	30	1							0.68
火烧兰	*Epipactis helleborine*				8	30	1.2				0.66
遍地金	*Hypericum wightianum*							15	15	0.1	0.66
抱茎柴胡	*Bupleurum longicaule* var. *amplexicaule*							15	50	0.1	0.66
锡金丝瓣芹	*Acronema hookeri*							13	15	0.3	0.65
板蓝	*Baphicacanthus*							14	15	0.1	0.64
长瓣角盘兰	*Herminium ophioglossoides*							14	17	0.1	0.64
绵毛橐吾	*Ligularia vellerea*							14	15	0.1	0.64
西藏棱子芹	*Pleurospermum hookeri* var. *thomsonii*							14	10	0.1	0.64
昆明象牙参	*Roscoea kunmingensis*	8	21	1							64
三角叶马先蒿	*Pedicularis deltoidea*							13	0.1	0.1	62
凸孔阔蕊兰	*Peristylus coeloceras*							13	0.15	0.1	62
变异铁角蕨	*Asplenium varians*	7	10	1							62
缘毛鸟足兰	*Satyrium ciliatum*							12	0.05	0.1	60
滇丹参	*Salvia yunnanensis*				6	10	1				60
疏花火烧兰	*Epipactis consimilis*				6	10	1				60
柄果高山唐松草	*Thalictrum alpinum* var. *microphyllum*				9	20	0.5				59
异叶虎耳草	*Saxifraga diversifolia*	9	10	0.4							58
大叶冷水花	*Pilea martinii*	5	50	0.5							51
无毛粉条儿菜	*Aletris glabra*	4	10	0.2							45
天名精	*Carpesium abrotanoides*							7	0.2	0.1	40
滇重楼	*Paris polyphylla* var. *yunnanensis*	1	36	0.1							38
卷丹	*Lilium lancifolium*	1	18	0.1							38
弯花筋骨草	*Ajuga campylantha*	1	18	0.1							38

（续）

（三）层间植物：2种，2株										
中文名	拉丁名	样9			样13			样56		
		株数	高（cm）	盖度（%）	株数	高（cm）	盖度（%）	株数	高（cm）	盖度（%）
素方花	*Jasminum officinale*	1	16	0.1						
细茎旋花豆	*Cochlianthus gracilis*							16	20	0.1

从多样性指数看出，黄背栎灌丛内，灌木层和草本层的生物多样性指数都呈现出共同的特征，物种多样性指数（Simpson）、生态优势度指数（Shannon – Wiener）和群落均匀度指数（Pielou）都以草本层较高，灌木层次之。同层的生态优势度指数（Shannon – Wiener）相对大于物种多样性指数（Simpson）和群落均匀度指数（Pielou）（表2-40）。

目前轿子山自然保护区保存下来的该类硬叶栎灌丛，在滇中、滇北地区是十分难得的森林资源，其面积约为1114.70hm^2，占保护区总面积的6.77%，在灌丛中仅次于杜鹃灌丛的面积。

青藏高原的抬升把原来古地中海区古老的硬叶栎类群落逐渐分隔两个中心，西侧以近代地中海为中心，东侧以我国川西、滇西北、滇北金沙江流域为中心。从东部目前存在的硬叶栎类群落来看，它们的近代生态适应的垂直幅度很广，已形成一个较完整的自然分布区，主要分布区集中于金沙江中、下游及其支流。轿子山地区的硬叶栎群落是这类植被类型东侧分布区的中心。硬叶常绿栎林是东喜马拉雅至川西、滇北特有的植被类型，也是我国西南部亚高山山地垂直带上的一个特有的植被类型。从发生起源看，它是一类古老的残遗植被，与近代地中海沿岸的该类型植被有着明显的联系，其中黄背栎起源于第三纪上新世三营组；从发生的历史看，它可能是古地中海植被的直接衍生物，在以后新的环境中产生了新的分化，在西南季风影响下的陡峻山地和河谷形成新的适应。在轿子山地区，硬叶栎灌丛分布海拔范围较高，是一类比较耐寒的植被，多见于石灰岩山地或多石的阳坡，以耐基质干旱的特性与冷杉林在不同坡向交互分布，分布面积小且不集中，植被稀有性较高。

表2-40　黄背栎灌丛生物多样性指数

样地	分层	物种丰富度（*S*）	物种多样性指数 Simpson指数	生态优势度 Shannon-wiener指数	群落均匀度指数 Pielou指数
样9	乔木层	0			
	灌木层	9	0.877296	2.062132	0.938517
	草本层	20	0.911506	2.64519	0.882986
	样地	30	0.934877	3.003356	0.88302900
样13	乔木层	0			
	灌木层	11	0.87928	2.001779	0.834807
	草本层	29	0.955828	3.214494	0.954622
	样地	40	0.963581	3.436877	0.931686

（续）

样地	分层	物种丰富度（S）	物种多样性指数 Simpson 指数	生态优势度 Shannon-wiener 指数	群落均匀度指数 Pielou 指数
样 56	乔木层	0			
	灌木层	9	0.827666	1.906521	0.867695
	草本层	47	0.974566	3.751299	0.974326
	样地	57	0.977935	3.912178	0.96763
群系	乔木层	0			
	灌木层	26	0.882519	2.571246	0.789187
	草本层	85	0.983427	4.236895	0.953686
	群系	113	0.985526	4.423377	0.935692

硬叶栎是云南省重要的植物资源之一，其材质优良，受人们喜爱，它不但用于工业，也适于制造农具、家具和木工用具等，树皮、果实、种子、壳斗等均可利用。轿子山的硬叶栎灌丛均由原生植被硬叶常绿栎林退化萌生形成。长期以来，当地居民砍取萌枝烧炭（许多村寨以炭为名即是明证），小枝叶用于压制厩肥，这也是当地硬叶栎长期处于灌丛状态的一个主要原因。可采取封山育林、禁伐禁牧或人工抚育等措施加强保护，同时对周围居民开展森林保护宣传，提高人们的森保意识，从而减少人为的破坏。

2.3.7 草　甸

草甸是以多年生、中生的地面芽和地下芽植物为主的草本植被类型，主要生长在寒冷潮湿的地带。我国的草甸主要分布在青藏高原、川西和云南等地。草甸的植物组成主要以北温带常见的科和属为主，如菊科、禾本科、莎草科、蔷薇科、毛茛科、豆科、龙胆科、石竹科。云南的草甸主要集中在滇西北和滇东北的亚高山和高山地带，分布的海拔大致在2800～4500m。根据群落的物种种类、结构和生态特点，云南的草甸可以划分为三个植被亚型：寒温草甸、高寒草甸和沼泽化草甸。

轿子山自然保护区的草甸都分布在海拔较高的山顶或近山顶处，温度较低，其草甸主要为寒温草甸，面积大约为 3452.25 hm^2，占保护区面积的 20.98%，是保护区面积较大的类型。主要分布在东川白石岩和禄劝轿子山的高海拔地段。

寒温草甸一般是由分布于亚高山上的寒温针叶林被破坏后经长期放牧利用而形成的，又称亚高山草甸。其垂直分布的海拔范围主要在 2800～4000m 之间，云南的寒温草甸主要分布于滇东北和滇西北的中甸、丽江等地，所占据的面积是四个草甸植被亚型中最大的。寒温草甸一般植物种类比较丰富，常常带有附近森林或者灌丛的植物成分，例如杜鹃 *Rhododendron*，箭竹 *Fargesia*，小檗 *Berberis* 等。一些处在海拔比较低的寒温草甸常常带有一些亚热带的成分。寒温草甸的季相变化比较明显，在春夏季由于各类植物都开花，草甸外貌华丽，10 月以后，由于植物过了结实期，开始出现枯萎的灰绿色外貌。云南的寒温草甸一般可以分为 3 个群系组，禾草草甸，矮竹禾草草甸，杂类草草甸。

轿子山自然保护区的寒温草甸主要分布在轿子山顶、白石岩、大风垭口、马房、大羊圈和马鬃岭等地。海拔约在 2940～4000 m。在本保护区内，只有杂类草草甸（Form. Group *Po-*

lygonum spp. + *Potentilla* spp.)一个群系组。

杂类草草甸以不同种类的杂类草占优势为标志，但是禾本科的草本植物在群落中很不突出。

轿子山自然保护区的杂草类草甸面积约为3452.25 hm^2，占保护区面积的20.98%。本保护区内的杂类草草甸可以进一步划分为2个群系，即草血竭+嵩草草甸、西南委陵菜+遍地金+糙野青茅草甸。

2.3.7.1 草血竭+嵩草草甸 Form. *Polygonum paleaceum* + *Kobresia* spp.

本保护区的草血竭+嵩草草甸主要分布白石岩和轿子山顶等海拔较高的平缓山顶，海拔3640~4000m。

值得特别指出的是，轿子山保护区的草血竭+嵩草草甸所处的地形比较平缓，由于海拔高，又位于山顶或近于山顶，气候严寒多风，冬天覆盖积雪。由于生境气候寒冷，土壤发育程度较弱，土层一般比较薄，厚度约10~30cm，土层之下就是岩石层，并常有岩石出露。所以，生境的地下水位较高，夏季排水不畅，在低凹处常常季节性积水。这样的生境实际上属于季节性的湿地生境，所形成的植被属于季节性的湿地植被。但是生境积水不深，积水深度在坑凹处可以达到10~20cm，一般地段仅积水几公分或不积水，而且积水时间不长。在这样的生境下形成的草甸，尚达不到沼泽化草甸的程度，但是具有一些沼泽草甸的重要物种，如群落中出现几种嵩草 *Kobresia* spp.，甚至具有较高的优势度。所以，可以认为这是陆生草甸向沼泽化草甸过度的类型。在轿子山自然保护区内，此类草甸分布零星，不成大片分布，不具有普遍性和典型性。此外，轿子山保护区的的这类草甸常常被周边的杜鹃灌丛所包围和分隔，甚至草甸中多少含有一些附近的杜鹃灌木，其高度可以达到160cm。群落单位面积的植物种数比较多，以样地为例，物种达到95种。

草本层的盖度约为90%，样地中有83个种。优势种有尼泊尔蒿草 *Kobresia nepalensi*，平均高为20cm，盖度为33%，重要值为8.45；线叶蒿草 *Kobresia capillifolia*，平均高为10cm，盖度为50%，重要值为7.64；草血竭平均高约为12cm，盖度为20%，重要值为6.20。其他的伴生种有野草莓，微药羊茅 *Festuca nitidula*，川甘灯心草，绒毛钟花蓼 *Polygonum campanulatum* var. *fulvidum*，鹤庆矮泽芹 *Chamaesium delavayi*，阿坝堇菜 *Viola tienschiensis*，多花剪股颖 *Agrostis myriantha*，接骨草 *Sambucus chinensis* 等。

零星分布的灌木盖度约为6%，高度为10~160cm。样地中有12个种，优势种是污毛香青 *Anaphalis pannosa*，平均高10cm，盖度为2%，重要值为34.79；黄毛甘遂 *Stellera chamae* f. *chrysantha*，平均高为20cm，盖度为10%，重要值为18.25；川滇绣线菊平均高150cm，盖度为3.5%，为重要值为8.33等(表2-41)。

表2-41 草血竭+嵩草草甸

样地号 面积 时间	样15，16m^2，20080728	样23，100 m^2，20080828	样48，100 m^2，20080731
调查人	杜凡，曾辉，姚莹	杜凡，曾辉，陈勇，姚莹	张辉、杜小浪、李朝阳
地点	白石岩附近	大风	法者林场
GPS点	N 26°11′0.2″， E 102°55′41.4″	N 26°8′33.7″， E 102°55′21.4″	N 26°05′50.1″， E 102°52′33.4″
海拔 坡向 坡位 坡度	3690m，东，上坡，30°	3905m，正西北，中坡，30°	3645m，东，中，25°

（续）

生境地形特点			大块岩石裸露 10%
母岩 土壤特点 地表特征	石灰岩，亚高山草甸土。很薄，岩石出露度 10%，岩石高度 30cm	平整均匀，砂岩	
特别记载/人为影响			下方为绣线菊\锈毛杜鹃灌丛
乔木层盖度			
灌木层盖度，优势种盖度	15%，狼毒 10%	2%，密枝杜鹃 2%	5%，川滇绣线菊 3.5%
草本层盖度，优势种盖度	86%，细叶莎草 50%，草血竭 20%	95%，尼泊尔嵩草 30%，草血竭 3%	90%，野草莓 10%，草血竭 2%

草本层

中文名	拉丁名	样 15			样 23			样 48			重要值
		株数	高（cm）	盖度（%）	株数	高（cm）	盖度（%）	株数	高（cm）	盖度（%）	
尼泊尔嵩草	*Kobresia nepalensis*				1650	20	33				8.45
线叶嵩草	*Kobresia capillifolia*	533	10	50							7.64
草血竭	*Polygonum paleaceum*	320	5	20	469	5	3	67	27	2	6.20
野草莓	*Fragaria vesca*	2	8	0.1				1563	10	10	5.87
川甘灯心草	*Juncus leucanthus*	160	10	10	600	5	12				5.25
微药羊茅	*Festuca nitidula*	2	3	0.1	750	20	15				4.41
鹤庆矮泽芹	*Chamaesium delavayi*				1000	5	10				4.07
阿坝堇菜	*Viola tienschiensis*	1	18	0.1	667	1	8				3.36
绒毛钟花蓼	*Polygonum campanulatum* var. *fulvidum*							222	45	20	3.29
多花剪股颖	*Agrostis myriantha*							667	17	6	2.75
接骨草	*Sambucus chinensis*							60	70	15	2.29
东川雀麦	*Bromus mairei*							500	15	5	2.21
云生早熟禾	*Poa nubigena*							417	20	6	2.12
尼泊尔蓼	*Polygonum nepalense*							298	30	5	1.70
丽江棱子芹	*Pleurospermum foetens*				250	3	5				1.58
细柄野青茅	*Deyeuxia filipes*							267	20	4	1.51
细茎橐吾	*Ligularia hookeri*				267	10	4				1.51
伏毛虎耳草	*Saxifraga strigosa*							400	10	1	1.49
流苏龙胆	*Gentiana panthaica*							357	12	1.5	1.44
细蝇子草	*Silene gracilicaulis*	2	8	0.1				150	20	1.5	1.28
中甸长果婆婆纳	*veronica ciliata* ssp. *zhangdianensis*	1	6	0.1				125	20	1.5	1.22
银叶委陵菜	*Potentilla leuconota*							100	28	5	1.20
隐舌橐吾	*Ligularia franchetiana*							133	35	3	1.05
高山大戟	*Euphorbia stracheyi*				167	3	2				1.01
会理野青茅	*Deyeuxia mazzettii*				100	10	2				0.85
红指香青	*Anaphalis rhododactyla*	2	5	0.1				22	23	0.5	0.84

（续）

中文名	拉丁名	样15			样23			样48			重要值
		株数	高（cm）	盖度（%）	株数	高（cm）	盖度（%）	株数	高（cm）	盖度（%）	
寸金草	*Clinopodium megalanthum*							69	30	2.5	0.83
虎掌草	*Anemone rivularis*	2	2	0.1	10	10	0.1				0.76
丝毛柳叶菜	*Epilobium brevifolium* ssp. *pannosum*							67	29	2	0.76
簇生卷耳	*Cerastium fontanum* ssp. *triviale*	1	8	0.1				1	45	0.1	0.74
狭叶委陵菜	*Potentilla stenophylla*				100	10	1				0.73
三角叶马先蒿	*Pedicularis deltoidea*							50	25	2	0.72
尖果马先蒿	*Pedicularis oxycarpa*	32	10	2							0.67
大药獐牙菜	*Swertia tibetica*							50	35	1.5	0.66
须花无心菜	*Arenaria pogonantha*				50	8	0.5				0.54
滇西委陵菜	*Potentilla delavayi*	16	15	1							0.51
灌丛马先蒿	*Pedicularis thamnophils*							17	30	0.5	0.46
缘毛紫菀	*Aster souliei*				33	8	0.1				0.45
川滇景天	*Sedum forrestii*							25	12	0.2	0.44
簇穗薹草	*Carex fastigiata*							20	18	0.3	0.44
倒提壶一种	*Cynoglossum*sp.				28	3	0.1				0.44
中国梅花草	*Parnassia chinensis*				28	5	0.1				0.44
大籽獐牙菜	*Swertia macrosperma*				28	12	0.1				0.44
齿褶龙胆	*Gentiana epichysontha*				25	4	0.1				0.43
裂萼钉柱委陵菜	*Potentilla saundersiana* var. *jacquemontii*				20	10	0.2				0.43
云南棘豆	*Oxytropis yunnanensis*				18	4	0.1				0.41
鹤庆微孔草	*Microula myosotidea*				16	5	0.1				0.41
密穗马先蒿	*Pedicularis densispica*	5	20	0.3							0.40
毛茎黄芩	*Scutellaria mairei*	4	35	0.3							0.40
中甸蓝钟花	*Cyananthus chungdienensis*				13	3	0.1				0.40
短尖景天	*Sedum beauverdii*				13	6	0.1				0.40
大海虎耳草	*Saxifraga dahaiensis*				12	5	0.1				0.40
翅瓣黄堇	*Corydalis pterygopetala*							10	20	0.1	0.39
滇葶苈	*Draba yunnanensis*				10	7	0.1				0.39
西南手参	*Gymnadenia orchidis*				10	5	0.1				0.39
马先蒿一种	*Pedicularis* sp.				10	4	0.1				0.39
峨眉报春	*Primula faberi*				10	10	0.1				0.39
羽叶穗花报春	*Primula pinnatifida*				10	5	0.1				0.39
云南毛茛	*Ranunculus yunnanensis*				10	10	0.1				0.39

（续）

中文名	拉丁名	样15			样23			样48			重要值
		株数	高（cm）	盖度（%）	株数	高（cm）	盖度（%）	株数	高（cm）	盖度（%）	
羽裂风毛菊	*Saussurea pachyneura*				10	10	0.1				0.39
滇藏羊茅	*Festuca vierhapperi*	3	20	0.2							0.39
缠绕党参	*Codonopsis pilosula* var. *volubilis*				7	10	0.1				0.38
二色棱子芹	*Pleurospermum govanianum* var. *bicolor*				7	3	0.1				0.38
柔软点地梅	*Androsace mollis*	4	30	0.1							0.38
象头花	*Arisaema franchetianum*							3	36	0.1	0.37
岩白菜	*Bergenia purpurascens*	3	15	0.1							0.37
印度灯心草	*Juncus clarkei*	3	5	0.1							0.37
酸模	*Rumex acetosa*	3	8	0.1							0.37
褐毛紫菀	*Aster fuscescens*	2	25	0.1							0.37
松林老鹳草	*Geranium pinetorum*	2	10	0.1							0.37
椭圆叶花锚	*Halenia elliptica*	2	18	0.1							0.37
鸡肉参	*Incarvillea mairei*	2	2	0.1							0.37
缬草	*Valeriana officinalis*	2	6	0.1							0.37
丽江剪股颖	*Agrostis schneideri*	1	20	0.1							0.37
长茎还阳参	*Crepis elongata*	1	12	0.1							0.37
野胡萝卜	*Daucus carota*	1	6	0.1							0.37
粉叶玉凤花	*Habenaria glaucifolia*	1	15	0.1							0.37
变绿异燕麦	*Helictotrichon virescens*	1	15	0.1							0.37
喜马拉雅灯心草	*Juncus himalensis*	1	13	0.1							0.37
细花荆芥	*Nepeta tenuiflora*	1	10	0.1							0.37
泡叶风毛菊	*Saussurea bullata*	1	1	0.1							0.37
百裂风毛菊	*Saussurea centiloba*	1	8	0.1							0.37
细柄附地菜	*Trigonotis gracilipes*	1	3	0.1							0.37
零星分布的灌木											
污毛香青	*Anaphalis pannosa*				200	10	2				34.79
黄花甘遂	*Stellera chamae* f. *chrysantha*	9	20	10							18.25
川滇绣线菊	*Spiraea schneideriana*							3	150	3.5	8.33
小檗一种	*Berberis* sp.	3	6	3							7.62
密枝杜鹃	*Rhododendron fastigiatum*				2	7.5	2				6.09
锈红毛杜鹃	*Rhododendron bureavii*							1	100	2	5.95
小叶栒子	*Cotoneaster microphyllus*	3	300	1							4.81
巴塘紫菀	*Aster batangensis*	3	17	0.1							3.56
冰川茶藨子	*Ribes glaciale*							3	50	0.1	3.56
藏边蔷薇	*Rosa webbiana*							2	160	0.1	3.41
高山柏	*Juniperus squamata*	1	10	1							3.27

2.3.7.2　西南委陵菜＋遍地金＋糙野青茅草甸 Form. *Potentilla fulgens* ＋ *Hypericum wightianum* ＋ *Deyeuxia scabrescens*

西南委陵菜＋遍地金＋糙野青茅草甸主要分布于保护区内的马房、大羊圈和马鬃岭。分布海拔为2940～3520m。群落内物种较丰富，物种约为64种，其中灌木1种，草本63种。

样地中草本层的物种有62种，盖度约为100%。优势种为遍地金 *Hypericum wightianum*，平均高为13cm，盖度为3%，重要值为15.81；西南委陵菜，平均高为30cm，盖度为30%，重要值为14.96；糙野青茅平均高为20cm，盖度为50%，重要值为7.10。其他的伴生种有藏象牙参 *Roscoea tibetica*，东川画眉草 *Eragrostis mairei*，草血竭等。

灌木层只有一种，即毛柱红棕杜鹃，盖度为0.2%。高度为10cm。

群落中还有一种十分纤细的藤本植物，细茎旋花豆 *Cochlianthus gracilis*，其数量少，仅有几株，而且生长不良，高度20～30cm(表2-42)。

表2-42　西南委陵菜＋遍地金＋糙野青茅草甸

样地号 面积 时间	样51，16m^2，20080801	样54，16 m^2，20080801	样79，4 m^2，20080805
调查人	陈勇、曾辉、张辉	杜凡、杜小浪、李朝阳	杜凡、曾辉、张辉
地点	马房	大羊圈	马鬃岭
GPS点	N 26°06′50.0″，E 102°55′38.3″	N 26°06′59.6，E 102°55′22.4″	N 26°09′22.5″，E 102°50′21.3″
海拔 坡向 坡位 坡度	2940，较平，10°，中上部	3080，西，中，20°	3520，西偏北26°，上坡，20°
母岩 土壤特点 地表特征	岩浆岩—辉长岩，黄棕壤，地被覆盖度90%、枯枝落叶少、岩石极少		玄武岩，棕壤
特别记载/人为影响	放牧	30年前种地，现在放牧，最近几年放牧较低，恢复较好，7、8年前无草	
灌木层盖度，优势种盖度		0.2，毛柱红棕杜鹃	
草本层盖度，优势种盖度	100%，西南委陵菜15%	100%，西南委陵菜30%	95%，西南委陵菜40%

草本层：63种　7029株

中文名	拉丁名	样51			样54			样79			重要值
		株数	高(cm)	盖度(%)	株数	高(cm)	盖度(%)	株数	高(cm)	盖度(%)	
遍地金	*Hypericum wightianum*	2667	6	5	53	20	0.1				15.81
西南委陵菜	*Potentilla fulgens*	240	30	15	480	30	30	111	20	40	14.96
糙野青茅	*Deyeuxia scabrescens*				229	20	50				7.10
藏象牙参	*Roscoea tibetica*				1	5	0.1	167	15	25	4.47
东川画眉草	*Eragrostis mairei*	112	40	14	20	30	5				3.61
草血竭	*Polygonum paleaceum*							200	30	12	2.79
东俄洛紫菀	*Aster tongolensis*	300	20	3	2	30	0.1				2.77
密穗马先蒿	*Pedicularis densispica*	93	15	7	18	25	1				2.30

（续）

中文名	拉丁名	样 51			样 54			样 79			重要值
		株数	高（cm）	盖度（%）	株数	高（cm）	盖度（%）	株数	高（cm）	盖度（%）	
茅膏菜	*Drosera peltata*	178	10	4	2	10	0.1				2.24
绶草	*Spiranthes sinensis*	256	20	4							2.21
椭圆叶花锚	*Halenia elliptica*	20	15	5	7	20	0.5	6	20	1	2.14
西南野古草	*Arundinella hookeri*	80	50	10							1.94
虎掌草	*Anemone rivularis*	32	3	2	2	5	0.1	4	25	1	1.79
尼泊尔蓼	*Polygonum nepalense*				3	25	0.1	20	30	5	1.51
百脉根	*Lotus corniculatus*	80	10	5							1.39
黄毛草莓	*Fragaria nilgerrensis*				5	5	0.2	30	20	3	1.37
野草莓	*Fragaria vesca*				3	5	0.2	30	15	3	1.36
菜蕨	*Callipteris esculenta*				67	40	5				1.32
钙生鹅观草	*Roegneria calcicola*	22	30	7							1.30
车前	*Plantago asiatica*	36	10	2	3	6	0.2				1.28
黄腺香青	*Anaphalis aureo – punctata*	71	15	4							1.23
薄叶旋叶香青	*Anaphalis contorta* var. *pellucida*				107	30	2				1.20
露水草	*Cyanotis arachnoidea*	80	10	3							1.17
云雾薹草	*Carex nubigena*							89	30	2	1.11
鱼眼菊	*Dichrocephala auriculata*	16	5	1	2	15	0.1				1.05
长茎还阳参	*Crepis elongata*	48	3	3							1.00
细裂叶松蒿	*Phtheirospermum tenuisectum*	53	20	2							0.92
丝毛柳叶菜	*Epilobium brevifolium* ssp. *pannosum*				2	15	0.1	2	25	0.1	0.88
绵毛橐吾	*Ligularia vellerea*				12	30	3				0.81
滇藏羊茅	*Festuca vierhapperi*							32	40	2	0.81
宽叶兔儿风	*Ainsliaea latifolia*	27	5	1.5							0.72
酸模	*Rumex acetosa*							8	20	2	0.68
寸金草	*Clinopodium megalanthum*				23	25	1				0.65
昆明象牙参	*Roscoea Kunmingensis*	8	5	1.5							0.62
川西龙胆	*Gentiana wilsonii*							16	10	1	0.61
狭叶夏枯草	*Prunella vulgaris* var. *lanceolata*				16	25	1				0.61
裂瓣角盘兰	*Herminium alaschanicum*	13	10	1							0.59
钻裂风铃草	*Campanula aristata*	7	15	1							0.56
尼泊尔香青	*Anaphalis nepalensis*							6	20	1	0.56

（续）

中文名	拉丁名	样51			样54			样79			重要值
		株数	高（cm）	盖度（%）	株数	高（cm）	盖度（%）	株数	高（cm）	盖度（%）	
美花老鹳草	*Geranium calanthum*							4	25	1	0.55
大籽獐牙菜	*Swertia macrosperma*							4	15	1	0.55
雪山鼠尾	*Salvia evansiana*				9	10	0.5				0.52
羊茅	*Festuca pamirica*				8	10	0.5				0.51
柔毛委陵菜	*Potentilla griffithii*				8	5	0.5				0.51
山猪猪殃殃	*Galium pseudoasprellum*				8	8	0.1				0.47
毛香火绒草	*Leontopodium stracheyi*				5	20	0.2				0.47
广布红门兰	*Orchis chusua*				2	10	0.2				0.45
川续断	*Dipsacus asperoides*				2	50	0.1				0.44
花佩菊	*Faberia sinensis*				2	25	0.1				0.44
清明菜	*Gnaphalium affine*				2	30	0.1				0.44
狭叶委陵菜	*Potentilla stenophylla*				2	5	0.1				0.44
伏毛虎耳草	*Saxifraga strigosa*				2	5	0.1				0.44
大药獐牙菜	*Swertia tibetica*				2	12	0.1				0.44
多枝婆婆纳	*Veronica javanica*				2	10	0.1				0.44
粘冠草	*Myriactis wallichii*				2	5	0.1				0.44
突隔梅花草	*Parnassia delavayi*				2	10	0.1				0.44
三角叶马先蒿	*Pedicularis deltoidea*				2	10	0.1				0.44
穗花粉条儿菜	*Aletris* var. *khasiana*				1	25	0.1				0.43
中甸蓝钟花	*Cyananthus chungdienensis*				1	10	0.1				0.43
印度灯心草	*Juncus clarkei*				1	20	0.1				0.43
红缨大丁草	*Leibnitzia ruficoma*				1	7	0.1				0.43
异叶茴芹	*Pimpinella diversifolia*				1	10	0.1				0.43
零星分布的灌木											
毛柱红棕杜鹃	*Rhododendron rubiginosum* var. *ptilostylum*				1	10	0.2				100

草血竭+嵩草草甸和西南委陵菜+遍地金+糙野青茅草甸同属于杂类草草甸，但由于它们的物种组成、建种群和优势种的不同而表现出不同的特征。可以从它们的多样性指数看出：在草血竭+嵩草草甸中，物种多样性指数(Simpson)、生态优势度指数(Shannon－Wiener)和群落均匀度指数(Pielou)都以草本层最高。在西南委陵菜+遍地金+糙野青茅草甸中，灌木层的物种多样性指数(Simpson)大于草本层的物种多样性指数，而其他两个指数则是草本层的大于灌

木层的。即物种多样性指数(Simpson):灌木层 > 草本层;生态优势度指数(Shannon - Wiener):草本层 > 灌木层;群落均匀度指数(Pielou):草本层 > 灌木层(表 2-43)。

表 2-43 草血竭 + 嵩草草甸和西南委陵菜 + 遍地金 + 糙野青茅草甸的生物多样性指数

群系	分层	物种丰富度(S)	物种多样性指数 Simpson 指数	生态优势度 Shannon-wiener 指数	群落均匀度指数 Pielou 指数
草血竭 + 嵩草草甸	灌木层	12	0.2423	0.6612	0.2661
	草本层	83	0.9400	3.1910	0.7221
	总的	95	0.9419	3.2343	0.7119
西南委陵菜 + 遍地金 + 糙野青茅草甸	灌木层	1	1.0000	0.0000	0.0000
	草本层	63	0.7855	2.4097	0.5839
	总的	64	0.7856	2.4121	0.5800

杂类草草甸在轿子山自然保护区是一种比较常见的草甸，面积较大，有 3452.25 hm^2，占保护区面积的 20.98%，占了保护区面积的 1/5。分布在东川区的杂类草草甸一般海拔在 3600 ~ 3900m，属于一种次生植被类型，该区域的原生植被本为针叶林，但建立保护区前，历史上在当地曾开采过铜矿，大量采伐针叶林内的树木，导致了原生植被被严重破坏，再加上该区域海拔高，温度低的环境，乔木层一旦消失很难再恢复，最后形成了寒温性的杂类草草甸。而分布在轿子山保护区内海拔 4000m 及以上地区的杂类草草地多为原生植被，保护得较好。由于杂类草草甸物种组成的特殊性，其在春夏季通常呈现多彩华丽的外貌，具有很强的观赏性。此外，该类草甸还包括不少药用植物，如草血竭，鸡肉参 *Incarvillea mairei* 等。杂类草草甸还能起到保持水土的作用。杂类草草甸生长的土壤比较贫瘠，土层较薄，如果遭到破坏，将很难恢复，目前由于附近的村民经常在草甸上放牧，导致了草甸破坏严重，因此亟需采取一些措施对杂类草草甸实施保护，如禁止放牧等。

2.3.8 人工林

轿子山自然保护区的人工林主要是华山松人工林 Form. *Pinus armandi*。

在保护区的腰棚子林区、老炭房、马房和李家坟等处可见大面积的华山松人工林。总面积约 223.63hm^2，约占保护区面积的 1.36%，为保护区中种植最广的人工林。保护区内有华山松的幼林，也有 10 ~ 20 多年的成龄林，高度 0.4 ~ 10m，胸径 6.5 ~ 12cm 不等。

华山松人工林乔木层盖度成龄林一般较高为 70% ~ 90%，主要树种为人工种植的华山松 *Pinus armandi*，另有少量自然生长的山杨 *Populus davidiana*，种类很单一。

灌木层盖度随着乔木层盖度的变化而变化，在 15% ~ 75% 范围内波动，主要种类有碎米花杜鹃 *Rhododendron spiciferum*、无刺菝葜 *Smilax mairei*、斑壳玉山竹、长花柳和美丽马醉木 *Pieris formosa* 等。

草本层盖度 20% ~ 80%，主要由东川画眉草、西南委陵菜、四脉金茅 *Eulalia quadrinervis*、黄毛草莓、突隔梅花草 *Parnassia delavayi* 和糙野青茅等组成(表 2-44)。

当地的华山松人工林现阶段长势良好，存在的问题主要是种植密度过大，平均株行距为 2m × 1.5m，不利于群落生长划入经营，必须进行适当的疏伐和择伐。在轿子山自然保护区内种植华山松是适于本区气候和环境特点的造林方式，可以绿化荒山、保持水土，在植被破坏严重的区域有重要的生态学意义。

2.4　植被分布规律

2.4.1　植被的水平分布

轿子山自然保护区行政区域涉及东川区和禄劝县；轿子山片以保护区最高主峰和山脊为界，大致东边为东川区的部分，西边为禄劝县的部分。东川区辖区的轿子山自然保护区范围，起始海拔约2300m，最高海拔4344.1m(与禄劝县分界)。禄劝县辖区内的轿子山自然保护区的起始海拔约3000m，最高海拔4344.1m(与东川区分界)。由于地形地貌及大坡面的不同，东、西两部分在植被分布上有所不同。

就保护区范围而言，半湿润常绿阔叶林(银木荷林和元江栲林)只出现于东川区的大厂村一带；中山湿性常绿阔叶林，即野八角林也主要分布在东川区的大厂村一带。这两类常绿阔叶林都分布于东川区辖区的保护区外围。

温凉性针叶林中的高山松林只分布于东川区辖区的九龙村一带；而高山柏林只分布于禄劝县辖区的雪山乡马鬃岭梁子一带。

山顶苔藓矮林，即杜鹃矮林，在东川区和禄劝县辖区都有分布，但是以禄劝县辖区内分布的面积大，而且林分质量更高。

大面积连片的寒温性针叶林(急尖长苞冷杉林)，主要分布在东川区辖区的大兴场、抱水井、大厂大洼子、桦木林一带；其面积不仅连片，而且林相整齐，乔木高大挺拔，保存极为完好；禄劝县只在轿子山内有小面积分布。

寒温山地硬叶常绿栎林(黄背栎林)主要分布于禄劝县的马鬃岭梁子一带，面积连片、群落原始、保存极为完好。

寒温灌丛是轿子山自然保护区面积最大的植被类型，在东川区辖区和禄劝县辖区内都有分布。其中，柳灌丛主要分布在东川区境内；高山柏灌丛主要分布在禄劝县境内；杜鹃灌丛和硬叶栎灌丛在东半部和西半部分布的面积差别不大。

寒温草甸的面积也很大，在东川区境内和禄劝县境内都有大面积分布。

落叶阔叶林和玉山竹林是典型的次生植被类型，总的面积不大，而且分散，在东川区境内和禄劝县境内都有零星分布。

干热河谷硬叶常绿栎林(铁橡栎林)分布于禄劝县的普渡河片，海拔范围1200～1500m。

2.4.2　植被的垂直分布

轿子山自然保护区范围内，从海拔约1200m的普渡河边，直至海拔4344.1 m的最高峰雪岭，自下而上依次出现7个植被型、11个植被亚型，17个群系组，28个群系。其中，干热河谷硬叶常绿栎林、半湿润常绿阔叶林、中山湿性常绿阔叶林、山顶苔藓矮林、寒温山地硬叶常绿栎林、温凉性针叶林、寒温性针叶林、寒温灌丛(原生类型)和寒温草甸(原生类型)等9个植被类型(植被亚型)是轿子山自然保护区山地的垂直地带性植被类型。暖温性落叶阔叶林、暖温性竹林、寒温灌丛(次生类型)和寒温草甸(次生类型)是原生植被破坏后形成的次生植被类型，没有明显的地带性特征。轿子山自然保护区植被垂直分布的规律如下：

表 2-44 华山松林样地调查表

样地号 面积 时间	样 20,500m^2,20080728	样 24,100 m^2,20080728	样 49,500 m^2,20080801	样 53,500 m^2,20080801
调查人	杜小浪、张辉、陈勇	杜小浪、张辉、陈勇	陈勇、曾辉、张辉	陈勇、曾辉、张辉
地点	腰棚子林场	腰棚子林场	老炭房	马房
GPS 点	N 26°16′296″, E 103°00′223	N 26°17′1. 7″, E 103°0′53. 8 ″	N 26°06′32. 2″, E 102°55′26. 0″	N 26°06′56. 0″, E 102°55′36. 2″
海拔 坡向 坡位 坡度	2972,西,中,20	2481,北,中,25	2770,西坡,中部,30	3000,西坡,上部,15
生境地形特点	地被覆盖度 85%、枯枝落叶厚度 100%,岩石出露度 0%	岩石裸露少,草本层概度大	地被覆盖度 80%、枯枝落叶少、岩石极少	高中山中部,地被覆盖度 100%、枯枝落叶少、岩石极少
母岩 土壤特点 地表特征	石灰岩	岩石裸露少,草本层盖度大	无	砾岩
特别记载/人为影响	人为影响较小	人工种植	人工种植 15 年左右,砍伐后重新种植,株行距 2m×1. 5m	荒山种植
乔木层盖度	95%	0%	70%	30%
灌木层盖度,优势种盖度	68%,碎米花杜鹃 25%	75%,华山松 50%	15%,西南木蓝 5%	30%,华山松 20%
草本层盖度,优势种盖度	30%,椭叶小舌紫菀 10%	20%,滇藏草茅 5%	65%,东川画眉草 20%	80%,东川画眉草 20%

(一)乔木层:2 种 280 株 盖度 50%

中文名	拉丁名	样 20			样 24			样 49			样 53			重要值
		株数	高(m)	胸径(cm)	株数	高(m)	胸径(cm)	株数	高(m)	胸径(cm)	株数	高(m)	胸径(cm)	
华山松	*Pinus armandi*	118	7	12				140	8	6. 5	15	8	8. 5	87. 8276
山杨	*Populus davidiana*	7	9	9										12. 1724

（续）

中文名	拉丁名	样20			样24			样49			样53			重要值
		株数	高（cm）	盖度（%）	株数	高（cm）	盖度（%）	株数	高（cm）	盖度（%）	株数	高（cm）	盖度（%）	
（二）灌木层:28 种 7585 株　盖度 53.7%														
乔木幼树														
滇杨	*Populus yunnanensis*	42	180	10	30	40	50	11	250	3	97	150	20	16.85
华山松	*Pinus armandi*	17	400	10										2.42
黄背栎	*Quercus pannosa*				55	200	20							4.14
山杨	*Populus davidiana*							1	160	0.5	222	25	1	2.80
四籽柳	*Salix tetrasperma*							2	60	1				0.96
灌木														
碎米花杜鹃	*Rhododendron spiciferum*	694	80	25	26	60	20							11.73
无刺菝葜	*Smilax mairei*	250	35	1.5				500	20	1				5.27
斑壳玉山竹	*Yushania maculata*	400	40	5	6	45	1							4.30
长花柳	*Salix longiflora*	76	230	15							6	120	3	4.74
美丽马醉木	*Pieris formosa*	500	30	3	18	30	0.1							4.34
丽江木蓝	*Indigofera balfouriana*	100	45	1	20	50	0.1							2.29
云南娃儿藤	*Tylophora yunnanensis*	63	15	0.1	18	20	0.1	17	30	0.1	111	30	0.5	4.22
毛柱红棕杜鹃	*Rhododendron rubiginosum* var. *ptilostylum*				7	70	2							1.13
南烛	*Lyonia ovalifolia*				6	30	2							1.13
小叶栒子	*Cotoneaster microphyllus*				8	20	0.5							0.91
椭叶小舌紫菀	*Aster albescens* var. *limprichtii*				6	80	2							1.13
无毛粉花绣线菊	*Spiraea japonica* var. *glabra*							4	120	1				0.97
腋花杜鹃	*Rhododendron racemosum*							9	25	1.2				1.02
纤枝金丝桃	*Hypericum lagarocladum*							26	65	0.1				0.92
西南木蓝	*Indigofera mairei*							3472	15	5	278	8	0.2	18.87

（续）

中文名	拉丁名	样20			样24			样49			样53			重要值
		株数	高（cm）	盖度（%）	株数	高（cm）	盖度（%）	株数	高（cm）	盖度（%）	株数	高（cm）	盖度（%）	
草地柳	*Salix praticola*							10	40	0.2				0.87
假乳黄杜鹃	*Rhododendron fictolacteum*							13	40	0.1				0.87
杜鹃一种	*Rhododendron* sp. 4							143	80	3				1.89
壮刺小檗	*Berberis deinacantha*										1	200	0.5	0.88
亮毛杜鹃	*Rhododendron microphyton*										6	20	2	1.13
滇中绣线菊	*Spiraea schochiana*										1	150	2	1.11
针刺悬钩子	*Rubus pungens*										250	20	0.5	1.97
黄杨叶栒子	*Cotoneaster buxifolius*										63	40	0.5	1.15

（三）草本层:71 种 48333 株　盖度 50.55%

中文名	拉丁名	样20			样24			样49			样53			重要值
		株数	高（cm）	盖度（%）	株数	高（cm）	盖度（%）	株数	高（cm）	盖度（%）	株数	高（cm）	盖度（%）	
东川画眉草	*Eragrostis mairei*							2500	35	20	2667	40	20	10.85
西南委陵菜	*Potentilla fulgens*							833	30	5	4000	15	8	6.17
四脉金茅	*Eulalia quadrinervis*							625	50	5	1875	30	15	5.72
黄毛草莓	*Fragaria nilgerrensis*				25	10	1	3906	10	5				4.39
突隔梅花草	*Parnassia delavayi*										3906	10	5	3.87
糙野青茅	*Deyeuxia scabrescens*				100	40	1				1250	35	10	3.44
尼泊尔香青	*Anaphalis nepalensis*	444	35	2	300	20	3	250	30	1.5				2.80
羊茅	*Festuca pamirica*										1000	35	10	2.69

（续）

中文名	拉丁名	样20			样24			样49			样53			重要值
		株数	高（cm）	盖度（%）	株数	高（cm）	盖度（%）	株数	高（cm）	盖度（%）	株数	高（cm）	盖度（%）	
草血竭	*Polygonum paleaceum*				400	30	2	667	20	2	63	15	0.1	2.50
匍茎谷蓼	*Circaea repens*	2344	10	3										2.46
黄腺香青	*Anaphalis aureo－punctata*										1667	20	5	2.32
野草莓	*Fragaria vesca*	1953	10	2.5										2.11
椭叶小舌紫菀	*Aster albescens* var. *limprichtii*	63	170	10										2.04
菜蕨	*Callipteris esculenta*	190	70	4	20	80	1				17	35	0.1	2.04
长柄象牙参	*Roscoea debilis*	1042	10	1.5	278	10	1							2.02
椭圆叶花锚	*Halenia elliptica*				45	10	1	300	50	3	50	15	0.1	1.99
伏毛虎耳草	*Saxifraga strigosa*							2000	8	1				1.89
遍地金	*Hypericum wightianum*							625	15	1	10	40	3	1.79
拉拉藤	*Galium aparine* var. *echinospermum*							667	30	3	33	25	0.1	1.69
挺茎遍地金	*Hypericum elodeoides*	35	170	5							78	10	0.1	1.61
康定玉竹	*Polygonatum prattii*							1250	20	2				1.54
狭叶夏枯草	*Prunella vulgaris* var. *lanceolata*										1250	15	2	1.54
滇藏羊茅	*Festuca vierhapperi*				500	40	5							1.52
块茎卷柏	*Selaginella chrysocaulos*							1389	8	1				1.47
密毛紫菀	*Aster vestitus*				47	20	1				556	15	1	1.44
阿坝堇菜	*Viola tienschiensis*	69	10	0.1	112	6	1				89	10	0.1	1.43
细柄野青茅	*Deyeuxia filipes*							400	50	4				1.28
丝毛柳叶菜	*Epilobium brevifolium* ssp. *Pannosum*							133	60	2	63	15	0.1	1.18
长茎还阳参	*Crepis elongata*							667	20	2				1.14
茅膏菜	*Drosera peltata*							50	20	0.1	347	12	0.5	1.07

（续）

中文名	拉丁名	样 20			样 24			样 49			样 53			重要值
		株数	高（cm）	盖度（%）	株数	高（cm）	盖度（%）	株数	高（cm）	盖度（%）	株数	高（cm）	盖度（%）	
滇西北紫菀	*Aster jeffreyanus*							167	25	0.5	111	15	0.2	1.00
三角叶马先蒿	*Pedicularis deltoidea*				10	25	0.2				250	20	0.5	0.99
尖果马先蒿	*Pedicularis oxycarpa*				50	30	0.5				78	10	0.1	0.88
夏枯草	*Prunella vulgaris*							500	15	1				0.86
虎掌草	*Anemone rivularis*							333	30	1.5				0.82
密穗马先蒿	*Pedicularis densispica*							417	20	1				0.80
二色瓦韦	*Lepisorus bicolor*				400	15	1							0.79
细裂叶松蒿	*Phtheirospermum tenuisectum*							333	25	1				0.74
烟管头草	*Carpesium cernuum*							391	10	0.5				0.70
仙鹤草	*Agrimonia pilosa* var. *nepalensis*				65	25	1.5							0.64
雅灯心草	*Juncus concinnus*							167	35	1				0.63
笄石菖	*Juncus prismatocarpus*										278	12	0.5	0.62
圆舌粘冠草	*Myriactis nepalensis*							250	15	0.5				0.60
齿叶虎耳草	*Saxifraga hispidula*				100	10	1							0.58
大理无心菜	*Arenaria delavayi*	100	70	1										0.58
瑞香缬草	*Valeriana daphniflora*	67	60	1										0.56
一把伞南星	*Arisaema erubescens*	48	75	1										0.55
松毛火绒草	*Leontopodium andersonii*							167	30	0.5				0.54
牡蒿	*Artemisia japonica*							40	50	0.5				0.46
糯米团	*Gonostegia hirta*							33	50	0.5				0.45
线茎虎耳草	*Saxifraga filicaulis*										78	10	0.1	0.42
小寸金黄	*Lysimachia deltoidea* var. *cinerascens*							78	10	0.1				0.42

（续）

中文名	拉丁名	样 20			样 24			样 49			样 53			重要值
		株数	高（cm）	盖度（%）	株数	高（cm）	盖度（%）	株数	高（cm）	盖度（%）	株数	高（cm）	盖度（%）	
尖果婆婆纳	*veronica ciliata* ssp. *stenocarpa*										69	15	0.1	0.41
毛藁本	*Ligusticum nispidum*							44	30	0.2				0.41
百脉根	*Lotus corniculatus*										63	15	0.1	0.41
倒提壶一种	*Cynoglossum* sp.				63	5	0.1							0.41
宽叶兔儿风	*Ainsliaea latifolia*										63	15	0.1	0.41
露水草	*Cyanotis arachnoidea*										56	15	0.1	0.40
中国纤细马先蒿	*Pedicularis gracilis* ssp. *sinensis*										50	20	0.1	0.40
紫雀花	*Parochetus communis*										50	10	0.1	0.40
广布红门兰	*Orchis chusua*							13	55	0.2				0.39
寸金草	*Clinopodium megalanthum*										33	25	0.1	0.39
柔弱斑种草	*Bothriospermum tenellum*										33	25	0.1	0.39
小柴胡	*Bupleurum hamiltonii*										28	20	0.1	0.38
灰毛风铃草	*Campanula cana*										22	30	0.1	0.38
菱叶紫菊	*Notoseris rhombiformis*							22	30	0.1				0.38
大叶假冷蕨	*Pseudocystopteris atkinsonii*							17	30	0.1				0.38
滇香薷	*Origanum vulgare*										17	30	0.1	0.38
石椒草	*Boenninghausenia sessilicarpa*										13	40	0.1	0.37
西南野古草	*Arundinella hookeri*										13	35	0.1	0.37
疏花火烧兰	*Epipactis consimilis*				3	20	0.1							0.37

海拔 1200 ~ 1500m：分布干热河谷硬叶常绿栎林，只有铁橡栎林一种类型。

海拔 2300 ~ 2600m：分布半湿润常绿阔叶林，包括银木荷林和元江栲林。

海拔 2600 ~ 2900m：分布中山湿性常绿阔叶林，仅野八角林。

海拔 2900 ~ 3500m：分布山顶苔藓矮林，只有杜鹃矮林；此海拔范围内，大致海拔 3000 ~ 3500m 之间，同时分布着寒温山地硬叶常绿栎林，只有黄背栎林一个类型；同时，大约在海拔 2600 ~ 3400m 范围，分布着少量次生落叶阔叶林，包括绣球林和杨桦林。

海拔 2700 ~ 3600m：分布温凉性针叶林，包括高山柏林和高山松林。

海拔 2800 ~ 3900m：分布寒温性针叶林，只有急尖长苞冷杉林。

海拔 2600 ~ 4000m：分布寒温灌丛，包括杜鹃灌丛、柳灌丛、圆柏灌丛和硬叶栎灌丛，其中，分布海拔较低的柳灌丛、硬叶栎灌丛和部分杜鹃灌丛是次生植被，分布海拔较高的杜鹃灌丛和圆柏灌丛是原生植被。

海拔 3100 ~ 3600m：分布暖温性竹林，只有玉山竹林一个类型，属于次生植被。

海拔 2900 ~ 4200m：分布寒温草甸，只有杂类草草甸一个群系组；分布海拔较低的类型属于次生草甸，分布海拔较高的类型属于原生草甸。

海拔 3920 ~ 4344. 1m：分布流石滩灌丛，其植被的盖度极低，以裸露的流动性岩石为主。

轿子山自然保护区占据海拔范围最宽的是温性针叶林(包括温凉性针叶林和寒温性针叶林)，占据海拔范围 2700 ~ 3900m，海拔跨度达到 1200m，而且分布面积较大。这是轿子山自然保护区山地垂直带上最主要的植被类型。

寒温灌丛和寒温草甸，占据的海拔范围也超过 1000m，分布的面积很大，同样是轿子山自然保护区山地垂直带上最主要的植被类型。但是，这两类植被类型中，其海拔较低的部分是原生森林植被反复遭到破坏后退化而成的次生类型，只有海拔较高的灌丛和草甸，才是原生植被类型。

此外，山地苔藓矮林和山地硬叶常绿栎林占据的海拔范围也达到或超过 500m，面积也较大，也是轿子山自然保护区山地垂直带上主要的植被类型。

2.4.3 植被的演替规律

调查表明，轿子山自然保护区的原生植被或地带性植被从低海拔到高海拔，依次包括干热河谷硬叶常绿栎林(仅铁橡栎林，海拔 1200 ~ 1500m)，半湿润常绿阔叶林(银木荷林、元江栲林，海拔 2200 ~ 2700m)，中山湿性常绿阔叶林中(野八角林，海拔 2600 ~ 2900m)，山顶苔藓矮林(杜鹃矮林，海拔 2900 ~ 3500m)，寒温山地硬叶常绿栎林(黄背栎林，海拔 3000 ~ 3500m)，温凉性针叶林(高山柏林、高山松林，海拔 2700 ~ 3600m)，寒温性针叶林(急尖长苞冷杉林，海拔 2800 ~ 3900m)。

次生植被类型主要是暖温性落叶阔叶林(绣球林、杨桦林，海拔 2600 ~ 3400m)和暖温性竹林(玉山竹林，海拔 3100 ~ 3600m)两大类。

寒温灌丛(杜鹃灌丛、柳灌丛、圆柏灌丛、硬叶栎灌丛，海拔 2600 ~ 4000m)和寒温草甸(海拔 2900 ~ 4200m)既有原生类型，也有次生类型。大致海拔 3500m 以下的灌丛实际上属于次生灌丛，海拔 3800m 以下的草甸属于次生草甸。

轿子山自然保护区的原生植被，遭到持续砍伐、开荒种地、放牧或严重火烧之后，发生

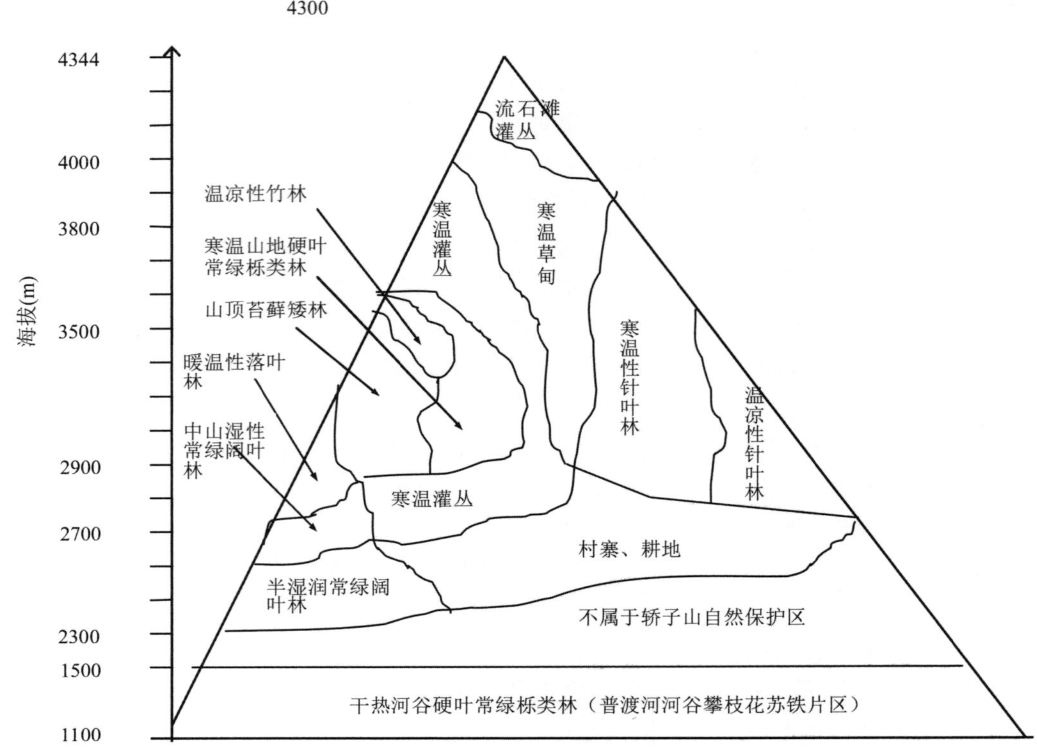

图 2-1 轿子山自然保护区植被类型垂直分布图

了逆行演替。从野外调查到的情况看，植被的逆行演替主要有以下类型：

干热河谷硬叶常绿栎林通常逆行演替为干热河谷稀树灌木草丛。

半湿润常绿阔叶林和中山湿性常绿阔叶林通常退化为暖温性落叶阔叶林。后者如果继续退化，则将成为次生灌丛。

山顶苔藓矮林分布海拔较高，2900～3500m，退化后通常成为次生寒温灌丛。后者继续退化，乔灌木成分进一步减少，往往成为玉山竹林。若再继续退化，竹子大部分消失后，成为次生草甸。

原生寒温灌丛、寒温山地硬叶常绿栎林和温性针叶林逆行演替通常成为次生寒温灌丛或玉山竹林。再继续退化，则同样成为次生寒温草甸。海拔超过3500m的温性针叶林，退化后常常直接成为次生寒温草甸。

原生寒温草甸退化后直接成为次生寒温草甸。再进一步退化，成为裸露岩石或裸露土地。

从调查的情况看，保护区各种次生林中都还保存着一定数量的原生群落的建群种类。因此，可以预料，对于遭受破坏程度较轻的植被类型，如果加强封山育林，停止对其破坏，则上述逆行演替中的次生群落有可能向原生群落的方向演替。

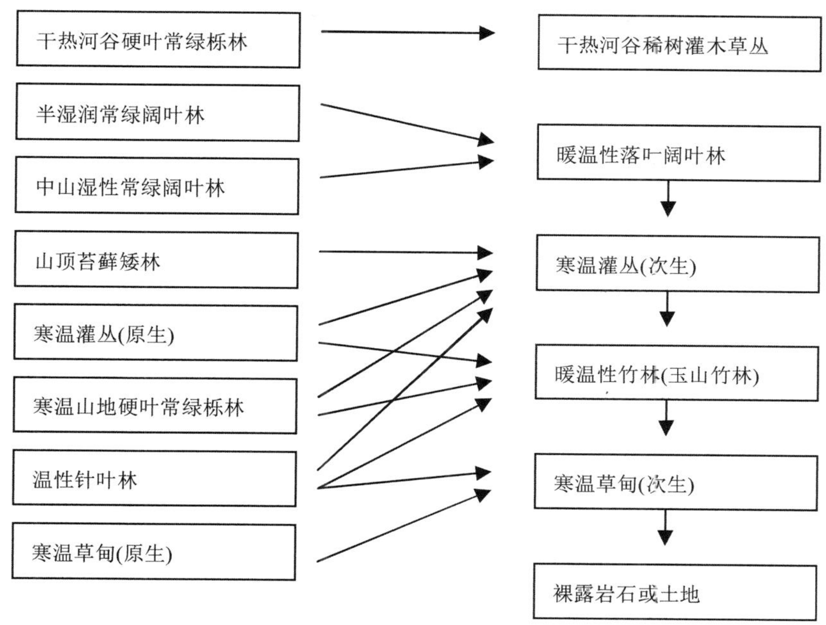

图 2-2 轿子山自然保护区植被逆行演替关系图

2.5 植被特点总结和评价

(1)轿子山保护区的森林覆盖率约为69.4%，草地覆盖率约为21%。该保护区位于金沙江流域的第一层面山，是我国最重要的河流金沙江—长江的直接汇水区域，其植被保护状况对金沙江流域的水源涵养和其他生态功能具有直接影响。

(2)轿子山是滇中地区的第一高峰，其主峰海拔达到4344.1m，保护区从普渡河河谷的1200m起，垂直高差超过3000m。因此，保护区具有滇中地区最为完整的植被和生境的垂直带谱和最丰富的植被类型，包括7个植被型、11个植被亚型、17个群系组和28个群系。由于开发历史悠久，滇中地区各地的原生植被大都遭到破坏。而轿子山自然保护区，由于海拔高，还保存了大面积的多种原生植被类型，因此是研究滇中地区植被形成、演变和联系规律的重要地区。

(3)保护区最优势的植被类型是寒温灌丛，面积达4832.5 hm^2，占保护区面积的29.37%；其中，杜鹃灌丛和圆柏灌丛面积大而连片，保存完好，是轿子山自然保护区最具特色的原生植被类型之一。

(4)寒温草甸是轿子山保护区面积第二大的植被类型，其面积达到3452.25 hm^2，占保护区面积的20.98%，面积连片，是滇中地区所能见到的最为壮观的草甸类型。

(5)温性针叶林是轿子山自然保护区第三大面积的植被类型，达到2424.67 hm^2，占保护区面积的14.73%。这一森林类型保存完好，面积连片，而且在植被地理分布上十分独特。

高山柏一般形成垫状灌丛，很少形成森林。而在轿子山自然保护区内高山柏竟然形成了乔木状，高度达到10m以上，发育成比较特殊的高山柏林。而且在保护区外围还有更大面积的高山柏林连片分布，如此大面积且连片的高山柏林，在云南乃至我国都是十分罕见的。

高山松林为我国西部高山地区特有的森林类型，主要分布在四川西南部，与滇西北迪庆州的高山松林形成一个完整的分布区。在滇西北，高山松林分布的海拔大致起始于3200m。轿子山自然保护区高山松林与滇西北的高山松林，在地理上没有连接，其起始海拔约为2800m，不仅是我国高山松林分布纬度最低的类型，而且也是分布海拔最低的类型。这对研究高山松林的形成演变等诸多问题具有重要的意义。本区的高山松生长良好，是当地林业上重要的造林树种和种源地，在林业实践和生物多样性保护方面具有重要的保护价值。

轿子山自然保护区的冷杉林不仅是我国冷杉林中分布纬度最低，经度最东，而且是分布海拔最低的类型。我国的冷杉林主要分布在滇西北地区，分布的海拔一般超过3300 m。而轿子山自然保护区的急尖长苞冷杉林在海拔2700m就大面积出现，这是云南省植被地理分布上极为特殊的现象。这类森林保存完好，林相整齐，更新良好，是当地极为重要的林业资源，具有重要的理论研究价值和利用价值。

(6)山顶苔藓矮林是轿子山自然保护区面积第四大的植被类型，达到1932.00 hm^2。保护区的山顶苔藓矮林，基本上以杜鹃属植物为绝对优势，组成大面积连片的杜鹃矮林。群落中杜鹃的种类多达20余种，在春季形成壮观的杜鹃花景观，不仅具有重要的研究价值，更是滇中地区独特和重要的植物资源和景观资源。

(7)寒温山地硬叶常绿栎林，是轿子山自然保护区面积第五大的植被类型，达到1205.67 hm^2，占保护区面积的7.33%。本区的寒温山地硬叶常绿栎林乔木层主要由黄背栎构成，形成大面积的黄背栎林，面积连片，而且保存完好，不但在滇中地区绝无仅有，在云南和西南地区也是十分罕见的，具有重要的研究价值和保护价值。

第3章　植物区系

3.1　研究概述

云南轿子山自然保护区所在山体属于拱王山系，处于中国—喜马拉雅植物区系与中国－日本植物区系分界的关键区域，在“云南省植物分区图”上属滇中高原区东北隅(吴征镒，1984)，在种子植物区系上具有明显的过渡性质。

历史上，涉及本区的植物调查采集比较早，不少西方采集家均曾涉足此地，其中著名的采集家有法国的E. E. Maire神甫、F. Ducloux神甫等，前者还死于东川，葬于昆明白龙潭；后者也在云南采集近半个世纪后卒于昆明。更早者还有法国神甫P. J. M. Delavay以及同期的中国神甫Pere－Simeon Ten（邓西蒙）等均有据可查涉足此地。翻阅Handel－Mazzetti主编的植物分类学重要文献《Symbolae Sinicae》，我们可以发现南方红豆杉*Taxus mairei*的模式标本就可能采自东川的轿子山一带，尽管该名称几经变更，但作为其模式产地，亦奠定了轿子上在我国植物采集史上的举足轻重的地位。类似的模式标本采自该区域的植物还有很多，如东川鼠尾*Salvia mairei*(实际采自今禄劝境内)、小萼飞蛾藤*Porana mairei*(普渡河谷)、东川魔芋*Amorphophallus mairei*、东川麻黄*Ephedra likiangensis* f. *mairei*、东川短檐苣苔*Tremacron mairei*、东川石蝴蝶*Petrocosmea mairei*、东川小檗*Berberis mairei*、东川早熟禾*Poa mairei*、东川雀麦*Bromus mairei*、东川画眉草*Eragrostis mairei*、东川黄鹌菜*Youngia mairei*、禄劝假杜鹃*Barleria cristata* var. *mairei*等等。如此多的“mairei”加词使人很容易就联想到东川，甚至禄劝，而两者所夹者即为轿子山；而东川茴芹*Pimpinella duclouxii*、东川当归*Angelica duclouxii*则可使我们记起F. Ducloux的贡献。除西方采集家外，我国早期的一些植物采集家也都曾先后涉足了轿子山地区。最先在该区域系列采集植物标本的是云南农林植物研究所的张英伯教授，同期到该地的还有刘瑛等人。1952年5~6月，毛品一先生带领一干人马在禄劝境内的轿子山地区进行了较为系统的采集，得到近千号(毛品一654~1454)标本，是在此采集最多的植物学家。其后，滇东北组(1964年，主要在东川法者林场范围内)、李恒等(1982年，主要在禄劝的乌蒙乡范围内)、方瑞征、吕正伟(1990年，主要在禄劝境内的轿子山大黑箐一带)等诸位先生或考察队都曾到该地区进行过零星的调查采集。

本次轿子山植物区系考察于2008年6月至2009年8月进行。其中，2008年6月10~14日，刘恩德等在禄劝的乌蒙、雪山一带采集标本150号；7月17日，刘恩德在东川境内的轿子山主峰火石梁子一带采集标本10号；7月25日至8月7日，轿子山综考队植物专题组在东川、禄劝轿子山保护区范围内共采集标本1953号；11月11~15日，刘恩德、方伟又在东川火石梁子、禄劝中槽子采集39号。2009年，3月28日至4月2日，刘恩德在禄劝雪山乡马鬃岭梁子及普渡河苏铁保护区采集10号，7月17~19日，刘恩德等在火石梁子采集标本80号，8月5~8日，刘恩德等在法者林场采集标本52号。先后七次考察共计采集植物标本2294号。本专题报告是在对这些标本进行系统鉴定并查阅前人调查研究结果的基础上，并参考了有关的文献资料而完成的。

3.2 植物区系概述

通过对本项目所采的标本的系统鉴定，以及对昆明植物研究所标本馆馆藏的采自轿子山地区的标本的系统查阅，同时结合相关的文献资料，编撰了轿子山自然保护区主要维管植物名录(附录Ⅰ)。到目前为止，轿子山自然保护区共记载野生维管植物157科563属1613种(含种下等级，下同)，其中蕨类植物16科33属108种；裸子植物7科12属23种，被子植物134科518属1482种，合计有种子植物141科530属1505种。从该名录来看，其所记载的科、属、种数目应该已经接近保护区范围内可能出现的相应级别的80%的数量。当然，今后随着调查的深入，该地区记录的科、属、种数目还会不断增加。不过，基于现有的植物名录对其种子植物区系所作的统计分析，已经基本可以揭示该地区种子植物区系的组成、特点、性质、地位以及来源。由于蕨类的区系分析跟种子植物的不尽相同，因而在本报告中不作讨论，仅将轿子山有分布的种类列举出来，供从事蕨类研究的专家、学者参考。

3.3 植物区系分析

3.3.1 科的统计分析

3.3.1.1 科的数量结构分析

轿子山自然保护区目前记载野生种子植物141科。科一级的组成中，含30种以上的科的排列顺序见表3-1。

表3-1 云南轿子山种子植物科的大小排序(含30种以上的科)

序号	科中文名	科拉丁名	属数	种数
1	菊科	Compositae	40	116
2	蔷薇科	Rosaceae	23	91
3	禾本科	Gramineae	33	74
4	毛茛科	Ranunculaceae	11	58
5	唇形科	Labiatae	19	55
6	龙胆科	Gentianaceae	8	50
7	石竹科	Caryophyllaceae	6	45
8	玄参科	Scrophulariaceae	11	44
9	杜鹃花科	Ericaceae	4	40
10	伞形科	Umbelliferae	15	36
11	兰科	Orchidaceae	18	35
12	报春花科	Primulaceae	3	34
13	蓼科	Polygonaceae	6	30
14	虎耳草科	Saxifragaceae	7	30
合计			204	738

从表中可知，含30种以上的科计有14科，占本区全部科的9.9%；这些科包含204属，占本区全部属数的38.5%；含有738种，占本区全部种数的49.0%。由此可见，这14个科在轿子山自然保护区得到了较为充分的发展，是该地种子植物区系的主体。

有些科虽然所含的属、种数不多，但它们在本地区植被中占有重要地位，往往是本区植被的建群种或优势种，如松科 Pinaceae、柏科 Cupressaceae、壳斗科 Fagaceae 等科的种类，它们对当地植物区系的形成和发展具有重要意义。此外，一些东亚特有科（吴征镒等，2006）如猕猴桃科 Actinidiaceae、三尖杉科 Cephalotaxaceae、青荚叶科 Helwingiaceae、领春木科 Eupteleaceae、旌节花科 Stachyuraceae 在本区出现，意味着本区种子植物区系在地史上与整个东亚植物区系是一脉相承的。

3.3.1.2　植物群落区系特征科的分析

松科、杜鹃花科 Ericaceae 、壳斗科是轿子山自然保护区植物区系和植物群落的重要组成成分，它们对该地植物区系的形成和发展具有特殊的意义。

松科在轿子山保护区出现的属种虽然不多，但却是该区植物群落最重要的组成成分，其中的冷杉属 *Abies*、铁杉属 *Tsuga*、松属 *Pinus* 树种构成了当地暖性针叶林及针阔混交林的建群种或优势种。

杜鹃花科为北温带分布的大科，在我国集中分布于横断山区。该科的杜鹃属 *Rhododendron* 植物为本区山顶苔藓矮林的优势种或建群种，也常常为阔叶林中的重要伴生种。

壳斗科是我国亚热带常绿阔叶林的重要组成成分。该科的石栎属 *Lithocarpus* 以及栎属 *Quercus* 的一些种类在本区与松科、柏科、蔷薇科、杜鹃花科等的一些属种构成了当地硬叶常绿阔叶林、针阔混交林以及苔藓矮林的主要树种，有时是优势种或建群种，局部地段甚至形成纯林，如舒姑至马鬃岭梁子大崖头一带的高山栎林。

3.3.1.3　科的分布区类型分析

根据李锡文（1995）、吴征镒等（2003，2006）对种子植物科分布区类型的划分原则，轿子山种子植物141科可以划分为10个类型（含9个变型）（表3-2）。

现分述如下（为方便和统一起见，下述分布区类型的编号与表3-2相一致）：

1 世界广布。指遍布于世界各大洲，没有明显分布中心的科。轿子山该分布型科计有41科，占全部科的29.08%。其中种类比较多的有菊科（40属116种）、蔷薇科（23属91种）、禾本科（33属74种）、毛茛科（11属58种）、唇形科（19属55种），这几个科在轿子山出现的种类均超过了50种，是该地种子植物区系的主体。

2 泛热带分布及其变型。包括普遍分布于东、西两半球热带和在全世界热带范围内有一个或几个分布中心，但在其他地区也有一些种类分布的热带科。有不少科不但广布于热带，也延伸到亚热带甚至温带。本区此类型科计有43科，占全部科的30.49%。这些泛热带科在本区出现的属种都不多，多为分布延伸到温带的成分，如爵床科 Acanthaceae、大戟科 Euphorbiaceae、樟科 Lauraceae、山茶科 Theaceae 等。

该分布型在本区包括三个变型：2－1 热带亚洲、大洋洲及南美洲间断分布，本区属于该变型的仅有山矾科 Symplocaceae 一科；2－2 热带亚洲、非洲和南美洲间断分布，本区属于该变型的有4科，即醉鱼草科 Buddlejaceae、苏木科 Caesalpiniaceae、鸢尾科 Iridaceae、椴树科 Tiliaceae；2S 以南半球为主的泛热带分布，本区属于该变型的有2科，即桑寄生科 Loranthaceae、商陆科 Phytolaccaceae。

表3-2 云南轿子山种子植物科的分布区类型

分布区类型	科数	占全部科的比例(%)
1 世界广布	41	29.08
2 泛热带分布	36	25.53
2-1 热带亚洲、大洋洲和热带美洲(南美或/和墨西哥)	1	0.71
2-2 热带亚洲、热带非洲和热带美洲(南美洲)	4	2.84
2S 以南半球为主的泛热带分布	2	1.42
3 东亚(热带、亚热带)及热带南美洲	6	4.26
4 旧世界热带分布	3	2.13
5 热带亚洲至热带大洋洲分布	2	1.42
7 热带亚洲(热带东南亚至印度—马来，太平洋诸岛)分布	—	—
7d 全分布区东达新几内亚	1	0.71
8 北温带广布	11	7.80
8-2 北极—高山分布	1	0.71
8-4 北温带和南温带间断分布	18	12.77
8-5 欧亚和南美洲温带间断分布	2	1.42
8-6 地中海、东亚、新西兰和墨西哥-智利间断分布	1	0.71
9 东亚和北美间断分布	5	3.55
10 旧世界温带分布	—	—
10-3 欧亚和南部非洲(有时也在澳大利亚)间断分布	1	0.71
14 东亚分布	6	4.26
合计	141	100.0

注：凡是本区未出现的科的分布区类型和变型，均未列入表中。

3 热带亚洲和热带美洲间断分布。指热带(亚热带)亚洲和热带(亚热带)美洲(中、南美)环太平洋洲际间断分布。本区属此分布型的有6科，占总科数的4.26%，以冬青科Aquifoliaceae、五加科Araliaceae、木通科Lardizabalaceae、泡花树科Meliosmaceae、马鞭草科Verbenaceae为代表。其中，冬青科的一些种类是当地各类型群落的重要伴生种；五加科的种类虽然不多，但是轿子山海拔3200~3800m的杜鹃林中一个重要成分，对该类型群落的区系性质有着很好的指示作用。

4 旧世界热带分布。指分布于热带亚洲、非洲及大洋洲地区的科。本区属于此分布型的有八角枫科Alangiaceae、天门冬科Asparagaceae、海桐花科Pittosporaceae等3科，占总科数的2.13%。这些科在轿子山出现的种类都不多，但在标志本区区系与热带区系的历史联系方面仍然具有一定的意义。

5 热带亚洲至热带大洋洲分布。本区出现的该分布型科仅有苏铁科Cycadaceae、姜科Zingiberaceae两科，但苏铁科在本区的出现，为本区种子植物区系与大洋洲植物区系在科一级水平上的历史联系提供了有力的证据。

7 热带亚洲分布及其变型。热带亚洲分布范围为广义的，包括热带东南亚、印度-马来和西南太平洋诸岛。本区没有热带亚洲分布正型出现，仅有1个变型：7d 分布于热带亚洲全区并可达新几内亚，仅清风藤科 Sabiaceae 属于此变型。

8 北温带分布及其变型。指分布于北半球温带地区的科，部分科沿山脉南迁至热带山地或南半球温带，但其分布中心仍在北温带。本区属于此类型的科有 33 科，占全部科的 23.40%。在典型北温带分布型中，在植物区系及植被上都有重要意义的科有松科(4 属 8 种)、忍冬科 Caprifoliaceae (6 属 24 种)、杜鹃花科(4 属 40 种)等。

北温带分布型在本区出现四个变型：8－2 北极－高山分布，属于此变型的只有岩梅科(Diapensiaceae)。该科在本区的出现，表明了其区系与古北大陆东部在地史上的密切联系(吴征镒等，2006)。8－4)北温带和南温带间断分布，属于此变型的如柏科、红豆杉科 Taxaceae、桦木科 Betulaceae、壳斗科、杨柳科 Salicaceae 等。其中，柏科刺柏属 *Juniperus* 的一些种类在轿子山局部地段形成了较大面积的纯林；8－5 欧亚和南美温带间断分布，本区仅麻黄科 Ephedraceae、小檗科 Berberidaceae 属此变型；8－6 地中海、东亚、新西兰和墨西哥—智利间断分布，本区仅马桑科 Coriariaceae 属于此变型(全世界也仅该科属于此变型)。

北温带分布及其变型的科是继泛热带分布科和世界分布科之后，对轿子山种子植物区系组成和群落构建有着重要意义的又一分布类型。

9 东亚和北美间断分布。指间断分布于东亚和北美温带及亚热带地区的科。本区属此分布型的有八角科 Illiciaceae、木兰科 Magnoliaceae、五味子科 Schisandraceae 等 5 科，占该地总科数的 3.55%。其中，木兰科、八角科的种类往往是当地常绿阔叶林的重要伴生种甚至是建群种。

10 旧世界温带分布及其变型。旧世界温带分布是指欧、亚温带广布而不见于北美和南半球的温带科。本区无此分布型的正型出现，但有一个变型，即：10－3 欧亚和南部非洲(有时也在澳大利亚)间断分布，仅川续断科 Dipsacaceae 属此变型(全世界也仅该科属于此变型)。

14 东亚分布及其变型。指从东喜马拉雅分布至日本或不到日本的科。本区属于此类型的科有 6 科，占该地总科数的 4.26%。尽管它们在本区种子植物科中所占的比重不大，但对其种子植物区系性质的界定起着至关重要的作用。

三尖杉科为东亚特有的单型科，包括 9 种(本区出现 1 种 1 变种，三尖杉 *Cephalotaxus fortunei* var. *fortunei*，高山三尖杉 *Cephalotaxus fortunei* var. *alpina*)，以华西南为分布和分化中心(可能与起源中心吻合)，华中 4 种，华东 3 种，海南 3 种，台湾 2 种，在热带与亚热带呈水平和垂直替代，并且显然向中国—喜马拉雅和中国—日本两个分布区型作藕断丝连的分化(吴征镒等，2006)。

领春木科 Eupteleaceae 1 属 *Euptelea* 2 种，1 种 *E. polyandra* 为日本特有，另一种 *E. pleiosperma* 从我国太行、秦岭以南的华中、华东至浙江，西南至横断山区和滇东北、滇东南及黔北，西达印东北和东喜马拉雅(尼泊尔东部)，多在(900～)1000～3600m 间溪边或混交林中混生，是典型的东亚分布型(吴征镒等，2003)。

旌节花科 Stachyuraceae 是一个严格东亚特有的单型科，其分布西起尼泊尔、喜马拉雅经印东北、上缅甸和我国西南以东、长江以南、台湾，东达日本，南达中南半岛北部，此范围正是东亚的主体(Takhtajan，1987；Wu *et al.*，1996；吴征镒等，2003)。该科 5～6(13～16)种，大约围绕中国－喜马拉雅分布(14SH 型)的西域旌节花 *Stachyurus himalaicus* 和中国—日本分布(14SJ 型)的 *S. praecox* 分化(吴征镒等，2003)。本区有西域旌节花 1 种，分布于海拔 2700～3000m 的常绿阔叶林、针阔混交林林缘或疏林下。

青荚叶科 Helwingiaceae 为单属科，含3～5种，从喜马拉雅东部向东经印度东北部、缅甸北部、我国大陆南部、越南北部，并经我国台湾至日本琉球，为典型的东亚特有科。青荚叶属 *Helwingia* 有3个种，西域青荚叶 *H. himalaica*、中华青荚叶 *H. chinensis* 和青荚叶 *H. japonica*，从喜马拉雅东部至日本呈替代现象（吴征镒等，2003）。本区3种均有分布，生于海拔2500～3100m的常绿阔叶林或针阔混交林林缘。

综上所述，在科一级水平上，虽然部分科在本区出现的属、种不多，但其在该地出现的种类往往是当地不同类型植被的建群种或优势种，如松科、壳斗科、杜鹃花科等。本区现有种子植物141科，可划分为10个类型（含9个变型），显示出该区种子植物区系在科级水平上的地理成分比较复杂，联系较为广泛。其中，热带性质的科（分布型2～7及其变型）有55科，占全部科的39.01%，温带性质的科（分布型8～14及其变型）有45科，占全部科的31.91%，热带性质的科所占比例高于温带性质的科，这表明本区植物区系在历史上曾与热带植物区系有着较为密切的联系。但是，本区植物群落的特征科主要是温带性质的科，且本区拥有较多东亚特有科，同时，一些北温带分布的大属如马先蒿属 *Pedicularis*、报春花属 *Primula*、杜鹃属在此出现，这表明其种子植物区系与温带植物区系尤其是东亚植物区系有着深远的联系，并深受其影响。

3.3.2　属的统计及分析

3.3.2.1　属的数量结构分析

轿子山共记录野生种子植物530属，其中，出现种数超过15种以上的属见表3-3。由表3-3可见，出现15种以上的属有11属，占全部属数的2.08%；包含种数最多的是杜鹃属（34种），其次是龙胆属（30种）、马先蒿属（22种），都是典型北温带分布的大属。

表3-3　云南轿子山种子植物属的大小排序（含15种以上的属）

序号	属中文名	属拉丁名	所属科	包含种数
1	杜鹃属	*Rhododendron*	Ericaceae	34
2	龙胆属	*Gentiana*	Gentianaceae	30
3	马先蒿属	*Pedicularis*	Scrophulariaceae	22
4	蓼属	*Polygonum*	Polygonaceae	20
5	蝇子草属	*Silene*	Caryophyllaceae	20
6	虎耳草属	*Saxifraga*	Saxifragaceae	19
7	灯心草属	*Juncus*	Juncaceae	16
8	报春花属	*Primula*	Primulaceae	16
9	景天属	*Sedum*	Crassulaceae	16
10	凤仙花属	*Impatiens*	Balsaminaceae	15
11	委陵菜属	*Potentilla*	Rosaceae	15
合计				223

3.3.2.2 属的分布区类型分析

根据吴征镒(1991)、吴征镒等(2006)对属分布区类型的划分原则，轿子山种子植物530属可划分为15个类型(含21个变型)(表3-4)。现分述如下：

1 世界广布。指遍布世界各大洲而没有特殊分布中心的属，或虽有一个或数个分布中心而包含世界分布种的属。本区属于此分布型的有43属，占全部属的8.11%。常见的如蓼属 *Polygonum*、悬钩子属 *Rubus*、铁线莲属 *Clematis* 等。此类分布型属的植物多数为草本，如老鹳草属 *Geranium*、千里光属 *Senecio*、龙胆属 *Gentiana*、珍珠菜属 *Lysimachia*、薹草属 *Carex* 等。

它们一般是当地不同海拔段草丛以及亚高山草甸的主要组成成分；仅有少数为灌木、半灌木或木质藤本，如金丝桃属 *Hypericum*、悬钩子属等，这些往往是该地林下或林缘灌丛的主要组成成分。这一分布型中，不乏水生或沼生的植物，如灯心草属 *Juncus* 等，它们是当地湖边、河边、沟边、山间溪边植物群落的重要组成成分。

2 泛热带分布及其变型。泛热带分布属指普遍分布于东、西两半球热带，和在全世界热带范围内有一个或数个分布中心，但在其他地区也有一些种类分布的热带属，有不少属广布于热带、亚热带甚至到温带。本区属于此类型及其变型的有68属，占全部属数的12.83%。常见的乔木属有冬青属 *Ilex*、山矾属 *Symplocos* 等；灌木属有花椒属 *Zanthoxylum*、醉鱼草属 *Buddleja* 等；草本属如牛膝属 *Achyranthes*、秋海棠属 *Begonia* 等；藤本植物则有南蛇藤属 *Celastrus*、薯蓣属 *Dioscorea*、素馨属 *Jasminum*、菝葜属 *Smilax* 等。

此外，本区还出现了泛热带分布型的两个变型：2-1 热带亚洲、大洋洲(至新西兰)和中南美洲间断分布，属此变型的有牛奶菜属 *Marsdenia*、羽叶参属 *Pentapanax*、兰花参属 *Wahlenbergia*；2-2 热带亚洲、非洲和南美洲间断分布，属此变型的有羊角棉属 *Alstonia*、绣球防风属 *Leucas*、厚皮香属 *Ternstroemia*、雾水葛属 *Pouzolzia* 等4属。

3 热带亚洲和热带美洲间断分布。指间断分布于美洲和亚洲温暖地区的热带属，在东半球从亚洲可能延伸到澳大利亚东北部或西南太平洋岛屿。本区属于此分布型的有9属，占全部属数的1.70%。此分布型在本区出现的全为木本属，以樟属 *Cinnamomum*、白珠树属 *Gaultheria*、木姜子属 *Litsea*、泡花树属 *Meliosma* 为代表，这些属在轿子山出现的种类通常是当地阔叶林或针阔混交林乔、灌层的主要组成成分。

4 旧世界热带分布及其变型。指分布于亚洲、非洲和大洋洲热带地区及其邻近岛屿的属。本区属于此类型及其变型的有25属，占该区总属数的4.72%，多为延伸到温带的属如八角枫属 *Alangium*、天门冬属 *Asparagus*、苏铁属 *Cycas*、厚壳树属 *Ehretia*、海桐属 *Pittosporum* 等。除了正型外，本区还出现一个变型：4-1 热带亚洲、非洲(或东非、马达加斯加)和大洋洲间断分布，以爵床属 *Rostellularia*、百蕊草属 *Thesium* 为代表。

5 热带亚洲至热带大洋洲分布。指旧世界热带分布区的东翼，其西端有时可达马达加斯加，但一般不到非洲大陆。本区属于此分布正型的有崖豆藤属 *Callerya*、莸属 *Caryopteris*、崖爬藤属 *Tetrastigma*、荛花属 *Wikstroemia* 等11属，占本区总属数的1.9%。此外，本区还出现了该分布型的一个变型：5-1 中国(西南)亚热带和新西兰间断分布，仅有梁王茶属 *Metapanax*1属。

6 热带亚洲至热带非洲分布及其变型。指旧世界热带分布区的西翼，即从热带非洲至印度—马来西亚(特别是其西部)，有的属也分布到斐济等南太平洋岛屿，但不见于澳大利亚大陆。本区出现该分布型及其变型属28属，占该地总属数的5.28%。该区出现的此类型属也多为主要分布到温带地区的属如芒属 *Miscanthus*、紫雀花属 *Parochetus*、鸟足兰属 *Satyrium* 等；分布到亚热带的属如常春藤属 *Hedera*、铁仔属 *Myrsine*、桑寄生属 *Taxillus* 等。此外，本区还出现了一变型：6-2 热带亚洲和东非(或马达加斯加)间断分布，仅马蓝属 *Strobilanthes* 为其代表。

7 热带亚洲(印度—马来西亚)分布及其变型。热带亚洲是旧世界热带的中心部分，热带亚洲分布的范围包括印度、斯里兰卡、中南半岛、印度尼西亚、加里曼丹、菲律宾及新几内亚等，东可达斐济等南太平洋岛屿，但不到澳大利亚大陆，其分布区的北部边缘，到达我国西南、华南及台湾，甚至更北地区。自从第三纪或更早时期以来，这一地区的生物气候条件未经巨大的动荡，而处于相对稳定的湿热状态，地区内部的生境变化又复杂多样，有利于植物种的发生和分化。而且这一地区处于南、北古陆接触地带，即南、北两古陆植物区系相互渗透交汇的地区。因此，这一地区是世界上植物区系最丰富的地区之一，并且保存了较多第三纪古热带植物区系的后裔或残遗，此类型的植物区系主要起源于古南大陆和古北大陆(劳亚古陆)的南部(吴征镒、王荷生，1983)。

本区出现的此分布型及其变型属有28属，占其全部属的5.29%。其中，热带亚洲广布的山茶属 *Camellia*、栲属 *Castanopsis*、青冈属 *Cyclobalanopsis*、清香桂属 *Sarcococca* 等为轿子山常绿阔叶林中具有显著群落学意义的乔木、灌木的代表；清风藤属 *Sabia* 则为阔叶林下常见的藤本。

本区还出现了此分布型的4个变型：7-1 爪哇(或苏门答腊)、喜马拉雅间断或星散分布到华南、西南，属此变型的有石椒草属 *Boenninghausenia*、石蝴蝶属 *Petrocosmea*、木荷属 *Schima* 3属；7-2 热带印度至华南(尤其云南南部)分布，属此变型的属有鳔冠花属 *Cystacanthus*、独蒜兰属 *Pleione* 2属；7-3 缅甸、泰国至华西南分布，该地属此变型的属仅有平当树属 *Paradombeya*；7-4 越南(或中南半岛)至华南(或西南)分布，属此变型的也仅有油杉属 *Keteleeria*、马铃苣苔属 *Oreocharis* 2属。

8 北温带分布及其变型。指广泛分布于欧洲、亚洲和北美洲温带地区的属，由于历史和地理的原因，有些属沿山脉向南延伸到热带山区，甚至到南半球温带，但其原始类型或分布中心仍在北温带。本区属此类型及其变型的有146属，占全部属数的27.54%，为本区第一大分布类型。轿子山此类型属的特点是北温带分布的大属和中等属在此出现的种类并不多，如杜鹃属(34种)、龙胆属(30种)、马先蒿属(22种)、蓼属(20种)、蝇子草属(20种)。

表3-4　云南轿子山种子植物属的分布区类型

分布区类型	属数	占总属数的百分比(%)
1 世界广布	43	8.11
2 泛热带分布	61	11.51
2-1 热带亚洲、大洋洲(至新西兰)和中南美洲间断分布	3	0.57
2-2 热带亚洲、非洲和中、南美洲间断分布	4	0.75
3 热带亚洲至热带美洲间断	9	1.70
4 旧世界热带分布	23	4.34

（续）

分布区类型	属数	占总属数的百分比(%)
4－1 热带亚洲、非洲(或东非、马达加斯加)和大洋洲间断分布	2	0.38
5 热带亚洲至热带大洋洲分布	11	2.08
5－1 中国（西南)亚热带和新西兰间断分布	1	0.19
6 热带亚洲至热带非洲分布	27	5.09
6－2 热带亚洲和东非或马达加斯加间断分布	1	0.19
7 热带亚洲(印度—马来)分布	20	3.77
7－1 爪哇(或苏门答腊)、喜马拉雅间断或星散分布至华南、西南	3	0.57
7－2 热带印度至华南(尤其云南南部)分布	2	0.38
7－3 缅甸、泰国至华西南分布	1	0.19
7－4 越南(或中南半岛)至华南(或西南)分布	2	0.38
8 北温带分布	89	16.79
8－2 北极—高山分布	5	0.94
8－4 北温带和南温带间断分布	44	8.30
8－5 欧亚和南美温带间断分布	7	1.32
8－6 地中海、东亚、新西兰和墨西哥—智利间断分布	1	0.19
9 东亚和北美间断分布	35	6.60
9－1 东亚和墨西哥间断分布	2	0.38
10 旧世界温带分布	23	4.34
10－1 地中海区、西亚(或中亚)和东亚间断分布	10	1.89
10－2 地中海区和喜马拉雅间断分布	2	0.38
10－3 欧亚和南部非洲(有时也在大洋洲间断分布)	2	0.38
11 温带亚洲分布	10	1.89
12 地中海、西亚、中亚分布	—	—
12－3 地中海区至温带—热带亚洲、大洋洲和南美洲间断分布	2	0.38
13 中亚分布	—	—
13－2 中亚东部至喜马拉雅和中国西南部	6	1.13
14 东亚分布	24	4.53
14－1 中国—喜马拉雅	38	7.17
14－2 中国—日本	4	0.75
15 中国特有分布	13	2.45
合计	530	100.0

注：凡是本区没有出现的分布型及变型都没有列入。

另一方面，虽然有些属在此出现的种类不多，但往往是该地常绿阔叶林、针阔混交林或针叶林的建群种、优势种或重要组成成分，如冷杉属、松属、红豆杉属 *Taxus*、槭属 *Acer*、小檗属 *Berberis*、桦木属 *Betula*、栒子属 *Cotoneaster*、山梅花属 *Philadelphus*、杨属 *Populus*、蔷薇属 *Rosa*、花楸属 *Sorbus*、绣线菊属 *Spiraea*、荚蒾属 *Viburnum* 等。此外，草本属在该类型中所占的比重较大，如乌头属 *Aconitum*、葱属 *Allium*、香青属 *Anaphalis*、点地梅属 *Androsace*、紫菀属 *Aster*、风轮菜属 *Clinopodium*、野青茅属 *Deyeuxia*、夏枯草属 *Prunella*、虎耳草属、风毛菊属 *Saussurea* 等等，它们大多是当地不同类型群落中草本层的主要组成成分。

本区还出现了该分布型的4个变型：8－2 北极－高山分布，属于该变型的有岩梅属 *Diapensia*、山嵛菜属 *Eutrema*、山蓼属 *Oxyria* 等5属；8－4 北温带和南温带间断分布，属于该变型的有柳叶菜属 *Epilobium*、茜草属 *Rubia*、接骨木属 *Sambucus*、景天属、獐牙菜属 *Swertia*、唐松草属 *Thalictrum*、越橘属 *Vaccinium*、缬草属 *Valeriana*、婆婆纳属 *Veronica* 等44属，以草本居多；8－5 欧亚和南美温带间断分布，该地出现的葶苈属 *Draba*、麻黄属 *Ephedra*、火绒草属 *Leontopodium* 等7属属于此变型；8－6 地中海、东亚、新西兰和墨西哥—智利间断分布，仅马桑属 *Coriaria* 属此变型。

北温带分布型及其变型属是轿子山种子植物区系的主要组成成分之一，如此众多的北温带分布型属在本区出现，表明该地植物区系与北温带植物区系历史上曾有着密切的联系。

<u>9 东亚和北美洲间断分布及其变型。</u>指间断分布于东亚和北美洲温带及亚热带地区的属。本区属于此分布正型的有37属，占全部属数的6.96%。本类型中，乔木有八角属 *Illicium*、石栎属 *Lithocarpus*、木兰属 *Magnolia*、石楠属 *Photinia*、铁杉属等，这些属的许多种类在该地区系及群落学上均具有非常重要的意义；灌木以楤木属 *Aralia*、青篱竹属 *Arundinaria*、绣球花属 *Hydrangea*、十大功劳属 *Mahonia*、珍珠梅属 *Sorbaria* 等为代表，这些常为当地常绿阔叶林下的重要组成成分；藤本植物则以五味子属 *Schisandra* 为林中习见；草本中如寒原荠属 *Aphragmus*、人参属 *Panax*、黄水枝属 *Tiarella*、藜芦属 *Veratrum* 等。另外，轿子山还出现本分布型的一个变型：9－1 东亚和墨西哥间断分布，有六道木属 *Abelia*、大丁草属 *Leibnitzia*2属。

<u>10 旧世界温带分布及其变型。</u>指广泛分布于欧洲、亚洲中高纬度的温带和寒温带，或最多有个别延伸到北非及亚洲－非洲热带山地或澳大利亚的属。本区属此分布型及其变型的有37属，占全部属的6.99%。本区的此分布型属的特点是：除瑞香属 *Daphne*、梨属 *Pyrus* 等为木本属外，其余均为草本属，以贝母属 *Fritillaria*、橐吾属 *Ligularia*、绿绒蒿属 *Meconopsis*、荆芥属 *Nepeta*、重楼属 *Paris*、糙苏属 *Phlomis*、山莓草属 *Sibbaldia* 等为主要代表。旧大陆温带分布属的起源是多元的。一方面旧世界温带分布的大多数属和地中海区及中亚分布的属有一个共同起源和发生背景，即在古地中海沿岸地区起源，而在古地中海面积逐步缩小，亚洲广大中心地区逐渐旱化的过程中发生和发展的；另一方面，有些分布偏北、纬度偏高而呈标准欧亚分布的属，则和整个北温带广布的属一样，是在古北大陆更北部分、而第三纪以前处于温带、亚热带地段上发生的，而且在种系发生上具有第三纪古热带起源的背景（吴征镒，王荷生，1983）。

该分布型在本区出现了3个变型：10－1 地中海区、西亚（或中亚）和东亚间断分布，有荞麦属 *Fagopyrum*、滇香薷属 *Origanum*、马甲子属 *Paliurus*、附地菜属 *Trigonotis* 等10属为此分布变型；10－2 地中海区和喜马拉雅间断分布，仅蜜蜂花属 *Melissa*、滇紫草属 *Onosma* 为

此分布变型；10－3 欧亚和南非(有时也在澳大利亚)间断分布，有筋骨草属 *Ajuga*、百脉根属 *Lotus* 2 属。

11 温带亚洲分布。指分布区主要局限于亚洲温带地区的属，其分布区范围一般包括从中亚至东西伯利亚和东北亚，南部界限至喜马拉雅山区，我国西南、华北至东北，朝鲜和日本北部。也有一些属种分布到亚热带，个别属种到达亚洲热带，甚至到新几内亚。本区属此类型的属有亚菊属 *Ajania*、岩白菜属 *Bergenia*、锦鸡儿属 *Caragana*、米口袋属 *Gueldenstaedtia*、鸦跖花属 *Oxygraphis*、狼毒属 *Stellera* 等10 属，占全部属的 1.89%。此分布型的属大多是古北大陆起源，它们的发展历史并不古老，可能是随着亚洲，特别是其中部温带气候的逐渐旱化，一些北温带或世界广布大属继续进化和分化的结果，而有些属在年轻的喜马拉雅山区获得很大的发展(吴征镒，王荷生，1983)。

12 地中海区、西亚至中亚分布及其变型。指分布于现代地中海周围，经过西亚和西南亚至中亚和我国新疆、青藏高原及蒙古高原一带的属。其中，中亚(中央亚细亚)包括由巴尔喀什湖滨、天山山脉中部、帕米尔至大兴安岭、阿尔金山和西藏高原、我国新疆、青海、西藏、内蒙古西部等古地中海的大部分。本区没有属于此分布型正型的属，仅出现了该类型的一个变型：12－3 地中海区至西亚或中亚和墨西哥或古巴间断分布，有木犀榄属 *Olea*、黄连木属 *Pistacia* 属此变型。这表明本区区系与地中海地区的联系十分微弱。

13 中亚分布。指的是只分布于中亚(特别是山地)而不见于西亚及地中海周围(即约位于古地中海的东半部)的属。本区没有此分布型的正型出现，但有其一个变型：13－2 中亚东部至喜马拉雅和中国西南部分布，有女蒿属 *Hippolytia*、角蒿属 *Incarvillea*、高河菜属 *Megacarpaea*、拟耧斗菜属 *Paraquilegia*、瘤果芹属 *Trachydium* 等 6 属。

14 东亚分布。指的是从东喜马拉雅一直分布到日本的属。其分布区一般向东北不超过俄罗斯境内的阿穆尔州，并从日本北部至萨哈林；向西南不超过越南北部和喜马拉雅东部，向南最远达菲律宾、苏门答腊和爪哇；向西北一般以我国各类森林边界为界。本类型一般分布区较小，几乎都是森林区系，并且其分布中心不超过喜马拉雅至日本的范围。本区属此分布型及其变型的有 66 属，占总属数的 12.45%。本分布型中，包括较多的单型属和少型属，这些往往是第三纪古热带植物区系的残遗或后裔(吴征镒，王荷生，1983)。

本类型中，典型分布东亚全区的有 24 属，占该类型总数的 36.36%。木本种类主要以三尖杉属 *Cephalotaxus*、青荚叶属 *Helwingia*、绣线梅属 *Neillia*、旌节花属 *Stachyurus* 为代表，这些均为常绿或落叶的乔木、灌木，多为该地常绿阔叶林、针阔混交林中的重要成分。草本主要有兔耳风属 *Ainsliaea*、大百合属 *Cardiocrinum*、沿阶草属 *Ophiopogon*、蟹甲草属 *Parasenecio* 等，这些属的种类往往是当地不同类型群落中草本层的优势或常见成分。

除了典型分布于东亚全区的类型外，本区还出现了东亚分布型的两个变型：

14－1 中国—喜马拉雅分布变型(14SH)。属此变型的有 38 属，占东亚分布属的 57.58%。这其中包括了八月瓜属 *Holboellia*、黄花木属 *Piptanthus*、鞘柄木属 *Toricellia* 等比较古老的木本属。其他在区系上具有典型代表性的属有丝瓣芹属 *Acronema*、垂头菊属 *Cremanthodium*、丛菔属 *Solms－Laubachia*、绢毛菊属 *Soroseris*、双参属 *Triplostegia* 等。此外，本分布变型中还有一些随喜马拉雅山脉隆升而产生的年青成分，如囊瓣芹属 *Pternopetalum*、开口箭属 *Campylandra* 等。这些中国－喜马拉雅分布属的例子，可以很好地证明本区与中国—喜马拉雅植物区系的密切联系。

14－2 中国—日本分布变型(14SJ)。指分布于滇、川金沙江河谷以东地区直至日本或琉球，但不见于喜马拉雅的属。本区属此变型的有化香树属 *Platycarya*、侧柏属 *Platycladus*、汉防己属 *Sinomenium*、雷公藤属 *Tripterygium* 等4属。此变型的属相对较少，表明本区与日本植物区系的联系比较弱。

15 中国特有分布。特有属是指其分布限于某一自然地区或生境的植物属，是某一自然地区或生境植物区系的特有现象，以其适宜的自然地理环境及生境条件与邻近地区区别开来(王荷生，1989)。关于中国特有属的概念，此处采用吴征镒(1991)的观点，即以中国境内的自然植物区(floristic region)为中心而分布界限不越出国境很远者，均列入中国特有的范畴。根据这一概念，本区属于此类型的属有13属，占全部属数的2.45%，占中国特有属239属(吴征镒等，2005)的5.44%。

其中，岩匙属 *Berneuxia*(岩梅科 Diapensiaceae) 生于轿子山海拔3800m左右的高山杜鹃灌丛或铁杉林及针阔混交林下，较为罕见；双盾木属 *Dipelta*(忍冬科)在2600～3200m的沟谷灌丛及疏林中常见；半脊荠属 *Hemilophia*(十字花科 Cruciferae)仅见于白石崖4200m左右的多石山坡岩缝中；金铁锁属 *Psammosilene*(石竹科 Caryophyllaceae)则仅分布于马鬃岭梁子一带海拔3100m的黄背栎林缘；长冠苣苔属 *Rhabdothamnopsis* 也仅见于普渡河河谷1960～2335m的石灰岩岩缝中，居群极小；丁茜属 *Trailliaedoxa*(茜草科 Rubiaceae)出现于普渡河海拔1200～1300m的干旱河谷灌丛，亦不多见。

综合上述，从属一级的统计和分析可知，第一，轿子山种子植物530属可划分为15个类型(含21个变型)，即除了地中海、西亚、中亚分布及中亚分布正型外，其他中国植物区系的属分布区类型皆在本区出现，显示了本区种子植物区系在属级水平上的地理成分的复杂性，以及同世界其他地区植物区系的广泛联系。第二，轿子山计有热带性质的属(分布型2～7及其变型，不包括世界广布属，下同)170属，占全部属数的32.08%；计有温带性质的属(分布型8～15及其变型)317属，占全部属数的59.81%。与科的分布区类型相比较，热带属所占比例有所下降(热带科的比例为39.01%)，而温带属所占比例则明显升高(温带科的比例为31.91%)。这一结果表明，由于轿子山所处的纬度较高、山体高峻，很多温带成分在此得到很好的发展，因此其区系总体上是属于温带性质的；另一方面，又因其地处金沙江及其一级支流普渡河、小江流域，不少热带成分得以在低海拔的河谷地带的隐域生境中得以繁衍，并成为轿子山种子植物区系的重要组成部分。第三，在本区所有属的分布类型中，居于前三位的分别是北温带分布及其变型(146属/27.54%)、泛热带分布型及其变型(68属/12.83%)、东亚分布及其变型(66属/12.45%)，仍以温带性质属占绝对优势，这表明其种子植物区系与温带植物区系具有极其密切的联系，并带有鲜明的东亚植物区系的烙印，同时也与热带植物区系有着千丝万缕的联系。第四，本区与地中海、西亚、中亚共有的属仅有8属，说明其与广大地中海、西亚和中亚地区植物区系的联系较为微弱，这显然与喜马拉雅山脉的隆起及青藏高原的旱化及寒化有关。第五，本区计有东亚分布类型的属66属，其中，中国—喜马拉雅分布变型(SH)的属有38属，这为本区植物区系属于东亚植物区，中国—喜马拉雅森林植物亚区的一部分提供了有力的佐证。

3.3.3 种的统计及分析

3.3.3.1 种的分布区类型概论

迄今为止，轿子山自然保护区共记录野生种子植物1505种(含变种、亚种)(附录Ⅰ)，它们是进行该区种子植物区系统计分析以及其他相关研究的基本素材。植物区系地理学的基本研究对象是具体区系，归根结底是以植物种作为研究对象的。科的统计分析可以初步明确某一具体区系的区系性质以及与其他地区的古老区系联系，属的分布式样的确定可以论证较大区域甚至大陆块间的地史联系，并可推断其可能的演化历程，二者在不同层面、不同程度上均具有重要的意义。然而，科、属水平上的统计分析均具有其固有的局限性，还不能完全反映具体区系的本来面貌。“若以属的分布区类型来评估某一较小地区区系的地带性质时，如应用不当，可能会导致错误的结论”(汤彦承，2000)。而进行种的分布区类型或分布式样的研究，可以进一步直接确定某具体植物区系的地带性质及其组成成分的地理起源。因此，在对诸如轿子山这样一个较小的自然区域进行区系分析时，尤其有必要对种的分布区类型进行分析。本报告根据吴征镒(1991)、吴征镒等(2006)的中国种子植物属的分布区类型的概念及范围，并参考了李锡文(1995)、彭华(1998)对种的分布区类型的划分原则，结合每一个种的现代地理分布格局(具体到每一个分布区类型下又根据种的集中分布式样而相应地划分出次级类型)，将轿子山现有的种子植物划分为15个类型(含10个亚型)(表3-5、附录Ⅰ)。在当前《中国植物志》《云南植物志》已经全部出版以及《Flora of China》大部分卷册已出版的情况下，本报告中每一个种的分布格局的确定相对准确可信，而据此进行的种的分布区类型的划分，虽可能不尽完善，但都有可靠的依据。

3.3.3.2 种的分布区类型分析

1 世界广布。本区属此类型的有7种。本分布型种的特点是全为草本植物，且多为伴人杂草或水生、湿生的草本植物，如簇生卷耳 *Cerastium fontanum* ssp. *triviale*、早熟禾 *Poa annua*、马鞭草 *Verbena officinalis* 等为世界广布的杂草。

2 泛热带分布。本区属此类型的有11种。本分布型种仍以草本居多，常见种类有多花地杨梅 *Luzula multiflora*、酢浆草 *Oxalis corniculata*、金色狗尾草 *Setaria pumila* 等，多为泛热带广布的杂草。

3 热带亚洲和热带美洲间断分布。本分布型种大多属于自然扩散的外来种，有的甚至是入侵种。本区出现的此类型种仅有1种，即白花鬼针草 *Bidens pilosa* var. *radiata*。

4 旧世界热带分布。本区属此类型的有6种，如细柄草 *Capillipedium parviflorum*、野青茅 *Deyeuxia pyramidalis*、竹叶草 *Oplismenus compositus* 等，这些都是本区次生灌丛、草地、林缘等生境中常见种类。

5 热带亚洲至热带大洋洲分布。本区属此类型的有红椿 *Toona ciliata*、木棉 *Bombax ceiba*、广布芋兰 *Nervilia aragoana*、荔枝草 *Salvia plebeia* 等16种，多为热性成分。此分布型种类虽不多，但在区系上还是有一定的代表性。

6 热带亚洲至热带非洲分布。本区属此类型的有6种。此分布型种亦多为热带性较强，分布较广的种类，以蓝耳草 *Cyanotis vaga*、铁仔 *Myrsine africana*、黄荆 *Vitex negundo* 等为代表。

7 热带亚洲分布。热带亚洲属古热带区域的印度—马来西亚亚域，包括印度半岛、中南半岛以及从西部的马尔代夫群岛至东部的萨摩亚群岛等广大地域。本区属于此类型及其亚型的有149种，是继中国特有种和东亚分布种之后的第三大分布类型，与此两类分布型种一起构成了轿子山种子植物区系的主体，显示了本区区系虽为温带植物区系，但与热带亚洲区系仍具有密切的联系。

凡在整个或大部分热带亚洲区域内均有分布的种类，皆归入热带亚洲分布正型。本区属此分布型的种类有62种。常见种类以绞股蓝 *Gynostemma pentaphyllum*、山鸡椒 *Litsea cubeba*、楝 *Melia azedarach*、绒毛鸡血藤 *Millettia velutina* 等为代表。

除了上述热带亚洲广布或分布于其大部分区域的种类以外，有的热带亚洲种分布区相对狭小，表现出一定的区域特有性。根据这些种系的集中分布式样，可以划分为下列4个亚型：

7－1 爪哇(或苏门答腊)、喜马拉雅间断或星散分布到华南、西南。本区属于此亚型的有32种，以云南樟 *Cinnamomum glanduliferum*、青紫葛 *Cissus javana*、紫雀花 *Parochetus communis*、水红木 *Viburnum cylindricum* 等为代表。

7－2 热带印度至华南(尤其云南南布)分布。本区属于此亚型的仅有3种，即土牛膝 *Achyranthes aspera*、假杜鹃 *Barleria cristata*、小鱼眼草 *Dichrocephala benthamii*。

7－3 缅甸、泰国至华南(西南)分布。本区属于此亚型的种计有27种，以白马吊灯花 *Ceropegia monticola*、西南菝葜 *Smilax bockii*、滇榄仁 *Terminalia franchetii* 等为代表，种类不多，但皆为典型缅、泰至华南(西南)分布的种类，在区系上具有很好的代表性。

7－4 越南(或中南半岛)至华南(或西南)分布。本区属于此亚型的种有25种，以云南油杉 *Keteleeria evelyniana*、长春藤 *Hedera nepalensis* var. *sinensis*、梁王茶 *Metapanax delavayi*、银木荷 *Schima argentea* 等为主要代表。

8 北温带分布。本区属此类型的有31种。此分布型种的显著特点是全为草本植物，常见种类如弯曲碎米荠 *Cardamine flexuosa*、柳兰 *Chamaenerion angustifolium*、羊茅 *Festuca ovina*、地杨梅 *Luzula campestris* 等，多为北温带广布的种类，并经常是轿子山高山、亚高山草甸的主要组成成分。

9 东亚—北美间断分布。本区有珠光香青 *Anaphalis margaritacea*、松下兰 *Monotropa hypopitys*、水晶兰 *Monotropa uniflora* 等3种属于此类型。此分布型种虽然不多，但至少表明本区与北美植物区系曾经有过联系。

10 旧世界温带分布。本区属此类型的有23种。与北温带分布类型相似，此类型出现于该地的也多为北方起源的种类，可以大花头蕊兰 *Cephalanthera damasonium*、烟管头草 *Carpesium cernecum*、柳叶菜 *Epilobium hirsutum*、牛至 *Origanum vulgare*、夏枯草 *Prunella vulgaris*、绶草 *Spiranthes sinensis* 等为代表。

11 温带亚洲分布。本区属此类型的有19种，除山杨 *Populus davidiana* 为乔木外，其余皆为草本、灌木，如独行菜 *Lepidium apetalum*、鸦跖花 *Oxygraphis glacialis*、银露梅 *Potentilla glabra*、狼毒 *Stellera chamaejasme* 等。

表3-5 云南轿子山种子植物种的分布区类型

分布区类型	种数	占总种数百分比(%)
1 世界广布	7	0.47
2 泛热带分布	11	0.73
3 热带亚洲至热带美洲间断	1	0.07
4 旧世界热带分布	6	0.39
5 热带亚洲至热带大洋洲分布	16	1.06
6 热带亚洲至热带非洲分布	6	0.39
7 热带亚洲分布	62	4.12
7-1 爪哇(或苏门答腊)、喜马拉雅间断或星散分布至华南、西南	32	2.13
7-2 热带印度至华南(尤其云南南部)分布	3	0.20
7-3 缅甸、泰国至华西南分布	27	1.79
7-4 越南(或中南半岛)至华南(或西南)分布	25	1.66
8 北温带分布	31	2.06
9 东亚—北美间断分布	3	0.20
10 旧世界温带分布	23	1.53
11 温带亚洲分布	19	1.26
12 地中海区、西亚、中亚分布	3	0.20
13 中亚分布	—	
13-2 中亚东部至喜马拉雅和中国西南部分布	2	0.13
14 东亚分布	46	3.06
14-1 中国—喜马拉雅	374	24.85
14-2 中国—日本	33	2.19
15 中国特有分布	—	
15-1 轿子山特有	16	1.06
15-2 与云南其他地区共有	—	
15-2-a 与滇中高原共有	34	2.26
15-2-b 与滇西北共有	87	5.78
15-2-c 与云南非热区共有	11	0.73
15-2-d 与云南热区共有	12	0.79
15-2-e 与整个云南高原地区共有	8	0.53
15-3 与中国其他地区共有	—	
15-3-a 西南片	424	28.17
15-3-b 南方片	63	4.19
15-3-c 南、北方片	120	7.97
合计	1505	100.0

注：凡是本区没有出现的分布型及变型都没有列入。

12 地中海区、西亚、中亚分布。属于此分布型的有阿尔泰葶苈 *Draba altaica*、肋柱花 *Lomatogonium carinthiacum*、狭穗针茅 *Stipa regiliana* 3 种。

13 中亚分布。本区没有此分布正型出现，仅有两种即矮探春 *Jasminum humile*、短果念珠芥 *Neotorularia brachycarpa* 属于其一个分布亚型：13－2 中亚东部至喜马拉雅和中国西南部分布。

14 东亚分布。本区属此类型的有 453 种，占全部种数的 30.1%，是轿子山种子植物仅次于中国特有成分的第二大分布类型。

本类型中，全东亚分布的种有 46 种。常见种类有臭节草 *Boenninghausenia albiflroa*、喜冬草 *Chimaphila japonica*、松蒿 *Phtheirospermum japonicum*、拟耧斗菜 *Paraquilegia microphylla*、黄水枝 *Tiarella polyphylla* 等。

根据一些种类在局部地区分布相对集中的样式，东亚分布型又可划分为 2 个亚型：

14－1 中国—喜马拉雅分布亚型。轿子山属此亚型的有 374 种。许多东亚植物区系的特征或代表种类均属于此分布亚型。乔木种类的典型代表有领春木 *Euptelea pleiospermum*、高山柏 *Juniperus squamata*、华山松 *Pinus armandii*、西南花楸 *Sorbus rehderiana*、须弥红豆杉 *Taxus wallichiana* 等，这些大多为当地不同类型植被的优势种或重要伴生种，对其植被及植物区系的形成和发展具有举足轻重的作用。灌木中的典型代表有马桑 *Coriaria nepalensis*、西域青荚叶、尼泊尔黄花木 *Piptanthus nepalensis*、冰川茶藨子 *Ribes glaciale*、西域旌节花等，它们多为轿子山不同类型群落中优势灌木；藤本主要有八月瓜 *Holboellia latifolia*、纤细风吹箫 *Leycesteria formosa* 等；草本植物的典型代表如红花岩梅 *Diapensia purpurea*、云南大百合 *Cardiocrinum gianteum* var. *yunnanense*、高河菜 *Megacarpaea delavayi*、穿心莛子藨 *Triosteum himalayanum* 等。它们均为典型中国—喜马拉雅分布种类，在指示本区的区系性质方面具有重要意义。

14－2 中国—日本分布亚型。轿子山属此亚型的有 33 种，常见的如水麻 *Debregeasia edulis*、软枣猕猴桃 *Actinidia arguta*、吉祥草 *Reineckia carnea*、日本乱子草 *Muhlenbergia japonica*、化香树 *Platycarya strobilacea*、荛花 *Wikstroemia canescens* 等。

15 中国特有种。轿子山种子植物属此类型的有 775 种，占全部种数的 51.51%，是本区第一大分布类型，因而是本区种子植物区系的主体。对于中国这样一个幅员辽阔的大国来说，若不进行进一步的划分，种一级的中国特有现象是没有多少意义的。因此，在分析具体区系时，往往需要对中国特有种作细化。本报告中，中国特有种分布区类型的细化，主要参考李锡文(1995)、彭华(1998)对中国特有种分布亚型及变型的划分原则，结合轿子山的实际情况，综合众多中国特有种集中分布所表现出的一定分布格局和范围、国内各地理区与本区植物区系的亲缘关系等等，划分为如表 3-5 所示的分布亚型及变型，以期反映轿子山中国特有种的分布式样，从而揭示其与中国其他地区在种子植物区系上的联系。

15－1 轿子山特有。特有种是某地区植物区系特有现象的表现，代表该区系最重要的特征(王荷生，1992)。迄今为止，发现仅分布于轿子山的狭域特有种有膝瓣乌头 *Aconitum geniculatum*、东川当归 *Angelica duclouxii*、乌蒙小檗 *Berberis woomungensis*、乌蒙杓兰 *Cypripedium wumengense*、东川箭竹 *Fargesia semicoriacea*、伞把竹 *Fargesia utilis*、革叶龙胆 *Gentiana scytophylla*、乌蒙绿绒蒿 *Meconopsis wumungensis*、毛脉杜鹃 *Rhododendron pubicostatum*、东川虎耳草 *Saxifraga dongchuanensis*、禄劝景天 *Sedum luchuanicum*、齿瓣蝇子草 *Silene dentipetala*

等15种和1变种。这些轿子山特有种大都属于新特有成分，是适应本区特定的生境而特化的结果。相对而言，轿子山的狭域特有种比例较低，这一方面说明其地理隔离程度可能不高，隔离时间可能也不长，另一方面也暗示着对本区的调查研究还不够充分。

15－2 与云南其他地区共有。吴征镒(1984)在《云南种子植物名录》所附的“云南省植物分区图”(以下简称“分区图”)中，将云南植物区系划分为11个区(Ⅰ～Ⅺ)，在该图中，轿子山被划入云南高原区(Ⅰ区)，李锡文(1995)认为该区应该称作“滇中高原小区”更合适。作为云南植物区系的一部分，轿子山区系势必与云南其他植物区有着许多共有的种类，因此，凡本区与云南其他地区共有的种类，属于此类型，实际上就是轿子山出现的云南特有种。轿子山具备如此分布式样的种计有153种。其中，根据各个种的实际分布区大小，还可以进一步划分：

15－2－a 与滇中高原共有。即轿子山与“分区图”中Ⅰ区(大致包括昆明、楚雄、大理的部分、曲靖、玉溪的部分)共有的种类。轿子山作为滇中高原的一部分，在植物区系上自然与其有着密切的关系。属于这一类型的种计有34种，以嵩明木半夏 *Elaeagnus angustata* var. *songmingensis*、箭叶垂头菊 *Cremanthodium sagittifolium*、东川灯心草 *Juncus dongchuanensis*、昆明蟹甲草 *Paraenecio tripteris*、昆明山梅花 *Philadelphus kunmingensis*、东川鼠尾草 *Salvia mairei* 等为代表。

15－2－b 与滇西北共有。即轿子山与“分区图”中Ⅱ区(金沙江区)、Ⅲ区(滇西峡谷区)、Ⅳ区(东喜马拉雅区)、Ⅺ区(康藏高原区)共有但不到滇中高原其他地区的种类。本区属于此类型的有87种，如长苞冷杉 *Abies georgei*、革叶垂头菊 *Cremanthodium coriaceum*、橙黄瑞香 *Daphne aurantiaca*、洱源米口袋 *Gueldenstaedtia delavayi*、半脊荠 *Hemilophia pulchella*、丽江糙苏 *Phlomis likiangensis*、丁茜 *Trailliaedoxa gracilis* 等，它们很好地反映了本区植物区系与滇西北的密切联系。

15－2－c 与云南非热区共有。指的是轿子山与“分区图”中除了Ⅵ区(滇缅老越边境区)、Ⅶ区(滇越边境区)、Ⅷ区(滇东南区)以外的云南其他地区共有的种类。本区属于此变型的有11种，以细萼沙参 *Adenophora capillaris*、鸡骨常山 *Alstonia yunnanensis*、头花龙胆 *Gentiana cephalantha* 等为代表。

15－2－d 与云南热区共有。指的是从“分区图”中Ⅵ、Ⅶ、Ⅷ区分布至轿子山而不见于云南其他地区的种类。滇缅老越边境区指沿云南西界、西南界至南界、东南界(部分)的弧形分布地带；滇越边境区指的是滇东南富宁、麻栗坡、马关、屏边一带边境地区；滇东南区指的是文山州、红河州的大部分。本区属于此变型的有秦岭藤白前 *Cynanchum biondioidess*、滇鳔冠花 *Cystacanthus yunnanensis*、亮蛇床 *Selinum cryptotaenium* 等12种。

15－2－e 与整个云南高原地区共有。指的是轿子山与云南热区、非热区共有的种类，具有此分布式样的种也即云南高原地区广布种，本区属于此类型的有西南粗糠树 *Ehretia corylifolia*、腺花香茶菜 *Isodon adenantha*、柄花茜草 *Rubia podantha*、桦叶葡萄 *Vitis betulifolia* 等8种。

15－3 与中国其他地区共有。指的是除了轿子山特有以及与云南其他地区共有的种类以外，从中国其他地区分布至本区的中国特有种，本区属于此分布类型的种计有607种。根据这些种的分布区大小，还可作进一步划分：

15－3－a 与西南片共有。包括从我国西南诸省即贵州、四川、西藏分布至轿子山的种类，本区属于此变型的计有424种。从贵州、四川、西藏分布至本区的，种类相对较多，表明本区与西南地区在区系上联系较为密切。代表种类如川滇长尾槭 *Acer caudatum*、栎叶亚菊 *Ajania quercifolia*、康定筋骨草 *Ajuga campylanthoides*、刺叶点地梅 *Androsace spinulifera*、贵州小檗 *Berberis cavaleriei*、岩匙 *Berneuxia thibetica*、三尖杉 *Cephalotaxus fortunei*、攀枝花苏铁 *Cycas panzhihuaensis*、斑叶杓兰 *Cypripedium margaritaceum*、异颖草 *Deyeuxia petelotii*、滇川翠雀花 *Delphinium delavayi*、云南移㭴 *Docynia delavayi*、丽江麻黄 *Ephedra likiangensis*、滇藏羊茅 *Festuca vierhapperi*、西康玉兰 *Magnolia wilsonii*、川西栎 *Quercus spinosa* var. *gilliana* 等。

15－3－b 与南方片共有。凡从本区分布到华南(广西南部、广东和海南)、华中、华东的种均属于这一类型，计有63种。以木香马兜铃 *Aristolochia moupinensis*、滇榛 *Corylus yunnanensis*、心叶青藤 *Illigera cordata*、兔儿风花蟹甲草 *Parasenecio ainsliaeflorus*、石灰花楸 *Sorbus folgneri*、小叶葡萄 *Vitis sinocinerea*、云南松 *Pinus yunnanensis* 等为主要代表。

15－3－c 与南、北方片共有。凡从本区分布到西南、华南、华中、华东、华北、西北、东北的种，属于这一变型，实质上为本区出现的中国特有广布种。而实际上，从本区分布到北方的种，多数局限在陕西南部(秦岭南坡)、甘肃南部、河南南部一线，仅有少数种类向西北达青海南部，向北达山西、河北、内蒙古，向东北达东三省，为典型的温带分布种。本区属于这一类型的，计有120种。常见的如房县槭 *Acer sterculiaceum* ssp. *franchetii*、川续断 *Dipsacus asperoides*、清溪杨 *Populus rotundifolia* var. *duclouxiana*、华中五味子 *Schisandra sphenanthera*、昆明山海棠 *Tripterygium hypoglaucum*、桦叶荚蒾 *Viburnum betulifolium* 等。

综上所述，从种一级的统计分析可知：第一，轿子山1505种(含变种/亚种)可划分为15个类型(含10个亚型)，显示出本区植物区系在种一级水平上的地理成分较为复杂，来源较为广泛。第二，本区计有热带性质的种(分布型2～7及其变型，不包括世界广布种)189种(包括种下等级，下同)，占全部种数的12.56%；计有温带性质的种(分布型8～15及其变型)1309种，占全部种数的86.98%；相对于科、属的统计而言，热带成分大为减少(热带科、属的比例分别为39.01%、32.08%)，温带成分则显著增加(温带科、属的比例分别为31.91%、59.81%)。这充分显示了本区植物区系的来源以温带成分为主，其区系为典型的温带性质，同时也深受热带植物区系的影响。

3.3.4 轿子山种子植物区系特点、性质及地位

综合科、属、种三级水平的统计分析，轿子山地区的现代植物区系主要是由中国特有成分、东亚成分及北温带成分组成的，这三大成分构成了本区现代种子植物区系的主体。从种一级水平上看，温带性质的种所占比例远远超过热带性质的种所占比例，且温带性质的种多数是典型北温带分布或温带亚洲分布的种类，另一方面，占据比例较大的中国特有种多为南北共有且向北分布很远的温带种，东亚分布种则多为温带性质较强的中国—喜马拉雅种系，由此可以看出，轿子山种子植物区系的性质是典型的温带植物区系。从本区出现了6个东亚特有科，63个东亚特有属以及453个东亚特有种来看，本区区系与东亚植物区系有着最为密切的联系，应该属于东亚植物区的一部分，从而验证了吴征镒等(1996)对本区植物区系的划分。总之，本区在东亚植物区系区划中的地位是：东亚植物区(ⅢEast Asiatic Kingdom)——中国—喜马拉雅森林植物亚区(ⅢE. Sino－Himalayan forest subkingdom)——云南高原地区(ⅢE13. Yunnan plateau region)——滇中高原亚地区(ⅢE13a. Central Yunnan plateau subregion)(Wu & Wu, 1996)。

3.4 特有、珍稀濒危和保护植物

3.4.1 特有植物

经过数次野外调查采集和大量的标本及文献查阅，目前发现局限于轿子山地区分布的狭域特有种子植物有15种和1变种(表3-6)，前面"种的分布区类型"的有关章节已就其区系性质及意义进行了论述，在此不再赘述。虽然文献记载模式标本采自东川或禄劝(不少种类根据采集者当年的调查路线推测应该就是采自轿子山地区)的种类多达35种(东川22种，禄劝13种)，但是由于其中多数种类我们没有见到标本，因此此处暂未列入。从轿子山所处的自然地理位置及区内复杂多样的气候、生境条件及其较大的高差来看，其特有种的数目相对偏低。不过，相信随着今后调查研究的深入，这一数字还会增加。

表3-6 云南轿子山特有种子植物名录

中文名	拉丁名	所属科	在轿子山分布	海拔(m)	生境
膝瓣乌头	*Aconitum geniculatum*	Ranunculaceae	烂泥坪、马鬃岭、马鬃岭梁子	3200~3720	山坡草地、林缘灌丛
瓜盔膝瓣乌头	*Aconitum geniculatum* var. *unguiculatum*	Ranunculaceae	烂泥坪、大海至马鬃岭	3200~3600	山坡草地、林缘灌丛
东川当归	*Angelica duclouxii*	Umbelliferae	烂泥坪	3500	山坡草地
乌蒙小檗	*Berberis woomungensis*	Berberidaceae	轿子山大黑箐	3400~4000	针阔混交林中、林缘
细枝杭子梢	*Campylotropis tenuiramea*	Papilionaceae	普渡河	1200~1800	干旱河谷
乌蒙杓兰	*Cypripedium wumengense*	Orchidaceae	何家村、老槽子	2800	多石山坡林下岩缝
东川箭竹	*Fargesia semicoriacea*	Gramineae	烂泥坪	3000	华山松林下
伞把竹	*Fargesia utilis*	Gramineae	烂泥坪	2700~3650	山坡林下
革叶龙胆	*Gentiana scytophylla*	Gentianaceae	乌蒙团街	2700	山坡草地
乌蒙绿绒蒿	*Meconopsis wumungensis*	Papaveraceae	轿子山一线天	3600~3800	陡崖岩缝中
禄劝花叶重楼	*Paris luquanensis*	Trilliaceae	乌蒙乡乐作尼	2100	山坡灌丛
乌蒙茴芹	*Pimpinella urbaniana*	Umbelliferae	轿子山	3500	山坡草地
毛脉杜鹃	*Rhododendron pubicostatum*	Ericaceae	大黑箐、大马路、马鬃岭梁子	3450~4012	冷杉—杜鹃林林缘
东川虎耳草	*Saxifraga dongchuanensis*	Saxifragaceae	白石崖、烂泥坪	3700~4000	岩缝中
禄劝景天	*Sedum luchuanicum*	Crassulaceae	大黑箐	3980~4200	陡崖岩缝中
齿瓣蝇子草	*Silene dentipetala*	Caryophyllaceae	烂泥坪	3500	山坡草地

3.4.2 珍稀濒危保护植物

迄今为止，轿子山共发现国家级珍稀濒危保护植物9种(表3-7)，隶属9科9属(裸子植物1种，被子植物7种，大型真菌1种)。其中，国家Ⅰ级重点保护野生植物2种(攀枝花苏铁、须弥红豆杉)，国家Ⅱ级重点保护野生植物7种。在本保护区内，攀枝花苏铁仅分布在普渡河保护小区，生于干旱河谷灌丛中，范围非常狭窄；须弥红豆杉仅分布在中槽子一带，野外调查发现的个体已非常少。近年来，由于盗伐、偷采、偷挖现象屡禁不止，使得攀枝花苏铁和须弥红豆杉的生境受到了不同程度的破坏，居群个体数量急剧减少，若不尽快采取措施加强保护，这两种植物在本区将可能永远消失。其他7种国家Ⅱ级重点保护植物中，除了异颖草和金荞麦分布相对较广，居群较大外，其余种类像金铁锁、松茸等也都存在滥采、乱挖、生境破碎化等因素的威胁，也亟待加强保护。

表3-7 云南轿子山自然保护区珍稀保护植物

中文名	拉丁名	所属科	保护区内分布	海拔(m)	生境	保护级别
攀枝花苏铁	*Cycas panzhihuaensis*	Cycadaceae	普渡河保护小区	1170～1500	干旱河谷	国家Ⅰ级
须弥红豆杉	*Taxus wallichiana*	Taxaceae	中槽子	2600	常绿阔叶林中	国家Ⅰ级
异颖草	*Deyeuxia petelotii*	Poaceae	九龙沟、老炭房后山	3000～3200	草坡	国家Ⅱ级
金荞麦	*Fagopyrum dibotrys*	Polygonaceae	九龙沟	2800	沟边灌丛	国家Ⅱ级
西康玉兰	*Magnolia wilsonii*	Magnoliaceae	九龙沟、大厂	2800	阔叶林中	国家Ⅱ级
平当树	*Paradombeya sinensis*	Sterculiaceae	普渡河保护小区	1170	干旱河谷灌丛	国家Ⅱ级
金铁锁	*Psammosilene tunicoides*	Caryophyllaceae	舒姑至马鬃岭	3190	黄背栎林下	国家Ⅱ级
丁茜	*Trailliaedoxa gracilis*	Rubiaceae	普渡河保护小区	1170	干旱河谷灌丛	国家Ⅱ级
松茸	*Tricholoma matsutake*	Tricolomataceae	舒姑至马鬃岭磨当丘	3190	黄背栎林下	国家Ⅱ级

注：表中的“国家Ⅰ级”“国家Ⅱ级”保护植物为国务院1999年8月4日颁布的《国家重点野生保护植物名录(第一批)》所收录的物种。

3.5 新记录、新分类群

通过此次考察，在轿子山保护区内还发现一些云南新记录或新分类群。目前，共发现1个云南新记录属，即三角车属 *Rinorea*（堇菜科 Violaceae）；9个云南新记录种：冷杉林乌头 *Aconitum abietetorum*(毛茛科)、琉璃草 *Cynoglossum furcatum*(紫草科 Boraginaceae)、长叶微孔草 *Microula trichocarpa*(紫草科)、兔儿风花蟹甲草 *Parasenecio ainsliaeflorus*(菊科)、紫背蟹甲草 *Paraenecio ianthophyllus*（菊科)、藏北梅花草 *Parnassia filchneri*(虎耳草科)、毛蕊三角车 *Rinorea erianthera*(堇菜科)、巴塘景天 *Sedum heckelii*（景天科)、毛水苏 *Stachys baicalensis*(唇形科)等。

除了新记录属、种外，此次综考还发现一个新种羽裂橐吾 *Ligularia pinnatifide* E. D. Liu et L. G. Lei(待发表)。另外，蓼科 Polygonaceae 翼蓼属 *Pteroxygonum*、瑞香科 Thymelaeaceae 荛花属 *Wikstroemia* 还各有一个可能的新种在核实、整理中。从轿子山地区目前标本采集的情况看，今后随着采集调查的深入，还有可能发现更多的新类群或云南新记录。

3.6 保护价值及保护措施

3.6.1 保护价值

从植物区系角度来看，轿子山的保护价值主要体现在如下 3 个方面：

首先，轿子山是不少属种的分布南界或北界，区系过渡性特征明显，因而是一个重要的区系结，在云南乃至中国植物区系区划研究中具有重要意义。许多过去一般认为只分布在滇西北而不分布到滇中高原的种类，如麻黄科的丽江麻黄 *Ephedra likiangensis*、十字花科 Cruciferae 的丛菔 *Solms－Laubachia pulcherrima*、菊科的羽裂绢毛菊 *Soroseris hirsuta*、毛茛科的拟耧斗菜等都在本区出现了，并成为相应种、属的分布南界。

其次，轿子山拥有 63 个东亚特有属，13 个中国特有属，775 个中国特有种，15 个狭域特有种，因此，其特有现象比较显著。

第三，轿子山共记载 157 科 563 属 1613 种维管植物，生物多样性丰富，并拥有相当数量的国家级重点保护植物，因而是一个巨大天然植物基因库，对云南的生物多样性保护具有重要的意义。

云南是享誉世界的生物王国，其以我国 4% 的国土面积，拥有全国 50% 左右的生物种类。因此，在云南的任何一个保护区(多可视为具体区系)，要能具有超过其总数的 20% 的种类，是不现实的。如云南有维管植物近 16000 种，而种类最多的高黎贡山自然保护区，可达 4000 余种，无量山有 2500 种以上，但它们的面积均比轿子山大得多。如果以 Takhtajian 的“region”来看，云南涉及多个“region”，因此，1613 的相对意义就大得多。因此，评价一个保护区的生物多样性丰富度，应该以种数/面积体现最佳。所以，轿子山地区应视为种类丰富的一类区域。

总之，从植物区系地理及植物种类特点来看，轿子山作为一个自然、完整的植物区系地理单元，其区系成分丰富、来源复杂、特有性和过渡性显著，并拥有一定数量的珍稀濒危保护植物，生物多样性丰富，因此是一个值得加以重点保护的关键区域。另外，轿子山的保护价值还体现在对于国家未来进行小江和普渡河流域生态系统恢复与重建的种类储备作贡献。现阶段我们难以做到的事情会随着国家经济强劲发展而改变，拥有两江流域最佳生态系统及植物种系组合的轿子山将会为国家在该区域的生态恢复计划提供最现实的实地适树种源，特别在其中下段，一些河谷隐域环境几乎是一个难以替代的大跨度地理复合体。我们认为，这可能是在轿子山的保护价值方面着眼未来的富有创意的理想设计，也是最大的潜在保护价值。

3.6.2 保护措施和建议

鉴于轿子山保护区当前存在的问题，从植物的角度出发，提出下列保护措施或建议：

第一，要杜绝破坏轿子山原生植被的一切现象继续发生。过去，由于各种主客观原因，轿子山的各类原生植被均受到了一定程度的破坏，植物多样性丧失显著，但是至少到目前为止，这样的破坏还不是毁灭性的，只要从现在开始进行抢救性的保护，其植被和植物种类是可能恢复到破坏前的一定水平的。

第二，要加强对一些自然更新较慢或繁殖机制存在缺陷的保护植物如攀枝花苏铁、须弥红豆杉等的研究，积极探索保护策略。对于这类植物，可以尝试人工繁殖回归以及迁地保护，如须弥红豆杉可以从野外采集种子，然后进行人工育苗，实生苗2～3年后即可移栽，此外，还可以通过扦插的方式进行育苗，从而解决实生苗生长周期较长的问题，人工育苗最后可以进行原生地回归种植。对于攀枝花苏铁，一方面要加强其原生地保护，建议对保护区内的每一株苏铁进行挂牌，并跟护林员签订管护责任书，责成其定期巡护，一旦发现某一植株受到破坏，立即上报保护区管理局，这样就可以切实加大保护力度，增强保护效果，提高管护水平；另一方面，鉴于其原生地生境较为恶劣，受干扰比较严重，可以考虑从保护区范围外的普渡河流域移植一定数量的植株到省内合适的植物园，进行迁地保护，同时也便于对其繁殖机制进行深入研究。

第三，要增加投入，加强保护区建设和管理，完善管理机制，加大管护力度，严格法律法规的执行，切实提高管理水平。

第4章　哺乳动物

轿子山自然保护区包括轿子山片和普渡河片。轿子山片位于云南省昆明市禄劝县和东川区的交界地区、大凉山南延东部支脉拱王山的中上部，其最高峰(雪岭)海拔4344.1m，素有“滇中第一山”美誉，距昆明约160km。普渡河片位于普渡河中游，禄劝县乌蒙乡和中屏乡交界处。轿子山片因其特殊的地形地貌、自然风光、丰富的生物多样性，云南省人民政府于1994年批准建立轿子山省级自然保护区。然而，对这一特殊且离昆明很近的自然保护区，哺乳动物却一直少有关注，迄今为止，对该地区的哺乳动物考察仅有两次，即：2004年云南省林业调查规划院受昆明市林业局委托对轿子山进行科学考察，并出版《云南轿子山自然保护区》一书，记录兽类21种(云南省林业调查规划院、昆明市林业局，2006)；2006年中国科学院昆明动物研究所博物馆受云南省科技厅委托对轿子山的动物资源进行考查，在访问了32人次及采集小型哺乳动物标本129号的基础上，记录了哺乳动物40种。2008年，我们受昆明市林业局委托，于2008年10月8日至11月20日再次对轿子山的哺乳动物进行野外考察，其间采集了小型哺乳动物845号。本报告主要基于本次的野外考察并结合前人的调查资料一并整理而成。

4.1　调查方法

4.1.1　资料收集与馆藏标本查对

查阅前两次轿子山有关哺乳动物考察的资料，收集轿子山及其邻近地区的相关文献，查对、整理中国科学院昆明动物研究所收藏的轿子山及其邻近地区哺乳动物标本，初步拟出该地区的哺乳动物名录。

4.1.2　访问调查

在本次实地调查中，走访当地猎手和村民，请他们介绍在当地见过的哺乳动物，并描述其主要特征，以了解当地大中型及特殊哺乳动物种类(特别是珍稀濒危物种)、数量和分布。

4.1.3　实地调查

哺乳动物仅就陆栖类群而言，因体形大小、食性、生活习性、栖息地的不同，其物种及数量的调查方法有明显差异。因此，在调查中，根据体型(即大中型兽类与小型兽类)及生活习性的差异而采用不同的调查方法。

4.1.3.1　大中型兽类的调查

(1)仪器设备与数据采录工具：望远镜、GPS、海拔表、笔记本和笔等。

(2)样线(痕迹)调查：尽管野外很难见到动物实体，但只要该地区还有分布，即会遗留下活动的痕迹。因此，考察期间聘请当地有经验的猎人为向导，每一工作点设计2条调查样线，记录各种可用信息，包括：动物实体、足迹(形状、大小、新旧)、粪便(形状、大小、残留物、新旧)、卧迹(大小、新旧)及残留在其中的体毛(毛色、粗细、整体结构)、擦痕及抓痕(高度与长度)及残留在树干上的体毛(毛色、粗细、整体结构)、洞穴(大小、形状)及残留在周围的体毛(毛色、粗细、整体结构)等诸多痕迹，记录各种痕迹出现的海拔高度、经纬度、栖息地类型等。

4.1.3.2　小型兽类的调查

(1)标本的采集与制作、数据采录工具：鼠笼、小桶(包括铁锹)、鸟网(包括鱼杆、绳索)、手抄网、鼠袋、GPS、海拔表、笔记本和笔、采集记录表、秤及直尺、解剖工具等。

(2)笼捕及陷阱法：主要适用于食虫类、啮齿类及一些小型食肉类。因其体型很小，在外形上有一定的相似性，活动有一定的隐蔽性，通常又是夜间活动，此外对于这些动物的分类鉴定、主要是依据头骨和牙齿等的特征，因此为了弄清项目区哺乳动物种类，必须依据标本才能做到。在本次调查中，在每一工作点设置5～6条采集样线，每一样线放置一定数量的鼠夹、鼠笼及埋设一定数量的小桶(陷阱)，采集小型兽类标本。每个工作点至少工作4天(计放500个夹日)。记录每一样线的生境、起止点位置(经纬度与海拔)、采集到的种类及数量，同时记录每一标本采集点的海拔(特殊物种记录经纬度)及微生境描述。

(3)网捕与手捕法：主要适用于翼手类，因其特殊的生活习性—适于飞行，因此系通过网捕法采集标本：一是在每一采集点的林中或林缘支鸟网，翌日清晨检查；另一是访问群众，如了解有蝙蝠出入的蝙蝠洞情况，聘请当地向导，带领至蝙蝠洞，因多种翼手类白天栖息在山洞中，故在洞口或洞内支鸟网，可进入洞内进行驱赶让其撞向鸟网捕获之；或在傍晚时，当它们由洞内飞出觅食时撞上鸟网而捕获。同时记录捕网和山洞的经纬度、海拔及生境特征。

4.1.4　物种名录的确定

通过实地访问调查、实地样线(痕迹)法的调查和夹日调查，对初拟的物种名录进行修订和增补，最终确定轿子山自然保护区的哺乳动物名录。

4.2　哺乳动物概貌

4.2.1　物种多样性

经野外调查并结合前人的调查整理，迄今为止，轿子山共记录有哺乳动物79种，隶属于8目25科59属(表4-1)，分别占全国哺乳动物(645种，潘清华等，2002)的12.25%、61.53%、43.10%、24.38%，占云南哺乳动物11目44科306种的72.73%、56.82%和25.82%。与云南的一些国家级自然保护区及邻近自然保护区比较，其物种数明显少于滇中、滇南、滇西南、滇西和滇西北的国家级自然保护区，仅多于滇东北的药山国家级自然保护区(表4-2)。

表 4-1 轿子山自然保护区哺乳动物名录

	广布种	东洋古北共有	东洋界													古北界			
			东洋区泛布	华中区	华南区					西南区						青藏高原区	蒙新荒漠区	华北区	东北区
					滇南山地	滇西山地	滇越黔桂	闽广沿海	海南	喜马拉雅	缅北贡山	横断山区	川西山地	云贵高原	秦巴山地				
Ⅰ. 食虫目 EULIPOTYPHLA																			
一、鼩鼱科 Soricidae																			
1. 云南鼩鼱 *Sorex excelsus*										▲	▲	▲							
2. 小纹背鼩鼱 *Sorex bedfordiae*										▲	▲	▲	▲		▲				
3. 灰黑齿鼩鼱 *Blarinella griselda*					▲					▲	▲	▲	▲	▲	▲				
4. 灰褐长尾鼩鼱 *Episoriculus macrurus*					▲	▲				▲	▲	▲	▲						
5. 云南缺齿鼩鼱 *Chodsigoa parca*						▲					▲	▲							
6. 微尾鼩 *Anourosorex squamipes*					▲	▲	▲	▲		▲	▲	▲	▲	▲	▲				
7. 喜马拉雅水鼩 *Chimmarogale himalayicus*				▲	▲	▲	▲	▲	▲	▲	▲	▲	▲	▲	▲				
8. 华南中麝鼩 *Corcidura vorax*											▲	▲		▲					
9. 灰麝鼩 *Crocidura attenuata*				▲	▲	▲	▲	▲	▲	▲	▲	▲	▲	▲	▲				
10. 长尾大麝鼩 *Crocidura fuliginosa*					▲	▲	▲					▲							
二、鼹科 Talpidae																			
11. 长吻鼩鼹 *Nasillus gracilis*											▲	▲	▲		▲				
12. 长尾鼩鼹 *Scaptonyx fusicaudus*											▲	▲	▲	▲	▲				
13. 白尾鼹 *Parascaptor leucurus*											▲	▲			▲				
Ⅱ. 攀鼩目 SCANDENTIA																			
三、树鼩科 Tupaiidae																			
14. 北树鼩 *Tupaia belangeri*					▲	▲	▲			▲	▲	▲	▲	▲					
Ⅲ. 翼手目 CHIROPTERA																			
四、菊头蝠科 Rhinolophidae																			

（续）

	广布种	东洋古北共有	东洋界													古北界			
			东洋区泛布	华中区	华南区					西南区						青藏高原区	蒙新荒漠区	华北区	东北区
					滇南山地	滇西山地	滇越黔桂	闽广沿海	海南	喜马拉雅	缅北贡山	横断山区	川西山地	云贵高原	秦巴山地				
15. 马铁菊头蝠 *Rhinolophus ferrumequinum*		●		▲	▲	▲	▲	▲	▲	▲	▲	▲	▲	▲					
16. 间型菊头蝠 *Rhinolophus affinis*				▲	▲	▲	▲	▲	▲	▲	▲	▲	▲	▲					
17. 托氏菊头蝠 *Rhinolophus thomasi*					▲	▲	▲												
18. 小菊头蝠 *Rhinolophus pusillus*					▲	▲	▲	▲	▲			▲	▲	▲					
19. 皮氏菊头蝠 *Rhinolophus pearsoni*				▲	▲	▲	▲	▲	▲	▲	▲	▲	▲	▲					
五、蹄蝠科 Hipposideridae																			
20. 大马蹄蝠 *Hipposideros armiger*			●	▲	▲	▲	▲	▲		▲	▲	▲	▲	▲					
21. 三叶小蹄蝠 *Aselliscus stoliczkanus*					▲	▲	▲	▲	▲										
六、蝙蝠科 Vespertilionidae																			
22. 东亚伏翼 *Pipistrellus abramus*			●	▲	▲	▲	▲	▲	▲		▲		▲	▲					
23. 普通伏翼 *Pipistrellus pipistrellus*												▲	▲		▲		▲		
24. 白腹管鼻蝠 *Murina leucogaster*													▲	▲	▲			▲	▲
25. 西南鼠耳蝠 *Myotis altarium*										▲	▲	▲		▲					
26. 大足鼠耳蝠 *Myotis ricketti*				▲	▲	▲	▲	▲			▲		▲	▲					
27. 南蝠 *Ia io*					▲	▲	▲						▲	▲					
七、长翼蝠科 Miniopteridae																			
28. 亚洲长翼蝠 *Miniopterus fuliginosus*		●	●	▲	▲	▲	▲	▲	▲	▲	▲	▲	▲	▲	▲			▲	
Ⅳ. 鳞甲目 PHOLIDOTA																			
八、鲮鲤科 Manidae																			
29. 中国穿山甲 *Manis pentadactyla*				▲	▲	▲	▲	▲	▲	▲	▲	▲	▲	▲	▲			▲	
Ⅴ. 食肉目 CARNIVORA																			

（续）

	广布种	东洋古北共有	东洋界													古北界			
			东洋区泛布	华中区	华南区					西南区						青藏高原区	蒙新荒漠区	华北区	东北区
					滇南山地	滇西山地	滇越黔桂	闽广沿海	海南	喜马拉雅	缅北贡山	横断山区	川西山地	云贵高原	秦巴山地				
九、犬科 Canidae																			
30. 赤狐 *Vulpes vulpes*	●	●				▲	▲	▲		▲	▲	▲	▲	▲					
31. 貉 *Nycterutes procyonoides*				▲							▲	▲	▲	▲				▲	▲
十、鼬科 Mustelidae																			
32. 黄喉貂 *Martes flavigula*				▲	▲	▲	▲	▲		▲	▲	▲		▲					
33. 黄鼬 *Mustela sibirica*				▲	▲	▲	▲			▲	▲	▲	▲	▲	▲				
34. 黄腹鼬 *Mustela kathiah*					▲	▲	▲			▲		▲							
35. 鼬獾 *Melogale moschata*				▲	▲	▲	▲	▲	▲	▲	▲	▲	▲	▲	▲				
36. 藏獾 *Meles leucurus*				▲	▲	▲	▲	▲	▲	▲	▲	▲	▲	▲	▲	▲	▲	▲	▲
37. 猪獾 *Arctonyx collaris*				▲	▲	▲	▲	▲		▲	▲	▲	▲	▲	▲			▲	▲
38. 水獭 *Lutra lutra*	●	●		▲	▲	▲	▲	▲	▲	▲	▲	▲	▲	▲	▲			▲	▲
十一、灵猫科 Viverridae																			
39. 斑灵狸 *Prionodon pardicolor*					▲	▲	▲				▲	▲							
40. 大灵猫 *Viverra zibetha*				▲	▲	▲	▲	▲	▲			▲		▲					
41. 小灵猫 *Viverricula indica*			●	▲	▲	▲	▲	▲		▲	▲	▲	▲	▲					
42. 果子狸 *Paguma larvata*			●	▲	▲	▲	▲	▲	▲	▲	▲	▲	▲	▲	▲				
十二、獴科 Herpestidae																			
43. 食蟹獴 *Herpestes urva*			●	▲	▲	▲	▲	▲	▲	▲	▲	▲	▲	▲	▲				
十三、猫科 Felidae																			
44. 豹猫 *Prionailurus bengalensis*		●		▲	▲	▲	▲	▲	▲	▲	▲	▲	▲	▲	▲			▲	▲
45. 金猫 *Catopuma temminckii*																			

（续）

	广布种	东洋古北共有	东洋界													古北界			
			东洋区泛布	华中区	华南区					西南区						青藏高原区	蒙新荒漠区	华北区	东北区
					滇南山地	滇西山地	滇越黔桂	闽广沿海	海南	喜马拉雅	缅北贡山	横断山区	川西山地	云贵高原	秦巴山地				
VI. 偶蹄目 ARTIODACTYLA																			
十四、猪科 Suidae																			
46. 野猪 *Sus scrofa*	●	●		▲	▲	▲	▲	▲	▲	▲	▲	▲	▲	▲	▲			▲	▲
十五、麝科 Moschidae																			
47. 林麝 *Moschus berezovskii*				▲	▲	▲	▲			▲	▲	▲	▲	▲	▲				
十六、鹿科 Cervidae																			
48. 毛冠鹿 *Elaphodus cephalophus*				▲	▲	▲	▲				▲	▲	▲	▲					
49. 赤麂 *Muntiacus vaginalis*				▲	▲	▲	▲			▲	▲	▲	▲	▲					
十七、牛科 Bovidae																			
50. 中华鬣羚 *Capricornis milneedwardsii*				▲	▲	▲	▲	▲		▲	▲	▲	▲	▲	▲				
51. 川西斑羚 *Naemorhaedus griseus*				▲	▲	▲	▲	▲		▲	▲	▲	▲	▲	▲			▲	
VII. 啮齿目 RODENTIA																			
十八、松鼠科 Sciuridae																			
52. 赤腹松鼠 *Callosciurus erythraeus*				▲	▲	▲	▲	▲	▲	▲	▲	▲	▲	▲	▲				
53. 泊氏长吻松鼠 *Dremomys pernyi*				▲	▲	▲	▲	▲	▲	▲	▲	▲	▲	▲	▲				
54. 隐纹花鼠 *Tamiops swinhoei*				▲	▲	▲	▲	▲	▲	▲	▲	▲	▲	▲	▲			▲	
55. 白喉岩松鼠 *Sciurotamias forresti*				▲		▲						▲	▲		▲				
十九、鼯鼠科 Pteromyidae																			
56. 灰头鼯鼠 *Petaurista caniceps*				▲	▲	▲				▲	▲	▲	▲	▲	▲				
57. 栗背大鼯鼠 *Petaurista albiventer*					▲					▲			▲						
58. 黑白飞鼠 *Hylopetes alboniger*				▲	▲	▲	▲	▲	▲	▲	▲	▲	▲						

（续）

	广布种	东洋古北共有	东洋界														古北界			
			东洋区泛布	华中区	华南区					西南区						青藏高原区	蒙新荒漠区	华北区	东北区
					滇南山地	滇西山地	滇越黔桂	闽广沿海	海南	喜马拉雅	缅北贡山	横断山区	川西山地	云贵高原	秦巴山地				
二十、仓鼠科 Cricetidae																			
59. 大绒鼠 *Eothenomys miletus*						▲						▲	▲	▲					
60. 滇绒鼠 *Eothenomys eleusis*					▲	▲						▲		▲					
61. 昭通绒鼠 *Eothenomys olitor*						▲						▲		▲					
二十一、鼠科 Muridae																			
62. 滇攀鼠 *Vernaya fulva*					▲	▲						▲							
63. 巢鼠 *Micromys minutus*		●		▲	▲	▲	▲	▲		▲	▲	▲	▲	▲	▲			▲	▲
64. 澜沧江姬鼠 *Apodemys ilex*											▲	▲							
65. 大耳姬鼠 *Apodemys latronum*										▲	▲	▲	▲						
66. 高山姬鼠 *Apodemys chevrieri*						▲				▲	▲	▲	▲	▲	▲				
67. 黄胸鼠 *Rattus tanezumi*					▲	▲	▲	▲	▲	▲		▲		▲	▲				
68. 褐家鼠 *Rattus norvegicus*				▲	▲	▲	▲	▲	▲	▲	▲	▲	▲	▲	▲			▲	▲
69. 大足鼠 *Rattus nitidus*				▲	▲	▲	▲	▲	▲	▲	▲	▲	▲	▲	▲				
70. 社鼠 *Niviventer confucianus*				▲	▲	▲	▲	▲	▲	▲	▲	▲	▲	▲	▲			▲	▲
71. 川西白腹鼠 *Niviventer excelsior*										▲	▲	▲	▲						
72. 白腹巨鼠 *Leopoldamys edwardsi*				▲	▲	▲	▲	▲	▲	▲	▲	▲	▲	▲	▲				
73. 青毛硕鼠 *Berylmys bowersi*					▲	▲						▲							
73. 小家鼠 *Mus musculus*				▲	▲	▲	▲	▲	▲	▲	▲	▲	▲	▲	▲			▲	▲
75. 锡金小鼠 *Mus pahari*					▲	▲	▲				▲								
二十二、刺山鼠科 Platacanthomyidae																			
76. 猪尾鼠 *Typhlomys cinereus*					▲		▲							▲	▲				

（续）

	广布种	东洋古北共有	东洋界													古北界			
			东洋区泛布	华中区	华南区					西南区						青藏高原区	蒙新荒漠区	华北区	东北区
					滇南山地	滇西山地	滇越黔桂	闽广沿海	海南	喜马拉雅	缅北贡山	横断山区	川西山地	云贵高原	秦巴山地				
二十三、鼹形鼠科 Spalacidae																			
77. 暗褐竹鼠 *Rhizomys vestitus*				▲								▲	▲		▲				
二十四、豪猪科 Hystridae																			
78. 中国豪猪 *Hystrix hodgsoni*				▲	▲	▲	▲	▲	▲	▲	▲	▲	▲	▲	▲				
Ⅷ. 兔形目 LAGOMORPHA																			
二十五、兔科 Leporidae																			
79. 云南兔 *Lepus comus*					▲	▲						▲		▲					

表 4-2 轿子山自然保护区与云南一些自然保护区哺乳动物多样性比较

自然保护区	面积(hm^2)	级别	目	科	属	种	占全省物种(%)	占全国物种(%)	资料来源
高黎贡山	405200	国家级	9	31	91	144	47.06	22.32	王应祥等，2002
无量山	31000	国家级	9	30	78	123	40.20	19.07	蒋学龙，2000
西双版纳	241776	国家级	10	32	80	117	38.23	18.14	王应祥等，2001
大雪山	21000	国家级	9	28	83	116	37.91	17.98	蒋学龙等，2002
哀牢山 *	50369	国家级	9	29	74	113	36.93	17.52	蒋学龙，2000
分水岭	20000	国家级	9	29	81	106	34.64	16.43	王应祥等，2002
黄连山	13935	国家级	9	29	68	100	32.68	15.50	王应祥等，1999
南滚河	7082	国家级	10	30	75	98	32.03	15.19	王应祥等，2002
白马雪山	281640	国家级	9	24	69	98	32.03	15.19	王应祥等，2003
轿子山	16456	省级	8	25	59	79	25.82	12.25	本次考察
药山	19139	国家级	9	22	48	65	21.24	10.08	江望高，2006

* 赵体恭等(1988)原记录仅 63 种。

4.2.2 哺乳动物的组成

4.2.2.1 目的组成

轿子山自然保护区目前记录的 79 种哺乳动物隶属于 8 个目，其中以啮齿目的种数最多，计 27 种；其次是食肉目 16 种、翼手目 14 种、食虫目 13 种。这 4 个目共计 70 种，占轿子山哺乳动物种数的 88.61%，可见它们在轿子山哺乳动物区系组成中所起的决定性作用。另外，剩下的 4 目仅有 9 种，而偶蹄目就有 6 种；另外 3 目(攀鼩目、鳞甲目和兔形目)分别只有 1 种，但它们在丰富轿子山哺乳动物物种多样性上亦起重要作用。

4.2.2.2 科的组成

轿子山自然保护区的哺乳动物隶属于 25 个科，其中最大的科是鼠科(7 属 14 种)，其次是鼩鼱科(7 属 10 种)，这两个科占到轿子山哺乳动物种数的 30.38%，体现出它们在轿子山哺乳动物区系构成中的作用；其余的科均在为 7 种以下，依次为：鼬科(6 属 7 种)，蝙蝠科(4 属 6 种)，菊头蝠科(1 属 6 种)，灵猫科和松鼠科(4 属 4 种)，鼹科(3 属 3 种)，鼯鼠科(2 属 3 种)，仓鼠科(1 属 3 种)，蹄蝠科、犬科、猫科、鹿科和牛科分别为 1 属 2 种；剩下的树鼩科、长翼蝠科、鲮鲤科、獴科、猪科、麝科、刺山鼠科、鼹形鼠科、豪猪科和兔科等 10 科在轿子山均以单属种的形式出现，它们在科的组成上占了 40%，但在物种组成上仅占 12.66%。

4.2.2.3 属的组成

轿子山自然保护区的 79 种哺乳类分别隶属于 59 属，缺乏明显的优势属，更多的是(47 属)以单属种的形式出现，占本地区哺乳动物总属数的 79.66%、物种数的 59.49%，其中一些属甚至为单型属，如：长吻鼩鼹属 *Nasillus*、白尾鼹属 *Parascaptor*、貉属 *Nycterutes*、斑灵狸属 *Prionodon*、果子狸属 *Paguma*、毛冠鹿属 *Elaphodus*、滇攀鼠属 *Vernaya*、巢鼠属 *Micromys* 和猪尾鼠属 *Typhlomys*，这些类群在本地区哺乳动物区系组成及多样性构成中均起重要作用；其余 12 属(占本地区总属数的 20.34%)的物种数(占本地区的 40.51%)，其中最大

属为菊头蝠属 *Rhinolophus* 也只有5种，其次是麝鼩属 *Crocidura*、绒鼠属 *Eothenomys*、姬鼠属 *Apodemus*、家鼠属 *Rattus* 和白腹鼠属 *Niviventer* 各有3种，鼩鼱属 *Sorex*、伏翼属 *Pipistrellus*、鼠耳蝠属 *Myotis*、鼬属 *Mustela*、鼯鼠属 *Petaurista* 和小家鼠属 *Mus* 等各有2种。

4.3 哺乳动物分布型

轿子山的79种哺乳动物，根据其地理分布特征，可分为以下几种分布型(表4-3)。

表4-3 轿子山自然保护区哺乳动物分布型和区系分析

分布区类型	物种数	区系从属
1. 世界广布型	1	广布种
2. 热带亚洲、非洲至旧大陆温带分布型	1	广布种
3. 旧大陆温带分布型	6	古北界种
4. 亚洲热带至温带分布型	5	东洋界与古北界共有
5. 东亚分布型		
●日本、朝鲜半岛、中国、中南半岛至阿富汗分布	1	东洋界与古北界共有
●朝鲜半岛、俄罗斯(西伯利亚)、中国(东部至青藏高原)、巴基斯坦(北部)分布	1	东洋界与古北界共有
●朝鲜、中国、中南半岛至东喜马拉雅分布	2	东洋界与古北界共有
●中国东北至印度支那分布	1	东洋界与古北界共有
●华南至东喜马拉雅分布	2	东洋界华南区、西南区共有
●华南、华东、华北至横断山分布	1	东洋界与古北界共有
●华东、华南至横断山分布	5	东洋界华南区、华中区、西南区共有
●横断山至东喜马拉雅分布	5	东洋界西南区
6. 热带亚洲(印度—马来亚)分布		
●热带南亚至东南亚分布	1	东洋界泛布种
●热带南亚、东南亚至华中分布	2	东洋界泛布种
●南洋群岛、马来半岛、中国南部至东喜马拉雅分布	8	东洋界泛布种
●马来半岛、中国南部至东喜马拉雅分布	9	东洋界华南区、华中区、西南区共有种
●印度支那、华南、横断山至东喜马拉雅分布	13	
7. 特有分布型		
●横断山区特有	12	东洋界西南区特有种
●云、贵、川特有	2	东洋界华中区、西南区共有种
●云贵高原特有	1	
总计	79	

4.3.1 世界分布

因与人类的紧密伴生而遍布全世界各大洲及岛屿。属于这一分布型的仅有小家鼠 *Mus*

musculus。

4.3.2 热带非洲、热带亚洲至旧大陆温带分布型

这一分布型系指分布区可从热带非洲到地中海沿岸、欧洲以及整个亚洲(包括热带在内)的种，是埃塞俄比亚界、古北界和东洋界三大动物地理界的广布种，为保护区哺乳动物在世界上分布最广的类型。属于这一分布型的仅有野猪 *Sus scrofa*。

4.3.3 旧大陆温带分布型

这一分布型分布于欧亚大陆、非洲北部、欧亚大陆北部或仅为亚洲北部，为古北界的代表种。在本保护区这一分布型有6种，其中马铁菊头蝠 *Rhinolophus ferrumequinum*、普通伏翼 *Pipistrellus pipistrellus*、赤狐 *Vulpes vulpes*、水獭 *Lutra lutra* 为广布于欧、亚、非的种；巢鼠 *Micromys minutus* 仅为欧、亚北部种；白腹管鼻蝠 *Murina leucogaster* 分布于中亚、阿富汗、环喜马拉雅、中国至东北亚的温带地区。

4.3.4 亚洲热带至温带分布型

这一分布型为从东南亚的南洋群岛或/和印度南部热带一直分布到俄罗斯西伯利亚的古北—东洋泛布，但主要分布于东洋区的物种。在本区域内有5种分布，即：亚洲长翼蝠 *Miniopterus fuliginosus*、豺 *Cuon alpinus*、黄喉貂 *Martes flavigula*、黄鼬 *Mustela sibrica* 和豹猫 *Prionalurus bengalensis*。

4.3.5 东亚分布型

这一分布型经中南半岛、横断山区、缅甸北部、喜马拉雅山区，向西甚至可达阿富汗；通过华北可达朝鲜或日本，可分为下述几个亚型。

1）日本、朝鲜半岛、中国、中南半岛至阿富汗分布：东亚伏翼 *Pipistrellus abramus*；

2）朝鲜半岛、俄罗斯(西伯利亚)、中国(东部至青藏高原)、巴基斯坦(北部)分布：藏獾 *Meles leucurus*

3）朝鲜、中国、中南半岛至东喜马拉雅分布：川西斑羚 *Naemorhedus griseus* 和貉 *Nyctereutes procyonoides*；

4）中国东北至印度支那北部分布：仅社鼠 *Niviventer confucianus*；

5）华南至东喜马拉雅分布：这一类群分布于我国东部长江以南省区、西南山地、印度支那北部，向西经缅甸至不丹或尼泊尔东部，仅中国穿山甲 *Manis pentadactyla* 和中国豪猪 *Hystrix hodgsoni*；

6）华南、华东、华北至横断山分布：为中国特有种，仅隐纹花鼠 *Tamiops swinhoei*；

7）华东、华南至横断山分布：为中国南部特有种，包括南蝠 *Ia io*、林麝 *Muschus berezovskii*、毛冠鹿 *Elaphodus cephalophus*、猪尾鼠 *Typhlomus cinereus* 和暗褐竹鼠 *Rhizomys vestitus*；

8）横断山至东喜马拉雅亚分布：白尾鼹 *Parascaptor leucurus*、小纹背鼩鼱 *Sorex bedfordiae*、灰褐长尾鼩鼱 *Episoriculus macrurus*、间型菊头蝠 *Rhinolophus affinis*、斑灵狸 *Prionodon pardicolor*。

4.3.6 热带亚洲分布型

这一分布型主要指热带亚洲起源的物种，它们大多分布在亚洲南部的热带和南亚热带，在我国可向北延伸到长江流域，可分为下述几个亚型：

1）热带南亚至东南亚分布：小菊头蝠 *Rhinolophus pusillus*；

2）热带南亚、东南亚至华中分布：这一分布型可以从南洋群岛、印度南部向北分布到喜马拉雅山南坡和横断山区南部，向东分布到长江流域以南，包括小灵猫 *Viverricula indica* 和赤麂 *Muntiacus vaginalis*；

3）南洋群岛、马来半岛、中国南部至东喜马拉雅分布：喜马拉雅水鼩 *Chimarroglae himalayica*、大马蹄蝠 *Hipposideros armiger*、三叶小蹄蝠 *Aselliscus stoliczkanus*、果子狸 *Paguma larvata*、金猫 *Catopuma temminckii*、中华鬣羚 *Capricornis milneedwardsii*、灰头小鼯鼠 *Petaurista caniceps*、青毛硕鼠 *Berylmys bowersi*；

4）马来半岛、中国南部至东喜马拉雅分布：长尾大麝鼩 *Crocidura fuliginosa*、灰麝鼩 *Crocidura attenuata*、北树鼩 *Tupaia belangeri*、猪獾 *Arctonyx collaris*、大灵猫 *Viverra zibetha*、食蟹獴 *Herpestes urva*、赤腹松鼠 *Callosciurus erythraeus*、栗背大鼯鼠 *Petaurista albiventor* 和大足鼠 *Rattus nitichus*，它们在我国是华南区、华中区和西南区的共有种；

5）印度支那、华南、横断山至东喜马拉雅分布：微尾鼩 *Anourosorex squamipes*、华南中麝鼩 *Crocidura vorax*、皮氏菊蝠 *Rhinolophus pearsoni*、托氏菊头蝠 *Rhinolophus thomasi*、西南鼠耳蝠 *Myotis altarium*、大足鼠耳蝠 *Myotis ricketti*、黄腹鼬 *Mustela kathiah*、鼬獾 *Melogale moschata*、泊氏长吻松鼠 *Dremomys pernyi*、黑白飞鼠 *Hylopetes alboniger*、黄胸鼠 *Rattus tanezumi*、白腹巨鼠 *Leopoldamys edwardsi* 和锡金小鼠 *Mus pahari*。

4.3.7 特有分布型

这一分布型系其分布区仅分布于我国西南区的物种，主要有以下几种类型：

1）横断山区特有分布：仅分布于横断山区，包括云南鼩鼱 *Sorex excelsus*、灰黑齿鼩鼱 *Blarinella griselda*、云南缺齿鼩鼱 *Chodsigoa parca*、长吻鼩鼹 *Nasillus gracilis*、长尾鼩鼹 *Scaptonyx fusicaudus*、滇攀鼠 *Vernaya fulva*、大耳姬鼠 *Apodemus latronum*、澜沧江姬鼠 *Apodemus ilex*、川西白腹鼠 *Niviventer excelsior*、大绒鼠 *Eothenomys miletus*、滇绒鼠 *Eothenomys eleusis*、昭通绒鼠 *Eothenomys olitor*，是横断山区哺乳动物区系的典型代表；

2）云、贵、川特有分布：白喉岩松鼠 *Sciurotamias foreesti* 和高山姬鼠 *Apodemys chevrieri*；

3）云贵高原特有：云南兔 *Lepus comus*。

4.4 区系概貌及特点

基于分布型和表 4-2 的统计，轿子山自然保护区 79 种哺乳动物中，仅有少数的广布种，诸如与人类伴生而遍布世界各地的小家鼠及广布于欧亚大陆、北非及主要起源于古北区向南延伸分布至东洋区的马铁菊头蝠、普通伏翼、白腹管鼻蝠、野猪、赤狐、水獭和巢鼠等古北种 8 种（占 10.13%），其余 71（占总种数的 89.87%）虽具东洋区性质，但有不少物种为主要起源和分布在亚洲热带、南亚热带而向北延伸分布到温带的东洋区和古北区的共有种，包括亚洲长翼蝠、东亚伏翼、豺、貉、黄喉貂、黄鼬、藏獾、豹猫、川西斑羚、社鼠等10种。因此完全属于东洋界的物种(亚洲热带—亚热带种、东南亚热带—中国南部—喜马拉雅种、喜马拉雅—横断山特有种、横断山区特有种、中国南部特有种等)计有61种(占77.21%)。

在东洋界种中，东洋界泛布的种有喜马拉雅水鼩、小菊头蝠、大马蹄蝠、三叶小蹄蝠、小灵猫、果子狸、金猫、赤麂、中华鬣羚、灰头小鼯鼠和青毛硕鼠等11种(占东洋界种数的18.03%)；为华中、华南和西南山地共有的东洋界种有微尾鼩、长尾大麝鼩、灰麝鼩、华南中麝鼩、皮氏菊蝠、托氏菊头蝠、西南鼠耳蝠、大足鼠耳蝠、南蝠、北树鼩、黄腹鼬、鼬獾、猪獾、大灵猫、食蟹獴、林麝、毛冠鹿、赤腹松鼠、泊氏长吻松鼠、隐纹花鼠、黑白飞鼠、栗背大鼯鼠、黄胸鼠、大足鼠、白腹巨鼠、锡金小鼠、猪尾鼠、暗褐竹鼠等28种(占东洋界种数的45.90%)；云贵高原特有分布的云南兔、白喉岩松鼠、高山姬鼠等3种为华中区和西南区共有种；华南区与西南区共有的种有中国穿山甲和中国豪猪2种；而属于西南区的东洋界种有长吻鼩鼹、白尾鼹、小纹背鼩鼱、云南鼩鼱、灰黑齿鼩鼱、灰褐长尾鼩鼱、云南缺齿鼩鼱、间型菊头蝠、斑灵狸、滇攀鼠、大耳姬鼠、澜沧江姬鼠、川西白腹鼠、大绒鼠、滇绒鼠、昭通绒鼠等17种(27.87%)。由此可见，轿子山自然保护区虽地处云南的中北部，但哺乳动物的区系组成仍具较大比例的西南区物种，在我国动物地理区划中属东洋界西南区动物区系。

4.5　珍稀濒危保护哺乳动物

在轿子山自然保护区79种哺乳动物中，列入国家重点保护动物名录及濒危动植物种国际贸易公约(CITES)附录Ⅰ和Ⅱ的珍稀濒危哺乳动物有13种(表4-3)，占轿子山哺乳动物物种数的16.45%。其中国家Ⅰ级重点保护野生动物仅有林麝1种；国家Ⅱ级重点保护野生动物有中国穿山甲、豺、黄喉貂、水獭、大灵猫、小灵猫、斑灵狸、金猫、中华鬣羚、川西斑羚等10种，其中，水獭、斑灵狸、金猫、中华鬣羚、川西斑羚等5种被CITES列为附录－Ⅰ物种；另外，北树鼩和豹猫未被列入我国国家重点保护野生动物名录但CITES列为附录－Ⅱ物种。在这些保护动物中，北树鼩和豹猫在各自适应生存的栖息地中为常见种，北树鼩多为早晚活动，较常见，豹猫多为夜行性，更多观察到的是遗留下的痕迹(如：粪便和足迹)；斑灵狸为稀有种；中华鬣羚、川西斑羚虽亦可见，但仅栖息于地势较为陡峭的山岩地带；通过访问虽然可确定在轿子山有林麝分布，但数量已很稀少，且仅分布于海拔较高区域。在轿子山分布的其他重点保护动物如：水獭、大灵猫、小灵猫为稀有物种，豺为偶见物种，而中国穿山甲在该地区可能已灭绝，在访问过程中，虽有人指出有分布，但近年来已基本见不到痕迹。

栖息地分布较为广泛的有：北树鼩和豹猫，可栖息于村庄附近、农田、灌丛、阔叶林、针阔混交林等多种生境；栖息地要求较为特殊的有水獭，多依赖于水域，大灵猫和小灵猫亦多栖息溪流两岸；其他物种虽有相类似的栖息地类型，但不同物种对微生境要求不一致，如：林麝更多出现于坡上位，中华鬣羚、川西斑羚等主要出现于较为陡峭的山岩地带等。

表 4-3 轿子山自然保护区珍稀保护兽类名录

物 种	国家级保护	CITES	分布海拔(m)	栖息地特征	资源现状
1. 林麝 *Moschus berezovskii*	Ⅰ	Ⅱ	2600 ~ 4000	针阔混交林、暗针叶林、高山灌丛	稀有
2. 中国穿山甲 *Manis pentadactyla*	Ⅱ	Ⅱ	1800 ~ 3200	阔叶林、针阔混交.	偶见或可能灭绝
3. 豺 *Cuon alpinus*	Ⅱ	Ⅱ	1800 ~ 3600	阔叶林、针阔混交林、暗针叶林	偶见
4. 黄喉貂 *Martes flavigula*	Ⅱ		1800 ~ 3600	灌丛、阔叶林、针阔混交林	较常见
5. 水獭 *Lutra lutra*	Ⅱ	Ⅰ	1300 – 2800	溪流、江水及沿岸	稀有
6. 斑灵狸 *Prionodon pardicolor*	Ⅱ	Ⅰ	1800 ~ 3200	灌丛、阔叶林、针阔混交林	较常见
7. 大灵猫 *Viverra zibetha*	Ⅱ		1300 ~ 2500	溪流沿岸、灌丛、阔叶林、针阔混交林	稀有
8. 小灵猫 *Viverricula indica*	Ⅱ		1300 ~ 3200	溪流沿岸、灌丛、阔叶林、针阔混交林	稀有
9. 金猫 *Catopuma temminckii*	Ⅱ	Ⅰ	1500 ~ 2800	灌丛、阔叶林、针阔混交林	稀有
10. 中华鬣羚 *Capricornis milneedwardsii*	Ⅱ	Ⅰ	1800 ~ 3600	岸边灌丛、裸岩、阔叶林、针阔混交林、暗针叶林	稀有
11. 川西斑羚 *Nemorhaedus griseus*	Ⅱ	Ⅰ	1900 ~ 4000	岸边灌丛、裸岩、阔叶林、针阔混交林、暗针叶林	稀有
12. 北树鼩 *Tupaia belangeri*		Ⅱ	1300 ~ 3200	岸边、村庄、阔叶林、针阔混交林	常见
13. 豹猫 *Prionailurus bengalensis*		Ⅱ	1300 ~ 4000	岸边、村庄、阔叶林、针阔混交林、暗针叶林	常见

4.6 保护价值与存在问题

(1) 保护该地区较为丰富的物种多样性：轿子山现有哺乳动物尽管只有 79 种，但在云南中北部地区还较丰富，如：比滇东北的药山国家级自然保护区的哺乳动物要多 14 种。

(2)保护这一地区丰富的物种分布型多样性：从轿子山自然保护区哺乳动物的组成可以看出：它既含有热带、亚热带型种，也有温带型，甚至高山型特有种，如：云南鼩鼱、小纹背鼩鼱、长吻鼩鼹、长尾鼩鼹等。在地理位置上虽然处于云南中北部，但仍拥有多个横断山区的特有种(12 种)，另有 28 种(占东洋界物种 45.90%)为华中、华南和西南共有的物种，因此在我国自然保护区体系中，处于东西部过渡和交汇的地位。

（3）保护轿子山这一哺乳动物的集居地：轿子山哺乳动物物种数量虽然不多，但有很多物种仅隶属于单目、单科或单属，如：攀鼩目、鳞甲目和兔形目等3目（占37.5%），树鼩科、长翼蝠科、鲮鲤科、獴科、猪科、麝科、刺山鼠科、鼹形鼠科、豪猪科和兔科等10科（占40%）及47属（占79.66%）各分类阶元分别只有1种在轿子山有分布。且在47个单种属中，还有长尾鼩鼹属、白尾鼹属、貉属、斑灵狸属、果子狸属、毛冠鹿属、滇攀鼠属、巢鼠属和猪尾鼠属为单型属，而具有很高的学术价值和保护价值。

4.7　重要哺乳动物简介

（1）长吻鼩鼹 *Nasillus gracilis*：外形似鼩鼱，但上颌形成管状长吻。外耳壳发达。尾几与身体等长，覆以鳞片状皮肤衍生物；体背暗棕色，腹部青石板色。为横断山区特有种，且有一定数量。

（2）长尾鼩鼹 *Scaptonyx fusicauda*：外形似鼹，但体型小，四肢粗短，吻部尖长，上颌不形成管状长吻；外耳壳隐于毛被中；背毛黑色或黑褐色。尾长而粗壮（几为头体长的一半）似鼩鼱，尾覆有稀而纤细的长毛，故又名针尾鼹。为横断山区的特有种，种群数量稀少。

（3）微尾鼩 *Anourosorex squamipes*：适于地下生活，体型粗壮，四肢粗短，耳壳很小，隐于毛被下，呈痕迹状，尾短，几与后足等长，背毛呈暗灰褐色并带有光泽。为东喜马拉雅—中国南部的特有种，是鼩鼱科中较为特化的类群。

（4）北树鼩 *Tupaia belangeri*：外形似松鼠，吻部尖长，背毛呈橄榄褐黑色，腹部为浅黄棕色。栖息范围较宽，村庄、农田、灌丛、森林均可发现其踪迹，有一定数量，为重要的医学实验动物。CITES列为附录Ⅱ物种。

（5）中国穿山甲 *Manis pentadactyla*：身体狭长，全身被有鳞片。头呈圆锥状，口小略似管状，舌长达200mm，能自由伸出口外舔食白蚁和各种黑蚁，常在土质疏松的地方掘洞觅食和穴居。国家Ⅱ级重点保护野生动物，在轿子山地区可能已灭绝。

（6）豺 *Cuon alpinus*：外形似狼，但体型较小，吻略短，耳钝圆。尾较短，不及体长之半。毛被棕红色或灰棕红色，杂有黑毛。多结群生活。国家Ⅱ级重点保护野生动物。

（7）金猫 *Catopuma temminckii*：是一种体型中等的猫科动物，常因色型不同而被称为红椿豹、芝麻豹和狸豹。多以啮齿类、兔类及中小型偶蹄类（在本地区为麂类动物）为食，在轿子山数量稀少。国家Ⅱ级重点保护动物。

（8）中华鬣羚 *Capricornis milneedwardsii*：体型中等，雌雄均具角。头后颈背具长鬣毛，体背灰褐色。栖息于地形相对较为陡峭的地区。国家Ⅱ级重点保护野生动物，在合适的栖息地尚可发现其活动的踪迹。

（9）川西斑羚 *Naemorhedus griseus*：体型较小，雌雄均具角。体背灰褐色，喉斑灰白色。典型的林栖种类，常出没于陡峭崖坡地段。为国家Ⅱ级重点保护野生动物，在玉龙雪山地区尚可发现其活动的痕迹。

第5章 鸟　　类

5.1 调查研究概况

有关轿子山自然保护区鸟类的研究工作非常少。除彭燕章等(1987)、王紫江(1994)、杨岚等(1995)、王紫江等(2001)、杨岚、杨晓君(2004)对云南鸟类分布中提及广泛分布的种类外，仅胡箭等(2004)对轿子山片的鸟类进行过本底调查，记录有鸟类63种。受昆明市林业局的委托，2008年9月，在保护区工作人员的协助下，中国科学院昆明动物研究所对轿子山自然保护区的鸟类进行了为期20天的野外考察。在调查过程中，主要采用样点法及网捕法对鸟类多样性进行调查。共设5个工作点。网捕法使用标准网(12m × 2.6m，36 mm mesh)，每个研究点布10张网，连续布网3天，所有网点都用GPS进行定位。样点法采用不固定半径样点法进行调查，调查集中在日出后的3.5小时内进行。所有样点均沿着已有的小路布设，样点间距大于150 m，以保证每个样点的独立性。每个样点停留10 min，在此期间记录观察到的所有鸟类并估算其与观察者之间的距离。样点法调查与网捕法在同一区域内同时进行。在布网区域，每天沿不同路线调查，每个工作点每次调查21个样点。遇特殊天气时(如中雨、大雨、大风及大雾天气等)未进行样点调查。

为了得到更为全面的轿子山地区鸟类名录，在非系统取样调查时所观察到的鸟类也被记录作为补充。

本报告根据我们的调查结果以及中国科学院昆明动物研究所收集的有关标本和资料并结合前人的有关工作一并整理而成。

5.2 区系分析及地理区划

5.2.1 物种多样性及其特点

本次调查，仅记录到鸟类77种，根据前人的工作，增补了29种以前该地区未曾记录到的种类，同时参考相关文献资料整理修订，轿子山自然保护区共记录鸟类167种(另7亚种)(表5-1)，隶属于32科(另4亚科)9目，约占云南省鸟类19目69科848种(杨岚、杨晓君，2004)的47.37%、46.38%和19.69%，全国鸟类种数1329种(MacKinnon & Phillipps，2000)的12.57%。与云南现有的自然保护区鸟类物种多样性比较，结果显示：轿子山自然保护区的鸟类种数与邻近的药山国家级自然保护区和云南西南部南滚河国家级自然保护区相近(表5-2)。

表 5-1 轿子山自然保护区鸟类名录

目、科、种、亚种名称		生境分布							垂直分布	地理分布		居留情况	资源现状	区系从属	保护级别	数据来源		
		半湿性常绿阔叶林及次生林	华山松云南松及元江栲林	中山湿性常绿阔叶林及次生林	寒温性急尖长苞冷杉林	杜鹃灌及高山柏灌丛	居民点及农田耕作地	河流湖泊沼泽湿地	海拔（m）	禄劝	东川					本次调查	标本采集记录	文献记录
Ⅰ. 隼形目 FALCONIFORMES																		
一、鹰科 Accipitridae																		
1. 黑翅鸢	*Elanus caeruleus*	+	+	+			+		1960 ~ 2400	√	√			东				√
	(1) *E. c. vociferus*											R						
2. [黑]鸢	*Milvus migrans*	+	+	+	+	+	+		1960 ~ 3800	√	√				Ⅱ			√
	(1) *M. m. lineatus*											W						
3. 雀鹰	*Accipiter nisus*						+		1960 ~ 2400	√	√				Ⅱ			√
	(1) *A. n. nisosimilis*											W, M						
4. 松雀鹰	*Accipiter virgatus*	+	+	+	+				1960 ~ 3850	√	√		+ + +	广	Ⅱ	I		√
	(1) *A. v. affinis*											R						
5. 大鵟	*Buteo hemilasius*				+	+			3700 ~ 3900	√	√	W	+		Ⅱ			√
6. 普通鵟	*Buteo buteo*				+	+			3700 ~ 3900	√	√		+ +		Ⅱ			√
	(1) *B. b. japonicus*											W						
7. 蛇雕	*Spilornis cheela ssp.*			+	+				3000 ~ 3600	√	√	R	+ +	东	Ⅱ			√
二、隼科 Falconidae																		
8. 燕隼	*Falco subbuteo*			+	+				3000 ~ 3700	√			+ +	广	Ⅱ			√
	(1) *F. s. streichi*											S						
9. 红隼	*Falco tinnunculus*	+	+	+	+	+	+		1960 ~ 4200	√	√		+ + +		Ⅱ	√		√
	(1) *F. t. tinnunculus*											W						
Ⅱ. 鸡形目 GALLIFORMES																		

（续）

目、科、种、亚种名称		生境分布							垂直分布	地理分布		居留情况	资源现状	区系从属	保护级别	数据来源		
		半湿性常绿阔叶林及次生林	华山松云南松及元江栲林	中山湿性常绿阔叶林及次生林	寒温性急尖长苞冷杉林	杜鹃灌及高山柏灌丛	居民点及农田耕作地	河流湖泊沼泽湿地	海拔（m）	禄劝	东川					本次调查	标本采集记录	文献记录
三、雉科 Pheasianidae																		
10. 血雉	*Ithaginis cruentus*				+	+			3600～3900	√			+ + +	东	Ⅱ	√		√
	(1) *I. c. geoffroyi*											R						
11. 红腹角雉	*Tragopan temminckii*				+	+			3600～3900		√	R	+ + +	东	Ⅱ	√		√
12. 白腹锦鸡	*Chrysolophus amherstiae*		+	+	+	+			2800～3700			R	+ + +	东	Ⅱ	√		√
Ⅲ. 鸽形目 COLUMBIFORMES																		
四、鸠鸽科 Columbidae																		
13. 点斑林鸽	*Columba hodgsonii*			+	+				2800～3100	√		R	+ +	东		√		
14. 山斑鸠	*Streptopelia orientalis*	+	+	+			+		1960～3000	√	√		+ + +	广				√
	(1) *S. o. orientalis*											R						
15. 珠颈斑鸠	*Streptopelia chinensis*	+	+	+			+		1960～2500	√	√		+ +	东				√
	(1) *S. c. tigrina*											R						
16. 火斑鸠	*Oenopopelia tranquebarica*	+	+	+			+		1960～2100	√	√		+ +	广				√
	(1) *O. t. humilis*											R						
Ⅳ. 鹃形目 CUCULIFORMES																		
五、杜鹃科 Cuculidae																		
17. 鹰鹃	*Cuculus sparverioides*	+	+	+					1960～3000	√	√		+ +	东				√
	(1) *C. s. sparverioides*											S						
18. 四声杜鹃	*Cuculus micropterus*		+	+	+				2800～3000	√	√		+ +	广				√
	(1) *C. m. micropterus*											S						

（续）

目、科、种、亚种名称		生境分布							垂直分布	地理分布		居留情况	资源现状	区系从属	保护级别	数据来源		
		半湿性常绿阔叶林及次生林	华山松云南松及元江栲林	中山湿性常绿阔叶林及次生林	寒温性急尖长苞冷杉林	杜鹃灌及高山柏灌丛	居民点及农田耕作地	河流湖泊沼泽湿地	海拔（m）	禄劝	东川					本次调查	标本采集记录	文献记录
19. 大杜鹃	*Cuculus canorus*	+	+	+	+		+		1960～3000				+ + +	广				√
	(1) *C. c. bakeri*											S						
20. 小杜鹃	*Cuculus poliocephalus*	+		+					1960～3600					广				
	(1) *C. p. poliocephalus*									√	√	S						√
Ⅴ. 鸮形目 STRIGIFORMES																		
六、鸱鸮科 Strigidae																		
21. 领角鸮	*Otus bakkamoena*		+	+	+				2800～3000	√	√		+ +	广	Ⅱ			√
	(1) *O. b. erythrocampe*											R						
22. 鹛鸮	*Bubo bubo*	+							1200	√	√		+ +	广	Ⅱ		√	√
	(1) *B. b. kiautschensis*											R						
23. 斑头鸺鹠	*Glaucidium cuculoides*		+	+	+		+		2800～3000	√	√		+ +	东	Ⅱ			√
	(1) *G. c. whiteleyi*											R						
Ⅵ. 雨燕目 APODIFORMES																		
七、雨燕科 Apodidae																		
24. 白腰雨燕	*Apus pacificus*	+	+	+	+		+		1960～3000	√	√		+ + +	广				√
	(1) *A. p. kanoi*											S						
25. 小白腰雨燕	*Apus affinis*	+	+	+	+		+		1960～3000	√	√		+ +	东				√
	(1) *A. a. subfurcatus*											R						
Ⅶ. 佛法僧目 CORACIIFORMES																		
八、翠鸟科 Alcedinidae																		

（续）

目、科、种、亚种名称		生境分布							垂直分布	地理分布		居留情况	资源现状	区系从属	保护级别	数据来源		
		半湿性常绿阔叶林及次生林	华山松云南松及元江栲林	中山湿性常绿阔叶林及次生林	寒温性急尖长苞冷杉林	杜鹃灌及高山柏灌丛	居民点及农田耕作地	河流湖泊沼泽湿地	海拔（m）	禄劝	东川					本次调查	标本采集记录	文献记录
26. 普通翠鸟	*Alcedo atthis*						+	+	1960～2750	√	√			广				√
	（1）*A. a. bengalensis*											R						
27. 白胸翡翠	*Halcyon smyrnensis*						+	+	1960～2100	√	√			东				√
	（1）*H. s. perpulchra*											R						
九、戴胜科 Upupidae																		
28. 戴胜	*Upupa epops*	+	+	+	+		+		1960～3200	√	√		+ + +	广		√		√
	（1）*U. e. saturata*											R						
Ⅷ. 䴕形目 PICIFORMES																		
十、啄木鸟科 Picidae																		
29. 蚁䴕	*Jynx torquilla*			+	+				3000～3700	√	√		+ +					√
	（1）*J. t. chinensis*											W，M						
30. 黑枕绿啄木鸟	*Picus canus*	+	+	+	+				1960～3600	√	√			广				√
	（1）*P. c. sordidior*											R						
31. 大斑啄木鸟	*Dendrocopos major*			+	+				3100		√		+ + +	广		√		
	（1）*D. m. stresemanni*											R						
32. 棕腹啄木鸟	*Dendrocopos hyperythrus*	+	+	+					1960～3650	√	√							√
	（1）*D. h. subrufinus*											W						
Ⅸ. 雀形目 PASSERIFORMES																		
十一、百灵科 Alaudidae																		
33. 小云雀	*Alauda gulgula*	+	+	+	+				2500～3700	√	√		+ + +	东				√

（续）

目、科、种、亚种名称		生境分布							垂直分布	地理分布		居留情况	资源现状	区系从属	保护级别	数据来源		
		半湿性常绿阔叶林及次生林	华山松云南松及元江栲林	中山湿性常绿阔叶林及次生林	寒温性急尖长苞冷杉林	杜鹃灌及高山柏灌丛	居民点及农田耕作地	河流湖泊沼泽湿地	海拔（m）	禄劝	东川					本次调查	标本采集记录	文献记录
	(1) *A. g. coelivox*											R						
十二、燕科 Hirundinidae																		
34. 家燕	*Hirundo rustica*		+	+	+		+	+	2800 ~ 3700	√	√		+ + +	广				√
	(1) *H. r. gutturalis*											R						
35. 金腰燕	*Hirundo daurica*	+	+	+	+		+	+	1960 ~ 3000	√	√		+ + +	广		√		√
	(1) *H. d. japonica*											S						
十三、鹡鸰科 Motacillidae																		
36. 黄头鹡鸰	*Motacilla citreola*						+	+	1960 ~ 200	√	√							√
	(1) *M. c. citreola*											W，M						
37. 灰鹡鸰	*Motacilla cinerea*		+	+	+			+	2800 ~ 3100		√		+ + +			√		
	(1) *M. c. robusta*											W，M						
38. 白鹡鸰	*Motacilla alba*		+	+	+		+	+	2800 ~ 3700	√	√		++++	古		√		√
	(1) *M. a. alboides*											R						
	(2) *M. a. ocularis*											W						
39. 田鹨	*Anthus novaeseelandiae*													广				
	(1) *A. n. richardi*											R						
40. 树鹨	*Anthus hodgsoni*	+	+	+	+		+		2500 ~ 3700				+ + +	广				√
	(1) *A. h. yunnanensis*											W						
	(2) *A. h. Hodgsoni*											B						
41. 红喉鹨	*Anthus cervinus*	+	+	+			+		1960 ~ 2980	√		W	+ +			√		√

（续）

目、科、种、亚种名称		生境分布							垂直分布	地理分布		居留情况	资源现状	区系从属	保护级别	数据来源		
		半湿性常绿阔叶林及次生林	华山松云南松及元江栲林	中山湿性常绿阔叶林及次生林	寒温性急尖长苞冷杉林	杜鹃灌及高山柏灌丛	居民点及农田耕作地	河流湖泊沼泽湿地	海拔（m）	禄劝	东川					本次调查	标本采集记录	文献记录
42. 山鹨	*Anthus sylvanus*			+	+				3000～3700			R	＋＋	东				√
十四、山椒鸟科 Campephagidae																		
43. 粉红山椒鸟	*Pericrocotus roseus*	+	+	+					1960～2100	√	√			东				√
	(1) *P. r. roseus*											R						
44. 长尾山椒鸟	*Pericrocotus ethologus*	+	+	+					1960～3650	√	√			东				√
	(1) *P. e. ethologus*											R						
45. 短嘴山椒鸟	*Pericrocotus brevirostris*	+	+						1960～2500	√			＋＋	东				√
	(1) *P. b. anthoides*											S						
46. 赤红山椒鸟	*Pericrocotus flammeus*		+	+	+				2800～3000	√	√		＋＋	东				√
	(1) *P. f. elegans*											R						
十五、鹎科 Pycnontidae																		
47. 凤头雀嘴鹎	*Spizixos canifrons*	+	+	+	+		+		1960～3000	√	√	R	++++	东		√		√
48. 红耳鹎	*Pycnonotus jocosus*		+	+	+		+		2800～3000	√	√		＋＋＋	东				√
	(1) *P. j. monticola*											R						
49. 黄臀鹎	*Pycnonotus xanthorrhous*	+	+	+	+		+		1960～3000	√	√		＋＋＋	东		√		√
	(1) *P. x. xanthorrhous*											R						
50. 绿翅短脚鹎	*Hypsipetes mcclellandii*	+		+					1960～2800	√	√			东				√
	(1) *H. m. holtii*											R						
51. 黑［短脚］鹎	*Hypsipetes madagascariensis*	+	+						1960～2500	√			＋＋	东				√
	(1) *H. m. concolor*											R						

（续）

目、科、种、亚种名称		生境分布							垂直分布	地理分布		居留情况	资源现状	区系从属	保护级别	数据来源		
		半湿性常绿阔叶林及次生林	华山松云南松及元江栲林	中山湿性常绿阔叶林及次生林	寒温性急尖长苞冷杉林	杜鹃灌及高山柏灌丛	居民点及农田耕作地	河流湖泊沼泽湿地	海拔（m）	禄劝	东川					本次调查	标本采集记录	文献记录
	（2）*H. m. stresemanni*											B						
十六、伯劳科 Laniidae																		
52. 红尾伯劳	*Lanius cristatus*						+		1960～2750	√	√							√
	（1）*L. c. cristatus*											W						
53. 棕背伯劳	*Lanius schach*	+	+	+	+		+		1960～3000	√	√		+ + +	东				√
	（1）*L. s. schach*											R						
	（2）*L. s. tricolor*											R						
54. 灰背伯劳	*Lanius tephronotus*	+	+	+	+		+		1960～3000	√	√		+ + +	东				√
	（1）*L. t. tephronotus*											R						
十七、黄鹂科 Oriolidae																		
55. 黑枕黄鹂	*Oriolus chinensis*	+	+	+					1960～2500	√	√			广				√
	（1）*O. c. diffusus*											S						
十八、卷尾科 Dicruridae																		
56. 黑卷尾	*Dicrurus macrocercus*		+	+			+		2700～2800	√	√		+ + +	东		√		√
	（1）*D. m. cathoecus*											S，M						
57. 灰卷尾	*Dicrurus leucophaeus*	+	+	+	+				1960～3000	√	√		+ + +			√		√
	（1）*D. l. leucogenis*											M						
	（2）*D. l. salangensis*											M						
58. 发冠卷尾	*Dicrurus hottentottus*	+		+					1960～2100	√	√			东				√
	（1）*D. h. brevirostris*											S						

（续）

目、科、种、亚种名称		生境分布							垂直分布	地理分布		居留情况	资源现状	区系从属	保护级别	数据来源		
		半湿性常绿阔叶林及次生林	华山松云南松及元江栲林	中山湿性常绿阔叶林及次生林	寒温性急尖长苞冷杉林	杜鹃灌及高山柏灌丛	居民点及农田耕作地	河流湖泊沼泽湿地	海拔（m）	禄劝	东川					本次调查	标本采集记录	文献记录
十九、椋鸟科 Sturnidae																		
59. 灰头椋鸟	*Sturnus malabaricus*		+	+			+		1960～1600	√				东				√
	(1)*S. m. nemoricolus*											R						
60. （普通）八哥	*Acridotheres cristatellus*						+		1960～2100	√	√			东				
	(1)*A. c. cristatellus*											R						
二十、鸦科 Corvidae																		
61. 红嘴蓝鹊	*Urocissa erythrorhyncha*		+	+	+		+		2800～3700	√	√		+++	广		√		√
	(1)*U. e. erythrorhyncha*											R						
62. 喜鹊	*Pica pica*	+	+	+	+		+		2500～3000	√	√		++	广				√
	(1)*P. p. sericea*											R						
63. 星鸦	*Nucifraga caryocatactes*			+	+	+			2850～4200	√	√		+++	古		√		√
	(1)*N. c. macella*											R						
64. 红嘴山鸦	*Pyrrhocorax pyrrhocorax*			+	+				3000～3700	√			++	古		√		√
	(1)*P. p. himalayanus*											R						
65. 大嘴乌鸦	*Corvus macrorhynchos*			+	+	+			3000～4200	√	√		+++	广		√		√
	(1)*C. m. colonorum*											R						
66. 小嘴乌鸦	*Corvus corone*			+	+	+			3000～4200	√			+	古		√		
	(1)*C. c. orientalis*											R						
二十一、河乌科 Cinclidae																		
67. 褐河乌	*Cinclus pallasii*	+	+	+	+			+	1960～3100	√	√		+++	广		√		√

（续）

目、科、种、亚种名称		生境分布							垂直分布	地理分布		居留情况	资源现状	区系从属	保护级别	数据来源		
		半湿性常绿阔叶林及次生林	华山松云南松及元江栲林	中山湿性常绿阔叶林及次生林	寒温性急尖长苞冷杉林	杜鹃灌及高山柏灌丛	居民点及农田耕作地	河流湖泊沼泽湿地	海拔（m）	禄劝	东川					本次调查	标本采集记录	文献记录
	（1）*C. p. pallasii*											R						
二十二、鹪鹩科 Troglodytidae																		
68. 鹪鹩	*Troglodytes troglodytes*		+	+	+		+		2800～3700	√	√		+ + +	广		√		
	（1）*T. t. talifuensis*											R						
二十三、岩鹨科 Prunellidae																		
69. 棕胸岩鹨	*Prunella strophiata*				+	+			3700～3900	√			+ + +	东		√		√
	（1）*P. s. strophiata*											R						
二十四、鹟科 Muscicapidae																		
	（1）鸫亚科 Turdinae																	
70. 红点颏	*Luscinia calliope*	+	+						1960～2070	√	√	W，M						√
71. 蓝歌鸲	*Luscinia cyane*			+	+				2900		√		+			√		
	（1）*L. c. cyane*											W，M						
72. 红胁蓝尾鸲	*Tarsiger cyanurus*	+	+						1960～2500	√	√		+ +					√
	（1）*T. c. cyanurus*											W						
73. 金色林鸲	*Tarsiger chrysaeus*			+	+				3000～3700	√			+ +	东				√
	（1）*T. c. chrysaeus*											B						
74. 白眉林鸲	*Tarsiger indicus*			+	+	+			3000～3900	√			+ +	东		√		√
	（1）*T. i. yunnanensis*											R						
75. 鹊鸲	*Copsychus saularis*	+	+	+	+		+	+	1960～3000	√	√		+ + +	东		√		√
	（1）*C. s. prosthopellus*											R						

（续）

目、科、种、亚种名称		生境分布							垂直分布	地理分布		居留情况	资源现状	区系从属	保护级别	数据来源		
		半湿性常绿阔叶林及次生林	华山松云南松及元江栲林	中山湿性常绿阔叶林及次生林	寒温性急尖长苞冷杉林	杜鹃灌及高山柏灌丛	居民点及农田耕作地	河流湖泊沼泽湿地	海拔（m）	禄劝	东川					本次调查	标本采集记录	文献记录
76. 蓝额红尾鸲	*Phoenicurus frontalis*	+	+	+	+	+	+		2500～3900	√		R	++++	东		√		√
77. 白喉红尾鸲	*Phoenicurus schisticeps*	+	+						1960～2500	√		R	+	东				√
78. 北红尾鸲	*Phoenicurus auroreus*	+	+	+	+		+		1960～3100	√	√		+++			√		√
	（1）*P. a. auroreus*											W，M						
79. 红尾水鸲	*Rhyacornis fuliginosus*	+	+	+	+			+	1960～3000	√	√		+++	广		√		√
	（1）*R. f. fuliginosus*											R						
80. 小燕尾	*Enicurus scouleri*		+	+	+			+	2800～2900		√	R	+++	东		√		
81. 白冠燕尾	*Enicurus leschenaulti*	+		+				+	1960～2160	√	√			东				√
	（1）*E. l. sinensis*											R						
82. 黑喉石䳭	*Saxicola torquata*	+	+	+	+		+		1960～3000	√	√		+++	广		√		√
	（1）*S. t. przewalskii*											R						
	（2）*S. t. stejnegeri*											W						
83. 灰林䳭	*Saxicola ferrea*	+	+	+			+		1960～2800	√	√	R	+++	东		√		√
84. 白顶溪鸲	*Chaimarrornis leucocephalus*		+	+	+	+		+	2800～3900	√	√	R	+++	东		√		√
85. 栗腹矶鸫	*Monticola rufiventris*			+	+				3069～3134	√	√	R	+++	东		√		
86. 蓝矶鸫	*Monticola solitarius*	+	+				+		1960～2500	√	√		++	广				√
	（1）*M. s. pandoo*											R						
87. 紫啸鸫	*Myiophoneus caeruleus*		+	+	+			+	2800～3000	√	√		+++	东		√		√
	（1）*M. c. eugenei*											R						
88. 虎斑地鸫	*Zoothera dauma*	+		+					1960～2750	√	√							√

（续）

目、科、种、亚种名称		生境分布							垂直分布	地理分布		居留情况	资源现状	区系从属	保护级别	数据来源		
		半湿性常绿阔叶林及次生林	华山松云南松及元江栲林	中山湿性常绿阔叶林及次生林	寒温性急尖长苞冷杉林	杜鹃灌及高山柏灌丛	居民点及农田耕作地	河流湖泊沼泽湿地	海拔（m）	禄劝	东川					本次调查	标本采集记录	文献记录
	(1) *Z. d. aurea*											W,M						
89. 黑胸鸫	*Turdus dissimilis*	+	+	+	+				1960～3000	√	√	R	++	东				√
90. 灰头鸫	*Turdus rubrocanus*	+	+	+	+		+		1960～3700	√	√		+++	东		√		√
	(1) *T. r. gouldi*											R						
91. 斑鸫	*Turdus naumanni*				+	+			3900～4200	√	√		++					√
	(1) *T. n. eunomus*											W,M						
	(2) 画鹛亚科 Timaliinae																	
92. 斑胸钩嘴鹛	*Pomatorhinus erythrocnemis*	+	+	+	+				1960～3000	√	√		+++	东				√
	(1) *P. e. odicus*											R						
93. 棕颈钩嘴鹛	*Pomatorhinus ruficollis*	+	+	+	+				1960～3700				+++	东				√
	(1) *P. r. similis × albipectus × reconditus*											R						
94. 矛纹草鹛	*Babax lanceolatus*	+	+	+	+				1960～3000	√	√		++	东				√
	(1) *B. l. lanceolatus*											R						
95. 灰翅噪鹛	*Garrulax cineraceus*	+							2670 以下	√	√		+++	东		√		√
	(1) *G. c. strenuus*											R						
96. 白颊噪鹛	*Garrulax sannio*	+	+	+	+				1960～3600	√	√		+++	东				√
	(1) *G. s. comis*											R						
97. 纯色噪鹛	*Garrulax subunicolor*			+	+				2886～3600	√	√		++	东				√
	(1) *G. s. fooksi*											R						
98. 橙翅噪鹛	*Garrulax ellietii*	+	+	+	+				1960～3600	√			+++	东		√		√

（续）

目、科、种、亚种名称		生境分布							垂直分布	地理分布		居留情况	资源现状	区系从属	保护级别	数据来源		
		半湿性常绿阔叶林及次生林	华山松云南松及元江栲林	中山湿性常绿阔叶林及次生林	寒温性急尖长苞冷杉林	杜鹃灌及高山柏灌丛	居民点及农田耕作地	河流湖泊沼泽湿地	海拔（m）	禄劝	东川					本次调查	标本采集记录	文献记录
	（1）*G. e. elliotii*											R						
99. 黑顶噪鹛	*Garrulax affinis*			+	+	+			3000～4200	√	√		+++	东		√		√
	（1）*G. a. muliensis*											R						
100. 蓝翅希鹛	*Minla cyanouroptera*	+	+						1960～2500	√	√		++	东				√
	（1）*M. c. wingatei*											R						
101. 斑喉希鹛	*Minla strigula*			+	+				3100～3150	√	√		+++	东		√		
	（1）*M. s. yunnanensis*											R						
102. 火尾希鹛	*Minla ignotincta*			+	+				3031～3215	√	√		+++	东		√		√
	（1）*M. i. jerdoni*											R						
103. 金胸雀鹛	*Alcippe chrysotis*			+	+				3000～3600	√	√		++	东				√
	（1）*A. c. swinhoii*											R						
104. 白眉雀鹛	*Alcippe vinipectus*			+	+				2900～3855	√	√		+++	东		√		√
	（1）*A. v. bieti*											R						
105. 褐头雀鹛	*Alcippe cinereiceps ssp.*	+	+						1960～2500	√		R	+++	东				√
106. 褐胁雀鹛	*Alcippe dubia*	+	+	+	+				1960～3600	√	√		++	东				√
	（1）*A. d. genestieri*											R						
107. 灰眶雀鹛	*Alcippe morrisonia*	+	+	+	+				1960～3600	√	√		++	东				√
	（1）*A. m. yunnanensis*											R						
108. 黑头奇鹛	*Heterophasia melanoleuca*	+	+	+	+				1960～3000	√	√		++	东		√		√
	（1）*H. m. desgodinsi*											R						

（续）

目、科、种、亚种名称		生境分布							垂直分布	地理分布		居留情况	资源现状	区系从属	保护级别	数据来源		
		半湿性常绿阔叶林及次生林	华山松云南松及元江栲林	中山湿性常绿阔叶林及次生林	寒温性急尖长苞冷杉林	杜鹃灌及高山柏灌丛	居民点及农田耕作地	河流湖泊沼泽湿地	海拔（m）	禄劝	东川					本次调查	标本采集记录	文献记录
109. 丽色奇鹛	*Heterophasia pulchella*		+	+	+				2800～2900			R	++	东		√		
110. 黄颈凤鹛	*Yuhina flavicollis*			+	+				3000～3700	√			++	东				√
	(1) *Y. f. rouxi*											R						
111. 纹喉凤鹛	*Yuhina gularis*			+	+				2960～3260		√		+++	东		√		
	(1) *Y. g. omeiensis*											R						
112. 白领凤鹛	*Yuhina diademata*	+	+	+	+				1960～3250	√	√	R	+++	东		√		√
113. 棕肛凤鹛	*Yuhina occipitalis*			+	+				3000～3850	√	√		+++	东		√		√
	(1) *Y. o. obscurior*											R						
	(3) 莺亚科 Sylviinae																	
114. 栗头地莺	*Tesia castaneocoronata*			+	+				3000～3600	√	√		++	东				√
	(1) *T. c. castaneocoronata*											R						
115. 强脚树莺	*Cettia fortipes*	+	+				+		1960～2500	√			++	东				√
	(1) *C. f. davidiana*											R						
116. 棕顶树莺	*Cettia brunnifrons*		+	+	+				2800～3200		√		++	东		√		
	(1) *C. b. umbraticus*											R						
117. 沼泽大尾莺	*Megalurus palustris*						+	+	1960～1800	√	√			东				√
	(1) *M. p. toklao*											R						
118. 黄腹柳莺	*Phylloscopus affinis*	+	+						1960～2500	√	√	W,M	++	东				√
119. 棕腹柳莺	*Phylloscopus subaffinis*			+	+				2850～3010	√	√		+++	东		√		√
	(1) *P. s. subaffinis*											W						

（续）

目、科、种、亚种名称		生境分布							垂直分布	地理分布		居留情况	资源现状	区系从属	保护级别	数据来源		
		半湿性常绿阔叶林及次生林	华山松云南松及元江栲林	中山湿性常绿阔叶林及次生林	寒温性急尖长苞冷杉林	杜鹃灌及高山柏灌丛	居民点及农田耕作地	河流湖泊沼泽湿地	海拔（m）	禄劝	东川					本次调查	标本采集记录	文献记录
120. 褐柳莺	*Phylloscopus fuscatus*	+	+	+	+				1960～3700				++					√
	（1）*P. f. fuscatus*											W，M						
121. 橙斑翅柳莺	*Phylloscopus pulcher*		+	+	+				2800～3855	√	√		++++	东		√		√
	（1）*P. p. pulcher*											R						
122. 黄眉柳莺	*Phylloscopus inornatus*	+	+	+	+				1960～3125	√	√		+++			√		√
	（1）*P. i. inornatus*											W						
123. 黄腰柳莺	*Phylloscopus proregulus*			+	+		+		2830～3835	√	√		+++			√		√
	（1）*P. p. proregulus*											W，M						
	（2）*P. p. chloronotus*											R						
124. 灰喉柳莺	*Phylloscopus maculipennis*			+	+				2850～3840	√	√		+++	东		√		√
	（1）*P. m. maculipennis*											R						
125. 暗绿柳莺	*Phylloscopus trochiloides*	+	+	+	+	+	+		1960～3600									
	（1）*P. t. obscuratus*											W. M						
126. 冠纹柳莺	*Phylloscopus reguloides*	+	+	+	+				1960～3700	√	√		+++			√		√
	（1）*P. r. claudiae*											W，M						
127. 白斑尾柳莺	*Phylloscopus davisoni*			+	+	+			3000～3900	√	√		++	东				√
	（1）*P. d. davisoni*											R						
128. 金眶鹟莺	*Seicercus burkii*			+	+				2850～3700	√	√		+++	东		√		√
	（1）*S. b. tephrocephalus*											R						
129. 黑脸鹟莺	*Abroscopus schisticeps*	+	+						1960～2500	√			++	东				√
	（1）*A. s. ripponi*											R						
130. 灰胸鹪莺	*Prinia hodgsonii*	+	+				+		1960～2500	√			+++	东				√

（续）

目、科、种、亚种名称		生境分布							垂直分布	地理分布		居留情况	资源现状	区系从属	保护级别	数据来源		
		半湿性常绿阔叶林及次生林	华山松云南松及元江栲林	中山湿性常绿阔叶林及次生林	寒温性急尖长苞冷杉林	杜鹃灌及高山柏灌丛	居民点及农田耕作地	河流湖泊沼泽湿地	海拔（m）	禄劝	东川					本次调查	标本采集记录	文献记录
	（1）*P. h. confusa*											R						
131. 褐头鹪莺	*Prinia subflava*	+	+				+		1960～2700	√	√		+ + +	东		√		√
	（1）*P. s. extensicauda*											R						
	（4）鹟亚科 Muscicapinae																	
132. 红喉［姬］鹟	*Ficedula parva*			+	+				2830～3050	√	√		+ + +			√		√
	（1）*F. p. albicilla*											W，M						
133. 橙胸［姬］鹟	*Ficedula strophiata*			+	+				3000～3100	√	√		+ + +	东		√		√
	（1）*F. s. strophiata*											B						
134. 棕胸蓝［姬］鹟	*Ficedula hyperythra*			+	+				2830～3134		√		+ +	东		√		
	（1）*F. h. hyperythra*											R						
135. 棕腹仙鹟	*Niltava sundara*		+	+	+				2800～3100	√	√		+ + +	东		√		√
	（1）*N. s. denotata*											R						
136. 铜蓝鹟	*Muscicapa thalassina*	+	+	+					1960～2865	√	√		+ + +	东		√		√
	（1）*M. t. thalassina*											R						
137. 方尾鹟	*Culicicapa ceylonensis*	+	+	+	+				1960～2900	√	√		+ +	东		√		√
	（1）*C. c. calochrysea*											R						
138. 白喉扇尾鹟	*Rhipidura albicollis*	+	+						1960～2500	√	√		+ +	东				√
	（1）*R. a. celsa*											R						
139. 黄腹扇尾鹟	*Rhipidura hypoxantha*			+	+				3000	√		R	+ +	东		√		
二十五、山雀科 Paridae																		
140. 大山雀 Parusma-jor	*Parus major*		+	+	+		+		2700～2900	√	√		+ + +	广		√		√

（续）

目、科、种、亚种名称		生境分布							垂直分布	地理分布		居留情况	资源现状	区系从属	保护级别	数据来源		
		半湿性常绿阔叶林及次生林	华山松云南松及元江栲林	中山湿性常绿阔叶林及次生林	寒温性急尖长苞冷杉林	杜鹃灌及高山柏灌丛	居民点及农田耕作地	河流湖泊沼泽湿地	海拔（m）	禄劝	东川					本次调查	标本采集记录	文献记录
	（1）*P. m. subtibetanus*											R						
141. 绿背山雀	*Parus monticolus*	+	+	+	+		+		1960～3150	√	√		+ + +	东		√		√
	（1）*P. m. yunnanensis*											R						
142. 黄颊山雀	*Parus spilonotus*			+	+				3000～3700	√			+ +	东				√
	（1）*P. s. rex*											R						
143. 黑冠山雀	*Parus rubidiventris*			+	+	+			2900～4200	√	√		+ + + +	东		√		√
	（1）*P. r. beavani*											R						
144. 红头长尾山雀	*Aegithalos concinnus*	+	+	+	+		+		1960～3000	√	√		+ +	东				√
	（1）*A. c. talifuensis*											R						
145. 黑眉长尾山雀	*Aegithalos iouschistos*	+	+	+	+	+			1960～3900	√	√		++++	东		√		√
	（1）*A. i. bonvaloti*											R						
二十六、䴓科 Sittidae																		
146. 普通䴓	*Sitta europaea*			+	+				3125	√	√		+ +	广		√		√
	（1）*S. e. montium*											R						
二十七、旋木雀科 Certhiidae																		
147. 旋木雀	*Certhia familiaris*			+	+				3100～3200		√		+ +	古		√		
	（1）*C. f. khamensis*											R						
二十八、啄花鸟科 Dicaeidae																		
148. 红胸啄花鸟	*Dicaeum ignipectus*	+	+				+		1960～2500	√	√		+ +	东				√
	（1）*D. i. ignipectus*											R						

（续）

目、科、种、亚种名称		生境分布							垂直分布	地理分布		居留情况	资源现状	区系从属	保护级别	数据来源		
		半湿性常绿阔叶林及次生林	华山松云南松及元江栲林	中山湿性常绿阔叶林及次生林	寒温性急尖长苞冷杉林	杜鹃灌及高山柏灌丛	居民点及农田耕作地	河流湖泊沼泽湿地	海拔（m）	禄劝	东川					本次调查	标本采集记录	文献记录
二十九、太阳鸟科 Nectariniidae																		
149. 黄腰太阳鸟	*Aethopyga siparaja*	+	+						1960～2500	√			＋＋	东				√
	（1）*A. s. seheriae*											R						
150. 蓝喉太阳鸟	*Aethopyga gouldiae*	+	+	+			+		1960～3100	√	√			东				√
	（1）*A. g. dabryii*											R						
三十、绣眼鸟科 Zosteropidae																		
151. 暗绿绣眼鸟	*Zosterops japonica*			+	+		+		3000～3600	√	√		＋＋	东				√
	（1）*Z. j. simplex*											R						
152. 灰腹绣眼鸟	*Zosterops palpebrosa*	+	+	+	+		+		1960～3700	√	√		＋＋＋			√		√
	（1）*Z. p. palpebrosa*											W						
三十一、文鸟科 Ploceidae																		
53. 树麻雀	*Passer montanus*	+	+				+		1960～2500	√	√		＋＋	广				√
	（1）*P. m. malaccensis*											R						
154. 山麻雀	*Passer rutilans*	+	+	+	+		+		1960～3000	√	√		＋＋	广				√
	（1）*P. r. intensior*											R						
155. 白腰文鸟	*Lonchura striata*		+	+			+		2800～3000	√	√		＋＋	东				√
	（1）*L. s. swinhoei*											R						
三十二、雀科 Fringillidae																		
156. 黑头金翅雀	*Carduelis ambigua*	+	+	+	+		+		1960～3100	√	√		＋＋＋	东		√		√
	（1）*C. a. ambigua*											R						

（续）

目、科、种、亚种名称		生境分布							垂直分布	地理分布		居留情况	资源现状	区系从属	保护级别	数据来源		
		半湿性常绿阔叶林及次生林	华山松云南松及元江栲林	中山湿性常绿阔叶林及次生林	寒温性急尖长苞冷杉林	杜鹃灌及高山柏灌丛	居民点及农田耕作地	河流湖泊沼泽湿地	海拔（m）	禄劝	东川					本次调查	标本采集记录	文献记录
157. 藏黄雀	*Carduelis thibetana*	+	+	+	+				1960～3000	√		R	＋＋	东				√
158. 暗胸朱雀	*Carpodacus nipalensis*			+	+	+			2900～3850	√			++++	东		√		
	(1) *C. n. nipalensis*											R						
159. 点翅朱雀	*Carpodacus rhodopeplus*			+	+	+			3067～3850	√			+	东		√		
	(1) *C. r. verreauxii*											R						
160. 普通朱雀	*Carpodacus erythrinus*	+	+	+	+				1960～3700	√	√		＋＋＋	古				√
	(1) *C. e. roseatus*											R						
161. 金枕黑雀	*Pyrrhoplectes epauletta*			+	+				3000～3700	√		R	＋＋	东				√
162. 白斑翅拟蜡嘴雀	*Mycerobas carnipes*				+	+			3600～4000	√	√		＋＋＋	古		√		√
	(1) *M. c. carnipes*											R						
163. 黄喉鹀	*Emberiza elegans*		+	+	+				2700～2900		√		＋＋	广		√		√
	(1) *E. e. elegantula*											R						
164. 灰头鹀	*Emberiza spodocephala*						+		1960～2400	√	√							√
	(1) *E. s. sordida*											W						
165. 灰眉岩鹀	*Emberiza cia*	+	+	+	+		+		1960～3700	√	√		＋＋＋	古		√		√
	(1) *E. c. yunnanensis*											R						
166. 小鹀	*Emberiza pusilla*	+	+						1960～2500	√	√	W，M	＋＋					√
167. 凤头鹀	*Melophus lathami*	+	+				+		1960～2500	√	√	R	＋＋	东	II			√

注：在居留情况中，“R”代表留鸟，“S”代表夏候鸟，“B”代表繁殖鸟，“W”代表冬候鸟，“M”代表旅鸟；在区系从属中，“东”代表东洋种，“广”代表广布种，“古”代表古北种；在保护等级中，“II”代表国家II级重点保护种类；在资源现状中，“＋”代表罕见种，“＋＋”代表稀有种，“＋＋＋”代表常见种，“＋＋＋＋”代表优势种。

表 5-2 轿子山自然保护区鸟类与云南其他自然保护区的鸟类丰富度比较

自然保护区	级 别	所处地区	面积(hm²)	目	科	种
西双版纳	国家级	西双版纳州	242510	19	56	456
铜壁关	省级	德宏州	73216	18	51	383
无量山	国家级	普洱市	31313	17	49	373
高黎贡山(保山片)	国家级	保山市和怒江(保山和泸水)	124459	18	52	343
高黎贡山(怒江片)	国家级	怒江州(贡山、福贡)	375433	17	45	269
分水岭	国家级	红河州	368569	13	40	274
龙陵小黑山	省级	保山市(龙陵县)	16012	19	54	259
白马雪山	国家级	迪庆藏族自治州(德钦、维西)	281640	16	42	237
莱阳河	省级	普洱市	14892	17	45	222
黄连山	国家级	红河州(绿春)	65058	13	36	199
轿子山	省级	昆明市(禄劝县和东川区)	16193	9	32	167
药山	国家级	昭通市	19139	17	43	166
南滚河	国家级	临沧市(沧源)	7082	13	36	144

轿子山自然保护区位于昆明市最北部的禄劝县以及禄劝和东川交界处，属云贵高原的滇东高原北部，毗邻金沙江河谷。

就云南省而言，滇东高原北部地区的植物、植被和动物物种的稀有性和独特性不十分明显。然而，轿子山自然保护区由于有着特殊的地理条件和小气候环境，其鸟类组成具有一定的独特性，如血雉 *Ithaginis cruentus*、棕胸岩鹨 *Prunella strophiata*、白眉林鸲 *Tarsiger indicus*、金色林鸲 *Tarsiger chrysaeus*、白喉红尾鸲 *Phoenicurus schisticeps*、黑冠山雀 *Parus rubidiventris*、黑顶噪鹛 *Garrulax affinis*、丽色奇鹛 *Heterophasia pulchella*、暗胸朱雀 *Carpodacus nipalensis*、点翅朱雀 *Carpodacus rhodopeplus*、金枕黑雀 *Pyrrhoplectes epaulette*、白斑翅拟蜡嘴雀 *Mycerobas carnipes* 等很多在云南主要分布于滇西北横断山区，在本地区呈间断性分布，这些间断分布的种类有些可能是新的亚种，在分类学上具有重要的意义。

轿子山自然保护区主要以保护急尖长苞冷杉林为主的寒温性针叶林、乳状石栎－野八角林、多种杜鹃灌丛、杜鹃矮林、高山柏灌丛等为代表的高山植被类型森林生态系统。所以保护区的鸟类以森林鸟类为主，在所记录的 167 种鸟类中，有 158 种为森林或林缘灌丛鸟类，其中多为典型的树栖种类和留鸟，如点斑林鸽 *Columba hodgsonii*、星鸦 *Nucifraga caryocatactes*、啄木鸟等，占保护区鸟类的 94.61%。这些种类是保护区鸟类的主要组成部分，也是保护区内最具特色的部分，它们的生存与保护区森林的现状密切相关，如果保护区的森林被破坏或消失，这些鸟类也将很快趋于濒危或消失，因此保护好保护区的森林尤显重要；另外，保护区内由于一些高山、亚高山的植被类型较为稀有，处于其地理分布上的东南边缘地带，群落的脆弱性高，栖息于此生境中的鸟类，尤其是处于分布区边缘的鸟类更为脆弱和特殊，栖息环境亦远不如物种分布中心的地区优越。环境一旦发生变化，将导致一些适应性较弱的鸟类消失。所以，该地区自然环境的保护是非常重要的。

5.2.2 区系分析及特点

5.2.2.1 居留情况分析

依据所记录的鸟类在该地区的采集、观察时间，并参照有关文献记载，判定所记录鸟类的居留情况，统计结果表明：在轿子山自然保护区所记录的174种(含亚种)鸟类中：

1) 常年居留于轿子山自然保护区的留鸟(Resident birds，表中以R表示)，计126种和亚种，占所记录鸟类的72.41%。

2) 仅春末夏初迁至本地区，夏末秋初迁离的夏候鸟(Summer Breeders，表中以S或B表示)，计15种和亚种，占所录鸟类的8.62%。

3) 秋末冬初由北方迁飞至此地越冬的冬候鸟(Winter visitors，表中以W表示)或旅经该地再向南迁的旅鸟(Birds encountered during migration，表中以M表示)，在本地区鸟类中既是冬候鸟也是旅鸟的计33种(含亚种)，占所记录鸟类的18.97%。其中不在本地越冬，仅旅本地而再向南迁的旅鸟仅记录有2种(亚种)，占所记录鸟类的1.15%。

所以，轿子山自然保护区所记录鸟的种类以留鸟为主，冬候鸟和夏候鸟次之，旅鸟的种数最少。

5.2.2.2 区系分析

因为鸟类具有迁徙习性，所以，每种鸟的区系从属是以主要繁殖区域而定。依据郑作新(1987)《中国鸟类区系纲要》所列我国鸟类的地理分布情况，在轿子山自然保护区所录的167种鸟类中，在本地区繁殖的鸟类(含留鸟、夏候鸟和繁殖鸟)计有140种，占所记录鸟类的83.83%。其中繁殖区主要在东洋界的鸟类，计100种，占71.43%；繁殖区广布于东洋、古北两大界的鸟类，计32种，占22.86%；繁殖区主要在古北界的鸟类，计8种，占5.71%。由此可见保护区鸟类的区系组成以东洋界成分为主。

为进一步探讨轿子山自然保护区鸟类区系的特性，对100种东洋界鸟类，进行了Ⅱ级区(亚区)成分比较。在所记录的100种东洋区鸟类中，分布于西南山地亚区的鸟类最多，为92种(含亚种)。其中，仅分布于西南山地亚区的有珠颈斑鸠 *Streptopelia chinensis tigrina*、黑[短脚]鹎 *Hypsipetes madagascariensis stresemanni*、白眉林鸲、斑胸钩嘴鹛 *Pomatorhinus erythrogenys odicus*、灰翅噪鹛 *Garrulax cineraceus strenuus*、黑顶噪鹛、白眉雀鹛 *Alcippe vinipectus bieti*、灰眶雀鹛 *Alcippe morrisonia yunnanensis*、丽色奇鹛、纹喉凤鹛 *Yuhina gularis omeiensis*、栗头地莺 *Tesia castaneocoronata castaneocoronata*、棕顶树莺 *Cettia brunnifrons umbraticus*、灰喉柳莺 *Phylloscopus maculipennis maculipennis*、黑脸鹟莺 *Seicercus schisticeps ripponi*、黑眉长尾山雀 *Aegithalos iouschistos bonvaloti*、点翅朱雀、金枕黑雀等17种和亚种。仅分布于滇南山地亚区的种有纯色噪鹛 *Garrulax subunicolor fooksi* 和黄腰太阳鸟 *Aethopyga siparaja seheriae*2种和亚种。除仅分布于西南山地亚区和滇南山地亚区的种和亚种外。黑翅鸢 *Elanus caeruleus vociferus*、血雉、金色林鸲、藏黄雀 *Carduelis thibetana* 等4种和亚种仅分布于西南山地亚区和青海藏南亚区。白腹锦鸡 *Chrysolophus amherstiae*、棕背伯劳 *Lanius schach tricolor*、赤红山椒鸟 *Pericrocotus flammeus elegans*、凤头雀嘴鹎 *Spizixos canifrons*、红耳鹎 *Pycnonotus jocosus monticola*、黄臀鹎 *Pycnonotus xanthorrhous xanthorrhous*、紫啸鸫 *Myiophoneus caeruleus eugenei*、黑胸鸫 *Turdus dissimilis*、棕颈钩嘴鹛 *Pomatorhinus ruficollis similis × albipectus × reconditus*、白颊噪鹛 *Garrulax sannio comis*、黑头奇鹛 *Heterophasia melanoleuca desgodinsi*、斑喉希鹛 *Minla strigu-*

la yunnanensis、黄颈凤鹛 *Yuhina flavicollis rouxi*、棕肛凤鹛 *Yuhina occipitalis obscurior*、白斑尾柳莺 *Phylloscopus davisoni davisoni*、灰胸鹪莺 *Prinia hodgsonii confusa*、黄腹扇尾鹟 *Rhipidura hypoxantha*、红头[长尾]山雀 *Aegithalos concinnus talifuensis*、黑头金翅[雀] *Carduelis ambigua ambigua* 等22种和亚种仅分布于西南山地亚区和滇南山地亚区。红腹角雉 *Tragopan temminckii*、长尾山椒鸟 *Pericrocotus ethologus ethologus*、矛纹草鹛 *Babax lanceolatus lanceolatus*、火尾希鹛 *Minla ignotincta jerdoni*、金胸雀鹛 *Alcippe chrysotis swinhoii*、暗胸朱雀等6种和亚种分布于西南山地亚区和西部山地高原亚区。其余49种和亚种则分布于3个及以上的亚区中，占保护区记录的东洋种鸟类种数的49%。

对轿子山自然保护区鸟类区系成分分析表明：保护区的鸟类以东洋界鸟类为主，在Ⅱ级区系成分中，又以西南山地亚区的成分居多，其中仅分布于西南山地亚区的有17种和亚种，占保护区记录东洋种的17%；仅分布于滇南山地亚区的种类有2种和亚种，占2%。其余的81个种和亚种则分布于2个及其以上的亚区中，显示其区系成分极其复杂。

5.2.3 地理区划

在郑作新(1987)和张荣祖(1999)在中国的动物地理区划中，轿子山自然保护区所处的地理位置为东洋界的西南山地亚区。分析保护区的174种(含亚种)鸟类，东洋种的种数远远超过古北种，因而保护区的鸟类区系，在整体上倾向于东洋界。在东洋种中，以仅分布于西南山地亚区的种和亚种最多，与郑作新(1987)和张荣祖(1999)的动物地理区划相符，即：轿子山自然保护区归属于东洋界西南山地亚区。

5.3 垂直分布和生境分布

轿子山自然保护区的植被具有较为明显的垂直地带性，同时也有一定的特殊性，其一是受坡向、坡度和小气候等环境因子的影响，植被类型交错分布明显；其二，最显著的就是在中山湿性常绿阔叶林带之上，分布有一个自然存在的寒温性针叶林带，即急尖长苞冷杉林带，它既是该山地唯一的寒温性针叶林，又是这一类植被分布最东南的边缘类型。由于各种鸟类的生存都依附于与之相适应的生境条件，所以不同的垂直带和不同的生境，其鸟类的种类也不尽相同，因而形成了鸟类生境分布和垂直分布的变化，根据保护区的气候、植被的垂直地带性变化和调查中对各种鸟类所记录的植被类型及海拔高度，参考有关文献资料，将所记录鸟类的栖息、生活生境大致归列为下列7个类型。

5.3.1 生境分布和垂直带

(1)半湿性常绿阔叶林带及经破坏后的次生林：位于1960~2300m之间，为温性半湿润低山区，年平均气温13~15℃，最冷月平均气温6~7℃，最热月平均气温大于18~21℃，年降水量960~1000mm。土壤主要为红壤。植被主要是半湿润常绿阔叶林及其被破坏后的次生林。本带记录有87种鸟类，占保护区鸟类种数的52.1%。其中东洋种为51种，占本带繁殖鸟类种数的68.92%；古北种有3种，占4.05%；广布种有20种，占27.03%；旅鸟、冬候鸟和迷鸟13种，占本带记录鸟类种数的14.94%。

常见的种类有红隼 *Falco tinnunculus*、戴胜 *Upupa epops*、白腰雨燕 *Apus pacificus*、金腰燕

Hirundo daurica、树鹨 *Anthus hodgsoni*、黄臀鹎、棕背伯劳、灰背伯劳 *Lanius tephronotus*、灰卷尾 *Dicrurus leucophaeus*、蓝额红尾鸲 *Phoenicurus frontalis*、黑喉石䳭 *Saxicola torquata*、灰林䳭 *Saxicola ferrea*、白颊噪鹛、灰胸鹪莺 *Prinia hodgsonii*、[树]麻雀 *Passer montanus*、黑头金翅[雀]、灰眉岩鹀 *Emberiza cia*、铜蓝鹟 *Muscicapa thalassina*、灰腹绣眼鸟 *Zosterops palpebrosa* 等。

(2) 华山松、云南松及元江栲林带：本带位于海拔2300(2200) ~2600(2800)m之间，原为中山湿性常绿阔叶林，由于长期的人为活动，森林面积不仅日渐缩小，而且优势树种也不明显，仅残存166hm^{2}的元江栲林，且是十分破碎的次生林，于东川片区的大厂附近存有3片。本带的大面积(达737 hm^2)以华山松和云南松为主，其中华山松林646 hm^2，是近20年来营造的人工林，分布于保护区的边缘地带，呈小块状分布，林下较空旷，灌木种类少，主要有滇北蔷薇 *Rosa mairei*、木帚荀子 *Cotoneaster dielsianus* 等。本带共记录鸟类103种，占保护区鸟类种数的61.68%。其中东洋种为61种，占本带繁殖鸟类种数的67.78%；古北种有4种，占4.44%；广布种为25种，占27.78%；旅鸟、冬候鸟和迷鸟13种，占本带记录鸟类种数的12.62%。

常见种类有：红隼、家燕 *Hirundo rustica*、金腰燕、灰鹡鸰 *Motacilla cinerea*、白鹡鸰 *Motacilla alba*、凤头雀嘴鹎、黄臀鹎、红嘴蓝鹊 *Cissa erythrorhyncha*、褐河乌 *Cinclus pallasii*、鹪鹩 *Troglodytes troglodytes*、红尾水鸲 *Rhyacornis fuliginosus*、北红尾鸲 *Phoenicurus auroreus*、白领凤鹛 *Yuhina diademata*、冠纹柳莺 *Phylloscopus reguloides*、大山雀 *Parus major*、黑眉长尾山雀等。

(3) 中山湿性常绿阔叶林及次生林(包括滇山杨林、黄背栎林及乳状石栎 - 野八角林)：本带主要分布在海拔2600(2800) ~3200m之间。与保护区的中山湿性常绿阔叶林和半湿性常绿阔叶林一样，长期受到人为的严重干扰，优势种不明显，原本以壳斗科树种占优势的林相已发生改变，成为典型的次生林，以萌生的野八角 - 乳状石栎林(1123 hm^2)和滇山杨林(115 hm^2)及黄背栎林(723 hm^2)为主。在本带分布的鸟类有130种，占保护区鸟类种数的77.84%。其中东洋种为79种，占本带繁殖鸟类种数的68.69%；古北种有8种，占6.96%；广布种为28种，占24.35%；旅鸟、冬候鸟和迷鸟15种，占本带记录鸟类种数的11.54%。

常见种类有：红嘴蓝鹊、大嘴乌鸦 *Corvus macrorhynchus*、鹪鹩、北红尾鸲、红尾水鸲、小燕尾 *Enicurus scouleri*、白领凤鹛、白眉雀鹛 *Alcippe vinipectus*、橙翅噪鹛 *Garrulax elliotii*、橙斑翅柳莺 *Phylloscopus pulcher*、黄腰柳莺 *Phylloscopus proregulus*、橙胸[姬]鹟 *Ficedula strophiata*、绿背山雀 *Parus monticolus*、黑眉长尾山雀等。

(4) 寒温性急尖长苞冷杉林带：分布于海拔2800 ~3900m。主要有急尖长苞冷杉林，急尖长苞冷杉是长苞冷杉的变种，属阴性树种。轿子山自然保护区的急尖长苞冷杉林是滇西北横断山区和滇东高原北部山地的两个分布地之一，处于这一植被分布区的东南边缘地带。它主要分布于轿子山东坡东川片区法者林场的大厂林区、沙子坡林区一带，少量分布于西坡禄劝片，以东川法者林场一带的保存较为完好，近原始状态。禄劝片的冷杉林由于人为破坏严重，原始老林已不复存在，成为次生林。林内较阴湿，附生的苔藓和地衣类较发达。主要与红桦 *Betula albo - sinensis*、野八角 *Illicium simonsii*、大王杜鹃 *Rhododendron rex* 等为伴生树种。该类型树形多为塔形或尖塔形、高大而挺拔、外形美观、长势良好，是保护区重要的森林类型，具有很高的保护价值和旅游价值。本带共记录鸟类116种，占保护区鸟类总数的69.46%。其中东洋种为68种，占本带繁殖鸟类种数的67.33%；古北种有9种，占8.91%；广布种为24种，占23.76%；旅鸟、冬候鸟和迷鸟15种，占本带记录鸟类种数的12.93%。

常见种类有：血雉、大斑啄木鸟 *Dendrocopos major*、大嘴乌鸦、星鸦 *Nucifraga caryocatactes*、鹪鹩、棕胸岩鹨 *Prunella strophiata*、北红尾鸲、蓝额红尾鸲、白顶溪鸲 *Chaimarrornis leucocephalus*、橙翅噪鹛、棕肛凤鹛、白眉雀鹛、橙斑翅柳莺、黑冠山雀、黑眉长尾山雀、白点翅拟蜡嘴雀等。

(5) 高山杜鹃灌丛及高山柏灌丛带：为保护区自然植被带的上线(海拔3900～4200m)，已不适树木生长，风大、冷湿、植株低矮呈匍匐状，草密如毛毡，以寒温性的密枝杜鹃灌丛和高山柏灌丛占绝对优势，成片分布于冷杉林之上，零星分布于冷杉林中。偶见乌蒙宽叶杜鹃、毛叶杜鹃、乳黄杜鹃等。本带是生态脆弱地段，一旦破坏将无法恢复。本带共录有鸟类23种，占保护区鸟类种数的13.77%。其中东洋种为13种，占本带繁殖鸟类种数的76.47%；古北种有2种，占11.76%；广布种为2种，占11.76%；旅鸟、冬候鸟和迷鸟6种，占本带记录鸟类种数的26.09%。

常见种类有：血雉、棕胸岩鹨、黑冠山雀、黑头长尾山雀、白点翅拟蜡嘴雀等。

(6) 居民点及农耕地：鸟类除活动于上述自然垂直带中，也活动于农田、村寨以及江河、溪流等非垂直性变化的生境中。根据鸟类在这些生境中觅食和栖息活动的地点可分为居民点－农耕地和湿地(包括河流、湖泊和沼泽)两种生境。居民点－农耕地生境共录有鸟类59种，占保护区鸟类种数的35.33%。其中东洋种为29种，占本带繁殖种类的58.00%，古北种有3种，占6.00%，广布种为18种，占36.00%；旅鸟、冬候鸟和迷鸟9种，占本带记录鸟类种数的15.25%。

常见种类有：红隼、戴胜、家燕、白鹡鸰、黄臀鹎、蓝额红尾鸲、鹪鹩、北红尾鸲、灰林鵖、山鹪莺、大山雀、绿背山雀、灰眉岩鹀等。

(7) 河流、湖泊和沼泽湿地：属非地带性植被，河流、湖泊和沼泽湿地类型的鸟类主要指那些在江河、溪流和坝塘中觅食水生昆虫、鱼虾及其他动物和水生植物的鸟类，共计15种，占保护区鸟类总数的8.98%。其中东洋种为7种，占本带繁殖种类的53.85%，古北种有1种，占7.69%，广布种为5种，占38.46%；旅鸟和冬候鸟2种，占本带记录鸟类种数的13.33%。

常见种类有：灰鹡鸰、白鹡鸰、褐河乌、红尾水鸲、白顶溪鸲、小燕尾、紫啸鸫等。

5.3.2 生境和垂直分布的特点

根据上述的半湿性常绿阔叶林带及经破坏后的次生林、华山松林、云南松林及元江栲林带、中山湿性常绿阔叶林及次生林(包括滇山杨林、黄背栎林及乳状石栎－野八角林)、寒温性急尖长苞冷杉林带、高山杜鹃灌丛及高山柏灌丛带5种具有垂直地带性生境的鸟类组成分析，可以看出：本保护区的鸟类具有一定的垂直地带性分布特征。随着海拔高度的变化，植被产生垂直变化，鸟类也随之出现相应的垂直地带性变化；从区系组成上可以看出：古北种在海拔较低的半湿性常绿阔叶林带及经破坏后的次生林所占比例较小，随海拔的增高，古北种所占比例逐渐增加，海拔最高的高山杜鹃灌丛及高山柏灌丛带所占比例最大。

据各生境鸟类分布分析，轿子山自然保护区内以中山湿性常绿阔叶林及次生林(包括滇山杨林、黄背栎林及乳状石栎－野八角林)和寒温性急尖长苞冷杉林分布的鸟类最为丰富，华山松林、云南松林及元江栲林带次之，密枝杜鹃灌丛及高山柏灌丛带、居民点－农耕地和湿地(江河、溪流和水域)的鸟类最少。这不但与气候和植被的垂直变化有关，也与轿子山自然保护区内的生境现状有关。寒温性急尖长苞冷杉林带气候寒冷，植物种类较单纯，但保护相对较好，尚有一定数量的原始林，所以和中山湿性常绿阔叶林及次生林(包括滇山杨林、黄背栎林及乳状石栎－野八角林)一样，分布的鸟类最为丰富，而华山松林、云南松林及元江栲林人为破坏及干扰严重，且大面积都是20年来人工营造的华山松林，故森林鸟类不如以上两种生境丰富。密枝杜鹃灌丛及高山柏灌丛带由于调查较少，所记录的种类特别少。轿子山自然保护区内因无大面积的静水、湿地，所以水禽较少。

大多数鸟类随季节和气候的变化具有垂直地带性迁移的习性，所以适应性较广的种类有跨带和跨生境分布现象。低山带、中山带、亚高山带和高山带的鸟类，当冬季气候变冷冰雪覆盖时，会向下迁移至下一地带栖息越冬，待春末夏初冰雪消融、气候转暖后，又返回上一地带繁殖。总之，轿子山自然保护区由于山势高峻，气候和植被的垂直地带性分布比较明显。

5.4 珍稀濒危物种及特有类群

5.4.1 珍稀特有物种概况

根据1998年国务院批准颁布的《国家重点保护野生动物名录》所列的国家重点保护野生动物名录(鸟类)，在轿子山所记录的鸟类中，属国家Ⅱ级重点保护的鸟类有黑翅鸢、[黑]鸢 *Milvus migrans*、雀鹰 *Accipiter nisus*、松雀鹰 *Accipiter virgatus*、大鵟 *Buteo hemilasius*、普通鵟 *Buteo buteo*、蛇雕 *Spilornis cheela*、燕隼 *Falco subbuteo*、红隼、血雉、红腹角雉、白腹锦鸡、领角鸮 *Otus bakkamoena*、雕鸮 *Bubo bubo* 和斑头鸺鹠 *Glaucidium cuculoides* 等15种。

被列入《濒危野生动植物国际贸易公约》(CITES)附录Ⅱ(2007)的种类有黑翅鸢、黑鸢、雀鹰、松雀鹰、大鵟、蛇雕、红隼、燕隼、血雉、斑头鸺鹠、雕鸮、领角鸮等12种。

《中国濒危动物红皮书－鸟类》(1998)中列为易危种的有黑翅鸢、蛇雕、血雉、红腹角雉、白腹锦鸡等5种；列为稀有种的有雕鸮1种。

《中国物种红色名录－第一卷》(2004)中列为近危种的有红腹角雉、喜鹊 *Pica pica* 等2种。

在2000年8月颁布的《国家保护的有益的或者有重要经济、科学研究价值的陆生野生动物名录》(即三有动物)中，收录有点斑林鸽、山斑鸠 *Streptopelia orientalis*、珠颈斑鸠、火斑鸠 *Oenopopelia tranquebarica*、鹰鹃 *Cuculus sparverioides*、四声杜鹃 *Cuculus micropterus*、大杜鹃 *Cuculus canorus*、小杜鹃 *Cuculus poliocephalus*、白腰雨燕、小白腰雨燕 *Apus affinis*、普通翠鸟 *Alcedo atthis*、戴胜、蚁䴕 *Jynx torquilla*、大斑啄木鸟、棕腹啄木鸟 *Dendrocopos hyperythrus*、小云雀 *Alauda gulgula*、家燕、金腰燕、灰鹡鸰、白鹡鸰、黄头鹡鸰 *Motacilla citreola*、田鹨 *Anthus novaeseelandiae*、树鹨、红喉鹨 *Anthus cervinus*、山鹨 *Anthus sylvanus*、粉红山椒鸟 *Pericrocotus roseus*、长尾山椒鸟、短嘴山椒鸟 *Pericrocotus brevirostris*、赤红山椒鸟、凤头雀嘴鹎、红耳鹎、黄臀鹎、黑[短脚]鹎、红尾伯劳 *Lanius cristatus*、棕背伯劳、灰背伯劳、黑枕黄鹂

Oriolus chinensis、黑卷尾 *Dicrurus macrocercus*、灰卷尾、发冠卷尾 *Dicrurus hottentottus*、灰头椋鸟 *Sturnus malabaricus*、(普通)八哥 *Acridotheres cristatellus*、红嘴蓝鹊、喜鹊、红喉歌鸲(红点颏)*Luscinia calliope*、蓝歌鸲 *Luscinia cyane*、红胁蓝尾鸲 *Tarsiger cyanurus*、鹊鸲 *Copsychus saularis*、北红尾鸲、黑喉石䳭、黑胸鸫、斑鸫 *Turdus naumanni*、虎斑地鸫 *Zoothera dauma*、矛纹草鹛、灰翅噪鹛、白颊噪鹛、纯色噪鹛、橙翅噪鹛、黑顶噪鹛、黄腹柳莺 *Phylloscopus affinis*、棕腹柳莺 *Phylloscopus subaffinis*、褐柳莺 *Phylloscopus fuscatus*、橙斑翅柳莺、黄眉柳莺 *Phylloscopus inornatus*、黄腰柳莺、灰喉柳莺、冠纹柳莺、白斑尾柳莺、暗绿柳莺 *Phylloscopus trochiloides*、红喉[姬]鹟 *Ficedula parva*、大山雀、绿背山雀、黄颊山雀 *Parus xanthogenys*、黑冠山雀、红头[长尾]山雀、黑眉长尾山雀、黄腰太阳鸟、蓝喉太阳鸟 *Aethopyga gouldiae*、暗绿绣眼鸟 *Zosterops japonica*、灰腹绣眼鸟、树麻雀、山麻雀 *Passer rutilans*、暗胸朱雀、点翅朱雀、普通朱雀 *Carpodacus erythrinus*、金枕黑雀、黄喉鹀 *Emberiza elegans*、灰眉岩鹀、小鹀 *Emberiza pusilla*、凤头鹀 *Melophus lathami* 等 90 种。

综上所述，在轿子山自然保护区内有国家重点保护鸟类 15 种，CITES 附录 – Ⅱ 物种 12 种以及受国家保护的三有鸟类 90 种，受国家保护的物种数共有 105 种，占保护区记录鸟类种数的 62.87%。

5.4.2 国家Ⅱ级重点保护野生鸟类简记

(1) 黑翅鸢 *Elanus caeruleus*

俗名：灰鹞子

英名：Black – winged Kite

特征：体重 350g，全长 325mm。前额灰白，眉纹纤细而呈黑色，翅上小覆羽绒黑，形成明显的翼斑，外侧飞羽尖端灰黑色；头顶、背羽和尾羽表面概为银灰色，头侧和腹面均呈纯白色。两性相似。

习性：栖息于开阔的田坝区，捕食鼠类和昆虫。

资源状况：数量稀少。

(2) 黑鸢 *Milvus migrans*

英名：Black Kite

特征：体羽主要呈黑褐色；飞羽基部白色，形成翅下明显的白色斑块，飞翔时尤为显著；第 3 ~5 枚初级飞羽最长；尾呈叉状；体型居中，翅长 450mm 以上。由于翅膀底部有白斑和尾羽端部呈叉形，与其他猛禽不同，很易识别。

习性：多单个栖息于高大的树木顶部突出处、电杆顶端或建筑物顶部。天晴时，可见一两只盘旋在空中。飞翔时常发出尖锐的哨音；视觉敏锐，俯视地面，一旦发现猎物，俯冲直下，抓获猎物之后迅速腾空飞去。以昆虫、鼠类和小型鸟类为食，也盗食家禽。

资源状况：为常见种。

(3)雀鹰　*Accipiter nisus*

英名：Sparrow Hawk

特征：中型而翼短的鹰类。眼先灰白，羽须黑色，颊和耳羽黑褐色而杂白色纵纹。上体大多暗褐色，后颈，肩羽和翅上覆羽灰褐，基部具白斑，外观常显黑白杂斑状；飞羽和尾羽灰褐，具暗褐色带斑，次级飞羽端缘淡棕白；颏、喉白色，具纤细的黑褐色羽干纹；尾下覆羽白色。下体余部淡棕白而满布棕褐色波形横斑。雌雄相似，雌鸟体型稍大。

习性：栖息于山地、农田、林缘和居民区，常见单个栖息于树木顶端或电杆顶部等突出物上，或长时间飞翔于空中。飞翔时鼓动双翅数次后，再长距离滑翔。视力敏锐，发现地面猎物，迅即落地捕捉后飞起，到隐蔽地点取食。以小鸟和鼠为食，有时也取食昆虫等。

在林中高大树上营巢，有时也营于山岩峭壁处。巢由树枝堆成。内垫(羽)毛、细枝等，每产2～4枚。孵化期20～23天，育雏期24～30天。

雀鹰以鼠类为食，对农林业有益，虽取食小型鸟类，但多为病弱者，对调节生态平衡有一定的积极作用。

资源状况：为常见种。

(4)松雀鹰 *Accipiter virgatus*

俗名：鹞鹰

英名：Besra Sparrow Hawk

特征：中型鹰类(全长33cm)，色深。与雀鹰相似，但喉部具显著的中央喉纹，有黑色髭纹；第6初级飞羽外翈无缺刻，两性基本相似。雌性成鸟体型稍大，上体多褐色，下体棕褐色的斑纹更浓著。

习性：多在山地林区栖息。常见单个盘旋于空中或停歇在突出的枝头或枯树枝上。飞翔于高空时，两翅鼓动数次后即直线滑翔一段距离，有时作圈状翱翔。以捕食小型动物如小鸟、昆虫等为食。捕食时先用锐爪捕捉，然后用嘴撕碎，将不能消化的食物残块由口中吐出。

在乔木上营巢，巢小而坚固，由树枝等筑成，每产4～5枚近白色卵。

资源状况：为常见种。

(5) 普通鵟 *Buteo buteo*

俗名：饿老鹰

英文名：Common Buzzard

特征：全长480～530mm。羽色变化较大，有黑色型、棕色型及中间型。上体暗褐色；头顶、颈及颈侧具红棕色羽缘；下体暗褐色或淡褐色，具深棕色横斑；尾羽通常灰褐色，具4～5条不显著的黑褐色横斑，跗蹠和趾为黄色。通体大致为暗褐或灰褐色。飞行时腹面淡色，初级飞羽末端黑色、翼角黑色，喉暗褐色、胸及腹部淡褐色，腹部有黑褐色纵斑，尾羽褐色呈扇形，并有数条黑褐色横纹。

习性：栖息于海拔3700m以下的各类生境中，多停息在高大的乔木等突出部位，也常见单独在稀疏林中和农田等多种生境的上空翱翔，食物以鼠类为主，也捕食野兔、小型鸟类、蜥蜴、蛙类和昆虫等。

资源状况：为稀有种。

(6)大鵟 *Buteo hemilasius*

俗名：饿老鹰

英名：Upland Buzzard

特征：体大，体长约700mm。有几种色型。似棕尾鵟但体型较大，尾上偏白并具横斑，腿深色，次级飞羽具清晰的深色条带。浅色型具深色的翼缘。深色型的初级飞羽下方的白色斑块比棕尾鵟小。尾常为褐色而非棕色。

习性：大鵟在云南为罕见旅鸟。据王紫江等(1984)报道：12 月见于昆明，为云南省首次记录。活动于居民点及农田耕作区。

资源状况：为罕见种

(7)蛇鵰 *Spilornis cheela*

俗名：冠蛇鵰、蛇鹰、捕蛇凤头鵰

英名：Crested Serpent Eagle

特征：成鸟头顶黑色，后枕部具短形冠羽；上体几纯暗褐色；下体淡褐，满布暗褐色横纹，腹部具白色点斑；尾羽表面主要呈黑褐色，近端具 1 道宽阔的淡褐色带斑。

习性：栖息于云南西南部热带雨林区，或林缘田坝区的乔木树上。常见单个独栖于高树枝头或翱翔于空中，捕食蛇类及其他爬行动物，也捕食小型兽类和鸟类。临沧地区为留鸟。

资源状况：为稀有种。

(8) 燕隼 *Falco subbuteo*

俗名：青条子

英文名：Hobby European Hobby

特征：与游隼相似，但较小(体长 30cm)，翅长不及 300mm，中趾长(不连爪)不及 40mm；尾呈圆形；第 2 初级飞羽最长，内翈无切刻；第 1 较第 4 长甚；胸和腹白色，具黑褐色纵纹；头黑，背灰，覆腿羽和尾下覆羽锈红色。

习性：燕隼在云南可能属夏候鸟，冬季南迁越冬。多见在开阔地带的高大乔木树顶或建筑物的突出处，或在田野上空飞行，寻视猎物。鸣声似“Kli – Kli – Kli”或“Kik – Kik – Kik”。以小型鸟类和昆虫为食。栖息地多为开阔地带的田坝区，或山坡稀树灌丛及耕作地。

资源状况：为稀有种。

(9) 红隼 *Falco tinnunculus*

俗名：茶隼

英名：Eurasian Kestrel

特征：体长 350mm 左右，雄鸟头顶至后颈灰，并具黑色条纹；背羽砖红色，布有黑色粗斑；尾羽青灰色，具宽阔的黑色次端斑及棕白色端缘，外侧尾羽较中央尾羽短甚，呈凸尾型。雌鸟上体砖红色，头顶满布黑色纵纹，背具黑色横斑，爪黑色。雌雄鸟胸和腹均淡棕黄色，具黑色纵纹和点斑。

习性：栖息于林缘、灌丛、田野等开阔地及居民区。常单独或成对活动。飞行速度快，有时见在空中振翅定点停留，主要捕食地面上的食物如：昆虫、两栖类、小型爬行类、小型鸟类和小型兽类等，有时也取食少量植物性食物，1981 年 10 月 22 日采自中甸上桥头 1 号标本，其胃内容物有小型食虫类和鼠类残体，膜翅目昆虫，鞘翅目昆虫和蜻蜓等碎片，及少量植物碎片。动物性食物占 88%，植物性食物占 12%。

资源状况：为常见种。

(10) 血雉 *Ithaginis cruentuss*

俗名：血鸡

英名：Blood Pheasant

特征：体型较小(体长 46cm)，翅长约 200mm。雄鸟体羽灰色，细长而松软，多呈矛状，具灰白色羽干纹，上体(包括翅表面)多为灰色，翅上大覆羽渲染绿色，尾羽褐灰，除最外侧尾羽外，其他各羽均或多或少具绯红色羽缘。前额、颊和眉纹红色或黑色，后枕深灰，羽毛稍长、羽端松散，形成枕冠。下体绿色，杂有红色纵纹和点斑，或灰色羽端具宽的绿色条纹；尾羽灰色，外侧缘以绯红色。雌鸟额、头侧和颏、喉棕黄色；头顶和枕部冠羽灰色；上体余部暗棕褐色；下体棕褐色，均密布暗褐色虫蠹状斑纹。

习性：栖息于高山带的箭竹林、杜鹃林、冷杉、云杉及高山栎林中，随季节变化有垂直迁移习性。秋季常结成十只至数十只的群体活动。主要以植物种子、嫩芽、嫩叶、浆果、草根以及苔藓、菌类、蕨类等为主食，也取食昆虫、虫卵、软体动物等。繁殖期5~7月，在林下的隐蔽处或土洞、岩洞中营巢、产卵、育雏。窝卵数一般6枚。孵卵期约28~29天。

资源状况：为常见种

(11) 红腹角雉 *Tragopan temminckii*

俗名：哇哇鸡

英名：Temminck's Tragopan, Crimson - bellied Tragopan

特征：体型似家鸡(体长约68cm)，翅长225~270mm。雄鸟头顶冠羽前部黑色，枕部亮橙红色；体羽大都深栗红色；上体满布具黑缘的灰色眼状斑，下体具椭圆形灰色点斑；繁殖期喉部具钴蓝色肉裙；后枕两侧具蓝色肉质角。雌鸟体羽棕褐色，密布黑色和淡黄白色杂斑或点斑，腹部具大形椭圆形淡灰白色点斑。

习性：留鸟。栖息于海拔2000m以上的阔叶林，针阔混交林、冷杉林、杜鹃林和箭竹林中。夏季多单个或成对活动，冬季结群(7~8只或10多只)。红腹角雉在繁殖期常发出似小孩啼哭的"哇哇"声，故有"哇哇鸡"之称。食物以菌类、蕨类、杜鹃花等为主，亦采食其他乔木、灌木、竹和草本植物的嫩叶、幼芽、花茎、果实和种子，有时也啄食一些昆虫和软体动物。

通常，4月中下旬开始营巢，巢营于树上。巢简陋，由松萝、干枝、藤条、枯叶等构成，呈浅盘状或碗状，内垫以少量树枝、树叶、杂草及羽毛。每窝卵3~5枚，由雌鸟孵卵、雄鸟在巢区内活动，孵化期26~27天。红腹角雉的羽色艳丽，有一定的观赏价值。目前在国内外的一些动物园中均有饲养，以供观赏。

资源现状：为常见种。

(12) 白腹锦鸡 *Chrysolophus amherstiae*

俗名：箐鸡

英名：Lady Amherst's Pheasant, Chinese Copper Pheasant

特征：体型中等(体长约150cm)，翅长217~226mm。雄鸟头顶具一簇红色丝状冠羽，后颈翎领白色，具墨绿色横斑和羽缘；头顶余部、背及胸部羽毛呈金翠绿色，腰羽金黄而染红色；尾羽长，呈白色，亦具墨绿色斜形带斑和云石状花纹；尾上覆羽具橙红色羽端，常垂于尾基部两侧；腹部纯白色。雌鸟上体、胸部和尾部满布棕黄色与黑褐色相间的横斑和细纹；腹淡棕白；尾羽短而直。

习性：主要栖息于常绿阔叶林、针阔混交林、针叶林及落叶林中，偶尔可见在荒山稀树灌丛、草地及农耕地上觅食，为典型的林栖雉类。非繁殖季节常十余只结群活动，繁殖期多单个活动。以各种植物的茎、叶、花、果及种籽为食，也吃部分昆虫，为以植物性食物为主的杂食性鸟类。

3~6月繁殖，巢营于林下灌草丛中的隐蔽处，十分简陋。呈圆形或椭圆形的浅坑状，坑内垫有少量枯叶和羽毛。窝卵数6~7枚，孵卵概由雌鸟担任。孵化期约23天。

白腹锦鸡雄鸟羽色艳丽，姿态优美，有很高的观赏价值。另外羽毛色彩丰富华丽，可作装饰品及羽毛画等工艺品的原料，有一定的经济意义。

资源现状：为常见种。

(13) 鵰鸮 *Bubo bubo*

俗名：猫头鹰

英名：Eagle Owl

特征：为猫头鹰中体形较大的一种，翅长440mm。面盘圆形，眼大而圆，虹膜金黄色，头侧各有一耳状簇羽；体羽黄褐色，密布暗褐色斑纹；喉斑白色，胸部和两肋具浓密的暗褐色条纹，腹至尾下覆羽具狭窄的褐色横纹，跗蹠和趾均被羽。两性相似。

习性：主要栖息于海拔2500m以下的林缘树上的密丛处。为夜行性鸟类，夜晚飞至农耕地及居民区捕食老鼠。食物主要是鼠类，对抑制鼠害很有益处。

资源状况：为稀有种。

(14) 领角鸮 *Otus bakkamoena*

英名：Collared Scops Owl

特征：全长约220mm。后颈具一显著的淡黄色领斑；上体羽毛灰褐或沙褐色，并杂有暗褐色虫蠹状斑纹和黑色羽干纹；前额及眉纹浅皮黄色或近白色；下体灰白，具浅褐色虫蠹状斑纹及黑褐色羽干纹。

习性：为夜行性鸮类，白天躲藏于树冠浓密枝叶间或其他阴暗的地方，自黄昏至黎明前为其活动时间，经常能听到不断的叫声。以昆虫、青蛙、小鸟及小型兽类为食。

资源现状：为稀有种。

15) 斑头鸺鹠 *Glaucidium cuculoides*

俗名：鸺鹠

英名：Barred Owlet, Asian Barred Owlet

特征：与领鸺鹠相似，但体型较大，体长200mm以上。后颈无领斑；上体暗褐或棕褐，具皮黄色或棕黄色横斑；飞羽和尾羽暗褐，具黄白色横斑；颏白；喉具白斑；胸部褐色或棕褐色，具黄白色横斑；腹白，具褐色或棕褐色纵纹。

习性：多栖息于农耕地边和居民点的乔木树上和乔木林中，有时也见于竹林。多单个活动，白天亦见其活动，夜晚鸣叫频繁，叫声似"duo - luo - luo - duo - luo - luo"，十分洪亮。食性较广，包括昆虫、蛙类、蜥蜴类、小鸟及小型哺乳类。

资源现状：为稀有种。

5.5 鸟类资源评价

5.5.1 鸟类物种多样性的特殊性

轿子山自然保护区地处滇中高原东北部，其主峰高达4344.1m，为滇东高原第一高峰，特殊的地理和气候，使其形成了与周围地区不同的鸟类物种多样性和区系特点，考察中发现在云南省内普遍分布的一些种类，如农田等生境中常见的种类如白鹭 *Egretta garzetta*、牛背鹭 *Bubulcus ibis* 等，以及在水塘、水库、湖泊等湿地环境中常见的小鸊鷉 *Podiceps ruficollis*、

绿头鸭 *Anas platyrhynchos*、斑嘴鸭 *Anas poecilorhyncha* 等种类在保护区内均未发现。但却有一些过去认为在云南只分布于滇西北地区的种类，如血雉等在保护区内有记录，这些物种在本保护区内形成了与主要分布区间断的点状分布格局，因此具有其自身的脆弱性和特殊性，对生境的变化和外界的干扰非常敏感，环境一旦发生变化，将导致一些物种消失，而正是这些间断分布的物种形成了保护区与周围地区不同的特殊的物种多样性。所以，该地区自然环境的保护显得尤为重要。

5.5.2 垂直地带性分布比较明显

轿子山自然保护区地处滇中高原东北部，属拱王山的一部分。境内最低海拔 1200m，最高海拔是东川火石梁子的雪岭，高达 4344.1m，为滇中至滇东北第一高峰，相对高差超过 3000m。区内山峦叠嶂，谷溪交错、地貌复杂、高差悬殊的多样性气候，适宜于多种植被型的生长发育，自上而下分布有 5 个明显的地带性垂直带。虽然由于长期的人为活动干扰，使得除小部分寒温性针叶林外的其他垂直带原生植被遭到不同程度的破坏，被次生植被所替代，呈现退化的趋势。但该自然保护区鸟类物种及其生态群落结构的多样性仍呈现较明显的垂直地带性分布。

5.5.3 科研价值

轿子山自然保护区内有国家重点保护野生鸟类 15 种，CITES 附录 - Ⅱ 物种 12 种和《国家保护的有益的或者有重要经济、科学研究价值的陆生野生动物名录》90 种，受国家保护的物种数共 105 种，占保护区记录鸟类种数的 62.87%。因此具有重要的保护价值。

轿子山自然保护区内特殊的鸟类物种多样性和区系特点以及间断分布的种类一方面在分类学研究中具有重要的意义，另一方面也为了解物种的形成、演变以及环境的变化提供了丰富的研究材料。保护区内分布的众多植被类型和垂直变化，也为开展不同栖息地鸟类多样性的比较研究工作提供了一个很好的场所。因此，总体来说，轿子山自然保护区因具有较多独特的开展科研工作的条件而具有很高的保护价值。

5.6 保护建议

（1）保护原始林（急尖长苞冷杉林），控制周边村寨的放牧活动。轿子山自然保护区为滇东高原的第一高山，独特的自然环境造成植物生存环境脆弱，整个森林生态系统有退化的趋势，形成逆向演替，很难恢复到原来的顶级群落；加之过去频繁的人为活动、过度放牧和盲目的乱采滥挖，加剧了森林的退化。目前，原始状态的急尖长苞冷杉林面积仅 3921hm^2，仅占保护区总面积的 2.4%，而该生境生活有部分特殊的鸟类物种，是保护区内最主要和最具特色的部分，其中很多物种还处于其分布的边缘区，有许多自身的脆弱性和特殊性，与其栖息的生境密切相关，一旦保护区内的这些自然植被和森林等栖息地被破坏或发生变化，其中很多种类将很快濒临绝迹或消失，因此，保护好该地区的环境，尤其是这些为数不多的原始林，是保护这些鸟类的基础。周边村寨放牧现象仍比较普遍，而放牧对于森林的后续发展是很不利的，所以控制周边村寨的放牧活动势在必行，也非常必要。

（2）次生林对保存大量物种起着重要的作用。保护原始森林固然重要，但是成熟的次生林及恢复中的次生林也应当得到重视(Dunn，2004)。其一，保护区内的原始森林的面积有限，而大面积的次生林(集体林)对于保护物种和大多数普通物种的生存也发挥着不容忽视的作用；其二，次生林(集体林)中分布有一些特定的物种，如此次调查新记录的棕腹柳莺、橙胸[姬]鹟、黄腹扇尾鹟、大山雀、黄喉鹀等；其三，成熟次生林及薪炭林(集体林)的鸟类多样性也很丰富，如本次调查中在禄劝的两个工作点，其鸟类物种的丰富度在5个工作点中排在前列。所以在保护区的管理工作中，对于次生林的保护工作也不能有所放松。

(3) 加强管理和宣传教育，切实保护好鸟类资源。保护区管理部门通过各种方式开展野生动物的保护宣传教育，使保护区内的鸟类得到了有效的保护。据本次调查，发现大部分片区居民较少捕杀鸟类，因此当地鸟类与人距离较近，不太怕人，这是一个很好的现象。例如：在禄劝轿子山景区内，在较近距离内观察到血雉两次。当然，在调查过程中也发现偶有用弹弓打鸟的现象发生，特别是大型鸟类，在村民家发现红腹角雉皮。因此有必要进一步加强有关政策法规的宣传教育，加大执法力度，坚决打击偷猎现象。同时保护好现有鸟类资源，不但要保护好有经济价值和保护价值的种类，也要保护好目前没有明显的直接经济效益的农林益鸟和药用鸟类及其他鸟类，不要忽视鸟类给人们带来的间接效益。

(4) 监测鸟种的选择方面。建议选择血雉、红腹角雉和大嘴乌鸦作为保护区监测的重要物种。原因：其一，它们在保护区内有一定数量，比较容易观察到；其二，对环境变化相对敏感，如大嘴乌鸦虽栖息于多种生境，是杂食性的鸟类，但因巢筑于高大乔木树冠上部，如果乔木遭到大面积砍伐，其数量就会锐减；其三，血雉、红腹角雉体形较大，羽色艳丽，具有一定的观赏价值和成为制作其他饰品的材料，因此可能遭到捕捉，造成其数量的减少，它的数量变动能很好地反应生态环境变化和保护成效；其四，保护区职工和护林员因有丰富的工作经验对它们的外貌特征比较熟悉，有些护林员仅通过其鸣叫声就可以识别，只要稍加培训，就可以进行这些保护动物的数量消长的动态监测。

(5) 开展鸟类资源的研究工作，为保护开发提供科学依据和促进人才的培养和成长。自然保护区是保护、发展和研究自然环境与自然资源，保护典型的生物生态系统与历史遗迹，保护和拯救濒危的物种，维护生态环境、开展基础科学和应用科学研究的重要基地。虽然目前已对保护区内鸟类资源的种类和分布做了调查，但与资源保护直接有关的其他许多工作，如保护动物和经济动物资源的数量、密度、种群消长等有关工作做得较少，因此有必要开展有关的研究工作，只有掌握了鸟类资源状况，才能制定相应的保护和开发利用政策。同时利用保护区鸟类资源的特殊性与国内外有关鸟类学教学研究单位和个人，合作开展有关研究工作，更好地发挥保护区在科研和教学方面的作用，促进保护区自身人才的培养和成长。

(6) 鸟类资源的可持续利用。观鸟，作为一种有品位的绿色环保旅游已经在国内外蔚然成风。轿子山自然保护区本身就是一个集人文景观和自然景观为一体的旅游胜地，在吸引观鸟旅游者方面有着得天独厚的优势。保护区独特的鸟类资源，已引起了部分鸟类爱好者和研究人员的注意，曾有一些团体和个人通过各种途径来到保护区观鸟考察。如果由保护区统一管理和规划设计，并由专业人员规划观鸟路线和提供有关的技术指导，开展多方面的宣传活动，必将吸引更多的人员来保护区观鸟旅游，为保护区带来一定的经济收入，也使对鸟类资源的直接猎取变为无损伤的间接利用，既保护了资源又取得了一定的经济效益，使资源得到永续利用。

第6章　两栖类和爬行类

6.1　概　要

轿子山属大凉山南延东支，其地形、地貌复杂，拥有良好的森林资源和植被，自然环境保存较好。拟申报国家级的云南轿子山自然保护区在行政区划上位于云南省昆明市禄劝县和东川区境内，包括轿子山片和普渡河片。轿子山片和普渡河片分别于1994年、1984年经云南省人民政府正式批准为省级自然保护区。由于地理位置和地形地貌的特殊，云南轿子山的两栖动物和爬行动物区系及物种组成可能与云南其他地方有比较大的区别。然而，原来的两个省级保护区自成立以来，一直没有比较系统、完整和详细的综合调查资料，其生物资源和物种多样性的组成情况一直知之甚少，为充分掌握该地区尤其自然保护区的本底资源，为保护区建设和管理提供科学依据，并为保护区周边社会经济发展规划提供参考资料，2008年，受昆明市林业局的委托，我们对轿子山的两栖、爬行类进行了系统调查。

云南轿子山属大凉山南延东支的拱王山系，主峰雪岭海拔4344.1m，为滇东高原的最高峰，也是昆明地区的最高峰，因山顶形似轿子并且冬季长期积雪而称为“轿子雪山”。轿子山垂直高差比较大，从山顶到山脚，相对高差达3000m，所以，具有明显的垂直气候带，气温从山脚到山顶逐渐下降，加上地形特殊，形成复杂的立体型气候。保护区森林植被良好，水系发育充分，水源充足，禄劝一侧山势陡峭，东川一侧相对平缓。较大的高差形成植被类型和气候的垂直分布和多样化，加上复杂的地形、地貌和水域，为众多两栖爬行动物提供了丰富的繁衍和栖息环境。

6.2　调查方法

2008年7~9月，我们对轿子山保护区两栖爬行动物多样性进行了调查。分别对禄劝县境内的转龙、四方井、大黑箐、天池、一线天和中槽子等地和东川境内的大海、燕子洞、大厂等地作调查。结合笔者以往的零星调查，对该保护区两栖爬行动物的物种组成、区系等进行分析。

6.2.1　两栖动物调查方法

根据两栖动物的特点和习性，主要采用样线法进行调查。两栖类以昼伏夜出为主，其生态类型分为地栖型、树栖型和水栖型。水栖型又包括静水型和流水型。在两栖类调查中，通常依照山溪流向，自下而上对溪流两边进行观察和记录；另外，在水塘的四周，绕水塘进行环状调查。白天查看地形，观察蝌蚪，夜间观察成体，听其鸣叫声，确定物种，采集一定数量标本进行物种鉴定。同时观察和记录小生境，如水塘边缘的水草或草地、其他湿地草丛等。根据采集到的物种和聆听到的物种推测所具有的物种及相对数量，并确定普通种、优势种和稀有种，根据物种组成进行区系分析。

6.2.2 爬行动物调查方法

一般按不同生境以一定的路线进行观察。由于爬行动物多在白日活动，但受到天气变化的影响，日活动频繁时段均不相同，部分物种则在晚间活动。蜥蜴类大多在白天活动，壁虎则主要在夜间活动。所以，针对不同对象选择不同的时间进行调查。目前，没有统一的模式去观察蛇类，只能就当地环境来确定其调查方法。林中小路、排水沟、水边灌丛，或玉米地边、林缘坡地等环境均为比较好的调查路线，容易观察。水蛇和部分夜行性蛇种，在黄昏至夜间在沟旁或稻田边缘观察其踪迹。

6.2.3 访问和历史资料查证

询问护林员或当地居民，并把彩色图册上的物种让其对照辨认，可作为参考物种并与邻近地区文献上记录的相对照。此外，还特别注意当地草药摊上干制药材和蛇酒中的物种。

每天将所采标本进行拍照、杀死、药物固定、电脑记录、拴上标签。调查中记录了每一种的种名、栖息地、活动状况、优势度、保护等级等。

6.3 调查结果及分析

6.3.1 物种多样性

根据此次调查，并结合以往的资料，轿子山自然保护区共记录到两栖爬行动物 47 种（表6-1）。其中，两栖类有22 种，隶属于2 目8 科14 属；爬行类25 种，隶属于3 目（亚目）8 科 18 属。两栖类中的有尾目 CAUDATA 蝾螈科 Salamandridae 2 属 2 种。无尾目 SALIENTIA 铃蟾科 Bombiniidae 1 属 1 种，角蟾科 Megophryidae 4 属 5 种，蟾蜍科 Bufonidae 1 属 3 种，雨蛙科 Hyliidae 1 属 1 种，蛙科 Ranidae 3 属 6 种，树蛙科 Rhacophoridae 1 属 2 种，姬蛙科 Microhyliidae 2 属 2 种；爬行类中龟鳖目 TESTUDINES 淡水龟科 Bataguridae 1 属 1 种，蜥蜴目 LACERTILIA 鬣蜥科 Agamidae 1 属 2 种，壁虎科 Gekkonidae 2 属 2 种，石龙子科 Scincidae 2 属 2 种，蜥蜴科 Lacertidae 1 属 1 种，蛇蜥科 Anguidae 1 属 1 种；蛇目 SERPENTES 游蛇科 Colubridae 8 属 12 种，蝰科 Viperidae 2 属 4 种。

6.3.2 区系分析

根据张荣祖（1999）《中国动物地理》中有关中国动物地理区划，轿子山自然保护区位于云南中亚热带，其物种成分体现了亚热带物种的组成特点。以下分别就两栖动物和爬行动物进行论述：

6.3.2.1 两栖动物

两栖类的区系均为东洋界成分，其中以西南区成分为绝大多数，其次为少量的西南区、华南区种，超出这两个区范围的广布于西南区、华南区和华中区的成分很少，没有纯粹的华南区和华中区成分。

表 6-1 云南轿子山自然保护区两栖爬行动物名录

中名	拉丁学名	海拔(m)	分布		区系从属			分布型	保护级别		生境类型	资料来源
			禄劝片区	东川片区	西南	华南	华中		国家重点	国际公约		
两栖类												
Ⅰ. **有尾目 CAUDATA**												
一、蝾螈科 Salamandridae												
1. 蓝尾蝾螈?	*Cynops cyanurus*	2000~2650	√	√	+			Ya			3~5	幼体
2. 红瘰疣螈 *	*Tylototriton verrucosus*	1850~2800	√	√	+			Hc	Ⅱ		2~5	标本
Ⅱ. **无尾目 SALIENTIA**												
二、铃蟾科 Bombiniidae												
3. 大蹼铃蟾	*Bombina maxima*	2200~2800	√		+			Hc			2~5	标本
三、角蟾科 Megophryidae												
4. 齿蟾一种	*Oreolalax* sp.	2200~3000		√	+			Hc			1,4	标本
5. 峨山掌突蟾	*Leptolalax oshanensis*	2200~2800	√	√	+			Hc			1,4	标本
6. 平顶短腿蟾	*Brachytarsophrys platyparietus*	1850~2400	√	√	+			Yb			1,4	访问
7. 小角蟾	*Megophrys minor*	1850~2800	√	√	+	+		Sd			1,4	标本
8. 沙坪角蟾	*Megophrys shapingensis*	2200~3000		√	+			Hc			1,4	标本
四、蟾蜍科 Bufonidae												
9. 华西蟾蜍	*Bufo andrewsi*	1900~2900	√		+			Sa			1~5	标本
10. 中华蟾蜍	*Bufo gargarizans*	1800~2200		√	+	+	+	Eg			2~5	标本
11. 黑眶蟾蜍	*Bufo melanostictus*	1800~2100		√	+	+	+	Wc			2~5	标本
五、雨蛙科 Hylidae												
12. 华西雨蛙	*Hyla annectans*	1850~2950	√	√	+			Wd			1~5	标本
六、蛙科 Raniade												
13. 四川湍蛙	*Amolops mantzorum*	2200~2800		√	+			Hc			1,4	标本

（续）

中名	拉丁学名	海拔(m)	分布		区系从属			分布型	保护级别		生境类型	资料来源
			禄劝片区	东川片区	西南	华南	华中		国家重点	国际公约		
14. 双团棘胸蛙	*Paa yunnanensis*	1900 ~ 2900	√	√	+			Hc			1 ~ 4	标本
15. 滇蛙	*Rana pleuraden*	1900 ~ 2600	√		+			Yb			2 ~ 5	标本
16. 昭觉林蛙	*Rana chaochiaoensis*	2000 ~ 3200	√	√	+			Hc			1 ~ 5	标本
17. 无指盘臭蛙	*Rana grahami*	1850 ~ 2700	√		+			Hc			2 ~ 4	标本
18. 威宁蛙？	*Rana weiningensis*	1900 ~ 2600		√	+			Ya			3 ~ 5	访问
七、树蛙科 Rhacophoridae												
19. 斑腿泛树蛙	*Polypedates megacepharus*	1850 ~ 2600		√	+	+	+	Wd			1 ~ 5	访问
20. 杜氏泛树蛙？	*Polypedates dugreti*	2400 ~ 3000		√	+			Hc			1 ~ 4	访问
八、姬蛙科												
21. 多疣狭口蛙	*Kaloula verrucosa*	1850 ~ 2500	√		+			Hc			3 ~ 5	访问
22. 云南小狭口蛙	*Calluella yunnanensis*	2000 ~ 2400	√		+			Yb			2 ~ 4	访问
爬行类 REPTILES												
Ⅰ. 龟鳖目 Testudines												
一、淡水龟科 Bataguridae												
1. 云南闭壳龟 *	*Cuora yunnanensis*	1900 ~ 2400		√	+			Sc	Ⅱ		1,4	资料
Ⅱ. 蜥蜴目 LACERTILIA												
二、鬣蜥科 Agamidae												
2. 裸耳龙蜥	*Japalura dymondi*	1900 ~ 2400		√	+			Hc			1 ~ 3	标本
3. 昆明龙蜥	*Japalura varcoae*	2000 ~ 2600	√		+			Yb			1 ~ 3	标本
三、壁虎科 Gekkonidae												
4. 多疣壁虎	*Gecko japonicus*	1900 ~ 2500		√	+			Sh			6	标本
5. 半叶趾虎	*Hemiphyllodactylus yunnanensis*	2000 ~ 2400	√		+			Wc			6	标本

（续）

中名	拉丁学名	海拔(m)	分布		区系从属			分布型	保护级别		生境类型	资料来源
			禄劝片区	东川片区	西南	华南	华中		国家重点	国际公约		
四、石龙子科 Scincidae												
6. 山滑蜥	*Scincella monticola*	2100～3000	√	√	+			Hc			1～3	标本
7. 蜓蜥	*Sphenomorphus indicus*	1900～2900	√	√	+	+	+	We			1～5	标本
五、蜥蜴科 Lacertidae												
8. 峨眉地蜥	*Platyplacopus intermedius*	2100～2500		√	+			He			1,2	访问
六、蛇蜥科 Anguidae												
9. 细蛇蜥	*Ophisaurus gracilis*	2000～2400	√	√	+	+	+	Wb			1,2	标本
Ⅲ. 蛇目 SERPENTES												
七、游蛇科 Colubridae												
10. 八线腹链蛇	*Amphiesma octolineata*	1900～3000	√		+			Hc			1～5	标本
11. 腹斑腹链蛇	*Amphiesma modesta*	1900～2600	√		+			Wb			1～5	标本
12. 白链蛇	*Dinodon septentrionalis*	2000～2400	√	√	+	+		He			1～4	标本
13. 王锦蛇	*Elaphe carinata*	1900～2800	√	√	+	+	+	Sd			1～6	标本
14. 紫灰锦蛇	*Elaphe porphyracea*	1900～2400	√		+	+		We			1～5	标本
15. 黑眉锦蛇	*Elaphe taeniura*	1900～2900	√	√	+	+	+	We			1～6	标本
16. 斜鳞蛇	*Pseudoxenodon macrops*	2000～3000	√	√	+	+	+	We			1～6	标本
17. 颈槽游蛇	*Rhabdophus nuchalis*	1900～2600	√		+			Sd			1～5	标本
18. 红脖颈槽蛇	*Rhabdophis subminiata*	1900～2400	√	√	+	+	+	We			1～5	标本
19. 颈棱蛇	*Macropisthodon rudis*	2000～2600	√		+		+	Sh			1～3	访问
20. 黑头剑蛇	*Sibynophis chinensis*	2000～2700	√	√	+			Sd			1～3	标本
21. 黑线乌梢蛇	*Zaocys nigromarginatus*	1850～2800	√	√	+	+	+	Hm			1～4	标本
八、蝰科 Viperidae												

（续）

中名	拉丁学名	海拔(m)	分布		区系从属			分布型	保护级别		生境类型	资料来源
			禄劝片区	东川片区	西南	华南	华中		国家重点	国际公约		
22. 白头蝰	*Azemiops feae*	2000～2400	√	√	+	+	+	Sc			1～3	访问
23. 山烙铁头	*Ovophis monticola*	2000～2800	√		+	+		Wc			1～3	标本
24. 菜花烙铁头	*Protobothrops jerdonii*	2100～3200	√	√	+			Sj			1～3	标本
25. 云南竹叶青	*Trimeresurus yunnanensis*	1900～2600	√		+			Yb			1～5	访问

注：？需进一步调查核实的种类。
生境类型:1. 林分;2. 灌丛;3. 草地;4. 水域(包括静水和流水);5. 农田; 6. 住宅及附近;7. 树上。
分布型(张荣祖,1999):
E 季风型;Ed 至蒙古;Eg 至贝尔加。
H 喜马拉雅山;Ha 喜马拉雅南坡;Hc 横断山;He 喜马拉雅东南部(喜－横交汇);Hm 横断山及喜马拉雅山(南翼为主)。
S 南中国型;Sa 热带;Sb 热带－南亚热带;Sc 热带－中亚热带;Sd 热带－北亚热带;Sh 中亚热带－北亚热带;Si 中亚热带;Sj 北亚热带;St 中亚热带。
W 东洋型;Wb 热带－亚热带;Wc 热带－中亚热带;Wd 热带－北亚热带;We 热带－温带。
Y 云贵高原;Ya 包括附近山地;Yb 包括横断山南部。
(关于分布型的划分,由于一些物种的分类地位发生变化,或分布区的扩大及变更,所以,这些物种的分布型划分不一定完全反映实际情况)

（1）西南区种：计有18种，包括蓝尾蝾螈 *Cynops cyanurus*、红瘰疣螈 *Tylototriton verrucosus*、大蹼铃蟾 *Bombina maxima*、齿蟾一种 *Oreolalax* sp. 、沙坪角蟾 *Megophrys shapingensis*、华西蟾蜍 *Bufo andrewsi*、昭觉林蛙 *Rana chaochiaoensis*、无指盘臭蛙 *Rana grahami*、威宁蛙 *Rana weiningensi*、四川湍蛙 *Amolops mantzorum* 等，占保护区两栖动物物种数的81.8%。

（2）西南区和华南区共有种：仅有1种，即小角蟾 *Megophrys minor*，占该保护区两栖动物种数的4.6%。

（3）广布种（或称"南中国种"）：本文中的"广布种"系指我国国内属于东洋界范围，主要是西南区、华南区和华中区共有的南中国成分。本保护区内属于此类分布型的已知两栖类共有3种，即中华蟾蜍 *Bufo gargarizans*、黑眶蟾蜍 *Bufo melanostictus*、斑腿泛树蛙 *Polypedates megacepharus*，占保护区两栖动物区系成分的约13.6%。

6.3.2.2 爬行动物

轿子山自然保护区爬行类的区系组成与两栖类相似，都属于东洋界成分，以西南区成分为主，另有少量西南区和华南区成分，广布于西南区、华南区和华中区的成分较少。

（1）西南区种：计有13种，即云南闭壳龟 *Cuora yunnanensis*、裸耳龙蜥 *Japalura dymondi*、昆明龙蜥 *Japalura varcoae*、半叶趾虎 *Hemiphyllodactylus yunnanensis*、菜花烙铁头 *Protobothrops jerdonii*、云南竹叶青 *Trimeresurus yunnanensis* 等。占该保护区爬行动物种数的52.0%。

（2）西南区和华南区共有种：共3种：即白链蛇 *Dinodon septentrionalis*、黑线乌梢蛇 *Zaocys nigromarginatus*、山烙铁头 *Ovophis monticola*，占保护区爬行动物种数的12.0%。

（3）西南区和华中区共有种：仅1种，即：颈棱蛇 *Macropisthodon rudis*，占保护区爬行动物种数的4.0%。

（4）广布种（或称"南中国种"）：计有8种，即蜓蜥 *Sphenomorphus indicum*、王锦蛇 *Elaphe carinata*、黑眉锦蛇 *Elaphe taeniura*、斜鳞蛇 *Pseudoxenodon macrops*、红脖颈槽蛇 *Rhabdophis subminiata* 等。占保护区爬行动物种数的16.0%。

6.3.3 特有种

目前，保护区特有种可能有1种，即齿蟾 *Oreolalax* sp. 一种，占两栖爬行动物种数（47种）的2.1%。

另外，轿子山自然保护区还有一些较为重要的种类，其一是国家Ⅱ级重点保护野生动物红瘰疣螈和云南闭壳龟（历史记录）；其二是对特殊环境或生境有指示作用的物种如双团棘胸蛙 *Paa yunnanensi* 和黑线乌梢蛇等；其三是一些很稀有的物种如沙坪角蟾和短腿蟾 *Brachytrasophrys* sp. 等。

6.3.4 分布型

根据张荣祖（1999）所划分的中国两栖动物物种分布型，保护区有5个大分布型、8种小分布型的物种分布，包括季风型E的1种类型（至贝尔加 Eg 1种）、喜马拉雅山型的H 1种类型（横断山型 Hc 11种）、南中国型 S 2种类型（热带型 Sa 1种、热带－北亚热带型 Sd 1种）、东洋型 W 2种类型（热带－中亚热带型 Wc 1种、热带－北亚热带型 Wd 2种）和云贵高原型 Y 2种类型（包括云贵高原及附近山地 Ya 2种和云贵高原－横断山南部型 Yb 3种）。所以，该地区两栖动物物种分布型比较丰富，表现了地理位置和区系的交叉和结合的特点。

其中，以喜马拉雅山型的横断山型 Hc(11 种)和云贵高原型 Y 的 2 种类型(共5 种)为主。另外有东洋型 W 2 种类型(共 3 种)和南中国型 S 的 2 种类型(热带型 Sa 和热带 - 北亚热带型 Sd 共 2 种)。

在中国爬行动物物种分布型中，该地区共有 5 个大分布型 11 种小分布型的物种分布，包括喜马拉雅山型 H 3 种类型(横断山型 Hc 3 种、喜马拉雅东南部喜马拉雅山 - 横断山交汇型 He 2 种、横断山及喜马拉雅山南翼型 Hm 1 种)、南中国型 S 4 种类型(热带 - 中亚热带型 Sc 2 种、热带 - 北亚热带型 Sd 3 种、中亚热带 - 北亚热带型 Sh 2 种、北亚热带型 Sj 1 种)、东洋型 W 3 种类型(热带 - 亚热带型 Wb 2 种、热带 - 中亚热带型 Wc 2 种、热带 - 温带型 We 5 种)和云贵高原型 Y 1 种类型(云贵高原 - 横断山南部型 Yb 2 种)。所以，该地区是爬行动物物种分布型非常丰富，而且，没有相对比较多物种的分布型，表现了地理位置和区系的交叉和结合的特点。

尽管物种分布型的划分，受不同物种在分类地位上的变化，或在分布区变更(主要是扩大、缩小或变化)的影响，这些物种的分布型的划分不一定能够完全反映实际情况，但总的来说，能够反映了整体上物种分布的概貌，可借鉴和参考。

6.4　生物多样性特点

6.4.1　物种组成和区系特点

保护区物种成分复杂：该地区的物种组成具有交汇的性质。部分物种如沙坪角蟾、四川湍蛙等从四川西部延伸分布到本区；云南热带、南亚热带地区的物种如红瘰疣螈、无指盘臭蛙、双团棘胸蛙等从云南南部分布到本区；保护区个别物种还与贵州西北部的物种类似，与四川的一些物种的交汇；爬行动物物种组成上亦体现西南、华南和华中区物种的交错。

从区系属性上看，两栖动物的区系主要以西南区物种为主；爬行动物的区系有更多的华中区和华南区的物种成分。

根据张荣祖(1999)所划分的中国两栖、爬行动物物种分布型，保护区共有 5 个大分布型、8 个小分布型的两栖动物和 5 个大分布型 11 个小分布型的爬行动物物种分布，具有季风型(E)、喜马拉雅型(H)、南中国型(S)、东洋型(W)和云贵高原型(Y)等分布型，说明该地区是物种分布型非常丰富的地区。

综上所述，保护区两栖、爬行动物的区系组成比较复杂，且形成了特殊的区系，与云南西部、南部等其他地区比较，本区在两栖、爬行动物区系组成上比较特殊。故从物种组成和区系属性的特点看，具有很高的保护价值。

6.4.2　主要物种及其特点

一些新的物种和新的分布范围在保护区被发现，是该地区的重要物种组成成分，这类物种包括如下几种：

个别物种如齿蟾，可能是该地区特有的尚未描述的新种，其分类地位目前尚在研究中。

沙坪角蟾、四川湍蛙、黑点树蛙 *Rhacophorus nigropunctatus* 等物种以往只在四川西部发现，这些物种在金沙江南岸的发现具有特殊的意义，其金沙江南部居群与江北的四川西部居群已被金沙江隔离成不同的地理居群。这些物种在云南境内的发现，表明了该保护区在动物区系组成和演化上的相互联系，同时也表明：这是一些特殊的物种集群，已经在不同的地区形成了相互隔离和独立的居群，成为互不相同的特殊的地理单元和保护单元。如沙坪角蟾 *Megophrys shapingensis*，其原分布记录为四川西部，模式产地在峨边沙坪，轿子山地理居群已经与四川西部的地理居群在地理上相互隔离，主要是金沙江河谷；四川湍蛙，原分布记录为四川西部，模式产地在理县，轿子山的地理居群与四川的地理居群也在地理上以金沙江河谷相互隔离，是否在形态和遗传上发生分化，有待进一步研究。

6.4.3 珍稀、濒危和重点保护物种

在保护区记录到的两栖爬行动物的种类及其分布状况，包括珍稀、濒危和重点保护物种，其中，国家Ⅱ级重点保护动物2种，即红瘰疣螈和云南闭壳龟；云南省有经济价值的物种2种，王锦蛇和黑眉锦蛇。

红瘰疣螈在国内仅主要分布于云南，由于其特殊的外表和习性，深收宠物爱好者的喜爱，以至于越来越多数量的个体被捕捉和贩卖。最近的相关研究显示，该物种体表具有重要毒素成分，具有潜在的重要的经济价值，应该从各个方面给予保护。

云南闭壳龟为云南特有的龟类物种，东川为所记录的两个模式产地之一(另一个为昆明)，东川现为昆明市的东川区，因此可以认此种是昆明市所特有的珍稀物种。此种为国家Ⅱ级重点保护野生动物，CITES亦列为附录Ⅱ。云南闭壳龟自1906年定名以来，其真实产地、分布范围和生态资料一无所有，是资料极度匮乏的重要物种。由于长期没有该物种的任何信息，所以曾一度被认为已经绝灭。然而，2004年后，少量活体在市场和网络上的相继出现，说明此珍贵物种的重现和尚存，但仍然没有该种的确切产地，其分布范围和栖息地尚不明确。近年来，作者通过一些调查，已初步确定了该物种部分栖息地，而且了解到其数量极为稀少，分布范围极为狭窄，生存岌岌可危。鉴于保护措施无法跟上，目前仍未公开其栖息地和分布范围。无论如何，急需引起各方面的关注，该物种需亟待保护，尤其是作为昆明地区的特有的保护物种，应加以重点保护，以使其种群得到繁衍和恢复。

另外，保护区尚有一些有一定的研究价值或经济价值的物种，如细脆蛇蜥 *Ophisaurus gracilis* 和黑线乌梢蛇等。

6.4.4 生存现状和致危因素

轿子山自然保护区两栖爬行动物的一些物种，数量在逐渐减少，其原因不仅是人为猎捕，也是生态环境逐渐退化所造成，其中包括人口膨胀、人为活动增加，植被和栖息地的破坏和消失，农药广泛使用等，旅游、工程建设和农牧业发展也对河道流域带来一些负面的影响。所以，需要采取一些措施，如：严格保护管理、合理地进行规划、协调保护和开发利用的关系，为当地社区引进其他生产和发展渠道，提高经济收入和生活水平，减少对保护区的压力。使保护区的这些物种及其生境能够有效地保护下来。

6.5 结 论

保护区不论从地理位置、物种组成及其区系属性等方面都具有重要的价值。从两栖爬行动物的角度看，主要体现在以下几个方面：①物种比较丰富；②区系组成复杂，既有云南高

原的物种成分，还有云南横断山和四川西部的物种成分；在区系组成上，主要是西南区的物种，其次是西南区与华南区或(和)华中区的共有成分；③具有多种分布型的物种聚集，共有5种大分布型及20种小分布型的物种，包括季风型、喜马拉雅山型、南中国型、东洋型和云贵高原型等，形成以东洋型、喜马拉雅型和南中国型三大分布型为主的物种和区系；④具有一些特殊物种或特殊物种的地理居群，如沙坪角蟾、黑点树蛙等，说明该地区在两栖爬行动物物种的地理分布和演化上具有重要的地位；⑤拥有红瘰疣螈和云南闭壳龟等珍稀濒危保护物种。

第7章　社会经济与社区发展

7.1　社会经济

7.1.1　行政区域

云南轿子山自然保护区由轿子山片和普渡河片两片组成，轿子山片位于东川区、禄劝县交界处，距禄劝县城142km，距离东川区政府所在地新村96km；普渡河片位于禄劝县中屏乡和乌蒙乡之间的普渡河河谷，距离禄劝县城130km。轿子山片面积16193.0hm^2，共涉及东川区的2个乡(镇)，6个村委会，13个自然村，其中有2个自然村在保护区内；禄劝县的3个乡镇，8个村委会，58个自然村，其中有1个自然村在保护区内；普渡河片面积为263.0hm^2，涉及禄劝县乌蒙乡的舍姑以及中屏乡的北屏2个村委会，6个自然村，见表7-1。

表7-1　云南轿子山自然保护区涉及的范围

区、县	乡 镇	村委会	自然村(个)
东川区	红土地镇	蚂蝗箐、炭房、银水箐、新乐	7
	舍块乡	九龙、茅坝子	3
禄劝县	乌蒙乡	大麦地、舍姑、乌蒙	17
	雪山乡	舒姑、拖木泥	22
	中屏乡	北屏	5
	转龙镇	大水井、恩祖、老槽子、中槽子	20
合计	6	16	74

7.1.2　人口数量与民族组成

根据2007年国民经济统计资料：

东川区至2006年年末全区总人口93835户310644人，比2005年年末增加1548人，增长0.55%；其中男性162136人，女性148508人；农业人口236442人，非农业人口74202人；少数民族21772人，占总人口的7%。人口自然增长率5.06‰。

东川辖区内，居住在保护区内的农户71户，321人。其中，红土地镇大厂自然村上下两个村小组有58户，270人；上岔河自然村(燕子洞村小组)现有农户13户，共有人口51人，该村均为汉族。

禄劝县到2006年年末，全县辖3镇13乡，192个村民委员会，2个社区居民委员会。居住着彝族、苗族、汉族、傈僳族、傣族、壮族、回族、哈尼族8个世居民族和其他少数民族共24个民族。总人口45.7万人，其中，非农人口26808人，占总人口的5.86%；女性

219827 人，占总人口的 48.03%；少数民族人口 140787 人，占总人口的 30.76%。全县人口自然增长率 4.77‰。

禄劝辖区内，在保护区范围内的有乌蒙村委会的何家村自然村，共 4 户 18 人，全部为彝族。

保护区周边各乡镇情况见表 7-2。

表 7-2 云南轿子山自然保护区周边人口与民族统计表

县区	乡镇	户数（户）	人口（人）	民族（人）					
				汉族	彝族	苗族	白族	傈僳族	傣族
东川区	红土地镇	5432	22319	16258	1532	—	238	358	—
	舍块乡	1859	7934	5234	320	—	82	254	—
	汤丹镇	11366	44037	41209	1010	—	1325	186	—
禄劝县	乌蒙乡	4238	16815	2384	8563	—	—	238	1253
	雪山乡	2736	11120	1789	5928	—	—	453	1259
	中屏乡	4560	19234	3778	8459	1435	—	324	1426
	转龙镇	8014	32036	12597	15542	1256	—	541	—
合计	7	38205	153495	83249	41354	2691	1645	2354	3938

7.1.3 医疗卫生

轿子山自然保护区周边乡镇共有 44 个医疗机构，医务人员 102 人，医疗床位 173 个。社区公共医疗卫生条件相对较好，社区卫生保障体系较为健全，大部分自然村设有医务室，大都参加了农村医疗保险，但仍然不同程度地存在缺少医护人员、药品和资金短缺、设备和技术落后等问题。保护区周边社区村民的医疗主要依靠村卫生所和镇（乡）卫生院，但距离乡镇卫生院都相对较远，如大厂村距离红土地镇卫生院有 26km 的距离；上岔河村村民的医疗主要依靠村卫生所，但距离村卫生所 2km，距离镇卫生院 24km。

7.1.4 文化教育

轿子山自然保护区周边乡镇目前有中小学 48 所，中小学教师 713 人，在校中小学生 10179 人。周边社区居民中具有大专以上文化人员有 835 人，高中文化 31483 人，初中文化 59428 人，小学文化为 21245 人，文盲为 2773 人。保护区周边社区群众受教育程度较高，学生辍学现象较少。

7.1.5 交通和通讯

轿子山自然保护区地跨东川区和禄劝县，两区、县与外部的交通均比较好。东川区政府所在地新村距昆明市 135km，禄劝县城所在地屏山镇距昆明市 72km。东川区境内有国家级干线公路一条，省级公路全长 282km，其他公路多为四级公路，地方公路 53 条，长 565.4km。全区所有乡镇均通公路。禄劝县境内通车里程 925km，有省管公路 188km，专用公路 45km，县乡公路 336km。乡—村委会公路 356km，全县 17 个乡镇 120 个村委会均已通车。

保护区包括轿子山片和普渡河片，进入保护区两个片的交通情况差别较大。轿子山片的交通较为方便。东川境内，有柏油路直通到山脚的炭房，路况尚好；禄劝境内，县城至新山垭口为柏油路，个别地段路面较差，从新山垭口至保护区内下坪子为水泥路面。普渡河片的交通则非常糟糕，从禄劝县城到团街是一条年久失修的柏油路，路面极差；从团街至中屏乡政府 19km 为新铺的柏油路，路面尚好；从中屏乡政府至普渡河片则完全是土路，有一段是临时施工公路，路面很差；从乌蒙乡至普渡河片的东岸部分则完全不通公路。整个轿子山保护区周边社区的交通状况则非常差，通公路的自然村不到 50%。

目前，保护区周边社区通讯已非常方便。截至 2006 年年底，保护区周边社区已全部通电、通电视、通电话，中国移动、中国联通以及程控电话网络基本覆盖了整个保护区周边社区范围，大部分自然村都可接收信号，只有少部分地段无信号或信号较差，可基本满足保护区管理及巡护要求。

7.1.6　社区经济

2007 年，东川区全年完成生产总值 304165 万元，其中第一产业 25043 万元，第二产业 215627 万元，第三产业 63495 万元。城市居民人均年可支配收入 10376 元，首次突破万元，比上年增长 15%；农村居民人均纯收入 1814 元。三大产业结构为 9.1∶72.8∶18.1。从三大产业结构可以看出，东川区是一个工业大区，但工业经济结构单一，产业链延伸不够，产品附加值不高，资源集约利用水平低，生态环境保护压力大，经济发展方式仍较为粗放；农业和农村经济发展较慢，产业化程度低，城乡之间、乡镇之间发展不平衡；农村贫困问题仍然比较突出。

截至 2007 年年底，禄劝县生产总值达到 217115 万元，农民人均纯收入达到 2041 元。在经济总量中第一产业 88391 万元，第二产业 46694 万元，第三产业 82030 万元，三大产业比重为 40.7∶20.4∶38.9。从三大产业结构可以看出，禄劝仍是一个农业大县，粮食生产是禄劝稳步解决温饱的重要产业，烤烟是禄劝的重要经济支柱。畜牧业也是禄劝的一项经济支柱，撒坝猪、乌骨鸡、黑山羊是禄劝畜牧业的主打产品，畜牧业产值达 51675 万元。磷化工和水能资源开发有效提升了第二产业的质量和地位，矿电结合在禄劝初显成效。旅游业和服务业体现出第三产业的较大潜在优势，轿子山对外开放有效带动了第三产业发展。所以，进一步调整和优化产业结构是禄劝经济发展的主要动力和发展方向。

保护区周边地区全部为高寒山区，完全是农业区的边缘地带，特别是银水箐村委会的大厂自然村、新乐村委会的上岔河自然村以及乌蒙村委会的何家村自然村，因远离中心城市，信息闭塞，交通不便，思想观念落后，经济上贫穷，文化上落后，给保护区的保护管理带来了较大的压力。

7.2　社区发展

保护区不是孤立存在的，它与周边社区群众的生产生活息息相关。如果只是一味强调保护，不关心村民的生产生活问题，则保护管理也很难见成效，很难持久。若不注意处理好与周边社区的关系，易引发社区群众与管理部门的冲突，不利于工作开展；若管理太松，对破坏保护区自然生态以及生物资源的行为听之任之，对生物多样性的保护又十分不利。所以保护区要在保护的前提下为社区的发展服务，只有社区发展了，保护才能真正见效。

7.2.1 社区发展存在的问题

目前，轿子山保护区周边社区发展主要存在如下几方面的问题：

(1)人口压力大。人口的压力就是土地的压力，整个保护区周边地区生活着38205户153495人口，尤其是在保护区内居住有大厂、上岔河、何家村三个自然村的共75户339人，由于三个村人口逐年增多，土地面积相对减少，且无自留山和责任山，生活燃料主要是木柴，供需矛盾日益突出，因此盗砍乱伐现象仍时有发生。

(2)经济结构单一。在保护区周边地区，几乎所有社区农作物均是以洋芋为主，其他品种很少，除了洋芋之外的主要经济来源就是畜牧业，经济结构单一，经济收入来源少，没有支柱产业。

(3)基础设施薄弱。保护区周边社区基础设施薄弱，交通和农业基础设施落后，极大地制约了其经济的发展。

7.2.2 社区发展与保护管理的矛盾

保护区成立以来，在一定程度上促进了周边社区的发展，但是由于资金短缺，基础设施建设滞后，社区发展投入不足，因此保护区对带动社区发展的作用和影响相当有限，仅靠保护区的被动管护，而宣传教育及社区群众培训滞后，导致社区群众对保护区的认识不足，偷砍盗伐、放牧、偷猎等一些活动偶有发生，给保护区的管理带来一定的压力。

7.2.3 社区发展建议

由于保护区不是孤立存在的，它与周边社区群众的生产、生活息息相关，因此自然保护区的保护管理离不开当地政府的支持和群众的配合与参与。

经验表明，保护区的管理必须充分调动当地政府和社区群众的积极性，将保护区的管理工作与当地群众利益结合起来，使保护管理与社区发展协调一致。只有解决和处理好资源保护与社区群众的生产生活对保护区的依赖这一矛盾，才有可能真正达到建立保护区的目的。

7.2.3.1 发展原则

(1)坚持将保护区生物多样性保护与社区社会经济持续发展相结合的原则，用有限的资金推动保护区周边社区经济发展。

(2)社区共管与保护区多种经营、社区扶贫相结合的原则，对开发项目必须以保护资源为前提。

(3)从参与式的原则出发，创造一切条件，积极引导社区村民参与项目的规划、设计、实施和评估，加大科技培训及宣传的力度，增强周边社区以及全社会公众的保护意识。

(4)社区发展计划不支持当地矿产开发及加工项目。

7.2.3.2 发展目标

将保护区和周边社区的森林资源和生物多样性的保护管理与周边社区及其他不同利益群体的社会经济发展相结合，实现轿子山自然保护区的有效保护管理和社区的可持续发展。

(1)在保护区建立社区共管体系，把社区资源纳入保护区资源共同管理，增强生物多样性保护的系统性与完整性。

(2)加强社区共管，消除被动式保护所造成的保护区与周边社区群众的对立，缓解资源使用带来的矛盾。

(3)通过社区共管与社区扶贫、多种经营的结合，相互促进，调整农村能源结构，改善社区经济条件和社区生活环境。

(4)通过社区共管，提高社区居民的自然保护意识和文化素质。

7.2.3.3 建议和措施

(1)社区发展模式—社区共管：云南轿子山自然保护区建立的目的是为了保护该地区的自然生态环境和生物多样性，限制保护区周边社区群众向保护区索取森林资源及对周边地区的开发活动。因此，保护区的保护面临着如何处理好与当地群众的关系问题。根据世界自然保护区的发展经验，必须取得当地社会组织和村民的支持配合，才能使保护区的保护和社区经济协调发展。所以参与式的管理—社区共管是轿子山保护区周边社区发展的主要模式。

(2)社区共管优先重点项目：以保护区升级为切入点，争取社区共管项目，以切实改善周边社区的生产生活条件为基础，促进社区发展。保护区晋升为国家级后，可以争取“全球环境基金中国自然保护区项目”，该项目的主要内容就是开展社区共管。通过了解社区需求，自然资源使用情况，自然资源使用中的冲突和矛盾以及社区经济发展的机会和潜力，采取多种形式帮助社区解决问题，促进发展，使社区从单纯的生物多样性保护的“受害者”变成生物多样性保护的共同利益者。

(3)资金渠道：①各级政府社区发展资金。②地方政府经济和社会发展规划、计划，并在经费安排和政策上重点倾斜。③轿子山开展生态旅游的收入，应提取一定比例作为“社区发展投资基金”。④争取社会团体、企业、个人的捐助。⑤争取国际项目援助。

第 8 章　保护区建设与管理

8.1　历史沿革

拟申报国家级自然保护区的云南轿子山自然保护区包括两个片：轿子山片（原云南轿子山省级自然保护区）和普渡河片（原云南禄劝普渡河省级自然保护区）。其历史沿革如下：

8.1.1　轿子山片

20 世纪 80 年代，中国科学院昆明植物研究所、西南林学院、云南师范大学等单位专家学者曾多次对轿子山进行专题考察，为在轿子山开展调查研究和建立保护区奠定了基础。

1991 年，原东川市又组织科技人员对轿子山生物资源作进一步考察。

1993 年，禄劝县和原东川市人民政府根据有关专家意见联合向云南省人民政府、云南省林业厅申请在轿子山建立省级自然保护区。

1994 年，云南省人民政府云政复[1994]38 号文件批准建立云南轿子山省级自然保护区。云南省人民政府 1994 年 3 月 31 日公布的“轿子山等五个自然省级保护区名单”明确规定：轿子山自然保护区初步区划面积 16704.0hm^2，其中东川市（现为东川区）辖区的面积为 9579.0hm^2，占 57.35%；昆明市（实际为禄劝县）辖区面积为 7125.0hm^2，占保护区面积的 42.65%。该保护区由昆明市和东川市人民政府按行政区划分别组织实施管理、保护、建设等方面的工作。

2004 年 3 月，昆明市林业局委托云南省林业调查规划院组织、并聘请西南林学院和云南师范大学等单位的有关专家为顾问，对轿子山自然保护区进行专题考察并编制总体规划。

2005 年，云南省人民政府以云政复[2005]4 号文对《云南轿子山省级自然保护区总体规划（2004～2013 年）》给予批复。“批复”的云南轿子山省级自然保护区总面积为 16193.0hm^2，其中，核心区面积 6552.6hm^2，缓冲区面积 3529.5hm^2，实验区面积 6110.9hm^2。总面积与[1994]38 号文批复的总面积相差 511.0hm^2。

2008 年 7 月，昆明市林业局委托中科院昆明植物研究所牵头组织开展保护区综合科学考察；委托国家林业局昆明勘察设计院编制保护区总体规划。

8.1.2　普渡河片

1984 年，云南省人民政府（云政函[1984]36 号文）批复建立攀枝花苏铁自然保护区，当时未明确保护区四至界限，只划定面积为 11hm^2的范围，为云南最小的省级自然保护区。

2004 年，禄劝县林业局委托云南省林业调查规划院进行普渡河保护区的勘界，经现场勘定，普渡河保护区位于普渡河中游东岸，隶属于禄劝县乌蒙乡舍姑村委会辖区内，面积为 11hm^2。

2005 年，云南省人民政府以（云政复[2005]4 号）文对普渡河自然保护区的勘界报告进行了批复，确定保护区面积为 $11hm^2$，与 1984 年保护区建立时批复的面积一致。

2008 年 7 月，昆明市林业局在听取了有关专家的意见后，决定将普渡河自然保护区作为轿子山自然保护区的一个保护小区，与原轿子山省级自然保护区一起申报国家级自然保护区，并委托中科院昆明植物研究所牵头组织开展保护区综合科学考察；委托国家林业局昆明勘察设计院编制保护区总体规划。

8.2 主要保护对象和保护区类型

(1)主要保护对象：根据综合科学考察成果，确定轿子山自然保护区的主要保护对象为：以攀枝花苏铁、须弥红豆杉为代表的珍稀濒危野生动植物及其栖息环境；我国面积最大的高山柏林和分布海拔最低的高山松林。具体包括：①保护以急尖长苞冷杉林、高山柏林、高山松林、黄背栎林等为代表的滇中地区唯一在轿子山有分布的植被类型及森林生态系统。②保护以攀枝花苏铁、须弥红豆杉、西康玉兰、丁茜、乌蒙绿绒蒿、东川当归、林麝、中国穿山甲、大灵猫等为代表的珍稀濒危、特有动植物及其栖息地。③保护第四纪冰川遗迹尤其是冰蚀地貌。④保护长江上游重大水利工程的重要水源涵养地和昆明地区的生态屏障。

(2)保护区类型：按照中华人民共和国国家标准《自然保护区类型与级别划分原则》(GB/T14529—93)，轿子山自然保护区属于自然生态系统类森林生态系统类型。

8.3 保护区建设方针和目标

云南轿子山自然保护区是以保护急尖长苞冷杉林、高山柏林、高山松林、黄背栎林为代表的植被类型以及攀枝花苏铁、须弥红豆杉、林麝等为代表的国家重点保护野生动植物为目的而建立的。根据保护区建立的目的和意义，保护区的建设方针为“全面保护自然环境，积极开展科学研究，大力发展生物资源，为国家和人类造福”。

保护区建设的总体目标是：攀枝花苏铁为主的珍稀濒危野生动植物资源及其生存环境得到有效保护。具体目标是：①攀枝花苏铁的生境得到有效保护，居群数量得到稳定和发展。②其他珍稀濒危动植物、森林和自然生态环境得到有效保护。③保护区管理能力、自我发展能力得到提高。保护区管理机构得到健全，人员编制得以落实，基本完成基础设施建设，人员得到培训，并具备一定的自养能力。④社区发展与资源保护关系得到协调发展。⑤在轿子山自然生态环境得到有效保护的同时，使其充分发挥“昆明后花园”的综合效益。

8.4 机构设置及人员编制

(1)机构设置：根据昆编[2009]12 号文批复，轿子山自然保护区于 2009 年 2 月成立自然保护区管理局，为昆明市林业局管理的副处级事业单位。内设机构 5 个：综合处、资源管理保护处、计划财务处、森林防火处、社区共管宣教处，内设机构规格为副科级。在禄劝县和东川区分别成立轿子山自然保护区管理分局，分别为禄劝县和东川区林业局管理的事业单位。

(2)人员编制：保护区管理局为昆明市林业局管理的副处级事业单位，核定事业编制 28 名；在禄劝县和东川区分别成立轿子山自然保护区管理分局，分别为禄劝县和东川区林业局管理的事业单位，核定事业编制各 25 名。

8.5 基础设施和设备现状

(1)基础设施：保护区地处的禄劝县和东川区均属于国家级贫困县，在财政状况十分困难的情况下仍然投资建设了一些必须的基础设施。现已建成办公用房 511m²，宿舍 300m²，配备了复印机 1 台、卫星电视接收机 6 台(套)、电话 2 部、电台 2 台、对讲机 9 台等必要的办公设备；设置了少量的界碑、界桩；修建了防火道路 3.7km、巡护步道 18km、防火隔离带 20km、瞭望台 1 座；购置了森林防火车、摩托等巡护工具。

(2)设备现状：保护区管理部门目前拥有一定数量的办公、管护、防火、交通、通讯等设备，能够满足保护区最基本的管护需求，见表 8-1。

表 8-1 轿子山自然保护区管护点基础设施(现状)

建设地点	权属	建筑面积(m²)	结构	管护人员		对讲机(对)	电台(部)	短波电台(部)	大灵通座机电话(部)	望远镜(副)	卫星接收机(套)	贮水罐(个)	防火车(辆)	备注
				林场职工	乡村护林员									
四方井管护点	保护区管理站	161	砖混		4	1			1		1	1		
普渡河管护点	保护区管理站				1									
法者林场场部							1				3		1	
炭房林区		130	砖混	3		1			1		1			
大厂林区		130	砖混	4		1					1			
大海管护点		130	砖混	2		1								
茶厂林区	保护区管理所	130		4		1		1		1				
沙子坡林区		0		4		1								无管护房
法者林区		0		4		1	1							无管护房
凤凰林区		130		4		1								
晓光桥检查站				2		1								
九龙管护点	保护区管理所				2									林场、舍块乡共管
总计		811		27	7	9	2	1	2	1	6	1	1	

8.6 保护区管理

(1)行政管理基本到位。目前轿子山自然保护区共设有一个保护区管理局，两个管理分局，下设 1 个管理所、1 个管理站，9 个管护点和 1 个检查站，分别设于轿子山片和普渡河片。其中：东川区 1 个管理所、8 个管护点、1 个检查站；禄劝县 1 个管理站，1 个管护点。目前，管理机构和人员配备基本能满足资源保护和日常管理的需要。

(2)管理制度建设。保护区管理部门始终坚持以《森林法》《自然保护区管理条例》《云南省自然保护区管理条例》为法律依据，履行保护区的职能，特别是昆明市政府 2006 年 2 月 1 日颁布《昆明市轿子雪山保护区管理条例》之后，管理工作更上了一个台阶。

(3)资源管理举步维艰。近年来，昆明市及东川区、禄劝县政府在经济条件很不宽裕的条件下，每年还下拨327.6万元的行政事业经费支持保护区管理部门开展保护区的管护工作。经共同努力，保护区多年来未发生过重大森林火灾或病虫害。但是，由于经费投入不足，还是制约了保护区建设管理水平的提高。

(4)科学研究小有作为。由于人才、资金的限制，保护区未能独立开展科研、监测方面的工作。但是，保护区在力所能及的范围内还是配合科研单位、大专院校开展了一些有益的科研工作，如：轿子山高山药材种植、高山花卉资源考察、冰川遗迹考察研究、红豆杉扦插、云南省重要针叶树种病虫害研究、轿子山综合科学考察等。

(5)社区共管有待加强。当前，保护区周边社区居民对保护区资源依赖性仍然较强，保护区自然资源面临的压力仍然较大。人才资源不足、技术力量薄弱、资金匮乏是制约保护区开展有关工作的"短板"，因此是亟待解决的问题。

(6)宣教工作比较扎实。保护区建立以来，管理部门非常重视宣教工作，积极协调林业、环保、新闻、文化等部门多次进行"爱护生态、保护资源""保护轿子山自然环境，把青山绿水留给子孙后代"等一系列宣传活动，周边社区群众的环境保护意识不断提高，破坏资源的事件呈下降趋势。

8.7　保护区建设管理现状评价

(1)社会影响力逐步显现。轿子山自然保护区具有滇中地区最为完整的植被和生境的垂直带谱、最丰富典型的植被类型及国家重点保护野生动植物。轿子山不仅拥有丰富的生物多样性，且非常典型，尤其云南闭壳龟作为云南省的特有龟类物种，历史记录只在昆明和东川发现，昆明和东川是其模式产地和目前所记录的仅有分布地，进行该珍贵物种的保护和种群恢复已经迫在眉睫。轿子山作为滇中少有的第四纪冰川遗迹地，关于其研究对揭示滇中第四纪以来的环境演变过程具有重要价值。保护区还是金沙江一级支流——小江、普渡河的水源涵养地。作为滇中地区生物多样性最为丰富的保护区，其在科学研究上的价值吸引着越来越多的专家学者。过去，由于调查研究不够深入，宣传力度也不够，社会各界对轿子山的认识不足。随着相关工作的深入，轿子山的社会影响力将逐步显现。

(2)保护区对境内的土地实施了有效管理。保护区轿子山片面积16193.0hm^2，其中，国有林5390.3hm^2，集体林10802.7hm^2；普渡河片面积263.0hm^2，全部为集体林。保护区内国有林已经发放了山林权证书。由于保护区内集体林属于当地重要的水源林区，因此已全部纳入国家或省级公益林补偿范围，林权证已经发放到村委会或村小组中，而且保护区管理部门已与林权所有者签订了管护协议，当地居民也认可保护区管理部门对其上的生物、生态资源拥有管理权。

(3)社区协调工作有待加强。轿子山自然保护区所在地是以汉族为主的多民族聚居地，保护区内只有3个自然村，人口339人。但保护区周边涉及两个县6个乡(镇)16个村委会。周边社区的经济来源主要靠种植和畜牧业，对自然保护区的资源依赖较大。目前社区共建共管虽然取得了一定的成绩，但仍有待加强。今后应更多地通过社区共建共管及扶助多种经营等方式带动保护区内及周边社区的发展以有效解决生计问题，提高社区居民参与管理的积极性。

(4)法规体系基本完善。轿子山省级自然保护区建立以来，林业部门主要根据《中华人民共和国自然保护区管理条例》《中华人民共和国野生动物保护法》《中华人民共和国野生植物保护条例》《云南省自然保护区管理条例》《云南省陆生野生动物保护条例》《昆明市轿子雪山保护和管理条例》等法律、法规行使保护区管护权，法规体系基本完善。

(5)管理体系有待加强。轿子山自然保护区在昆明市设立了保护区管理局，并分别在东川区和禄劝县设立了管理分局、管理所和管理站，管理所(站)下设巡护点和哨卡。保护区虽然面积不大，但跨两个县(区)，交通不便、周界长，管护难度大，管理体系有待加强。

(6)管理水平有所提高，管理工作卓有成效。①保护管理方面：昆明市政府于2006年2月10日颁布、2006年5月1日施行《昆明市轿子雪山保护和管理条例》，限制非法开矿、开垦、放牧等违法行为，对合理开发利用轿子山，保护自然资源起到了积极作用。②护林防火方面：保护区将管辖区域分片、分块落实到管理站、管护哨卡、责任人和管护人员后，明确各自的职责、分工、任务和目标，并不断完善管护及巡逻措施，实施定期巡护。并按分工责任业绩结果与工资挂钩进行奖惩，使职工及广大护林人员的积极性、责任感大为增强，多年来保护区未发生过森林火灾。③社区参与：保护区结合天然林保护和退耕还林工程，组织周边社区群众参与保护区生态环境保护，推广节柴改灶技术，营造薪炭林等活动，大大减轻了保护区资源压力。

(7)科研宣教取得一定成绩。①科研：受多种因素限制，轿子山自然保护区管理部门只能在力所能及范围内配合部分科研院所开展一些力所能及的科研项目，但也积累了不少重要的基础资料，并取得了一些积极的成果。在保护区进行过的科研工作见表8-2。②宣教：自保护区建立以来，昆明市林业局便将保护区纳入重要科普基地建设计划，加大了宣传力度。今后还准备将保护区打造成为昆明的科研、教学和科普基地。

表8-2　轿子山自然保护区已开展的科研、监测工作情况

年度	研究、监测内容	研究机构	主要人员	保护区参与程度
1940	植物标本采集	云南农林植物研究所	张英伯教授	—
1952	植物标本采集	中科院植物分类研究所昆明工作站	毛品一教授	—
1964	植物标本采集	中科院植物研究所昆明分所	滇东北组	—
1984	植物标本采集	中科院昆明植物研究所	李恒教授	—
1900	杜鹃花调查	中科院昆明植物研究所	方瑞征教授	—
1991~1992	轿子山生态环境综合考察与研究	东川市科委		—
1993	轿子山高山药材考察	东川市科委、昆明植物所		—
1993	轿子山高山花卉调查	东川市科委、昆明植物所		—
1994~1995	云南东川市拱王山冰川遗迹考察	东川市科委、兰州大学地理系	李吉钧教授	参与
1995~1996	红豆杉扦插繁殖	东川市林科所	胡颖工程师	参与
1998~2001	云南主要针叶树种病虫害研究	东川森防站、西南林学院	潘涌志教授	参与
2003~2004	轿子山专题考察、总体规划	云南省林业调查规划院	张良实	参与
2008	综合科学考察	中科院昆明植物所、昆明动物所、西南林学院、云南师范大学		多学科系统考察，为保护区科学管理提供依据，为晋升国家级保护区准备材料

(8)自养能力欠缺。多年来，由于财力不足等原因，保护区的管理还停留在简单管护的层面，未能进行自然资源的开发利用，没有自养能力。

(9)存在的主要问题。①基础设施有待完善：作为滇中地区生物多样性最为丰富的保护区，轿子山自 1994 年建立省级自然保护区以来，所建立的管理机构和原有的设施、设备已不能满足保护区发展的需要。昆明市人民政府于 2009 年 2 月以昆编[2009]12 号文批准成立了相关的管理机构，但保护区基础设施建设仍有待加强，以适应保护区发展的需求。保护区现有基础设施落后、设备和设施年代已久，不能适应保护区保护、发展的客观需要。保护区山高坡陡，林内腐殖层厚，一旦发生火灾后果将不堪设想。因此，迫切需要改善区内交通和通讯条件，搞好保护站、点建设，添置必要的防火设备、交通工具及科研设施等。②管理经费不足：保护区属于公益性事业单位，没有自养能力，保护区的管理维护仅靠财政拨款。随着保护区各项工作的开展，管理经费不足的问题已经成为制约保护区进一步发展的主要因素。③范围广、边界长、情况复杂、管理难度大：轿子山自然保护区面积达 16456. 0hm^2，跨禄劝、东川 2 个县(区)，涉及 6 个乡(镇)，管理难度大。主要表现在：其一，行政区域隶属关系的不同增加了管理协调难度；其二，资源保护与社区经济发展的矛盾仍然存在；其三，周边社区尚未脱贫，仍未摆脱对保护区资源的依赖。

8.8 保护区发展建议

(1)按照国家级自然保护区的要求加强保护区的管理，开展好各项工作，完成申报国家级的各种材料，尽快晋升为国家级自然保护区，提升保护区地位，扩大影响，争取更多的关注和支持。

(2)进一步完善保护区的机构建设，解决历史遗留问题，形成健全的管理体系。

(3)合理设置岗位，明确科研、监测、宣教、社区共管等岗位设置，进一步完善各级机构职责和岗位职责，合理配备人员，落实岗位责任制。

(4)加强人员培训，注重人才的培养，提高保护区工作人员在管理、执法、巡护、科研监测等方面的能力和水平。

(5)完善基础设施建设，改善软硬件条件。在现有基础上新建或维修业务用房，改善科研、宣教、管护条件；根据保护和管理的实际需要，购置和更新必要的办公、科研、宣教、巡护等设备和装备。

(6)建立和完善保护区自然资源数据库。在综合科学考察成果基础上，加强横向联系，争取更多的科研机构前来保护区开展考察、研究工作，建立并不断完善保护区资源数据库，培养保护区的科研人才，提升科研水平。

(7)加强对外宣传，提高保护区的知名度，吸引国内外相关项目的支持。

(8)争取地方政府在政策、资金、项目等方面给予保护区周边社区更大的倾斜，促进周边地区社会经济快速发展，减少对保护区资源的依赖。

附录Ⅰ 轿子山国家级自然保护区主要维管植物名录

云南轿子山自然保护区维管植物名录共记录保护区范围内野生维管植物 157 科 563 属 1613 种(含种下等级，下同)，其中：蕨类植物 16 科 33 属 108 种；种子植物 141 科 530 属 1505 种。在种子植物中，裸子植物 7 科 12 属 23 种，被子植物 134 科 518 属 1482 种。

本名录是在对采自轿子山保护区(少数种类虽没有采自保护区范围内但是保护区应该有分布)的 2000 余号维管植物标本进行系统鉴定以及查阅了昆明植物研究所标本馆(KUN)所藏的采自该地区的标本的基础上，并参考了已出版的《Flora of China》①、《中国植物志》、《云南植物志》、《云南种子植物名录》、“中国高等植物数据库(光盘)”等文献资料以及最新的专科专属的研究成果编撰而成的。所有文献资料截止日期为 2010 年 2 月 28 日。

本名录按科、属、种的顺序进行排列。其中，蕨类植物按秦仁昌(1978 年)系统排列；裸子植物按郑万钧(1978 年)系统排列；被子植物按 Hutchinson(1926 年和 1934 年)系统排列。新增的科列在其原来所属的科之后，编号与原来所属科相同，再加 a、b、c 等字母加以区别。科内按植物属名的拉丁字母顺序、属内按种加词的拉丁字母顺序进行排列。

本名录中每个种都列出了凭证标本，凭证标本按照产地的拼音顺序排列，若产地相同，则按采集时间先后顺序排列。所有凭证标本除注明者外均藏于中国科学院昆明植物研究所标本馆(KUN)。

名录中除蕨类植物外，每种植物包括：中文名、拉丁学名及其在轿子山的产地(实际上是标本采集地点，本名录中按照产地的汉语拼音顺序排列)、海拔、采集人(本名录中 pH *et al.* = 彭华、刘恩德、向建英等；Mao = 毛品一；Zhang = 张英伯；ETNEY = 滇东北考察队；其他均列出采集人姓名)及采集号、生境、省内的分布(列举县名)、国内的分布(列举省名，部分到县名)、国外的分布(列举国名或地区名)及分布区类型。分布遵从由小到大的原则。轿子山具体分布为单独一段；另起依次为云南分布及海拔、生境，以“。”分隔；国内分布，间断以“。”；最后是境外分布。种的分布区类型根据吴征镒(1991 年)和吴征镒等(2006 年)的中国种子植物属的分布区类型的概念及范围，李锡文(1995 年)对云南高原地区和彭华(1998 年)对无量山的研究中种的分布区类型划分的原则，具体到每一个分布区类型下又根据种的集中分布式样而相应地划分出分布亚型。

本名录中，除中国科学院昆明植物研究所标本馆外的其他标本馆代码如下：

YAF：云南省林业科学研究院植物标本室；

SWFC：西南林学院植物标本室；

HGUY：云南大学生物系植物标本室。

---

① 名称的处理主要依据

轿子山种子植物种的分布区类型系统

1 世界分布
2 泛热带分布
3 热带亚洲－热带美洲间断分布
4 旧世界热带分布
5 热带亚洲至热带大洋洲分布
6 热带亚洲至热带非洲分布
7 热带亚洲分布
　7－1. 印度尼西亚(爪哇或苏门答腊)、喜马拉雅间断或星散到华南、华西南分布
　7－2. 热带印度至华南分布
　7－3. 缅甸、泰国至华西南分布
　7－4. 越南(或中南半岛)至华南(或华西南)分布
8 北温带分布
9 东亚－北美间断分布
10 旧世界温带分布
11 温带亚洲分布
12 地中海区、西亚至中亚分布
13 中亚分布
　13－2 中亚至喜马拉雅和我国西南分布
14 东亚分布
　14－1 中国－喜马拉雅分布
　14－2 中国－日本分布
15 中国特有分布
　15－1 轿子山特有
　15－2 轿子山与云南高原地区共有
　　15－2－a 与滇中高原共有
　　15－2－b 与滇西北共有
　　15－2－c 与云南非热区共有
　　15－2－d 与云南热区共有
　　15－2－e 整个云南高原地区
　15－3 与中国其他地区共有
　　15－3－a 西南片
　　15－3－b 南方片
　　15－3－c 南、北方片

蕨类植物门 PTERIDOPHYTA

4. 卷柏科 Selaginaceae

◎**布朗卷柏**

Selaginella braunii Bak.

产于普渡河保护小区(1170 m, pH *et al.* 9919、9939);生于干旱河谷山坡灌丛。

◎**狭叶卷柏**

Selaginella mairei Lévl.

产于禄劝乌蒙乡普度河(1700m,朱维明 2421);河谷灌丛。

◎**垫状卷柏**

Selaginella pulvinata (Hook. et Grev.) Maxim.

产于普渡河保护小区(1170 m,pH *et al.* 9926),雪山乡白家洼(2970m,pH *et al.* 9735);林缘灌丛。

6. 木贼科 Equisetaceae

◎**披散问荆**

Equisetum diffusum D. Don

产于轿子山(3200m,朱维明等 03097);山谷溪边湿地。

18. 膜蕨科 Hymenophyllaceae

◎**长叶蕗蕨**

Mecodium longissimum Ching et Chiu

产于轿子山大黑箐(3800m,朱维明 1702、1703、1708);冷杉林下。

◎**细叶蕗蕨**

Mecodium polyanthos (Sw.) Copel.

产于轿子山(3800m,朱维明 02654);山谷林缘。

◎**莱氏蕗蕨**

Mecodium wrightii (v. d. B.) Copel.

产于法者林场大海至马鬃岭(3000 m,pH *et al.* 9189);林缘灌丛。

27. 凤尾蕨科 Pteridaceae

◎**凤尾蕨**

Pteris cretica Linn. var. *nervosa* (Thunb.) Ching et S. H. Wu

产于东川九龙沟(2800m,pH *et al.* 8207),禄劝乌蒙乡团街(2800m,Zhang470);林缘灌丛。

◎**指叶凤尾蕨**

Pteris dactylina Hook.

产于炉拱山至九龙(2800 m,pH *et al.* 8176、8177),因民干冲(2800m,蓝顺彬 302、584);林缘灌丛。

◎**溪边凤尾蕨**

Pteris excelsa Gaud.

产于禄劝乌蒙乡团街(2800m,Zhang407);密林下。

◎**粗糙凤尾蕨**

Pteris laeta Wall. ex Ettingsh.

产于雪山乡白家洼(2900m,pH *et al.* 9742);山坡路边灌丛。

◎**蜈蚣草**

Pteris vittata Linn.

产于普渡河保护小区(1170 m,pH *et al.* 9927);干旱河谷山坡灌丛。

30. 中国蕨科 Sinopteridaceae

◎**多鳞粉背蕨**

Aleuritopteris anceps (Blanfordii) Panigrahi

产于普渡河保护小区(1170 m,朱维明等 1679,pH *et al.* 9945);干旱河谷山坡灌丛。

◎**阔盖粉背蕨**

Aleuritopteris grisea (Blanford) Panigrahi

产于九龙沟(3000m,pH *et al.* 8203、8204);山坡灌丛。

◎**丽江粉背蕨**

Aleuritopteris likiangensis Ching

产于因民炉灯倒马坎(2300m,蓝顺彬 181);石灰岩裂缝。

◎**棕毛粉背蕨**

Aleuritopteris rufa (D. Don) Ching

产于乌蒙山团街至转龙(2600m,朱维明等 1737);石灰岩隙。

◎**狭盖粉背蕨**

Aleuritopteris stenochlamys Ching

产于雪山乡白家洼(2900m,pH *et al.* 9753);山坡路边灌丛。

◎**硫磺粉背蕨**

Aleuritopteris veitchii (Christ) Ching

产于禄劝乌蒙乡乐作尼(1800m,朱维明 1659);石灰岩隙。

◎**薄叶薄鳞蕨**

Leptolepidium dalhousiae (Hook.) Hsing et S. K. Wu

产于炉拱山至九龙(2800m,pH *et al.* 8180);林缘灌丛。

◎**华北薄鳞蕨**

Leptolepidium kuhnii (Milde) Hsing et S. K. Wu

产于九龙沟(3000m,pH *et al.* 8218);山坡灌丛。

◎**绒毛薄鳞蕨**

Leptolepidium subvillosum (Hook.) Hsing et S. K. Wu

产于九龙沟(3000m,pH *et al.* 8198),雪山乡白家洼(2900m,pH *et al.* 9731),腰棚子林区(2890m,pH *et al.* 8596);山坡路边灌丛、林缘。

◎**黑足金粉蕨**

Onychium contiguum Hope

产于法者林场大海至马鬃岭(3000m,pH *et al.* 9191),雪山乡白家洼(2900m,pH *et al.* 9730),腰棚子林区(2890m,pH *et al.* 8590);林缘灌丛、林下。

◎**栗柄金粉蕨**

Onychium lucidum (D. Don) Spreng.

产于雪山乡白家洼(2900m,pH *et al.* 9736);山坡路边灌丛。

◎**木坪金粉蕨**

Onychium moupinense Ching

产于普渡河河谷乐作尼(1700m,Mao766);杂木林下水沟边。

◎**繁羽金粉蕨**

Onychium plumosum Ching

产于普渡河保护小区(1170m,朱维明等 02437,pH *et al.* 9920);干旱河谷山坡灌丛。

◎**中国蕨**

Sinopteris grevilleoides (Christ) C. Chr. et Ching

产于普渡河保护小区(1170m,pH *et al.* 9935);干旱河谷山坡灌丛。

31. 铁线蕨科 Adiantaceae

◎**毛足铁线蕨**

Adiantum bonatianum Brause

产于禄劝乌蒙乡团街(2800m,Zhang473);密林下多石山坡。

◎**团羽铁线蕨**

Adiantum capillus-junonis Rupr.

产于普渡河保护小区(1170m,pH *et al.* 9923、9937);干旱河谷山坡灌丛。

◎**铁线蕨**

Adiantum capillus-veneris Linn.

产于九龙沟(3000m,pH *et al.* 8217);山坡灌丛。

◎**白背铁线蕨**

Adiantum davidii Franch.

产于禄劝乌蒙乡团街(2800m,Zhang473;Mao789),雪山乡白家洼(2900m,pH *et al.* 9752);山坡路边灌丛。

◎**长刺铁线蕨**

Adiantum davidii Franch var. *longispinum* Ching

产于九龙沟(3000m,pH *et al.* 8200);山坡灌丛。

◎**普通铁线蕨**

Adiantum edgeworthii Hook.

产于普渡河保护小区(1170m,pH *et al.* 9922);干旱河谷山坡灌丛。

◎**假鞭叶铁线蕨**

Adiantum malesianum Ghatak

产于禄劝乌蒙乡普渡河河谷乐作尼(1700m,云大队 00848);灌丛缘路边。

◎**半月形铁线蕨**

Adiantum philippense Linn.

产于禄劝乌蒙乡普渡河河谷乐作尼(1700m,云大队 00642、00843);灌丛缘路边。

33. 裸子蕨科 Hemionitidaceae

◎**尖齿凤丫蕨**

Coniogramme affinis Hieron.

产于禄劝乌蒙乡(2800m,云大队 00404);常绿林下。

◎**滇西金毛裸蕨**

Gymnopteris delavayi (Bak.) Underw.

产于九龙沟(3000m,pH *et al.* 8187-2、8194),雪山乡白家洼(2900m,pH *et al.* 9750);山坡路边灌丛。

◎**欧洲金毛裸蕨**

Gymnopteris marantae (Linn.) Ching

产于九龙沟(3000m,pH *et al.* 8184),乌蒙至雪山途中老槽子(3098m,08CS065);山坡灌丛。

◎**金毛裸蕨**

Gymnopteris vestita (Wall. ex Hook.) Shing

产于法者林场大海至马鬃岭(3000m,pH *et al.* 9188),九龙沟(3000m,pH *et al.* 8229),因民上黄草岭(2600m,蓝顺彬 275);山坡灌丛、林缘。

36. 蹄盖蕨科 Athyriaceae

◎毛翼蹄盖蕨

Athyrium dubium Ching

产于法者林场大海至马鬃岭(3000m,pH *et al.* 9176),雪山乡白家洼(2900m,pH *et al.* 9744、9747),腰棚子林区(2890m,pH *et al.* 8581);林缘灌丛、林下、岩缝中。

◎川滇蹄盖蕨

Athyrium mackinnonii (Hope) C. Chr.

轿子山大马路(3200m,pH *et al.* 9416);林缘灌丛。

◎岩生蹄盖蕨

Athyrium rupicola (Edgew ex Hope) C. Chr.

产于炉拱山至九龙(2800m,pH *et al.* 8190、8213);林缘灌丛。

◎软刺蹄盖蕨

Athyrium strigillosum (Moore ex Lowe) Moore ex Salom

产于法者林场大海至马鬃岭(3000),pH *et al.* 9175,林缘灌丛。

◎华中蹄盖蕨

Athyrium vidalii (Franch. et Sav.) Nakai

乌蒙至雪山途中老槽子(3098m,08CS071);山坡林缘、溪边。

◎冷蕨

Cystopteris fragilis (Linn.) Bernh.

轿子山大马路(3250m,pH *et al.* 9422);林缘灌丛。

◎宝兴冷蕨

Cystopteris moupiensis Franch.

产于法者林场大海至马鬃岭(3000m,pH *et al.* 9183、9202);林缘灌丛。

◎膜叶冷蕨

Cystopteris pellucida (Franch.) Ching

产于炉拱山至九龙(2800m,pH *et al.* 8178、8189、8210);林缘灌丛。

◎羽节蕨

Gymnocarpium remotepinnatum (Hayata) Ching

产于九龙沟(3000m,pH *et al.* 8219);山坡灌丛。

◎大耳蛾眉蕨

Lunathyrium auriculatum W. M. Chu et Z. R. Wang

产于炉拱山至九龙(2800m,pH *et al.* 8179);林缘灌丛。

◎四川峨眉蕨

Lunathyrium sichuanensis Z. R. Wang

产于雪山乡白家洼(2900m,pH *et al.* 9741);山坡路边灌丛。

◎大叶假冷蕨

Pseudocystopteris atkinsonii (Bedd.) Ching.

产于雪山乡白家洼(2900m,pH *et al.* 9742),腰棚子林区(2890m,pH *et al.* 8578、8580、8588、8599);山坡路边灌丛、林缘、林下。

◎睫毛盖假冷蕨

Pseudocystopteris schizochlamys Ching

产于炉拱山至九龙(2800m,pH *et al.* 8191);林缘灌丛。

◎三角叶假冷蕨

Pseudocystopteris subtriangularis (Hook.) Ching

产于炉拱山至九龙(2800m,pH *et al.* 8188),腰棚子林区(2890m,pH *et al.* 8594),轿子山大马路(3200m,pH *et al.* 9406);林缘灌丛。

37. 肿足蕨科 Hypodematiaceae

◎肿足蕨

Hypodematium crenatum (Forsk.) Kuhn

产于普渡河保护小区(1170m,pH *et al.* 9924、9936、9940);干旱河谷山坡灌丛。

◎无毛肿足蕨

Hypodematium glabrum Ching ex Shing

产于普渡河保护小区(1170m,pH *et al.* 9930);干旱河谷山坡灌丛。

38. 金星蕨科 Thelypteridaceae

◎长根金星蕨

Parathelypteris beddomei (Bak.) Ching

产于九龙沟(2700m,pH *et al.* 8228);山坡灌丛。

◎星毛紫柄蕨

Pseudophegopteris levingei (C. B. Clarke) Ching

产于九龙沟(3000m,pH *et al.* 8214);山坡灌丛。

39. 铁角蕨科 Aspleniaceae

◎铁角蕨

Asplenium trichomanes Linn.

产于九龙沟(3000m,pH *et al*. 8220);山坡灌丛。

◎**变异铁角蕨**

Asplenium varians Wall. ex Hook. et Grev.

产于轿子山大马路(3230m,pH *et al*. 9419),雪山乡白家洼(2900m,pH *et al*. 9729);山坡路边灌丛、林缘。

◎**云南铁角蕨**

Asplenium yunnanensis Franch.

产于普渡河保护小区(1170m,pH *et al*. 9929);干旱河谷山坡岩石上。

43. 岩蕨科 Woodsiaceae

◎**长叶滇蕨**

Cheilanthopsis elongata (Hook.) Cop.

产于法者林场大海至马鬃岭(2900m,pH *et al*. 9181);林缘灌丛。

◎**蜘蛛岩蕨**

Woodsia andersonii (Bedd.) Christ

产于产于法者林场大海至马鬃岭(2800m,pH *et al*. 9166),炉拱山至九龙(2800m,pH *et al*. 8192);林缘灌丛。

◎**团羽岩蕨**

Woodsia cycloloba Hand. - Mazz.

轿子山大马路(3350m,pH *et al*. 9420、9554);林缘灌丛。

45. 鳞毛蕨科 Dryopteridaceae

◎**金冠鳞毛蕨**

Dryopteris chrysocoma (Christ) C. Chr.

腰棚子林区(2890m,pH *et al*. 8585);林缘灌丛。

◎**硬果鳞毛蕨**

Dryopteris fructuosa (Christ) C. Chr.

产于九龙沟(3000m,pH *et al*. 8221);山坡灌丛。

◎**粗齿鳞毛蕨**

Dryopteris juxtaposita Christ

产于九龙沟(3000m,pH *et al*. 8209);山坡灌丛。

◎**近多鳞鳞毛蕨**

Dryopteris komarovii Korshinsky

产于轿子山大羊窝(3350m,pH *et al*. 9539);林缘灌丛。

◎**大果鳞毛蕨**

Dryopteris panda (C. B. Clarke) Christ

产于法者林场大海至马鬃岭(3000m,pH *et al*. 9209),干箐垭口至沙子坡(2900m,pH *et al*. 8745),九龙沟(3000m,pH *et al*. 8206);山坡林下、灌丛。

◎**藏布鳞毛蕨**

Dryopteris redactopinnata S. K. Basu et Panigr.

产于法者林场大海至马鬃岭(3000m,pH *et al*. 9193、9207),轿子山大马路(3200m,pH *et al*. 9418),腰棚子林区(2890m,pH *et al*. 8575),雪山乡白家洼(2900m,pH *et al*. 9738、9748);山坡林下、林缘灌丛。

◎**褐鳞鳞毛蕨**

Dryopteris squamifera Ching et S. K. Wu

产于雪山乡白家洼(2900m,pH *et al*. 9746、9778);山坡路边灌丛。

◎**半育鳞毛蕨**

Dryopteris sublacera Christ

产于雪山乡白家洼(2900m,pH *et al*. 9737),转龙甸尾(2100m,Zhang372);山坡林下。

◎**大羽鳞毛蕨**

Dryopteris wallichiana (Spreng.) Hylander

产于乌蒙至雪山途中老槽子(3098m,08CS054),腰棚子林区(2890m,pH *et al*. 8593);山坡林下。

◎**刺叶耳蕨**

Polystichum acanthophyllum (Franch.) Christ

产于乌蒙至雪山途中老槽子(3098m,08CS047),腰棚子林区(2890m,pH *et al*. 8550);山坡林下。

◎**小羽芽胞耳蕨**

Polystichum atkinsonii Bedd.

产于法者林场大海至马鬃岭(3000m,pH *et al*. 9177、9201);林缘灌丛。

◎**喜马拉雅耳蕨**

Polystichum brachypterum (Kunze) Ching

产于腰棚子林区(2890m,pH *et al*. 8576);林缘灌丛。

◎**基芽耳蕨**

Polystichum capillipes (Bak.) Diels.

产于炉拱山至九龙(2800m,pH *et al*. 8187);林缘灌丛。

◎**圆片耳蕨**

Polystichum cyclolobum C. Chr.

产于九龙沟(3000m,pH *et al*. 8230);山坡林缘灌丛。

◎**杜氏耳蕨**

Polystichum duthiei (Hope) C. Chr.

产于腰棚子林区(2890m,pH *et al*. 8551);林缘

灌丛。

◎贡山耳蕨

Polystichum integrilimbum Ching et H. S. Kung

产于法者林场抱水井垭口至大厂(3000m, pH *et al.* 8995);林下。

◎镰叶耳蕨

Polystichum manmeiense (Christ) Nakaike

乌蒙至雪山途中老槽子(3098m, 08CS069);常绿阔叶林下。

◎穆坪耳蕨

Polystichum moupinense (Franch.) Bedd.

产于舒姑至马鬃岭梁子(3000m, pH *et al.* 9824);林缘灌丛。

◎黛鳞耳蕨

Polystichum nigrum Ching et H. S. Kung

轿子山大马路(3200m, pH *et al.* 9409),大羊窝(3360m, pH *et al.* 9530);林缘灌丛。

◎乌鳞耳蕨

Polystichum piceo - paleaceum Tagawa

产于雪山乡白家洼(2900m, pH *et al.* 9745);山坡路边灌丛。

◎猫儿刺耳蕨

Polystichum stimulans (Kunze ex Mett.) Bedd.

产于法者林场大海至马鬃岭(3000m, pH *et al.* 9193);山坡林下。

◎尾叶耳蕨

Polystichum thomsonii (Hook. f.) Bedd.

产于九龙沟(3000m, pH *et al.* 8212);山坡灌丛。

46. 三叉蕨科 Aspidiaceae

◎巢形轴鳞蕨

Dryopsis nidus (Clarke) Holttum et Edwards

产于法者林场燕子洞至大海(3000m, pH *et al.* 9197、9200);林缘灌丛。

52. 骨碎补科 Davalliaceae

◎小膜盖蕨

Araiostegia delavayi (Bedd. Ex Clarke et Bak.) Ching

产于法者林场燕子洞至大海(3000m, pH *et al.* 9190);林缘灌丛。

◎宿枝小膜盖蕨

Araiostegia hookeri (Moore ex Bedd.) Ching

产于舒姑至马鬃岭梁子途中大崖头(3308m, pH *et al.* 9800);林缘灌丛。

◎鳞轴小膜盖蕨

Araiostegia perdurans (Christ) Copel.

产于九龙沟(3000m, pH *et al.* 8199);山坡灌丛。

◎长片小膜盖蕨

Araiostegia pseudocystopteris (Kunze) Copel

产于九龙沟(3000m, pH *et al.* 8197);山坡灌丛。

56. 水龙骨科 Polypodiaceae

◎刺齿隐子蕨

Crypsinus glaucopsis (Franch.) Tagawa

轿子山大马路(3200m, pH *et al.* 9408),大羊窝(3350 m, pH *et al.* 9522);林缘灌丛。

◎弯弓隐子蕨

Crypsinus malacodon (Hook.) Copel.

产于产于法者林场大海至燕子洞(3000m, pH *et al.* 9210),干箐垭口至沙子坡(3000m, pH *et al.* 8798);林下、林缘灌丛。

◎苍山隐子蕨

Crypsinus subebenipes (Ching) T. Nakaike

产于法者林场大海至马鬃岭(3000m, pH *et al.* 9170),腰棚子林区(2890m, pH *et al.* 8592);林下。

◎二色瓦韦

Lepisorus bicolor (Takeda) Ching

产于法者林场大海至马鬃岭(3000m, pH *et al.* 9174、9206 - 1),九龙沟(2900m, pH *et al.* 8222),炉拱山至九龙(2800m, pH *et al.* 8186);林缘树上。

◎网眼瓦韦

Lepisorus clathratus (C. B. Clarke) Ching

轿子山大马路(3200m, pH *et al.* 9422);林缘树上。

◎扭瓦韦

Lepisorus contortus (Christ) Ching

产于法者林场大海至马鬃岭(3000m, pH *et al.* 9180 - 1、9206 - 2);林缘树上。

◎白边瓦韦

Lepisorus morrisonensis (Hayata) H. Ito

产于法者林场大海至马鬃岭(3000m, pH *et al.* 9180 - 2、9198),雪山乡白家洼(2900m, pH *et al.* 9740),腰棚子林区(2890m, pH *et al.* 8574);林缘树上。

◎假网眼瓦韦

Lepisorus pseudo - clathratus Ching et S. K. Wu

轿子山大马路(3200m, pH *et al.* 9422);林缘

树上。

◎连珠瓦韦

Lepisorus subconfluens Ching

产于炉拱山至九龙（2800m，pH *et al.* 8185）；林缘树上。

◎多变瓦韦

Lepisorus variabilis Ching et S. K. Wu

产于法者林场大海至马鬃岭（3000m，pH *et al.* 9167），轿子山大马路（3200m，pH *et al.* 9421），大羊窝（3300m，pH *et al.* 9521、9543），炉拱山至九龙（2800m，pH *et al.* 8195）；林缘树上。

◎石松

Lycopodium japonicum Thunb. ex Murray

产于老炭房后山（2800m，pH *et al.* 9203）；山坡林下。

◎篦齿蕨

Metapolypodium manmeiense（Christ）Ching

产于法者林场大海至马鬃岭（3000m，pH *et al.* 9173）；林缘灌丛。

◎黑鳞假瘤蕨

Phymatopteris ebenipes（Hook.）Pic. Serm.

产于九龙沟（3000m，pH *et al.* 8210）；山坡灌丛。

◎陕西假瘤蕨

Phymatopteris shensiensis（Christ）Pic. Serm.

产于轿子山大羊窝（3300m，pH *et al.* 9523）；林缘灌丛。

◎柔毛水龙骨

Polypodiodes amoena（Wall. ex Mett.）Ching var. *pilosa*（C. B. Clarke）Ching

产于雪山乡白家洼（2900m，pH *et al.* 9741），腰棚子林区（2890m，pH *et al.* 8583）；林缘灌丛。

◎细根水龙骨

Polypodioides microrhizoma（Clarke ex Bak.）

产于法者林场大海至马鬃岭（3000m，pH *et al.* 9184），九龙沟（3000m，pH *et al.* 8215），炉拱山至九龙（2800m，pH *et al.* 8182）；林缘灌丛。

◎假水龙骨

Polypodioides subamoena（C. B. Clarke）Ching

产于腰棚子林区（2890m，pH *et al.* 8582）；林缘灌丛。

◎西南石韦

Pyrrosia gralla（Gies.）Ching

产于雪山乡白家洼（2900m，pH *et al.* 9751）；山坡路边树上。

种子植物门 SPERMATOPHYTA

I. 裸子植物 Gymnospermae

G1. 苏铁科 Cycadaceae

◎攀枝花苏铁

Cycas panzhihuaensis L. Zhou et S. Y. Yang

产于普渡河苏铁保护区(1100 ~ 1500m, pH *et al.* 9862);生于干旱河谷、山坡灌丛。

分布于云南的东川、禄劝、华坪、永仁、元谋、巧家等地;生长于海拔 1100 ~ 1800m 地带的稀树灌草丛中。四川也有。

分布区类型:15 – 3 – a

G4. 松科 Pinaceae

◎云南黄果冷杉(变种)

Abies ernestii Rehder var. *salouenensis* (Bordères et Gaussen) W. C. Cheng et L. K. Fu

产于法者林场抱水井垭口(3200 m, pH *et al.* 8748),大厂大洼子(2930 m, pH *et al.* 8991);生于针阔混交林、冷杉林中。

分布于云南的东川、云龙、丽江、德钦、维西、泸水、沧怒分水岭;生于海拔 2600 ~ 3200m 地带。西藏东南部也有。

分布区类型:15 – 3 – a

◎川滇冷杉

Abies forrestii C. C. Rogers

产于法者林场干箐垭口(3100m, pH *et al.* 8715),轿子山大孝峰(3600m, Mao1005);生于冷杉林中、山坡林中。

分布于云南的东川、禄劝、云龙、德钦、维西、贡山、中甸、丽江等地;生于海拔 2800 ~ 3600m 地带,常与其他种冷杉、丽江云杉、云南铁杉、大果红杉等组成混交林,或成单纯林。四川西南部、西藏东部也有分布。

分布区类型:15 – 3 – a

◎长苞冷杉

Abies georgei Orr

产于轿子山(4000m, Zhang583, pH *et al.* 9277),马鬃岭梁子(4012m, pH *et al.* 9825);生于杜鹃冷杉林中。

分布于云南的禄劝、云龙、中甸、维西、丽江、兰坪地;生于海拔 2500 ~ 4200m 的针阔混交林中。

分布区类型:15 – 2 – b

◎云南油杉

Keteleeria evelyniana Masters

产于乌蒙乡团街(2260m, Mao1357);干燥山坡林中。

分布于云南的禄劝、西北部、中部至南部海拔 1200 ~ 2300m 的地带。贵州西部、四川西部也有。亦见于老挝、越南。

分布区类型:7 – 4

◎华山松

Pinus armandi Franch.

产于轿子山大兴厂(2800m, Mao862),九龙沟(3200m, pH *et al.* 8484);生于沙石坡、山坡林中。

分布于云南的东川、禄劝、昆明、富民、安宁、路南、嵩明、云龙、永德、贡山、福贡、腾冲、德钦、中甸、维西、丽江、洱源、漾濞、大理、凤庆、景东、楚雄、师宗、文山、砚山。甘肃南部、西藏(察隅、波密、亚东、林芝、错那)、四川、贵州中部及西北部、陕西秦岭以南、湖北西部、山西南部、河南西南部有产。缅甸北部也有。

分布区类型:14 – 1

◎高山松

Pinus densata Masters

产于炉拱山至九龙(3000m, pH *et al.* 8026);生于山坡林缘。

分布于云南的东川、德钦、贡山、中甸、丽江、宁蒗等地;生于海拔 2600 ~ 3500m 地带,垂直分布较云南松高,成单纯林,或在海拔 3000m 以下与云南松、华山松混生;为我国西部高山地区的特有树种。四川西部、东部,青海南部,西藏东部也有,在康定以西沿雅砻江两岸及西藏东部海拔 2600 ~ 3500m 向阳山坡或河流两岸组成单纯林。

分布区类型:15 – 3 – a

◎云南松

Pinus yunnanensis Franch.

产于轿子山各坡(2600 ~ 2800m, Mao1195, pH *et*

al. 9256)；生于山坡或平地。

在云南分布甚广，东至富宁，南至蒙自及普洱，西至腾冲，北至中甸以北，其中以金沙江中游、南盘江中下游及元江上游最为密集，生于海拔 1000 ~ 800m (3000)，多组成纯林，或与华山松、云南油杉、旱冬瓜及栎类组成混交林。西藏东南部、四川泸定至天全以南、贵州毕节以西、广西凌乐、天峨、南丹、上思等地亦有分布。

分布区类型：15 - 3 - b

◎云南铁杉

Tsuga dumosa (D. Don) Eichler

产于法者林场大厂林区大洼子(2930m，pH *et al.* 8951)；生于针阔混交林中。

分布于云南的东川、禄劝、会泽、云龙、永德、德钦、贡山、中甸、维西、福贡、丽江、福贡、兰坪、泸水、鹤庆、洱源、永平、腾冲、景东、临沧等地；生于 2200 ~ 3500m 的山地，常形成大面积的纯林，有时亦与其他针叶树混交。西藏南部、四川西南部大渡河流域、岷江流域上游、青衣江流域及马边河流域也常见。不丹、印度北部、缅甸北部、尼泊尔、锡金、越南北部也有。

分布区类型：14 - 1

G5. 杉科 Taxodiaceae

◎杉木

Cunninghamia lanceolata (Lamb.) Hook.

产于禄劝转龙镇甸尾(2400m，Zhang0715)；生于林中。

分布于云南的禄劝、昆明、大理、华坪、会泽、昭通、威信、红河、蒙自、金平、屏边、河口、文山、西畴、马关、广南、富宁、腾冲、景东、镇雄等地，在云南东南部多分布海拔 1000m 以下，云南中部及以北地区多分布海拔 1600 ~ 2300m 地带，最高可达 2900m。

分布区类型：15 - 2 - e

G6. 柏科 Cupressaceae

◎干香柏

Cupressus duclouxiana Hickel

产于乌蒙蜜汁山(2500m，Mao1359)；生于村旁斜坡。

分布于云南的东川、禄劝、武定、嵩明、昆明、永德、德钦、维西、丽江、剑川、大理、洱源、宾川、巍山、永仁、盈江、凤庆、景东、蒙自、西畴等地；垂直分布在西北部自 2000 ~ 3400m，东南为 1300m 左右，散生于干热或干燥山坡，成小片纯林或与栎类，松树混生。贵州、四川西南部、西藏东南部亦有分布。

分布区类型：15 - 3 - a

◎刺柏

Juniperus formosana Hayata

产于轿子山(4000m，Zhang558、651)，轿子山大孝峰(3650m，Mao1080，pH *et al.* 9293、9624)，九龙沟(3480m，pH *et al.* 8246、8247)；生于山坡林中、多石山坡、山坡灌丛。

分布于云南的东川、禄劝、安宁、昆明、云龙、永德、德钦、丽江、剑川、鹤庆、洱源、漾濞、宾川、寻甸等地；生于海拔 1800 ~ 3800m，喜光，耐干燥，多散生杂木林中，分布普遍。为我国特有树种，台湾中央山脉，江苏南部、安徽南部、浙江、福建西部、江西、湖北西部、湖南南部、陕西南部、青海东北部、甘肃东部、四川、贵州等地都有。

分布区类型：15 - 3 - c

◎滇藏方枝柏

Juniperus indica Bertoloni

产于白石崖(4200m，pH *et al.* 8648a)；生于多石山坡灌丛。

分布于云南的东川、德钦、中甸、维西等地；生于海拔 3000 ~ 4300m 地带，多见于 3600m 以上高山阳坡的匍匐灌丛中。西藏南部及东部亦产。不丹、印度(锡金)、克什米尔地区、尼泊尔也有分布。

分布区类型：14 - 1

◎垂枝香柏(原变种)

Juniperus pingii W. C. Cheng ex Ferré var. *pingii*

产于轿子山(4000m，Zhang560，pH *et al.* 9445、9485、9505)，轿子山大孝峰(3600m，Mao1004)，马鬃岭梁子(4000m，pH *et al.* 9842)；生于山坡灌丛。

分布于云南的禄劝、中甸、维西、丽江、鹤庆；生于海拔 2600 ~ 4400m，多在 3000m 以上地带，四川西南部也有分布。

分布区类型：15 - 3 - a

◎香柏(变种)

Juniperus pingii W. C. Cheng ex Ferré var. *wilsonii* (Rehder) Silba

产于东川舍块乡火石梁子白石崖(4100m，Liu Ende *et al.* 2057)；生于杜鹃和刺柏密林下。

分布于云南的东北部至西北部和东南部；生于海拔 2200 ~ 4150m 的高山地带。湖北西北部、陕西南部、甘肃南部、四川及西藏等省区也有分布。

分布区类型：15 - 3 - a

◎**小果垂枝柏**

Juniperus recurva Buch. - Ham. Ex D. Don var. *coxii* (A. B. Jackson) Melville

产于独角石(3430m,JZ602);生于杜鹃林、冷杉林中。

分布于云南的东川以及云南西北部地区;生于海拔2500~3800m的向阳山坡、岩壁、林缘或云杉、冷杉、杂木林中。西藏东南部也有。不丹、缅甸北部、印度北部亦产。

分布区类型:14-1

◎**高山柏**

Juniperus squamata Buch. - Ham. ex D. Don

产于白石崖(4200m,pH *et al.* 8648);生于多石灌丛。

分布于云南的东川、禄劝、云龙、永德、景东、剑川、鹤庆、漾濞、大理、宾川、丽江、德钦、贡山、中甸、维西、福贡、宁蒗、;生于海拔2500~4400m,多在3000m以上。西藏、贵州、四川、甘肃南部、陕西南部、湖北西部、安徽黄山、福建及台湾等省区有分布。阿富汗、不丹、印度北部、克什米尔地区、缅甸北部、尼泊尔、巴基斯坦、锡金亦有。

分布区类型:14-1

◎**侧柏**

Platycladus orientalis (Linn.) Franco

产于乌蒙乡平田(1980m,Mao1233);生于村旁路边。

分布于云南的禄劝、嵩明、昆明、德钦、维西、丽江、大理、漾濞、易门;生于海拔1800~3400m地带,往南至峨山、蒙自、金平、砚山、文山、麻栗坡、广南及西双版纳勐海,海拔1000m地带均有分布,在金平可见生于360m处。内蒙古南部、吉林、辽宁、河北、山西、山东、江苏、浙江、福建、安徽、江西、河南、陕西、甘肃、四川、贵州、湖北、湖南至广东、广西北部等省区亦产。

分布区类型:15-3-c

G8. 三尖杉科 Cephalotaxaceae

◎**三尖杉(原变种)**

Cephalotaxus fortunei Hook. f. var. *fortunei*

产于乌蒙大地 (2500~2700m,Zhang702、707),中槽子歇马箐(2400~2900m,木本油料组65-0066);生于杂木林林缘、山坡林中。

分布于云南的禄劝、鹤庆、彝良、镇雄、富民、石屏、文山;生于海拔2000~2900m及邱北、广南、麻栗坡,海拔1200~1500m地带,多见于针-阔混交林内;为我国特有树种,浙江、安徽南部、福建、江西、湖南、湖北、河南南部、陕西南部、甘肃南部、四川、贵州、广西及广东等省区都有分布,在东部各省生于海拔200~1000m地带,西部各省可达2700~3000m。

分布区类型:15-3-a

◎**高山三尖杉(变种)**

Cephalotaxus fortunei Hook. f. var. *alpina* H. L. Li

产于法者林场沙子坡至大厂途中(3200m,pH *et al.* 8712),轿子山新山垭口至平箐(2800~3230m,08CS046),雪山乡白家洼(2900m,pH *et al.* 9667);生于阔叶林、针阔混交林中、林缘灌丛。

分布于云南的禄劝、维西、丽江、鹤庆、腾冲、大姚、寻甸;常见于海拔2300~3700m的沟谷针阔混交林或灌丛、杂木林内。甘肃南部、四川西部也有。

分布区类型:14-1

◎**粗榧**

Cephalotaxus sinensis (Rehd. et Wils.) Li

产于禄劝转龙镇中槽子村中槽子社至猴子石途中(2500~2800m,Liu Ende *et al.* 2071);生于密林边缘。

分布于云南的南部、中部等;南部海拔1000~1600m;北部可达2800m。江苏南部、河南、陕西南部、甘肃南部及长江以南各省区广布。

分布区类型:15-3-a

G9. 红豆杉科 Taxaceae

◎**须弥红豆杉**

Taxus wallichiana Zucc.

产于轿子山中槽子(2780m,Liu Ende *et al.* 2071、2072);生于常绿阔叶林中。

分布于云南的禄劝、云龙、永德、德钦、贡山、中甸、维西、丽江、宁蒗、鹤庆、景东、镇康等地;生于海拔2000~3500m的常绿阔叶林中。四川西南部与西藏东南部有分布。不丹、印度北部、缅甸北部、锡金、越南南部也有。

分布区类型:14-1

G10. 麻黄科 Ephedraceae

◎**丽江麻黄**

Ephedra likiangensis Florin

产于白石崖(4265m,pH *et al.* 8637);生于多石山坡。

分布于云南的东川、禄劝、德钦、鹤庆、丽江、宁蒗、维西、昭通、中甸等地;生于海拔2300~4300m的高山及亚高山地带,耐干旱,多生于干旱的石灰岩山地、草坡、石滩地区灌丛中。贵州西部,四川西部,西藏东部及西南部也有。

分布区类型:15－3－a

II. 被子植物 Angiospermae

1. 木兰科 Magnoliaceae

◎山玉兰

Magnolia delavayi Franch.

产于转龙甸尾(2500～2600m,Zhang355、360、397);生于杂木林中。

分布于云南的禄劝、昆明、安宁、嵩明、宜良、云龙、永德、丽江、永仁、宾川、洱源、牟定、武定、禄丰、师宗、罗平、文山、屏边、蒙自、石屏、元江、易门、双柏、景东、腾冲等县;生于海拔1600～2850m的阔叶林中。四川南部、贵州西南部有分布。

分布区类型:15－3－a

◎西康玉兰

Magnolia wilsonii (Finet et Gagnep.) Rehd.

产于法者林场大厂林区附近(2780m,pH *et al*. 8994),炉拱山至九龙中山(2850m,JZ032);生于阔叶林中、混交林中。

分布于云南的东川、禄劝、巧家、云龙、丽江、剑川、鹤庆、大理、宾川、景东、大姚、会泽等;生于海拔2600～3500m的阔叶林中。四川也有分布。

分布区类型:15－3－a

◎云南含笑

Michelia yunnanensis Franch. ex Finet et Gagnep.

产于转龙大功山(2400m,Mao01409),甸尾(2100m,Zhang0381);生于疏林中斜坡、杂林中;

分布于云南的禄劝、贡山、丽江、大理、双柏、昆明、寻甸、富民、嵩明、安宁、宜良、玉溪、易门、江川、华宁、峨山、元江、石屏、蒙自、金平、屏边、文山、广南、富宁、思茅、西双版纳、临沧、耿马、镇康、永德、龙陵;生于海拔1100～2300m的山地灌丛或林中。四川、贵州、西藏也有。

分布区类型:15－3－a

2a. 八角茴香科 Illiciaceae

◎野八角

Illicium simonsii Maxim.

产于法者林场大厂至新发村(2600m,pH *et al*. 8984),沙子坡至抱水井垭口(2700m,pH *et al*. 8864),轿子山大羊窝(3250m,pH *et al*. 9633);生于林缘灌丛、河谷山坡灌丛、杜鹃林中。

分布于云南的富民、嵩明、禄劝、大关、镇雄、会泽、东川、巧家、彝良、云龙、永德、贡山、福贡、泸水、腾冲、龙陵、维西、兰坪、大理、洱源、漾濞、施甸、武定、大姚、玉溪、新平、寻甸。四川、贵州、湖北有分布。缅甸北部、印度东北部也有。

分布区类型:14－1

3. 五味子科 Schisandraceae

◎东亚五味子

Schisandra elongata (Blume) Baillon

产于轿子山何家村(2800m,Mao956);生于林缘灌丛。

分布区类型:14

◎大花五味子

Schisandra grandiflora (Wall.) Hook. f. et Thoms.

产于法者林场干箐垭口(3100m,pH *et al*. 8863),轿子山崖子桥(2900m,Mao889),四方井至大羊窝(3340m,08CS016);生于林缘灌丛。

分布于云南西南部;生于海拔1800～3100m的山坡林下灌丛中。分布于西藏南部。尼泊尔、不丹、锡金、印度北部、缅甸、泰国也有。

分布区类型:14－1

◎合蕊五味子

Schisandra propinqua (Wall.) Baill.

产于乌蒙乡普鲁(2100m,Mao1336),生于阔叶林中。

分布于云南的禄劝、昆明、嵩明、富民、云龙、永德、贡山、福贡、泸水、维西、丽江、漾濞、鹤庆、腾冲、龙陵、施甸、思茅、蒙自。西藏、四川、贵州有分布。印度东北部、锡金、尼泊尔也有。

分布区类型:14－1

◎华中五味子

Schisandra sphenanthera Rehd. et Wils.

产于板山沟(2959m,JZ166);生于山坡林缘灌丛。

分布于云南的东川、昆明、昭通、嵩明、云龙、永德等;生于海拔600～3000m的湿润山坡边或灌丛中。山西、陕西、甘肃、山东、江苏、安徽、浙江、江西、福建、河南、湖北、湖南、四川、贵州也有。

分布区类型:15 - 3 - c

6a. 领春木科 Eupteleaceae

◎**领春木**

Euptelea pleiospermum Hook. f. et Thoms.

产于中山(2850m,JZ010);生于混交林中。

分布于云南几乎全省;生于海拔 1500 ~ 3500m 的山谷、山坡溪边阔叶林中;甘肃、陕西、山西、浙江、湖北、四川、贵州、西藏亦有。印度有分布。

分布区类型:14 - 1

11. 樟科 Lauraceae

◎**聚花桂**

Cinnamomum contractum H. W. Li

产于轿子山天生桥(2600m,Mao872);生于溪旁湿润林中。

分布于云南的禄劝、西北部;生于海拔 1800 ~ 2800m 的山坡或沟边的常绿阔叶林中。西藏东南部也有。

分布区类型:15 - 3 - a

◎**云南樟**

Cinnamomum glanduliferum (Wall.) Meissn.

产于乌蒙乡大地(3500m,Zhang689);生于林缘。

分布于云南的禄劝、永德、景东、贡山、腾冲、梁河、维西、中甸、德钦、丽江、漾濞、洱源、鹤庆、永平、楚雄、元谋、武定、双柏、元江、易门、峨山、昆明、嵩明、曲靖、富民、彝良、文山;生于海拔 1500 ~ 2500m (3500m)的山地常绿阔叶林中。西藏东南部、四川南部及西南部、贵州南部有分布。印度、尼泊尔、缅甸、马来西亚也有。

分布区类型:7 - 1

◎**更里山胡椒**

Lindera kariensis W. W. Sm.

产于大海至马鬃岭途中(3500m, pH *et al.* 9071);生于林缘、林中。

分布于云南的东川以及西北部;生于山坡或沟边的杂木林、灌丛、高山竹林或林缘等处,海拔 (2750m)3000 ~ 3700m。西藏东南部(察瓦龙)也有。

分布区类型:15 - 3 - a

◎**山鸡椒**

Litsea cubeba (Lour.) Pers.

产于法者林场大厂(2600m,pH *et al.* 8954),禄劝雪山乡白家洼(2900m,pH *et al.* 9721);生于林中。

分布于云南省除高海拔地区外的大部分地区,南部地区为常见;生于海拔 100 ~ 2900m 的向阳丘陵和山地的灌丛或疏林中,对土壤和气候的适应性较强,但在土壤酸度为 5 ~ 6 度的地区生长较为旺盛。我国长江以南各省区西南直至西藏均有分布。东南亚及南亚各国也产。

分布区类型:7

◎**高山木姜子**

Litsea chunii Cheng

产于法者林场干箐垭口(3100m, pH *et al.* 8719),轿子山大羊窝(3100m,pH *et al.* 9561、9615、9655),腰棚子林区(2890m,pH *et al.* 8509);生于林缘、杜鹃林中。

分布于云南的东川、禄劝、云龙、永德、耿马、贡山、福贡、龙陵、德钦、维西、中甸、丽江、宁蒗、鹤庆、大理、漾濞、勐海、勐腊、景洪、峨山、罗平、师宗、屏边、麻栗坡、砚山、西畴、富宁;生于海拔 2900 ~ 3200m 的路边或山坡灌丛中。四川西部也有。

分布区类型:15 - 3 - a

◎**毛叶木姜子**

Litsea mollis Hemsl.

产于轿子山大兴场(2860m,JZ1507);生于山坡林中。

分布于云南的禄劝、西南部、东南部和东北部;生于海拔 1000 ~ 2900m 的山坡灌丛中或林缘处。四川、贵州、湖南、湖北、广西、广东也有。

分布区类型:15 - 3 - b

◎**木姜子**

Litsea pungens Hemsl.

产于轿子山(3500m,Zhang502),大村至大黑箐(3500m, 方瑞征、吕正伟 073),大兴厂(2700m, Mao844);生于杂木林中、杜鹃林中。

分布于云南的禄劝、云龙、云南西北部及;生于海拔 1900 ~ 2500m 的向阳坡地或杂木林中。四川、贵州、西藏、陕西、甘肃、山西、湖南、湖北、广西及广东北部也有。

分布区类型:15 - 3 - c

◎**红叶木姜子**

Litsea rubescens Lec.

产于大海至马鬃岭途中(3000m, pH *et al.* 9116);生于常绿林中。

云南除高海拔地区外,均有分布;常生于山地阔叶林中空隙处或林缘,海拔 1300 ~ 3100m。四川、贵州、西藏、陕西南部、湖北、湖南也有。越南也产。

分布区类型:7 –4

◎**长毛楠**

Phoebe forrestii W. W. Smith

产于禄劝乌蒙乡(2140m, Mao1332);生于山谷溪旁潮湿处。

分布于云南的中部、中南部及西部;生于海拔1700 ~2500m 的地带。西藏东南部也有分布。

分布区类型:14 –1

◎**白楠**

Phoebe neurantha (Hemsl.) Gamble

产于禄劝乌蒙乡(1960m, Mao1203);生于山谷溪旁潮湿处。

分布于云南中南部至中部;生于海拔(1000m) 1500 ~2400m 的地带。甘肃、陕西、四川、湖北、湖南、贵州、广西、江西等省区也有分布。

分布区类型:15 –3 –c

13. 莲叶桐科 Hernandiaceae

◎**心叶青藤**

Illigera cordata Dunn

产于禄劝乌蒙乡老熊箐(1750m, Mao1303);生于干燥山坡。

分布于云南中部(禄劝、易门)东南部(广南、蒙自、文山、开远)、南部(西双版纳、墨江、元江)及北部(元谋)等地;生于海拔670 ~2000m 的密林或灌丛中。四川、贵州及广西等省区亦产。

分布区类型:15 –3 –b

15. 毛茛科 Ranunculaceae

◎**冷杉林乌头**

Aconitum abietetorum W. T. Wang et L. Q. Li

产于禄劝轿子山(4200m, 陈邦余 658);生于草地。

分布于云南的禄劝(轿子山,云南新记录);生于海拔4200 米的山坡草地。四川西南部(木里)也有。

分布区类型:15 –3 –a

◎**展毛短柄乌头(变种)**

Aconitum brachypodum Diels var. *laxiflorum* Fletcher et Lauener

产于轿子山(3500 ~4200m, Zhang593, Mao1093),烂泥坪(3900m, 杨崇仁 7522);生于山坡沙石地、草地。

分布于云南的东川、禄劝及西北部(中甸);生于海拔2700 ~4250m 的山地草坡、多石山坡。四川西部也有。

分布区类型:15 –3 –a

◎**马耳山乌头**

Aconitum delavayi Franch.

产于法者林场附近(2500m, 李远昌 8901);生于山坡灌丛。

分布于云南的东川、云南西北部;生于高山草地或丛林中,海拔2500 ~3800m。

分布区类型:15 –2 –b

◎**膝瓣乌头(原变种)**

Aconitum geniculatum Fletcher et Lauener var. *geniculatum*

产于法者林场大海至马鬃岭(3500m, pH *et al.* 9281),书姑至马鬃岭途中干水井(3720m, pH *et al.* 9828);生于山坡草地、草坡。

分布于云南的禄劝、会泽;生于海拔3200 ~3700m 的山坡草地。

分布区类型:15 –1

◎**爪盔膝瓣乌头(变种)**

Aconitum geniculatum Fletcher et Lauener var. *unguiculatum* W. T. Wang

产于大海至马鬃岭(3500m, pH *et al.* 9040),烂泥坪(3200m, 吕正伟 1026);生于山坡草地、灌丛、山坡竹林边缘。

分布于云南的东川、禄劝;生于海拔3200 ~3600m 的山坡草地或多石处。

分布区类型:15 –1

◎**拳距瓜叶乌头(变种)**

Aconitum hemslianum Pritz. var. *circinatum* W. T. Wang

产于大厂大洼子(2930m, JZ37 –38);生于林缘灌丛。

分布于云南的东川、云龙、永德、剑川、维西、中甸;生于海拔2000 ~3200m 山坡林下、灌丛中、沟边草地。四川西部、贵州西部也有分布。

分布区类型:15 –3 –a

◎**滇北乌头**

Aconitum iochanicum Ulbr.

产于轿子山(4150m, Zhang658),烂泥坪妖精塘(4100m, 蓝顺彬 523);生于山坡草地。

分布于云南的东川、禄劝、巧家、贡山;生于海拔3700 ~4250m 的山坡草地。

分布区类型:15 –2 –c

◎**长距垂果乌头**

Aconitum pendulicarpum Chang ex W. T. Wang var. circinatum W. T. Wang

产于禄劝乌蒙乡轿子山景区飞来瀑布(3920m, Liu Ende *et al*. 2213);生于悬崖石隙。

分布于云南禄劝、德钦;生于海拔 3600~3800m 的灌丛内、石缝中。

分布区类型:15-2-b

◎**雪山一枝蒿**

Aconitum nagarum Stapf

产于法者林场大海至马鬃岭(3500m, pH *et al*. 9020),轿子山大马路(3400m, pH *et al*. 9252);生于山坡或林下灌丛、林缘。

分布于云南的东川、禄劝、云龙、永德、腾冲、贡山、福贡、维西、丽江、大理、漾濞、寻甸、巧家;生于海拔 1830~3000m 的山坡灌丛、草地。西藏(察隅)也有。

分布区类型:15-3-a

◎**等叶花葶乌头**

Aconitum scaposum Franch. var. hupehanum Rapaics

产于法者林场桦木林(2620m, JZ414);生于林缘草坡。

分布于云南的东川、云龙、兰坪、维西、贡山、中甸、德钦等地;生于海拔 2100~3400m 的云杉林缘,林下、山坡草地。四川、湖南北部、江西西北部、湖北、甘肃南部、陕西南部也有。尼泊尔、不丹、缅甸北部也有分布。

分布区类型:14-1

◎**茨开乌头**

Aconitum souliei Finet et Gagnep.

产于轿子山大黑箐(3900m, pH *et al*. 9360);生于多石草坡。

分布于云南的禄劝、西北部(德钦、贡山);生于海拔 3800~3900m 的山地草坡。

分布区类型:15-2-b

◎**展毛黄草乌(变种)**

Aconitum vilmorinianum Kom. var. *patentipilum* W. T. Wang

产于法者(2500m, 李远昌 8902),法者林场大海至马鬃岭(3000m, pH *et al*. 9100);生于山坡草地、灌丛。

分布于云南的中部至东北部(东川、禄劝、嵩明、寻甸、巧家);生于海拔 2300~3000m 的山地。四川(会东)也有。

分布区类型:15-3-a

◎**展毛银莲花**

Anemone demissa Hook. f. et Thoms var. *demissa*

产于白石崖(4010m, pH *et al*. 8659),轿子山大孝峰垭口(3800m, Mao 1124),轿子山轿顶(4223m, pH *et al*. 9424、9468),轿子山箐门口(3700m, Mao1038);生于高山草甸、多石草坡、山坡草地。

分布于云南禄劝、中甸、德钦;生于海拔3400~4000m 的高山草地或冷杉林下。西藏南部和东部、四川西部、青海南部、甘肃西南部。不丹、尼泊尔也有。

分布区类型:14-1

◎**云南银莲花(变种)**

Anemone demissa Hook. f. et Thoms var. *yunnanensis* Franch.

产于白石崖(4100m, pH *et al*. 8706),轿子山(4100m, 方瑞征等 162);生于高山草甸、岩石边。

分布于云南的禄劝、永德、贡山、兰坪、德钦、中甸、维西、丽江、大理、洱源、鹤庆;生于海拔 3000~3900m 的草坡、灌丛。川西南也有。

分布区类型:15-3-a

◎**打破碗花花**

Anemone hupehensis Lem.

产于东川法者林场至沙子坡老纸厂附近(2600m, ETNEY472);生于路旁水沟边。

分布于云南大部分地区;生于海拔 1400~3000m 的地带。四川、陕西南部、湖北西部、贵州、广西北部、广东北部、江西、浙江、台湾等省区也有分布。

分布区类型:15-3-c

◎**草玉梅**

Anemone rivularis Buch.-Ham. ex DC.

产于轿子山四方井(3170m, 08CS001, pH *et al*. 9547),乌蒙至雪山乡碑根大地(2335m, 08CS102),因民大箐(2300m, 蓝顺彬 099);生于山坡或林缘草地、松林下。

分布于云南的禄劝、昆明、云龙、永德、凤庆、镇康、景东、永善、峨山、姚安、大姚、大理、漾濞、丽江、中甸、德钦、维西、贡山、福贡、泸水、广南;生于海拔 1800~3300m 的田边荒地、草坡、沟边或疏林中。四川、贵州、西藏南部、广西西部、甘肃西南、青海东南、湖北西南有分布。印度、不丹、尼泊尔、斯里兰卡也有。

分布区类型:14-1

◎**湿地银莲花**

Anemone rupestris Hook. f. et Thoms.

产于轿子山书姑梁子(3920m, Mao1121);生于石山沙石地湿润处。

分布于云南的禄劝、洱源、丽江、中甸;生于海拔2300~3000m的山地草坡或溪边。西藏东南部有产。不丹、印度(锡金)、尼泊尔也有。

分布区类型:14-1

◎**野棉花**

Anemone vitifolia Buch.-Ham. ex DC.

产于炉拱山至九龙(2900m, pH *et al.* 8023);生于山溪边、山坡草地、河边灌丛。

分布于云南的东川、云龙、永德、景东、贡山、泸水、德钦、楚雄、大理、昆明、宜良、屏边、文山、西畴;生于海拔1200~2600m的山坡草地、沟边或疏林中。西藏东南部和南部(察隅、墨脱、隆子)、四川西南部有分布。缅甸北部、不丹、尼泊尔、印度北部也有。

分布区类型:14-1

◎**直距耧斗菜**

Aquilegia rockii Munz

产于东川因民大沟(2800m, 蓝顺彬98);生于草甸。

分布于云南西部和西北部(大理、鹤庆、丽江、中甸、维西、贡山、德钦);生于海拔2700~3600m处的林中或山坡草地。四川西南部和西藏东南部也有分布。

分布区类型:15-3-a

◎**毛木通**

Clematis buchananiana DC.

产于轿子山(3500m, Zhang508);生于山坡灌丛。

分布于云南的云龙、永德、凤庆、临沧、沧源、景东、龙陵、腾冲、丽江、大理、漾濞、兰坪、福贡、贡山、禄劝、昆明、嵩明、路南、富民、武定、易门、双柏、广南、西畴、麻栗坡、文山、蒙自、屏边;生于海拔1100~2800m的山谷坡地、溪边、林中或灌丛中。四川西南部、西藏南部、贵州西南部、广西西部有分布。尼泊尔、印度、缅甸、越南北部也有。

分布区类型:14-1

◎**金毛铁线莲**

Clematis chrysocoma Franch.

产于轿子山大村子(2340m, Mao1371);林缘灌丛。

分布于云南的禄劝、嵩明、昆明、宾川、大理、漾濞、洱源、兰坪、剑川、鹤庆、丽江、中甸、沾益、广南;生于海拔1000~3000m的沟边灌丛中、草坡或干山坡或多石山坡、或林边。贵州西部、四川西南部也有。

分布区类型:15-3-a

◎**合柄铁线莲**

Clematis connata DC.

产于轿子山天生桥(2600m, Mao 871);生于路旁斜坡沙石山。

分布于云南的禄劝、宾川、丽江、德钦;生于海拔2800~3000m的沟边灌丛中。西藏南部、四川西部有产。印度北部、尼泊尔也有。

分布区类型:14-1

◎**盘柄铁线莲**

Clematis connata DC. var. *trullifera* (Franch.) W. T. Wang

产于禄劝乌蒙乡(2800m, Zhang448);生于灌丛中。

分布于云南西部的禄劝、宾川、鹤庆;四川西南部和贵州西部也有分布。

分布区类型:15-3-a

◎**滑叶藤**

Clematis fasciculiflora Franch.

产于禄劝转龙镇至乌蒙乡花子石洞(2240m, 尹文清2);生于山坡、灌丛、溪旁。

分布于云南大部分地区;生于海拔1500~2500m的山谷溪边、山坡灌丛中或林中。四川西南部、贵州西南部和广西西部也有分布。缅甸北部、越南北部也有。

分布区类型:7-4

◎**粗齿铁线莲**

Clematis grandidentata (Rehd. et Wils.) W. T. Wang

产于书姑至马鬃岭(2800m, JZ662);生于林缘灌丛。

分布于云南的禄劝、昆明、宜良、云龙、永德、绥江、永善、丽江;生于海拔1400~3100的山坡或沟边灌丛中。四川、贵州、湖南、浙江、安徽、湖北、甘肃和陕西南部、河南西部、山西南部、河北西南部也有。

分布区类型:15-3-c

◎**丽江铁线莲**

Clematis grandidentata (Rehd. et Wils.) W. T. Wang

产于轿子山(2600m, Mao739);生于石山干燥山坡路边。

分布于云南的永德、绥江、永善、宜良、昆明、丽江;生于海拔1400~3100的山坡或沟边灌丛中。四川、贵州、湖南、浙江、安徽、湖北、甘肃和陕西南部、河南西部、山西南部、河北西南部也有。

分布区类型:15 - 3 - c

◎**单叶铁线莲**

Clematis henryi Oliver

产于法者林场大厂林区(2630m,JZ41 - 38);生于林缘灌丛。

分布于云南的东川、镇雄、宜良、漾濞、维西、中甸、文山、蒙自、墨江、思茅;生于海拔 1700 ~ 2400m 的山地林中或灌丛中。四川、湖北、贵州、广西、广东北部、湖南、江西、浙江、江苏南部、安徽南部均产。缅甸北部、越南北部也有。

分布区类型:7 - 3

◎**滇川铁线莲**

Clematis kockiana Schneid.

产于法者林场桦木林(2710m,JZ36 - 26);生于林缘灌丛。

分布于云南的东川、禄劝、嵩明、武定、宾川、大理、泸水、兰坪、剑川、丽江、中甸、维西、贡山、德钦、景东、腾冲、镇康;生于海拔 1600 ~ 3100m 的山坡、沟边、林边或林中。西藏东部、四川西南部、广西西部亦产。

分布区类型:15 - 3 - a

◎**长梗绣球藤(变种)**

Clematis montana Buch. - Ham. ex D. Don var. *longipes* W. T. Wang

产于法者林场沙子坡林区至抱水井垭口(2930m,pH *et al*. 8725),轿子山大马路(3450m,pH *et al*. 9529、9657);生于林中或林缘灌丛。

分布于云南的禄劝、兰坪、维西、丽江、中甸、德钦、贡山;生于海拔 2600 ~ 3900m 的山地林边、杂林中、灌丛中或多石山坡。分布于西藏南部、四川、贵州、湖南西北部、湖北西部、甘肃和陕西南部。印度北部也有。

分布区类型:14 - 1

◎**绣球藤(原变种)**

Clematis montana Buch. - Ham. ex D. Don var. *montana*

产于法者林场大海至马鬃岭途中(3500m,pH *et al*. 9054);生于林缘灌丛。

分布于云南的东川、禄劝、昆明、嵩明、巧家、会泽、大关、镇雄、昭通、大姚、大理、漾濞、鹤庆、剑川、丽江、兰坪、福贡、维西、中甸、贡山、德钦、蒙自;生山地林中或灌丛中,海拔 1900 ~ 4000m。分布于西藏南部、四川、甘肃和陕西的南部、河南西部、湖北西部、贵州、湖南、广西北部、江西、福建西北部、台湾、浙江、安徽南部。不丹、尼泊尔、印度北部也有。

分布区类型:14 - 1

◎**小叶绣球藤(变种)**

Clematis montana Buch. - Ham. ex D. Don var. *sterilis* Hand. - Mazz.

产于轿子山何家村(2800m,Mao960);生于干燥山坡。

分布云南的产禄劝、巧家、大理、鹤庆、丽江、维西、德钦;生于海拔 2300 ~ 2800m 的山地林中或灌丛中。四川西南部也有。

分布区类型:14 - 1

◎**裂叶铁线莲**

Clematis parviloba Gardn. et Champ.

产于九龙村(2800m,JZ001);生于林缘灌丛。

分布于云南的东川、昆明、楚雄、宾川、漾濞、丽江、碧江、福贡、维西、中甸、贡山、景东、砚山、文山、西畴、麻栗坡、蒙自、双江;生于海拔 1000 ~ 3000m 的山坡灌丛中或林中或林边。四川、贵州、广西、广东、香港、江西南部、浙江南部、台湾有产。日本也有。

分布区类型:14 - 2

◎**西南铁线莲**

Clematis pseudopogonandra Finet et Gagnep.

产于雪山乡白家洼(2900m,pH *et al*. 9661),生于林缘灌丛。

分布于云南的禄劝、洱源、鹤庆、剑川、维西、丽江、中甸、德钦;生于山谷林边、林中或岩壁上,海拔 2700 ~ 3600m。分布于西藏东部、四川西部。

分布区类型:15 - 3 - a

◎**滇川翠雀花**

Delphinium delavayi Franch.

产于法者林场抱水井垭口(3200m,pH *et al*. 8789),轿子山(4000m,Zhang646),炉拱山至九龙(3000m,pH *et al*. 8042、8313、8362),雪山乡白家洼(2900m,pH *et al*. 9688);生于林缘草地、灌丛、多石草坡、草地。

分布于云南的东川、禄劝、嵩明、江川、会泽、云龙、永德、保山、大理、洱源、剑川、兰坪、维西、丽江、中甸、永胜、鹤庆、永善、文山;生于海拔 2600 ~ 3600m 的草坡上或疏林中。贵州西部、四川西南部也有。

分布区类型:15 - 3 - a

◎**螺距翠雀花**

Delphinium spirocentrum Hand. - Mazz.

产于东川舍块乡火石梁子小戏台(3900m,Liu

Ende *et al*. 2045)；生于杜鹃灌丛中。

分布于云南的东川、西部和西北部；生于海拔 3400～4200m 的草坡上或林边灌丛中。四川西南部也有分布。

分布区类型：15－3－a

◎大理翠雀花

Delphinium taliense Franch.

产于东川舍块乡火石梁子小戏台(3900m, Liu Ende *et al*. 2046)；生于杜鹃灌丛中。

分布于云南中部和西部；生于海拔 2800～3500m 的高山草地或林边。四川西南部也有分布。

分布区类型：15－3－a

◎云南翠雀花

Delphinium yunnanense (Franch.) Franch.

产于东川舍块乡火石梁子小戏台(3900m, Liu Ende *et al*. 2047)；生于杜鹃灌丛中。

分布于云南的东北部、中部、西部和东南部；生于海拔 1000～2400m 的草坡上或灌丛中。四川西南部和贵州西部也有分布。

分布区类型：15－3－a

◎康定翠雀花

Delphinium tatsienense Franch.

产于乌蒙乡团街(2800m, Zhang460)；生于山坡草地。

分布于云南的禄劝、云龙、巧家、富民、嵩明、昆明、丽江、中甸；生于海拔 2000～2800m 的草坡上。四川西部也有。

分布区类型：15－3－a

◎鸦跖花

Oxygraphis glacialis (Fisch. ex DC.) Bunge

产于轿子山大海梁子(3860m, Mao1053)；生于石山沙石地草地。

分布于云南的禄劝、西北部(德钦、维西、中甸、丽江)；生于海拔 2600～4000m 的草地或水边。四川西部、西藏、陕西南部、甘肃、青海、新疆有产。西喜马拉雅地区至中亚和西伯利亚地区也有。

分布区类型：11

◎拟耧斗菜

Paraquilegia microphylla (Royle) Drumm. et Hutch.

产于白石崖(4040m, pH *et al*. 8697)，轿子山小孝峰(3500m, Mao1092)；生于岩石缝中、石山石上潮湿。

分布于云南的西北部、中部及东北部(德钦、贡山、维西、中甸、丽江、禄劝、巧家)；生于海拔 2600～3900m 山坡岩石上。四川西部、甘肃西南部、青海、新疆西部。克什米尔地区、尼泊尔、锡金、不丹、印度北部、俄罗斯西伯利亚地区也有。

分布区类型：14

◎茴茴蒜

Ranunculus chinensis Bunge

产于轿子山(2100m, Mao1338)；山谷溪旁，沙地，湿润。

分布于云南全省各地；生于海拔 1500～2500m 的山谷湿草地、溪边或田边。西藏、四川、湖南、浙江、安徽、贵州、广西、湖北、甘肃、陕西、江苏及华北、东北各省区有分布。不丹、尼泊尔、印度北部、巴基斯坦北部、蒙古、朝鲜、日本、俄罗斯西伯利亚、哈萨克斯坦也有。

分布区类型：11

◎铺散毛茛

Ranunculus diffusus DC.

产于法者林场燕子洞至大海(3500m, pH *et al*. 9164)，轿子山大兴厂(2660m, Mao877)；生于山坡草地、山谷溪旁、潮湿。

分布于云南的东川、禄劝、昆明、嵩明、贡山、碧江、泸水、腾冲、大理、景东、凤庆、镇康、耿马；生山坡草地、林边、溪边，海拔 1100～3100m。西藏南部和东南部有产。不丹、尼泊尔、印度北部、巴基斯坦北部、阿富汗也有。

分布区类型：14－1

◎扇叶毛茛

Ranunculus felixii Lévl.

产于白石崖(4010m, pH *et al*. 8647)，轿子山轿顶(4220m, pH *et al*. 9470)；生于山坡草地、多石草地。

分布于云南的禄劝、巧家、大理、丽江、永宁、中甸、碧江；生于海拔 2800～3200m 的云杉或高山栎林中、草坡上。四川西南部也有。

分布区类型：15－3－a

◎心基扇叶毛茛

Ranunculus felixii Lévl. var. *forrestii* Hand. - Mazz.

产于法者林场抱水井垭口至大厂(3100m, pH *et al*. 8900)，九龙沟(3000m, pH *et al*. 8422)；生于林下、林缘草地。

分布于云南东川、鹤庆、丽江；生于海拔2400～2900m 的山谷沟边或林边。

分布区类型：15－2－b

◎**三裂毛茛**

Ranunculus hirtellus Royle var. *orientalis* W. T. Wang

产于轿子山毛坝子(3800m, Mao1110);生于草地、溪旁。

分布于云南的禄劝、巧家、大理、丽江、中甸、维西、德钦、贡山;生高山草甸、草坡、水边或石上,海拔2800~4000m。分布于西藏东南和南部、四川西部、青海东部。

分布区类型:15-3-c

◎**高原毛茛**

Ranunculus tanguticus (Maxim.) Ovcz.

产于白石崖(4010m, pH *et al*. 8570),轿子山毛坝子(3800m, Mao1111);生于高山草甸、草地、溪旁。

分布于云南的禄劝、巧家、丽江、永宁、中甸、维西、德钦;生于高山草甸、溪边,海拔2500~4100m。分布于西藏、四川西部、青海东部、甘肃、陕西(太白山)、山西(五台山)、宁夏、内蒙古(贺兰山)。尼泊尔也有。

分布区类型:14-1

◎**棱喙毛茛**

Ranunculus trigonus Hand. -Mazz.

产于轿子山轿顶(4223m, pH *et al*. 9479);生于多石草坡。

分布于云南的禄劝、昆明、嵩明、云龙、大理、漾濞、洱源、鹤庆、宾川、永胜、宁蒗、丽江、中甸、维西、师宗、广南、富宁、砚山、易门、景东、凤庆、镇康、双江;生于海拔1200~3300m的草坡上、溪边、田中或杂林中。四川西南部(木里、稻城)、西藏东南部(察隅)也有。

分布区类型:15-3-a

◎**云南毛茛**

Ranunculus yunnanensis Franch.

产于白石崖(4010m, pH *et al*. 8568),法者林场燕子洞至大海(3500m, pH *et al*. 9145),山坡草地;轿子山大羊窝(3350m, pH *et al*. 9513),轿子山四方井(3170m, 08CS003);生于山坡草地、林缘、沟边、草地。

分布于云南的东川、禄劝、云龙、会泽、大姚、漾濞、洱源、鹤庆、丽江、中甸、维西;生于海拔2800~4100m的草坡、林边或冷杉林中。分布于四川西南部。

分布区类型:15-3-a

◎**黄三七**

Souliea vaginata (Maxim.) Franch.

产于东川舍块乡火石梁子白石崖妖精塘(4130m, Liu Ende *et al*. 2095);生于高山石砾坡、石隙中。

分布于云南东北部和西北部;生于海拔2800~4000m的林中或石隙。四川西部、西藏东南部、青海东部、甘肃南部和陕西南部也有分布。不丹、锡金也有。

分布区类型:14-1

◎**星毛唐松草**

Thalictrum cirrhosum Lévl.

产于九龙沟(3000m, pH *et al*. 8378);生于林缘灌丛。

分布于云南东川、昆明、大理;生于海拔2200~3000m的山坡灌丛或多石处。贵州(威宁)、四川(普格)也有。

分布区类型:15-3-a

◎**偏翅唐松草**

Thalictrum delavayi Franch.

产于法者林场抱水井垭口(3200m, pH *et al*. 8822),炉拱山至九龙(2800m, pH *et al*. 8126),腰棚子林区(2890m, pH *et al*. 8501);生于林缘灌丛。

分布于云南的东川、禄劝、云龙、镇康、景东、大理、洱源、剑川、兰坪、鹤庆、丽江、中甸、德钦、贡山、楚雄、昆明、嵩明、屏边;生于海拔1400~3400m的山地林边、沟边、灌丛或疏林中。贵州西部、四川西部、西藏东南部也有。

分布区类型:15-3-a

◎**爪哇唐松草**

Thalictrum javanicum Bl.

产于轿子山大羊窝(3250m, pH *et al*. 9597);生于山坡沟边。

分布于云南的禄劝、巧家、永善、永德、镇康、泸水、剑川、维西、福贡、德钦、中甸、丽江、屏边;生于海拔1500~3600m的山坡林缘、灌丛、草坡、溪边。西藏南部、四川、甘肃南部、湖北西部、贵州、江西、浙江西部、台湾、广西、广东东北有分布。不丹、尼泊尔、印度、斯里兰卡和印度尼西亚也有。

分布区类型:7-1

◎**微毛唐松草**

Thalictrum lecoyeri Franch.

产于法者林场大海至马鬃岭(3500m, pH *et al*. 9082);生于林缘灌丛。

分布于云南东川、昆明、巧家、凤庆、洱源、维西、德钦、中甸、丽江、鹤庆;生于海拔2000~3200m的林边、草坡上、灌丛中或沟边。四川西南部、贵州西部亦产。

分布区类型:15－3－a

◎**白茎唐松草**

Thalictrum leuconotum Franch.

产于东川舍块乡炉拱山至九龙村途中(2800m,pH *et al.* 8126);生于路边密林中。

分布于云南东北部和西北部;生于海拔2500～3500m的山地草坡上。四川西南部和青海南部也有分布。

分布区类型:15－3－a

◎**叉枝唐松草**

Thalictrum sainiculiforme DC.

产于法者林场干箐垭口至沙子坡(3000m,pH *et al.* 8824);生于林缘灌丛。

分布于云南的东川、凤庆;生于海拔2300～3000m的草坡上或林中。西藏南部和东南部有产。不丹、尼泊尔、印度北部也有。

分布区类型:14－1

◎**帚枝唐松草**

Thalictrum virgatum Hook. f. et Thoms.

产于中山(2850m,JZ012),生于草地、沟边、林缘。

分布于云南的东川、云龙、永德、镇康、洱源、宾川、鹤庆、丽江、中甸、兰坪;生于海拔2300～3500m的林下或林边石上。四川西部、西藏南部有分布。不丹、锡金、尼泊尔也有。

分布区类型:14－1

◎**云南唐松草**

Thalictrum yunnanense W. T. Wang

产于轿子山大黑箐(3900m,pH *et al.* 9329);生于林缘灌丛。

分布于云南东川、昆明、宾川;生于海拔2000～3900m的草坡。

分布区类型:15－2－a

◎**云南金莲花**

Trollius yunnanensis (Franch.) Ulbr.

产于老炭房后山(3200m,pH *et al.* 9216),生于山坡草地。

分布于云南的东川、永德、丽江、云龙、兰坪、维西、中甸、德钦、洱源、鹤庆、巧家;生于海拔3000～3800m的草坡和溪边草地。四川西部和西藏东南部也有分布。

分布区类型:15－3－a

15a. 芍药科 Paeoniaceae

◎**美丽芍药**

Paeonia mairei Lévl.

产于法者新羊(2600m,刘大昌80);生于林中。

分布于云南东北部(东川、昭通、巧家);生于山坡林缘阴湿处,海拔1500～2700m。贵州、四川、甘肃、陕西亦产。

分布区类型:15－3－c

◎**滇牡丹**

Paeonia delavayi Franch.

产于禄劝乌蒙乡小孝峰(3100m,Mao939);生于斜坡疏林中。

分布于云南的西部和西北部;生于海拔2700～3500m的草丛和杂木林中。四川西南部和西藏东南部也有分布。

分布区类型:15－3－a

19. 小檗科 Berberidaceae

◎**全缘锥花小檗**

Berberis aggregata Schneid var. *integrifolia* Ahrendt

产于轿子山大黑箐(3800m,pH *et al.* 9349),炉拱山至九龙(3000m,pH *et al.* 8383),书姑至马鬃岭梁子磨当丘(3190m,pH *et al.* 9776);生于杜鹃林或黄背栎林缘、林缘灌丛。

分布于云南的东川、禄劝、昆明、富民、镇雄,生于海拔1800～3800m的山坡路旁;四川亦有。原变种产甘肃东南部、四川西北部。

分布区类型:15－3－a

◎**贵州小檗**

Berberis cavaleriei Lèvl.

产于轿子山大兴厂(2800m,Mao838),轿子山大羊窝(3200m,pH *et al.* 9500);生于山坡或林缘灌丛。

分布于云南的禄劝、昆明、双柏、昭通;生于海拔2100～2800m的灌丛中。贵州也有。

分布区类型:15－3－a

◎**厚檐小檗**

Berberis crassilimba C. Y. Wu ex S. Y. Bao

产于东川二二二林场对面山上瞭望台(3316m,Liu Ende *et al.* 2145);生于密林中。

分布于云南西北部的丽江、中甸;生于山坡、山腰。

分布区类型:15－2－b

◎**密叶小檗**

Berberis davidii Ahrendt

产于轿子山新山垭口(2772m,08CS135);生于高山栎林、杜鹃灌丛。

分布于云南的禄劝、云龙、大理、剑川、维西、贡山,生于海拔2000~2700(~3500)m的沟边草坡。

分布区类型:15-2-b

◎**壮刺小檗**

Berberis deinacantha Schneid.

产于法者林场大厂林区附近(2830m,pH *et al.* 8729);生于林缘灌丛。

分布于云南的东川、禄劝、昭通、维西、云龙、剑川;生于海拔2600~3000m的山坡灌丛中。四川西南部也有。

分布区类型:15-3-a

◎**滇西北小檗**

Berberis franchetians Schneid.

产于背风窝(2950m,JZ69-5);生于山坡灌丛。

分布于云南的东川、丽江、中甸、德钦、贡山,生于海拔3400~4100m的灌丛中。

分布区类型:15-2-b

◎**光叶小檗**

Berberis lecomtei Schneid.

产于法者林场干箐垭口至沙子坡(2800m,pH *et al.* 8860),轿子山尖峰关(2800m,Mao929),炉拱山至九龙(3000m,pH *et al.* 8386),书姑至马鬃岭梁子(3720m,pH *et al.* 9777);生于山坡林缘灌丛、杜鹃林缘。

分布于云南的东川、禄劝、洱源、丽江、德钦,生于海拔2800~3800m的山坡林下。

分布区类型:15-2-b

◎**粉叶小檗**

Berberis pruinosa Franch.

产于轿子山老树多(2200m,Mao1313);生于山坡灌丛。

分布于云南的禄劝、昆明、安宁、彝良、元谋、云龙、洱源、剑川、中甸、德钦等地;生于海拔1900~3600m的河谷及石灰岩灌丛中。广西北部、西藏东南部亦有。

分布区类型:15-3-a

◎**金花小檗**

Berberis wilsonae Hemsl.

产于炉拱山至九龙(3100m,pH *et al.* 8034);生于山坡林缘灌丛。

分布于云南的东川、禄劝、昆明、富民、寻甸、巧家、镇雄、云龙、洱源、维西、丽江、中甸、德钦;生于海拔2200~4200m的山坡、路边灌丛中。四川及西藏东南部也有。

分布区类型:15-3-a

◎**乌蒙小檗**

Berberis woomungensis C. Y. Wu ex S. Y. Bao

产于轿子山(3400~4000m,Zhang601,Mao670),轿子山大黑箐(3700m,Mao1040),生于林缘、山坡灌丛。

分布于云南的禄劝(轿子山),生于海拔3700~4000m的灌木丛中。

分布区类型:15-1

◎**易门小檗**

Berberis pruinosa Franch. var. *barresiana* Ahrendt

产于禄劝乌蒙乡第二村(2200m,Mao1313);生于斜坡干燥处。

分布于云南的昆明、富民、易门、洱源、中甸;生于海拔1800~3400m的路边灌丛中。

分布区类型:15-2-c

◎**无量山小檗**

Berberis wuliangshanensis C. Y. Wu ex S. Y. Bao

产于禄劝轿子山(3900m,Zhang601);山坡灌丛。

分布于云南的禄劝、景东;生于海拔1800~3900m的山坡灌丛。

分布区类型:15-2-c

◎**鸭脚黄连**

Mahonia flavida Schneid.

产于轿子山哈依垭口(2700m,尹文清22);生于山谷路旁疏林中。

分布于云南的禄劝、昆明、嵩明、玉溪、武定、双柏、路南、蒙自、广南、富宁;生于海拔1000~2700m的山谷路旁或杂木林中。贵州亦有。

分布区类型:15-3-a

◎**长苞十大功劳**

Mahonia longibracteata Takeda

产于抱水井垭口(3300m,JZ542);生于林缘灌丛。

分布于云南的东川、禄劝、大理、永善;生于海拔1900~3300m的山坡疏林中或河边湿润处;四川西南部(冕宁)也有。

分布区类型:15-3-a

◎**阿里山十大功劳**

Mahonia oiwakensis Hayata

产于禄劝乌蒙乡(2600m,Zhang487);生于林下。

分布于云南、西藏、四川、贵州、西藏等省区;生于海拔1800~3000m的常绿阔叶林边缘。

分布区类型:15-3-b

◎**峨眉十大功劳**

Mahonia polyodonta Fedde

产于轿子山(2900m, Mao680);生于疏林中沙石上。

分布于云南的禄劝、绥江、腾冲、砚山;生于海拔1900~2200m的山坡苔藓林内。四川及西藏东南部亦有。

分布区类型:15-3-a

21. 木通科 Lardizabalaceae

◎**猫儿屎**

Decaisnea insignis (Griffith) J. D. Hooker et Thomson

产于禄劝乌蒙乡第一村(2500m, Mao776);生于山谷、斜坡、乾燥沙地。

分布于云南全省;生于海拔1400~3600m的沟谷、阴坡杂木林下。广西、贵州、四川、陕西南部、湖北西部、湖南、安徽、江西、浙江西南部等省区也有分布。不丹、锡金、尼泊尔、印度东北部、缅甸也有。

分布区类型:14-1

◎**五月瓜藤**

Holboellia angustifolia Wall.

产于轿子山(2980m, Mao691),九龙沟(3000m, pH *et al*. 8498);生于疏林中、林缘树上、林下。

分布于云南的东川、云龙、永德、中部、东北部、西北部;生于海拔2100~3000m的山坡杂木林、疏林及灌丛中。安徽、湖北、福建、广东、四川、贵州及陕西南部有产。不丹、印度东北部、缅甸、尼泊尔、锡金也有。

分布区类型:14-1

◎**八月瓜**

Holboellia latifolia Wall.

产于轿子山(2700m, Mao692);生于山谷沙石山灌丛中。

分布于云南的云龙、永德、镇康、凤庆、景东、贡山、福贡、泸水、腾冲、中甸、维西、大理、漾濞、玉溪、双柏、元江、富民、大关、永善、屏边;生于海拔600~2600(~3350)m的密林林缘。西藏(墨脱、察隅、错那)、四川、贵州有分布。印度东北部、不丹、锡金、尼泊尔也有。

分布区类型:14-1

23. 防己科 Menispermaceae

◎**木防己**

Cocculus orbiculatus (Linn.) DC.

产于轿子山老熊箐(1300m, Mao1301);生于干燥山坡。

分布于云南大部分地区(云南西北部除外);生灌丛、村寨边以及林缘等处。国内大部分省区有分布(西藏除外),以长江流域中、下游及其以南各省区常见。广布于亚洲东部和东南部以及夏威夷群岛等地。

分布区类型:7

◎**风龙**

Sinomenium acutum (Thunberg) Rehder et E. H. Wilson

产于乌蒙乡天生桥(2100m, Mao1323);生于山谷干燥山坡 。

分布于云南禄劝以及东南部;常生林中。我国长江流域及其以南各省区,北至陕西南部,南至广东和广西北部均产。印度北部、日本、尼泊尔、泰国北部也有。

分布区类型:14

◎**地不容**

Stephania epigaea H. S. Lo

产于禄劝转龙镇(2100m, Mao1399);生于斜坡。

分布于云南大部,仅东北部、西南部和西双版纳尚未见;常生于石山上。四川南部和西部也有分布。

分布区类型:15-3-a

24. 马兜铃科 Aristolochiaceae

◎**木香马兜铃**

Aristolochia moupinensis Franch.

产于轿子山(3000m, Mao757);生于石山顶灌丛。

分布于云南的禄劝、云龙、贡山、德钦、中甸、维西、丽江、宾川、漾濞、鹤庆、大理、彝良;生于海拔2000~3200m的常绿阔叶林中。福建、贵州、湖南、江西、四川、浙江也有。

分布区类型:15-3-b

29. 三百草科 Saururaceae

◎**蕺菜**

Houttuynia cordata Thunb.

产于乌蒙乡平田(1980m, Mao1224);生于田边、沟边。

广布于云南全省各地;生于海拔150~2500m的林缘、水沟边、湿润的路边、村旁沟边、田埂沟边等潮湿的肥土上。中部以南、北达陕西、甘肃、西至西藏、东达台湾、南至沿海各省区有分布。亚洲东部及东南部广泛分布。

分布区类型:7

32. 罂粟科 Papaveraceae

◎**全缘叶绿绒蒿**

Meconopsis integrifolia (Maximowicz) Franch.

产于法者林场燕子洞至大海(3500m, pH *et al.* 9163);生于多石草坡。

分布于云南的东川、巧家以及福贡、丽江以北;生于海拔2700~5200m的草坡或林下。四川西部、西北部,西藏东南部,甘肃西南部及青海东南部有产。缅甸东北部也有分布。

分布区类型:14-1

◎**琴叶绿绒蒿**

Meconopsis lyrata (Cummins et Prain) Fedde ex Prain

产于轿子山大黑箐(3700m, 方瑞征、吕正伟44),一线天(3800m, pH *et al.* 9284);生于箭竹草丛中、陡崖岩缝中。

分布于云南的禄劝和西北部(德钦、贡山);生于海拔3400~4200m(~4800m)的岩石上、草坡及高山草甸。不丹、印度(锡金)、尼泊尔也产。

分布区类型:14-1

◎**尼泊尔绿绒蒿**

Meconopsis paniculata (D. Don) Prain

产于轿子山大马路(3450m, pH *et al.* 9857),大羊窝羊蹿石(3340m, 08CS028);生于多石灌丛中。

分布于云南的禄劝、大关、巧家、云龙、永德、腾冲、泸水、大姚;生于海拔2700~3800m的山坡草地、灌丛或溪边路旁。四川西部、西藏也有。亦见于尼泊尔、印度(锡金)。

分布区类型:14-1

◎**总状绿绒蒿**

Meconopsis racemosa Maxim.

产于白石崖(4000~4200m, pH *et al.* 8662),法者林场大海至马鬃岭(3500m, pH *et al.* 9032),火石梁子(4000~4200m, Liu Ende *et al.* 2018);生于杜鹃灌丛、多石山坡灌丛岩缝中、草坡。

分布于云南的东川及西北部(鹤庆、洱源以北),生于海拔3000~4600(~4900)m的草坡、石坡、有时生于林下。我国四川西部及北部、甘肃东南部、青海、西藏也分布。

分布区类型:15-3-c

◎**乌蒙绿绒蒿**

Meconopsis wumungensis K. M. Feng ex C. Y. Wu et H. Chuang

产于轿子山一线天(3600~3800m, Mao1081, 方瑞征、吕正伟113, pH *et al.* 9284a);生于湿润石头上。

分布于云南禄劝(轿子山);生于海拔3600~3800m的润湿石山、石上。

分布区类型:15-1

33. 紫堇科 Fumariaceae

◎**南黄堇**

Corydalis davidii Franch.

产于轿子山老槽子(3017m, 08CS051);生于林缘灌丛。

分布于云南的东川、禄劝、永善、大关、彝良、镇雄、昭通、巧家、会泽;生于海拔(1280)1700~3000(3500)m的林下、林缘、灌丛下、草坡或路边。贵州、四川也有。

分布区类型:15-3-a

◎**纤细黄堇**

Corydalis gracillima C. Y. Wu

产于轿子山(4100m, Zhang573);生于山坡草地。

分布于云南的贡山、福贡、中甸、德钦、维西、丽江、宁蒗、漾濞、洱源、鹤庆、宾川、大理、大姚、禄劝、昆明、会泽、巧家、东川;生于海拔2600~4050m的林下、草地或石缝中。西藏东南部(察隅)、四川西部有分布。缅甸北部也有。

分布区类型:14-1

◎**翅瓣黄堇**

Corydalis pterygopetala Hand. -Mazz.

产于马鬃岭(3740m, JZ263);生于山坡草地。

分布于禄劝、贡山、泸水、镇康、凤庆、景东、大理、丽江、兰坪、维西等;生于海拔1 900~4 150m的林下、灌丛下、草坡或沟边路旁。西藏东南部有分布。缅甸北部也有。

分布区类型:14-1

◎**金钩如意草**

Corydalis taliensis Franch.

产于法者林场抱水井垭口(3215m, JZ553);生于箭竹林下林缘。

分布于云南的东川、禄劝、巧家、昆明、晋宁、云龙、永德、凤庆、镇康、耿马、沧源、双江、临沧、景东、澜沧、昭通、大理、宾川、丽江、维西、蒙自;生于海拔

2500 ~ 3100m 的林下、灌丛下或草丛中，房前屋后、田边地头也常见。贵州也有。

分布区类型：15 – 3 – a

◎扭果紫金龙

Dactylicapnos torulosa (Hook. f. et Thoms.) Hutch.

产于书姑村附近（2800m，pH *et al*. 9797）；生于路边灌丛。

分布于云南的东川、禄劝、寻甸、嵩明、昆明、富民、武定、永德、镇康、临沧、景东、安宁、峨山、江川、大理、洱源、漾濞、剑川、丽江、中甸、德钦、维西、贡山、兰坪、腾冲、保山、蒙自、砚山；生于海拔 1200 ~ 3000m 的林下、灌丛中或路边、箐沟边。四川西南部、西藏东南部有分布。印度也有。

分布区类型：14 – 1

◎紫金龙

Dactylicapnos scandens (D. Don) Hutchinson

产于禄劝乌蒙乡（2800m，Zhang403）；生于墙下。

分布于除西双版纳外的云南大部分地区；生于海拔 1100 ~ 3000m 的林下、山坡、石隙、沟谷。广西西部、西藏东南部也有分布。不丹、锡金、尼泊尔、印度北部和中南半岛也有。

分布区类型：7

36. 白花菜科 Capparidaceae

◎野香橼花

Capparis bodinieri Lévl.

产于乌蒙乡红龙召（1300m，Mao1270）；生于干燥山坡。

分布于云南海拔 2500m 以下大部分地区；生于灌丛或次生森林中，石灰岩山坡道旁或平地尤其常见。贵州东部、四川西南部（会理）有产。不丹，印度（锡金、东北部）、缅甸北部也有。

分布区类型：14 – 1

39. 十字花科 Cruciferae

◎尖果寒原荠

Aphragmus oxycarpus (J. D. Hooker et Thomson) Jafri

产于轿子山大黑箐（3900m，Mao1074）；生于溪旁潮湿处。

分布于云南的禄劝、洱源、丽江，生草丛、岩隙碎石间，或山谷溪边，海拔 3700 ~ 4200m；青海、四川、西藏、新疆也有。亦见于克什米尔地区至阿富汗东北部、不丹、印度、尼泊尔、巴基斯坦、锡金、塔吉克斯坦。

分布区类型：14 – 1

◎硬毛南芥

Arabis hirsuta (Linn.) Scop.

产于火石梁子小戏台（3890m，pH *et al*. 8557、8560）；生于高山草甸。

分布于云南的东川、云南西南部、西北部；生于海拔 2000 ~ 3400m 的山坡草地、灌丛下。安徽、甘肃、贵州、河北、黑龙江、河南、湖北、吉林、辽宁、内蒙古、宁夏、青海、陕西、山东、山西、四川、新疆、西藏、浙江有分布。日本、哈萨克斯坦、朝鲜、俄罗斯、北非、西南亚、欧洲、北美也有。

分布区类型：8

◎圆锥南芥

Arabis paniculata Franch.

产于法者林场干箐垭口（3130m，pH *et al*. 8935），九龙沟（3000m，pH *et al*. 8082、8148），轿子山新山垭口（2772m，08CS131），乌蒙至雪山老槽子（3098m，08CS077），雪山乡白家洼（2900m，pH *et al*. 9683）；生于悬崖草坡、林缘灌丛、路边草地、灌丛。

分布于云南的东川、昆明、云龙、洱源、大理、宾川、漾濞、洱源、永德、景东、维西、丽江、中甸、贡山、德钦；生于海拔 1300 ~ 3400m 林下、沟边、路边草丛中。甘肃、四川、贵州、湖南、湖北、陕西（太白山）、西藏有分布。克什米尔地区、尼泊尔也有。

分布区类型：14 – 1

◎荠

Capsella bursa – pastoris (Linn.) Medik.

产于九龙沟（3000m，pH *et al*. 8315、8396）；生于林缘草地、路边。

分布于云南各地；全国各省区；全世界温暖地区广布。

分布区类型：8

◎弯曲碎米荠

Cardamine flexuosa Withering

产于法者林场抱水井垭口（3200m，pH *et al*. 8814），大海至马鬃岭（3500m，pH *et al*. 9099、9142）；生于林下、林缘灌丛。

分布于云南的绝大部分地区；生于海拔 1900 ~ 3600m 的多种生境。我国全国皆有分布。孟加拉国、不丹、印度、印度尼西亚、日本、克什米尔地区、朝鲜、老挝、马来西亚、缅甸、尼泊尔、巴基斯坦、菲律宾、锡金、泰国、越南；原产欧洲，在澳大利亚和美洲归化。

分布区类型:8

◎**碎米荠**

Cardamine hirsuta Linn.

产于轿子山大兴厂(2660m,Mao879);生于溪旁草地。

分布于云南禄劝、昆明、双柏、易门、云龙、永德、镇康、沧源、景东、贡山、潞西、勐腊、勐海、丽江、大理、屏边、绿春、麻栗坡、师宗;生于海拔 600 ~ 3200m 的山坡路旁、荒地、耕地、灌丛。全国各地几乎都有。全球温带地区广布。

分布区类型:8

◎**大叶碎米荠**

Cardamine macrophylla Willd.

产于白石崖(4200m,pH *et al*. 8650),法者林场大海至马鬃岭途中(3500m,pH *et al*. 9034、9141),轿子山石膏菜坪子(3500m,Mao1058);生于多石草坡、杜鹃灌丛、山谷沙石地。

分布于云南的东川、禄劝、泸水、大理、洱源、鹤庆、丽江、维西、中甸;生山坡灌木林下、沟边石隙及高山草坡水湿处,海拔 2600 ~ 3800m。内蒙古、河北、山西、湖北、陕西、甘肃、青海、四川、贵州、西藏也有。亦见于俄罗斯远东至西伯利亚、日本、印度、锡金、不丹。

分布区类型:14

◎**细巧碎米荠**

Cardamine pulchella (J. D. Hooker et Thomson) Alshehbaz et G. Yang

产于禄劝乌蒙乡乌蒙乡至大黑石头(3900m,Mao 1073);生于山谷溪边。

分布于云南、四川、西藏、青海;生于海拔 3400 ~ 4600m 的草地和高山草坡。不丹、印度、尼泊尔、锡金也有分布。

分布区类型:14 - 1

◎**云南碎米荠**

Cardamine yunnanensis Franch.

产于轿子山大黑箐(3900m,pH *et al*. 9320、9356),小孝峰(3500m,Mao1094);生于林下、林缘、岩缝、多石山坡碎石上。

分布于云南禄劝、昆明、云龙、永德、镇康、临沧、景东、宾川、漾濞、中甸、德钦等地;生于海拔 1800 ~ 3400m 的山坡溪边、林下阴湿处或草丛中。亦见于四川、西藏。不丹、印度(锡金)、尼泊尔也有。

分布区类型:14 - 1

◎**须弥芥**

Crucihimalaya himalaica (Edgeworth) Al - Shehbaz

产于白石崖(4037m,Liu Ende *et al*. 2096);生于高山碎石坡和石隙中。

分布于云南的禄劝(云南新记录);生于海拔 4037m 的高山碎石坡。四川、西藏也有。阿富汗、不丹、印度、克什米尔地区、尼泊尔、巴基斯坦、锡金亦产。

分布区类型:14 - 1

◎**阿尔泰葶苈**

Draba altaica (C. A. Meyer) Bunge

产于东川舍块乡火石梁子白石崖妖精塘(4030m,Liu Ende *et al*. 2110A);生于高山碎石坡和石隙中。

分布于云南的禄劝、德钦;生于海拔 3900 ~ 5000m 的砾石山坡上。甘肃、青海、四川、新疆、西藏也有分布。阿富汗、印度、克什米尔地区、尼泊尔、中亚、蒙古、俄罗斯也有。

分布区类型:12

◎**抱茎葶苈**

Draba amplexicaulis Franch.

产于九龙沟(3000m,pH *et al*. 8389);生于林缘灌丛。

分布于云南的东川、洱源、鹤庆、丽江、中甸、德钦、泸水;生于海拔 3750 ~ 4000m 山坡草地上。四川也有。

分布区类型:15 - 3 - a

◎**纤细葶苈**

Draba gracillima J. D. Hooker et Thomson

产于法者林场燕子洞至大海(3500m,pH *et al*. 9157),轿子山木邦海梁子(3800m,Mao1119);生于湿润草地。

分布于云南的禄劝(云南新纪录);生于海拔 3800m 的湿润草地。西藏有产。不丹、印度(西北部、锡金)、尼泊尔也有。

分布区类型:14 - 1

◎**矮葶苈**

Draba handelii O. E. Schulz

产于轿子山大海梁子(3860m,Mao1046);生于山坡沙石地干燥。

分布于云南的禄劝、云南西北部;生于海拔 3860 ~ 4100m 的山坡沙石上或陡崖上。

分布区类型:15 - 2 - b

◎**丽江葶苈**

Draba lichiangensis W. W. Smith

产于轿子山书姑梁子(3920m,Mao1123);生于石山石缝中。

分布于云南禄劝、丽江、中甸；生于海拔3825～4650m的山坡流石滩或山涧边。四川、西藏有产。不丹、尼泊尔也有。

分布区类型：14－1

◎**光果葶苈**

Draba nemorosa Linn. var. *leiocarpa* Lindl.

产于白石崖（3940m，JZ207）；生于多石草坡。

分布于云南东川、云龙、德钦；生于海拔3200～4150m的山坡草地。东北、内蒙古、河北、陕西、甘肃、新疆也有。亦见于俄罗斯、蒙古、朝鲜、日本。

分布区类型：11

◎**多叶葶苈**

Draba polyphylla O. E. Schulz

产于轿子山大羊窝羊蹿石（3340m，08CS02）；生于多石草坡岩缝中。

分布于云南的禄劝、镇康、碧江、丽江、中甸、德钦；生于海拔2850～4200m的草坡上。四川、西藏也有。亦见于不丹、尼泊尔、锡金等喜马拉雅山区。

分布区类型：14－1

◎**山菜葶苈**

Draba surculosa Franch.

产于东川舍块乡火石梁子白石崖妖精塘（4020m，Liu Ende *et al.* 2105）；生于高山草甸。

分布于云南东北部至西北部；生于海拔3500～4000m的山坡草地。西藏、四川也有分布。

分布区类型：15－3－a

◎**滇葶苈**

Draba yunnanensis Franch.

产于白石崖（4200m，pH *et al.* 8603、8695）；生于多石草坡、岩石缝中。

分布于云南的东川、巧家、鹤庆、洱源、丽江、中甸、德钦；生于海拔3300～4700m的山坡草地、岩石缝、砾石地、沟边。四川、西藏也有。

分布区类型：15－3－a

◎**中甸葶苈**

Draba piepunensis O. E. Schulz

产于白石崖（3915，JZ228）；生于多石草坡、岩石缝中。

分布于云南的东川、丽江、中甸、德钦；生于海拔3700～4650m的高山草地。

分布区类型：15－2－b

◎**川滇山嵛菜**

Eutrema himalaicum J. D. Hooker et Thomson

产于白石崖（4200m，pH *et al.* 8676）；生于多石草坡、岩石缝中。

分布于云南的东川、云南西北部；生于海拔3000～4200m的山坡、草丛、林下、沟边。四川西部、西藏也有。亦见于不丹、印度（锡金）。

分布区类型：14－1

◎**半脊荠**

Hemilophia pulchella Franch.

产于白石崖（4030m，pH *et al.* 8694）；生于多石山坡岩缝中。

分布于云南的东川、丽江；生于海拔3200～4030m的多石草坡岩石缝中。

分布区类型：15－2－b

◎**小叶半脊荠**

Hemilophia rockii O. E. Schulz

产于东川舍块乡火石梁子白石崖妖精塘（4030m，Liu Ende *et al.* 2108）；生于高山碎石坡和石隙中。

分布于云南东部、四川西南部；生于海拔3900～4900m的碎石地。

分布区类型：15－3－a

◎**独行菜**

Lepidium apetalum Willdenow

产于汤丹至红土地途中（2600m，pH *et al.* 8543）；生于路边草地。

分布于云南中部至西北部；生于海拔1900～2700（～3200）m的山坡、山沟、路边及村旁，为一常见田间杂草。东北、华北、西北、江苏、浙江、安徽、四川、西藏也有。亦见于俄罗斯欧洲部分、亚洲东部及中部、喜马拉雅山区。

分布区类型：11

◎**高河菜**

Megacarpaea delavayi Franch.

产于白石崖（4032，Liu Ende *et al.* 2017）；生于多石草坡。

分布于云南东川以及云南西北；生于海拔3750～4200m山坡或山顶草地、岩石隙缝、湖边灌丛。甘肃、青海、四川、西藏也有。缅甸亦产。

分布区类型：14－1

◎**短果念珠芥**

Neotorularia brachycarpa （Vassilczenko） Hedge et J. Léonard

产于白石崖（4200m，pH *et al.* 8617）；生于多石草坡岩石缝中。

分布于云南的东川（舍块乡白石崖，云南新记录）；生于海拔4200m的多石草坡。甘肃、青海、新疆、西藏有产。塔吉克斯坦也有。

分布区类型:13 - 2

◎**丛菔**

Solms - Laubachia pulcherrima Muschl.

产于白石岩(3940 ~ 4200m, Liu Ende *et al.* 2088);生于流石滩。

分布于云南的东川、宁蒗、丽江、中甸、德钦;生于海拔 3400 ~ 4300m 的草坡、河边、石灰岩石缝及流石滩中。四川、西藏也有。

分布区类型:15 - 3 - a

40. 堇菜科 Violaceae

◎**毛蕊三角车**

Rinorea erianthera C. Y. Wu et C. Ho

产于普渡河苏铁保护点(1100m, PD1055、2004);生于干旱河谷、山坡灌丛。

分布于云南的禄劝(云南新记录);生于普渡河河谷 1100m 左右的干旱山坡灌丛。四川(金阳)也有。

分布区类型:15 - 3 - a

◎**双花堇菜**

Viola biflora Linnaeus

产于东川因民山风口(2800m, 蓝顺彬 491、791);高山草甸。

分布于云南的产大理、洱源、鹤庆、丽江、香格里拉、德钦、贡山等地;生于海拔 2500 ~ 4000m 的高山及亚高山草甸、灌丛或林缘、岩石缝间。我国南北广布。不丹、印度东北部、印度尼西亚(苏门答腊)、日本、克什米尔地区、朝鲜、马来西亚、蒙古、俄罗斯;欧洲、北美均有。

分布区类型:8

◎**阔紫叶堇菜**

Viola cameleo H. de Boiss

产于法者林场干箐垭口(3200m, pH *et al.* 8815);生于林缘草地。

分布于云南东川、贡山、福贡;生于海拔 3000 ~ 3400m 的山坡竹丛下或灌丛中。分布于四川东部。

分布区类型:15 - 3 - a

◎**灰叶堇菜**

Viola delavayi Franch.

产于东川因民大箐哨房丫口(2800m,蓝顺彬 582),乌蒙至雪山途中老槽子(3098m, 08CS076、110);生于阔叶林中。

分布于云南的东川、巧家、云龙、大理、弥渡、洱源、宾川、丽江、中甸、维西、贡山、昆明、武定;生于海拔 1800 ~ 2800(~ 3000)m 的草坡、林缘、溪谷湿地。贵州、四川也有。

分布区类型:15 - 3 - a

◎**福建堇菜**

Viola kosanensis Hayata

产于因民山风口红岩(2600m, 蓝顺彬 379、672);岩脚、灌丛。

分布于云南的东川、西北。安徽、福建、广东、广西、贵州东北部、湖北、湖南、江西、陕西南部、四川、台湾均产。

分布区类型:15 - 3 - c

◎**穆坪堇菜**

Viola moupinensis Franch.

产于轿子山大兴厂(2800m, Mao830),哈依垭口(3200m, Mao973);生于溪边岩石上或潮湿草地。

分布于云南的禄劝、彝良、大关、绥江、大理、洱源、鹤庆、丽江;生于海拔 2500 ~ 3550m 的林缘、旷地或灌丛中、溪旁。陕西、甘肃、江苏、安徽、浙江、江西、福建、湖北、湖南、广东、广西、四川、贵州等省区均有。

分布区类型:15 - 3 - c

◎**紫花地丁**

Viola philippica Cav.

产于乌蒙至雪山途中碑根大地(2235m, 08CS111);生于云南松林下。

分布于云南的禄劝、昆明、云龙、永德、凤庆、镇康、丽江、大理、洱源、文山等地;生于海拔 1800 ~ 2500m 的田间荒地、山坡草地、林缘、灌丛中。广布于我国东北、华北、西北、华东、华中及广西、贵州、四川等省区。俄罗斯远东地区、朝鲜、日本也有。

分布区类型:14 - 2

◎**圆叶小堇菜**

Viola rockiana W. Beck.

产于轿子山大羊窝(3450m, pH *et al.* 9600),四方井(3170m, 08CS005);生于林缘草地、山坡草地。

分布于云南的大理、丽江、维西、贡山;生于海拔 2700 ~ 3500(~ 4300)m 的高山、亚高山草甸、灌丛或林下。分布于四川、西藏、甘肃、青海等省区。

分布区类型:15 - 3 - c

◎**毛瓣堇菜**

Viola trichopetala C. C. Chang

产于因民干冲丫口(2800m, 蓝顺彬 346);路旁向阳草地。

分布于云南的东川、维西;生于海拔 2300 ~

2800m的山地溪谷。四川西南、西藏有产。不丹也有。

分布区类型:14-1

◎**心叶堇菜**

Viola yunnanfuensis W. Becker

产于轿子山(2800m,Mao1269);林缘草地。

分布于云南的禄劝、蒙自、维西、香格里拉等地;生于海拔3500m以下的林缘、林下及灌丛中。广西、贵州、四川、西藏南部有产。不丹也有。

分布区类型:14-1

42. 远志科 Polygalaceae

◎**荷包山桂花**

Polygala arillata Buch. -Ham. ex D. Don

产于腰棚子林区(2890m,pH *et al.* 8461);生于山坡林缘、灌丛。

分布于云南全省各地;生于海拔(700~)1000~2800m(~3000m)的林下。安徽、福建、广西、贵州、河南、湖北、江西、陕西南部、四川、西藏、浙江有分布。不丹、柬埔寨、印度、锡金、马来西亚、缅甸、斯里兰卡、尼泊尔、泰国、越南也有。

分布区类型:7-1

◎**西伯利亚远志**

Polygala sibirica Linn.

产于普度河保护区(1200m, Liu Ende *et al.* 2084),书姑至马鬃岭梁子(2800m, Liu Ende *et al.* 2086);山坡灌丛。

分布于云南的禄劝、永德、贡山、维西、德钦、中甸、丽江、云龙、双柏、昆明、富民、嵩明、屏边、文山、西畴、富宁;生于海拔1100~2800m的山坡草地。东北、华北、西北、华中、华南、西南亦见。不丹、日本、克什米尔地区、朝鲜、蒙古、缅甸、尼泊尔、俄罗斯、东南亚、澳大利亚、欧洲。

分布区类型:10

45. 景天科 Crassulaceae

◎**柴胡红景天**

Rhodiola bupleuroides (Wallich ex J. D. Hooker et Thomson) S. H. Fu

产于轿子山轿顶(4223m,pH *et al.* 9440);生于山顶岩石缝。

分布于云南的禄劝、德钦、贡山、中甸、丽江、维西、碧江、大理和会泽;生于海拔3000~5100m的林下、灌丛下或草地的石缝中或山顶石隙。四川西部和西藏有分布。不丹、缅甸、尼泊尔、锡金也有。

分布区类型:14-1

◎**菊叶红景天**

Rhodiola chrysanthemifolia (Levl.) S. H. Fu

产于腰棚子林区(2890m,pH *et al.* 8497),老炭房后山(3200m,pH *et al.* 9241);生于林缘草地、多石山坡草地。

分布于云南的东川、禄劝、富民、巧家、云龙、鹤庆、洱源、大理、漾濞、德钦、中甸、丽江、兰坪、腾冲、景东、大姚等地;生于海拔(2000~)2800~4500m的岩石缝隙中。四川西部、西藏南部至东部有分布。不丹、锡金、尼泊尔、印度北部和缅甸西北部也有。

分布区类型:14-1

◎**异色红景天**

Rhodiola discolor (Franch.) S. H. Fu

产于白石崖(4200m,pH *et al.* 8680);生于多石山坡岩石缝。

分布于云南的东川、禄劝、德钦、中甸、丽江、维西;生于海拔(2800~)3400~4200m的林下、灌丛下、草地或石缝中。四川西部和西藏东南部有分布。锡金、尼泊尔也有。

分布区类型:14-1

◎**长鞭红景天**

Rhodiola fastigiata (Hook. f. et Thoms.) S. H. Fu

产于白石崖(4200m,pH *et al.* 9632),轿子山轿顶(4223m,pH *et al.* 9482);生于杜鹃灌丛。

分布于云南的东川、禄劝、巧家、德钦、贡山、福贡、中甸、丽江、维西、大理、泸水等地;生于海拔(2700)3400~4600(5400)m的林下或山坡的岩石缝间。四川和西藏有分布。不丹、印度(锡金)、尼泊尔和克什米尔地区也有。

分布区类型:14-1

◎**报春红景天**

Rhodiola primuloides (Franch.) S. H. Fu

产于白石岩(4200m,pH *et al.* 8624);生于岩石缝中。

分布于云南的东川、福贡、丽江、大理和巧家;生于海拔2900~3700(~4450m)m的岩石隙。四川西南部有分布。

分布区类型:15-3-a

◎**云南红景天**

Rhodiola yunnanensis (Franch.) S. H. Fu

产于轿子山大黑箐至轿子山(3900m,pH *et al.* 9316),九龙沟(3000m,pH *et al.* 8413),腰棚子林区(2890m,pH *et al.* 8487);生于草坡岩石缝隙、山坡林

下、岩上、林下、林缘。

分布于云南西北部、西部、中部和东北部；生于海拔 2200～4400m 的林下、林缘或草坡，多见于岩石缝隙中。甘肃、河南、湖北、陕西、四川、贵州和西藏有分布。

分布区类型：15－3－c

◎短尖景天

Sedum beauverdii Hamet

产于轿子山轿顶（4223m，pH *et al*. 9426）；生于多石山坡岩石上。

分布于云南的东川、禄劝、会泽、泸水、腾冲、德钦、大理、凤庆、景东；生于海拔（1800～）2500～3500m（～4000m）的林下、灌丛下、草坡等地的岩石缝。四川西南部有分布。

分布区类型：15－3－a

◎长丝景天

Sedum bergeri Hamet

产于九龙沟（2900m，JZ118）；生于多石山坡岩石上。

分布于云南的东川、禄劝、昆明、嵩明、富民；生于海拔 1800～2800m 的山坡岩石缝中。

分布区类型：15－2－a

◎轮叶景天

Sedum chauveaudii Hamet

产于大海至马鬃岭（3500m，pH *et al*. 9011）；生于林缘岩石上。

分布于云南的东川、禄劝、昆明、嵩明、丽江、云龙、宾川、屏边；生于海拔 1900～3600m 的林下石缝中。四川西部有分布。尼泊尔也有记录。

分布区类型：14－1

◎合果景天

Sedum concarpum Frod.

产于法者林场抱水井垭口（3300m，pH *et al*. 8757）；生于多石草坡岩石上。

分布于云南的东川、丽江、鹤庆、泸水、凤庆和景东；生于海拔 2400～3800m 的林下、灌丛下或草坡的石缝中。湖北西南部也有。

分布区类型：15－3－b

◎凹叶景天

Sedum emarginatum Migo

产于东川法者林场大木场（2980m，Liu Ende *et al*. 2189）；生于林缘、溪边。

分布于云南的东川、威信、镇雄、西畴、文山；生于海拔 1400～1500m 的石灰岩石隙中。江苏、安徽、浙江、湖北、湖南、陕西、甘肃、四川、贵州、广西也有分布。

分布区类型：15－3－c

◎宽叶景天

Sedum fui Rowley

产于法者林场抱水井垭口（3230m，pH *et al*. 8799）；生于山顶岩缝中。

分布于云南的东川、德钦；生于海拔 2700～3800m 的林下或草地的岩石缝。四川南部有也有。

分布区类型：15－3－a

◎巴塘景天

Sedum heckelii Raymond－Hamet

产于白石崖（4200m，pH *et al*. 8649）；生于多石山坡岩缝中。

分布于云南的东川（云南新记录）；生于海拔 4200m 的多石山坡岩缝中。四川西部、西藏东部也有。

分布区类型：15－3－a

◎日本景天

Sedum japonicum Siebold ex Miquel

产于法者林场抱水井垭口（3230m，pH *et al*. 8806），轿子山大羊窝（3350m，pH *et al*. 9636）；生于多石山坡岩缝中。

分布于云南的东川（云南新记录）；生于海拔 3200m 左右的多石山坡岩缝中。安徽、广东、湖南、江西、台湾有产。日本也有。

分布区类型：14－2

◎禄劝景天

Sedum luchuanicum K. T. Fu

产于轿子山（4200m，Zhang588），轿子山大黑箐至轿顶途中（3980m，pH *et al*. 9292）；生于山坡岩缝中。

分布于云南的禄劝（轿子山）；生于轿子山海拔 4200m 左右的岩石隙。

分布区类型：15－1

◎钝萼景天

Sedum leblancae Hamet

产于法者林场独脚石（3400m，JZ498）；生于多石山坡岩石上。

分布于云南的东川、昆明、镇雄、砚山、富宁；生于海拔 1200～3400m 的山坡岩石缝。贵州西部有分布。

分布区类型：15－3－a

◎佛甲草

Sedum lineare Thunb.

产于法者林场（2400m，JZ278）；生于路边岩石上。

分布于云南的东川；生于海拔 2400 ~ 2800m 附近的路边石缝中。江苏、安徽、浙江、江西、福建、台湾、河南、湖北、湖南、广东、广西、陕西、甘肃、四川和贵州有分布。日本也有。

分布区类型:14 – 2

◎多茎景天

Sedum multicaule Wall.

产于法者林场(2400m, JZ274)；生于林下岩石上。

分布于云南的东川、昆明、云龙、永德、景东、丽江、宁蒗、维西、蒙自、文山、屏边、贡山、泸水、兰坪、鹤庆；生 1000 ~ 3100m (~ 3900m) 的林下，灌丛下、草坡等的岩缝中，房屋瓦上也常见。西藏、四川西部、陕西及甘肃有分布。巴基斯坦、印度、锡金、不丹、缅甸、尼泊尔也有。

分布区类型:14 – 1

◎钝瓣景天

Sedum obtusipetalum Franch.

产于九龙沟(3000m, pH *et al*. 8433)；生于林缘岩石上。

分布于云南的东川、德钦、中甸、丽江、鹤庆、洱源；生于海拔 1900 ~ 3200m 的林下、灌丛下的石缝中。四川西南部有分布。

分布区类型:15 – 3 – a

◎大苞景天

Sedum oligospermum Maire

产于法者林场抱水井垭口(2800m, JZ544)；生于山坡岩石缝。

分布于云南的东川、云龙、贡山、腾冲、巧家、永善；生于海拔 2100 ~ 3 400m 的林下阴湿处。河南、陕西、甘肃、湖北、湖南、四川、贵州有分布。缅甸北部也有。

分布区类型:14 – 1

◎山景天

Sedum oreades (Decaisne) Raymond – Hamet

产于轿子山轿顶(4223m, pH *et al*. 9461)；生于山顶岩缝。

分布于云南的禄劝、德钦、贡山、中甸、丽江、维西、大理、临沧；生于海拔 3000 ~ 4250m 的林下、灌丛下、草坡或路边岩石缝，也常见于苔藓覆盖的岩石上。西藏东南部也有。不丹、印度、缅甸、巴基斯坦北部、锡金亦产。

分布区类型:14 – 1

◎三芒景天

Sedum triactina A. Berger

产于炉拱山至九龙(3100m, pH *et al*. 8134、8385)；生于山坡林下。

分布于云南的东川、福贡、中甸、宁蒗、维西、大理、漾濞；生于海拔 3000 ~ 3600m 的山坡林下潮湿处。四川西南部和西藏东部有产。尼泊尔、锡金、不丹也有。

分布区类型:14 – 1

◎密叶石莲

Sinocrassula densirosulata (Praeger) A. Berger

产于炉拱山至九龙(3300m, pH *et al*. 8058)；生于多石山坡岩石上。

分布于云南的东川；生于海拔 3300m 以下的河谷山坡岩石上。四川西部(会理、康定)也有。

分布区类型:15 – 3 – a

◎石莲

Sinocrassula indica (Decne.) Berger

产于雪山乡白家洼(2900m, pH *et al*. 9691、9714)；生于林缘岩石上。

分布于云南的东川、禄劝、昆明、嵩明、路南、云龙、德钦、贡山、福贡、中甸、永胜、丽江、剑川、鹤庆、下关、大理；生于海拔 1700 ~ 3300m 的林下、灌丛下或沟边、路旁的岩石缝隙。湖北、湖南、陕西、甘肃、四川、贵州和西藏有分布。不丹、锡金、尼泊尔和印度也有。

分布区类型:14 – 1

47. 虎耳草科 Saxifragaceae

◎溪畔落新妇

Astilbe rivularis Buch. – Ham ex D. Don

产于腰棚子林区(2890m, pH *et al*. 8470)；生于林缘灌丛。

分布于云南省除西双版纳外的大部分地区；生于海拔 1300 ~ 3000m 的林下、林缘、路边、草地或河边。河南、陕西、四川、西藏有产。克什米尔地区、尼泊尔、不丹、缅甸、泰国北部、印度北部、越南北部也有。

分布区类型:14 – 1

◎岩白菜

Bergenia purpurascens (Hook. f. et Thoms.) Engl.

产于火石梁子(4000 ~ 4200m, Liu Ende *et al*. 2014)，法者林场大海至马鬃岭(3500m, pH *et al*. 9057)，马鬃岭梁子(4012, pH *et al*. 9756)；生于杜鹃

灌丛下。

分布于云南的东川、云龙、大理、漾濞、巍山、丽江、德钦、维西、中甸、贡山、福贡、泸水、禄劝、曲靖、录点、巧家、昭通；生于海拔 3000～4500m 的林下、灌丛下、草地或石隙。四川西南、西藏南部和西藏东南有产。不丹、印度东北部、缅甸北部、尼泊尔也有。

分布区类型：14－1

◎**锈毛金腰**

Chrysosplenium davidianum Decne. ex Maxim.

产于轿子山老槽子（3098m，08CS067）；生于林下阴湿处。

分布于云南的禄劝、香格里拉、维西、丽江、福贡、鹤庆、大理、漾濞、洱源、景东、腾冲；生于海拔 2200～4100m 的林下或山坡阴湿处。四川西部也有。

分布区类型：15－3－a

◎**肾叶金腰**

Chrysosplenium griffithii J. D. Hooker et Thomson

产于禄劝乌蒙乡轿子山马脖子崖（3600m，Mao1084）；生于石山、石缝中。

分布于云南的禄劝、德钦、贡山、中甸、丽江、维西、漾濞、巧家；生于海拔 2500～4000m 的林下、灌丛、路边。四川、甘肃、陕西、西藏东南部也有。缅甸北部、不丹、尼泊尔、印度北部也有。

分布区类型：14－1

◎**突隔梅花草**

Parnassia delavayi Franch.

产于东川腰棚子林区（2890m，pH *et al.* 8516），法者林场干箐垭口（3130m，pH *et al.* 8870）；生于林缘草地。

分布于云南的东川、永德、贡山、福贡、德钦、维西、中甸、兰坪、丽江、大理、鹤庆、洱源、会泽、巧家、镇雄；生于海拔（1700～）2700～4000m 的林下、灌丛下或草地。四川、贵州、湖南、湖北、甘肃、陕西、河南也有。

分布区类型：15－3－c

◎**无斑梅花草**

Parnassia epunctulata J. T. Pan

产于轿子山轿顶（4223m，pH *et al.* 9341、9473）；生于山顶草地。

分布于云南的东川、禄劝、会泽、巧家、泸水、丽江；生于海拔 3000～4223m 的草地。

分布区类型：15－2－b

◎**藏北梅花草**

Parnassia filchneri Ulbr.

产于白石崖（4200m，pH *et al.* 8618）；生于山顶岩石缝中。

分布于云南的东川（云南新纪录）；生于海拔 4200m 的山顶岩石缝中。青海（玛多）也有。

分布区类型：15－3－c

◎**凹瓣梅花草**

Parnassia mysorensis Heyne

产于东川法者老炭房背后山（3200m，pH *et al.* 9236），禄劝雪山乡白家洼（2900m，pH *et al.* 9680）；生于高山林缘草地。

分布于云南的东川、禄劝、昆明、嵩明、楚雄、大姚、巧家、丽江、大理、洱源、漾濞；生于海拔 2000～2700（～3500）m 的林下、山坡草地。贵州、四川、西藏有产。印度北部也有。

分布区类型：14－1

◎**七叶鬼灯檠**

Rodgersia aesculifolia Batal.

产于东川舍块九龙沟（2800m，pH *et al.* 8231），书姑至马鬃岭梁子大崖头（3358m，pH *et al.* 9815）；生于林缘灌丛、路边灌丛。

分布于云南的东川、禄劝、永德、镇康、景东、德钦、维西、贡山、泸水、兰坪、丽江、大理、大关；生于海拔 2300～3800m 的林下、灌丛下、山坡草地。河南西部、湖北西部、甘肃、陕西、四川、西藏有分布。

分布区类型：15－3－c

◎**西南鬼灯檠**

Rodgersia sambucifolia Hemsl.

产于轿子山老槽子（3098m，08CS087）；生于林下阴湿处、溪边岩石上。

分布于云南的禄劝、昆明、寻甸、嵩明、昭通、彝良、巧家、会泽、永德、丽江、永胜、师宗、罗平、大姚、宁浪、丽江、鹤庆；生于海拔 2200～3500m 的林下、灌丛间或草地。四川西南、贵州西部也有。

分布区类型：15－3－a

◎**橙黄虎耳草**

Saxifraga aurantiaca Franch.

产于东川舍块乡火石梁子白石崖（4037m，Liu Ende *et al.* 2103）；生于高山草甸。

分布于云南的丽江、大理；生于海拔 3700～4200m 的草地石隙。四川西部也有。

分布区类型：15－3－a

◎

◎**灯架虎耳草**

Saxifraga candelabrum Franch.

产于雪山乡白家洼（2900m，pH *et al.* 9708）；生

于林缘草地。

分布于云南的东川、禄劝、德钦、中甸、丽江、洱源、鹤庆、贡山；生于海拔 2000 ~ 4200m 的林下、林缘或山坡的石缝中。

分布区类型：15 - 2 - b

◎**棒蕊虎耳草**

Saxifraga clavistaminea Engl.

产于轿子山石崖子（2900 ~ 3200m，Mao665、896）；生于山谷青苔上。

分布于云南禄劝、大理、景东；生于海拔2490 ~ 3600m 的潮湿石上。

分布区类型：15 - 2 - a

◎**棒腺虎耳草**

Saxifraga consanguinea W. W. Smith

产于东川舍块乡火石梁子小戏台（3900m，Liu Ende *et al*. 2053）；生于高山草甸。

分布于云南德钦、维西、中甸；生于海拔3500 ~ 4800m 的山坡石隙。四川西部、西藏东南部也有。尼泊尔也有。

分布区类型：14 - 1

◎**大海虎耳草**

Saxifraga dahaiensis H. Chuang

产于轿子山轿顶（4223m，pH *et al*. 9467），火石梁子白石崖（4200m，pH *et al*. 8622）；生于山顶草地、多石山坡石缝中。

分布于云南的东川、会泽；生于海拔 3700 ~ 4200m 的草地。

分布区类型：15 - 2 - a

◎**东川虎耳草**

Saxifraga dongchuanensis H. Chuang

产于白石崖（4000m，pH *et al*. 8623），烂泥坪（3700m，杨崇仁 75 - 12A）；生于草坡。

分布于云南的东川；生于海拔 3700 ~ 4200m 的多石山坡草地。

分布区类型：15 - 1

◎**异叶虎耳草**

Saxifraga diversifolia Wall.

产于干箐垭口（3140m，pH *et al*. 8971），轿子山大羊窝（3150m，pH *et al*. 9631），九龙沟（3200m，pH *et al*. 8311、8346）；生于溪边、岩上；林缘、路边灌丛。

分布于云南的东川、巧家、大理、丽江、香格里拉；生于海拔 2800 ~ 3800m 的灌丛中或草地。四川西部和西藏东南部亦产。

分布区类型：15 - 3 - a

◎**线茎虎耳草**

Saxifraga filicaulis Wall.

产于法者林场大厂至新发村（2600m，pH *et al*. 8988），轿子山（3500 ~ 4200m，Zhang499、607）；生于林缘灌丛、多石山坡。

分布于云南的东川、禄劝、会泽、巧家、云龙、德钦、维西、中甸、丽江、大理、鹤庆、洱源；生于海拔（2300 ~ ）3000 ~ 4600m 的林下、草坡或石缝中。陕西、四川、西藏有产。不丹、尼泊尔、印度及克什米尔地区也有。

分布区类型：14 - 1

◎**芽生虎耳草**

Saxifraga gemmipara Franch.

产于大海至马鬃岭（3600m，pH *et al*. 8998、9004），轿子山大黑箐（3850m，pH *et al*. 9298），轿子山大羊窝（3100m，pH *et al*. 9514），炉拱山至九龙（3300m，pH *et al*. 8144）；生于高山草甸、山坡草地岩石上、林缘灌丛。

分布于云南的东川、禄劝、兰坪、香格里拉、丽江、鹤庆、大理、漾濞、洱源、临沧、景东、昆明、楚雄、嵩明、富民、双柏、元江、蒙自、大姚、巧家；生于海拔（1600 ~ ）2000 ~ 2900（ ~ 4900）m 的林下、林缘、灌丛下、山坡草地或潮湿的石隙。四川西南部也有。

分布区类型：15 - 3 - a

◎**零余虎耳草**

Saxifraga granulifera H. Smith

产于轿子山大黑箐至轿顶（3900m，pH *et al*. 9280、9393）；生于山顶草地。

分布于云南的禄劝、德钦；生于海拔 3100 ~ 3900m 的林下石上或山沟水边。四川西南部或西藏东南部亦产。

分布区类型：15 - 3 - a

◎**齿叶虎耳草**

Saxifraga hispidula D. Don

产于东川法者林场至沙子坡毛坝子附近（2950m，ETNEY 496）；生于次生阔叶混交林下。

分布于云南的德钦、维西、丽江、中甸、大理、东川、会泽、巧家；生于海拔 3000 ~ 4100m 的林下、灌丛下、草地、石隙。四川西南部、西藏东南部也有。缅甸北部、不丹、尼泊尔、印度北部也有。

分布区类型：14 - 1

◎**黑蕊虎耳草**

Saxifraga melanocentra Franch.

产于东川舍块乡火石梁子白石崖妖精塘（4100m，Liu Ende *et al*. 2122）；生于石隙。

分布于云南的德钦、维西、丽江、中甸、贡山；生于海拔3300～4200m的林下、灌丛下、山坡草地、高山灌丛草甸。四川西南部、青海、甘肃、陕西、西藏东南部也有。不丹、尼泊尔也有。

分布区类型:14－1

◎**刚毛虎耳草**

Saxifraga oreophila Franch.

产于白石崖(4200m,pH *et al.* 9955)；生于多石山坡岩石缝。

分布于云南的东川、洱源、丽江；生于海拔2850m左右的草地或土壁上。

分布区类型:15－2－b

◎**多叶虎耳草**

Saxifraga pallida Wall.

产于大海至马鬃岭(3500m,pH *et al.* 9039),轿子山轿顶(4223,pH *et al.* 9383、9415)；生于林下、溪边、岩石上、多石山坡。

分布于云南的东川、禄劝、会泽、巧家、云龙、永德、大理、丽江、中甸、德钦、维西、贡山、福贡、鹤庆；生于海拔3000～4400m的林下、林缘、草坡、岩隙或路边、水边。四川西部、西藏南部和西藏东南部有分布。印度、不丹、尼泊尔和克什米尔地区也有。

分布区类型:14－1

◎**红毛虎耳草**

Saxifraga rufescens Balf. f.

产于法者林场干箐垭口至沙子坡(3000m,pH *et al.* 8764),九龙沟(2800～3200m,pH *et al.* 8233、8344),炉拱山至九龙(3000m,pH *et al.* 8062)；生于林缘岩石上。

分布于云南的东川、禄劝、昆明、寻甸、会泽、大关、永德、镇康、景东、德钦、维西、中甸、贡山、福贡、泸水、兰坪、丽江、大理、鹤庆；生于海拔(2200～)2500～3500(～4000m)m的林下、灌丛下、草地或岩石缝。四川东南部也有。

分布区类型:15－3－a

◎**景天虎耳草**

Saxifraga sediformis Engl. et Irmsch.

产于大海至马鬃岭(3500～3600m,pH *et al.* 8996、9097)；生于林缘岩石上。

分布于云南的东川、会泽、德钦、丽江、中甸；生于海拔2700～4600m的山坡或林下岩石缝隙。四川西南部和西藏东南部亦产。

分布区类型:15－3－a

◎**伏毛虎耳草**

Saxifraga strigosa Wall. ex Ser.

产于轿子山大羊窝(3100m,pH *et al.* 9524)；生于林缘岩石上。

分布于云南的东川、云龙、丽江、剑川；生于海拔2700～4000m的林下、灌丛下或山坡草地。不丹、印度北部、尼泊尔也有。

分布区类型:14－1

◎**金星虎耳草**

Saxifraga stella－aurea Hook. f et Thoms.

产于轿子山(4000m,pH *et al.* 9385)；生于多石山坡岩石上。

分布于云南的东川、贡山；生于海拔3800～4400m的高山草地。四川西部、青海、西藏也产。尼泊尔、不丹也有。

分布区类型:14－1

◎**流苏虎耳草**

Saxifraga wallichiana Sternb.

产于禄劝马鬃岭梁子(4012m,pH *et al.* 9758)；生于高山草甸、岩石缝。

分布于云南的德钦、香格里拉、丽江、鹤庆、巧家、会泽；生于海拔(2700～)3000～4100m的灌丛下或草坡石隙。分布于四川西部和西藏南部至东部。印度、尼泊尔、缅甸也有。

分布区类型:14－1

◎**黄水枝**

Tiarella polyphylla D. Don

产于东川马鬃岭至大海(3600m,pH *et al.* 9002),轿子山老槽子(3098m,08CS066)；生于阔叶林下、溪边、岩边；林缘灌丛。

分布于云南的东川、禄劝、云龙、昆明、马龙、大理、永胜、丽江、维西、德钦、贡山、腾冲、景东、文山、砚山、彝良、漾濞；生于海拔2200～3200m的阔叶林下或林缘。陕西、甘肃、西藏、四川、贵州、广西、广东、台湾、长江中下游各省区均有产。日本、中南半岛、缅甸北部、不丹、锡金、尼泊尔也有。

分布区类型:14

48. 茅膏菜科 Droseraceae

◎**茅膏菜**

Drosera peltata Smith ex Willd.

产于法者林场干箐垭口(3140m,pH *et al.* 8966),轿子山大村(2550m,Mao1368),炉拱山(3200m,pH *et al.* 8008),雪山乡白家洼(2900m,pH *et al.* 9728)；生于草地。

分布于云南东川、禄劝、云龙、永德、景东、中甸、丽江、剑川、洱源、大理、漾濞、鹤庆、大姚、双柏、嵩明、会泽、巧家、屏边;生于海拔1200~3300m的云南松林下、山坡灌丛内或干燥山坡草地。长江流域和珠江流域各省区以及台湾、西藏南部和东南部有分布。东亚和东南亚、澳大利亚也有。

分布区类型:5

53. 石竹科 Caryophyllaceae

◎黄茎无心菜

Arenaria blinkworthii McNeill

产于九龙沟(3000m,pH *et al*. 8428);生于林缘草地。

广布于云南西北部和东北云南,生于海拔(2500~)3200~4100m的林下或草坡;四川西南部和西藏东南部有分布。喜马拉雅山区各国也广布。

分布区类型:14-1

◎大理无心菜

Arenaria delavayi Franch.

产于马鬃岭(3920m,JZ81-18);生于山坡草地、岩石缝中。

分布于云南东川、禄劝、德钦、贡山、中甸、丽江、大理、洱源;生于海拔3600~4100m的山坡草地、灌丛下或林下。西藏东南部也有。

分布区类型:15-3-a

◎滇蜀无心菜

Arenaria dimorphitricha C. Y. Wu ex L. H. Zhou

产于白石崖(4200m,pH *et al*. 8686);生于多石草坡岩缝中。

分布于云南的东川、丽江、中甸、维西、大理;生于海拔2800~3600m的林下、灌丛下或草丛中。四川西南部也有。

分布区类型:15-3-a

◎无饰无心菜

Arenaria inornata W. W. Smith

产于东川舍块乡火石梁子白石崖(4200m,pH *et al*. 8677);生于高山草甸、石隙中。

分布于云南的东川、德钦、贡山;生于海拔4100m左右的石砾中或崖壁石隙中。

分布区类型:15-2-b

◎滇藏无心菜

Arenaria napuligera Franch.

产于白石崖(3940m,JZ17-13);生于多石山坡岩石缝中。

分布于云南的东川、鹤庆、洱源、大理、丽江、中甸;生于海拔2500~4000m的山顶和山坡。

分布区类型:15-2-b

◎圆叶无心菜

Arenaria orbiculata Royle ex Edgeworth et J. D. Hooker

产于轿子山小孝峰(3500m,Mao1095);生于石头山坡碎石上。

分布于云南的西北部、东北部和中部;生于海拔2300~3600m的林缘和草地的岩石缝中。四川西南部和西藏东南部也产。不丹、印度(锡金)、克什米尔地区、尼泊尔也有。

分布区类型:14-1

◎须花无心菜

Arenaria pogonantha W. W. Smith

产于轿子山轿顶(4223m,pH *et al*. 9464);生于多石草坡。

分布于云南的禄劝、大理、维西、中甸、贡山、德钦;生于海拔3000~4300m的多石草地或高山灌丛草甸。四川西部和西藏东部也有。

分布区类型:15-3-a

◎多籽无心菜

Arenaria polysperma C. Y. Wu ex L. H. Zhou

产于白石岩(3920m,JZ17-16);生于流石滩。

分布于云南的东川、德钦、维西、丽江;生于海拔3500~4000m的山坡草地或疏林下。

分布区类型:15-2-b

◎减缩无心菜

Arenaria reducta Hand. -Mazz.

产于东川舍块乡火石梁子白石崖(4200m,pH *et al*. 8690);生于高山石坡上。

分布于云南丽江、中甸、德钦;生于海拔3500~4650m的林下或草地。四川西南部也有。

分布区类型:15-3-a

◎无心菜

Arenaria serpyllifolia Linn.

产于转龙(2600m,Zhang316);生于山坡密林下。

分布于云南的禄劝、昆明、云龙、永德、镇康、景东、贡山、德钦、鹤庆、丽江、大理、漾濞、广南等地;生于海拔1550~3500m的林下、灌丛下、草坡、路边、河边或为田间杂草。我国南北各省广布。北非、澳大利亚、欧洲、中亚及北美也有。

分布区类型:2

◎狭叶无心菜

Arenaria yulongshanensis L. H. Zhou ex C. Y. Wu

产于轿子山大黑箐至轿顶(4000m,pH *et al*. 9303);生于高山草甸。

分布于云南的禄劝、云南西北部；生于海拔 4000 ~4500m 的高山草甸。

分布区类型：15 -2 -b

◎**簇生卷耳(亚种)**

Cerastium fontanum Baump. ssp. *triviale* (Link) Jalas

产于白石崖(3920m，JZ15 -21)；生于多石草坡。

分布于云南的东川、昆明、嵩明、会泽、昭通、镇雄、云龙、永德、双柏、大理、维西、兰坪、丽江、中甸、文山；生于海拔 1400 ~4000m 的山坡灌丛下、草坡、林缘。我国东北、华北、西北及长江流域各省区均有分布。全世界广布。

分布区类型：1

◎**金铁锁**

Psammosilene tunicoides W. C. Wu et C. Y. Wu

产于轿子山新山垭口(2772，08CS125)，书姑至马鬃岭梁子刺栎坪(3280m，pH *et al.* 9762)，雪山乡白家洼(2900m，pH *et al.* 9707)；生于黄背栎林缘、岩缝中、林缘草地。

分布云南的东川、禄劝、昆明、富民、丽江、中甸、德钦、永胜、宾川、洱源、保山、寻甸、会泽、红河；生于海拔 1500 ~3500m 的山坡沙地和草坝。四川(西部)、贵州(西北部)、西藏(东南部)亦有。

分布区类型：15 -3 -a

◎**漆姑草**

Sagina japonica (Swartz) Ohwi

产于法者林场马鬃岭至大海(3000m ，pH *et al.* 9130)；生于路边草地、沟边。

分布于云南中部、东北部、西北部、西部和东南部；生于海拔 1300 ~3800m 的山坡草地、路边、田间，田园花盆中也常见。西藏(察隅)、四川(稻城)、华北、东北、陕西、甘肃、华东、华中都有分布。印度、不丹、尼泊尔、俄罗斯、锡金、朝鲜、日本也有。

分布区类型：14

◎**珍珠草**

Sagina saginoides (Linn.) Karsten

产于白家洼(2570m，pH *et al.* 9954)；生于林下沟边、林缘草地潮湿处。

分布于云南的云龙、贡山、德钦、丽江、大理、景东、昆明、巧家及各地；生于海拔 1440 ~3800m 的林缘、林下沟边、草地。西藏(吉隆、错那、波密)、新疆天山、吉林(长白山)有产。欧洲(北欧至南欧)、小亚细亚、喜马拉雅山区、前苏联全境经北令海峡至北美。

分布区类型：8

◎**掌脉蝇子草**

Silene asclepiadea Franch.

产于法者林场干箐垭口至沙子坡(2900m，pH *et al.* 8866)，轿子山老槽子(3017，08CS053)，转龙至牛肩膀山(2300m，Mao1428)；生于路边草地、山坡林缘灌丛、陡坡沙地。

分布于云南的禄劝、昆明、富民、巧家、大关、镇雄、大姚、德钦、中甸、维西、丽江、兰坪、鹤庆、大理、宾川、洱源、漾濞、腾冲；生于海拔(1200 ~)2100 ~3800m 的林下、林缘、灌丛下、草地、路边或田间。贵州西部、四川西南部也有。

分布区类型：15 -3 -a

◎**深栗蝇子草**

Silene atrocastanea Diels

产于书姑(3300m，JZ630、668)；生于山坡林缘灌丛。

分布于云南禄劝、丽江、中甸；生于海拔2900 ~3600m 的草坡、岩石上或林下。

分布区类型：15 -2 -b

◎**狗筋蔓**

Silene baccifera (Linn.) Roth

产于法者林场沙子坡林区附近(2780m，pH *et al.* 8939)，炉拱山至九龙(2800m，pH *et al.* 8109)；生于林缘灌丛。

分布于云南的东川、云龙、贡山、福贡、泸水、腾冲、中甸、德钦、维西、丽江、景东、西双版纳；生于海拔 1000 ~3600m 的林下、灌丛中、草地或路边、河边、田埂边。西藏(错那、察隅、波密、林芝)、四川、贵州、广西、广东、海南、湖南、湖北、甘肃、陕西、山西、辽宁、吉林、黑龙江、浙江、福建、台湾均有产。欧洲北温带、西伯利亚西部、喜马拉雅地区(克什米尔地区至不丹)、印度北部也有。

分布区类型：10

◎**双舌蝇子草**

Silene bilingua W. W. Smith

产于禄劝雪山乡书姑村至马鬃岭大崖头(3360m，pH *et al.* 9819)；生于石栎林边缘。

分布于云南的德钦、中甸；生于海拔 3100 ~3600m 的草坡、路边、水沟边或岩石间。四川、西藏也有。

分布区类型：15 -3 -a

◎**心瓣蝇子草**

Silene cardiopetala Franch.

产于东川法者林场干箐垭口至沙子坡(3140m，pH *et al.* 8835)；生于路边草坡。

分布于云南的东川、鹤庆、丽江、中甸、大理、会泽、巧家；生于海拔 1800 ~ 2600m 的草丛中。四川也有。

分布区类型：15 – 3 – a

◎**中甸蝇子草**

*Silene chungtienensis*W. W. Smith

产于轿子山大孝峰崖脚（3600m，Mao1140）；生于山坡岩石上。

分布于云南禄劝、中甸和永德，生于海拔2860 ~ 3600m 的多石草场或草坡。

分布区类型：15 – 2 – b

◎**西南蝇子草**

Silene delavayi Franch.

产于九龙沟（3000m，JZ065、JZ13 – 26）；生于林缘草坡。

分布于云南的东川、大理、洱源、鹤庆、丽江、中甸；生于海拔 2750 ~ 3000m 的草坝、岩石缝隙。西藏有记录。

分布区类型：15 – 3 – a

◎**齿瓣蝇子草**

Silene dentipetala H. Chuang

产于烂泥坪（3500m，杨崇仁 75 – 16）；生于山坡草地。

分布于云南的东川；生于海拔 3500m 的草坡。

分布区类型：15 – 1

◎**灌丛蝇子草**

Silene dumetosa C. L. Tang

产于东川法者林场大海至马鬃岭途中（3500m，pH *et al*. 9029、9031）；生于高山草甸。

分布于云南的中甸；生于海拔 3900 ~ 3950m 的矮杜鹃灌丛中。

分布区类型：15 – 2 – b

◎**丛林蝇子草**

Silene dumicola W. W. Smith

产于东川舍块乡炉拱山至九龙村途中（3000m，pH *et al*. 8146）；生于路边密林中。

分布于云南的永胜、中甸；生于海拔 2300 ~ 3000m 的灌丛和草坡。四川也有。

分布区类型：15 – 3 – a

◎**细蝇子草**

Silene gracilicaulis C. L. Tang

产于九龙沟（3000m，pH *et al*. 8259），烂泥坪（3000m，杨崇仁 75 – 11）；生于山坡草地。

分布于云南的东川、禄劝、昆明、富民、路南、巧家、丽江、中甸、德钦；生于海拔 1450 ~ 3900m 的山坡草地和岩隙。青海、四川、西藏也有。

分布区类型：15 – 3 – c

◎**狭瓣蝇子草**

Silene huguettiae Bocquet

产于禄劝乌蒙乡轿子山景区大黑箐至轿顶（3900m，pH *et al*. 9283）；生于悬崖边。

分布于云南禄劝、丽江、中甸、德钦、宁蒗；生于海拔 2700 ~ 3300m 的岩石上。四川西南部也有。

分布区类型：15 – 3 – a

◎**簇生蝇子草**

Silene kantzeensis C. L. Tang

产于东川舍块乡火石梁子白石崖（4200m，pH *et al*. 8607）；生于高山斜坡石砾地。

分布于云南的东川、德钦；生于海拔 3500 ~ 4200m 的山坡。四川、青海、西藏也有。

分布区类型：15 – 3 – a

◎**喇嘛蝇子草**

Silene lamarum C. Y. Wu ex C. Y. Wu et Tang

产于东川舍块乡火石梁子白石崖（4100m，Liu Ende *et al*. 2115），生于高山斜坡石缝中。

分布于云南东川、鹤庆、中甸；生于海拔3600 ~ 3900m 的草坡。四川西南部也有。

分布区类型：15 – 3 – a

◎**线瓣蝇子草**

Silenelineariloba C. Y. Wu ex C. Y. Wu et C. L. Tang

产于禄劝乌蒙乡轿子山景区大黑箐至轿顶（3900m，pH *et al*. 9313）；生于石隙中。

分布于云南的禄劝、丽江；生于海拔 2700 ~ 2900m 的岩石上。四川西南部也有。

分布区类型：15 – 3 – a

◎**纺锤根蝇子草**

Silene napuligera Franch.

产于轿子山乌蒙至雪山乡途中碑根大地（2340m，08CS094）；生于路边草地。

分布于云南的东川、禄劝、巧家、会泽、洱源、鹤庆、宾川、大理、丽江、中甸、永胜、德钦；生于海拔 900 ~ 3100m 的山坡草地、灌丛下、路边及田边、路旁。四川、西藏也有。

分布区类型：15 – 3 – a

◎**尼泊尔蝇子草**

Silene nepalensis Majumdar

产于九龙沟（2900m，JZ106）；生于山坡草地。

分布于东川、巧家、会泽、德钦、中甸、丽江、镇康；生于海拔 800 ~ 4500m 的草坡、灌丛草地或林下。

四川西南部、西藏东南部有分布。不丹、锡金、尼泊尔、巴基斯坦、克什米尔地区也有。

分布区类型:14－1

◎**大子蝇子草**

Silene stewartiana Diels

产于法者林场木邦海(3360m, ETNEY843),轿子山(4000m, Zhang655);生于亚高山草甸、山坡草地。

分布于云南的东川、禄劝、会泽、福贡、丽江;生于海拔2800～4300m的山坡草地。

分布区类型:15－2－b

◎**粘萼蝇子草**

Silene viscidula Franch.

产于马鬃岭梁子(3720m, pH *et al.* 9774),转龙(2600m, Zhang347);生于山坡草地。

分布于云南的禄劝、昆明、富民、安宁、宜良、江川、云龙、永德、德钦、福贡、贡山、中甸、丽江、维西、鹤庆、兰坪、泸水、大理、漾濞、洱源、腾冲、蒙自、文山;生于海拔1250～3200m的林下、灌丛下或草丛中。贵州、四川、西藏也有。

分布区类型:15－3－a

◎**滇蝇子草**

Silene yunnanensis Franch.

产于禄劝雪山乡白家洼(2900m, pH *et al.* 9686);生于路边密林中。

分布于云南的鹤庆、丽江、中甸、德钦、洱源;生于海拔2400～3900m的林下、灌丛、草地、路边或田间。

分布区类型:15－2－b

◎**云南繁缕**

Stellaria yunnanensis Franch.

产于东川舍块乡炉拱山至九龙村途中(3000m, pH *et al.* 8149);生于路边密林中。

分布于云南的中部、东北部和西北部;生于海拔1800～3200m的林下、林缘、山坡和草地。四川西南部和西藏也有。

分布区类型:15－3－a

◎**雀舌草**

Stellaria alsine Grimm.

产于东川法者林场燕子洞至大海途中(3500m, pH *et al.* 9123);生于草坡上。

分布于云南的景东、勐腊、麻栗坡、绿春、绥江、昆明、维西等地;生于海拔850～2200m的水边和林缘。我国大部分省区有分布。世界广布。

分布区类型:1

◎**内弯繁缕**

Stellaria infracta Maxim.

产于禄劝乌蒙乡(2680m, Mao795);生于斜坡沙地。

分布于甘肃、河北、河南、内蒙古、陕西、山西、四川、云南;生于海拔800～2500m的草地上。

分布区类型:15－3－c

◎**绵柄繁缕**

Stellaria lanipes C. Y. Wu et H. Chuang

产于禄劝乌蒙乡轿子山大羊窝(3250m, pH *et al.* 9581);生于密林中。

分布于云南的禄劝、贡山、维西;生于海拔3500m左右的山谷阴湿处。

分布区类型:15－2－b

◎**峨眉繁缕**

Stellaria omeiensis C. Y. Wu et Y. W. Tsui ex P. Ke

产于东川法者林场大海至马鬃岭途中(3500m, pH *et al.* 9076);生于密林中。

分布于云南的东川、大关;生于海拔1950～3500m的山坡杂木林缘沟边陡岩上。四川、贵州也有。

分布区类型:15－3－a

◎**细柄繁缕**

Stellaria petiolaris Hand. －Mazz.

产于轿子山四方井至大羊窝(3250m, pH *et al.* 9359);生于林缘灌丛。

分布于云南的禄劝、德钦、宁蒗、会泽;生于海拔2700～3600m的山坡草地。四川、西藏也有分布。

分布区类型:15－3－a

◎**长毛箐姑草**

Stellaria pilosoides S. L. Chen *et al.*

产于东川舍块乡火石梁子白石崖(4150m, pH *et al.* 8610m);生于高山石坡上。

分布于云南的东川、丽江、中甸、维西、鹤庆、泸水、漾濞;生于海拔2600～3800m的林下、灌丛和草坡。四川也有。

分布区类型:15－3－a

◎**星毛繁缕**

Stellaria vestita Kurz

产于轿子山石崖子(2900m, Mao903);生于山谷溪旁石上。

分布于云南的禄劝、昆明、云龙、永德、临沧、景东、贡山、维西、永平、洱源、大理、镇雄等地;生于海拔1300～3400m的林下、灌丛下、山坡草地、田边。西藏(吉隆)、华北、西北、华中、华东、华南至台湾也有。不丹、印度、印度尼西亚、缅甸、尼泊尔、菲律宾、锡金、新几内亚、越南也产。

分布区类型:7

◎贯叶繁缕(变种)

Stellaria vestita Kurz var. *amplexicaulis* (Hand. -Mazz.) C. Y. Wu

产于轿子山(2600m, Mao795);生于干燥山坡沙石地。

分布于云南的西北部、西部和中部;生于海拔1100~3200m的林下、灌丛下、山坡、路边、水边。四川也有。

分布区类型:15-3-a

◎巫山繁缕

Stellaria wushanensis F. N. Williams

轿子山老槽子(3098m, 08CS079);生于杜鹃、石栎林中。

分布于云南东北部和东南部;生于海拔1000~1900(~3100)m的林下。浙江、湖北、湖南、江西、广东、广西、四川、陕西、贵州也有。

分布区类型:15-3-c

◎云南繁缕

Stellaria yunnanensis Franch.

产于轿子山四方井至大羊窝(3150m, pH *et al.* 9327);生于林缘灌丛。

分布于云南中部、西北及东北;生于海拔1800~3200m的林下、林缘、山坡、草地。四川西也有。

分布区类型:15-3-a

57. 蓼科 Polygonaceae

◎金荞麦

Fagopyrum dibotrys (D. Don) Hara

产于炉拱山至九龙(3000m, pH *et al.* 8137),书姑至马鬃岭梁子(3000m, JZ614);生于路边灌丛、沟边、溪边灌丛。

分布于几乎遍布云南全省;生于海拔600~3500m的草坡、林下、山坡灌丛、山谷、水边等处。陕西、华东、华中、华南及西南有分布。印度、锡金、尼泊尔、克什米尔地区、越南、泰国等也有。

分布区类型:14-1

◎疏穗小野荞麦

Fagopyrum leptopodum (Diels) Hedb. var. *grossii* (Lévl.) Lauener et Ferguson

产于普渡河苏铁保护小区(1170m, pH *et al.* 9901);生于干旱河谷山坡路边。

分布于云南的禄劝、嵩明、巧家、德钦、鹤庆、永胜、大理、元谋;生于海拔830~2300m的路边、林缘、山坡草地、河滩湿地等处。四川也有。

分布区类型:15-3-a

◎硬枝野荞麦

Fagopyrum urophyllum (Bureau et Franch.) H. Gross

产于东川(2300m, 蓝顺彬225);生于山沟杂木林。

分布于云南的中部至西南部;生于海拔1150~2800m的草地、石灰岩山、山谷、灌丛。甘肃、四川也有。

分布区类型:15-3-a

◎何首乌

Fallopia multiflora (Thunb.) Harald.

产于老炭房后山(2800m, pH *et al.* 9217),雪山乡白家洼(2900m, pH *et al.* 9677);生于路边灌丛。

分布于全省各地;生于海拔300~3000m的山谷密林下、林缘、石坡、溪边、河谷等处。陕西南部、甘南、华东、华中、华南、四川、贵州等有产。日本也有。

分布区类型:14-2

◎山蓼

Oxyria digyna (Linn.) Hill

产于九龙沟(3000m, pH *et al.* 8352);生于路边灌丛、草地。

分布于云南的东川、昆明、会泽、德钦、中甸、贡山、维西、丽江、大理;生于海拔1300~4120m的草坡、石坡、高山草地、山谷、溪边、路旁等处。吉林、陕西、新疆、四川、西藏。欧洲、小亚细亚、俄罗斯(西伯利亚、远东)、哈萨克斯坦、蒙古、日本、朝鲜、巴基斯坦、印度、尼泊尔、锡金、不丹、北美及格陵兰也有。

分布区类型:8

◎中华山蓼

Oxyria sinensis Hemsl.

产于板山沟(2970m, JZ174);生于山坡灌丛。

分布于云南的东川、云龙、昭通、会泽、德钦、贡山、宁蒗、维西、丽江、鹤庆、大理、永平;生于海拔1600~3700m的石山坡、路边草地、山坡沟边。四川、西藏也有。

分布区类型:15-3-a

◎中华抱茎蓼

Polygonum amplexicaule D. Don var. *sinense* Forb. et Hemsl. ex Steward

产于轿子山大黑箐至轿顶(3900m, pH *et al.* 9333、9580),杜鹃灌丛中。

分布于云南的禄劝、德钦、中甸、贡山、维西、碧江、洱源、漾濞、澄江；生于海拔 1700～3800m 的林下、灌丛。陕西、甘肃、湖北、湖南、四川也有。

分布区类型：15－3－c

◎钟花神血宁(原变种)

Polygonum campanulatum J. D. Hooker var. *campanulatum*

产于法者林场大海至马鬃岭(3500m，pH *et al.* 9102)，炉拱山至九龙(2950m，pH *et al.* 8136)；生于山坡草地、灌丛、林缘灌丛。

分布于云南的东川、云龙、德钦、中甸、贡山、维西、丽江、福贡、兰坪、鹤庆、泸水、腾冲；生于海拔 2350～4200m 的林缘、林下、灌丛、草坡。分布于四川、西藏。缅甸北部、锡金、尼泊尔也有。

分布区类型：14－1

◎绒毛钟花蓼(变种)

Polygonum campanulatum Hook. f. var. *fulvidum* Hook. f.

产于白石崖(4200m，pH *et al.* 8641)，法者林场大海至马鬃岭(3500m，pH *et al.* 9007)，干箐垭口(3130m，pH *et al.* 8728)，轿子山(3470～4000m，Zhang584，pH *et al.* 9318、9512)，石膏菜坪子(3500m，Mao 1065)，四方井至大羊窝(3200m，08CS011)，九龙沟(3000m，pH *et al.* 8486)；生于高山草甸、山坡草地、林缘灌丛、山谷湿润沙石地、溪边。

分布于云南的东川、禄劝、富民、巧家、会泽、彝良、昭通、德钦、中甸、贡山、维西、丽江、福贡、贡山、兰坪、鹤庆、泸水、大理、澄江；生于海拔 800～4400m 的草坡、林下、山谷、林缘、溪边、石缝等处。湖北西部、四川、贵州、西藏有产。尼泊尔、印度(锡金)也有。

分布区类型：14－1

◎窄叶火炭母(变种)

Polygonum chinense Linn. var. *paradoxum* (Lévl.) A. J. Li

产于轿子山摆夷召(2000m，Mao1215)；生于山坡路旁灌木林中。

分布于云南的禄劝、昆明、永德、景东、寻甸、嵩明、德钦、贡山、福贡、鹤庆、漾濞、大理、宾川、大姚、武定、峨山、元阳、绿春、马关、屏边、腾冲、瑞丽、潞西、耿马；生于海拔 1300～3000m 的林下、林缘、溪边等处。四川、贵州也有。

分布区类型：15－3－a

◎革叶蓼

Polygonum coriaceum Samuelsson

产于白石崖(4010m，pH *et al.* 8563、8683)，轿子山轿顶(4223m，pH *et al.* 9472)；生于山坡草地、多石草甸。

分布于云南的东川、德钦、中甸、宁蒗、维西、丽江、福贡；生于海拔 2800～4010m 的疏林流石滩、高山草地、山坡等处。四川、西藏也有。

分布区类型：15－3－a

◎小叶蓼

Polygonum delicatulum Meisn.

产于轿子山大黑箐至轿顶(3900m，pH *et al.* 9413)；生于岩石上。

产会泽、德钦、中甸、贡山、维西、丽江、碧江、泸水、大理；生于海拔 2600～4500m 的高山草地、沼泽草甸、山坡、山谷、乱石滩等处。分布于四川、西藏。巴基斯坦、印度西北部、尼泊尔、锡金、不丹也有。

分布区类型：14－1

◎匐枝蓼(原变种)

Polygonum emodi Meisn. var. *emodi*

产于法者林场大海至马鬃岭途中(3500m，pH *et al.* 9017)，轿子山(2760m，Mao755)；生于杜鹃灌丛、沟边、山坡草地。

分布于云南的东川、禄劝、丽江、泸水、大理、大姚、澄江、景东；生于海拔 1300～3660m 的草坡、路边、山谷、悬崖、草丛等处。分布于西藏。印度西北部、尼泊尔、锡金、不丹也有。

分布区类型：14－1

◎宽叶匐枝蓼(变种)

Polygonum emodi Meisn. var. *dependens* Diels

产于法者林场大厂至新发村(2700m，pH *et al.* 8887)，九龙沟(3000m，pH *et al.* 8397)；生于林缘灌丛。

分布于云南的东川、禄劝、富民、澄江、德钦、丽江、永胜、泸水、大理；生于海拔 2500～3660m 的草坡、山谷、林下、路边等背阴处。四川及西藏东部(察隅)亦产。

分布区类型：15－3－a

◎细茎蓼

Polygonum filicaule Wall. ex Meisn.

产于法者林场大海至马鬃岭(3500m，pH *et al.* 9146)，轿子山轿顶(4223m，pH *et al.* 9412)；生于山坡草地、多石草坡。

分布于云南的禄劝、会泽、德钦、中甸、贡山、维西、福贡、碧江、鹤庆、泸水、澄江；生于海拔 2800～4500m 的高山草地、高山沼泽草甸、乱石滩溪边、林缘等处。分布于四川、西藏、及台湾高山地区。印度西北部、巴基斯坦、克什米尔地区、尼泊尔、锡金也有。

分布区类型:14－1

◎**冰川蓼**

Polygonum glaciale (Meisner) J. D. Hooker

产于轿子山木邦海边(4100m,pH *et al.* 9948),九龙沟(3000m,pH *et al.* 8369);生于路边岩石上、岩石缝中。

分布于云南的东川、禄劝、会泽、德钦、丽江、富民;生于海拔2350～4100m的山坡林下、山坡草地等处。分布于河北、山西、甘肃、青海、四川、西藏。尼泊尔、印度、阿富汗也有。

分布区类型:14－1

◎**矮蓼**

Polygonum humile Meisn.

产于禄劝乌蒙乡轿子山木邦海(4100m,pH *et al.* 9347);生于石下。

分布于云南的禄劝、会泽、文山、景东;生于海拔2300～3450m的草地、石边。印度、尼泊尔、锡金也有。

分布区类型:14－1

◎**圆穗蓼**

Polygonum macrophyllum D. Don

产于白石崖(4200m,pH *et al.* 8685),轿子山(4000m,Zhang678),沼泽地中;大黑箐(3900m,pH *et al.* 9337、9438),石膏菜坪子(3600m,Mao1070);生于多石草坡、高山草甸、山谷溪旁。

分布于云南的禄劝、巧家、永德、中甸、德钦、贡山、维西、丽江、鹤庆、洱源;生于海拔2700～4600m的草坡、高山草地、石坡、沼泽地等处。陕西、甘肃、青海、湖北、四川、贵州和西藏。印度北部、尼泊尔、锡金、不丹也有。

分布区类型:14－1

◎**大海蓼**

Polygonum milletii (Lévl.) Lévl.

产于轿子山(4000m,Zhang687);生于山坡密林下。

分布于云南的禄劝、会泽、中甸、贡山、丽江、泸水、峨山、景东、潞西、临沧、双江;生于海拔1200～4000m的草地、路边、干山坡、沼泽草甸等处。四川及陕西西南部有产。印度北部、尼泊尔及不丹也有。

分布区类型:14－1

◎**倒毛绢毛蓼(变种)**

Polygonum molle D. Don var. *rude* (Meisn.) A. J. Li

产于九龙沟(3000m,pH *et al.* 8316、8387),生于林缘灌丛。

分布于云南的东川、德钦、贡山、福贡、碧江、泸水、漾濞、大理、澄江、元江、泸西、富宁、砚山、蒙自、文山、西畴、屏边、景东、勐海、腾冲、龙陵、临沧;生于海拔1000～4100m的草坡、林下、山谷、溪边等处。广西、贵州、西藏亦产。印度东北部、尼泊尔、不丹也有。

分布区类型:14－1

◎**尼泊尔蓼**

Polygonum nepalense Meisn.

产于炉拱山至九龙(3000m,pH *et al.* 8135);生于河边、岩边、山坡沟边。

分布几遍云南全省;生于海拔600～4100m的草坡、林下、灌丛、河边、沼泽地边、山谷、林缘、石边等处。除新疆外的全国个省区都有分布。阿富汗、巴基斯坦、朝鲜、日本、俄罗斯(远东)、印度、菲律宾、尼泊尔、印度尼西亚及非洲也有。

分布区类型:6

◎**毛叶草血竭**

Polygonum paleaceum Wall. ex Hook. f.

产于炉拱山至九龙(3300m,pH *et al.* 8054);生于山坡草地。

分布于云南的东川、德钦、中甸、贡山、宁蒗、维西、丽江、碧江、剑川、鹤庆、永胜、漾濞、大理、宾川、大姚、姚安、昆明、澄江、蒙自、临沧;生于海拔1500～3900m的草坡、高山草甸、林下、林缘、河边、路边等处。四川也有。

分布区类型:15－3－a

◎**羽叶蓼(原变种)**

Polygonum runcinatum Buch. －Ham. ex D. Don var. *runcinatum*

产于法者林场干箐垭口至沙子坡(3100m,pH *et al.* 8724、8735),轿子山大羊窝(3250m,pH *et al.* 9592),哈依垭口梁子(3500m,Mao1102),九龙沟(3200m,pH *et al.* 8485),生于林缘灌丛、林缘草地、山坡潮湿处。

分布于云南的东川、禄劝、昆明、会泽、中甸、贡山、丽江、兰坪、鹤庆、洱源、泸水、漾濞、大理、大姚、澄江、文山、屏边、景东、孟连、腾冲、耿马;生于海拔1400～3800m的路边草地、林下、山谷、溪边、亚高山草地、林缘等潮湿处。陕西、甘肃、华东、台湾、华南、华中及西南有产。印度北部、尼泊尔、锡金、缅甸、泰国、菲律宾、马来西亚也有。

分布区类型:7

◎**赤胫散(变种)**

Polygonum runcinatum Buch. - Ham. ex D. Don var. sinense Hemsl.

产于法者林场抱水井垭口至大厂(3100m,pH *et al.* 8845),燕子洞至大海途中(3500m,pH *et al.* 9132),轿子山(3500～3900m,Zhang544,pH *et al.* 9330);生于林下潮湿处、林缘草地、沼泽地。

分布于云南的大部分地区;生于海拔210～3900m的草坡、林下、林缘、石灰岩、山谷溪边、竹林中等潮湿处。福建、甘肃、河南、陕西、甘肃、浙江、安徽、湖北、湖南、广西、四川、贵州、西藏也有。不丹、印度北部、印度尼西亚(苏门答腊)、克什米尔地区、马来西亚、缅甸、尼泊尔、菲律宾、锡金、泰国有产。

分布区类型:7-1

◎**珠芽支柱蓼**

Polygonum suffultoides A. J. Li

产于轿子山(3620m,JZ58-34);生于林下沟边。

分布于云南的禄劝、云龙、德钦、中甸、贡山、维西、丽江;生于海拔3450～4500m的草坡、山坡林下、高山草甸、开阔山坡等处。

分布区类型:15-2-b

◎**珠芽蓼**

Polygonum viviparum Linn.

产于法者林场大海至马鬃岭(3500m,pH *et al.* 9077),轿子山大黑箐(3900m,pH *et al.* 9338),九龙沟(3000m,pH *et al.* 8405);生于多石草坡、林缘灌丛。

分布云南的东川、禄劝、云龙、永德、临沧、双江、彝良、镇雄、巧家、会泽、沾益、德钦、中甸、贡山、宁蒗、维西、丽江、福贡、兰坪、泸水、漾濞、大理、峨山、蒙自、保山、腾冲;生于海拔650～4500m的草地、山坡、林下、溪边、沼泽地。东北、华北、河南、西北及西南有分布。朝鲜、日本、蒙古、高加索、哈萨克斯坦、印度、欧洲及北美也有。

分布区类型:8

◎**小翼蓼**

Pteroxygonum annuum L. G. Lei

产于老炭房后山(3200m,pH *et al.* 9242),炉拱山至九龙(3000m,pH *et al.* 8073、8420);生于山坡或林缘草地。

分布于云南的东川;生于海拔3000～3200m的林缘草地。

分布区类型:15-1

◎**小酸模**

Rumex acetosella Linn.

产于法者林场大场附近(2850m,JZ1523);生于林缘草地。

分布于云南的东川、会泽、永德;生于海拔2000～3400m的山坡。黑龙江、内蒙古、新疆、河北、山东、河南、江西、湖南、湖北、四川、福建及台湾广布。朝鲜、日本、蒙古、高加索、哈萨克斯坦、俄罗斯(欧洲部分、西伯利亚、远东)、欧洲及北美也有。

分布区类型:8

◎**戟叶酸模**

Rumex hastatus D. Don

产于轿子山四方井(2900m,pH *et al.* 9651),乌蒙团街(2500m,Mao593),雪山乡白家洼(2900m,pH *et al.* 9699);生于路边灌丛、路旁沙石上、林缘灌丛。

分布于云南的大部分地区;生于海拔300～2700m的干热河谷、灌丛、林中、溪边、干燥路边、石坡等处。四川及西藏东南部也有。印度、尼泊尔、不丹、巴基斯坦、阿富汗亦产。

分布区类型:14-1

◎**尼泊尔酸模**

Rumex nepalensis Spreng.

产于法者林场干箐垭口(3130m,pH *et al.* 8820),轿子山大兴厂(2800m,Mao835);生于路边、林缘草地山谷、溪旁、石上。

分布于云南的云龙、永德、凤庆、镇康、景东、镇雄、巧家、会泽、师宗、德钦、中甸、贡山、宁蒗、维西、丽江、剑川、洱源、大理、永平、大理、禄劝、昆明、绿春、屏边、金平;生于海拔820～4050m的草坡、林下、溪边、灌丛。陕西南部、甘肃南部、青海西南部、湖南、湖北、江西、四川、广西、贵州、西藏有分布。阿富汗、不丹、印度、印度尼西亚、缅甸、尼泊尔、巴基斯坦、锡金、塔吉克斯坦、泰国、越南和西南亚也有。

分布区类型:7

59. 商陆科 Phytolaccaceae

◎**商陆**

Phytolacca acincsa Roxb.

产于雪山白家洼(2900m,pH *et al.* 9702);生于溪边。

分布于云南各地;野生于(900～)1500～3400m的山谷缓坡或山箐湿润处、石灰岩山坡、田边、路边。我国自东北、西北至华南、西南均有分布。不丹、印度、日本、朝鲜、缅甸、锡金及越南也有。

分布区类型:14

61. 藜科 Chenopodiaceae

◎小藜

Chenopodium serotinum Linn.

产于九龙沟(3000m, pH *et al.* 8257);生于林缘、路边。

分布于云南的大部分地方,普遍分布的杂草;生于荒坡、路旁、垃圾堆处。我国除西藏外,各省区均有分布。

分布区类型:15 - 3 - c

63. 苋科 Amaranthaceae

◎钝叶土牛膝(变种)

Achyranthes asper Linn. var. *indica* Linnaeus

产于禄劝三江口(1200m, Mao1786);河边灌丛。

分布于的禄劝、宾川、鹤庆、元阳、元江、富宁、镇雄、大关;生于海拔 800 ~ 2300 米的山坡疏林或村庄附近空旷地。广东、四川、台湾有产。印度、斯里兰卡也有。

分布区类型:7 - 2

◎牛膝

Achyranthes bidentata Blume

产于轿子山各坡(2200 ~ 3500m, pH *et al.* 9148);生于林缘、沟边灌丛。

分布于云南的东川、禄劝、云龙、永德、丽江、中甸、德钦、维西、文山、景洪、昆明;生于海拔 200 ~ 3300m 的山坡林下、路边。除东北外全国有广布。朝鲜、俄罗斯远东、印度、越南、泰国、菲律宾、马来西亚也有。

分布区类型:7

◎白花苋

Aerva sanguinolenta (Linn.) Blume.

产于普渡河苏铁保护点(1170m, pH *et al.* 9885);生于路边灌丛。

分布于云南的禄劝、永德、沧源、耿马、景东、巧家、潞西、景洪、勐腊、屏边、蒙自、金平、富宁、西畴、麻栗坡、峨山等地;生于海拔 700 ~ 2000m 的山坡路旁、林缘草坡。四川西南部、贵州、广东、海南。越南、印度、菲律宾、马来西亚也有。

分布区类型:7

67. 牻牛儿苗科 Geraniaceae

◎五叶老鹳草

Geranium delavayi Franch.

产于轿子山大黑箐至轿顶(3900m, pH *et al.* 9390、9397),炉拱山至九龙(3300m, pH *et al.* 8076);生于山坡草地、灌丛。

分布于云南的禄劝、德钦、贡山、中甸、丽江、维西、鹤庆、大理、宾川、大姚、蒙自;生于海拔 3200 ~ 4100m 的林间草地、林缘、灌丛或草地。四川西南部也有分布。

分布区类型:15 - 3 - a

◎长根老鹳草

Geranium donianum Sweet

产于烂泥坪妖精塘(4400m, 蓝顺彬 530);高山草甸。

分布于云南的东川、德钦、贡山、丽江;生于海拔 3000 ~ 4200 米的高山草地。甘南、青海东南、川西、西藏东部有产。不丹、印度(锡金)、尼泊尔也有。

分布区类型:14 - 1

◎灰岩紫地榆

Geranium franchetii R. Knuth

产于书姑至马鬃岭梁子干水井(3720m, pH *et al.* 9803);生于山坡草地。

分布于云南的禄劝、泸水及云南东北部;生于海拔 1800 ~ 3800m 的山坡灌丛下或草丛中。重庆、贵州、湖北西部也有。

分布区类型:15 - 3 - a

◎萝卜根老鹳草

Geranium napuligerum Franch.

产于白石崖(4100m, pH *et al.* 8702);生于多石草坡。

分布于云南的东川、德钦、贡山、中甸、鹤庆、洱源、大姚;生于海拔 3200 ~ 4100m 的林下、灌丛下及草地。甘肃南部、青海南部、四川西部也有。

分布区类型:15 - 3 - a

◎五叶草

Geranium nepalense Sweet

产于轿子山大羊窝(3450m, pH *et al.* 9527);生于山坡灌丛、草地。

分布于云南省大部;生于海拔 1000 ~ 3600m 的林下、灌丛下、山坡、草地、路边、水沟边、荒地等。西南、西北、华中、华东等地均有分布。阿富汗、尼泊尔、不丹、印度、斯里兰卡、缅甸、越南及日本也有。

分布区类型:14

◎汉荭鱼腥草

Geranium robertianum Linn.

产于轿子山平箐(3230m, 08CS037);生于石灰山岩缝中。

分布于云南的禄劝、昆明、路南、德钦、中甸、维西、镇雄;生于海拔 2000 ~ 3300m 的林下或石隙中。湖北、湖南、四川、贵州、西藏、台湾有分布。美洲、欧洲、中亚、喜马拉雅山脉、西伯利亚及日本也有。

分布区类型:8

◎**中华老鹳草**

Geranium sinense R. Knuth

产于法者林场干箐垭口(3130m, pH *et al.* 8788),马鬃岭至大海(3500m, pH *et al.* 9014),轿子山大马路(3450m, pH *et al.* 9628);生于林缘灌丛、山坡草地。

广泛分布于云南西北部、中部和东北部;生于海拔 2600 ~ 3500m 的林下、灌丛下、草坡或路边。四川西南部也有分布。

分布区类型:15 - 3 - a

◎**鼠掌老鹳草**

Geranium sibiricum Linn.

产于法者林场抱水井垭口(3200m, pH *et al.* 8841),大厂至新发村途中(2730m, pH *et al.* 8925),轿子山大羊窝(3450m, pH *et al.* 9528);生于林缘灌丛,路边、山坡草地。

分布于云南的东川;生于海拔 2730m 的林缘、路边灌丛。我国南北均产。欧亚温带广布。

分布区类型:10

◎**云南老鹳草**

Geranium yunnanense Franch.

产于法者林场大厂至林区附近抱水井垭口(3230m, pH *et al.* 8962),轿子山大马路(3450m, pH *et al.* 9364、9590);生于山坡草地。

分布于云南的东川、德钦、丽江、贡山、中甸、碧江、维西、兰坪、大理;生于海拔 3000 ~ 4300m 的林下、灌丛下或草丛中。四川西南部也有。

分布区类型:15 - 3 - a

69. 酢酱草科 Oxalidaceae

◎**酢酱草**

Oxalis corniculata Linn.

产于轿子山各地(2300 ~ 3200m, pH *et al.* 8975);生于山坡草地、林缘、灌丛。

分布几遍云南全省;生于海拔(350 ~)1000 ~ 3400m 的路边、山坡草地或林间空地。我国南北各地均有。世界亚热带北缘及热带地区亦产。

分布区类型:2

◎**山酢浆草**

Oxalis griffithii Edgew. et Hook. f.

产于法者林场抱水井垭口至大厂(2890m, pH *et al.* 8730);生于林下潮湿处。

分布于云南全省大部分地区;生于海拔 1100 ~ 3400m 的林下或灌丛中。我国长江以南皆有分布。不丹、缅甸北部、尼泊尔、印度、菲律宾、锡金、日本也有。

分布区类型:14

◎**白鳞酢浆草**

Oxalis leucolepis Diels

产于轿子山一线天至大坪子(3800m, pH *et al.* 9367);生于林缘岩石上。

分布于云南的禄劝、云南西北部;生于海拔 2600 ~ 3800m 的林下或草坡。川西南、西藏东南部也有。亦见于不丹、印度(锡金)、缅甸、尼泊尔。

分布区类型:14 - 1

71. 凤仙花科 Balsaminaceae

◎**马红凤仙花**

Impatiens bachii Lévl.

产于法者林场大厂大洼子(2930m, JZ527);生于林下潮湿处。

分布云南的东川、镇雄等地;生于海拔 1900 ~ 2800m 的密林中或水沟边。模式标本采自东川马红。

分布区类型:15 - 2 - a

◎**具角凤仙花**

Impatiens ceratophora Comber

产于法者林场大厂(2630m, JZ41 - 29);生于林缘溪边。

分布于云南的东川、福贡、瑞丽一蓬尔温分水岭;生于海拔(1700m)1800 ~ 2700m 混交林下阴湿地或水沟边。

分布区类型:15 - 2 - b

◎**黄麻叶凤仙花**

Impatiens corchorifolia Franch.

产于中山(2800m, JZ031、085);生于林缘岩下。

分布于云南的东川、大理、漾濞、鹤庆、宾川、永平,蒙自等地;生于海拔 2000 ~ 3500m 的杂木林下,林缘阴湿处。四川西南部也有。

分布区类型:15 - 3 - a

◎**束花凤仙花**

Impatiens desmantha Hook. f.

大厂大洼子(2930m, JZ37 - 19);生于林缘溪边。

分布于云南的东川、贡山、福贡、兰坪、德钦、香格里拉(中甸)、丽江、大理、鹤庆、晋宁等地;生于海拔3300~4000m的云杉林下或山谷阴湿处。

分布区类型:15-2-b

◎**镰萼凤仙**

Impatiens drepanophora Hook. f.

产于雪山乡白家洼(2960m,JZ78-31);生于溪边。

分布于云南的禄劝、腾冲;生于海拔1700~2300m的路边阴湿地或水沟边。分布于西藏东南部。缅甸东北部、印度、尼泊尔、锡金也有。

分布区类型:14-1

◎**同距凤仙花**

Impatiens holocentra Hand.-Mazz.

产于抱水井丫口(3105m,JZ31-6);生于冷杉林下。

分布于云南的东川、贡山、大理等地;生于海拔1720~2150(~2800)m林下或溪边。模式标本采自贡山独龙江。缅甸东北部亦产。

分布区类型:14-1

◎**毛凤仙花**

Impatiens lasiophyton J. D. Hooker

产于转龙(1980m,Mao1442);生于溪旁、田边。

分布于云南的东川、禄劝、镇雄、彝良等地;生于海拔1700~2000m的密林下或溪边、田边。贵州、广西也有。

分布区类型:15-3-a

◎**路南凤仙花**

Impatiens loulanensis Hook. f.

产于轿子山大坪子(3750m,JZ389);生于林下潮湿处。

分布于云南的东川、昆明、路南、文山等地;生于海拔1900~2600m水沟边或山谷湿地。贵州也有。

分布区类型:15-3-a

◎**蒙自凤仙花**

Impatiens mengtzeana Hook. f.

产于轿子山(3800m,JZ399、JZ387);生于林缘溪边。

分布于云南的禄劝、蒙自,金平、屏边、绿春、河口、元阳、临沧、思茅、西双版纳、景东、大理、漾濞、曲靖、陇川、贡山等地;生于海拔1100~2000m的山涧溪边,密林下,潮湿草地。

分布区类型:15-2-d

◎**罗平山凤仙花**

Impatiens poculifer Hook. f.

产于法者林场背风窝(3640m,JZ69-33);生于林缘溪边。

分布于云南的东川、德钦、贡山、洱源等地;生于海拔3000~3600m的沟边杂木林、混交林下。

分布区类型:15-2-b

◎**辐射凤仙花**

Impatiens radiata Hook. f. et Thoms.

产于火烧棚子(2995m,JZ527);生于林下潮湿处。

分布于云南的东川、永善、会泽、维西、贡山、香格里拉(中甸)、丽江、大理、漾濞、鹤庆、宾川、楚雄、昆明、文山等地;生于海拔(1150~)2000~3500m的杂木林缘或溪旁。分布于四川、贵州和西藏。尼泊尔、锡金、不丹、印度(阿萨姆、喀西山)亦有分布。

分布区类型:14-1

◎**直角凤仙花**

Impatiens rectangula Hand.-Mazz.

产于九龙沟(3000m,JZ057);生于溪边灌丛。

分布于云南的永善、会泽、维西、贡山、香格里拉(中甸)、丽江、大理、漾濞、鹤庆、宾川、楚雄、昆明、东川、文山等地;生于海拔(1150~)2000~3500m的杂木林缘或溪旁。分布于四川、贵州和西藏。尼泊尔、锡金、不丹、印度(阿萨姆、喀西山)亦有分布。

分布区类型:14-1

◎**红纹凤仙花**

Impatiens rubro-striata J. D. Hooker

产于转龙(2600m,Zhang298);生于溪边。

分布于云南的禄劝、昆明、富民、武定、嵩明、景东、凤庆、临沧、鹤庆、洱源、楚雄、文山、屏边、麻栗坡、红河、绿春、西双版纳等地;生于海拔(1400~)1800~2600m阴湿林下、灌丛或溪边湿地。

分布区类型:15-2-d

◎**黄金凤**

Impatiens siculifer Hook. f.

产于板山沟(2960m,JZ153);生于林下沟边。

分布于云南的东川、禄劝、昆明、嵩明、楚雄、双柏、云龙、永德、凤庆、景东、腾冲、蒙自、屏边、金平等地,生于海拔1300~2800m常绿阔叶林下或溪边。贵州、四川、广西、湖南、湖北、福建、江西等省区均有分布。

分布区类型:15-3-b

◎**滇水金凤**

Impatiens uliginosa Franch.

产于禄劝乌蒙乡团街(2800m,Zhang420);生于溪边。

分布于云南的东川、禄劝、昆明、会泽、嵩明、双柏、大理、洱源、剑川、丽江、兰坪、保山、中甸等地;生于海拔(1400～)1750～2600m 林下或溪边。

分布区类型:15－2－b

72. 千屈菜科 Lythraceae

◎**水苋菜**

Ammannia baccifera Linnaeus

产于三江口(1200m,Mao1864),河边田中。

分布于云南的禄劝、永德、凤庆、沧源、贡山、保山、潞西、景洪、元江、绿春、蒙自、元阳;生于海拔800～1800m 的路旁、草地、干田潮湿处或水田中。广东、海南至秦岭都有分布。东非、北非至伊朗、阿富汗、意大利北部、独联体(南部至高加索)、印度、越南至菲律宾、马来西亚、澳大利亚。

分布区类型:4

77. 柳叶菜科 Onagraceae

◎**柳兰**

Chamaenerion angustifolium (Linn.) Scop.

产于东川因民镇落雪往舍块方向三风口(3280m,Liu Ende *et al.* 2144);生于高山草甸、路边。

分布于云南东北部和西北部;生于海拔1950～3970m 的草坡、林缘、火烧迹地、灌丛、高山草甸和砾石坡。西藏、四川、青海、新疆、甘肃直至东北都有分布。欧洲、小亚细亚、外高加索、西伯利亚、日本和北美也有。

分布区类型:8

◎**高原露珠草**

Circaea alpina Linn subsp. *imaicola* (Asch. et Magn.) Kitamura

产于法者林场大海至马鬃岭(3500m,pH *et al.* 9069),大横山至邓家山(2860m,ETNEY523);生于林缘灌丛、箭竹杂木林下。

分布于云南的东川、禄劝、昆明、武定、嵩明、富民、德钦、维西、中甸、丽江、贡山、兰坪、碧江、鹤庆、洱源、景东、腾冲、镇康、漾濞、昭通、巧家;生于海拔1800～3950m 的山谷常绿阔叶林、栎林、松林、竹林内或箐边草地。四川西部、西藏东南部、台湾也有。越南北部,缅甸北部、西北部,阿萨姆,沿喜马拉雅山脉南坡至阿富汗北部,以及印度南部形成间断分布。

分布区类型:14－1

◎**谷蓼**

Circaea erubescens Franch. et Say.

产于东川法者林场干箐垭口(3140m,pH *et al.* 8957),法者林场抱水井垭口(3200m,pH *et al.* 8753);生于草坡上、路旁竹林边。

分布于云南的东北部;生于海拔1500～2000m的密林或山谷草丛中。四川、贵州、广西、湖南、湖北、安徽、江西、浙江至台湾都有。日本、朝鲜南端、萨哈林南端也有。

分布区类型:11

◎**南方露珠草**

Circaea mollis Siebold et Zuccarini

产于法者林场大厂大洼子(2959m,JZ37－17);生于林缘灌丛。

分布于云南的东川、禄劝、富民、嵩明、大关、腾冲、临沧、元江、楚雄、绿春、屏边、西畴、砚山;生于海拔1000～2400m 的箐沟、山谷、溪边的林下。辽宁、河北、湖北、湖南、江西、江苏、浙江、福建、广东、广西、贵州、四川都有。俄罗斯远东地区、朝鲜、日本、越南、老挝、柬埔寨、缅甸、印度东北部(阿萨姆)均产。

分布区类型:7

◎**匍匐露珠草**

Circaea repens Wallich ex Ascherson et Magnus

产于雪山乡白家洼(2924m,JZ74－35);生于林缘草地。

分布于云南的东川、禄劝、会泽、巧家、鹤庆、贡山;生于海拔2450～3300m 的林下、林缘、箐沟两侧。四川西部、西南部,西藏东南部也有。缅甸北部、印度东北部、不丹、尼泊尔至克什米尔地区亦产。

分布区类型:14－1

◎**腺茎柳叶菜**

Epilobium brevifolium D. Don subsp. *trichoneurum* (Haussknecht) P. H. Raven

产于白石崖(4200m,pH *et al.* 8660),法者林场干箐垭口至沙子坡(3000m,pH *et al.* 8850),轿子山轿顶(4223m,pH *et al.* 9414、9448);生于多石草坡、路边草地。

分布于云南的禄劝、昆明、富民、德钦、维西、贡山、兰坪、丽江、凤庆、景东、镇康、大姚、文山、麻栗坡,生于海拔1500～2900(～4223)m 的灌丛、草地、沟边沼泽地。西藏、四川、贵州、陕西、湖北、湖南、广西、广东、江西、浙江、台湾也有。不丹、印度东北部、尼泊尔、缅甸、越南北部和吕宋岛均产。

分布区类型:14－1

◎**华西柳叶菜**

Epilobium cylindricum D. Don

产于法者林场大厂至新发村(2600m,pH *et al.*

8919a);生于路边灌丛。

分布于云南的东川、云龙、德钦、维西、贡山、中甸、保山、江川、嵩明、昆明、宜良、会泽、大关、彝良。生于海拔1700~3320m的林下、灌丛、草坡、沟边草甸。四川、西藏、贵州、新疆(天山)也有。阿富汗东北部至喜马拉雅山区均产。

分布区类型:14-1

◎**大花柳叶菜**

Epilobium wallichianum Haussknecht

产于法者林场干箐垭口(3130m,pH *et al.* 8919、8967),轿子山轿顶(4223m,pH *et al.* 9324),炉拱山至九龙(2750m,pH *et al.* 8123),腰棚子林区(2890m,pH *et al.* 8469);生于林缘灌丛、草地、多石草坡。

分布于云南的东川、禄劝、德钦、维西、中甸、贡山、漾濞、大理、嵩明、昆明、文山、金平、建水、大关;生于海拔1800~3300m的林下、灌丛、竹丛中或沟边湿地。西藏、四川、贵州也有。不丹、印度东北、缅甸、尼泊尔也有。

分布区类型:14-1

◎**埋鳞柳叶菜**

Epilobium williamsii P. H. Raven

产于轿子山(4000m,Zhang577);生于沼泽地。

分布于云南的禄劝、中甸、泸水、大理;生于海拔3400~3800m的高山草地、砾石堆、沟旁溪畔。西藏东部、东南部、四川西南部也有。尼泊尔、锡金也产。

分布区类型:14-1

81. 瑞香科 Thymelaeaceae

◎**橙黄瑞香**

Daphne aurantiaca Diels

产于九龙沟(3180m,JZ097);生于山坡岩石上。

分布于云南西北部、中部;常生于海拔3000~3500m的高山灌丛。

分布区类型:15-2-b

◎**白瑞香**

Daphne papyracea Wall. ex Steud.

产于轿子山石崖子(2900m,Mao904);生于山谷疏林中。

分布于云南的禄劝、云龙、永德、镇康、景东、贡山、福贡、泸水、腾冲、保山、龙陵、德钦、维西、丽江、大理、昭通、麻栗坡、富宁、西畴等县;生于海拔1500~2400(~3100)m的山坡林下或林缘。四川、湖南、广东、广西、贵州也有。亦见于喜马拉雅地区的克什米尔地区、尼泊尔、不丹、锡金、印度。

分布区类型:14-1

◎**凹叶瑞香**

Daphne retusa Hemsl.

产于东川舍块乡火石梁子小戏台(3900m,Liu Ende *et al.* 2049);生于杜鹃密林中。

分布于云南的西北部;生于海拔3000~3600m的山坡上。陕西、甘肃、湖北、四川也有。

分布区类型:15-3-c

◎**唐古特瑞香**

Daphne tangutica Maximowicz

产于九龙沟(3000m,pH *et al.* 8256);生于山坡灌丛。

分布于东川、维西、中甸、德钦、鹤庆;生于海拔2700~3600m的山坡灌丛中或疏林下。陕西、甘肃、贵州、四川、西藏、青海、河南、山西有产。

分布区类型:15-3-c

◎**狼毒**

Stellera chamaejasme Linn.

产于白石崖(3690m,pH *et al.* 8642);生于高山草甸。

分布于云南的东川以及东南部、中部及西北部;生于海拔1650~4200m的山地荒坡、疏林中。我国东北、华北、西藏南部均有分布。自高加索东向经印度北部、中亚、蒙古至西伯利亚均有。

分布区类型:11

◎**荛花**

Wikstroemia canescens Wallich ex Meisner

产于雪山乡白家洼(2760m,JZ613);生于路边灌丛。

分布于云南的中部、西北部;生于海拔1700~3000m的山地林缘或灌丛中。西藏有分布。阿富汗、孟加拉国、印度、日本、尼泊尔、巴基斯坦均产。

分布区类型:14-2

◎**短总序荛花**

Wikstroemia capitatoracemosa S. C. Huang

产于东川汤丹至红土地镇途中(2600m,pH *et al.* 8640m);生于路边密林中。

分布于云南的德钦;生于海拔3850m的高山灌丛中。西藏(昌都、察隅)、四川(会东、乡城)也有。

分布区类型:15-3-c

87. 马桑科 Coriariaceae

◎**马桑**

Coriaria nepalensis Wall.

产于普渡河苏铁保护小区(1170m,pH *et al.*);

生于干旱河谷山坡。

分布于云南全省各地;生于海拔 400 ~ 3200m 的河边、沟边、林缘、干旱山坡灌丛中。四川、贵州、广西、湖北、甘肃、陕西、西藏也有。印度东北部、缅甸北部、尼泊尔东部亦有。

分布区类型:14 - 1

88. 海桐花科 Pittosporaceae

◎**短萼海桐**

Pittosporum brevicalyx (Oliv.) Gagnep.

产于转龙甸尾(2600m, Zhang370、391);生于山坡杂木林中。

分布于云南的禄劝、云龙、永德、云南中部、东部、西部、西北部;生于海拔 700 ~ 2500m 的林中。广东、广西、贵州、湖北西部、湖南、江西、四川和西藏东南部也有。

分布区类型:15 - 3 - b

103. 葫芦科 Curcurbitaceae

◎**绞股蓝**

Gynostemma pentaphyllum (Thunb.) Makino

产于轿子山各坡(2600 ~ 2900m , pH *et al.* 8170);生于山坡沟边、林下、林缘。

分布几遍云南全省;生于海拔(900 ~)1200 ~ 2500(~3200m) m 的沟边、河边、林下、林缘。西藏(南部和东南部)、陕西南部及江南各省区均有分布。孟加拉国、印度、印度尼西亚、日本南部、朝鲜南部、老挝、马来西亚、缅甸、尼泊尔、新几内亚、斯里兰卡、越南也有。

分布区类型:7

◎**曲莲**

Hemsleya amabilis Diels

产于东川法者林场干箐垭口(3170m, Liu Ende *et al.* 2203);生于石山灌丛。

分布于云南的东川、昆明、嵩明、宾川、洱源、大理、鹤庆;生于海拔 1800 ~ 3170m 的山坡杂木林下或灌丛中。四川西南部也有。

分布区类型:15 - 3 - a

◎**雪胆**

Hemsleya chinensis Cogniaux

产于东川法者林场燕子洞至大海途中(2800m, pH *et al.* 9121);生于林缘。

分布于云南、贵州、四川、湖北;生于海拔 400 ~ 2800m 处的常绿阔叶林缘。

分布区类型:15 - 3 - b

◎**罗锅底**

Hemsleya macrosperma C. Y. Wu

产于轿子山大兴厂(2860m, JZ1509);生于林缘灌丛。

分布于云南的禄劝、嵩明、曲靖、会泽、照通、镇雄;生于海拔 1800 ~ 3200m 的疏林下或灌丛中。

分布区类型:15 - 2 - a

◎**异叶赤爮**

Thladiantha hookeri C. B. Clarke

产于法者林场小清河(2320m, JZ45 - 26);生于林缘灌丛。

分布于云南的东川、昆明、嵩明、峨山、云龙、永德、景东、西双版纳等地;生于海拔 1250 ~ 2400m 的山坡林下、林缘及灌丛中。贵州、四川、西藏也产。印度东北部、老挝、越南也有。

分布区类型:7

104. 秋海棠科 Begoniaceae

◎**独牛**

Begonia henryi Hemsl.

产于法者林场大厂至林区附近(2600m, pH *et al.* 8901),燕子洞至大海(3500m, pH *et al.* 9135);生于路边岩石上、林缘岩石缝中。

分布于云南的昆明、东川、禄丰、禄劝、楚雄、大姚、大理、鹤庆、洱源;生于海拔 1800 ~ 2600m 的石灰岩山地密林下、溪边岩石上。湖北西部、四川南部、贵州、广西北部。

分布区类型:15 - 3 - b

◎**全柱秋海棠**

Begonia grandis Dry. ssp. *holostyla* Irmsch.

产于法者林场大厂至新发村(2600m, pH *et al.* 8941),雪山乡白家洼(2900m, pH *et al.* 9666、9703);生于路旁岩石下、林缘岩石缝中。

分布于云南的东川、禄劝、富民、大姚、嵩明、禄丰、双柏、昆明、中甸、丽江;生于海拔 2200 ~ 2800m 山坡常绿阔叶林下潮湿的岩石边,阴湿的石灰岩岩缝中和灌丛中石上。四川(木里)也有。

分布区类型:15 - 3 - a

108. 茶科 Theaceae

◎**怒江红山茶**

Camellia saluenensis Stapf. ex Been

产于轿子山新山垭口(2772m, 08CS118),乌蒙至雪山途中老槽子(3000m,08CS085);生于杜鹃、高山栎灌丛、杂木林中。

分布于云南的东川、禄劝、嵩明、富民、昆明、云龙、彝良、镇雄、昭通、会泽、富源、玉溪、峨山、通海、双柏、禄丰、武定、大姚、祥云、宾川、大理、巍山、剑川、丽江、腾冲等地;生于海拔1900~2800(~3200)m的干燥山坡云南松林或混交林下,或山顶灌丛中。四川西南部和贵州西北部也有。

分布区类型:15-3-a

◎西南山茶

Camellia pitardii Cohen-Stuart

产于禄劝乌蒙乡哈依垭口(3140m,尹文清14);生于峻坡疏林。

分布于云南东南部至东北部;生于海拔1150~2100m的阔叶林下或林缘灌丛。四川、贵州、广西、湖南、湖北也有。

分布区类型:15-3-b

◎滇山茶

Camellia reticulata Lindl.

产于禄劝转龙镇息泽河(2600m,方瑞征,吕正伟001);生于次生松栎林内。

分布于除西双版纳外的云南大部分地区;生于海拔1500~2500m的阔叶林或混交林中。四川西南部、贵州西部也有分布。

分布区类型:15-3-a

◎丽江柃

Eurya Hand.-Mazz. i H. T. Chang

产于轿子山(2700m,Mao790、804),哈依垭口(2700m,尹文清0027);生于斜坡沙石山、沟谷路旁疏林。

分布于云南的东川、禄劝、云龙、贡山、重点、维西、福贡、丽江、鹤庆、剑川、大理、漾濞、永平、保山、梁河、景东、双柏、易门、大姚、武定、寻甸、曲靖、嵩明、富民;生于海拔(1600~)2000~2800(~3400)m的常绿阔叶林、混交林或林缘灌丛中。川西南也有。

分布区类型:15-3-a

◎细枝柃

Eurya loquaiana Dunn

产于小清河(2500m,JZ45-14);生于山坡林缘灌丛。

分布于云南的东川、禄劝、屏边、砚山、文山、马关、麻栗坡、西畴、富宁、广南、丘北、盐津、绥江;生于海拔800~2400m的林下或林缘灌丛中。四川、贵州、广西、海南、广东、湖南、江西、福建、浙江、安徽南部和湖北西部也有。

分布区类型:15-3-b

◎银木荷

Schima argentea Pritz.

产于禄劝乌蒙乡大兴厂至团街(2480m,Mao1196);生于山坡林缘。

分布于云南的东川、云龙、永德、景东、贡山、福贡、泸水、腾冲、保山、维西、中甸、丽江、鹤庆、洱源、宾川、漾濞、剑川、屏边;生于海拔1600~2800(~3200)m的阔叶林或针阔混交林中。广西南部、江西、川西南有分布。缅甸北部、越南也有。

分布区类型:7

◎短梗木荷

Schima brevipedicellata Hung T. Chang

产于东川法者乡大厂至新发村途中(2600m,pH *et al.* 8953);生于溪边密林中。

分布于云南的东南部;生于海拔1300~1900m的常绿阔叶林或混交林中。四川、贵州、广西、广东、湖南、江西也有。越南北部也有。

分布区类型:7-4

◎厚皮香

Ternstroemia gymnanthera (Wright. Arn.) Beddome

产于轿子山茶花树(2500m,Mao1362);生于斜坡沙地、干燥。

分布于云南省各地;生于海拔(760~)1100~2700m的阔叶林、松林下或林缘灌丛中。安徽、福建、广东、广西、贵州、湖北、湖南、江西、四川、浙江均有。柬埔寨、印度、老挝、缅甸、尼泊尔、锡金、泰国、越南也有。

分布区类型:7

112. 猕猴桃科 Actinidiaceae

◎软枣猕猴桃

Actinidia arguta (Siebold et Zuccarini) Planchon ex Miquel

产于轿子山(2500m,Mao777);生于山坡灌丛。

分布于云南的禄劝、富民、镇雄、大关、昭通、会泽、永德、蒙自、屏边、漾濞、宾川、丽江、中甸、维西、德钦、贡山;生于海拔(1400~)1800~2600(~3600)m的林缘、灌丛中。我国湖北、湖南、贵州也有。安徽、福建、广西、河北、黑龙江、河南、湖北、江苏、江西、吉林、辽宁、山东、陕西、山西、四川、台湾、天津、浙江皆有分布。日本和朝鲜也有。

分布区类型:14-2

121. 使君子科 Combretaceae

◎**滇榄仁**

Terminalia franchetii Gagnepain

产于乌蒙乡报竹腰娅(1980m,Mao 1256);生于斜坡干燥。

分布于我省金沙江河谷地区(自禄劝至丽江、宁蒗);生于海拔 1400~2600m 的干燥灌丛及杂木林中。广西西北部(隆林)、四川西南部亦产。泰国北部也有。

分布区类型:7-3

123. 金丝桃科 Hypericaceae

◎**栽秧花**

Hypericum beanii N. Robson

产于轿子山何家村(2800m,Mao959),四方井(3250m, pH *et al.* 9626);生于林缘、路边、林缘灌丛。

分布于云南的禄劝、云龙、永德、景东、贡山、腾冲、大理、至云南东北部及东南部;生于海拔 2500m 以下的山坡林缘、灌丛、草坡、路边。贵州(贞丰)也有。

分布区类型:15-3-a

◎**弯萼金丝桃**

Hypericum curvisepalum N. Robson

产于轿子山何家村(2800m,Mao959);生于山坡灌丛。

分布于云南的东川、禄劝、昆明、大理、漾濞、巍山、德钦等地;生于海拔 1800~3000m 的干燥或多石的山坡及开旷的林地。四川南部、贵州西南部也有。

分布区类型:15-3-a

◎**挺茎遍地金**

Hypericum elodeoides Choisy

产于法者林场大海至马鬃岭(2800m,pH *et al.* 9106、9247),干箐垭口(3130m,pH *et al.* 8873);生于山坡草地、林缘灌丛。

分布于云南的东川、永德、镇康、贡山、维西、大理、禄丰;生于海拔 1700~2800m 的山坡草地、灌丛、林下及田埂上。福建、广东、贵州、湖北、湖南、江西、西藏有分布。克什米尔地区、锡金、尼泊尔、印度、缅甸也有。

分布区类型:14-1

◎**细叶金丝桃**

Hypericum gramineum G. Forster

产于甸尾(2600m,Zhang 344);生于山坡林缘。

分布于云南的禄劝、昆明、砚山、江川、大理、鹤庆等地,生于海拔 1 200~2 000m 的水藓沼泽中;我国台湾(新竹)也有。不丹、印东北、巴布亚新几内亚、越南有产;澳大利亚、太平洋诸岛均产。

分布区类型:5

◎**芒种花**

Hypericum henryi Lévl. et Vaniot

产于法者林场干箐垭口(3130m, pH *et al.* 8772),轿子山(3600m, Zhang611),转龙(2600m, Zhang324);生于林缘灌丛、山坡灌丛。

分布于云南的禄劝、昆明、禄丰、永德、大理等地;生于海拔 1300~3600m 的山坡疏林下或灌丛中。贵州也有。

分布区类型:15-3-a

◎**短柱金丝桃**

Hypericum hookerianum Wight et Arn.

产于板山沟(2954m, JZ172);生于山坡林缘灌丛。

分布于云南的东川、云龙、永德、大理、漾濞;生于海拔 2300~3400m 的山坡灌丛或林缘。西藏东南部也有。亦见于孟加拉国、不丹、印度、缅甸、尼泊尔、锡金、泰国。

分布区类型:7-1

◎**地耳草**

Hypericum japonicum Thunberg

产于老炭房后山(2800m,pH *et al.* 9213);生于路边草地。

分布于云南南北各地;生于海拔 2800m 以下的田边、沟边、草地以及撂荒地上。我国南北广布。日本、朝鲜、尼泊尔、锡金、印度、斯里兰卡、缅甸至印度尼西亚、澳大利亚、新西兰以及美国的夏威夷有分布。

分布区类型:5

◎**宽萼金丝桃**

Hypericum latisepalum (N. Robson) N. Robson

产于炉拱山至九龙(2800m,pH *et al.* 8125);生于林缘灌丛。

分布于云南的东川、大理、漾濞、贡山;生于海拔 2500~2800m 的山坡草地、林缘、疏林下及灌丛中。印度东北部、缅甸北部有分布。

分布区类型:14-1

◎**长瓣金丝桃**

Hypericum monanthemum Hook. f. et Thoms. ex Dyer

产于轿子山(3800m,Zhang606);生于多石山坡。

分布于云南的东川、禄劝、大理、丽江、维西、碧江、中甸、贡山、德钦等地；生于海拔 2700 ~ 4300m 的山坡草地、竹林、灌丛、林下及水边等处。我国四川西部、西藏东南部也有。尼泊尔、锡金至缅甸有分布。

分布区类型：14 - 1

◎**云南小连翘**

Hypericum petiolulatum J. D. Hooker et Thomson ex Dyer subsp. *yunnanense* (Franch.) N. Robson

产于九龙沟（2800m，pH *et al.* 8493）；生于林缘灌丛、草地。

分布于云南的东川、嵩明、文山、屏边、镇雄、宾川、泸水、贡山等地；生于海拔 1700 ~ 3100m 的山坡草地、路旁、石岩上及林缘草地。福建、广西、贵州、河南、湖北、湖南、江西、陕西、四川有产。越南北部也有。

分布区类型：7 - 4

◎**山栀子**

Hypericum pseudohenryi N. Robson

产于雪山乡白家洼（2900m，pH *et al.* 9668）；生于林缘灌丛。

分布于云南的禄劝、会泽、宁蒗、丽江、中甸等地；生于海拔 1400 ~ 3800m 的松林下、灌丛中以及草坡或石坡上。四川西部及西南部也有。

分布区类型：15 - 3 - a

◎**近无柄金丝桃**

Hypericum subsessile N. Robson

产于轿子山（4100m，Zhang570）；生于山坡灌丛。

分布于云南的禄劝、大理；生于海拔 2400 ~ 4100m 的山坡灌丛中。四川西部（汉源）也有。

分布区类型：15 - 3 - a

◎**匙萼金丝桃**

Hypericum uralum Buch. - Ham. ex D. Don

产于轿子山摆依召大桥（1960m，Mao 1204）；生于山坡湿润 。

分布于云南的禄劝及云南西北部；生于海拔 1960 ~ 3600m 的林缘灌丛。不丹、印度东北部、缅甸北部、尼泊尔、巴基斯坦也有。

分布区类型：14 - 1

◎**遍地金**

Hypericum wightianum Wall. ex Wight et Arn.

产于东川炉拱山至九龙途中（3000m，HP *et al.* 8161），轿子山阿萨里（2000m，Mao1183）；生于林缘草地、山坡沙地。

分布于云南各地；生于海拔 2750m 以下的田地边、林缘灌丛、路旁草丛中。广西西部、贵州、四川有产。印度、缅甸、巴基斯坦、斯里兰卡、泰国也有。

分布区类型：7

128. 椴树科 Tiliaceae

◎**苘麻叶扁担杆**

Grewia abutilifiolia Vent. ex Juss

产于普渡河苏铁保护点（1223m，JZ102 - 13）；生于干旱河谷灌丛。

分布于云南中部至南部绝大部分地区，生于海拔 160 ~ 1600m 次生林中；贵州、广西、广东、海南、及台湾等省区均有分布，印度、中南半岛至爪哇也有。

分布区类型：7

◎**小花扁担杆**

Grewia biloba G. Don

产于乌蒙乡老熊箐（1700m，Mao1296）；山坡疏林中干燥。

分布于云南禄劝、丽江、鹤庆、宾川，生海拔 1200 ~ 1700 米山地灌丛中；安徽、广东、广西、贵州、河北、河南、湖北、湖南、江苏、江西、陕西、山东、山西、四川、浙江均产。

分布区类型：15 - 3 - c

130. 梧桐科 Sterculiaceae

◎**平当树**

Paradombeya sinensis Dunn

产于普渡河苏铁保护点（1250m，PD012），三江口（1400m，Mao1785）；生于干旱河谷、山坡灌丛。

分布于云南的禄劝、会泽、永善、石屏、等地；生于海拔 280 ~ 1500m 的山坡稀树灌丛草坡中。四川南部亦产

分布区类型：15 - 3 - a

131. 木棉科 Bombacaceae

◎**木棉**

Bombax ceiba Linn.

产于普渡河苏铁保护小区（1170m，pH *et al.* 9892）；生于干旱河谷、山坡灌丛。

分布于云南全省大部分地区；生于海拔 1400（~ 1700）m 的干热河谷及稀树草原或沟谷季雨林里。四川、贵州、广西、广东、江西、福建、海南、台湾等省区热带地均有。柬埔寨、印度、印度尼西亚、老挝、马来西亚、缅甸、尼泊尔、菲律宾、斯里兰卡、泰国、越南亦产；澳大利亚也有。

分布区类型:5

132. 锦葵科 Malvaceae

◎**圆叶锦葵**

Malva rotundifolia Linn.

产于轿子山大兴厂(2660m,Mao881);生于村旁灌丛。

分布于云南禄劝、昆明、永德;生于海拔 1800～2600m 的山坡、路旁。安徽、甘肃、贵州、河北、河南、江苏、陕西、山东、山西、四川、新疆和西藏等省区有产。欧洲和亚洲广布。

分布区类型:8

◎**中华野葵**

Malva verticillata Linn. var. *rafiqii* Abedin

产于禄劝乌蒙乡大兴厂(2660m,Mao881);生于村旁。

分布于云南的昆明、曲靖、楚雄、玉溪、丽江、迪庆、大理等地,生于海拔 1900～3500m 的草坡、路旁、山谷。全国各地常见。印度北部、巴基斯坦、朝鲜也有。

分布区类型:14－1

◎**拔毒散**

Sida szechuensis Matsuda

产于普渡河苏铁保护点(1170m, pH *et al.* 9886);生于路边灌丛。

分布于云南的禄劝、云龙、贡山、福贡、泸水、腾冲、保山、潞西、兰坪、鹤庆、勐海、江川、峨山、昭通、屏边、蒙自、富宁;生于海拔 300～2700m 的山坡、路旁、灌丛或疏林下。四川、贵州、广西有产。

分布区类型:15－3－a

◎**云南地桃花(变种)**

Urena lobata Linnaeus var. *yunanensis* S. Y. Hu

产于三江口(1850m,Mao1850);河谷灌丛。

分布于云南的禄劝、临沧、昆明、大理、玉溪、文山、红河、楚雄、思茅、西双版纳、德宏等地;常见于海拔 1300～2200m 的溪旁、灌丛中。广西、贵州、四川也有分布。

分布区类型:15－3－b

136. 大戟科 Euphorbiaceae

◎**毛叶铁苋菜**

Acalypha mairei (Lévl.) Schneid.

产于禄劝普渡河(1680m,李恒,俞宏渊,陈渝 971);生于河谷山坡。

分布于云南的永善、泸水、禄劝、双柏、元江等;生于海拔 600～2200m 的石灰岩地区山坡或石质河谷灌丛。广西西北部、四川西南部也有。泰国也有。

分布区类型:7－3

◎**高山大戟**

Euphorbia stracheyi Boiss

产于大风丫口(3905m,JZ23－13);生于亚高山草地。

分布于云南的东川、东北部、中部及西北部;生于海拔 1000～4900m 的高山草甸、灌丛、林缘或杂木林下。分布于四川、西藏、青海南部、甘肃南部。广布于喜马拉雅地区诸国。

分布区类型:14－1

◎**黄苞大戟**

Euphorbia sikkimensis Boiss.

产于禄劝转龙镇救生桥(2000m,Mao1382);生于河旁沙地蒺藜丛中。

分布于云南的中部至西南部;生于海拔 1700～2500m 的山坡、疏林及灌丛中。西藏、四川、贵州、广西、湖北也有。喜马拉雅地区各国也有。

分布区类型:14－1

◎**四裂算盘子**

Glochidion ellipticum Wight

产于禄劝转龙镇(1700m,李恒,俞宏渊,陈渝 962);生于河谷山坡。

分布于云南的南部;生于海拔 130～1700m 的山地常绿阔叶林或河畔灌丛中。贵州、广西、台湾等省区也有。印度、泰国、缅甸、越南也有分布。

分布区类型:7

◎**膏桐**

Jatropha curcas Linn.

产于普渡河苏铁保护小区(1170m, pH *et al.* 9863);生于干旱河谷、山坡灌丛。

分布于云南的禄劝、昆明、永德、凤庆、元谋、建水、富宁、文山、麻栗坡、马关、景洪、勐海、澜沧、景东、鹤庆、宾川、丽江、元江、易门;生于海拔 190～2200m 的干燥山坡、河边、村边。福建、广东、广西、海南、香港、四川、台湾有产。原产热带美洲,现广布于全球热带地区。

分布区类型:2

◎**余甘子**

Phyllanthus emblica Linn.

产于普渡河苏铁保护小区(1170m, pH *et al.* 9865);生于干旱河谷、山坡灌丛。

分布于云南除云南西北部和东北部外的各地;

生于海拔160~2100m的干热河谷、山坡阳处、灌丛中。香港、台湾、福建、江西、广东、广西、贵州、海南、四川也有。亦见于印度、印度尼西亚、马来西亚、菲律宾、斯里兰卡、中南半岛；南美有栽培。

分布区类型:7

◎**油桐**

Vernicia fordii (Hemsley) Airy Shaw

产于乌蒙乡救生桥(1980m, Mao1384)；河谷山坡。

产于云南的禄劝、永德、镇康、临沧、景东、凤庆、耿马、勐腊、瑞丽、昆明、易门、禄丰、双柏、蒙自、建水、砚山、西畴、广南、麻栗坡、金平、河口、屏边、漾濞、泸水、贡山；生于海拔350~2000米的山地阳坡、干热河谷、林边。长江流域以南均有栽培。越南也有。新旧大陆广泛栽培。

分布区类型:7-4

139a. 鼠刺科 Iteaceae

◎**滇鼠刺**

Itea yunnanensis Franch.

产于乌蒙乡摆夷召(2000m ,Mao 1212)；生于斜坡、灌木丛中、干燥 。

分布于云南的、贡山、禄劝、宣威、云南东南部；生于海拔(800)1400~2700m的针阔叶林下、杂木林内以及河边、石山等处。广西、贵州、四川(木里)也有分布。

分布区类型:15-3-a

141. 醋栗科 Grossulariaceae

◎**大刺茶藨子**

Ribes alpestre Wall. ex Decne.

产于东川舍块九龙沟(3200m,pH *et al.* 8236)；生于林缘灌丛。

分布于云南的东川、德钦、香格里拉、大理、丽江、剑川、鹤庆；生于海拔2500~3600m的林下、林缘、灌丛中或山坡路边。湖北、陕西、甘肃、青海、新疆、四川和西藏有产。阿富汗、克什米尔地区、印度西北部、尼泊尔、不丹也有。

分布区类型:14-1

◎**冰川茶藨子**

Ribes glaciale Wall.

产于东川二二二林场腰棚子林区(2890m,pH *et al.* 8457、8520)，法者林场干箐垭口至小横山途中(3100m,pH *et al.* 8831)，轿子山大羊窝(3200m,pH *et al.* 9492)，炉拱山(3000m,pH *et al.* 8384)；生于林缘灌丛。

分布于云南的东川、禄劝、云龙、永德、镇康、景东、贡山、福贡、泸水、德钦、中甸、维西、丽江、宁蒗、鹤庆、大理、漾濞、大姚、昭通等地；生于海拔(2200~)2500~3500(~4200)m的山坡灌丛或林下、林缘、草地或路旁、荒地。山西、安徽、甘肃东南部、河南、湖北西部、陕西、贵州、四川、西藏东南部有分布。不丹、印度北部、克什米尔地区、尼泊尔也有。

分布区类型:14-1

◎**曲萼茶藨子**

Ribes griffithii Hook. et. Thoms.

产于雪山乡白家洼(2750m,pH *et al.* 9669)；生于路边灌丛。

分布于云南的禄劝、德钦、维西、贡山、福贡、香格里拉、丽江、腾冲；生于海拔2400~4000m的林下、灌丛中或沟边路旁。分布于四川西南部、西藏南部和东南部。不丹、尼泊尔和印度东北部也有。

分布区类型:14-1

◎**宝兴茶藨子**

Ribes moupinense Franch.

产于禄劝轿子山大黑箐 (2800m,Mao654)；生于路旁沙石山。

分布于云南的中甸、维西、丽江、大理、禄劝、昭通；生于海拔2400~3600m的林下、灌丛或沟边。四川、贵州、西藏、河南、湖北、陕西、甘肃也有。

分布区类型:15-3-c

◎**细枝茶藨子**

Ribes tenue Jancz.

产于轿子山大马路(3450m,pH *et al.* 9358)；生于杜鹃林缘灌丛。

分布于云南的禄劝、德钦、维西、贡山、福贡、泸水、永善；生于海拔2400~3700m的林下、灌丛中或山坡路旁。河南、湖北、湖南、陕西、甘肃、四川。

分布区类型:15-3-c

142. 绣球花科 Hydrangeaceae

◎**大萼溲疏**

Deutzia calycosa Rehd.

产于炉拱山至九龙(3000m, pH *et al.* 8030)；生于林缘灌丛、林中。

分布于云南的东川、巍山、大理、宾川、洱源、维西、鹤庆、丽江、兰坪；生于林下或山坡灌丛，海拔1800~2800m。四川西南部也有。

分布区类型:15-3-a

◎**长叶溲疏**

Deutzia longifolia Franch.

产于禄劝乌蒙乡大兴厂崖子桥(2800m,Mao932);生于斜坡干燥处。

分布于云南的昆明、大姚、大理、云龙、漾濞、丽江、维西、鹤庆、大关、巧家;生于海拔 1800 ~ 3000m 的山地林下或灌丛中。甘肃、四川、贵州也有。

分布区类型:15 - 3 - c

◎**南川溲疏**

Deutzia nanchuanensis W. T. Wang

产于九龙沟(3000m,pH *et al.* 8368);生于林缘灌丛。

分布于云南的东川、彝良、大关、永善;生于山坡杂木林,海拔 1900 ~ 2300m。四川南部及东南部。

分布区类型:15 - 3 - a

◎**紫花溲疏**

Deutzia purpuraseens (Franch. ex L. Henry) Rehd.

产于轿子山平箐(3230m,08CS042),九龙沟(3170m,pH *et al.* 8265),书姑至马鬃岭大崖头(3358m,pH *et al.* 9817);生于多石山坡灌丛、林缘灌丛。

分布于云南的东川、禄劝、景东、大理、洱源、丽江、香格里拉(中甸)、德钦、贡山、维西、泸水、兰坪、福贡;生于山坡灌丛、疏林,海拔 2300 ~ 2800m。四川和西藏东南部有产。缅甸、印度也有。

分布区类型:14 - 1

◎**马桑绣球**

Hydrangea aspera Buch. - Ham. ex D. Don

产于乌蒙乡小猴街(2600m,Zhang271、479),转龙白木卡(2300m,辛景三 50582),转龙甸尾(2600m,Zhang364);生于山谷溪旁、林缘灌丛。

分布于云南的禄劝、云龙、贡山、福贡、泸水、腾冲、保山、凤庆、德钦、中甸、丽江、大理、漾濞、景东、楚雄、元江、寻甸、武定、昆明、盐津、镇雄、蒙自、屏边、文山、西畴、麻栗坡,生于海拔 1700 ~ 3200m 的阔叶林下或林缘灌丛。西藏(墨脱)、四川、贵州、广西有产。印度北部、尼泊尔、锡金、不丹、缅甸北部也有。

分布区类型:14 - 1

◎**西南绣球**

Hydrangea davidii Franch.

产于法者林场大厂至新发村(2400m,JZ258);生于沟边林中。

分布于云南的东川、云龙、永德、景东、贡山、福贡、德钦、维西、丽江、大理、丽江、广南、保山、兰坪、绥江、镇雄、大关、威信、彝良、巧家;生于海拔 1400 ~ 2800m 山坡疏林或林缘。四川、贵州也有。

分布区类型:15 - 3 - a

◎**微绒绣球**

Hydrangea heteromalla D. Don

产于禄劝乌蒙乡大孝峰(2900m,辛景三 50584),生于山谷、溪旁、斜坡。

分布于云南的丽江、维西、中甸、德钦、巧家;生于海拔 2000 ~ 3400m 的山坡林中。四川、西藏也有。印度东北部、尼泊尔、锡金、不丹也有分布。

分布区类型:14 - 1

◎**大果绣球**

Hydrangea macrocarpa Hand. - Mazz.

产于禄劝乌蒙乡大兴厂(2900m,Mao1128);生于溪旁、灌木丛中。

分布于云南北部和四川南部;生于海拔2500 ~ 3500m 的混交林、溪边密林、山坡。

分布区类型:15 - 3 - c

◎**白绒绣球**

Hydrangea mollis (Rehd.) W. T. Wang

产于法者林场抱沙子坡至水井垭口(2900m,pH *et al.* 8755),大海至马鬃岭(3500m,pH *et al.* 9117),轿子山大羊窝(3350m,pH *et al.* 9487、9573,08CS031);生于混交林中、杜鹃林中。

分布于云南的禄劝、云龙、大理、中甸、德钦、贡山、福贡、泸水等地;生于海拔 1400 ~ 3400m 的山谷林下或松林中。四川(盐源)也有。

分布区类型:15 - 3 - a

◎**丽江山梅花**

Philadelphus calvescens (Rehd.) S. M. Hwang

产于轿子山平箐(3230m,08CS039);生于林缘灌丛。

分布于云南的禄劝、漾濞;生于山坡林下,海拔 2400m。四川也有。

分布区类型:15 - 3 - a

◎**绢毛山梅花**

Philadelphus sericanthus Koehne

产于法者林场大海至马鬃岭(3300m,pH *et al.* 9008),九龙沟(3300m,pH *et al.* 8601);生于林缘灌丛。

分布于云南的东川、镇雄、巧家、文山、富宁、景东、漾濞;生于山坡及河边灌丛,海拔 2100 ~ 2900m。陕西、甘肃、江苏、安徽、浙江、江西、河南、湖北、湖南、广西、贵州、四川均产。

分布区类型:15 - 3 - c

◎**昆明山梅花**

Philadelphus kunmingensis S. M. Huang

产于炉拱山至九龙(3000m,pH *et al.* 8113);生于林缘灌丛。

分布于云南的东川、昆明;生于山坡灌丛,海拔2000~2100m。

分布区类型:15-2-a

143. 蔷薇科 Rosaceae

◎**龙芽草(原变种)**

Agrimonia pilosa Ledebour var. *pilosa*

产于禄劝乌蒙乡轿子山一线天附近(3900m,pH *et al.* 9323);生于密林中。

分布于云南的德钦、维西、中甸、丽江、漾濞、昆明、孟连;生于1000~4000m的草地、灌丛、林缘及疏林下。我国各省区广布。欧洲中部以东和亚洲大部分地区也有。

分布区类型:10

◎**黄龙尾(变种)**

Agrimonia pilosa Ledeb. var. *nepalensis* (D. Don) Nakai

产于法者林场大海至马鬃岭途中(3000m,pH *et al.* 9068),干箐垭口至沙子坡(3000m,pH *et al.* 8834);生于沟边、路边、林缘、林缘灌丛。

分布于云南的东川、禄劝、昆明、云龙、永德、景东、贡山、福贡、大理、麻栗坡、丽江、洱源、孟连、马关;生于海拔1200~3100m的山坡疏林中。我国除东北和新疆外,其他各省均产。印度、尼泊尔、缅甸、泰国、老挝、越南北方也有。

分布区类型:14-1

◎**假升麻**

Aruncus sylvester Kostel.

产于大海至马鬃岭途中(3000m,pH *et al.* 9015);生于山坡沟边、林缘。

分布于云南的东川、永德、贡山、中甸、维西、德钦、丽江、大理;生于海拔2800~3800m的林下、杂木林中、高山草地。东北三省、河南、甘肃、陕西、湖南、江西、安徽、浙江、四川、广西、西藏等省区均产。俄罗斯西伯利亚、朝鲜、日本也有。

分布区类型:14

◎**细齿樱桃**

Cerasus serrula (Franch.) Yü et Li

产于马鬃岭至大海途中(3100m,pH *et al.* 9042、9111);生于林中。

分布于云南的东川、德钦、洱源、鹤庆、丽江、中甸;生于海拔3000~3600m的山谷林中、林缘。四川、西藏也有。

分布区类型:15-3-a

◎**尖叶栒子**

Cotoneaster acuminatus Lindl.

产于法者林场干箐垭口(3100m,pH *et al.* 8874),九龙沟(3000m,pH *et al.* 8388);生于林缘灌丛。

分布于云南的东川、云龙、永德、中甸、宁蒗、鹤庆;生于海拔1500~3300m的密林中或林缘。四川、西藏有产。尼泊尔、不丹、印度北部也有分布。

分布区类型:14-1

◎**灰栒子**

Cotoneaster acutifolius Turczaninow

产于东川法者林场沙子坡(2840m,ETNEY552);生于箭竹杂木林缘。

分布于云南、四川、西藏、甘肃、青海、陕西、台湾等;生于海拔1000~3700m的林缘、山谷。蒙古、俄罗斯也有。

分布区类型:11

◎**黄杨叶栒子**

Cotoneaster buxifolius Wallich ex Lindley

产于炉拱山至九龙(2800m,pH *et al.* 8143);生于林缘灌丛。

分布于云南的贡山、保山、缅宁、德钦、维西、香格里拉、兰坪、丽江、剑川、鹤庆、洱源、漾濞、宾川、大理、巍山、祥云、双柏、楚雄、姚安、昆明、宜良、石林、武定、江川、峨山、嵩明、禄劝、富民、东川、马龙、麻栗坡、景东;生于海拔1000~3300m的多石砾坡地、灌丛中。分布于四川、贵州、西藏。不丹、印度、缅甸、尼泊尔也有。

分布区类型:14-1

◎**厚叶栒子**

Cotoneaster coriaceus Franch.

产于轿子山(3150m,李恒等1101、1114),乌蒙至雪山途中干河村后山垭口(2800m,08CS092);生于杜鹃林中石上、林缘灌丛。

分布于云南的禄劝、昆明、嵩明、武定、双柏、鹤庆、屏边、麻栗坡;生于海拔1800~2700m的沟边草坡或丛林中。四川、贵州、西藏也有。

分布区类型:15-3-a

◎**木帚栒子**

Cotoneaster dielsianus Pritz.

产于雪山乡白家洼(2782m,JZ82-4);生于林缘、河边、沟边、林间开阔处。

分布于云南的禄劝、云龙、贡山、兰坪、德钦、中甸、维西、丽江、永胜、洱源、剑川、宾川、镇康、大关、镇雄、威信;生于海拔3500m以下的林缘灌丛。西藏(波密)、四川、贵州、湖北也有。

分布区类型:15-3-b

◎西南栒子

Cotoneaster franchetii Bois

产于轿子山大羊窝(3250~3340m,08CS017,pH *et al.* 9490);生于杜鹃林缘。

分布于云南的禄劝、昆明、云龙、贡山、维西、中甸、丽江、鹤庆、大理、昭通、会泽、文山等地;生于海拔1700~3340m的多石向阳坡灌丛中。四川、贵州、西藏。泰国也有。

分布区类型:7-3

◎粉叶栒子

Cotoneaster glaucophyllus Franch.

产于乌蒙乡大兴厂至团街途中(2350m, Mao1156);林缘灌丛。

分布于云南的云南西北部、禄劝、嵩明、石林、蒙自、金平;生于海拔1500~2450m的山坡开旷地杂木林中。四川、广西、贵州。

分布区类型:15-3-a

◎平枝栒子

Cotoneaster horizontalis Dcne.

产于火石梁子小戏台(3980m,pH *et al.* 8669),轿子山大羊窝(3450m,pH *et al.* 9518、9559),炉拱山至九龙(3000m,pH *et al.* 8098、9221);生于山坡岩石上、路边灌丛。

分布于云南的东川、禄劝、镇雄,大关、彝良;生于海拔2000~4000m的灌木丛中或岩石坡上。陕西、甘肃、湖北、湖南、四川、贵州有产。尼泊尔也有。

分布区类型:14-1

◎黑山门栒子

Cotoneaster insolitus Klotz

产于东川舍块乡火石梁子小戏台(3900m, Liu Ende *et al.* 2051);生于杜鹃灌丛。

分布于云南的鹤庆;生于海拔2500m的地带。

分布区类型:15-2-a

◎小叶栒子

Cotoneaster microphyllus Wall.

产于雷打石(2670m,JZ57-2);山坡灌丛。

分布于云南的禄劝、昆明、会泽、云龙、永德、贡山、德钦、中甸、维西、丽江、大理等地;生于海拔2100~4000m的河谷灌丛或山坡石缝中。西藏南部和东南部、四川有分布。印度、不丹、尼泊尔、缅甸也有。

分布区类型:14-1

◎两列栒子

Cotoneaster nitidus Jacq.

产于东川舍块乡火石梁子小戏台(3900m, Liu Ende *et al.* 2052);生于杜鹃石砾混交密林中。

分布于云南的贡山、德钦、中甸、维西、丽江、大理、洱源、腾冲、彝良等;生于海拔1600~3700m的灌丛或草坡中。四川、西藏也有。印度、缅甸、不丹、尼泊尔也有。

分布区类型:14-1

◎毡毛栒子

Cotoneaster pannosus Franch.

产于普渡河苏铁保护点(1308m,JZ101-53);干旱河谷、山坡灌丛。

分布于云南的禄劝、云龙、维西、洱源、德钦、贡山;生于海拔1700~2700m的江边或沟谷中。贵州、湖北、四川也有。

分布区类型:15-3-b

◎疣枝栒子

Cotoneaster verruculosus Diels

产于轿子山(4000m,Zhang599);生于山顶灌丛。

分布于云南的会泽、景东、禄劝、大理、洱源、漾濞、剑川、宾川、丽江、镇康、腾冲、德钦、维西、贡山、泸水;生于海拔2800~3600m的干燥山坡杂木林内或草地上。分布于四川西部、西藏。印度北部、缅甸、不丹、尼泊尔也有。

分布区类型:14-1

◎云南山楂

Crataegus scabrifolia (Franch.) Rehd.

产于轿子山(2000m,Mao1213);生于疏林中。

分布于云南的禄劝、云龙、永德、临沧、丽江、大理、昆明、宾川、双柏、泸水、砚山、洱源、漾濞、呈贡、安宁、嵩明、易门、峨山、新平、沾益、陆良、耿马、文山、蒙自、西畴、河口、富宁;生于海拔800~2400m的山坡杂木林、次生灌丛中或林缘。贵州、四川、广西也有。

分布区类型:15-3-a

◎云南栘𣐼

Docynia delavayi (Franch.) Schneid.

产于乌蒙乡小猴街(2600m,Zhang263),转龙牛肩膀山(2200m,Mao1430);生于混交林中、林缘、疏林中。

产于禄劝、永德、镇康、凤庆、临沧、景东、盈江、嵩明、易门、峨山、元江、石屏、屏边、蒙自、金平、丽江、双柏、鹤庆、大理、洱源、河口、广南、砚山、勐海；生于海拔1180～2900m的山谷、溪旁、林缘、杂木林中或干燥山坡。四川、贵州也有分布。

分布区类型：15－3－a

◎蛇莓

Duchesnea indica (Andr.) Ficke.

产于轿子山大兴厂(2660m, Mao875)；生于林缘草地。

分布于云南全省各地；生于海拔1450～2400m的山坡草地、林缘、河岸、林缘、路旁、林下等湿润的地方。我国辽宁以南各省区皆有分布。从阿富汗东达日本、南达印度尼西亚，美洲及欧洲也有。

分布区类型：8

◎黄毛草莓(原变种)

Fragaria nilgerrensis Schlecht. ex Gay var. *nilgerrensis*

产于法者林场干箐垭口至沙子坡(3000m, pH *et al.* 8843)，轿子山老槽子(3098m, 08CS057, pH *et al.* 9601)，炉拱山至九龙(2750m, pH *et al.* 8122、8281)；生于草地。

分布于云南的禄劝、昆明、云龙、永德、贡山、福贡、文山、富宁、广南、大理、麻栗坡、师宗；生于海拔1500～4000m的山坡草地或沟边林下。陕西、湖北、四川、湖南、贵州和台湾也有。尼泊尔、斯里兰卡、印度东北部、越南北部有分布。

分布区类型：14－1

◎粉叶黄毛草莓(变种)

Fragaria nilgerrensis Schlechtendal ex J. Gay var. *mairei* (Lévl.) Hand. －Mazz.

产于轿子山(2700m, Mao701)，轿子山哈依垭口(3000～3200m, Mao979、989)；生于路旁沙石地、山坡沙石地。

分布于云南的东川；生于海拔1900～2700m的山坡草地、沟谷、灌丛及林缘。陕西、湖北、四川、湖南、贵州。

分布区类型：15－3－c

◎路边青

Geum aleppicum Jacq.

产于九龙沟(3000m, pH *et al.* 8280、8437)；生于林缘灌丛。

分布于云南的东川、云龙、贡山、兰坪、德钦、中甸、维西、丽江；生于海拔1300～3650m的杂木林内或岩石缝中。西藏、四川、贵州、湖北、甘肃、陕西、山西、山东、河南、新疆、内蒙古、辽宁、吉林、黑龙江也有产。北半球温带及暖温带广布。

分布区类型：8

◎川康绣线梅

Neillia affinis Hemsl.

产于轿子山老槽子(3098m, 08CS063)；林缘灌丛。

分布于云南的禄劝、维西、德钦、贡山、丽江、耿马、峨山、西畴；生于海拔1100～3500m的杂木林中。四川、西藏也有。

分布区类型：15－3－a

◎云南绣线梅

Neillia serratisepala Li

产于东川法者乡大厂至新发村途中(2600m, pH *et al.* 8903)；生于路边密林中。

分布于云南的维西、贡山、砚山、马关、麻栗坡、屏边；生于海拔1300～3200m的杂木林或灌丛中。

分布区类型：15－2－e

◎灰叶稠李

Padus grayana (Maxim.) Schneid.

产于东川法者林场大木场(2980m, Liu Ende *et al.* 2185)；生于林缘。

分布于云南的东川、大关；生于海拔1700～3000m的山谷杂木林中。四川、贵州、湖北、湖南、浙江、广西也有。日本也有分布。

分布区类型：14－2

◎细齿稠李

Padus obtusata (Koehne) Yü et Ku

产于法者林场沙子坡至抱水井垭口(3000m, pH *et al.* 8733)，轿子山大羊窝(3340m, 08CS029, pH *et al.* 9489)；生于林中、山坡疏林中。

分布于云南的东川、禄劝、云龙、德钦、维西、中甸、丽江、鹤庆、漾濞、宾川、大姚、景东、兰坪、文山、西畴、绥江、永善；生于海拔1400～3600m的山坡疏林中或山谷、沟底和溪边。甘肃、陕西、河南、安徽、浙江、台湾、江西、湖北、湖南、贵州、四川也有。

分布区类型：15－3－c

◎球花石楠

Photinia glomerata Rehd. et Wils.

产于乌蒙乡乐作尼(1700m, 李恒、陈渝等1042)，转龙(2100m, Mao1407)，转龙甸尾(2500m, Zhang377、388)；生于河谷山坡灌丛、斜坡干燥处、杂木林中。

分布于云南的禄劝、云龙、永德、昆明、嵩明、富民、寻甸、武定、易门、景东、思茅、洱源、双柏、沾益、盐津、昭通、宁蒗、剑川、宾川、鹤庆、丽江、宁蒗、德钦、中甸、文山、西畴、屏边；生于海拔 1400 ~ 2600m 的阔叶林中或疏林、灌丛、路边和开阔地。湖北、四川也有。

分布区类型:15 - 3 - b

◎**全缘石楠**

Photinia integrifolia Lindl.

产于法者林场大厂至新发村途中(2700m;pH *et al.* 8947);生于山坡林中、林缘。

分布于云南的东川、昆明、云龙、永德、镇康、凤庆、景东、元阳、泸水、腾冲、维西、双柏、漾濞、丽江、龙陵、鹤庆、贡山、金平、马关、西畴、屏边、麻栗坡;生于海拔 1000 ~ 3000m 的常绿林中、林缘灌丛。广西、西藏有分布。印度、不丹、老挝、缅甸、尼泊尔、斯里兰卡、泰国及越南也有。

分布区类型:7

◎**带叶石楠**

Photinia loriformis W. W. Smith

产于普渡河苏铁保护小区(1170m, pH *et al.* 9911),乌蒙乡乐作尼(1700m);生于普渡河河谷、山坡灌丛。

分布于云南禄劝、昭通、富民;生于海拔1500 ~ 2600m 的山谷斜坡灌丛中。四川也有。

分布区类型:15 - 3 - a

◎**石楠**

Photinia serratifolia (Desf.) Kalkman

产于禄劝乌蒙乡(2200m, Mao1376);生于山谷斜坡。

分布于云南的大部分地区;生于 1000 ~ 2600m 的常绿栎林边、石灰岩灌丛中。我国东部各省区广布。印度南部、日本、印度尼西亚也有。

分布区类型:7 - 1

◎**丛生荽叶委陵菜**

Potentilla coriandrifolia D. Don var. *dumosa* Franch.

产于轿子山大海梁子(3900m, Mao1051);生于山坡石缝中。

分布于云南的禄劝、德钦、维西、香格里拉、福贡、丽江、大理、巧家;生于海拔 3100 ~ 4300m 的山坡草地、岩石缝中或高山草甸。四川、西藏。缅甸也有。

分布区类型:7 - 3

◎**毛果委陵菜**

Potentilla eriocarpa Wall. ex Lehm.

产于轿子山大黑箐至轿顶(3900m, pH *et al.* 9407),一线天(3750m, pH *et al.* 9296);生于多石草坡、岩缝、悬崖上。

分布于云南的禄劝、德钦、维西、丽江、鹤庆、剑川、会泽;生于海拔 3800 ~ 4350m 的高山草地、岩石缝中。四川和西藏。

分布区类型:15 - 3 - a

◎**川滇委陵菜**

Potentilla fallens Card.

产于轿子山大黑箐至轿顶(3900m, pH *et al.* 9952);生于多石草坡、岩缝。

分布于云南禄劝、泸水、鹤庆、丽江;生于海拔 2800 ~ 3500m 的高山草地、灌丛中。四川也有。

分布区类型:15 - 3 - a

◎**金露梅**

Potentilla fruticosa Linn.

产于大海至马鬃岭(3500m, pH *et al.* 9047);生于山坡灌丛。

分布于云南东川、永德、德钦;生于海拔3200 ~ 4500m 的高山灌丛草地或岩缝中,常见。东北、华北至西北、西南有分布。

分布区类型:15 - 3 - c

◎**西南委陵菜**

Potentilla fulgens Wall. ex D. Don

产于法者林场燕子洞至大海(3500m, pH *et al.* 9150),轿子山大羊窝(3450m, pH *et al.* 949),老炭房后山(3200m, pH *et al.* 9239);生于山坡草地。

分布于云南除西双版纳和东南部外的大部分地区;生于海拔 1100 ~ 3600m 的山坡草地、灌丛、林缘。广西、贵州、湖北、四川也有。亦见于锡金、尼泊尔。

分布区类型:14 - 1

◎**银露梅**

Potentilla glabra Lodd.

产于白石崖(4000 ~ 4100m, Liu Ende 2016);生于杜鹃灌丛。

分布于云南的丽江、宁蒗、维西、香格里拉、德钦;生于海拔 3800 ~ 4350m 的山坡草地、河谷岩石缝中、灌丛内及林中。分布于内蒙古,河北、山西、陕西、甘肃、青海、安徽、湖北和四川。朝鲜、俄罗斯、蒙古也有。

分布区类型:11

◎**柔毛委陵菜**

Potentilla griffithii Hook. f.

产于白石崖(4200m, pH *et al.* 8688),轿子山大羊窝(3450m, pH *et al.* 9565),腰棚子林区(2890m, pH *et al.* 8512);生于高山草甸、山坡草地、林缘草地。

分布于云南的东川、禄劝、云龙、宾川、德钦、洱源、贡山、会泽、剑川、昆明、兰坪、丽江、蒙自、宁蒗、维西、祥云、漾濞、中甸；生于海拔 1300～4100m 的疏林下或灌草丛中。重庆、四川、西藏（东喜马拉雅地区）有产。印度（锡金）也有。

分布区类型：14－1

◎白背委陵菜

Potentilla hypargyrea Hand. －Mazz.

产于东川舍块乡火石梁子白石崖（4100m，Liu Ende *et al.* 2089）；生于高山草甸。

分布于云南贡山、德钦、维西；生于海拔3400～4400m 的山坡草地和岩石缝。

分布区类型：15－2－b

◎蛇含委陵菜

Potentilla kleiniana Wight

产于轿子山老槽子（3098m，08CS088）；生于山顶草地。

分布于云南的禄劝、昆明、云龙、永德、沧源、双江、景东、澜沧、勐海、贡山、泸水、福贡、德钦、丽江、师宗、文山、砚山、西畴；生于海拔 1100～2000（～2600）m 的山坡林缘、草坡、灌丛。辽宁、陕西、山东、河南、安徽、江苏、浙江、江西、湖北、湖南、广东、广西、贵州、四川、西藏有产。印度、马来西亚、印度尼西亚、朝鲜、日本也有。

分布区类型：14

◎条裂委陵菜

Potentilla lancinata Cardot

产于轿子山崖子桥（2800m，Mao890），大羊窝（3450m，pH *et al.* 9509），石膏菜坪子（3400～3500m，Mao996、1057）；生于溪旁岩石上、山坡草地、山谷沙石地。

分布于云南的东川、禄劝、德钦、香格里拉、丽江、大理、洱源、漾濞、永胜、宁蒗、镇康、会泽；生于海拔 2700～3700m 的山地草坡、林缘、岩石缝中或溪边。四川（康定）也有。

分布区类型：15－3－a

◎银叶委陵菜

Potentilla leuconota D. Don

产于白石崖（4000m，pH *et al.* 8571），轿子山哈依垭口（3200m，Mao978），轿子山（3150m，李恒等 1086），轿子山（3900m，pH *et al.* 9949）；生于高山草甸、杜鹃林下、山坡草地。

分布于云南的东川、禄劝、云龙、大理、贡山、福贡、泸水、德钦、维西、中甸、丽江、昭通；生于海拔 3000～4150m 的高山草坡、灌丛中。

分布区类型：15－2－b

◎脱毛银叶委陵菜

Potentilla leuconota D. Don var. *brachyphyllaria* Cardot

产于轿子山（4100m，Zhang662）；生于山坡岩石缝中。

分布于云南的禄劝、德钦、丽江；生于海拔 3600～4500m 的高山草地及峭壁上。分布于四川、西藏亦产。印度东北部（阿萨姆）也有。

分布区类型：14－1

◎多裂委陵菜

Potentilla multifida Linn.

产于轿子山轿顶（4223m，pH *et al.* 9371、9344）；生于多石草坡。

分布于云南的禄劝、德钦、巧家；生于海拔 3500～4223m 的山坡草丛中。分布于黑龙江、吉林、辽宁、内蒙古、河北、陕西、甘肃、青海、新疆、四川、西藏。广布北温带。

分布区类型：8

◎总梗委陵菜

Potentilla peduncularis D. Don

产于轿子山大海梁子（3860m，Mao1052）；生于多石山坡草地。

分布于云南的禄劝、贡山、福贡、兰坪、德钦、维西、香格里拉、丽江、大理、洱源；生于海拔 3000～4000m 的高山草地、乱石坡或林下。西藏有产。缅甸、不丹和印度（锡金）也有。

分布区类型：14－1

◎狭叶委陵菜

Potentilla stenophylla （Franch.） Diels

产于白石崖（4000～4200m，pH *et al.* 8565），轿子山（3800～4223，Zhang669，pH *et al.* 9378、9431），轿子山（4100m，方瑞征、吕正伟 125）；生于多石草坡、杜鹃灌丛草地。

分布于云南的禄劝、贡山、福贡、维西、德钦、香格里拉、丽江、大理、巧家；生于海拔 2700～4500m 的砾石坡地。四川、西藏也有。

分布区类型：15－3－a

◎青刺尖

Prinsepia utilis Royle

产于轿子山（2800m，Mao697），炉拱山至九龙（3000m，pH *et al.* 8100）；生于溪边灌丛或石山。

分布于云南的东川、禄劝、嵩明、富民、昆明、巧家、峨山、武定、永德、丽江、盈江、大理、洱源、蒙自、文山、丘北、师宗、广南、西畴、昭通、镇雄；生于海拔 1000～2800m 的山坡林缘、灌丛、杂木林中。西藏、四川、贵州西部也有。亦见于巴基斯坦、泥泊尔、不丹和印度北部。

分布区类型:14 - 1

◎**李**

Prunus salicina Lindl.

产于轿子山(3000m,Mao987),山坡灌丛轿子山(3500m,Zhang509),禄劝乌蒙乡大兴厂至团街途中(2400m,Mao1158);生于山坡路旁。

分布于云南的中部、西部及东北部;生于海拔2600~4000m的山坡灌丛、山谷疏林中或水边、沟底、路旁等处。陕西、甘肃、四川、贵州、湖南、湖北、江苏、浙江、江西、福建、广西、广东和台湾也有。

分布区类型:15 - 3 - c

◎**细圆齿火棘**

Pyracantha crenulata (D. Don) Roem.

产于轿子山天生桥(2100m,Mao1320);生于山谷斜坡沙地。

分布于云南禄劝、丽江、大理;生于海拔2400~2900m的干燥斜坡、沟旁。分布于陕西、江苏、湖北、湖南、广东、广西、贵州、四川。印度、缅甸、不丹、尼泊尔、克什米尔地区也有。

分布区类型:14 - 1

◎**火棘**

Pyracantha fortuneana (Maxim.) Li

产于轿子山(2600m,Mao779),乌蒙乡小猴街(2600m,Zhang275);生于山谷、斜坡、沙地、山坡林缘。

分布于云南的禄劝、昆明、玉溪、永德、中甸、德钦、维西、丽江、西畴、砚山、屏边、蒙自等地;生于海拔500~2800m的松林下、干燥山坡及路旁。四川、贵州、广西、福建、广东、湖南、湖北、江苏、陕西、河南、西藏、浙江等省区也有。

分布区类型:15 - 3 - c

◎**棠梨**

Pyrus pashia Buch. - Ham. ex D. Don

产于乌蒙乡摆夷召(2000m,Mao1209);生于山坡林中、林缘、灌丛。

分布于云南的禄劝、永德、凤庆、景东、昆明、嵩明、建水、楚雄、广南、文山、蒙自、屏边、西畴、盈江、龙陵、鹤庆、丽江、德钦、中甸等;生于海拔1000~2700m的山坡林中、林缘、灌丛、路边、沟边、河边。贵州、四川有分布。印度、不丹、尼泊尔、老挝、越南、泰国也有。

分布区类型:7 - 1

◎**长尖叶蔷薇**

Rosa longicuspis Bertol.

产于轿子山(2700m,Mao716);生于路旁、斜坡、石山。

分布于云南中部、西北部、中南部、南部、东南部;生于海拔1450~2700(~3000)m的林下或林缘。四川、贵州也有。

分布区类型:15 - 3 - a

◎**毛叶蔷薇**

Rosa mairei Levl.

产于轿子山石崖子(2900~3000m,Mao662、911);生于路旁沙石上。

分布于云南的禄劝、德钦、维西、香格里拉、兰坪、丽江、永胜、洱源、鹤庆;生于海拔1700~3200m的山坡阳处或沟边杂木林中。贵州、四川、西藏也有。

分布区类型:15 - 3 - a

◎**峨眉蔷薇**

Rosa omeiensis Rolfe

产于法者林场抱水井垭口(3200m,pH *et al.* 8759),轿子山石崖子(2900m,Mao900),轿子山大黑箐(3850m,pH *et al.* 9288),轿子山大孝峰崖脚(3700m,Mao1091),轿子山大兴厂(2800m,Mao842),轿子山石膏菜坪子(3500m,Mao995),九龙沟(3480m,pH *et al.* 8250);杜鹃冷杉林中、草地、斜坡、山谷溪旁、林缘灌丛、石山灌丛中。

分布于云南的中部、东北部、西部、西北部;生于海拔2400~4000m的山坡灌丛中或箐沟边林中。四川、湖北、陕西、宁夏、甘肃、青海、西藏。

分布区类型:15 - 3 - c

◎**铁杆蔷薇**

Rosa prattii Hemsl.

产于九龙沟(3000m,pH *et al.* 8260);生于林缘灌丛。

分布于云南的东川、香格里拉、丽江、大理、洱源、漾濞、鹤庆、嵩明、永善;生于海拔2000~3200m的石山、山坡灌丛中或路边灌丛中,或林下。甘肃、四川也有。

分布区类型:15 - 3 - c

◎**绢毛蔷薇**

Rosa sericea Lindl.

产于轿子山(3000m,Mao662),新山垭口(2772,08CS134);生于斜坡、沙石上、高山栎、杜鹃灌丛中。

分布于云南的德钦、香格里拉、维西、福贡、丽江、洱源、鹤庆、宁蒗、禄劝、景东、威信、彝良;生于海拔2000～3600m的山坡向阳处。贵州、四川、西藏也有。印度、缅甸、不丹亦产。

分布区类型:14－1

◎钝叶蔷薇

Rosa sertata Rolfe

产于炉拱山至九龙(2800m,pH *et al.* 8154);生于林缘灌丛。

分布于云南的丽江、大理、永胜,巧家;生于海拔1750～3950m的山坡或疏林中。甘肃、陕西、山西、河南、安徽、江苏、浙江、江西、湖北、四川均产。

分布区类型:15－3－c

◎刺萼悬钩子

Rubus alexeterius Focke

产于炉拱山至九龙(3000m, pH *et al.* 8057、8322);生于山坡灌丛、林中、林缘。

分布于云南的东川、维西、昆明;生于山谷溪边、荒坡或山地针木林下开旷处,海拔2000～3700m。四川和西藏(定结)也有。

分布区类型:15－3－a

◎粉枝莓

Rubus biflorus Buch. －Ham.

产于轿子山新槽子(2700m,Mao808);生于路边灌丛。

分布于云南的禄劝、嵩明、易门、云龙、永德、丽江、维西、宾川、中甸;生于海拔2000～3500m的山谷坡地、河边杂木林内或山地灌丛。也分布于西藏东南部、四川、陕西、甘肃。缅甸、不丹、尼泊尔、印度东北部和锡金、克什米尔地区也有。

分布区类型:14－1

◎滇北悬钩子

Rubus bonatianus Focke

产于轿子山哈依垭口(3200m,Mao975),石膏菜坪子(3500m, Mao993),九龙沟(3000m, pH *et al.* 8430);生于山坡灌丛、林缘灌丛。

分布于云南北部;生于山谷草地、溪旁或斜坡阴湿处,海拔3200～3500m。

分布区类型:15－2－a

◎三叶悬钩子

Rubus delavayi Franch.

产于转龙大功山(2200m,Mao1405);生于山坡灌丛。

分布于云南的禄劝、昆明、云龙、永德、凤庆、丽江、鹤庆、永胜、宾川;生于海拔2000～3400m的山坡林下、林缘。

分布区类型:15－2－b

◎凉山悬钩子

Rubus fockeanus Kurz

产于法者林场抱水井垭口(3200m,pH *et al.* 8804、8819);生于冷杉林下。

分布于云南的东川、云龙、漾濞、鹤庆、维西、中甸、德钦、丽江、华坪、宁蒗、凤庆、景东;生于海拔2000～4000m的林缘、林下及草地。湖北、四川、西藏东南部和西藏南部有产。不丹、印度(锡金)、缅甸北部、尼泊尔也有。

分布区类型:14－1

◎喜阴悬钩子

Rubus mesogaeus Focke

产于轿子山大兴厂(2800m,Mao816),轿子山下坪子(3500m,pH *et al.* 9361),乌蒙至雪山乡途中老槽子(3098,08CS068);生于山谷路旁灌木丛中、溪边灌丛、林缘灌丛。

分布于云南的德钦、贡山、维西、丽江、大理、巍山、禄劝、宜良;生于山坡或山谷灌丛中,林下潮湿处沟边冲积台地,海拔900～3600m。分布于西藏东南部、四川、贵州、湖北、台湾、河南、陕西、甘肃。尼泊尔、印度(锡金)、不丹至日本、俄罗斯萨哈林岛(库页岛)也有。

分布区类型:14

◎掌叶悬钩子

Rubus pentagonus Wallich ex Focke

产于轿子山大海梁子(3860m,Mao1052),轿子山乌蒙至雪山乡途中老槽子(3098m,08CS072);山坡草地灌丛、林缘灌丛。

分布于云南的永善、贡山、维西、鹤庆、洱源、大理、宾川、漾濞、禄劝、凤庆、镇康、龙川江流域;生于常绿林下、杂木林内或灌丛中,海拔1300～3600m。分布于四川、西藏。越南、缅甸北部、不丹、尼泊尔、印度(西北部和锡金)也有。

分布区类型:14－1

◎棕红悬钩子

Rubus rufus Focke

产于轿子山大羊窝(3350m,pH *et al.* 9588);生于林缘灌丛。

分布于云南的贡山、漾鼻、双柏、广南、文山、屏边、思茅、腾冲、镇康;生于海拔1000～2500m的山坡灌丛或山谷阴处密林中。四川、贵州、广西、广东、湖南、湖北、江西。越南、泰国也有。

分布区类型:7－4

黑腺美饰悬钩子

Rubus subornatus Focke var. *melanadenus* Focke

产于禄劝乌蒙乡轿子山石膏菜坪子（3500m，Mao1061）；生于山谷沙石地。

分布于云南的德钦、中甸、维西、丽江、永平、禄劝；生于2700~4000m的山坡、路边或沟边灌丛针叶林。四川西部和西藏的芒康、波密、察隅也有。

分布区类型：15－3－a

◎显脉山莓草

Sibbaldia phanerophylebia T. T. Yu et C. L. Li

产于轿子山哈依垭口（3000m，Mao982），轿顶（4223m，pH *et al.* 9430），四方井（3170m），小孝峰（3500m，Mao1096），乌蒙乡空心山（3500m，Mao1136）；生于山坡湿润草地、多石草地。

分布于云南的禄劝；生于海拔3000~3500m的高山山坡草地或岩石缝中。西藏也有。

分布区类型：15－3－a

◎白叶山莓草

Sibbaldia micropetala (D. Don) Hand. －Mazz.

产于禄劝乌蒙乡（2200m，Mao1376）；生于山谷斜坡。

分布于云南的东北部至西北部；生于2600~3500m的山坡草地和河滩地。四川、西藏也有。什米尔、不丹、锡金也有。

分布区类型：14－1

◎大瓣紫花山梅草

Sibbaldia purpurea Royle var. *macropetala* (Muraj) Yüet Li

产于白石崖（4010m，pH *et al.* 8673、8684）；生于高山草甸。

分布于云南的德钦、维西、丽江、宁蒗；生于海拔3600~4700m的高山草地、高山冷杉林缘或雪线附近石砾间或岩石缝中。陕西、四川、西藏也有。

分布区类型：15－3－a

◎高丛珍珠梅

Sorbaria arborea Schneid.

产于法者林场大厂林区附近（2780m，pH *et al.* 8993），九龙沟（3100m，pH *et al.* 8251）；生于河边灌丛。

分布于云南的维西、德钦、丽江、漾濞、巧家；生于海拔2400~3400m的山坡林边或山箐草地。陕西、甘肃、新疆、湖北、江西、四川、贵州、西藏。

分布区类型：15－3－c

◎冠萼花楸

Sorbus coronata (Card.) Yu et Tsai.

产于轿子山箐门口（3100m，Mao997）；生于斜坡树林中干燥。

分布于云南的禄劝、云龙、贡山、德钦、香格里拉、维西、丽江、鹤庆、兰坪、宾川、双柏、昭通、镇雄；生于峡谷或沟边杂木林中，或见于山坡针叶林下，海拔1800~3200m。贵州有产。缅甸北部也有。

分布区类型：14－1

◎石灰花楸

Sorbus folgneri (Schneid.) Rehd.

产于轿子山大兴厂（2800m，Mao834），箐门口（3100m，Mao997）；生于山谷溪旁石上、疏林中。

分布于云南的禄劝、云龙、永德、镇雄；生于海拔1200~3000m的山坡、山谷或溪旁林中。四川、贵州、广西、湖南、湖北、江西、西藏南部（定结）也有。

分布区类型：15－3－b

◎江南花楸

Sorbus hemsleyi (C. K. Schneider) Rehder

产于法者林场大海至马鬃岭（3500m，pH *et al.* 9115），轿子山箐门口（3100m，Mao997），轿子山四方井（3250m，pH *et al.* 9574），老炭房后山（2800m，pH *et al.* 9245）；生于杜鹃林中、山坡疏林中、林缘。

分布于云南的禄劝、德钦、维西；生于海拔900~3200m的干燥坡地疏林内或常绿阔叶林内。四川、贵州、广西、湖南、湖北西部、江西、福建、浙江、安徽、陕西、甘肃。

分布区类型：15－3－c

◎多对花楸

Sorbus multijuga Koehne

产于轿子山大兰窝（3300m，08CS018）；生于杜鹃林缘。

分布于云南的禄劝、永善；生于海拔2300~3300m的林中。四川西部也有。

分布区类型：15－3－a

◎蕨叶花楸

Sorbus pteridophylla Hand. －Mazz.

产于禄劝乌蒙乡空心山（3200m，Mao1135）；生于山坡疏林中。

分布于云南的禄劝、贡山；生于石山或悬崖上，海拔2700~3700m。缅甸北部也有。

分布区类型：14－1

◎西南花楸（原变种）

Sorbus rehderianc Koehne var. *rehderiana*

产于法者林场大海至马鬃岭途中（3500m，pH *et al.* 9018），轿子山大黑箐（3700~3850m，Mao1029、1039，pH *et al.* 9310）；生于杜鹃、冷杉林中。

分布于云南的禄劝、永德、德钦、贡山、中甸、丽江、漾濞等地；生于海拔3000~4300m的山坡杂木林、针叶林或灌丛中。四川、西藏也有。亦见于缅北。

分布区类型:14－1

◎**锈毛西南花楸(变种)**

Sorbus rehderiana Koehne var. *cupreonitens* Hand.－Mazz.

产于东川舍块乡火石梁子白石崖妖精塘(4170m,Liu Ende *et al.* 2134);生于石砾坡上,杜鹃灌丛中。

分布于云南的德钦、中甸、维西、漾濞、巍山;生于海拔3000～4100m的山坡丛林或山谷灌丛。西藏南部也有。

分布区类型:15－3－a

◎**红毛花楸**

Sorbus rufopilosa Schneid.

产于法者林场干箐垭口至沙子坡途中(2900m,pH *et al.* 8455、8795),轿子山石崖子(2900m,Mao905);生于针阔混交林林中、林缘、山谷疏林中。

分布于云南的东川、禄劝、德钦、中甸、维西、丽江、大理、鹤庆、贡山、福贡;生于山坡针阔叶林内或沟谷灌丛中,海拔2700～4000m。贵州、四川、西藏有产。印度(锡金)、缅甸北部、尼泊尔也产。

分布区类型:14－1

◎**晚绣花楸**

Sorbus sargentiana Koehne

产于大海至马鬃岭途中(3500m,pH *et al.* 9018);生于杜鹃林中。

分布于云南的东川、大关、永善、威信以及云南中部地区;生于海拔1900～3500m的山坡杂木林中或向阳山坡及路边。四川西部亦产。

分布区类型:15－3－a

◎**四川花楸**

Sorbus setschwanensis (Schneid.) Koehne

产于法者林场抱水井垭口至大厂途中(3000m,pH *et al.* 8833),干箐垭口(3100m,pH *et al.* 8720),轿子山大马路(3470m,pH *et al.* 9511);生于冷杉林下、杜鹃林中。

分布于云南东川、永善;生于海拔2300～3000m的杂木林下或岩石坡地。四川、贵州也有。

分布区类型:15－3－a

◎**川滇花楸**

Sorbus vilmorinii C. K. Schneid.

产于禄劝轿子山大黑箐(2800m,Mao654);生于路旁沙石山。

分布于云南的中甸、维西、丽江、大理;生于海拔3000～4000m的草坡灌丛或竹林。四川西南部、西藏东南部也有。

分布区类型:15－3－c

◎**渐尖叶粉花绣线菊(变种)**

Spiraea japonica Linn. f. var. *acuminata* Franch.

产于轿子山大兴厂至团街途中(2300m,Mao1149),炉拱山至九龙(3000m,pH *et al.* 8053、8507);生于山坡灌丛、沟边、林缘灌丛。

分布于云南的禄劝、昆明、永善、盐津、彝良、大关、会泽、永德、景东、贡山、福贡、中甸;生于海拔1300～2700m的山坡杂木林中、山谷河旁。河南、陕西、甘肃、湖北、湖南、江西、江苏、浙江、安徽、福建、贵州、四川、广东、广西、西藏也分布。

分布区类型:15－3－c

◎**急尖叶粉花绣线菊(变种)**

Spiraea japonica Linn. f. var. *acuta* Yü

产于法者林场大厂林区至新发村途中(2600m,pH *et al.* 8767);生于林缘灌丛。

分布于云南的大理;生于海拔2500～2700m的草坡上或杂木林中。四川、贵州也有。

分布区类型:15－3－a

◎**光叶粉花绣线菊(变种)**

Spiraea japonica Linn. f. var. *fortunei* (Planch.) Rehd.

产于轿子山(4000m,Zhang553);生于山坡沟边。

分布于云南的禄劝、东川、巧家、云龙、永德、威信、镇雄、绥江;生于海拔2500m左右的山坡林缘。也分布于陕西、甘肃、湖北、湖南、山东、江苏、浙江、江西、安徽、福建、广东、广西、贵州、四川。

分布区类型:15－3－c

◎**椭圆叶粉花绣线菊(变种)**

Spiraea japonica Linn. f. var. *ovalifolia* Franch.

产于炉拱山至九龙(3000m,pH *et al.* 8112);生于林缘灌丛。

分布于云南的东川、贡山、香格里拉、宾川、昆明、嵩明、富民;生于海拔2000～3800m的山坡林边、岩石坡地或山谷沟旁。四川西部也有。

分布区类型:15－3－a

◎**毛枝绣线菊**

Spiraea martini Lévl.

产于白石崖(4200m,pH *et al.* 8679);生于多石草坡。

分布于云南的东川、潞西、大理、昆明、嵩明、江川、玉溪、易门、双柏、宜良、石林、师宗、普洱、屏边、广南、西畴、文山、会泽、沾益;生于海拔1300～

2350m 的山脚灌丛中。广西、贵州、四川也有。

分布区类型:15 - 3 - a

◎**川滇绣线菊**

Spiraea schneideriana Rehder

产于轿子山大兴厂(2800m,Mao840);生于山谷溪旁灌丛。

分布于云南的禄劝、德钦、维西、福贡、丽江、巧家;生于海拔 2800 ~ 4060m 的裸地、岩石山。四川、西藏也有。

分布区类型:15 - 3 - a

◎**浅裂绣线菊**

Spiraea sublobata Hand. - Mazz.

产于轿子山老槽子(3098m,08CS073),乌蒙乡团街(2500m, Mao 825);生于杜鹃石栎林中、山坡灌丛。

分布于云南的禄劝、巧家;生于海拔 2300 ~ 3500m 的山坡灌丛或阔叶林下。四川西部也有。

分布区类型:15 - 3 - a

◎**伏毛绣线菊**

Spiraea teniana Rehder

产于轿子山哈依垭口梁子(3600m, Mao1104);生于干燥山坡灌丛。

分布于云南的禄劝、大姚;生于海拔 2400 ~ 3600m 的草地,斜坡干燥处。

分布区类型:15 - 2 - a

◎**鄂西绣线菊**

Spiraea veitchii Hemsl.

产于法者林场干箐垭口(3100m,pH *et al.* 8503、8791),轿子山(3500m,Zhang495,pH *et al.* 9502),轿子山锅盖箐(2100m, Mao1348),炉拱山至九龙(3200m,pH *et al.* 8019、8039),马鬃岭梁子(4012,pH *et al.* 9556、9759);生于林缘灌丛、山坡沙地灌丛。

分布于云南的维西、香格里拉、丽江、大理、昆明、禄劝、会泽、巧家、东川;生于海拔 2200 ~ 3700m 的路边,村旁、灌丛中。陕西、甘肃、湖北、四川、贵州也有。

分布区类型:15 - 3 - c

◎**陕西绣线菊**

Spiraea wilsonii Duthie

产于东川舍块乡火石梁子白石崖(4200m,pH *et al.* 8679);生于高山草甸石砾地中。

分布于云南的贡山、德钦、维西、鹤庆;生于海拔 2500 ~ 3500m 的杂木林或山谷疏林中。陕西、甘肃、湖北、四川、贵州。

分布区类型:15 - 3 - c

146. 苏木科 Caesalpiniaceae

◎**豆茶决明**

Senna nomame (Makino) T. C. Chen

产于禄劝转龙镇(2600m,Zhang357);生于草坡。

分布于云南的禄劝;生于海拔 2600m 的林缘槽粕。安徽、河北、黑龙江、湖北、湖南、江苏、江西、吉林、辽宁、山东、四川、台湾等省区均产。日本、朝鲜也有。

分布区类型:14 - 2

147. 含羞草科 Mimosaceae

◎**毛叶合欢**

Albizia mollis (Wallich) Boivin

产于普渡河苏铁保护小区(1170m, pH *et al.* 9865);生于干旱河谷、山坡灌丛。

产于云南的西北部、西部、中部、东部至东南部亚热带山地及河谷;生于海拔 1000 ~ 2600m 的河谷山坡阴处、疏林。四川、贵州、西藏东南部有产。印度、尼泊尔也有。

分布区类型:14 - 1

◎**香须树**

Albizia odoratissima (Linnaeus f.) Bentham

产于禄劝三江口(1800m, Mao1861);干燥山坡林缘。

分布于云南的禄劝、永德、临沧、耿马、景东、景谷、墨江、思茅、孟连、西双版纳、洱源、龙陵、保山、腾冲、盈江、瑞丽、金平、师宗等地;生于海拔 500 ~ 1700m 山地林缘、林中、河谷。四川、广西、广东、海南也有分布。亦见于印度、喜马拉雅地区以及中南半岛。

分布区类型:7 - 4

148. 蝶形花科 Papilionaceae

◎**锈毛两型豆**

Amphicarpaea ferruginea Benth.

产于老炭房后山(2700m,pH *et al.* 9254),炉拱山至九龙(3000m,pH *et al.* 8052),书姑至马鬃岭梁子途中磨当丘(3190m,pH *et al.* 9813),腰棚子林区(2890m,pH *et al.* 8506);生于路边灌丛、林缘灌丛。

分布于云南的禄劝、维西、贡山、香格里拉、丽江、大理、兰坪、剑川、洱源、漾濞、宾川、昆明、腾冲;常生于海拔 2200 ~ 3450m 的山坡林下。四川也有。

分布区类型:15 - 3 - a

◎**肉色土圞儿**

Apios carnea (Wall.) Benth. ex Baker

产于雪山乡白家洼(2900m,pH *et al.* 9719);生于林缘灌丛。

分布于云南的禄劝、嵩明、永德、镇康、临沧、双江、景东、西盟、巧家、德钦、维西、贡山、丽江、大理、漾濞、鹤庆、洱源、宾川、剑川、巍山、云龙、姚安、大姚、峨山、蒙自、昆明、楚雄、新平、寻甸、安宁、华宁、绿春、文山、河口、陇川、保山;生于海拔300~3200m的沟谷杂木林或路旁。广西、贵州、四川、西藏也有。亦见于印度北部、尼泊尔、泰国、越南。

分布区类型:14-1

◎**云南土圞儿**

Apios delavayi Franch.

产于法者林场附近(2500m,pH *et al.* 9060);生于林缘灌丛。

分布于云南的禄劝、昆明、中甸、维西、贡山、丽江、宁蒗、剑川、洱源、鹤庆;生于海拔2400~2900m的灌丛、林缘。四川、西藏也有。

分布区类型:15-3-a

◎**紫云英**

Astragalus sinicus Linn.

产于法者林场干箐垭口(3130m,pH *et al.* 8858);生于林缘灌丛。

分布于云南东川、禄劝、富民、昆明、宜良、永德、镇康、耿马、洱源、大理、易门、师宗、广南、富宁、文山、麻栗坡、马关、绿春、金平、屏边;生于海拔700~3130m的路边、田间、草地、河岸、溪边及旷野中。长江以南各省区及台湾也有产。亦见于日本。

分布区类型:14-2

◎**滇桂崖豆藤**

Callerya bonatiana (Pamp.) P. K. Loc

产于普渡河苏铁保护点(1308m,JZ703);生于干旱河谷、山坡灌丛。

分布于云南的禄劝、昆明、景东、河口、弥勒、澄江等地;生于海拔1400~1500m的山坡溪谷灌丛、疏林中。广西有产。越南北部、老挝也有。

分布区类型:7-4

◎**灰毛崖豆藤**

Callerya cinerea (Benth.) Schot.

产于转龙恩泽河(2018m,08CS138);生于河边灌丛。

分布几遍云南全省;生于海拔2500m以下的山坡次生林中。我国西南、华南、海南、华中至华东、东南均产。孟加拉国、不丹、印度、老挝、缅甸、尼泊尔、泰国、越南也有。

分布区类型:7

◎**西南杭子梢**

Campylotropis delavayi (Franch.) Schindl.

产于普渡河苏铁保护点(1273m,JZ102);生于干旱河谷灌丛。

分布于云南的禄劝、丽江、宾川、鹤庆及大理等地;生于海拔1100~2300m的干燥山坡草地及灌丛中。四川西南部也有。

分布区类型:15-3-a

◎**细枝杭子梢**

Campylotropis tenuiramea P. Y. Fu

产于禄劝中屏乡普渡河苏铁保护区(1200m,Liu Ende *et al.* 2087);生于河边密林中。

分布于云南的禄劝;生于海拔1200~1800m的干燥山坡。

分布区类型:15-1

◎**云南锦鸡儿**

Caragana franchetiana Kom.

产于法者林场大厂至新发村途中(2650m,pH *et al.* 8959);生于河谷山坡灌丛。

分布于云南的东川、德钦、香格里拉、丽江、洱源、会泽;生于海拔2500~3800m的山坡灌丛、路边、林下或林缘。四川、西藏东部。

分布区类型:15-3-a

◎**象鼻藤**

Dalbergia mimosoides Franchet

产于乌蒙乡团街(2000m,Mao1169);干燥山坡灌丛。

分布于云南的禄劝、永德、双江、景东、罗平、丽江、兰坪、德钦、维西、贡山、福贡、泸水、剑川、鹤庆、洱源、漾濞、宾川、永平、昆明、嵩明、富民、双柏、江川、峨山、华宁、广南、屏边、蒙自、思茅、保山、腾冲;生于海拔940~2200m的河边、林中、灌丛。西藏、四川、江西、浙江、湖北、湖南、陕西有分布。

分布区类型:15-3-c

◎**滇黔黄檀**

Dalbergia yunnanensis Franch.

产于轿子山大黑石头沟(1800m,Mao1178),普渡河苏铁保护点(1273m,JZ102-10);生于干旱河谷灌丛。

分布于云南的镇雄、师宗、丽江、永胜、大理、漾濞、洱源、鹤庆、宾川、禄劝、石林、元谋、双柏、易门、大姚、文山、砚山、西畴、麻栗坡、蒙自、金平、勐海、临沧、双江、龙陵、腾冲、梁河;生于海拔900~2000m的林中或干热河谷。广西、贵州、四川也有。

分布区类型:15 - 3 - a

◎**疏果山蚂蝗**

Desmodium griffithianum Benth.

产于大厂至新发村(2600m, pH *et al.* 8897);生于路边灌丛。

分布于云南的东川、禄劝、嵩明、昆明、宜良、安宁、永德、镇康、景东、元江、楚雄、姚安、大理、腾冲、绿春、屏边、西畴等地;生于海拔1400 ~ 2800m 的山坡干燥草地、路旁荒地或松栎林下。四川、贵州也有产。亦见于印度、缅甸、泰国、老挝、越南。

分布区类型:7

◎**波叶山蚂蝗**

Desmodium sequax Wall.

产于炉拱山至九龙(2900m, pH *et al.* 8119);路边灌丛。

分布于云南全省各地;生于海拔200 ~ 3400m 的山坡草地、灌丛、疏林、林缘。广东西北部、广西、贵州、湖北、湖南、四川、台湾、西藏有分布。印度、印度尼西亚(爪哇)、缅甸、尼泊尔、巴布亚新几内亚亦产。

分布区类型:7 - 1

◎**云南山蚂蝗**

Desmodium yunnanense Franch.

产于禄劝中屏乡普渡河苏铁保护区(1200m, pH *et al.* 9099);生于干热河谷。

分布于云南的禄劝、大理、洱源、鹤庆、元谋、丽江;生于海拔1200 ~ 2200m 的干燥山坡、灌丛、松栎林下。四川西南部也有。

分布区类型:15 - 3 - a

◎**洱源 m 口袋**

Gueldenstaedtia delavayi Franch.

产于白石崖(4100m, pH *et al.* 8606);生于多石草坡。

分布于云南的东川、宁蒗、永胜、丽江、洱源;生于海拔1850 ~ 4100m 的草坡。

分布区类型:15 - 2 - b

◎**丽江木蓝**

Indigofera balfouriana Craib

产于轿子山老槽子(3098m, 08CS061);生于杜鹃、高山栎林缘。

分布于云南的禄劝、云龙、大理、鹤庆、漾濞、贡山、兰坪、丽江、宁蒗、维西、中甸、大姚;生于海拔3500m 以下的云南松林、高山栎林、林缘灌丛中。四川、西藏也有。

分布区类型:15 - 3 - a

◎**西南木蓝**

Indigofera mairei Pamp.

产于炉拱山至九龙(3000m, pH *et al.* 8055、8303、8435);生于山坡灌丛。

分布于云南的大理、鹤庆、丽江、维西、贡山等地;生于海拔2100 ~ 2700m 的山坡高山栎林、沟边灌丛中及杂木林中。西藏、贵州、四川、甘肃也有。

分布区类型:15 - 3 - a

◎**绢毛木蓝**

Indigofera hancockii Craib

产于九龙沟(2900m, pH *et al.* 8117);生于山坡林缘灌丛。

分布于云南的东川、昆明、安宁、永德、蒙自;生于海拔1500 ~ 2900m 的山坡灌丛、路旁、岩石缝或林缘草地。四川西南部亦产。

分布区类型:15 - 3 - a

◎**灰色木蓝**

Indigofera wightii Grah. ex Wight et Arnold

产于法者林场大厂至新发村途中(2600m, pH *et al.* 8922);生于河谷山坡灌丛。

分布于云南的鹤庆、宾川、丽江、香格里拉、楚雄、安宁、元江、建水等地;生于海拔600 ~ 1800m 的向阳山坡灌丛、草坡、路旁及岩石缝中。四川西南部也有。

分布区类型:15 - 3 - a

◎**长萼鸡眼草**

Kummerowia stipulacea (Maxim.) Makino

产于东川二二二林场对面山上瞭望台(3320m, Liu Ende *et al.* 2166);生于草坡上。

分布于云南的彝良、武定等;生于海拔700 ~ 1700m 的山坡荒地、松栎林下。全国广布。日本、朝鲜、俄罗斯东部和北美也有。

分布区类型:11

◎**截叶铁扫帚**

Lespedeza cuneata (Dum. Courts.) G. Don

产于普渡河苏铁保护点(1300m, JZ721);生于干旱河谷灌丛。

分布于云南的大部分地区;生于海拔2500m 以下的山坡路边。陕西、甘肃、山东、台湾、河南、湖北、湖南、广东、四川、西藏等省区皆有产。朝鲜、日本、印度、巴基斯坦、阿富汗、澳大利亚也有。

分布区类型:5

◎**百脉根**

Lotus corniculatus Linn.

产于大海至马鬃岭(3500m, pH *et al.* 9009);生

于高山草地。

分布于云南中部、东部、西北部、西南部(沧源)；生于海拔1500～3500m的草坡、田边、沟边、林缘等地。陕西、甘肃、湖北、湖南、广西、贵州、四川也有。欧洲、亚洲、大洋洲、北美洲、北非也产。

分布区类型:2

◎绒毛鸡血藤

Millettia velutina Dunn

产于普渡河苏铁保护点(1170m, pH *et al.* 9896)；生于干旱河谷、山坡灌丛。

分布于云南的除云南西北部高山外的广大地区；生于海拔2400m以下的常绿阔叶林中或杂木林、灌丛。西藏、四川、贵州、广西、广东、湖南、江西、福建、台湾、浙江有分布。缅甸、泰国、越南、老挝、孟加拉国、印度、尼泊尔、不丹也有。

分布区类型:7

◎云南棘豆

Oxytropis yunnanensis Franch.

产于大风丫口(3900m, JZ23－22)；生于多石草地。

分布于云南的东川、德钦、香格里拉、丽江、洱源；生于海拔3350～4300m草地、流石滩、岩缝。四川、西藏也有。

分布区类型:15－3－a

◎紫雀花

Parochetus cummunis Buch.－Ham. ex D. Don

产于法者林场干箐垭口(3130m, pH *et al.* 8770)，马鬃岭至大海(3500m, pH *et al.* 9107)，轿子山大羊窝(3250m, pH *et al.* 9525)；生于林缘草地。

分布于云南的东川、禄劝、昆明、富民、宜良、巧家、威信、镇雄、云龙、永德、凤庆、镇康、景东、维西、贡山、福贡、丽江、兰坪、漾濞、大理、大姚、易门、峨山、文山、石屏、屏边；生于海拔1350～3100m的山坡草地、路边、林下。西藏有分布。印度尼西亚(爪哇)、马来西亚、斯里兰卡、中南半岛、缅甸、印度也有。

分布区类型:7－1

◎尼泊尔黄花木

Piptanthus nepalensis (Hook.) D. Don

产于腰棚子林区(2890m, pH *et al.* 8452)；生于林缘灌丛。

分布于云南的东川、云龙、永德、维西、中甸、德钦、丽江、大理、鹤庆、洱源、漾濞、峨山、澄江、蒙自；生于海拔(2300)2800～3800m的山坡林缘、阳坡灌丛。四川西部、西藏东南部、甘肃、陕西(秦岭南坡)有分布。缅甸、不丹、印度及巴基斯坦等喜马拉雅地区也有。

分布区类型:14－1

◎葛

Pueraria lobata (Willd.) Ohwi

产于普渡河苏铁保护点(1170m, pH *et al.* 9910)；生于干旱河谷、山坡灌丛。

云南各地分布；常生于海拔1200～2400m的各种生境。我国除新疆、青海和西藏外，各省区均有分布。东南亚至澳大利亚也有。

分布区类型:5

◎苦葛

Pueraria peduncularis (Benth.) Grah. ex Benth.

产于炉拱山至九龙(2900m, pH *et al.* 8155)，腰棚子林区(2890m, pH *et al.* 8465)；林缘灌丛。

分布于云南的东川、禄劝、云龙、永德、景东、墨江、西盟、西双版纳、维西、中甸、兰坪、丽江、大理、鹤庆、漾濞、通海、大姚、楚雄、双柏、武定、嵩明、元江、江川、峨山、砚山、麻栗坡、文山、西畴、绿春、潞西、腾冲；生于海拔1100～3500m的荒地、杂木林林缘。西藏、四川、贵州、广西有分布。尼泊尔、克什米尔地区、印度、缅甸也有。

分布区类型:14－1

◎黄花高山豆

Tibetia tongolensis (Ulbrich) H. P. Tsui

产于麻栎林(1700)、乌木龙(1980)，灌丛边；Yu16546、17425。

分布于云南的产德钦、维西、香格里拉、丽江；生于海拔3000～3900m的山坡、草地、林下、沟边。四川也有。

分布区类型:15－3－b

◎救荒野豌豆

Vicia sativa Linn.

产于九龙沟(2600m, pH *et al.* 8381)；生于路边、沟边、林缘。

分布于云南的东川、丽江、维西、贡山、凤庆、龙陵、景东、易门、昆明、广南、麻栗坡；生于海拔1000～2600m的山坡、草地、田中。我国大部地区均有分布。欧洲、亚洲的暖温带也有。

分布区类型:10

150. 旋节花科 Stachyuraceae

◎西域旌节花

Stachyurus himalaicus Hook. f. et Thoms. ex Benth.

产于法者林场抱水井垭口至大厂(2900m,pH *et al.* 8895、8933);生于山坡林下、林缘灌丛。

分布于云南的大部分地区;生于海拔 1700～2900m 的山坡林中。西藏(察隅、墨脱、林芝、波密)有产。不丹、印度北部、缅甸北部、尼泊尔、锡金也有。

分布区类型:14－1

154. 黄杨科 Buxaceae

◎皱叶黄杨

Buxus rugulosa Hatusima

产于九龙沟(3300m,pH *et al.* 8249);生于陡坡岩缝中。

分布于云南的东川、鹤庆、丽江、维西、德钦等地区;生于海拔 1900～3300m 的山沟、灌丛中。四川西南部至四川西北部也有。

分布区类型:15－3－a

◎板凳果

Pachysandra axillaris Franch.

产于轿子山中槽子(2700m, Liu Ende *et al.* 2031);生于林缘灌丛。

分布于云南的云龙、永德、贡山、福贡、漾濞、鹤庆、宾川、禄劝;生于海拔 1700～2400(～3000m)m 的山坡、沟边和林下。四川西部、台湾也有。

分布区类型:15－3－b

◎树八爪龙(变种)

Sarcococca hookeriana Baill. var. *digyna* Franch.

产于法者林场沙子坡至抱水井垭口(2700m,pH *et al.* 9083),炉拱山(3300m,pH *et al.* 8736、8974);生于林缘灌丛。

分布于云南的东川、禄劝、云龙、永德、景东、贡山、福贡、泸水、兰坪、中甸、德钦、维西、丽江、大理、洱源、鹤庆、宾川、易门、双柏、镇雄、巧家;生于海拔 2100～3500m 的山坡杂木林下。湖北西部、陕西南部、四川也有。

分布区类型:15－3－a

◎清香桂

Sarcococca rusifolia Stapf.

产于大厂大洼子(2930m,JZ37－42);生于山坡林下、林缘、河边岩上。

分布于云南的东川、云南中部、西北部及东南部等地区;生于海拔 1200～2900m 的杂木林下,喜生石灰岩地区。甘肃、广西、贵州、湖北、湖南、陕西、四川也有。

分布区类型:15－3－c

156. 杨柳科 Salicaceae

◎山杨

Populus davidiana Dode

产于轿子山各坡(2900～3200m,JZ246);生于次生林缘。

分布于云南的东川、禄劝、云龙、永德、丽江、大理;生于海拔 2000～3000m 的混交林中,常在森林边缘开垦后的荒地上自然形成次生群落。除新疆、广东、海南外,全国多数省区均产。朝鲜、蒙古、俄罗斯东部也有。

分布区类型:11

◎清溪杨(变种)

Populus rotundifolia Griff. var. *duclouxiana* (Dode) Gomb.

产于雪山乡白家洼(2960m,JZ761);生于阔叶林、杜鹃林。

分布于云南的禄劝、云龙、丽江、宾川、大理、维西、中甸、镇雄等地;生于海拔 1680～3300m 的杂木林中的林缘空地及灌丛次生林内。陕西、四川、贵州、西藏也有。

分布区类型:15－3－c

◎小垫柳

Salix brachista Schneid.

产于白石崖(4240m,pH *et al.* 8639);生于多石山坡灌丛。

分布于云南的东川、洱源、丽江、维西、德钦,中甸;生于海拔 3000～4500m 的灌丛、沟谷或岩石缝中。四川西部、西藏东部也有。

分布区类型:15－3－a

◎腹毛柳

Salix delavayana Hand.－Mazz.

产于轿子山大兴厂(2900m,Mao820);生于山谷斜坡。

分布于云南的禄劝、漾濞、洱源、鹤庆、丽江、维西、德钦、中甸;生于海拔 2800～3900m 的沟谷针叶林缘;混交林空地或山坡灌丛。四川、西藏也有。

分布区类型:15－3－a

◎长花柳

Salix longiflora Anderss.

产于轿子山大兴厂(2900m,Mao818);生于山谷斜坡、灌木丛中。

分布于云南的禄劝、昭通、彝良、永善、丽江、大理、维西、德钦,生于海拔 2300～3400m 的沟边、山坡灌丛或杂木林下；四川、西藏也有。印度、锡金也有。

分布区类型：14－1

◎**木里柳**

Salix muliensis Gŏrz.

产于书姑至马鬃岭梁子干水井（3720m，pH *et al.* 9760）；生于黄背栎林中。

分布于云南禄劝、丽江，生于海拔3000m的灌木丛中。四川西南部木里也有。

分布区类型：15－3－a

◎**草地柳**

Salix praticola Hand.－Mazz. ex Enander

产于轿子山四方井至大羊窝（3200m，08CS027）；生于山坡疏林。

分布于云南的禄劝、昆明、嵩明、双柏、师宗、广南；生于海拔1500～3200m的山坡路边或林缘及疏林下。湖南、湖北、广西、四川、贵州均产。

分布区类型：15－3－b

◎**长穗柳**

Salix radinostachya Schneid.

产于轿子山大兴厂（2900m，Mao837）；生于山谷溪旁、湿润。

分布于云南的禄劝、漾濞、巍山、腾冲、贡山、维西、德钦；生于海拔2300～3000m的山谷湿润处杂木林内或针叶林边缘；四川西部、西藏东部也有。锡金亦产。

分布区类型：14－1

◎**皂柳**

Salix wallichiana Anderss.

产于轿子山（3000m，Mao657），大羊窝（3250m，pH *et al.* 9639）；生于路旁沙石上、杂木林中。

分布于云南的云龙、禄劝、鹤庆、丽江、维西、碧江、福贡、中甸、德钦等地；生于海拔2200～3400m的山坡灌丛中或阔叶林下。内蒙古、山西、陕西、甘肃、青海、浙江（天目山）、四川、贵州、西藏均有。

分布区类型：15－3－c

161. 桦木科 Betulaceae

◎**川滇桤木**

Alnus ferdinandi－coburgii C. K. Schneid.

产于禄劝转龙镇至大功山（2800m，Zhang433）；生于山谷或斜坡疏林中。

分布于云南的东北部至西北部和腾冲等地；生于海拔1600～2600m的潮湿草地。四川南部、贵州西北部和贵州也有分布。

分布区类型：15－3－a

◎**矮桦**

Betula potaninii Batalin

产于九龙沟（3200m，pH *et al.* 8255）；生于陡坡上。

分布于云南的东川、贡山、丽江等地；生于海拔2900～3200m的沟谷坡面上或崖壁上。甘肃东南部、陕西、四川北部和西部也有。

分布区类型：15－3－c

◎**糙皮桦**

Betula utilis D. Don

产于轿子山景区大山沟（3300m，JZ666）；生于针阔混交林中。

分布于云南的禄劝、云龙、贡山、福贡、泸水、兰坪、中甸、德钦、维西、丽江、宁蒗、鹤庆；生于海拔2100～4000m的阔叶混交林或次生林中。西藏（察隅、波密、聂拉木、亚东）、四川、贵州、河南、河北、甘肃、陕西、山西有产。印度、尼泊尔、阿富汗也有。

分布区类型：14－1

162. 榛科 Corylaceae

◎**刺榛**

Corylus ferox Wallich var. *ferox*

产于法者林场大厂林区背后山（3100m，pH *et al.* 8937），轿子山四方井至大羊窝（3200m，08CS010，pH *et al.* 9496）；生于混交林中、疏林中。

分布于云南的东川、禄劝、昭通、永善、镇雄、大关、彝良、漾濞、维西、鹤庆、丽江、德钦、贡山、福贡、中甸、剑川、泸水；生于海拔（1500～）2000～3200m的杂木林中。甘肃东部、贵州、湖北西部、宁夏、陕西、四川东部和西南部、西藏均产。不丹、印度东北部、缅甸北部、尼泊尔、锡金也有。

分布区类型：14－1

◎**滇榛**

Corylus yunnanensis（Franch.）A. Camus

产于九龙沟（2800m，pH *et al.* 8492）；生于疏林中。

分布于云南的东川、禄劝、昆明、云龙、大理、德钦、洱源、鹤庆、丽江、蒙自、宁蒗、维西、漾濞；生于海拔1800～3200m的山坡落叶阔叶林中。湖北、四川、贵州也有。

分布区类型：15－3－b

163. 壳斗科 Fagaceae

◎**锥栗**

Castanea henryi (Skan) Rehder et E. H. Wilson

产于禄劝乌蒙乡(1740m, Mao1261);生于斜坡溪旁干燥处。

分布于云南的东北部,生于海拔1100m的向阳土质疏松的山地阔叶林中。我国华中、华南各省都有分布。

分布区类型:15 – 3 – c

◎**栗**

Castanea mollissima Blume

产于禄劝乌蒙乡(2100m, Mao1219);生于斜坡沙地干燥处。

云南大部分地区都有栽培,多生于海拔800 ~ 2500m的丘陵、山地。辽宁以南各省(除新疆)都有分布。

分布区类型:14

◎**元江栲**

Castanopsis orthacantha Franch.

产于法者林场大厂至新发村途中(2500m, pH *et al.* 8938),轿子山(2500m, Mao771);生于河边山坡灌丛。

分布于云南的大部分地区,云南中部地区最为普遍,云南西部、东南部亦有;常生于海拔1000 ~ 3000m的阳坡松栎林中或阴坡沟谷阔叶林中。贵州西部、四川西南部也有分布。

分布区类型:15 – 3 – a

◎**窄叶青冈**

Cyclobalanopsis augustinii (Skan) Schottky

产于转龙(2600m, Zhang258);生于斜坡。

分布于云南的云南西部、中部和东南部,生于海拔1200 ~ 2700m阳坡、半阳坡混交林中。我国贵州、广西也有分布。

分布区类型:15 – 3 – b

◎**黄毛青冈**

Cyclobalanopsis delavayi (Franch.) Schottky

产于乌蒙乡阿隆黑(2140m, Mao1192);生于干燥山坡。

分布于云南的大部分地区,自富宁海拔700m,至丽江、中甸海拔3000m松栋混交林中均有生长。贵州、广西、四川也有。

分布区类型:15 – 3 – a

◎**滇青冈**

Cyclobalanopsis glaucoides Schottky

产于乌蒙乡恩泽河(1960m, Mao1383),沙坪箐(1940m, Mao1261):生于河边灌丛、山坡溪旁林中。

分布于云南的大部分地区;生于海拔1100 ~ 3000m的山坡林中,为云南中部地区习见树种。四川、贵州也有分布。

分布区类型:15 – 3 – a

◎**杏叶柯**

Lithocarpus amygdalifolius (Skan) Hayata

产于禄劝乌蒙乡(2340m, Mao1373);生于斜坡沙地干燥处。

分布于福建南部、广东、广西南部、海南、台湾等地,多生于海拔500 ~ 2300m的地带。越南也有。

分布区类型:7 – 4

◎**包果柯**

Lithocarpus cleistocarpus (Seemen) Rehder et E. H. Wilson var. *omeiensis* W. P. Fang

产于转龙(2600m, Zhang256);生于山坡林中。

分布于云南的禄劝、昭通;生于海拔2000 ~ 2500m阔叶林中。四川也有。

分布区类型:15 – 3 – a

◎**白柯**

Lithocarpus dealbatus (J. D. Hooker et Thomson ex Miquel) Rehder

产于轿子山(3100m, Zhang691),轿子山大村子(2340m, Mao1374),转龙至乌蒙途中恩泽河(2018, 08CS139);生于山坡杂木林中、山坡疏林、河边灌丛。

分布于云南各地,从云南西北部丽江、中甸、宁蒗经云南中部至东南部西畴、麻栗坡等地;常生于海拔1300 ~ 2700m的山地湿润森林中。贵州、四川西南部、西藏东南部有分布。不丹、印度东北部、老挝北部、泰国北部、越南也有。

分布区类型:14 – 1

◎**多变石栎**

Lithocarpus variolosus (Franch.) Chun

产于法者林场干箐垭口(3130m, pH *et al.* 8931),雪山乡白家洼(2800 ~ 3000m, pH *et al.* 965),腰棚子林区(2890m, pH *et al.* 8513);生于常绿阔叶林或针阔混交林中、混交林中、杂木林中。

分布于云南的禄劝、云龙、永德、镇康、凤庆、景东、贡山、龙陵、大理、丽江、华坪、宁蒗等地;常生于海拔1900 ~ 3000m的山坡、山顶或松栎林中。川西南也有。亦见于越南。

分布区类型:7 – 4

◎**麻栎**

Quercus acutissima Carr.

产于轿子山阿萨里(2140m,Mao1192);生于山坡林中。

分布于云南除高寒山区外的大部分地区;常生于海拔800~2300m的山地阳坡,成小片林或散生于松林中。我国广西、广东、西至贵州、四川、陕西,北至辽宁,东至山东、福建等省区都有分布。不丹、柬埔寨、印度东北部、日本、朝鲜、缅甸、尼泊尔、泰国北部、越南也有。

分布区类型:14

◎川滇高山栎

Quercus aquifolioides Rehder et E. H. Wilson

产于书姑至马鬃岭途中磨当丘(3190m,pH *et al.* 9780、9785);生于栎类林中。

分布于禄劝和云南西北部;生于海拔2300~3200m山地混交林或开旷山顶。四川有分布。

分布区类型:15-2-b

◎铁橡栎

Quercus cocciferoides Hand. -Mazz.

产于轿子山(1560m,Mao1284),普渡河保护区(1170m,pH *et al.* 9856、9858);生于河谷山坡灌丛。

分布于云南的云南中部、西北部、南部、东南部;生于海拔1500~2600m的山坡阳处或杂木林中。陕西和四川也有。

分布区类型:15-3-a

◎黄背栎

Quercus pannosa Hand. -Mazz.

产于东川法者老炭房后山(3200m,pH *et al.* 9238),九龙沟(2800m,pH *et al.* 8232),腰棚子林区(2890m,pH *et al.* 8483);生于云南松林下、黄背栎灌丛、山坡林缘灌丛。

分布于云南的东川、云龙、大姚、宾川、下关、漾濞、鹤庆、丽江、中甸等地;生于海拔2500~3900m的山坡、栎林或松林中。

分布区类型:15-2-b

◎毛脉高山栎

Quercus rehderiana Hand. -Mazz.

产于轿子山(3600m,Zhang642);生于山坡杂木林中。

分布于云南的禄劝、丽江、中甸等地;生于海拔2500~4000m的山地、沟谷或松林中。四川、西藏有产。泰国也有。

分布区类型:7-3

◎灰背栎

Quercus senescens Hand. -Mazz.

产于轿子山(2600m,李恒等987);生于山坡灌丛。

分布于云南的云南中部、西北部;生于海拔2000~3100m的干燥山坡或松林中。贵州、四川、西藏也有分布,常生于石灰岩山地。

分布区类型:15-3-a

◎川西栎

Quercus spinosa David ex Franch. var. *gilliana*

产于法者林场干箐垭口(3130m,pH *et al.* 8934a),禄劝雪山乡白家洼(2900m,pH *et al.* 9713);生于混交林中、栎类灌丛中。

分布于云南的大理、鹤庆以至云南中部,生于海拔2000~2900m山坡灌丛中。

分布区类型:15-2-a

◎光叶高山栎

Quercus spinosa David ex Franch. var. *pseudosemicarpifolia*

产于法者林场干箐垭口(3130m,pH *et al.* 8934b),书姑至马鬃岭梁子干水井(3720m,pH *et al.* 9779);生于混交林中、栎类、滇山杨林中。

分布于云南中部、西北部;生于海拔1500~3100m山地杂木林中。贵州、四川也有。

分布区类型:15-3-a

◎刺叶高山栎

Quercus spinosa David ex Franch. var. *spinosa*

产于法者林场干箐垭口(3130m,pH *et al.* 8934),轿子山(2700m,Mao783,李恒等1036);生于混交林中、山坡灌丛。

分布于云南的西部及西北部。四川、陕西、甘肃、湖北、江西、福建、台湾等省均有分布。

分布区类型:15-3-c

◎栓皮栎

Quercus variabilis Bl.

产于乌蒙乡乐作尼(1700m,李恒等1043);生于河谷山坡灌丛。

分布于云南除云南西北部高山和西南部和西双版纳的普文以南外的全省大部分地区;常生于海拔700~2300 m的阳坡或松栎林中。广东、广西以北、西至四川、甘肃东南部、北至辽宁、东至台湾均有分布。日本、朝鲜也有。

分布区类型:14-2

165. 榆科 Ulmaceae

◎紫弹树

Celetis biondii Pamp.

产于普渡河苏铁保护小区(1170m, pH *et al.* 9859);生于河谷山坡灌丛。

分布于云南的禄劝、镇雄、大关等地;生于海拔1500～1700m的林中、路旁。四川、贵州、广西、广东、湖北、福建、台湾、江苏、安徽、江西、浙江、河南、陕西、甘肃。日本、朝鲜也有。

分布区类型:14－2

◎**羽叶山黄麻**

Trema laevigata Hand. －Mazz.

产于普渡河苏铁保护点(1170m, pH *et al.* 9880);生于河谷山坡灌丛。

分布于云南的禄劝、云龙、昆明、元谋、双柏、景东、凤庆、云县、宁蒗、丽江、中甸、蒙自等地;生于海拔1000～3800m的草坡或林中。湖北、四川、贵州有分布。

分布区类型:15－3－b

167. 桑科 Moraceae

◎**构树**

Broussonetia papyrifera (Linn.) Hérit. ex Vent.

产于禄劝乌蒙乡恨竹(1850m, Mao1252);生于斜坡乾燥处。

分布于云南各处;河南、河北、山东和长江和珠江流域各省均有分布,越南、印度、日本、马来西亚、菲律宾和太平洋岛屿也有。

分布区类型:5

◎**石榕树**

Ficus abelii Miquel

产于轿子山老熊箐(1750m, Mao1305);生于陡峭山坡。

分布于云南禄劝、广南、文山;生于海拔1320～1750m的溪边或灌丛中。福建、广东、广西、贵州、海南、湖南、江西、四川有产。孟加拉国东北部、印度、缅甸、尼泊尔、泰国北部、越南也有。

分布区类型:14－1

◎**大果爬藤榕**

Ficus sarmentosa Buchanan － Hamilton ex Smith var. *duclouxii* (H. Lévl et Vaniot) Corner

产于轿子山小平箐(3000m, Mao766);生于山坡岩石上。

分布于云南的禄劝、昆明、安宁、嵩明、富民、路南、易门、蒙自、大姚、大理、洱源、鹤庆、丽江、永胜、维西、漾濞、大理、贡山;生于海拔1800～2500(3600)m的石灰岩山地。四川、贵州、广西、江西、湖南有分布。

分布区类型:15－3－b

◎**珍珠莲**

Ficus sarmentosa Buchanan － Hamilton ex Smith var. *henryi* (King ex Oliver) Corner

产于轿子山天生桥(2100m, Mao 1317);生于山坡岩石上。

分布于云南的禄劝、昆明、嵩明、易门、峨山、楚雄、大姚、昭通、沾益、江川、建水、蒙自、个旧、屏边、西畴、麻栗坡、富宁、广南、砚山、漾濞、维西、碧江、贡山、中甸、大理等地;生于海拔700～1700(2500)m的阔叶林下或灌木及岩石缝中。广泛分布于全国南方各地。

分布区类型:15－3－c

◎**地瓜**

Ficus tikoua Bur.

产于普渡河苏铁保护小区(1170m, pH *et al.* 9886);生于山坡灌丛。

分布于云南的禄劝、昆明、云龙、贡山、福贡、丽江、鹤庆、保山、景东、楚雄、威信、砚山;生于海拔1300～2300 m的林缘草地、草坡、河谷灌丛。西藏、四川、贵州、广西、湖南、湖北、陕西南部有产。印度东北部、老挝、越南北部也有。

分布区类型:14－1

◎**鸡桑**

Morus australis Poir

产于转龙烂泥塘(2300m, Mao1388);生于斜坡干燥。

分布于云南的禄劝、云龙、昆明、宜良、师宗、大姚、宁蒗、丽江、大理等地;生于海拔1450～2700m的山坡灌丛或悬岩上。陕西、甘肃、河北、山东、河南、安徽、江西、浙江、福建、台湾、广东、广西、四川、贵州有分布。朝鲜、日本、印度、中南半岛也有。

分布区类型:7

◎**蒙桑**

Morus mongolica (Bur.) Schneid.

产于轿子山报竹腰崖(1900m, Mao1255);生于多石山坡石上。

分布于云南的禄劝、昆明、大姚、云龙、洱源、宁蒗、丽江、维西、中甸、德钦、泸水、福贡、临沧、文山;生于海拔(800)1100～2100(3800)m的山坡林中。我国东北、内蒙古、华北、西北、华东、西南等地均有分布。

分布区类型:15－3－c

169. 荨麻科 Urticaceae

◎**微柱麻**

Chamabainia cuspidata Wight

产于大厂(2630m,JZ41－37);生于林下沟边。

分布于云南西北部(维西、贡山、德钦)、西部(大理、泸水、碧江)、中南部(景东)、西南部(孟连)及东南(蒙自、绿春、文山、屏边),生于海拔1300～3800m的林下、草丛、河边、沟边石上等处;西藏东南(察隅)、四川、广西、贵州、湖北、湖南、江西、福建、台湾也有。亦见于尼泊尔、锡金、印度、斯里兰卡及越南北部。

分布区类型:14－1

◎**水麻**

Debregeasia orientalis C. J. Chen

产于乌蒙乡乐作尼(1600m,李恒、陈渝等963);生于河谷山坡灌丛。

除云南西部及西南部外全省各地均产;生于海拔600～3600m的溪谷荫湿处;贵州、四川、甘肃南部、陕西南部、湖北、湖南、广西和台湾也有。亦见于日本。

分布区类型:14－2

◎**楼梯草**

Elatostema involucratum Franch. et Savatier

产于禄劝乌蒙乡(2600m,Zhang477);生于密林下。

分布于云南东北部至西南部;生于海拔1850～2100m的林下阴湿处或沟边草丛中。陕西、河南及长江以南都有分布。日本也有。

分布区类型:14－2

◎**异叶楼梯草**

Elatostema monandrum (D. Don) H. Hara

产于东川法者林场白花山(2960m,Liu Ende *et al*. 2198);生于冷杉林下石地。

分布于除思茅、西双版纳以外的云南大部分地区;生于海拔1900～2800m的林下潮湿地岩石上或石隙中。西藏南部、四川西南部、贵州西部也有。亦见于尼泊尔、印度北部、泰国北部。

分布区类型:7

◎**钝叶楼梯草**

Elatostema obtusum Wedd.

产于大海至马鬃岭(3000m,pH *et al*. 9045);林下岩石上。

分布于云南的东川、云龙、永德、景东、贡山、泸水、腾冲、保山、德钦、丽江、维西、鹤庆、澜沧、嵩明、大关;生于海拔2100～3600m的针叶林、阔叶林及竹林下的潮湿地或沟边。陕西、西藏、四川、贵州、湖南、湖北、广东北部、福建、台湾有产。尼泊尔、不丹、印度东北部、泰国北部也有。

分布区类型:14－1

◎**蝎子草**

Girardinia diversifolia (Link.) Friis

产于乌蒙乡团街(2800m,Zhang449);生于林缘灌丛。

分布于云南的禄劝、昆明、云龙、永德、景东、剑川、中甸、贡山、大理、漾濞、罗平、勐腊、勐海、澜沧、砚山、屏边;生于海拔900～2800m的林下、灌丛中或林缘潮湿处。贵州、四川也有。

分布区类型:15－3－a

◎**珠芽艾麻**

Laportea bulbifera (Sieb. et Zucc.) Wedd.

产于法者林场沙子坡林区邓家山(2860m,ETNEY575);生于针阔混交林中。

分布于云南的东北部(东川、永善、大关、镇雄、昭通)、西部(大理、漾濞、巍山)、西北部(德钦、中甸、维西、丽江、兰坪、鹤庆、福贡、碧江、贡山)、中部(富民、武定、寻甸)、东南部(绿春、金平、砚山、西畴、麻栗坡、富宁)及西南部(镇康、腾冲、龙陵),生于海拔1000～3000m的林下、灌丛或沟边草丛中;我国东北、华北、中南、西南和陕西南部、甘肃南部也有分布。亦见于锡金、印度、斯里兰卡、中南半岛至印度尼西亚、日本、朝鲜。

分布区类型:14

◎**云南假楼梯草**

Lecanthus petelotii (Gagnep.) C. J. Chen var. *yunnanensis* C. J. Chen

产于禄劝乌蒙乡轿子山景区大黑箐至轿顶(3900m,pH *et al*. 9387);生于林下石地。

分布于云南西北部及中南部;生于海拔2000～2700m的林下潮湿处。

分布区类型:15－2－b

◎**糯米团**

Memorialis hirta (Bl.) Wedd.

产于乌蒙乡至雪山乡途中碑根大地(2335m,08CS107);生于云南松林下。

分布于云南大部分地区;生于海拔1300～2900m的山地灌丛或沟边。长江以南各省区及秦岭也有。亚洲和澳大利亚的热带、亚热带地区亦产。

分布区类型:5

◎**紫麻**

Oreocnide frutescens (Thunb.) Miquel

产于禄劝乌蒙乡第二村天生桥(1300m, Mao1271);生于山谷斜坡干燥处。

分布于除西南部和西双版纳外的云南的广大地区;生于海拔 150~2200m 的林下或箐沟潮湿处。陕西、甘肃、四川、贵州、湖北、湖南、安徽、浙江、福建、台湾、广东、广西、海南也有。日本亦见。

分布区类型:14-2

◎**墙草**

Parietaria micrantha Ledeb.

产于东川法者林场沙子坡至邓家山(2900m, ETNEY597);生于水边。

分布于云南的东川、德钦、中甸、兰坪、宾川、昆明、景东;生于海拔 2200~3200m 的潮湿灌丛、岩石下潮湿处。西藏、四川、青海、陕西、山西、内蒙古、东北和台湾也有。日本、朝鲜、西伯利亚、不丹、锡金、印度北部和非洲东部也有分布。

分布区类型:1

◎**圆瓣冷水花**

Pilea angulata (Bl.) Bl.

产于法者林场大厂大洼子(2930m, JZ37-9);生于林下潮湿处。

分布于云南的昆明、富民、楚雄、路南、景东、巍山、福贡、临沧、梁河;生于海拔 1100~3000m 的常绿阔叶林下荫湿处或水沟边。陕西、四川、贵州、广东、广西、西藏东西部(察隅)也有。亦见于印度、斯里兰卡、越南、印度尼西亚。

分布区类型:7-1

◎**短角冷水花**

Pilea aquarum Dunn subsp. *brevicornuta* (Hayata) C. J. Chen

产于东川二二二林场腰棚子林区(2780m, pH *et al.* 8475);生于密林边缘。

分布于云南的东南部;生于海拔 1000~2000m 的常绿阔叶林下阴湿处或水边。贵州、广西、广东、湖南、福建、台湾也有。越南北方也有。

分布区类型:7-4

◎**心托冷水花**

Pilea cordistipulata C. J. Chen

产于禄劝乌蒙乡轿子山景区大黑箐至轿顶(3900m, pH *et al.* 9387);生于林下石地。

分布于云南的东南部;生于海拔 1360m 的山谷阴湿处。贵州、广西、广东也有。

分布区类型:15-3-b

◎**翠茎冷水花**

Pilea hilliana Hand. -Mazz.

产于东川舍块乡九龙村九龙沟(2900m, pH *et al.* 8274A);生于密林边缘。

分布于云南的贡山、漾濞、巍山、昆明、思茅、景洪、蒙自、绿春、屏边等;生于海拔 720~2600m 的常绿阔叶林下阴湿处或沟边。贵州,越南北部也有。

分布区类型:7-4

◎**大叶冷水花**

Pilea martinii (Lévl.) Hand. -Mazz.

产于轿子山哈依垭口(3480m, Mao1097),石崖子(2900m, Mao894);生于林中石上潮湿处。

分布于产云南东北部(永善、大关、彝良、昭通、镇雄、会泽)、西北部(华坪、永胜、丽江、维西、中甸、德钦、贡山)、中部(昆明、嵩明、禄劝、大姚)、西部(大理、永平、漾濞、洱源、鹤庆、凤庆、碧江)、西南部(腾冲、泸水、镇康、临沧、沧源)、中南部(景东)及东南(屏边、文山),生于海拔 1300~3400m 的常绿阔叶林下或灌丛中荫湿处;我国陕西、四川、西藏、贵州、湖北、湖南、广西、江西也有。亦见于尼泊尔、不丹、缅甸。

分布区类型:14-1

◎**粗齿冷水花**

Pilea sinofaciata C. J. Chen

产于转龙甸尾(2600m, Zhang340);生于林下潮湿处。

分布于云南中部(禄劝、昆明、安宁、富民、嵩明、寻甸、玉溪)、东北部(永善、镇雄)、西北部(云龙、丽江、永胜、维西、贡山、中甸)、西部(永德、凤庆、大理、洱源、鹤庆)、中南部(景东)、滇南(景洪)、西南部(泸水、耿马、腾冲)及东南部(砚山);生于海拔(1250~)1500~2600m 的山谷林下荫湿处。河南、陕西南部、四川、贵州、湖北、湖南、广东、广西、浙江、安徽、江西也有。

分布区类型:15-3-c

◎**红雾水葛**

Pouzolzia sanguinea (Blume) Merr.

产于禄劝乌蒙乡轿子山景区大黑箐至轿顶(3900m, pH *et al.* 9387);生于林下石地。

分布于云南的各地;生于海拔 150~2400m 的山地林缘或林中。西藏东南部、四川南部、贵州西部、广东、广西、海南也有。亚洲热带地区广布。

分布区类型:7

◎**齿叶荨麻**

Urtica laetevirens Maximowicz

产于轿子山哈依丫口梁子(3200m, Mao1097);山谷湿润草地。

分布于云南的禄劝、永德、大理、丽江、维西、中甸、德钦;生于海拔2300~3500米的山谷杂木林中、沟边或林缘路旁。安徽、甘肃、河北、河南、湖北、湖南、辽宁、内蒙古、青海东南部、陕西、山东、四川西部、西藏东南部也有。日本、韩国、俄罗斯远东亦产。

分布区类型:14

◎滇藏荨麻

Urtica mairei H. Léveillé

产于东川因民上黄草岭(2600m, 蓝顺彬271),禄劝乌蒙乡团街(2800m, Zhang434);山坡沟边、林缘。

分布于云南的东川、禄劝、永德、大理、洱源、丽江、维西、中甸、贡山、蒙自、屏边、昆明、嵩明、路南、楚雄、会泽;生于海拔1500~2900m的林缘、路旁等生境。川西南、西藏东南部也有。不丹、印度北部、缅甸亦产。

分布区类型:14-1

171. 冬青科 Aquifoliaceae

◎线叶陷脉冬青

Ilex delavayi Franch. var. *linearifolia* S. Y. Hu

产于轿子山(3500m, Zhang540);生于杜鹃灌丛。

分布于云南的禄劝、云龙、永德、维西、贡山、大理、漾濞、福贡、泸水、腾冲等地;生于海拔2700~3600m的山地杜鹃林、杂木林或灌丛中。四川西部有产。缅甸北部也有。

分布区类型:14-1

◎薄叶冬青

Ilex fragilis J. D. Hooker

产于乌蒙至雪山途中老槽子山顶(2980m, 08CS052),雪山乡白家洼(2900m, pH *et al.* 9718);生于山坡林中。

分布于云南的禄劝、大姚、景东等地;生于海拔2200~3000m的山谷疏林或灌丛中。西藏南部有产。锡金、不丹及印度东北部也有。

分布区类型:14-1

◎长叶枸骨

Ilex georgei Comber

产于法者林场大厂林区附近(2900m, pH *et al.* 8742、8980);生于混交林中。

分布于云南的东川、禄劝、昆明、云龙、保山、临沧、腾冲等地;生于海拔1650~2900m的疏林或灌丛中。四川西部也有分布。

分布区类型:15-3-a

◎大果冬青

Ilex macrocarpa Oliver

产于轿子山大兴厂滑石板(3000m, Mao847、1133);生于疏林中。

分布于云南的云龙、永德、丽江、维西、贡山;生于海拔(2300~)2700~3200m的山地沟谷混交林或杂木林中。重庆(南川)、西藏东南部也产。亦见于缅甸北部。

分布区类型:14-1

◎铁冬青

Ilex rotunda Thunberg

产于乌蒙乡团街(3000m, Zhang484);生于山坡林中。

分布于云南的禄劝、屏边、马关、西畴、砚山、蒙自、盈江、双江;生于海拔1150~1500(~2600)m山谷或山坡疏林至溪边;亦分布于贵州、广西、广东(包括沿海岛屿)、福建、台湾、江西、江苏和湖南等省区。

分布区类型:15-3-b

173. 卫矛科 Celastraceae

◎短梗南蛇藤

Celastrus rosthornianus Loesener

产于轿子山天生桥(2100m, Mao1326);生于山坡岩石上。

分布于云南的禄劝、昆明、永德、贡山、景东、景洪、勐腊、勐海、麻栗坡、西畴、蒙自、昭通、镇雄、玉溪、易门;生于海拔1000~2200m的次生杂木林中或路旁。陕西、湖北、湖南、浙江、福建、四川、贵州、广西、广东有分布。越南也有。

分布区类型:7-4

◎刺果卫矛

Euonymus acanthocarpus Franch.

产于禄劝轿子山(4200m, Zhang632);生于混交林中。

分布于云南的昆明、保山、文山、红河、丽江、大理、迪庆等地;生于海拔700~3200m的林地、山坡。华南、华中和西藏等省区有分布。缅甸也产。

分布区类型:7-3

◎岩坡卫矛

Euonymus clivicolus W. W. Smith

产于轿子山(3300m, Mao977);生于山坡灌丛。

分布于云南的东川、禄劝、云龙、永德、贡山、福贡、中甸、维西、德钦、丽江、鹤庆;生于海拔2200~

3850m 的灌丛及混交林中。西藏、四川、湖北和陕西有分布。不丹、缅甸和尼泊尔也有。

分布区类型:14 - 1

◎**角翅卫矛**

Euonymus cornutus Hemsl.

产于法者林场大海至马鬃岭(3500m, pH *et al.* 9074)干箐垭口(3100m, pH *et al.* 8816), 轿子山(3100m, Zhang510), 乌蒙至雪山乡途中老槽子山顶(2980m, 08CS064); 生于山坡林中、杂木林中、林缘灌丛。

分布于云南的东川、禄劝、云龙、永德、丽江、大理、迪庆; 生于海拔 2200 ~ 4300m 的灌丛及混交林中, 较少见。西藏、四川、湖北、陕西、河南也有。亦见于缅甸、印度、锡金。

分布区类型:14 - 1

◎**棘刺卫矛**

Euonymus echinatus Wall. ex Roxb.

产于乌蒙至雪山乡途中老槽子山顶(2980m, 08CS086); 山坡林中。

分布于云南的红河、丽江、楚雄、大理、昆明、曲靖、怒江和迪庆等地; 生于海拔 1300 ~ 3500m 的灌丛和林中, 常见。我国西南、华南、华中各省均有分布。尼泊尔、锡金、泰国和缅甸也产。

分布区类型:14 - 1

◎**游藤卫矛**

Euonymus vagans Wall.

产于禄劝乌蒙乡大兴厂(2600m, Mao796); 生于山谷石上。

分布于云南的文山、大理、怒江等州; 生于海拔 1100 ~ 2300m 的森林或灌丛中。广西、贵州、四川、西藏有分布。缅甸、印度、孟加拉国等喜马拉雅山区各地有分布。

分布区类型:14 - 1

◎**阿达子**

Maytenus royleana (M. Laws.) Gufod

产于普渡河苏铁保护区(1170m, pH *et al.* 9845); 生于干旱河谷山坡。

分布于云南的禄劝、会泽、元江、寻甸等地; 生于海拔 1400 ~ 1800m 的常绿阔叶林中。四川西部也有分布。喜马拉雅山西部、阿富汗等地也产。

分布区类型:14 - 1

◎**昆明山海棠**

Tripterygium hypoglaucum (Lévl.) Lévl. ex Hutch.

产于九龙沟(2400m, pH *et al.* 8109); 生于路边、林缘。

分布于云南大部分地区; 生于海拔 1200 ~ 3000m 的林缘或疏林灌丛中。贵州、湖南、湖北、广西、江西、浙江、安徽也有分布。

分布区类型:15 - 3 - c

185. 桑寄生科 Loranthaceae

◎**栗毛寄生**

Taxillus balansae (Lecte.) Danser

产于普渡河苏铁保护小区(1170m, pH *et al.* 9854); 河谷灌丛。

分布于云南的禄劝、屏边、文山、西畴; 生于海拔 400 ~ 1500m 的山地常绿阔叶林中, 寄生于木兰科、壳斗科、茶科和马尾树科植物上。广西西南部、南部有分布。越南北部也有。

分布区类型:7 - 4

◎**柳树寄生**

Taxillus delavayi (Tieghem) Danser

产于法者林场干箐垭口(3100m, pH *et al.* 8754), 轿子山四方井至大羊窝(3200m, 08CS008, pH *et al.* 9627), 炉拱山至九龙(3480m, pH *et al.* 8248、8249); 生于林缘树上、杜鹃树上。

产云南大部分地区; 生于海拔 1500 ~ 3500m 的阔叶林中。常寄生于山楂、花楸、柳、杨等树上。广西、贵州西部、四川、西藏东南部也有。亦见于缅甸、越南北部。

分布区类型:14 - 1

◎**枫香寄生**

Viscum liquidambaricola Hayata

产于乌蒙乡污沙箐(1920m, Mao 1260); 生于林缘树上。

产云南西北、西南、中部和东南部各地, 海拔 1000 ~ 2100m 的山地阔叶林中, 寄生于枫香、油桐或壳斗科等植物上。我国西南部至东南部各省有分布。不丹、尼泊尔、印度东北部、泰国、越南北部、印度尼西亚、马来西亚也有。

分布区类型:7 - 1

186. 檀香科 Santalaceae

◎**沙针**

Osyris quadripartita Salzmann ex Decaisne

产于禄劝转龙镇至老君山(2160m, Mao1446); 生于斜坡灌木丛中。

分布于云南各地, 多见于海拔 1500 ~ 2500m 的灌丛及松栎林缘。西藏东南部、四川南部、贵州、广西等省区也有分布。印度北部、斯里兰卡、不丹、缅甸至中南半岛也有。

分布区类型:7

◎**长叶百蕊草**

Thesium ramosoides Hendrych.

产于大羊圈(3115,JZ56－36);生于山坡灌丛。

分布于云南的禄劝、昆明、富民、师宗、罗平、澄江、玉溪、大理、文山等地;生于海拔1600～3200m的松林、灌丛、草地及箐沟边。西藏东南部、四川西南部、贵州、黑龙江、辽宁、吉林有产。西伯利亚、朝鲜、日本也有。

分布区类型:14

189. 蛇菰科 Balanophoraceae

◎**筒鞘蛇菰**

Balanophora involucrata Hook. f.

产于大厂大洼子(2900m,pH *et al.* 8990);生于林下。

分布于云南的东川、永德、凤庆、景东、贡山、中甸、丽江、鹤庆等地;生于海拔(2300～)2700～3500m的山坡竹林、落叶阔叶林、针叶阔叶林及云杉林下,寄生于杜鹃、杂木及白果树根上。贵州、河南、湖北西部、湖南、陕西南部、四川、西藏有分布。不丹、印度、尼泊尔、锡金也有。

分布区类型:14－1

190. 鼠李科 Rhamnaceae

◎**多花勾儿茶**

Berchemia floribunda Bongn.

产于轿子山老槽子(3098m,08CS058);生于杜鹃、石栎林中。

分布于云南的禄劝、昆明、嵩明、巧家、镇雄、德钦、香格里拉、维西、大理、漾鼻、武定、楚雄、易门、峨山、文山、景东、勐海、沧源、龙陵、保山;生于海拔750～2700m的山地灌丛或阔叶林中。分布于西藏、四川、贵州、湖南、湖北、广西、广东、福建、江西、浙江、江苏、安徽、河南、陕西、山西、甘肃。印度、尼泊尔、不丹、越南、日本也有。

分布区类型:14

◎**云南勾儿茶**

Berchemia yunnanensis Franch.

产于法者林场大厂林区附近(2800m,pH *et al.* 8943),炉拱山至九龙途中(2900m,pH *et al.* 8075、8110);生于林缘灌丛。

分布于云南的东川、禄劝、安宁、昆明、云龙、永德、丽江、宁蒗、泸水、维西、贡山、德钦、中甸、鹤庆、洱源、大姚;生于海拔1500～3900m的山地灌丛中或林中。甘肃、贵州、陕西、四川、西藏也有。

分布区类型:15－3－c

◎**短柄铜钱树**

Paliurus orientalis (Franch.) Hemsl.

产于乌蒙乡摆夷召大桥(1960m,Mao 1263);生于河谷山坡灌丛。

分布于云南的禄劝、泸水、丽江、永仁、鹤庆、大理、大姚、蒙自、元江等地;生于海拔900～2200m的河谷山坡灌丛中。四川西南部也产。

分布区类型:15－3－a

◎**铁马鞭**

Rhamnus aurea Heppeler

产于乌蒙乡摆夷召(2000m,Mao1208);生于山坡灌丛中。

分布于云南禄劝、昆明、安宁、嵩明、大理、宾川、大姚;生于海拔1800～2400m的山坡灌丛或林下。

分布区类型:15－2－a

◎**亮叶鼠李**

Rhamnus hemsliana C. K. Schneid.

产于禄劝乌蒙乡第一村(2900m,Mao927);生于山谷疏林中。

分布于云南的大关、禄劝、镇雄、剑川、维西、贡山;生于海拔700～2300m的山谷林地。贵州、四川、陕西也有。

分布区类型:15－3－c

◎**多脉鼠李**

Rhamnus sargentiana C. K. Schneid.

产于轿子山大羊窝(3250m,pH *et al.* 9491),尖峰关(2900m,Mao927),平箐(3230m,08CS041);生于山坡林中、山谷疏林中。

分布于云南的禄劝、中甸、剑川、鹤庆;生于海拔1700～3800m的山谷林缘或林中。甘肃、湖北、四川、西藏也有。

分布区类型:15－3－c

◎**帚枝鼠李**

Rhamnus virgata Roxb.

产于禄劝乌蒙乡第一村(2900m,Mao927);生于山谷疏林中。

分布于除西双版纳、和西南部的云南大部分地区;生于海拔2000～2800m的山坡灌丛或林下。西藏、四川、贵州有产。印度、尼泊尔、泰国也有。

分布区类型:7

◎**雀梅藤**

Sageretia thea (Osbeck) M. C. Johnston

产于普渡河苏铁保护点(1300m,JZ723);生于干旱河谷灌丛。

分布于云南的除西双版纳及东南部外的大部分地区;生于2100m以下的林下或灌丛中。西藏东部至东南部、四川、贵州有产。印度、尼泊尔也有。

分布区类型:14-1

191.胡颓子科 Elaeagnaceae

◎**嵩明木半夏**

Elaeagnus angustata (Rehd.) C. Y. Chang var. *songmingensis* W. K. Hu et H. F. Chow

产于法者林场干箐垭口(3130m, pH *et al.* 8716),大海至马鬃岭(3000m,pH *et al.* 9165),大牧场至沙子坡(2900m,pH *et al.* 8786);生于林缘灌丛。

分布于云南东川、禄劝、嵩明;生于海拔2400~3000m的山地灌丛中。

分布区类型:15-2-a

◎**短柱胡颓子**

Elaeagnus difficilis Serv. var. *brevistyla* W. K. Hu

产于轿子山(2700m, Mao719);生于多石山坡灌丛。

分布于云南禄劝;生于海拔2700m的多石山坡灌丛中。重庆(南川)也有。

分布区类型:15-3-a

◎**木半夏**

Elaeagnus multiflora Thunb.

法者林场大厂至新发村(2600m, pH *et al.* 8946),沙子坡林区邓家山(2870m,ETNEY583);生于路边林缘灌丛。

分布于云南的东川、富源、鹤庆、兰坪;生于海拔2200~2900m的山地灌丛中。分布于河北、山东、江苏、浙江、安徽、江西、福建、陕西、湖北、四川、贵州。日本也有。

分布区类型:14-2

◎**白绿叶**

Elaeagnus viridis Serv. *var. delavayi* Lecomte

产于法者林场场部至沙子坡林区老纸厂(2600m, ETNEY477),乌蒙乡团街(2600m, Zhang429);生于林缘灌丛、杂木林中。

分布于云南的禄劝、嵩明、昆明、富民、云龙、镇康、双柏、易门、大姚、大理、剑川、维西、中甸、德钦、贡山、鹤庆、龙陵、腾冲等地;生于海拔1500~3400m的疏林或灌丛中。

分布区类型:15-2-b

193.葡萄科 Vitaceae

◎**酸蔹藤**

Ampelocissus artemisiifolia Planchon

产于乌蒙乡转亮子(2300m, Mao 1286);山地疏林中。

分布于云南禄劝、宾川、丽江;生于海拔1600~2800m山地、山谷疏林中。四川也有分布。

分布区类型:15-3-*a*

◎**毛三裂蛇葡萄(变种)**

Ampelopsis delavayana Planchon ex Franchet var. *setulosa* (Diels & Gilg) C. L. Li

产于乌蒙乡报竹崖(2200m, Mao 1248,李恒等1040、1068);山地疏林中。

广布云南全省各地;生于海拔300~2200m的山谷林中或山坡灌丛或林中。甘肃、贵州、河北、河南、陕西、四川也有。

分布区类型:15-3-*c*

◎**青紫葛**

Cissus javana DC.

产于普渡河苏铁保护小区(1170m, pH *et al.* 9918);生于多石山坡灌丛。

分布于云南的禄劝、麻栗坡、金平、河口、屏边、绿春、红河、景东、思茅、景洪、勐海、勐腊、盈江、瑞丽、临沧;生于海拔600~2000m的山坡热带至南亚热带林中、草丛或灌丛中。尼泊尔、锡金、印度、缅甸、越南、泰国和马来西亚也有。

分布区类型:7-1

◎**三叶地锦**

Parthenocissus semicordata (Wall.) Planchon

产于轿子山(2700~2800m, Mao711、860);山谷石山上。

分布于云南的禄劝、昆明、嵩明、大关、镇雄、峨山、贡山、中甸、维西、丽江、鹤庆、大理、泸水、麻栗坡、文山、屏边、腾冲、镇康;生于海拔1500~2900m的山坡林中或灌丛。分布于甘肃、陕西、湖北、四川、贵州、西藏。缅甸、泰国、锡金和印度也有。

分布区类型:14-1

◎**狭叶崖爬藤**

Tetrastigma serrulatum (Roxb.) Planch.

产于乌蒙至雪山碑根大地(2335m,08CS096);

林缘灌丛上。

分布于云南的大多数地区；生于海拔 1400～2900m 的山谷林中、山坡灌丛岩石缝中。湖南、广东、广西、四川、贵州亦产。

分布区类型：15－3－b

◎**桦叶葡萄**

Vitis betulifolia Diels et Gilg

产于大厂至新发村途中（2400m，pH *et al.* 8914），轿子山（2700m，Mao785）；沟谷灌丛、斜坡石山。

分布于云南的东川、昆明、嵩明、云龙、鹤庆、维西、丽江、砚山、文山、西畴、金平等地；生于海拔 350～2500m 的山坡、沟谷灌丛或林中。

分布区类型：15－2－e

◎**蘡薁**

Vitis bryoniifolia Bunge

产于乌蒙乡团街（2700m，Zhang469，Mao826）；生于路边灌丛。

分布于云南的禄劝、昆明、绥江、马龙、师宗、大姚、大理、漾濞、鹤庆、贡山、丽江、双柏、文山、富宁、腾冲；生于 1600～2600m 的山坡或山谷林中。北京、河北、山东、江苏、浙江、福建、台湾、江西、湖北、湖南、广东、广西、四川广布。

分布区类型：15－3－c

◎**毛葡萄**

Vitis lanata Roxb.

产于法者林场大厂林区（2780m，JZ316）；生于林缘灌丛。

分布于云南的东川、云龙、永德、临沧、凤庆、双江、景东、贡山、福贡、德钦、中甸、维西、丽江、大理、漾濞、宾川、剑川、洱源、泸水、保山、墨江、双柏、新平、丘北、嵩明、富民、宣威、彝良、大关、镇雄、河口、西畴、文山、马关、砚山、富宁；生于海拔 1000～2300m 的山坡、沟谷灌丛或林中。不丹、印度、尼泊尔、锡金也有。

分布区类型：14－1

◎**小叶葡萄**

Vitis sinocinerea W. T. Wang

产于乌蒙乡摆夷召大桥（1400m，毛品 1201）；生于河谷灌丛。

分布于云南的禄劝；生于海拔 1400m 的河谷山坡灌丛。福建、湖北、湖南、江苏、江西、台湾、浙江有产。

分布区类型：15－3－b

194. 芸香科 Rutaceae

◎**臭节草**

Boenninghausenia albiflora (Hooker) Reichenbach ex Meisner

产于法者林场大厂至新发村（2600m，pH *et al.* 8987），炉拱山至九龙（3300m，pH *et al.* 8013、8063），普渡河苏铁保护小区（1170m，pH *et al.* 9913），雪山乡白家洼（2900m，pH *et al.* 9672、9805）；生于路边岩石上、干旱河谷山坡。

分布于云南全省各地；生于海拔 1000～3000m 的山坡林下或林缘。安徽、福建、广东、广西、贵州、湖北、湖南、江苏、江西、陕西、四川、台湾、西藏、浙江、均产。不丹、印度、印度尼西亚、日本、克什米尔地区、缅甸、尼泊尔、巴基斯坦、菲律宾、泰国、越南北部也有。

分布区类型：14

◎**乔木茵芋**

Skimmia arborescens T. Anderson ex Gamble

产于禄劝乌蒙乡第一村（2700m，Mao681）；生于路旁溪旁或灌木丛中沙石山。

分布于云南各处；生于海拔 1000～2700m 的湿性苔藓林及常绿阔叶林中。广东、广西、贵州、西藏察隅也有。尼泊尔、不丹、印度北部、泰国、缅甸、越南也有。

分布区类型：7

◎**多脉茵芋**

Skimmia multinervia C. C. Huang

产于禄劝乌蒙乡（1850m，Mao1252）；生于山谷、路旁。

分布于云南的维西、中甸；生于海拔 2500～3100m 箐沟密林中。四川西南部也有。不丹、印度东北部、尼泊尔、缅甸、越南北部也有。

分布区类型：7

◎**飞龙掌血**

Toddalia asiatica (Linn.) Lam.

产于禄劝乌蒙乡哈依垭口（1700m，Mao1249）；生于山谷斜坡或斜坡。

从云南中部高原、金沙江河谷、云南西北部峡谷、澜沧江、红河中游到云南东北部、大小凉山均有分布；生于海拔 560～2600m 的林下、林缘、荆棘灌丛。东喜马拉雅、东南亚、马达加斯加等也有。

分布区类型：4

◎**毛刺花椒**

Zanthoxylum acanthopodium DC var. *timber*

Hook. f.

产于轿子山大兴厂(2800m, Mao861);生于山谷、斜坡。

分布于云南的禄劝、云龙、昆明、富民、嵩明、安宁、武定、双柏、元江、洱源、丽江、维西、鹤庆、大理、贡山、临沧、双江、绿春、元阳、景东、龙陵、屏边、镇雄、东川;生于海拔1000~2500m的林缘、山坡灌丛。四川、西藏、陕西有产。缅甸北部、印度也有。

分布区类型:14-1

◎**异叶花椒**

Zanthoxylum dimorphophyllum Hemsley

产于乌蒙乡乐作尼杨家村(1700m,李恒等1080);石山灌丛。

分别于云南的禄劝、永德、昆明、嵩明、富民、峨山、文山、砚山、西畴、麻栗坡、广南、富宁、屏边、孟连、镇雄;生于海拔700~2100m的石灰岩灌丛及阳坡路旁。甘肃南部、广东北部、广西、贵州、海南、湖北西部、河南西南部、湖南、陕西南部、四川、台湾也有产。泰国、越南也有。

分布区类型:7-4

197. 楝科 Meliaceae

◎**浆果楝**

Cipadessa baccifera (Roth) Miquel

产于轿子山老熊箐(1750m, Mao1302),普渡河保护区(1170m ,pH *et al.* 9868);生于河谷山坡灌丛。

云南除云南西北部外,绝大部分地区有产;生于海拔500~2400 m的常绿阔叶林、季雨林、及其次生林中,也见于山坡灌丛和疏林中。广西、贵州、四川有产。不丹、印度、印度尼西亚、老挝、马来西亚、尼泊尔、菲律宾、斯里兰卡、泰国、越南也有。

分布区类型:7

◎**楝**

Melia azedarach Linn.

产于普渡河苏铁保护小区(1170m, pH *et al.* 9850);生于干旱河谷山坡。

分布于云南大部分地区;生于海拔130~1900m的林内、林缘、路边、村旁。黄河以南各省区常见。广布于亚洲热带和亚热带山地,温带地区也有栽培。

分布区类型:7

◎**红椿**

Toona ciliata M. Roemer

产于乌蒙乡乐作尼(1700m,李恒等1054);山坡林缘。

分布于云南的禄劝、永德、凤庆、新平、宾川、丽江;生于海拔1400~3500m的林内或溪旁。广东、海南、四川有产。孟加拉国、不丹、柬埔寨、印度、印度尼西亚、老挝、马来西亚、缅甸、尼泊尔、巴基斯坦、巴布亚新几内亚、菲律宾、斯里兰卡、泰国、越南、澳大利亚东部和西太平洋群岛也有。

分布区类型:5

198. 无患子科 Sapindaceae

◎**坡柳**

Dodonaea viscosa Jacquin

产于普渡河苏铁保护小区(1170m, pH *et al.* 9852);生于河谷山坡灌丛。

分布于云南的金沙江、澜沧江及其支流河谷地区;生于海拔800~2000(~2800)m的山坡及河谷沙地或干燥的稀疏灌丛草地。福建、广东、广西、海南、四川、台湾均产。广布于全球热带、亚热带地区。

分布区类型:2

◎**川滇无患子**

Sapindus delavayi (Franch.) Radl.

产于禄劝转龙镇(2600m, Zhang392);生于混交林中。

分布于云南的西北部、中部、至东南部;生于海拔1200~3100m的山坡密林或沟谷疏林中。四川西南部也有分布。缅甸也有。

分布区类型:7-3

200. 槭树科 Aceraceae

◎**小叶青皮槭**

Acer cappadocicum Gled. var. *sinicum* Rehd.

产于轿子山大兴厂至何家村途中(2800m, Mao 934);生于石上干燥处 。

分布于云南西北部和中部;生于海拔2000~3000m的干燥山坡或荒地旁边。湖北西部、四川西部、贵州(毕节、威宁、纳雍)也有。

分布区类型:15-3-a

◎**川滇长尾槭**

Acer caudatum Wall. var. *prattii* Rehd.

产于轿子山哈依丫口(3200m, Mao 974);生于斜坡疏林中 。

分布于云南的西北部,生于海拔2300~3300(4000)m的杂木林中或疏林边,常见。四川西部、西藏东南部亦有分布。

分布区类型:15-3-a

◎**青榨槭**

Acer davidii Franch.

产于法者林场大厂至新发村(2600m,pH *et al.* 8880),轿子山新槽子(2250m,Mao807);生于河边灌丛、疏林中、斜坡、沙石山。

分布于云南的禄劝、云龙、永德、凤庆、贡山、福贡、腾冲、中甸、维西、德钦、丽江、鹤庆、漾濞、洱源、耿马、富民、禄劝、永善、巧家、大关、镇雄、麻栗坡、广南、屏边、富宁;生于海拔 1000 ~ 2500(~ 3200)m 的山箐林中、路旁或水沟边。安徽、福建、甘肃东南、广东、广西、贵州、河南、湖北、江苏、宁夏、陕西南部、四川、浙江均有分布。缅甸也有。

分布区类型:7 - 3

◎**扇叶槭**

Acer flabellatum Rehd.

产于法者林场沙子坡邓家山(2860m, ETNEY574),轿子山大村至大黑箐途中(3150m,方瑞征、吕正伟 67),轿子山大羊窝(3340m, 08CS0015);生于针阔混交林中、杜鹃林中。

分布于云南的东川、禄劝、永德、新平、屏边、文山、彝良、镇雄等地;生于海拔 1600 ~ 2200m 的山谷阴处林中。广西、贵州、湖北西部、江西、四川有产。缅甸、越南也有。

分布区类型:7 - 4

◎**丽江槭**

Acer forrestii Diels

产于轿子山大村至大黑箐途中(3150m,方瑞征、吕正伟 66);生于杜鹃林中。

分布于云南禄劝、西北部;生于海拔 2500 ~ 3400m 的疏林中;四川西南部和西藏(察隅)也有。

分布区类型:15 - 3 - a

◎**疏花槭**

Acer laxiflorum Pax

产于轿子山(2900m, Mao 675) ,轿子山大羊窝(3100m,pH *et al.* 9621),四方井至大羊窝(3340m, 08CS034);生于路旁,沙石上 、山坡林中。

分布于云南的禄劝、永善、镇雄、中甸、德钦、丽江、贡山、维西,生于海拔 1850 ~ 2100(~ 3300)m 的路边、沙石上或疏林中。四川也有。亦见于不丹。

分布区类型:14 - 1

◎**五裂槭**

Acer oliverianum Pax

产于轿子山(3500m, Zhang494);生于多石山坡林中。

分布于云南的禄劝、云龙、永德、中甸、丽江、维西、兰坪、德钦、屏边、镇雄、彝良;生于海拔 1800 ~ 3500m 的山坡阳处或溪边密林中。安徽、福建、甘肃南部、贵州、河南南部、湖北西部、湖南、江西、陕西南部、四川、浙江均有产。

分布区类型:15 - 3 - c

◎**金沙槭**

Acer paxii Franch.

产于转龙(2600m, Zhang371);生于杂木林中。

分布于云南禄劝、西北部和中部,南部(广南)亦有,生于海拔 1800 ~ 2600m 的林中;四川西南部亦有。

分布区类型:15 - 3 - a

◎**中华槭**

Acer sinense Pax

产于东川法者林场沙子坡营林区邓家山(2680m, ETNEY574);生于针阔混交林中。

分布于云南的东南部;生于海拔 1400 ~ 2300m 的混交林中。湖北西部、四川、湖南、贵州、广东、广西、江西也有分布。

分布区类型:15 - 3 - b

◎**房县槭**

Acer sterculiaceum Wall. subsp. *franchetii* (Pax) A. E. Murray

产于法者林场沙子坡至抱水井垭口途中(2800m, ETNEY581, pH *et al.* 8747);生于杂木林中。

分布于云南东北部、西北部以及南部;生于海拔 1000 ~ 3500m 的混交林中。贵州、河南西南部、湖北西北部、陕西南南、四川也有。

分布区类型:15 - 3 - c

◎**独龙槭**

Acer taronense Hand. - Mazz.

产于大海至马鬃岭途中(3200m, pH *et al.* 9090);生于林中。

分布于云南的东川和怒江流域上游(高黎贡山),生于海拔(2300 ~)2800 ~ 3200m 的冷杉林中或疏林中;四川西部和西藏昌都地区南部亦有。分布于缅甸东北部和不丹。

分布区类型:14 - 1

201. 清风藤科 Sabiaceae

◎**钟花清风藤**

Sabia campanulata Wall.

产于禄劝乌蒙乡大兴厂(2800m, Mao815);生于山谷斜坡灌木丛中。

分布于安徽、福建、甘肃南部、广东北部、贵州、湖北、湖南、江西、浙江、四川、贵州、西藏南部和云南等省区;多见于海拔 500 ~ 2800m 的地带。不丹、印度北部和尼泊尔也有。

分布区类型:14 - 1

◎**云南清风藤**

Sabia yunnanensis Franch.

产于东川二二二林场腰棚子林区(2890m,pH *et al*. 8454),法者林场沙子坡林区附近(2800m,pH *et al*. 8787、8977);生于林缘灌丛。

分布于云南的东川、禄劝、云龙、澄江、大关、大理、德钦、洱源、凤庆、福贡、富宁、贡山、广南、鹤庆、建水、剑川、景东、昆明、丽江、禄丰、蒙自、宁蒗、曲靖、双柏、嵩明、维西、文山、漾濞、宜良、彝良、沾益、中甸;生于海拔 1250 ~ 3800m 的疏林或灌丛中。江西、湖南、重庆、四川、贵州有产。

分布区类型:15 - 3 - b

201a. 泡花树科 Meliosmaceae

◎**泡花树(原变种)**

Meliosma cuneifolia Franch. var. *cuneifolia*

产于东川法者林场沙子坡营林区毛坝子(2900m,ETNEY489);生于路边次生林下。

分布于云南东北部至西北部;见于海拔 1500 ~ 2500m 的山谷林中。四川、贵州、西藏东南部和湖北也有分布。

分布区类型:15 - 3 - b

◎**光叶泡花树(变种)**

◎*Meliosma cuneifolia* Franch. var. *glabriuscula* Cufod.

产于东川法者林场大厂(2800m,*pH et al*. 8825),炉拱山(3300m,pH *et al*. 8015),禄劝轿子山大兴厂(2600m,Mao851);生于林缘灌丛、林中。

分布于产东川、禄劝、丽江、中甸、鹤庆、兰坪、永善、镇雄、盐津等地;生于海拔 1800 ~ 3300m 的山坡密林中或疏林中。四川、贵州、江西、福建、湖北、湖南、安徽、河南、陕西和甘肃均产。

分布区类型:15 - 3 - c

205. 漆树科 Anacardiaceae

◎**粉背黄栌**

Cotinus coggygria Scopol var. *glaucophylla* C. Y. Wu

产于普渡河苏铁保护小区(1170m,pH *et al*. 9902);生于河谷山坡灌丛。

分布于云南禄劝、丽江、中甸;生于海拔 1170 ~ 2400m 的山坡和箐沟灌丛中。四川、甘肃、陕西、山西亦有。

分布区类型:15 - 3 - c

◎**青麸杨**

Rhus potaninii Maxim.

产于轿子山大村子(2400m,Mao1369);生于山坡灌丛。

分布于云南的禄劝、嵩明、昆明、大姚、武定、云龙、文山;生于海拔 1700 ~ 2400m 的山谷疏林或灌丛中。我国西藏、四川、湖北(西部)、河南、山西、陕西、甘肃均有。

分布区类型:15 - 3 - c

◎**大花漆**

Toxicodendron grandiflorum C. Y. Wu et T. L. Ming

产于轿子山大兴厂至团街途中(2240m,Mao1147),干燥山坡灌丛。

分布于云南的文山、砚山、石屏、通海、峨山、昆明、禄劝、大关、武定、楚雄、永仁、宾川、龙陵、保山、宁蒗,生于海拔 700 ~ 2300m 的草坡、灌丛和岩石上。四川西南部(木里、盐边)亦有。

分布区类型:15 - 3 - a

◎**野漆**

Toxicodendron succedaneum (Linn.) O. Ktze.

产于轿子山大兴厂至团街途中(2240m,Mao1147);生于干燥山坡灌丛。

分布于云南全省,以云南东南部及南部较多;生于海拔 700 ~ 2200m 的林内。华北至江南各省均产。朝鲜、日本、中南半岛至印度也有分布。

分布区类型:7

◎**漆**

Toxicodendron vernicifiuum (Stokes) F. A. Barkley

产于轿子山(2900m,Zhang713);生于杂木林中。

分布于云南的中部(禄劝、富民、双柏)、东北部(镇雄、彝良、绥江)和西北部(兰坪、丽江、维西、贡山、中甸、德钦、云龙);生于海拔 1300 ~ 2800(~3800)米的向阳山坡、山谷湿润林内,云南东北部常见栽培。我国黑龙江、吉林、内蒙古、青海、宁夏和新疆外,其他省均产,也有栽培。分布印度、朝鲜、日本。

分布区类型:14

205a. 黄连木科 Pistaciaceae

◎**清香木**

Pistacia weinmannifolia J. Poisson ex Franch.

产于普渡河保护区(1170m, pH *et al.* 9849);生于河谷干旱山坡灌丛。

分布于云南大部分地区;生于海拔1000~2700m的石灰山林缘灌丛。西藏东南部、四川西南部、贵州西南部及广西西南部有分布。缅甸北部也有。

分布区类型:14-1

207. 胡桃科 Juglandaceae

◎核桃楸

Juglans mandshurica Maximowicz

产于轿子山大黑石头沟(1980m, Mao 1194),轿子山大兴厂至团街途中(2500m, Mao1163);生于溪旁林中、山坡林中。

分布于云南的禄劝、昆明;生于海拔1900~2500m的山坡林中。安徽、福建、甘肃、广西、贵州、黑龙江、河南、湖北、湖南、江苏、江西、吉林、辽宁、陕西、陕西、四川、台湾、浙江均产。朝鲜也有。

分布区类型:14-1

◎泡核桃

Juglans sigillata Dode

产于禄劝乌蒙乡大兴厂(2900m, Mao893);生于山谷、溪中、石上。

分布于云南的昭通、富民、大理、丽江、保山、临沧、景东、蒙自、勐腊;生于海拔1300~2700m的沟谷,多为栽培。贵州、四川、西藏也有。

分布区类型:15-3-a

◎化香树

Platycarya strobilacea Sieb. et Zucc.

产于轿子山大村子(2340m, Mao1372);石灰山灌丛。

分布于云南的禄劝、昆明、武定、楚雄、罗平、蒙自、金平、屏边、河口、红河、弥勒;生于海拔(1300~)1500~1800m的向阳山坡或杂木林中。分布于四川、贵州、广西、广东、湖南、湖北、陕西、甘肃、河南、山东、江苏、浙江、江西、福建和台湾。朝鲜和日本也有。

分布区类型:14-2

209. 山茱萸科 Cornaceae

◎头状四照花

Cornus capitata Wall.

产于法者林场大厂至新发村(2600m, pH *et al.* 8964);生于栲林边缘。

分布于云南各地;生于海拔1000~3200m的山坡疏林或灌丛。浙江、湖北、湖南、广西、贵州、四川、西藏亦有。印度、尼泊尔、巴基斯坦均有分布。

分布区类型:14-1

◎川鄂山茱萸

Cornus chinensis Wangerin

产于轿子山新槽子(2600m, Mao 810);生于斜坡、沙石山。

分布于云南的禄劝、富民、镇雄、大关、大姚、兰坪、丽江、维西、德钦、贡山;生于海拔1550~3200m的山谷、山坡疏林中。河南、湖北、陕西、甘肃、贵州、四川、广东、西藏、浙江均有分布。缅甸北部可能也有。

分布区类型:14-1

◎长圆叶梾木

Cornus oblonga Wall.

产于轿子山新槽子(2700m, Mao812);生于山坡灌丛。

分布于云南全省各地;生于海拔1000~3400m的山坡杂木林中。湖北、贵州、四川、西藏也有。不丹、印度、克什米尔地区、缅甸、尼泊尔、巴基斯坦、锡金、斯里兰卡、泰国、越南均有分布。

分布区类型:14-1

◎灰叶梾木(亚种)

Cornus schindleri Wangerin subsp. *poliophylla* (Schneid. et Wanger.) Q. Y. Xiang

产于法者林场大厂至新发村途中(2600m, pH *et al.* 8910);生于河边灌丛。

分布于云南的东川、德钦、维西、丽江;生于海拔2200~3200m的河边、山谷杂木林中。甘肃东南部、河南、湖北西部、陕西南部、四川东北部、西藏也有。

分布区类型:15-3-c

209a. 青荚叶科 Helwingiaceae

◎中华青荚叶

Helwingia chinensis Batal.

产于转龙大箐(2550m, Mao1818);生于阔叶林缘、沟边。

分布于云南的禄劝、嵩明、昆明、云龙、永德、玉溪、大理、大姚、洱源、剑川、漾濞、维西、鹤庆、兰坪、绥江、富宁;生于海拔400~3000m的山坡林中。甘肃南部、贵州、湖北西部、湖南、陕西南部、四川有产。缅甸北部和泰国也有。

分布区类型:7-3

◎**西域青荚叶**

Helwingia himalaica Hook. f. et Thoma. ex C. B. Clarke

产于炉拱山至九龙(3100m,pH *et al*. 8107);生于阔叶林、箭竹林下。

分布于云南的大部分地区;生于海拔 1200 ~ 3400m 的山坡灌木林中。重庆、广东、广西、贵州、湖北、湖南、四川、西藏有分布。不丹、印度北部、缅甸北部、尼泊尔、锡金、越南北部也有。

分布区类型:14 - 1

◎**青荚叶**

Helwingia japonica (Thunb.) F. Dietrich

产于轿子山(2700m, Mao707);生于山坡灌木林中。

分布于云南大部分地区;生于海拔 1400 ~ 3200m 的杂木林中。甘肃、陕西、安徽、山东、浙江、江西、湖北、湖南、广西、贵州、川、西藏均有产。不丹、日本、韩国、缅甸北部也有。

分布区类型:14

209b. 鞘柄木科 Toricelliaceae

◎**鞘柄木**

Toricellia tiliifolia (Wall.) DC.

产于法者林场大厂至新发村(2700m,pH *et al*. 8884);生于河谷灌丛。

分布于云南的东川、永德、镇康、景东、富源;生于海拔 500 ~ 2300m 的山坡、路旁杂木林中。西藏东南部也有。亦见于不丹、印度东北部、尼泊尔、锡金。

分布区类型:14 - 1

210. 八角枫科 Alangiaceae

◎**伏毛八角枫(亚种)**

Alangium chinense (Lour.) Harms subsp. *strigosum* W. P. Fang

产于转龙救生桥(1920m, Mao1386);生于河边灌丛。

分布于云南的禄劝、泸水、贡山、屏边、富宁、文山、河口、景东、沧源、景洪;生于海拔 220 ~ 2500m 的山坡疏林中。贵州、四川东部、湖南、湖北西部、江西、陕西南部和江苏。

分布区类型:15 - 3 - c

◎**深裂八角枫(亚种)**

Alangium chinense (Lour.) Harms subsp. *triangulare* (Wanger.) W. P. Fang

产于轿子山老熊箐(1700m, Mao1300);生于山坡疏林中。

分布于云南的镇雄、沾益、德钦、维西、香格里拉、丽江、洱源、昆明、嵩明、禄劝、富民、峨山;生于海拔 1800 ~ 2500m 的丛林中或林边较为潮湿的环境。四川、贵州、湖南、湖北、安徽、陕西、甘肃等有产。

分布区类型:15 - 3 - c

212. 五加科 Araliaceae

◎**芹叶龙眼独活**

Aralia apioides Hand. - Mazz.

产于轿子山大羊窝(3600m, pH *et al*. 9953);生于山坡灌丛。

分布于云南的禄劝、鹤庆、兰坪、维西、中甸、德钦、贡山;生于海拔 3300 ~ 3400m 的高山草坡、林下。亦分布于四川西南部。

◎

◎**浓紫龙眼独活**

Aralia atropurpurea Franch.

产于禄劝转龙镇(2600m, Zhang346);生于碎石地。

分布于云南西北部,多生于海拔 2750 ~ 3300m 的山坡疏林、草地、灌丛中。四川木里也见。

分布区类型:15 - 3 - a

◎**龙眼独活**

Aralia fargesii Franch.

产于转龙(2600m, Zhang346),生于多石山坡灌丛。

分布于云南的中部(禄劝、昆明、嵩明、峨山、武定、富民、双柏)及景东、丽江、鹤庆等地;生于海拔 1800 ~ 2800m 的山坡疏林、灌丛中。亦分布于陕西、四川等。

分布区类型:15 - 3 - c

◎**吴茱萸叶五加**

Gamblea ciliata C. B. Clarke var. *evodiifolia* (Franch.) C. B. Shang *et al*.

产于轿子山大兴厂(2900m, Mao822),四方井至大羊窝途中(3200m, 08CS024);生于山坡灌丛中、干燥、杜鹃林中。

分布于云南的禄劝、永德、镇康、景东、镇雄、鹤庆、贡山、维西、德钦、中甸、福贡、漾濞等地;生于海拔 1800 ~ 3500m 的山谷、山坡林中。四川、西藏有产。不丹、印度、缅甸、尼泊尔也有。

分布区类型:14 - 1

◎常春藤

Hedera nepalensis K. Koch var. *sinensis* (Tobl.) Rehder

产于法者林场大海至马鬃岭(2800m,pH *et al.* 9098),轿子山(2700~3100m,Zhang541、Mao696),轿子山哈依垭口(2660m,尹文清18),雪山乡白家洼(2900m,pH *et al.* 9712);生于河边岩石上、路旁石上、多石山坡石上、河边林缘树上。

分布于云南各地(除南部外);生于海拔3500m以下的林中、林缘石上、树上。安徽、福建、甘肃南部、广东、广西、贵州、河南、湖北、湖南、江苏、江西、陕西南部、山东、四川、西藏南部、浙江均有产。老挝、越南北部也有。

分布区类型:7-4

◎梁王茶

Metapanax delavayi (Franch.) J. Wen et Frodin

产于转龙(2600m,Zhang361);生于山地林中。

分布于云南的禄劝、昆明、武定、嵩明、玉溪、富民、寻甸、云龙、永德、镇康、宾川、洱源、丽江、维西、中甸、贡山、鹤庆、德钦、兰坪、大姚、石屏、富宁、永平;生于海拔1700~3000m的山谷阔叶林或混交林中。贵州、四川也有。亦见于越南北部。

分布区类型:7-4

◎异叶梁王茶

Metapanax davidii (Franch.) J. Wen et Frodin

产于禄劝乌蒙乡(2800m,Zhang408);生于混交林。

分布于云南除西南以外的大部分地区,多生于海拔1400~2600m的山谷或山坡常绿阔叶林或杂木林中。四川、贵州、湖北、陕西等省也见。越南北部也有。

分布区类型:15-3-a

◎珠子参(变种)

Panax japonicus C. A. Meyer var. *major* (Burk.) C. Y. Wu et K. M. Feng ex C. Chow et *al.*

产于轿子山四方井至大羊窝途中(3340m,08CS032,pH *et al.* 9614);生于杜鹃林下。

分布于云南的禄劝、云龙、永德、腾冲、保山、泸水、福贡、贡山、维西、德钦、中甸、丽江、鹤庆、剑川、漾濞、大理、宾川、大姚、永仁;生于海拔1720~3650m的山坡密林中。甘肃、贵州、河南、湖北、陕西、四川、西藏也有产。亦见于缅甸北部、尼泊尔、越南北部。

分布区类型:14-1

◎羽叶参

Pentapanax fragrans (D. Don) T. D. Ha

产于轿子山(2800m,Mao682),大羊窝(3250m,pH *et al.* 9497),雪山乡白家洼(2900m,pH *et al.* 9717);路旁疏林中、杂木林、杜鹃林中。

分布于云南的中部(禄劝、大姚)至西北部、西南部(永德、镇康);生于海拔2200~3300m的林缘灌丛。四川西南部、西藏南部也有。亦见于孟加拉国、不丹、印度、缅甸、尼泊尔、斯里兰卡、泰国北部、越南北部。

分布区类型:14-1

◎锈毛羽叶参

Pentapanax henryi Harms

产于轿子山(2450m,李恒等1010),转龙(2600m,Zhang254);生于栎类灌丛、杂木林中;

分布于云南的中部(禄劝、昆明、嵩明、富民、宣威)、东南部(蒙自、文山、广南、麻栗坡)、西北部(丽江、维西、德钦、中甸、鹤庆);生于海拔1200~2600m的杂木林中。安徽、广西、湖北、江西、四川、浙江等也有分布。

分布区类型:15-3-b

◎云南羽叶参

Pentapanax yunnanensis Franch.

产于轿子山报竹腰崖(1900m,Mao1257);生于山坡灌丛。

分布于云南的禄劝、大姚、大理、鹤庆、宾川;生于海拔1200~2500m的山地林中、灌丛、路边。四川西南部也有。

分布区类型:15-3-a

213. 伞形科 Umbelliferae

◎丝瓣芹

Acronema tenerum (DC.) Edgew.

产于轿子山大黑箐至轿顶途中(3500m,pH *et al.* 9312),木邦海边上(4100m,pH *et al.* 9403),书姑至马鬃岭梁子干水井(3720m,pH *et al.* 9833);生于岩石缝中、林缘灌丛。

分布于云南的禄劝、洱源、丽江、镇康等地;生于海拔3500~3650m的岩石边或荫湿石隙中。西藏(察隅)有产。锡金、不丹、尼泊尔和印度西北部也有。

分布区类型:14-1

◎矮小丝瓣芹

Acronema wolffianum Fedde ex Wolff

产于轿子山木邦海(4100m,pH *et al.* 9358);生于岩石下潮湿处。

分布于云南的禄劝、维西;生于海拔 3700～4000m 的山坡。锡金、印度(大吉岭)亦产。

分布区类型:14－1

◎**东川当归**

Angelica duclouxii Fedde ex H. Wolff

产于烂泥坪(3500m,杨崇仁 75－40);生于山坡草地。

分布于云南的东川;生于海拔 3500m 的山坡草地。

分布区类型:15－1

◎**丽江当归**

Angelica likiangensis Wolff

产于法者林场大海(3500m,pH *et al.* 9046);生于林缘草地。

分布于云南的东川、丽江;生于海拔 3100～3500m 的山坡草丛或林下。

分布区类型:15－2－b

◎**峨参**

Anthriscus sylvestris (Linn.) Hoffm.

产于禄劝乌蒙乡葛盖箐(3480m,Mao1099);生于山谷、草地、斜坡。

分布于云南的德钦、维西、中甸、丽江、大理、禄劝;生于低山丘陵到海拔 3700m 的高山林下、路旁、溪边。辽宁、河北、河南、陕西、山西、江苏、安徽、浙江、江西、四川、内蒙古、甘肃、新疆也有分布,欧洲和北美也有。

分布区类型:8

◎**小柴胡**

Bupleurum hamiltonii Balak.

产于法者大羊圈(2600m,JZ293);生于山坡林下。

分布于云南的禄劝、昆明、云龙、中甸、丽江、鹤庆、宾川、大理、大姚、景东、屏边、西畴、镇雄等地;生于海拔 600～2900m 的向阳山坡草丛或干燥石砾坡地。西藏南部、四川、贵州、广西湖北等地也有。克什米尔地区、印度北部、尼泊尔至不丹、中南半岛均有分布。

分布区类型:14

◎**抱茎柴胡**

Bupleurum longicaule Wall. ex DC. var. *amplexicaule* C. Y. Wu ex Shan et Y. Li

产于法者林场干箐垭口(3600m, pH *et al.* 8872),炉拱山至九龙(3100m,pH *et al.* 8116);禄劝雪山乡白家洼(2900m,pH *et al.* 9674);生于林缘灌丛。

分布于云南的东川、德钦、贡山、维西、中甸、洱源、大理等地,生于海拔 2500～2700(～4000)m 的稀疏灌丛草坡上。西藏东部(左贡)也有。

分布区类型:15－3－a

◎**丽江柴胡**

Bupleurum rockii Wolff

产于法者林场干箐垭口(3600m, pH *et al.* 8911),炉拱山至九龙(3000m,pH *et al.* 8072);生于林缘灌丛。

产德钦、中甸、丽江、鹤庆、洱源等地,生于海拔 1950～4200m 的山坡草地、沟边或疏林下。西藏东南部(察隅)也有。

分布区类型:15－3－a

◎**三辐柴胡**

Bupleurum triradiatum Adams ex Hoffmann

产于白石崖(4000m,pH *et al.* 8555、8708);生于高山草甸、岩缝。

分布于云南的东川、西北部,生于海拔 2300～4900 m 的林缘、高山草甸、向阳山坡、岩石缝中。青海、四川西部、新疆有产。日本北部、俄罗斯亦产。

分布区类型:14－2

◎**鸭儿芹**

Cryptotaenia japonica Hassk.

产于禄劝乌蒙乡(2100m,Mao1349);生于溪旁沙地。

分布于云南的东北部至东南部;生于海拔 650～2300m 的山坡灌丛、草地、溪旁。我国南北广布。朝鲜、日本也有。

分布区类型:14－2

◎**法罗海**

Angelica apaensis R. H. Shan et C. Q. Yuan

产于法者林场木邦海(3360m,ETNEY 840),烂泥坪(4260m,孙汉董等 4、18);生于亚高山草地、山坡草地。

分布于云南的东川;生于海拔 3360m 的山坡草丛中。四川(阿坝)也有。

分布区类型:15－3－a

◎**白亮独活**

Heracleum candicans Wall.

产于东川舍块乡九龙炉拱山(3250m,pH *et al.* 8017),九龙沟(3000m,pH *et al.* 8261);生于林缘小道旁灌丛。

分布于云南的东川、德钦、贡山、维西、中甸、丽江、洱源、宾川、大理、富民和昆明等地，生于海拔1700～3300m左右的山坡林下；四川西部（广布）、西藏东部至南部也有。分布于巴基斯坦、克什米尔地区、印度、尼泊尔、锡金、不丹。

分布区类型:14－1

◎**糙独活**

Heracleum scabridum Franch.

产于法者林场干箐垭口（3200m，HP *et al.* 8737）；生于路旁灌丛。

分布于云南的东川、昆明、安宁、丽江、洱源、大理、保山等地，生于海拔1900～3200m的山坡草丛及沟谷旁；四川（木里）也有。

分布区类型:15－3－a

◎**尖叶藁本**

Ligusticum acuminatum Franch.

产于法者林场抱水井垭口（3200m，pH *et al.* 8751），轿子山大羊窝（3100m，pH *et al.* 9560、9632），炉拱山至九龙途中（2900m ～3200m，pH *et al.* 8128、8278）；法者林场木梆海（3320m，ETNEY830），腰棚子林区（2980m，pH *et al.* 8496、8508）；生于亚高山草地、山坡草地、溪边草地、林缘灌丛。

分布于云南的东川、贡山、泸水、德钦、中甸、维西、宾川、洱源、鹤庆、丽江，生于海拔1500～3800（～4000）m的林下草地灌丛下及岩石上；四川、湖北、河南、陕西等地有分布。

分布区类型:15－3－c

◎**羽苞藁本**

Ligusticum daucoides（Franch.）Franch.

产于白石崖（4200m，pH *et al.* 8651），轿子山轿顶（4223，pH *et al.* 9483、9484）；生于高山草甸、岩石缝中、山顶草地。

分布于云南的东川、禄劝、德钦、中甸、丽江、鹤庆、洱源、大理、巧家、会泽、嵩明等地；生于海拔2500～4200（～4800）m的山坡草地。四川西部广布。

分布区类型:15－3－a

◎**多苞藁本**

Ligusticum involucratum Franch.

产于九龙沟（3000m，pH *et al.* 8407），书姑至马鬃岭大崖头（3358m，pH *et al.* 9809）；生于林缘灌丛、岩石缝中。

分布于云南的东川、禄劝、德钦、中甸、碧江、丽江、洱源、鹤庆、宾川、大理等地，生于海拔2800～4300（～4900）m的高山林下、草地及石隙间。四川西部有分布。

分布区类型:15－3－a

◎**多管藁本**

Ligusticum multivittatum Franch.

产于白石崖（4200m，pH *et al.* 8558）；生于岩石缝中。

分布于云南的东川、维西、中甸、丽江、鹤庆等地，生于海拔3000～4100m竹林、山坡草地。四川西南部（木里）也有。

分布区类型:15－3－a

◎**蕨叶藁本**

Ligusticum pteridophyllum Franch.

产于轿子山大羊窝（3100m，pH *et al.* 9591）；生于山坡草丛。

分布于云南的东川、禄劝、德钦、贡山、中甸、鹤庆、宾川、丽江、大理、嵩明、宣威、屏边等地，生于海拔2400～3300m的林下、草坡及水沟边。西藏东南（察隅）、四川西部、甘肃南部（成县）有分布。

分布区类型:15－3－a

◎**细裂藁本**

Ligusticum tenuisectum H. de Boissieu

产于法者林场干箐垭口至小横山（3100m，pH *et al.* 8832），炉拱山至九龙途中（3000m，pH *et al.* 8382），书姑至马鬃岭梁子干水井（3720m，pH *et al.* 9832）；生于林缘灌丛、草地。

分布于云南的东川、禄劝以及云南西北部，生于海拔2000～4500m的灌丛、草坡、高山草甸。湖北西部、四川东北部亦产。

分布区类型:15－3－a

◎**线叶水芹**

Oenanthe linearis Wall. ex DC.

产于禄劝乌蒙乡毛坝子（1900m，Mao1225）；生于草地、溪旁。

分布于云南的维西、丽江、鹤庆、洱源、大理、宾川、腾冲、瑞丽江河谷、澜沧江河谷；生于海拔1300～3250m的山地林下或溪边。西藏东部、四川西南部、贵州、台湾也有分布。印度、尼泊尔、越南、老挝也有。

分布区类型:7

◎**多裂叶水芹**

Oenanthe thomsonii C. B. Clarke

产于抱水井垭口（3200m，pH *et al.* 8752），干箐垭口至小横山（3100m，pH *et al.* 8847）；生于箭竹林缘、溪边灌丛。

分布于云南的东川、贡山、鹤庆、镇康、孟连，生于海拔1500～3500m的山坡草地上和溪谷边；西藏东南部有分布。印度东北部、尼泊尔、不丹、锡金、缅甸、越南也有。

分布区类型:14－1

◎**丽江滇芎**

Physospermopsis shaniana C. Y. Wu et Pu

产于禄劝轿子山(4000m, Zhang 663);生于草坡。

分布于云南的丽江、镇康、昭通、会泽、东川;生于海拔 2300～3500m 的山坡草地。西藏东部、四川西南部也有分布。

分布区类型:15－3－a

◎**走茎异叶茴芹**

Pimpinella diversifolia (Wall.) DC. var. *stolonifera* Hand. －Mazz.

产于炉拱山至九龙途中(3000m, pH *et al.* 8061);生于林缘灌丛。

分布于云南的东川、西北部;生于海拔 1000～2700m 的沟边、林中或阴湿草坡上。除东北外,几遍布全国各地。阿富汗、柬埔寨、印度、日本、克什米尔地区、尼泊尔、巴基斯坦和越南也有。

分布区类型:14

◎**灰叶茴芹**

Pimpinella grisea Wolff

产于九龙沟(3200m, HP *et al.* 8300);生于林缘灌丛。

分布于云南的东川、德钦、澜沧江流域;生于海拔 2800～4000m 的山坡林缘。

分布区类型:15－2－b

◎**直立茴芹**

Pimpinella smithii Wolff

产于轿子山大黑箐至轿顶途中(3500m, pH *et al.* 9328);生于溪边灌丛。

分布于云南的禄劝、德钦、维西和楚雄等地,生于海拔 1700～2800(～3600)m 的草坡及沟边;青海、甘肃、河南、山西、陕西、内蒙古、湖北、四川西部(广布)和广西也有分布。

分布区类型:15－3－c

◎**锥序茴芹**

Pimpinella thyrsiflora Wolff

产于轿子山石膏菜坪子(3500m, Mao992);生于草地、山谷、石上。

分布于云南的东南部;生于海拔 2000～3200m 的山地林缘或林中。

分布区类型:15－2－d

◎**藏茴芹**

Pimpinella tibetanica Wolff

产于书姑至马鬃岭梁子磨当丘(3190m, pH *et al.* 9766);林缘、小道旁。

分布于云南的禄劝、中甸、丽江、宾川、巍山、大理和临沧等地,生于海拔 1200～2200(～3190)m 的草坡或林缘;四川木里、松潘和西藏南部也有。尼泊尔也有。

分布区类型:14－1

◎**乌蒙茴芹**

Pimpinella urbaniana Fedde ex Wolff

产于禄劝乌蒙乡石崖子(3200m, Mao759);生于路旁、石上。

分布于云南的东川、禄劝;生于海拔 3500m 的山谷潮湿草地。

分布区类型:15－1

◎**云南茴芹**

Pimpinella yunnanensis (Franch.) Wolff

产于九龙沟(3000m, pH *et al.* 8321);生于林缘草地。

分布于云南的东川、德钦、中甸、维西、丽江、洱源、碧江、巍山、大理、勐海和禄丰等地,生于海拔 1300～3100m 的高山草坡、沟边灌丛或山谷林下。四川西南部也有。

分布区类型:15－3－a

◎**丽江棱子芹**

Pleurospermum foetens Franch.

产于白石崖(4150～4230m, Liu Ende *et al.* 2019, pH *et al.* 8614、8674);生于高山流石滩。

分布于云南的东川、德钦、维西、中甸和丽江地区,生于海拔 3700～4150m 的岩坡。四川西南部和西藏也有。

分布区类型:15－3－a

◎**西藏棱子芹**

Pleurospermum hookeri C. B. Clarke var. *thomsonii* C. B. Clarke

产于轿子山大黑箐至轿顶(3900～4223m, pH *et al.* 9304、9306),马鬃岭梁子(4012m, pH *et al.* 9843);生于山顶草地、杜鹃灌丛下。

分布于云南的禄劝、德钦、中甸和丽江等地,生于海拔 2700～4000m 的山坡草地;四川、西藏、甘肃和青海等省区(3500～4700m)也有。原变种种和变种均见于喜马拉雅山区、巴基斯坦、克什米尔地区,东达不丹。

分布区类型:14－1

◎**羊齿囊瓣芹**

Pternopetalum filicinum (Franch.) Hand. – Mazz.

产于轿子山大羊窝(2850m,pH *et al.* 9577);生于林缘灌丛。

分布于云南的禄劝、德钦、中甸、丽江等,生于海拔2400~3000m的山坡林下。湖北西部、四川、陕西、甘肃和青海也有分布。

分布区类型:15 – 3 – c

◎**洱源囊瓣芹**

Pternopetalum molle (Franch.) Hand. – Mazz.

产于轿子山(3300m,李恒等1000);生于石灰岩山滴水坡。

分布于云南的禄劝、永德、凤庆、景东、洱源、彝良;生于海拔1900~3300m的山坡草地、林下或河谷旁。四川西部也有。

分布区类型:15 – 2 – e

◎**亮蛇床**

Selinum cryptotaenium de Boiss.

产于轿子山大坪子至一线天(3100m,pH *et al.* 9300、9642),老炭房背后山(3200m,pH *et al.* 9237);生于高山溪边灌丛。

分布于云南的东川、禄劝、昆明、嵩明、蒙自等地;生于海拔1800~2200m山坡林缘或路旁。

分布区类型:15 – 2 – d

◎**小窃衣**

Torilis japonica (Houtt.) DC.

产于东川舍块乡九龙村九龙沟(3200m,HP *et al.* 8393),法者林场干箐垭口(3130m,P H *et al.* 8940);生于路边林缘灌丛。

分布于云南的东川、永德、德钦、中甸、贡山、维西、福贡、丽江、漾濞、大理、昭通、会泽、大关、腾冲、嵩明、昆明、安宁、师宗、西畴等地;生于海拔1000~3230m的杂木林、路旁、荒地及沟边草丛。几遍全国皆有产。欧洲、北非及亚洲温带(西至尼泊尔)地区也有。

分布区类型:10

◎**粗毛瘤果芹**

Trachydium chinense Hiroe

产于白石崖(4200m,pH *et al.* 8653、8631),轿子山大黑箐至轿顶途中(3500m,pH *et al.* 9374),轿子山轿顶(4223m,pH *et al.* 9449);生于高山草甸、岩石缝中、山顶草地。

分布于云南的东川、禄劝和丽江地区;生于海拔4200m左右的高山草坡上。

分布区类型:15 – 2 – b

215. 杜鹃花科 Ericaceae

◎**滇白珠(变种)**

Gaultheria leucocarpa Bl. var. *yunnanensis* (Franch.) T. Z. Hsu ex R. C. Fang

产于法者林场大厂至新发村途中(2400m,pH *et al.* 8923),转龙(2600m,Zhang288、387);生于河边灌丛、杂木林中。

分布于云南省大部分地区,仅西双版纳未见记录;生于海拔(1700)2700~3500m的干燥山坡、灌丛中。广西东部和中部也有。

分布区类型:15 – 3 – b

◎**华白珠**

Gaultheria sinensis J. Anthony

产于轿子山大黑箐(3650m,Mao1026);生于山坡青苔石上。

分布于云南西北部;生于海拔2500~3650m的潮湿石壁或杜鹃灌丛中。西藏、四川亦有。不丹、印度东北部、缅甸北部、锡金也有。

分布区类型:14 – 1

◎**圆叶米饭花**

Lyonia doyonensis Hand. – Mazz.

产于炉拱山至九龙(3400m ,pH *et al.* 8003);生于林缘灌丛。

分布于云南的东川、云龙、永德、景东、维西、贡山、泸水;生于海拔1400~3400m的林中。

分布区类型:15 – 2 – c

◎**珍珠花**

Lyonia ovalifolia (Wallich) Drude

产于轿子山大兴厂至团街途中(2400m, Mao1161),新山垭口(2772,08CS129);生于山坡灌丛、高山栎、杜鹃灌丛。

广布于云南全省各地;生于山坡疏林灌丛中。甘肃南部、广东、广西、贵州、湖北、湖南、陕西、四川、西藏也有。中南半岛、不丹、尼泊尔、锡金也有。

分布区类型:7 – 1

◎**毛叶米饭花**

Lyonia villosa (Wall.) Hand. – Mazz.

产于炉拱山至九龙(3400m, pH *et al.* 8353、8466);生于林缘灌丛。

分布于云南西北部;生于海拔(1600 ~)2700~2900(~3475)m的山坡上。贵州、四川、西藏东南部也有。不丹、印度东北部、缅甸、尼泊尔、锡金亦产。

分布区类型:14 – 1

◎**美丽马醉木**

Pieris formosa (Wall.) D. Don

产于法者林场干箐垭口(3130m, pH *et al.* 8732),轿子山(2460m, 尹文清 0028),大兴厂(2800m, Mao866);生于林缘灌丛、山坡灌丛、云南松林、杂木林中。

分布于云南除南部外的全省各地;生于海拔(800～)1500～3300m 的干燥山坡林中。福建、甘肃、广东、广西、贵州、湖北、湖南、江西、陕西、四川、西藏、浙江也有分布。不丹、印度东北部、缅甸、尼泊尔、锡金、越南也有。

分布区类型:14 – 1

◎**棕背杜鹃**

Rhododendron alutaeceum Balf. f. et W. W. Smith

产于九龙沟(3300m, pH *et al.* 8241);生于林缘灌丛。

分布于云南的东川、德钦、丽江、维西、中甸;生于海拔 3300～4200m 的针叶林下或高山石坡杜鹃灌丛中。川西南也有。

分布区类型:15 – 3 – a

◎**张口杜鹃**

Rhododendron augustinii Hemsl. subsp. *chasmanthum* (Diels) Cullen

产于轿子山(2700m, Mao722、727),腰棚子林区(2890m, pH *et al.* 8476、8514);生于石山灌丛、林缘灌丛。

分布于云南的东川、禄劝、贡山、德钦、维西、丽江等地;生于海拔 2500～3400m 的山坡杂木林或针阔叶混交林中。甘肃、四川也有。

分布区类型:15 – 3 – c

◎**锈红毛杜鹃**

Rhododendron bureavii Franch.

产于轿子山(4000～4200m, Zhang556、656),轿子山大黑箐(3650m, 方瑞征、吕正伟 180),书姑至马鬃岭途中干水井(3720m, pH *et al.* 9772);生于冷杉杜鹃林、杜鹃林中。

分布于云南的东川、禄劝、巧家、会泽、洱源、鹤庆;生于海拔 3200～4000(～4500)m 的针叶林下或高山杜鹃林中。四川西部也有。

分布区类型:15 – 3 – a

◎**弯柱杜鹃**

Rhododendron campylogynum Franch.

产于白石崖(4100m, Liu Ende *et al.* 2013),轿子山书姑梁子(3920m, Mao1122);生于杜鹃灌丛、多石山坡。

分布于云南的禄劝、大理、漾濞、泸水、福贡、贡山、维西、德钦、永德;生于海拔 3800～5100m 的高山杜鹃灌丛或灌丛草甸中,或岩坡上。西藏南部及东南部有分布。缅甸东北部亦有。

分布区类型:7 – 3

◎**毛喉杜鹃**

Rhododendron cephalanthum Franch.

产于白石崖(4200m, pH *et al.* 8626),九龙沟(3000m, pH *et al.* 8438);生于多石杜鹃灌丛、山坡灌丛。

分布于云南的东川、大理、鹤庆、洱源、丽江、维西、中甸、德钦、贡山、福贡;生于海拔(3200～)3800～4250(～4400)m 的高山杜鹃灌丛中,常为优势种出现。川西和西藏东南部有产。缅甸东北部也有。

分布区类型:7 – 3

◎**睫毛萼杜鹃**

Rhododendron ciliicalyx Franch.

产于转龙(2600m, Zhang351);杂木林中。

分布于云南的禄劝、洱源、景东、蒙自、砚山、麻栗坡、广南等地;生于海拔(1000～)1750～2400(～3100)m 的混交林、石山灌丛、干燥山坡。越南北部也有。

分布区类型:7 – 4

◎**大白花杜鹃**

Rhododendron decorum Franch.

产于轿子山大兴厂崖子桥(2900m, Mao1129),新山垭口(2772, 08CS133),腰棚子林区(2890m, pH *et al.* 8463),转龙(2600m, Zhang359);生于山坡灌丛、林缘灌丛、杂木林中。

分布于云南的中部、西部至西北部、东南部;生于海拔(1000～)1800～3600(～3900)m 的灌丛中、松林、杂木林中。四川西南部、贵州西部、西藏东南部也有。

分布区类型:15 – 3 – a

◎**马缨花**

Rhododendron delavayi Franch.

产于轿子山(3000m, Mao752),轿子山大羊窝(3180m, pH *et al.* 9532、9618),炉拱山至九龙(3000m, pH *et al.* 8114);生于松林下、林缘、杜鹃林中、林缘灌丛。

分布于云南全省各地;生于海拔 1200～3200m 的常绿阔叶林或云南松林下。贵州西部也产。缅甸、泰国、印度东北部、越南北部也有分布。

分布区类型:14 - 1

◎**大叶金顶杜鹃（变种）**

Rhododendron faberi Hemsl. subsp. *prattii* (Franch.) D. F. Chamberlain

产于轿子山大黑箐(3800m,吕正伟 095),轿子山大孝峰(3600m, Mao1008、1012),轿子山何家村(3600m,方瑞征等 097);生于杜鹃、冷杉林中、山坡灌丛。

分布于云南的禄劝(轿子山);生于海拔 3600 ~ 3800m 的冷杉、杜鹃林中。四川西部也有。

分布区类型:15 - 3 - a

◎**密枝杜鹃**

Rhododendron fastigiatum Franch.

产于轿子山(4000m,Zhang664),轿子山(3900 ~ 4223m,pH *et al.* 9343、9452);生于山坡灌丛;杜鹃灌丛。

分布于云南的禄劝、巧家、中甸、丽江、剑川、鹤庆、洱源、大理;生于海拔 3400 ~ 4400m 的开阔石质草地、岩坡、杜鹃灌丛或高山灌丛草地中,有时亦见于松林下。

分布区类型:15 - 2 - b

◎**亮鳞杜鹃（原变种）**

Rhododendron heliolepis Franch. var. *heliolepis*

产于轿子山(3700m,吕正伟 82 ~ 68);生于林缘灌丛。

分布于云南的禄劝、贡山、德钦、中甸、维西、丽江、漾濞、大理、鹤庆、洱源、腾冲、福贡;生于海拔 3000 ~ 4000m 的混交林、冷杉林缘、高山杜鹃灌丛。四川、西藏也有。亦见于缅甸东北部。

分布区类型:7 - 3

◎**灰褐亮鳞杜鹃（变种）**

Rhododendron heliolepis Franch. var. *fumidum* (I. B. Balfour et W. W. Smith) R. C. Fang

产于法者林场抱水井垭口(3200m, pH *et al.* 8750),轿子山大黑箐(3850m, pH *et al.* 9332),马鬃岭梁子(4012m,pH *et al.* 9827),石膏菜坪子(3500m, Mao1062、1064);生于冷杉林缘、杜鹃灌丛、山坡灌丛。

分布于云南的禄劝、巧家等地;生于海拔 3200 ~ 3500m 的山坡灌丛、高山杜鹃林或山谷湿润处。

分布区类型:15 - 2 - a

◎**粉紫杜鹃**

Rhododendron impeditum I. B. Balfour et W. W. Smith

产于轿子山大孝峰(3600m, Mao1003);生于山坡石崖上。

分布于云南的禄劝、巧家、会泽、丽江、中甸、德钦、大理、宁蒗;广布于沧怒分水岭及中甸东部山区,生于海拔 3300 ~ 4600m 的云杉林下、杜鹃黄栋灌丛、开阔的岩坡、高山草地等。四川(雅砻江流域、木里)也有分布。

分布区类型:15 - 3 - a

◎**乳黄杜鹃**

Rhododendron lacteum Franch.

产于轿子山(4000m, Zhang557、680),大黑箐(3650m,Mao1016、1017),大马路(3450m, pH *et al.* 9616);生于混交林中、山坡灌丛、冷杉杜鹃林中。

分布于云南禄劝、大理、漾濞;生于海拔(3000 ~)3500 ~ 4050m 冷杉林下或杜鹃林中。

分布区类型:15 - 2 - a

◎**亮毛杜鹃**

Rhododendron microphyton Franch.

产于轿子山(2700m, Zhang735);生于杂木林中。

广布于云南的禄劝、富民、昆明、贡山、福贡、泸水、腾冲、龙陵、沧源、临沧、大理、下关、景东、大姚、易门、双柏、寻甸、玉溪、峨山、通海、新平、元江、屏边、砚山、文山、西畴、麻栗坡、富宁、广南等地;生于海拔 1000 ~ 2300(~ 3000)m 的山坡灌丛、松林下、杂木林或针—阔叶混交林,在东南部常见于石灰岩山地灌丛内。贵州、四川西南部也有。缅甸北部也有。

分布区类型:7 - 3

◎**云上杜鹃**

Rhododendron pachypodum I. B. Balfour et W. W. Smith

产于禄劝乌蒙乡(2060m, Mao1235);生于灌丛中。

分布于云南除西北部以外的广大地区;多见于海拔 1200 ~ 2800m 的干燥山坡灌丛或石山阳面。缅甸东北部也有。

分布区类型:7 - 3

◎**毛脉杜鹃**

Rhododendron pubicostatum T. L. Ming

产于轿子山大黑箐(3850m, pH *et al.* 9295),大马路(3450m, pH *et al.* 9619),马鬃岭梁子(4012m, pH *et al.* 9811);生于冷杉杜鹃林中。

分布于云南的禄劝(轿子山);生于海拔 3650 ~ 4012m 的杜鹃灌丛中。

分布区类型:15 - 1

◎腋花杜鹃

Rhododendron racemosum Franch.

产于东川法者老炭房后山(3200m, pH *et al.* 9219),轿子山小平箐(3000m, Mao765);生于杜鹃灌丛、石山灌丛。

分布于云南的禄劝、云龙、中甸、丽江、维西、鹤庆、漾濞、洱源、大理、剑川、永平、富民、沾益、会泽、宣威、镇雄、彝良、巧家等地;生于海拔 1500 ~ 3500 (~3800)m 的云南松林、松—栎林下、灌丛草地、冷杉林缘。四川西南、贵州西北也有。

分布区类型:15 - 3 - a

◎大王杜鹃

Rhododendron rex Levl.

产于法者林场大海至马鬃岭(3500m, pH *et al.* 9059),轿子山(4000m, Zhang590),乌蒙至雪山乡途中老槽子山顶(3098m, 08CS084);生于杜鹃林中、山坡林中。

分布于云南的东川、禄劝、云龙、大理、漾濞洱源、剑川、鹤庆、丽江、维西、中甸、德钦等地;生于海拔 2950 ~ 4100m 的铁杉—阔叶混交林、冷杉杜鹃林中。西藏东南部也有。缅甸东北部有分布。

分布区类型:14 - 1

◎红棕杜鹃(原变种)

Rhododendron rubiginosum Franch. var. *rubiginosum*

产于法者林场干箐垭口(3130m, pH *et al.* 8932),轿子山大黑箐(3200m, 吕正伟 105),九龙沟(3300m, pH *et al.* 8242);生于杜鹃—落叶阔叶林中、林缘灌丛。

分布于云南的东川、禄劝、云龙、永德、贡山、福贡、德钦、中甸、丽江、大理、洱源、宾川;生于海拔(2500 ~)2800 ~ 3500(~4200)m 的云杉、冷杉、落叶松林林缘或林间间隙,或黄栎、杉、针阔混交林内,常成为植物群落中的优势种。西藏(察隅)也有。

分布区类型:15 - 3 - a

◎洁净红棕杜鹃(变种)

Rhododendron rubiginosum Franch. var. *leclerei* (Lévl.) R. C. Fang

产于轿子山大孝峰(3600m, Mao1006),乌蒙至雪山乡途中老槽子山顶(3098m, 08CS081);生于山坡灌丛、山坡林中。

分布于云南的禄劝等地;生于海拔 3600m 的山坡灌木丛中。

分布区类型:15 - 2 - a

◎多色杜鹃

Rhododendron rupicola W. W. Smith

产于轿子山苏沙坡梁子(4000m, Mao1079);生于山坡灌丛。

分布于云南的禄劝、丽江、宁蒗、剑川、中甸、维西、德钦、福贡、贡山;生于海拔 2800 ~ 4200m 的冷杉林边、山坡杜鹃灌丛或高山灌丛草地,常为优势种出现。四川西南部、西藏东南部也有分布。缅甸东北部也有。

分布区类型:14 - 1

◎锈叶杜鹃

Rhododendron siderophyllum Franch.

产于轿子山哈依垭口梁子(3600m, Mao1105);生于山坡杜鹃林中。

分布于云南的禄劝、昆明、寻甸、巧家(药山)、镇雄、大理、武定、易门、新平、绿春、砚山、广南、马龙等地,生于海拔(1200 ~)1800 ~ 3000m 的中山,常见于山坡灌丛、杂木林或松林内。贵州、四川也有。

分布区类型:15 - 3 - a

◎优美杜鹃(变种)

Rhododendron sikangense W. P. Fang var. *exquisitum* T. L. Ming

产于法者林场木邦海(3360m, ETNEY826),轿子山(3800m, 吕正伟 83 - 69),轿子山大黑箐(3850m, pH *et al.* 9290);生于混交林林缘、杜鹃林中。

分布于云南的东川、禄劝、巧家;生于海拔 3360 ~ 4500m 的山谷次生林或混交林中。

分布区类型:15 - 2 - a

◎杜鹃

Rhododendron simsii Planch.

产于转龙甸尾至文笔山(2100m, Mao1412);生于山坡林中。

分布于云南的禄劝、云龙、大理、腾冲、景东、勐海、建水、文山、砚山、麻栗坡、富宁、广南、沾益、宣威、镇雄、大关、彝良等地;生于山坡灌木丛、混交林或次生林内,海拔(700 ~)1000 ~ 2600m。亦广布于台湾、福建、江西、江苏、浙江、广东、广西、湖南、湖北、四川、贵州等,长江下游丘陵地灌丛或林下尤为常见,长江以北见于陕西、河南(秦岭以南)。泰国、越南、马来西亚常见栽培。

分布区类型:15 - 3 - c

◎维西纯红杜鹃(变种)

Rhododendron sperabile I. B. Balfour et Farrer var. *weihsiense* Tagg et Forrest

产于轿子山大海边(4050m,吕正伟 82－72);生于杜鹃灌丛。

分布于云南的禄劝、维西;生于海拔 2400～4050m 的杂木林、铁杉林下或岩石上。

分布区类型:15－2－b

◎宽叶杜鹃(原变种)

Rhododendron sphaeroblastum I. B. Balfour et Forrest var. *sphaeroblastum*

产于轿子山(4000m,Zhang566);生于杜鹃林中。

分布于云南的禄劝、中甸、巧家;生于海拔 3300～3600(～4200)m 的杜鹃林中。四川西南部也有。

分布区类型:15－3－a

◎乌蒙宽叶杜鹃(变种)

Rhododendron sphaeroblastum I. B. Balfour et Forrest var. *wumengense* K. M. Feng

产于白石崖(4000m,Liu Ende *et al.* 2016),轿子山(3800m,方瑞征 601),大马路(3450m,pH *et al.* 9531、9575),轿顶(4223,pH *et al.* 9454);生于冷杉杜鹃林、杜鹃灌丛。

产于禄劝轿子山;生于海拔 3800m 的冷杉杜鹃林中。四川西南部也有。

分布区类型:15－3－a

◎爆杖花

Rhododendron spinuliferum Franch.

产于轿子山老树多(2200m,Mao1315);生于山坡灌丛。

分布于云南的禄劝、禄丰、富民、通海、昆明、武定、寻甸、腾冲、大理、景东、双柏、路南、易门、巧家(荞麦地)、盐津、玉溪、建水等地,生于海拔 1900～2500m 的山谷灌木林、松林或次生松－栎林、油杉林下。四川西南部也有。

分布区类型:15－3－a

◎紫斑杜鹃(变种)

Rhododendron strigillosum Franch. var. *monosematum* (Hutch.) T. L. Ming

产于轿子山(4000m,Zhang581);生于杜鹃林中。

分布于云南的禄劝、巧家,生于海拔 2400～3500m 混交林下或灌丛中;四川西南部也有。

分布区类型:15－3－a

◎糙毛杜鹃

Rhododendron trichocladum Franch.

产于东川法者老炭房后山(3200m,pH *et al.* 9224);生于山坡灌丛。

分布于云南的东川、大理、漾濞、凤庆、腾冲、泸水、贡山;生于海拔 2000～3600m 的山坡灌丛或杂木林内。缅甸东北部也有。

分布区类型:14－1

◎亮叶杜鹃

Rhododendron vernicosum Franch.

产于禄劝乌蒙乡大兴厂(2900m,Mao1129);生于斜坡灌木丛中。

分布于云南西北部;多见于海拔 2700～3600m 的山谷林中。四川西南部和西藏东南部也有分布。

分布区类型:15－3－a

◎圆叶杜鹃

Rhododendron williamsianum Rehd. et Wils.

产于法者林场大海至马鬃岭(3500m,pH *et al.* 9052);生于杜鹃灌丛。

分布于云南的东川、大关、镇雄;生于海拔 1850～3500m 的山顶疏林中或林缘灌丛。贵州西部、四川西南部也有。

分布区类型:15－3－a

◎云南杜鹃

Rhododendron yunnanense Franch.

产于九龙沟(3000m,pH *et al.* 8409);生于山坡灌丛。

分布于云南的东川、禄劝、云龙、德钦、维西、中甸、丽江、宁蒗、大理、漾濞、鹤庆、宾川、洱源、巍山、腾冲、大姚、马龙、寻甸、昭通、镇雄、巧家等;生于海拔 2200～3600(～4000)m 的山坡杂木林内、次生灌丛、松林或松栎混交林以至云杉、冷杉林下。四川西南部、贵州西部也有。缅甸东北部亦产。

分布区类型:14－1

215a. 鹿蹄草科 Pyrolaceae

◎喜冬草

Chimaphila japonica Miq.

产于乌蒙至雪山乡途中碑根大地(2400m,08CS103);生于云南松林下。

分布于云南的禄劝、昆明、云龙、德钦、维西、中甸、武定;生于海拔 2100～2800m 的松林或阔叶林中。吉林、辽宁、山西、陕西、甘肃、山东、安徽、台湾、河南、湖北、四川、西藏有产。朝鲜、俄罗斯远东地区也有。

分布区类型:14

◎鹿衔草

Pyrola decorata H. Andres

产于轿子山(2600m,Zhang341),乌蒙至雪山乡途中碑根大地(2400m,08CS105);生于云南松林下。

分布于云南的禄劝、云龙、昆明、丽江、大理、景东等地;生于海拔 600 ~ 3250m 的松林下。西藏、四川、贵州、湖北、湖南、江西、浙江、安徽等地有产。不丹、缅甸、印度东北部也有。

分布区类型:14 - 1

◎**大理鹿蹄草**

Pyrola forrestiana H. Andres

产于法者林场燕子洞至大海途中(3500m,pH *et al.* 9151),书姑至马鬃岭梁子磨当丘(3190m,pH *et al.* 9782);生于松林下或针阔混交林下、山坡林下。

分布于云南的东川、禄劝、云龙、大理、德钦、贡山、丽江、禄劝、腾冲、维西、中甸;生于海拔 2400 ~ 3200m 的针叶林或针阔混交林。西藏(察隅,米林)有产。亦见于东喜马拉雅地区。

分布区类型:14 - 1

216. 越桔科 Vacciniaceae

◎**南烛**

Vaccinium bracteatum Thunb.

产于普渡河苏铁保护小区(1170m, pH *et al.* 9950);生于干旱河谷、山坡灌丛。

分布于云南的禄劝、云龙、永德、凤庆、双柏、大理、景东、镇沅、峨山、屏边、西畴、砚山、蒙自;生于海拔 1100 ~ 2500m 的灌丛中或密林中。长江流域及其以南地区各省区、南至台湾、广东、海南均有分布。马来西亚、中南半岛、朝鲜、日本南部、印度尼西亚也有。

分布区类型:7

◎**苍山越橘**

Vaccinium delavayi Franch.

产于轿子山大兴厂(2800 ~ 2900m, Mao688、833);生于山坡灌丛。

分布于云南的禄劝、云龙、永德、凤庆、景东、龙陵、会泽、大姚、宾川、鹤庆、丽江、贡山、洱源、漾濞、大理、泸水、麻栗坡;生于海拔 2400 ~ 3850m 的干燥山坡、高山杜鹃灌丛、高山灌丛或阔叶林内、铁杉 - 杜鹃林内。四川西部(米易)、西藏(察隅)也产。缅甸东北部也有。

分布区类型:14 - 1

◎**滇越橘**

Vaccinium duclouxii (Lévl.) Hand. - Mazz.

产于乌蒙乡卡机大山(2560m, Mao1378),乌蒙至雪山途中碑根大地(2335m,08CS098);生于山坡灌丛、杂木林中。

分布于云南的禄劝、嵩明、富民、昆明、云龙、永德、凤庆、临沧、镇康、耿马、双江、寻甸、武定、易门、双柏、楚雄、大姚、宾川、鹤庆、华坪、剑川、丽江、中甸、维西、碧江、洱源、漾濞、大理、永平、泸水、腾冲、景东、新平、元江、龙陵、潞西、盂连、绿春、金平、广南、文山、玉溪、镇雄;生于海拔 1550 ~ 3100m 的山地常绿阔叶林、山坡灌丛、松林下、栎林下。川西南也有。

分布区类型:15 - 3 - a

◎**老鸦泡**

Vaccinium fragile Franch.

产于轿子山新山垭口(2772,08CS122),老炭房后山(3200m,pH *et al.* 9222、9244);生于杜鹃灌丛、松林下、林缘灌丛。

分布于云南的东川、云龙、嵩明、双柏、姚安、大姚、鹤庆、大理、腾冲、保山、景东;生于海拔 1100 ~ 3400m 的草坡、次生灌丛中或云南松林中,为酸性土指示植物。西藏(察隅)、四川、贵州也有。

分布区类型:15 - 3 - a

◎**长冠越橘**

Vaccinium harmandianum Dop

产于禄劝转龙镇(2600m, Zhang319);生于混交林。

分布于云南的景东、双江、临沧、思茅、景洪、屏边、麻栗坡;生于海拔 1000 ~ 1600m 的阔叶林中。老挝、柬埔寨也有分布。

分布区类型:7 - 3

◎**江南越橘**

Vaccinium mandarinorum Diels

产于轿子山大兴厂(2800m, Mao867);沙石干燥。

分布于云南的禄劝、永德、景东、丽江、维西、泸水、腾冲;生于海拔 1800 ~ 2900m 的沟边灌丛中、路边阳处、山谷边林中。安徽、福建、贵州、湖北、湖南、江苏、江西、四川、浙江均有分布。

分布区类型:15 - 3 - b

◎**毛萼越橘**

Vaccinium pubicalyx Franch.

产于乌蒙至雪山乡碑根大地(2335m, 08CS099);生于林缘灌丛,云南松林下。

分布于云南的禄劝、嵩明、富民、会泽、巧家、盐津、中甸、丽江、洱源、宾川、腾冲、临沧、永仁、师宗、寻甸、屏边、砚山等地;生于海拔 1900 ~ 2700m 的山坡灌丛或杂木林内。四川西南部也有。亦见于缅甸东北部。

分布区类型:14 - 1

218. 水晶兰科 Monotropaceae

◎**松下兰**

Monotropa hypopitys Linn.

产于法者林场大厂林区背后(3000m,pH *et al.* 8979);生于冷杉林下。

分布于云南的东川、云龙、昆明、丽江、中甸、维西、贡山、景东、文山、德钦等;生于海拔 1550 ~ 4000m 的阔叶林或针叶林下。安徽、福建、台湾、江西、湖北、湖南、山西、四川、西藏有产。俄罗斯及北美有也分布。阿富汗、不丹、印度、日本、克什米尔地区、韩国、蒙古、缅甸、尼泊尔、巴基斯坦、俄罗斯、泰国;西南亚、欧洲、北美、中美均产。

分布区类型:9

◎**水晶兰**

Monotropa uniflora Linn.

产于法者林场抱水井垭口至大厂林区(3100m,pH *et al.* 8812);生于箭竹林下。

分布于云南的东川、禄劝、昆明、嵩明、云龙、永德、楚雄、景东、勐海、西畴、广南、丽江、中甸、德钦;生于海拔 1650 ~ 3200m 的山坡林下。山西、陕西、甘肃、青海、浙江、安徽、台湾、湖北、江西、四川、贵州、西藏等省区皆有分布。俄罗斯、日本、印度、东南亚地区以及北美也有。

分布区类型:9

219. 岩梅科 Diapensiaceae

◎**岩匙**

Berneuxia thibetica Decne

产于轿子山大黑箐(3670 ~ 3800m,Mao1001、1044,方瑞征、吕正伟 092);生于山坡灌丛、溪旁青苔上。

分布于云南的禄劝、镇雄、大关、丽江、维西、贡山、德钦等地;生于高山杜鹃灌丛或铁杉林及针阔混交林下,海拔 1300 ~ 4500m。四川、贵州、西藏有分布。

分布区类型:15 - 3 - a

◎**红花岩梅**

Diapensia purpurea Diels

产于轿子山大黑箐至轿顶(3900m,Mao1025,方瑞征、吕正伟 131);生于高山杜鹃灌丛。

分布于云南的禄劝、大理、宾川、漾濞、贡山、德钦;生于高山灌丛或岩石壁上。缅甸北部也有。

分布区类型:14 - 1

221. 柿树科 Ebenaceae

◎**毛叶柿**

Diospyros dumetorum W. W. Smith

产于普渡河苏铁保护小区(1170m,pH *et al.* 9883);生于干旱河谷、山坡灌丛。

分布于云南的中部、东南、东北及西北部;生于海拔 600 ~ 2200m 的林内或山坡灌丛或路边。四川亦产。

分布区类型:15 - 3 - a

223. 紫金牛科 Myrsinaceae

◎**金珠柳**

Maesa montana DC.

产于禄劝乌蒙乡老熊箐(1660m,Mao1292);生于山谷斜坡润湿处。

几乎分布于云南全省;生于海拔 500 ~ 2800m 的杂木林下或疏林中。我国从台湾至西南各省亦有。印度东北部、缅甸、老挝、泰国、越南也有分布。

分布区类型:7

◎**铁仔**

Myrsine africana Linn.

产于乌蒙乡老树多(2220m,Mao1314);生于山坡干燥处。

分布于云南西北部、中部及东南部等地;生于海拔 1100 ~ 3600m 的石山坡、荒坡、疏林中。台湾、福建、江西、陕西、湖北、湖南、广西、贵州、四川、西藏也有。从亚速尔群岛经非洲、阿拉伯半岛、印度至我国台湾均有分布。

分布区类型:6

◎**密花树**

Myrsine seguinii Lévl.

产于普渡河苏铁保护点(1308m,JZ101 - 52);生于干旱河谷、山坡灌丛。

除云南东北部外,分布于云南西北部至丽江、中部至易门、玉溪、东南部至富宁等大部分地区;生于海拔650 ~ 2400m 的混交林或苔藓林中,亦出现于林缘、路旁等的灌丛中。广东、广西、贵州、海南、湖北、湖南、江西、四川、西藏东南部、浙江。日本、缅甸、越南亦产。

分布区类型:7

225. 山矾科 Symplocaceae

◎**腺叶山矾**

Symplocos adenophylla Wall. ex G. Don

产于禄劝乌蒙乡哈依垭口(2900m,尹文清 19);生于山谷、路旁、灌木林。

分布于云南的文山、麻栗坡;生于海拔 2000m 的常绿阔叶林中。广西、广东、海南、福建等省区有分布。越南、印度、马来西亚、新加坡、印度尼西亚也产。

分布区类型:7 - 1

◎**光亮山矾**

Symplocos lucida (Thunb.) Sieb. et Zucc.

产于禄劝轿子山(3500m,Zhang 532);生于开阔林下。

分布于云南、四川、西藏、甘肃、安徽、浙江、福建、广东、广西、海南、台湾;生于海拔 500 ~ 2600m 的密林中。不丹、日本、缅甸、越南、印度、马来西亚、印度尼西亚也产。

分布区类型:7

◎**茶叶山矾**

Symplocos theaefolia D. Don

产于法者林场沙子坡至抱水井垭口(2900m,pH *et al.* 8810),轿子山大兴厂(2800m,Mao819),大羊窝(3000 ~ 3340m,pH *et al.* 9656,08CS013);生于林中、山坡灌木林中、杂木林中。

分布于云南东北部、西北部、中部、西部;生于海拔 1000 ~ 2800(~ 3500)m 的常绿阔叶林下或冷杉、铁杉林下。四川、贵州、广西、西藏也有。亦见于尼泊尔、不丹、锡金等地。

分布区类型:14 - 1

228b. 醉鱼草科 Buddlejaceae

◎**皱叶醉鱼草**

Buddleja crispa Bentham

产于书姑村附近(2800m,pH *et al.* 9812);生于林缘灌丛。

分布于云南的禄劝、富民、永胜、丽江;生于海拔 2600 ~ 2800m 的干燥山坡上。甘肃、四川、西藏有产。阿富汗、不丹、印度北部、尼泊尔、巴基斯坦也有。

分布区类型:14 - 1

◎**多花醉鱼草**

Buddleja myriantha Diels

产于乌蒙乡团街(2800m,Zhang437);生于林缘灌丛。

分布于云南的禄劝、云龙、贡山、福贡、泸水、维西、丽江、大理、漾濞、保山、富宁、巧家、师宗、西畴、麻栗坡、文山;生于海拔 450 ~ 3400m 的山地疏林中或山坡、山谷灌丛中。西藏东南部有产。缅甸北部也有。

分布区类型:14 - 1

229. 木犀科 Oleaceae

◎**流苏树**

Chionanthus retusus Lindl. et Paxton

产于禄劝转龙镇(2500m,Zhang390m);生于混交林。

分布于云南的昆明、禄劝、大姚、丽江、维西、中甸、德钦、砚山、麻栗坡、蒙自;多见于海拔 1000 ~ 2800m 的山坡或河边。甘肃、陕西、山西、河北、广东、福建也有分布。朝鲜、日本也有。

分布区类型:14 - 2

◎**光蜡树**

Fraxinus griffithii C. B. Clarke

产于乌蒙乡摆夷召(2000m,Mao1214);生于山坡灌丛。

分布于云南的禄劝、宣威等地;生于海拔 1900 ~ 2000m 的山坡疏林。福建、广东、广西、海南、湖北、湖南、台湾也有。孟加拉国、印度、印度尼西亚、日本、缅甸、菲律宾、越南亦产。

分布区类型:7

◎**白枪杆**

Fraxinus malacophylla Hemsl.

产于普渡河苏铁保护小区(1170m,pH *et al.* 9898);生于干旱河谷山坡。

分布于云南的禄劝、蒙自、元江、新平、文山、西畴、广南、师宗、罗平、泸西等地;多生于石灰岩山地杂木林,海拔 500 ~ 1960m。广西有产。泰国亦有。

分布区类型:7 - 3

◎**矮探春(原变种)**

Jasminum humile Linn. var. *humile*

产于轿子山(3100m,Zhang518),轿子山新山垭口(2772m,08CS120),炉拱山(3000m,pH *et al.* 8067),雪山乡白家洼(3400,pH *et al.* 9678);生于溪边灌丛、山坡灌丛、高山栎—杜鹃灌丛。

分布于云南的云南中、西部及西北部;生于海拔 2000 ~ 3000m 的松林下、山坡灌丛或路边。贵州西部、四川西南部、西藏也有。亦见于阿富汗、印度、塔吉克斯坦、西南亚。

分布区类型:13－2

◎**小叶矮探春(变种)**

Jasminum humile Linn. var. *microphyllum* (L. C. Chia) P. S. Green

产于普渡河苏铁保护小区(1170m, pH *et al.* 9912);生于干旱河谷、山坡灌丛。

分布于云南的禄劝、洱源、宾川、德钦、鹤庆,生于海拔 1100～3800m 的山坡灌丛或路边。四川西部及西藏东南部也有。

分布区类型:15－3－a

◎**垫状迎春花**

Jasminum nudiflorum Lindley var. *pulvinatum* (W. W. Smith) Kobuski

产于乌蒙乡转梁子(1560m, Mao 1282);生于山坡灌丛。

分布于云南西北部;生于海拔 1600～2800m 的干旱山坡灌丛及路边。四川西南部及西藏东南部也有。

分布区类型:15－3－a

◎**素方花**

Jasminum officinale Linn.

产于雪山乡白家洼(2900m, pH *et al.* 9727);生于林缘灌丛。

分布于云南中部、西部及西北部;生于海拔 1900～2900m 的山坡疏林、灌丛或林缘。贵州西南部、四川、西藏也有。亦见于不丹、印度、克什米尔地区、尼泊尔、塔吉克斯坦。

分布区类型:14－1

◎**长叶女贞**

Ligustrum compactum (Wallich ex G. Don) J. D. Hooker et Thomson ex Brandis

产于轿子山(3300m, Zhang698),轿子山大兴厂(2700m, Mao857),大兴厂至团街途中(2300m, Mao1154);生于杂木林中、山坡林中、溪旁疏林中。

分布于云南的禄劝、昆明、富民、寻甸、丽江、德钦、维西、贡山、镇雄等地;生于海拔 1600～3000m 的林内、林缘或山坡灌丛。湖北西部、四川、西藏东南部。印度、尼泊尔也有。

分布区类型:14－1

◎**紫药女贞**

Ligustrum delavayanum Hariot

产于轿子山大兴厂滑石板(3000m, Mao1132),乌蒙至雪山乡途中老槽子山顶(3098m, 08CS083);生于山坡林中。

分布于云南中部、西部、西南部、东北部;生于海拔 1300～3500m 的山坡灌丛及疏林或岩石缝中。贵州、湖北西部、四川也有。

分布区类型:15－3－a

◎**女贞**

Ligustrum lucidum W. T. Aiton

产于禄劝乌蒙乡(Mao731);生于山谷、溪边。

云南除西双版纳和德宏外,大部分地方都有分布或栽培;生于海拔 1300～3000m 的混交林或林缘。长江以南各省区和甘肃南部也有分布。

分布区类型:15－3－c

◎**常绿假丁香**

Ligustrum sempervirens (Franch.) Lingelsh.

产于转龙甸尾至马鹿山(2160m, Mao1445);生于斜坡灌丛。

分布于云南禄劝、云龙、宾川、剑川、丽江、鹤庆;生于山坡及河边灌丛或石灰岩灌丛,海拔 1900～2500m。四川也有。

分布区类型:15－3－a

◎**小蜡**

Ligustrum sinense Lour.

产于法者林场抱水井垭口至大厂(2930m, pH *et al.* 8830);生于溪边灌丛。

云南大部分地区有分布,生于山地疏林或路旁、沟边。我国长江以南各省区也有。

分布区类型:15－3－b

◎**云南木犀榄**

Olea yuennanensis Hand.－Mazz.

产于禄劝中屏乡普渡河苏铁保护区(1200m, Liu Ende *et al.* 2080);生于陡坡密林中。

分布于云南中部、西部和南部;生于海拔 1000～2100m 的山坡疏林。四川也有分布。

分布区类型:15－3－a

◎**香花木樨**

Osmanthus suavis King ex C. B. Clarke

产于法者林场大厂林区附近大洼子(3000m, pH *et al.* 8877),轿子山大羊窝(3250m, pH *et al.* 9646),老槽子(3098m, 08CS059);生于杜鹃林中、林缘。

分布于云南的禄劝、富民、永德、凤庆、景东、腾冲;生于海拔 2400～3250m 的高山杜鹃灌丛、山坡灌丛。西藏东南部亦有。不丹、印度、缅甸、尼泊尔也有分布。

分布区类型:14－1

230. 夹竹桃科 Apocynaceae

◎**鸡骨常山**

Alstonia yunnanensis Diels

产于轿子山老熊箐(1800m, Mao1306);生于路边灌丛。

分布于云南的禄劝、昆明、云龙、大理、永德、镇康、澄江、嵩明、贡山、泸水、思茅等地;生于海拔1100~2400m的山坡或沟谷地带的灌木丛中。

分布区类型:15-2-c

231. 萝摩科 Asclepiadaceae

◎**金雀马尾参**

Ceropegia mairei (Lévl.) H. Huber

产于转龙至大功山(2140m, Mao1393);生于山坡疏林中。

分布于云南的禄劝、昆明、丽江等地;生于海拔1000~2300m的山地石罅中。贵州、四川也有。

分布区类型:15-3-a

◎**白马吊灯花**

Ceropegia monticola W. W. Smith

产于普渡河苏铁保护小区(1170m, pH *et al.* 9905);生于干旱河谷、山坡灌丛。

分布于云南的宁蒗、中甸、德钦(白马山)等地;生于海拔2000m以下山坡杂木林中或河旁灌木丛中。贵州、四川、西藏也有。泰国亦产。

分布区类型:7-3

◎**秦岭藤白前**

Cynanchum biondioides W. T. Wang ex Tsiang et P. T. Li

产于轿子山乌蒙至雪山乡碑根大地(2235m, 08CS097);生于次生林林缘灌丛。

分布于云南的禄劝、澜沧等地;生于海拔2300m以下山地灌木丛中。

分布区类型:15-2-d

◎**大理白前**

Cynanchum forrestii Schltr.

产于法者林场大海至马鬃岭(3000m, pH *et al.* 9026),轿子山(3100m, Zhang529),九龙沟(2850m, pH *et al.* 8279);生于林缘灌丛、草坡、草地。

分布于云南除南部外全省各地;生于海拔1500~3000m山地灌木丛中或路旁草地,也有生于林下沟谷草地。分布于西藏、甘肃、四川、贵州等省区。

分布区类型:15-3-c

◎**青羊参**

Cynanchum otophyllum C. K. Schneid.

产于禄劝雪山乡白家洼(2900m, pH *et al.* 9694);生于林缘灌丛。

分布于云南的禄劝、昆明、嵩明、云龙、永德、镇康、景东、巧家、会泽、澄江、双柏、姚安、鹤庆、永胜、剑川、丽江、福贡、兰坪、大理、腾冲、盈江、龙陵、马关、砚山、蒙自、玉溪、镇雄;生于海拔1400~2800m的山坡灌丛、疏林中。广西、贵州、湖北、湖南、四川、西藏也有分布。

分布区类型:15-3-b

◎**云南醉魂藤**

Heterostemma wallichii Wight

产于禄劝乌蒙乡大兴厂崖子桥(2100m, Mao1328);生于山谷干燥处。

分布于云南的西北部、中部、至东部及东南部;生于海拔1650~3100m的灌丛、林缘、松栎林或杂木林中。四川、贵州、湖南、广东也有分布。印度、尼泊尔也有。

分布区类型:14-1

◎**喙柱牛奶菜**

Marsdenia oreophila W. W. Smith

产于轿子山大兴厂(2600m, Mao853);生于山谷斜坡干燥处。

分布于云南的禄劝、嵩明、勐海、维西、兰坪、墨江、丽江、屏边、巍山等地;生于海拔3000m以下山地密林中或山谷林中。四川、西藏等省区也有。

分布区类型:15-3-a

◎**狭花牛奶菜**

Marsdenia stenantha Hand.-Mazz.

产于转龙马鹿山(2100m, Mao1452);生于山坡灌丛中。

分布于云南的禄劝、嵩明、昆明、巧家、耿马等地;生于海拔2550m以下的萼山地疏林中或山谷密林中。四川也有。

分布区类型:15-3-a

◎**青蛇藤**

Periploca calophylla (Wight) Falconer

产于乌蒙乡薛家沟(2200m, Mao1375);生于山谷斜坡润湿处。

分布于云南的禄劝、昆明、漾濞、永善、屏边、泸西、双柏、澄江、贡山、丽江、绥江、罗平、临沧、巍山、砚山、景东、麻栗坡、西畴、元江、兰坪、文山等地;生于海拔2800m以下山地疏林下或山谷林下。西藏、四川、贵州、广西、湖北。不丹、印度、尼泊尔、锡金、越南等也有。

分布区类型:7

◎云南娃儿藤

Tylophora yunnanensis Schlechter

产于乌蒙至雪山乡途中老槽子山顶(3098m,08CS075),转龙大功山(2100m,Mao1403);生于林缘草地、山坡疏林中。

分布于云南的禄劝、昆明、大理、保山、红河、丽江、曲靖、腾冲、文山、永胜、禄丰、盐津、征江、洱源等地;生于海拔1500~3200m的山地疏林下、山坡或向阳野灌木丛中。贵州、四川也有。

分布区类型:15-3-a

232. 茜草科 Rubiaceae

◎刺果猪殃殃(变种)

Galium aparine L. var. *echinospermum* (Wallr.) Cuf.

产于轿子山下坪子(3500m,pH *et al.* 9331),炉拱山至九龙(3000m,pH *et al.* 8139);生于林缘、溪边灌丛。

分布于云南的东川、禄劝、云龙、贡山、德钦、丽江;生于海拔1300~3500m的林缘或林下。西藏、四川有产。欧亚大陆及北美广布。

分布区类型:8

◎小叶葎

Galium asperifolium Wall. ex Roxb. var. *sikkimense* (Gand.) Cuf.

产于法者林场场部至沙子坡林区(2500~3140m,ETNEY452,pH *et al.* 8992),九龙沟(2800m,pH *et al.* 8314);生于路边草地、灌丛、林缘灌丛。

分布于云南的大部分地区;生于海拔1100~3600m的山坡、河滩、沟边、旷野、草地、灌丛或林下。四川、西藏、贵州、广西、湖南、湖北有产。印度、尼泊尔、锡金、不丹、斯里兰卡、缅甸也有。

分布区类型:14-1

◎小红参(原变种)

Galium elegans Wall. ex Roxb. *elegans*

产于法者林场抱水井垭口(3200m,pH *et al.* 8785),轿子山(1900m,李恒等1027),大羊窝(3250m,pH *et al.* 9520、9650),炉拱山至九龙(3000m,pH *et al.* 8147、8272);生于林缘灌丛、林缘沟边、草坡。

分布于云南的东川、禄劝、富民、安宁、昆明、永德、富源、澄江、罗平、丽江、永胜、德钦、维西、中甸、贡山、福贡、兰坪、泸水、鹤庆、洱源、大理、宾川、大姚、麻栗坡、西畴、蒙自、屏边、石屏、勐海、腾冲、潞西;生于海拔1250~3300m的山谷溪边林中、草坡、田野或岩石上。四川、西藏、贵州、湖南、浙江、安徽、台湾、甘肃等省区也有。泰国、缅甸、不丹、尼泊尔、孟加拉国、巴基斯坦、印度、印度尼西亚等也有。

分布区类型:7-1

◎小叶猪殃殃

Galium trifidum Linn.

产于白石崖(4000m,pH *et al.* 8548);生于多石山坡灌丛草地。

分布于云南的东川、彝良、丽江、维西、大理、漾濞、昆明、易门、广南、景东、凤庆、腾冲、盈江;生于海拔1900~2500m处的水沟边、湿润草地、田野。四川、西藏、贵州、广西、广东、湖南、江西、福建、浙江、江苏、安徽、台湾、河北、山西、内蒙古、辽宁、吉林、黑龙江也有。朝鲜、日本、欧洲、美洲北部均有分布。

分布区类型:8

◎须弥茜树

Himalrandia lichiangensis (W. W. Smith) Tirveng.

产于转龙文笔山(2000m,Mao1424);生于山坡灌丛。

分布于云南的禄劝、富民、寻甸、丽江、永胜、德钦、中甸、鹤庆、宾川、大姚、易门、元谋、峨山、蒙自;生于海拔1400~2500m处的山坡、山谷沟边的林中或灌丛。四川也有。

分布区类型:15-3-a

◎土连翘

Hymenodictyon flaccidum Wall.

产于普渡河苏铁保护小区(1170m,pH *et al.* 9844);生于干旱河谷、山坡灌丛。

分布于云南的禄劝、昆明、丽江、永胜、楚雄、河口、金平、思茅、孟连、勐腊、景洪、勐海;生于海拔1100~3000m处的山谷溪边林中或灌丛中。四川、广西也有。越南、不丹、尼泊尔、印度亦产。

分布区类型:7

◎聚花野丁香

Leptodermis glomerata Hutch.

产于乌蒙至雪山乡碑根大地(2335m,08CS104),转龙文笔山(2100m,Mao1413);生于山坡灌丛。

分布于云南的禄劝、昆明、富民、嵩明、富源、澄江、丽江、德钦、大理、姚安、武定、砚山、西畴、弥勒、蒙自;生于海拔1000~2700m处的山坡、林中、草地或荒地。四川也有。

分布区类型:15 - 3 - a

◎**川滇野丁香**

Leptodermis pilosa Diels

产于乌蒙乡摆夷召大桥(1960m, Mao1198);生于山坡灌丛。

分布于云南的禄劝、昆明、江川、会泽、丽江、永胜、德钦、维西、中甸、贡山、兰坪、剑川、鹤庆、洱源、大理、景东;生于海拔1640 ~ 3850m的山谷、山坡、溪边林缘、灌丛。湖北、陕西、四川、西藏均有分布。

分布区类型:15 - 3 - c

野丁香(原变种)

◎ *Leptodermis potanini* Batal. var. *potanini*

产于普渡河(1170m, pH *et al.* 9897);生于山坡灌丛。

产巧家、嵩明、丽江、宁蒗、德钦、维西、中甸、贡山、兰坪、大理、漾濞、富民、昆明、大姚、南华、易门、新平、蒙自、凤庆、腾冲;生于海拔1800 ~ 3400m处的山谷林中或山坡灌丛。四川、西藏、贵州、湖北、陕西也有。

分布区类型:15 - 3 - c

◎**粉绿野丁香(变种)**

Leptodermis potanini Batal. var. *glauca* (Diels) H. Winkl.

产于轿子山阿萨里(2000m, Mao1184);生于山坡灌丛。

分布于云南的禄劝、安宁、晋宁、昆明、云龙、鹤庆、大理、下关、漾濞、宾川、昭通、路南、师宗、罗平、丽江、永胜、德钦、维西、中甸、贡山、福贡、兰坪、泸水、双柏、新平、峨山、江川、文山、石屏、凤庆、镇康;生于海拔800 ~ 3150m处的山谷、山坡、旷地的林中或灌丛。四川、西藏、贵州也有。

分布区类型:15 - 3 - a

◎**绒毛野丁香(变种)**

◎ *Leptodermis potanini* Batal. var. *tomentosa* H. Winkl.

产于转龙文笔山(2100m, Mao1413);生于山坡灌丛。

分布于云南的东川、禄劝、嵩明、安宁、昆明、曲靖、丽江、永胜、中甸、福贡、碧江、大理、下关、华宁、通海、文山、镇康;生于海拔1500 ~ 2540m处的山谷、山坡、旷地的林中、林缘、灌丛或草地,也常见于石灰岩的山上。四川也有。

分布区类型:15 - 3 - a

◎**鸡矢藤**

Paederia scandens (Lour.) Merr.

产于普渡河苏铁保护小区(1170m, pH *et al.* 9872);生于干旱河谷、山坡灌丛。

分布于云南的大部;生于海拔400 ~ 3700m的山地、丘陵、旷野、河边、村边的林中或灌丛。我国大部分省区也有。越南、老挝、柬埔寨、泰国、缅甸、尼泊尔、印度、马来西亚、印度尼西亚、菲律宾、朝鲜、日本也产。

分布区类型:7

◎**茜草**

Rubia cordifolia Linn.

产于法者林场大厂至新发村(2600m, pH *et al.* 8888),轿子山大黑箐(3850m, pH *et al.* 9506);生于林缘灌丛。

分布于云南的大部分地区;生于海拔1800 ~ 2700m的林中或林缘灌丛。我国南北广布。大洋洲、亚洲有分布。

分布区类型:5

◎**金线草**

Rubia membranacea Diels

产于轿子山(2700m, Mao800);生于山谷疏林。

产永善、盐津、镇雄、昭通、嵩明、宜良、丽江、德钦、维西、中甸、贡山、泸水、鹤庆、洱源、大理、漾濞、大姚、禄劝、麻栗坡、西畴、弥勒、绿春、景东;生于海拔1100 ~ 3650m处的山谷溪边林中或灌丛。四川、西藏、湖南、湖北也有。

分布区类型:15 - 3 - b

◎**柄花茜草**

Rubia podantha Diels

产于法者林场沙子坡林区大横山至邓家山(2850m, ETNEY518);生于箭竹 - 杂木林缘。

分布于云南的大部分地区;生于海拔1100 ~ 3400m的山谷、溪边、路边、林缘或灌丛。

分布区类型:15 - 2 - e

◎**大叶茜草**

Rubia schumanniana Pritz.

产于轿子山(2100m, Mao1334),轿子山大兴厂(2600m, Mao848),轿子山老槽子(3098m, 08CS089),九龙沟(3000m, pH *et al.* 8070);生于山坡石缝中、路旁沙石上、林缘灌丛。

分布于云南的东川、禄劝、富民、武定、巧家、嵩明、永善、镇雄、彝良、大关、昭通、富源、宜良、师宗、罗平、丽江、贡山、福贡、大理、巍山、新平、西畴、蒙自、金平、元阳、绿春、景洪、双江、梁河;生于海拔

1300~3000m 处的山谷、山坡、路边的林中或灌丛。四川、贵州、广西、湖北也有。

分布区类型:15-3-b

◎丁茜

Trailliaedoxa gracilis W. W. Smith et Forrest

产于普渡河苏铁保护点(1170m, pH *et al.* 9915);生于干旱河谷灌丛。

分布于云南的东川、禄劝、丽江、中甸、昆明、大姚;生于海拔 900~3300m 处的干暖河谷的岩石隙和山地灌丛。

分布区类型:15-2-b

◎东方水锦树

Wendlandia tinctoria (Roxb.) DC. subsp. *orientalis* Cowan

产于禄劝轿子山(1900m,赵子孝 1614);生于碎石坡。

分布于云南的南部;生于海拔 280~2030m 的山谷林中或灌丛。广西也有。分布于泰国、缅甸、印度。

分布区类型:7

233. 忍冬科 Caprifoliaceae

◎小叶六道木

Abelia parvifolia Hemsl.

产于轿子山碑根大地(2335m,08CS106),炉拱山至九龙(3300m,pH *et al.* 8018、8040);生于多石山坡、林缘灌丛。

分布于云南的禄劝、昆明、嵩明、大姚、洱源、宾川;生于海拔(1300)2000~2600m 的山坡草地、灌丛、林缘、路旁等地。甘肃、湖北、四川、贵州及福建也有。

分布区类型:15-3-c

◎云南双盾木

Dipelta yunnanensis Franch.

产于法者林场大厂至新发村途中(2600m,pH *et al.* 8879),法者林场燕子洞至大海(3100m,pH *et al.* 9128),九龙沟(3150m,pH *et al.* 8239);生于河谷山坡或林缘灌丛。

分布于云南的东川、巧家、彝良、大理、宾川、洱源、鹤庆、兰坪、丽江、中甸、维西、德钦、贡山、易门、屏边;生于海拔 1700~3000(~3400)m 的山坡疏林、灌丛中或林内。四川、贵州、湖北、陕西及甘肃亦产。

分布区类型:15-3-c

◎风吹箫(原变种)

Leycesteria formosa Wall. var. *formosa*

产于轿子山大兴厂(2860m,JZ1506);生于沟中杂木林。

分布于全省各地(除南部);生于海拔 1400~3300m 的河边、林下、林缘灌丛中、山谷溪沟边、山坡。贵州西部、川西、西藏有产。不丹、印度、克什米尔地区、缅甸、尼泊尔、巴基斯坦、锡金也有。

分布区类型:14-1

◎狭萼鬼吹萧(变种)

Leycesteria formosa Wall. var. *stenosepala* Rehd.

产于法者林场干箐垭口至毛坝子(3000m,pH *et al.* 8775),轿子山(3100m,Zhang545);生于林缘灌丛、溪旁灌丛。

分布于全省各地(除南部);生于海拔 1400~3300m 的河边、林下、林缘灌丛中、山谷溪沟边、山坡。贵州西部、川西、西藏有产。不丹、印度、克什米尔地区、缅甸、尼泊尔、巴基斯坦、锡金也有。

分布区类型:14-1

◎淡红忍冬

Lonicera acuminata Wall.

产于轿子山(3100m, Zhang512),大兴厂(2800m,Mao869);生于林缘灌丛。

分布于云南的禄劝、云龙、永德、凤庆、镇康、景东、大姚、永宁、丽江、碧江、洱源、大理、泸水、腾冲、镇雄、盐津、永善;生于海拔 1140~2300m 的灌丛中或林内。西藏东南至东南沿海各省和台湾,北至陕西南部秦岭、甘肃南部,南至广东和广西北部均有分布。印度尼西亚、缅甸、尼泊尔、菲律宾、锡金也有分布。

分布区类型:7-1

◎西南忍冬

Lonicera bournei Hemsl.

产于轿子山新山垭口(2772m,08CS128);生于林缘灌丛。

分布区类型:7-4

◎柳叶忍冬

Lonicera lanceolata Wall.

产于法者林场大海至马鬃岭(3500m,pH *et al.* 9073、9091),轿子山大村至大黑箐途中(3200m,方瑞征、吕正伟 062),大坪子(3500m,pH *et al.* 9289),四方井至大羊窝(3340m,08CS012);生于林缘灌丛、杜鹃林中。

分布于云南的禄劝、贡山、德钦、维西、中甸、丽江、鹤庆、剑川、大理;生于海拔 2700~3700m 的高山灌丛、针阔叶混交林、冷杉或云杉林下以及火烧迹地等处。四川西部、西藏东南部有产。印度、尼泊尔、不丹也有。

分布区类型:14 - 1

◎**理塘忍冬**

Lonicera litangensis Batalin

产于白石崖(3920m,JZ21 - 4);生于多石山坡灌丛。

分布于云南的东川、丽江、中甸;生于海拔3800～4200m的石岩山坡或湖边的林缘或杜鹃灌丛中。四川西部、西藏东南部有产。不丹、尼泊尔也有。

分布区类型:14 - 1

◎**越桔叶忍冬**

Lonicera myrtillus J. D. Hooker et Thomson

产于书姑至马鬃岭途中大崖头(3358m,pH *et al.* 9826);生于林缘灌丛。

分布于云南的禄劝、贡山、德钦、中甸、维西、丽江、鹤庆、大理;生于海拔2700～4150m的桦木林内、灌丛中或河谷石滩地。西藏南部至东部、四川西南部也有。阿富汗至锡金一带亦产。

◎**袋花忍冬**

Lonicera saccata Rehder

产于轿子山大黑箐(3650m,Mao1027),大黑箐(3650～3700m,方瑞征、吕正伟40、177,pH *et al.* 9287),乌蒙至雪山途中老槽子山顶(3098m,08CS074);生于山坡灌丛、杜鹃苔藓林、冷杉林中或林缘、山坡林下。

分布于云南的禄劝、丽江、德钦;生于海拔3300～3900m的冷杉林或灌丛中。湖北西部、四川、贵州东北部、陕西、甘肃南部、青海东部和西藏也有。

分布区类型:15 - 3 - c

◎**齿叶忍冬**

Lonicera setifera Franch.

产于轿子山(2900m,Mao690);生于山谷疏林中。

分布于云南的禄劝、大理、洱源、鹤庆、永宁、丽江、维西、中甸、德钦;生于海拔2250～3800m的林下或灌丛中。四川西部、西藏东南部也有。

分布区类型:15 - 3 - a

◎**陇塞忍冬**

Lonicera tangutica Maxim.

产于轿子山大羊窝(3340m,08CS014a),大黑箐(3850m,pH *et al.* 9271、9345),九龙沟(3000m,pH *et al.* 8380);生于杜鹃林中、林缘灌丛。

分布于云南的东川、贡山、德钦、中甸、维西、大理;生于海拔(3200)3500～3900m的林下或灌丛中。甘肃、青海、宁夏、陕西、湖北、四川以及西藏亦有分布。

分布区类型:15 - 3 - c

◎**云南忍冬**

Lonicera yunnanensis Franch.

产于转龙马鹿山(2100m,Mao1453);生于山坡灌丛。

分布于云南的东川、禄劝、禄丰、昆明、武定、沾益、嵩明、宾川、洱源、大理、丽江,生于山坡路旁、松林下、密林中或林缘,海拔2000～2800m。四川(盐源)也有。

分布区类型:15 - 3 - a

◎**穿心莛子藨**

Triosteum himalayanum Wall.

产于法者林场大海至马鬃岭(3500m,pH *et al.* 9126),书姑至马鬃岭梁子途中磨刺栎坪(3300m,pH *et al.* 9806);生于林缘灌丛。

分布于云南的东川、禄劝、永德、大理、鹤庆、丽江、兰坪、维西、中甸、德钦;生于海拔(2700～)3000～4000m的山坡或山谷的云杉、冷杉林下、灌丛中或高山草地上。湖北、湖南、陕西、四川、西藏有产。印度、尼泊尔、锡金也有。

分布区类型:14 - 1

◎**蓝黑果荚蒾**

Viburnum atrocyaneum C. B. Clarke

产于轿子山(2700～2800m,Mao700、721、734、767),新槽子(2800m,Mao801),乌蒙乡团街(2800m,Zhang422);生于林缘、山谷疏林中、杂木林中。

分布于云南的禄劝、云龙、永德、云南西北部、中部、东北部、蒙自至云南东南部;生于海拔1700～2000m的山坡或山脊的干燥或略湿润的疏林、密林内或灌丛中。四川东部和四川西南部、贵州中部至西南部、广西西北部、西藏东南部均有分布。不丹、印度北部、缅甸和泰国东北部也有。

分布区类型:14 - 1

◎**桦叶荚蒾**

Viburnum betulifolium Batal.

产于轿子山(31900m,Zhang492、631),轿子山大马路(3450m,pH *et al.* 9568);生于山坡杂木林中、杜鹃林中。

分布于云南的禄劝、云龙、永德、贡山、福贡、德钦、维西、丽江、剑川、大关、镇雄、彝良;生于海拔1750～2700(～3500)m的山坡沟边或谷地的杂木林中。安徽、甘肃、广西、贵州西北部、河南西部、湖北西部、宁夏南部、陕西南部、四川、台湾、西藏东南部、浙江西北部也有分布。

分布区类型:15 – 3 – c

◎漾濞荚蒾

Viburnum chingii P. S. Hsu

产于转龙至老君山(2100m, Mao1440);生于山坡灌丛。

分布于云南的禄劝、云龙、永德、镇康、凤庆、景东、贡山、文山;生于海拔 2000 ~ 2900m 的山谷、山坡林中或灌丛中。四川也有。

分布区类型:15 – 3 – a

◎密花荚蒾

Viburnum congestum Rehder

产于普渡河苏铁保护点(1170m, pH *et al.* 9847);生于干旱河谷、山坡灌丛。

分布于云南的西北、北部和东南部;生于海拔(1100 ~)1600 ~ 2200(~ 2800)m 的山坡林内或灌丛中。四川西部、贵州也有。

分布区类型:15 – 3 – a

◎水红木

Viburnum cylindricum Buch. – Ham.

产于腰棚子林区(2890m, pH *et al.* 8453);生于山坡林中、林缘。

分布于全省各地(除南部热区外),生于海拔 1120 ~ 3200m 的阳坡常绿阔叶林中或灌丛中。甘南、广东北部、广西、贵州、湖北西部、湖南西部、四川、西藏东南部均有。不丹、印度、印度尼西亚(爪哇)、缅甸北部、尼泊尔、巴基斯坦、泰国、越南也有。

分布区类型:7 – 1

◎荚蒾

Viburnum dilatatum Thunberg

产于法者林场干箐垭口至毛坝子(3000m, pH *et al.* 8862);生于林缘灌丛.

分布于云南的东川;生于海拔 3000m 左右的林缘灌丛。安徽、福建、广东北部、广西北部、贵州、河北南部、河南南部、湖北、湖南、江苏、江西、陕西南部、四川、台湾、浙江有产。日本、韩国也有。

分布区类型:14 – 2

◎宜昌荚蒾

Viburnum erosum Thunb.

产于腰棚子林区(2890m, pH *et al.* 8462、8464);生于林缘灌丛。

分布于云南东川、威信、镇雄、盐津、大关、彝良;生于海拔 1120 ~ 2300m 的山坡疏林或阔叶林下。山东、江苏南部、安徽南部和西部、浙江、江西、福建、台湾、广东北部、广西北部、湖南、贵州、四川、湖北、河南及陕西南部均有分布。

分布区类型:15 – 3 – c

◎紫药红荚迷

Viburnum erubescens Wall. var. *prattii* (Graebn.) Rehd.

产于法者林场干箐垭口(3130m, pH *et al.* 8727),轿子山(3100m, Zhang535),杂木林中;哈依垭口(3000m, Mao983),四方井至大羊窝(3340m, 08CS019、021, pH *et al.* 9569、9575),炉拱山至九龙(3300m, pH *et al.* 8029);生于山坡林缘灌丛、杜鹃林中。

分布于云南东川、禄劝、大姚、贡山;生于海拔 2700 ~ 3500m 的山坡针阔叶混交林或灌丛中。甘肃南部、陕西南部、四川、贵州也有。

分布区类型:15 – 3 – a

◎珍珠荚迷

Viburnum foetidum Wallich var. *ceanothoides* (C. H. Wright) Hand. – Mazz.

产于乌蒙乡大兴厂至团街(2300m, Mao1150);生于溪旁。

分布于云南的中部至西部及南部;生于海拔 1000 ~ 2000(~ 2600)m 的山坡林下或灌丛中。四川西南部及贵州南部也有。

分布区类型:15 – 3 – a

◎球花荚蒾

Viburnum glomeratum Maxim.

产于轿子山(2800m, Mao700);生于溪旁灌丛。

分布于云南的禄劝、丽江、维西、中甸;生于海拔 2000 ~ 2800m 的山谷林中或灌丛中或草坡的阴湿处。宁夏南部、陕西东部、甘肃南部、河南西部、湖北西部及四川有产。缅甸北部也有。

分布区类型:14 – 1

233a. 接骨木科 Sambucaceae

◎血满草

Sambucus adnata Wall. ex D. Don

产于轿子山(2800m, Mao814),九龙沟(3000m, pH *et al.* 8264);生于山谷林缘灌丛。

分布于云南的禄劝、云龙、永德、景东、西部;生于海拔 1600 ~ 4000m 的沟边、林下、草丛中。甘肃南部、贵州、宁夏、青海、陕西、四川、西藏有产。尼泊尔、印度、锡金也有。

分布区类型:14 – 1

◎接骨草

Sambucus chinensis Lindl.

产于轿子山大黑石头沟(1980m,Mao1175,pH *et al.* 9308);生于溪旁灌丛。

分布于云南各地;生于海拔 550 ~ 600m 的沟边、林下、山坡灌丛中。安徽、福建、甘肃、广东、广西、贵州、河南、湖北、湖南、江苏、江西、陕西、四川、台湾、西藏、浙江。印度东北部、泰国、老挝、柬埔寨、越南、日本也有。

分布区类型:7

◎**接骨木**

Sambucus williamsii Hance

产于大厂至新发村(2600m,pH *et al.* 8817);生于路边灌丛。

分布于云南东南部、中部至西北部;生于海拔 1100 ~ 2400m 的林下、灌丛或路旁,常作绿篱栽培于边角隙地和荒坡。除新疆、西藏、青海以外,全国各地有分布。欧洲、朝鲜、日本也有。

分布区类型:10

235. 败酱科 Valerianaceae

◎**柔垂缬草**

Valeriana flaccidissama Wall.

产于大厂至新发村途中(2600m, pH *et al.* 8981),轿子山大羊窝(3100m,pH *et al.* 9583);生于开阔草坡、沟边、林缘灌丛、溪边。

分布于云南的东川、昆明、云龙、大理、中甸、维西、永德、西双版纳、镇雄;生于海拔 800 ~ 3600m 的林缘、路边、水沟边、草坡。湖北、陕西、四川、台湾也有。亦见于日本。

分布区类型:14 - 2

◎**岩参**

Valeriana hardwickii Wall.

产于法者林场干箐垭口(3200m, pH *et al.* 8773),生于林缘草地、灌丛。

分布于云南的东川、禄劝、云龙、永德、凤庆、景东、贡山、腾冲、大理、中甸、丽江、福贡、昆明、巧家、会泽、通海;生于海拔 1000 ~ 3500m 的溪边、沟旁、林缘、草坡。广东、广西、贵州、湖北、湖南、四川、西藏也有。亦见于不丹、印度喀西山、印度尼西亚(苏门答腊、爪哇)、缅甸、尼泊尔、锡金。

分布区类型:7 - 1

◎**缬草**

Valeriana officinalis Linn.

产于轿子山大羊窝(3100m,pH *et al.* 9652);生于林缘灌丛。

分布于云南的禄劝、昆明;生于山坡草地、林缘、水沟边,海拔 1900 ~ 4000m。我国东北至西南广大地区均有。欧洲及亚洲也有分布。

分布区类型:10

◎**窄裂缬草**

Valeriana stenoptera Diels

产于大兴场(2860m,JZ27 - 27);生于林缘草地。

分布于云南的东川、禄劝、云龙、丽江、德钦、维西、大姚;生于海拔 2600 ~ 3000m 的山坡草丛、林缘、水沟边。四川西南部、西藏东南部也有。

分布区类型:15 - 3 - a

236. 川续断科 Dipsacaceae

◎**大花刺萼参**

Acanthocalyx delavayi (Franch.) M. Cannon

产于火石梁子(4200m,pH *et al.* 8640),禄劝雪山乡马鬃岭(4012m,pH *et al.* 9823),轿子山大黑箐(3400m,方瑞征、吕正伟 51);生于多石山坡、高山草甸、杜鹃林缘岩石缝。

分布于云南的东川、禄劝、大理、洱源、丽江、中甸、维西;生于海拔 2600 ~ 4200m 的高山草甸、灌丛中。四川、西藏有分布。

分布区类型:15 - 3 - a

◎**刺萼参**

Acanthocalyx nepalensis (D. Don) C. Cannon

轿子山大孝峰(3600m,Mao1002);生于溪旁沙石地。

分布于云南的禄劝、大理、昭通、丽江、维西、中甸、德钦、贡山;生于海拔 3200 ~ 4000m 的山坡草地。陕西、甘肃、四川、青海、西藏也有。尼泊尔、不丹、印度东北部、缅甸北部有分布。

分布区类型:14 - 1

◎**川续断**

Dipsacus asperoides C. Y. Cheng et T. M. Ai

产于炉拱山至九龙途中(3000m, pH *et al.* 8037);生于山坡草地、林缘。

分布于云南的东川、禄劝、昆明、安宁、嵩明、楚雄、江川、会泽、盐津、云龙、永德、凤庆、景东、大理、漾濞、蒙自、屏边、砚山、麻栗坡、双柏、洱源、泸水、维西、鹤庆、丽江、中甸、德钦、贡山等地;生于海拔 2000 ~ 3400m 的林边、灌丛、草地。陕西、甘肃、河南、湖北、江西、湖南、广东、广西、贵州、四川和西藏。

分布区类型:15 - 3 - c

◎**匙叶翼首花**

Pterocephalus hookeri(C. B. Clarke)Hock

产于东川舍块乡火石梁子小戏台(3900m, Liu Ende *et al*. 2048);生于杜鹃密林中。

分布于云南的德钦、丽江、中甸;生于海拔2900～4500m的高山草地。青海、四川、西藏也有。不丹、锡金、印度有分布。

分布区类型:14－1

◎双参

Triplostegia glandulifera Wall. ex DC.

产于法者林场干箐垭口(3200m, pH *et al*. 8805),炉拱山至九龙途中(3000m, pH *et al*. 8041),腰棚子林区(2890m, pH *et al*. 8549);生于林缘草地。

分布于云南的东川、禄劝、会泽、云龙、贡山、福贡、泸水、兰坪、中甸、德钦、维西、丽江、洱源、鹤庆、双柏、昭通、大关、彝良;生于海拔2000m的草地或林下。西藏、四川、陕西、湖北也有。尼泊尔、不丹、印度、东马来西亚和巴布亚新几内亚高山。

分布区类型:14－1

◎大花双参

Triplostegia grandiflora Gagnep.

产于马鬃岭(2900m, pH *et al*. 9946);生于林缘草地。

分布于云南的禄劝、昆明、嵩明、楚雄、武定、景东、蒙自、大理、鹤庆、漾濞、宁蒗、剑川、双柏、双江、兰坪、维西、丽江、中甸;生于海拔1800～3800m的山谷林下、草坡。

分布区类型:15－2－c

238. 菊科 Compositae

◎下田菊

Adenostemma lavenia (Linn.) O. Ktze.

产于乌蒙乡团街(2800m, Zhang439);生于溪边草地。

分布于曲靖、昆明、楚雄、丽江、贡山、怒江、大理、保山、景东、临沧、思茅,沧源、红河、玉溪;生于海拔650～2100m的林下、林缘、灌丛中、山坡草地、沟边、路旁。我国华东、华南、华中和西南广泛分布。斯里兰卡、印度、澳大利亚、菲律宾、中南半岛、朝鲜、日本琉球群岛也有。

分布区类型:5

◎心叶兔儿风

Ainsliaea bonatii Beauv.

产于轿子山大地(3500m, Zhang694);生于山坡杂木林下。

分布于云南的武定、禄劝、富民、昆明、寻甸、巧家、砚山、文山等地;生于海拔1200～3500m的林下、林缘或山坡草丛中。贵州有分布。

分布区类型:15－3－a

◎异花兔儿风

Ainsliaea heterantha Hand. －Mazz.

产于轿子山(3150m, 李恒等1096);生于杜鹃林下。

分布于云南的禄劝、富民、昆明、巧家、永德、中甸、丽江、大理、宾川、大姚、武定、昭通、镇雄、凤庆、峨山、新平、贡山、元江、石屏、文山;生于海拔1600～3300m的林下、草坡、路边、沟旁。西藏南部也有。

分布区类型:15－3－a

◎宽叶兔儿风

Ainsliaea latifolia (D. Don) Schultz－Bip.

产于中槽子(2780m, Liu Ende *et al*. 2075);生于林下。

分布于云南的禄劝、云龙、永德、云县、德钦、维西、宁蒗、丽江、永胜、剑川、宾川、大理、漾濞、武定、寻甸、易门、江川、泸西、砚山、西畴、文山、麻栗坡等地;生于海拔1200～3500m的林下、林缘、灌丛中或草坡。湖北、海南、广西、陕西、甘肃、四川、贵州和西藏也有。不丹、印度、尼泊尔、泰国、越南也有产。

分布区类型:14－1

◎细穗兔儿风

Ainsliaea spicata Vant.

产于轿子山老槽子(3098m, 08CS060);生于杜鹃林下。

分布于云南的禄劝、昆明、嵩明、宜良、云龙、永德、贡山、维西、丽江、鹤庆、大理、保山、腾冲、梁河、凤庆、景东、武定、砚山、屏边;生于海拔1200～3100m的林下、灌丛下、山坡草地或路边草地。湖北、广东、广西、四川和贵州有分布。印度和不丹也有。

分布区类型:14－1

◎云南兔儿风

Ainsliaea yunnanensis Franch.

产于乌蒙乡小猴街(2600m, Zhang283);生于多石山坡。

分布于云南的禄劝、云龙、永德、中甸、丽江、鹤庆、剑川、洱源、云龙、大理、保山、景东、姚安、武定、富民、嵩明、寻甸、昆明、宜良、澄江、剑川、峨山、元江、玉溪、石屏、蒙自、砚山;生于海拔1200～2800m的林下、灌丛下或山坡草地。四川(盐源)、贵州(盘县)也有。

分布区类型:15－3－a

◎**短裂亚菊**

Ajania breviloba (Franch. ex Hand. – Mazz.) Y. Ling et C. Shih

产于东川舍块乡火石梁子小戏台(3900m, Liu Ende *et al*. 2050);生于杜鹃、栎林中。

分布于云南的中甸、丽江;生于海拔 2800 ~ 4100m 的林间草地、灌丛下、砾石坡的石隙。四川西南部有分布。

分布区类型:15 – 3 – a

◎**栎叶亚菊**

Ajania quercifolia (W. W. Smith) Ling et Shih

产于轿子山(3100m, Zhang527);生于山坡草地。

分布于云南的中甸、丽江、洱源和会泽、巧家;生于海拔 2850 ~ 3550m 的林下、灌丛中或草坡。四川西南部有分布。

分布区类型:15 – 3 – a

◎**黄腺香青**

Anaphalis aureo – punctata Lingelsh et Borza

产于大海至马鬃岭(3500m, pH *et al*. 9027),轿子山大马路(3450m, pH *et al*. 9596);生于山坡草地、林缘灌丛。

分布于云南的东川、富民、昆明、云龙、永德、景东、德钦、贡山、中甸、维西、丽江、福贡、泸水、大理、大姚等地;生于海拔 1900 ~ 3900m 的林下、林缘、灌丛中、山坡草地。山西、江西、河南、湖北、湖南、广东、广西、陕西、甘肃、青海、四川、贵州也有。

分布区类型:15 – 3 – c

◎**二色香青**

Anaphalis bicolor (Franch.) Diels

产于法者林场场部至沙子坡林区(2500m, ETNEY453);生于路旁草地。

分布于云南的东川、昆明、富民、会泽、武定、宾川、大理、剑川、丽江、中甸;生于海拔 2500 ~ 3200m 的林下、林缘、山坡草地或岩石缝隙。四川西部至西南部、西藏东南部也有。

分布区类型:15 – 3 – a

◎**薄叶旋叶香青(变种)**

Anaphalis contorta (D. Don) Hook. f. var. *pellucida* (Franch.) Ling

产于大羊圈(3080m, JZ54 – 4);生于林缘草地、路边。

分布于云南的禄劝、云龙、永德、景东、德钦、福贡、丽江、大理、楚雄、梁河;生于海拔 1700 ~ 3400m 的山坡草地或沟边杂木林中。贵州西部和西藏也有。

分布区类型:15 – 3 – a

◎**珠光香青**

Anaphalis margaritacea (Linn.) Benth.

产于法者林场沙子坡林区老纸厂(2600m, ETNEY463);生于路边草地。

云南大部分地区有分布;生于海拔 900 ~ 3600m 的林下、林缘、灌丛、山坡草地、路边草丛。甘肃、广东、广西、贵州、河南、湖北、湖南、青海、陕西、四川、西藏有产。不丹、印度、锡金、尼泊尔、俄罗斯、日本、中南半岛以及北美也有。

分布区类型:9

◎**尼泊尔香青**

Anaphalis nepalensis (Spreng.) Hand. – Mazz.

产于法者林场木邦海(3360m, ETNEY824),轿子山(4200m, Zhang576),轿子山大马路(3450m, pH *et al*. 9585),书姑至马鬃岭梁子干水井(3720m, pH *et al*. 9838);生于亚高山草地、山坡草地。

分布于云南的东川、禄劝、会泽、巧家、云龙、永德、德钦、贡山、中甸、维西、福贡、兰坪、鹤庆、丽江、洱源、漾濞、大理等地;生于海拔 2500 ~ 4400m 的林下、灌丛草地、山坡草地或荒地石隙。陕西南部、甘肃南部和西南部、四川西部、西藏南部有分布。印度北部、不丹、锡金和尼泊尔也有。

分布区类型:14 – 1

◎**污毛香青**

Anaphalis pannosa Hand. – Mazz.

产于白石崖(4200m, pH *et al*. 8696),轿子山大黑箐(3900m, Mao1076),轿子山轿顶(4223m, pH *et al*. 9457);生于多石草坡、山坡沙石地、山顶草地、岩石缝。

分布于云南的东川、禄劝、德钦、福贡、贡山、丽江、维西、中甸;生于海拔(2900 ~)3800 ~ 4300m 的砾石坡或石隙。

分布区类型:15 – 2 – b

◎**萌条香青**

Anaphalis surculosa (Hand. – Mazz.) Hand. – Mazz.

产于炉拱山至九龙(2800m, pH *et al*. 8124);生于林缘灌丛。

分布于云南的东川、德钦;海拔 2800 ~ 3700m。四川西部至西南部有分布。

分布区类型:15 – 3 – a

◎**云南香青**

Anaphalis yunnanensis (Franch.) Diels

产于轿子山大黑箐至轿顶(3900m, pH *et al*.

9381)；生于山坡草地。

分布于云南的禄劝、丽江、中甸、洱源；生于海拔2800～4100m的林下、林缘、草地或石隙。四川西南部有分布。

分布区类型:15－3－a

◎矮蒿

Artemisia lancea Van

产于九龙沟(3000m,pH *et al.* 8427)；生于路边灌丛。

分布于云南的东川、昆明、路南、玉溪、镇雄、下关；生于路旁、山坡、林缘及疏林下,中、低海拔地区。除新疆、青海、西藏等干旱与高寒地区外,全国大部省区都有。日本、朝鲜、印度（北部）及俄罗斯东部也有。

分布区类型:11

◎灰苞蒿

Artemisia roxburghiana Bess.

产于雪山乡白家洼(2900m,pH *et al.* 9709)；生于路边灌丛。

分布于云南的禄劝、丽江、鹤庆、中甸、会泽、潞西、临沧、保山；生于荒地、干河谷、路旁、草地,从低海拔至3900m处。西南其他省区及陕西（南部）、甘肃（南部）和湖北（西部）都有。印度（北部）、尼泊尔、克什米尔地区、阿富汗及泰国（北部）也有。

分布区类型:14－1

◎狭叶小舌紫菀(变种)

Aster albescens (DC.) Hand. －Mazz. var. *gracilior* Hand. －Mazz.

产于大厂至新发村途中(2600m, pH et al. 8917)；生于路边灌丛。

分布于云南的东川、丽江、大理、漾濞；生于海拔2200～3100m的林下、岩坡或路边。四川西南部有分布。

分布区类型:15－3－a

◎椭叶小舌紫菀(变种)

Aster albescens (DC.) Hand. － Mazz. var. *limprichtii* (Diels) Hand. －Mazz.

产于书姑至马鬃岭梁子途中磨当丘(3190m,pH et al. 9771)；生于林缘灌丛。

分布于云南的禄劝、丽江、大理；生于海拔2400～3400m的林下。甘肃西南部、四川西部和西北部有分布。

分布区类型:15－3－c

◎三脉紫菀

Aster ageratoides Turcz.

产于法者林场场部至沙子坡林区邓家山(2830m, ETNEY587), 九龙沟(3000m, pH *et al.* 8282)；生于混交林中、林缘灌丛。

分布于云南的东川、云龙、永德、大理、鹤庆、丽江、中甸；生于海拔2000～3800m的山坡草地、林下、灌丛下。河北、山西、内蒙古、黑龙江、吉林、辽宁、河南、甘肃、青海、四川也有产。亦见于朝鲜、西伯利亚东部。

分布区类型:14

◎褐毛紫菀

Aster fuscescens Burret et Franch.

产于大海至马鬃岭(3500m,pH *et al.* 9025)；生于山坡草地。

分布于云南的东川、德钦、贡山、福贡、维西、中甸、鹤庆、洱源、大理、会泽；生于海拔2000～4400m的林下、灌丛中或石边、水沟边。四川西部和西藏东南部有分布。缅甸东北部也有。

分布区类型:14－1

◎丽江紫菀

Aster likiangensis Franch.

产于轿子山大黑箐至轿顶(4000m, pH *et al.* 9380a、9436), 乌蒙至雪山乡途中老槽子(3098m, 08CS090)；生于高山草地。

分布于云南的东川、德钦、中甸、丽江、昆明、巧家；生于海拔3400～4300m的高山草地或杜鹃灌丛边。四川西南部和西藏东南部有分布。不丹也有。

分布区类型:14－1

◎石生紫菀

Aster oreophilus Franch.

产于法者林场场部至沙子坡林区老纸厂(2500m,ETNEY451,pH *et al.* 8938a),老炭房背后山(3200m,pH *et al.* 9227)；生于山坡灌丛、山坡草地。

分布于云南的中甸、维西、丽江、鹤庆、剑川、兰坪、洱源、漾濞、大理、宾川、大姚、禄劝、富民、昆明、东川、会泽、昭通、玉溪、峨山等地；生于海拔2300～3600(～4000)m的林下、灌丛下或山坡草地。四川西南部和贵州西部有分布。

分布区类型:15－3－a

◎白花鬼针草(变种)

Biddens pilosa Linn. var. *radiata* Sch. －Bip.

产于炉拱山(3200m,pH *et al.* 8010)；生于路边、沟边。

分布于广布于云南各地；生于海拔(200)1000～2500m的路边、田边、沟边、山坡草地、灌丛中或村边、荒地,密林下也偶见。我国热带、亚热带地区有分布。亚洲和美洲的热带和亚热带地区也有。

分布区类型:3

◎**烟管头草**

Carpesium cernuum Linn.

产于普渡河保护区(1170m, pH *et al.* 9853),生于干旱河谷、山坡灌丛。

分布于云南的云龙、永德、德钦、贡山、福贡、丽江、大理、漾濞、景东、昆明、安宁、江川、蒙自、罗平、曲靖、盐津等地;生于海拔(540~)1200~2550m的林下、灌丛下、山坡、路边、沟边或荒地。东北、华北、华东、华中、华南及西南各省区以及陕西、甘肃等地有产。欧洲至朝鲜、日本也有。

分布区类型:10

◎**心叶天名精**

Carpesium cordatum Chen et C. M. Hu

产于法者林场干箐垭口至沙子坡林区途中(2900m, pH *et al.* 8876);生于林下潮湿处。

分布于云南的东川、贡山、福贡;生于海拔2300~3500m的林下或山坡草地。西藏东南部有分布。

分布区类型:15-3-a

◎**葶茎天名精**

Carpesium scapiforme Chen et C. M. Hu

产于轿子山大马路(3450m, pH *et al.* 9599);生于林缘灌丛。

分布于云南的德钦、中甸、维西、丽江和会泽;生于海拔2500~3600m的林下、高山草地或路边、水沟边。四川西部和西藏东南部有分布。

分布区类型:15-3-a

◎**黄花毛鳞菊**

Chaetoseris lutea (Hand.-Mazz.) Shih

产于乌蒙乡团街(2800m, Zhang436);生于开阔山坡。

分布于云南的德钦、维西、丽江、禄劝、东川、寻甸、嵩明等;生于海拔2200~3650m的林缘、灌丛下或山坡草地。四川西南部有分布。

分布区类型:15-3-a

◎**戟裂毛鳞菊**

Chaetoseris taliensis Shih

产于东川法者林场茅坝子至豹子垭口(2880m, Liu Ende *et al.* 2175);生于溪边、崖壁。

分布于云南的东川、大理、昆明;生于山顶或山坡灌丛。

分布区类型:15-2-a

◎**灰蓟**

Cirsium griseum Lévl.

产于腰棚子林区(2890m, pH *et al.* 8468);生于林缘灌丛。

分布于云南的东川、云龙、永德、丽江、永胜、鹤庆、宾川、大理、漾濞、腾冲、易门、新平、文山;生于海拔1300~2800m的林下、草坡、沟边、路旁。四川南部和贵州西部也有。

分布区类型:15-3-a

◎**白酒草**

Conyza japonica Lees

产于炉拱山至九龙(3000m, pH *et al.* 8066);生于路边、草地。

分布于云南的东川、云龙、永德、临沧、昆明、安宁、澄江、大姚、巍山、大理、丽江、腾冲、思茅、景洪、蒙自、西畴、广南等地;生于海拔750~2500m的松林下、山坡草地、田边和地旁。浙江、江西、福建、台湾、湖南、广东、广西、甘肃、四川、贵州和西藏有分布。阿富汗、印度、马来西亚、缅甸、泰国和日本也有。

分布区类型:7

◎**羽裂白酒草**

Conyza striata Willd. var. pinnatifida (D. Don) Kitamura

产于转龙甸尾(2600m, Zhang284);生于山坡草地。

分布于云南的东川、禄劝、昆明、富民、武定、楚雄、大理、景东、临沧等地;生于海拔1700~2400m的林下、草坡或荒地。四川和西藏有分布。印度和尼泊尔也有。

分布区类型:14-1

◎**橙花垂头菊**

Cremanthodium citriflorum R. Good

产于白石岩(3940m, JZ17-21);生于多石山坡。

分布于云南的东川、丽江、福贡;生于海拔4000m的高山草甸。缅甸东北部也有。

分布区类型:14-1

◎**革叶垂头菊**

Cremanthodium coriaceum S. W. Liu

产于轿子山(4100m, JZ436);生于多石草坡潮湿处。

分布于云南的东川、大理、丽江、中甸、德钦;生于海拔3000~4000m的山坡草地、石坡或高山草甸。

分布区类型:15-2-b

◎**矢叶垂头菊**

Cremanthodium forrestii J. F. Jeffr. ex Diels

产于轿子山(4020m,JZ418);生于林缘草地潮湿处。

分布于云南的东川、维西、贡山、德钦;生于海拔3500~4000m的山坡草地或高山草甸。西藏东南部也有。

分布区类型:15-3-a

◎**方叶垂头菊**

Cremanthodium principis (Franch.) Good

产于禄劝乌蒙乡轿子山景区飞来瀑布(3920m,Liu Ende *et al.* 2215);生于悬崖石隙。

分布于云南的丽江、维西、中甸、德钦;生于海拔3600~4100m的砾石坡、高山草甸和流石滩。四川西南部也有。

分布区类型:15-3-a

◎**垂头菊**

Cremanthodium reniforme (Wall.) Benth. et Hook. f.

产于大海至马鬃岭途中(3500m,pH *et al.* 9016);生于高山草地。

分布于云南的东川、贡山;生于海拔3300~3500m的林缘、草地或溪边。西藏南部有产。不丹、印度(锡金)、尼泊尔也有。

分布区类型:14-1

◎**箭叶垂头菊**

Cremanthodium sagittifolium Ling et Y. L. Chen ex S. W. Liu Ende et al.

产于轿子山(3900m,Zhang682),木邦海(4100m,pH *et al.* 9286);生于草坡、林缘草地。

分布于云南的东川、禄劝、会泽;生于海拔3360~4000m的亚高山至高山草地。

分布区类型:15-2-a

◎**叉舌垂头菊**

Cremanthodium thomsonii C. B. Clarke

产于轿子山轿顶(4223m,pH *et al.* 9380、9446);生于山顶草地。

分布于云南的禄劝、大理、贡山、德钦;生于海拔3300~3900m的草坡或高山草甸。西藏南部也有。锡金和尼泊尔也有。

分布区类型:14-1

◎**长茎还阳参**

Crepis elongata Babc.

产于白石崖(4200m,pH *et al.* 8681),轿子山哈依垭口梁子(3500m,Mao1101);生于山坡草地。

分布于云南的禄劝、永德、德钦、中甸、维西、丽江、大理和泸水;生于海拔2100~3700m的林下草地、林间草地、灌丛下或山坡草地。四川和西藏也有。

分布区类型:15-3-a

◎**小鱼眼草**

Dichrocephala benthamii C. B. Clarke

产于法者林场干箐垭口(3140m,pH *et al.* 8965),炉拱山至九龙(3000m,pH *et al.* 8068);生于林缘草地。

分布于云南的大部分地区;生于海拔1100~3600m的林下、灌丛下、草地、路边、田边和荒地常见。四川、贵州、广西、湖北也有。亦见于印度。

分布区类型:7-2

◎**短葶飞蓬**

Erigeron breviscapus (Vant.) Hand.-Mazz.

产于轿子山尖峰关(3000m,Mao918);生于山坡草地。

分布于云南省大部分地区,分布广泛;生于海拔1100~3500m的松林下、林缘、灌丛下、草坡或路旁、田边。湖南、广西、四川、贵州和西藏有分布。

分布区类型:15-3-b

◎**异叶泽兰**

Eupatorium heterophyllum DC.

产于转龙马鹿山(2100m,Mao1448);生于山坡沙地干燥。

分布于云南的禄劝、昆明、宜良、路南、会泽、东川、昭通、永德、德钦、维西、中甸、丽江、洱源、屏边;生于海拔1400~3900m的林下、林缘、灌丛中、山坡草地或溪边、路旁。贵州、四川(乡城、木里)、西藏(波密)也有。

分布区类型:15-3-a

◎**白头婆**

Eupatorium japonicum Thunb.

产于转龙甸尾(2600m,Zhang365);生于林缘灌丛。

分布于云南的大部分地区;生于海拔500~3200m的林下、灌丛中、山坡草地或路旁、溪边。东北、华北、华东、华南、华中及西南均有分布。朝鲜、日本也有。

分布区类型:14-2

◎**蕨叶花佩菊**

Faberia ceterach Beauv.

产于九龙沟(3300m,JZ13-29);生于林缘草地。

分布于云南的东川、昆明;生于海拔2200~3300m的林缘灌丛。

分布区类型:15-2-a

◎**蒙自火石花(变种)**

Gerbera delavayi Franch. var. *henryi* (Dunn) C. Y. Wu et H. Peng

产于乌蒙乡团街(2800m,Zhang466);生于山坡草地。

分布于云南的禄劝、砚山、蒙自、昆明、寻甸、武定等;生于1800~2800m林缘、荒坡或针叶林下。贵州西部(赫章)也有。

分布区类型:15-3-a

◎**鼠曲草**

Gnaphalium affine D. Don

产于轿子山大兴厂(2700m,Mao1144);生于林缘、路边、草地。

分布于几遍云南全省;生于海拔330~3600m的各种生境中,以山坡、荒地、路边、田边最为常见。华北、华东、华南、华中、西北、西南均有分布。中南半岛、朝鲜、菲律宾、日本、印度、印度尼西亚也有。

分布区类型:7

◎**秋鼠曲草**

Gnaphalium hypoleucum DC.

产于九龙沟(3000m,pH *et al.* 8308);生于山坡林缘、路边、草地。

分布几遍云南全省;生于海拔330~3600m的各种生境中,以山坡、荒地、路边、田边最为常见。华北、华东、华南、华中、西北、西南均有分布。中南半岛、朝鲜、菲律宾、日本、印度、印度尼西亚也有。

分布区类型:7

◎**白菊木**

Gochnatia decora (Kurz.) A. L. Cabrera

产于普渡河保护区(1300m,JZ731);生于干旱河谷灌丛。

分布于云南的禄劝、勐腊、勐海、思茅、镇康、潞西、景东、双柏、漾濞、大理;生于海拔1000 ~1900m的林下、林缘、灌丛中或路边。越南、泰国、缅甸有分布。

分布区类型:7-3

◎**菊三七**

Gynura japonica (Thunb.) Juel.

产于轿子山大兴厂至团街途中(2500m,Mao1164);生于山谷草地。

分布于云南的东川、禄劝、昆明、寻甸、福贡、维西、泸水、中甸、丽江、洱源、大理、漾濞、罗平、峨山、华宁、楚雄、江川、西畴、蒙自、麻栗坡;生于海拔1100~3000m的山坡草地、林缘。四川、贵州、湖北、湖南、陕西、安徽、浙江、江西、福建、广西、台湾均有分布。日本、尼泊尔、泰国也有。

分布区类型:7

◎**狗头七**

Gynura pseudochina (Linn.) DC.

产于转龙文笔山(2100m,Mao1417);生于山坡灌丛。

分布于云南的禄劝、丽江、洱源、永胜、大姚、富民、昆明、安宁、江川、开远、富宁、建水、西畴、文山、蒙自、屏边、金平、元江、景洪、勐海;生于海拔700~2500m的山坡沙地、林缘或路边。贵州、广西、海南、广东有产。印度、斯里兰卡、缅甸、泰国也有。

分布区类型:7

◎**川滇女蒿**

Hippolytia delavayi (Franch. ex Smith) Shih

产于轿子山大马路(3450m,pH *et al.* 9557);生于山坡草地。

分布于云南的中甸、宁蒗、丽江、鹤庆、宾川、大姚、会泽;生于海拔(1900~)3000~4100m的松林下、灌丛下、高山草甸、草坡或石隙。四川西南部有分布。

分布区类型:15-3-a

◎**中华小苦荬**

Ixeridium chinense (Thunb.) Tzvel.

产于轿子山(2700m,Mao782);生于路旁草地。

分布于云南的除西南部外的大部分地区;生于海拔1000~3000m的林下、山坡草地、路边。我国各地常见。朝鲜、蒙古、俄罗斯也有。

分布区类型:11

◎**细叶小苦荬**

Ixeridium gracile (DC.) Shih.

产于轿子山平田(1980m,Mao1230);生于溪旁草地。

分布于云南除西双版纳外的大部分地区;生于海拔800~3900m的林下、灌丛中、山坡草地、耕地、荒地、水边、路旁。浙江、江西、福建、湖北、湖南、广东、广西、陕西、甘肃、四川、贵州和西藏有分布。缅甸、不丹、尼泊尔、印度西北部也有产。

分布区类型:14-1

◎**六棱菊**

Laggera alata (D. Don) Sch. -Bip.

产于乌蒙乡乐作尼(1060m,李恒等1062);生于河滩。

分布于云南的大部分地区;生于海拔330~2800m的林下、林下、林缘、灌丛下、草坡或田边路旁。我国东部、东南部至西南部有分布。非洲东部、中南半岛、菲律宾、斯里兰卡、印度、印度尼西亚都有分布。

分布区类型:6

◎**红缨大丁草**

Leibnitzia ruficoma (Franch.) Kitam.

产于炉拱山至九龙(2800m, pH *et al.* 8152);生于林缘草坡。

分布于云南的东川、安宁、云龙、大理、宾川、鹤庆、剑川、贡山等地;生于海拔 2200 ~ 3100m 的疏林下、草丛等。四川、西藏也有。不丹、锡金、尼泊尔有分布。

分布区类型:14 - 1

◎**松毛火绒草**

Leontopodium andersonii C. B. Clarke

产于法者林场场部至沙子坡林区老纸厂(2600m, ETNEY467),轿子山大马路(3450m, pH *et al.* 9586),老炭房背后山(3200m, pH *et al.* 9215),转龙(2600m, Zhang400);生于路边山坡灌丛、疏林下或林缘、草坡。

分布于云南的禄劝、富民、昆明、大理、云龙、景东、元江、文山、蒙自;生于海拔 1800 ~ 2500m 的林缘灌丛。贵州西及中部也有。亦见于老挝北部、缅甸北部和东部。

分布区类型:7 - 3

◎**艾叶火绒草**

Leontopodium artemisiifolium (Lévl.) Beauv.

产于轿子山新山垭口(3135, SSG - 28);生于路边灌丛。

分布于云南的德钦、中甸、维西、丽江、鹤庆和东川、昭通;生于海拔 1000 ~ 3000m 的林缘或草坡。四川西部至西南部、贵州中部有分布。

分布区类型:15 - 3 - a

◎**黄毛火绒草**

Leontopodium aurantiacum Hand. - Mazz.

产于东川舍块乡火石梁子小戏台(3900m, Liu Ende *et al.* 2054);生于高山草甸。

分布于云南的东川、贡山;生于海拔约 3000m 的亚高山石砾草地和岩石上。缅甸北部有分布。

分布区类型:7 - 3

◎**美头火绒草**

Leontopodium calocephalum (Franch.) Beauv.

产于白石崖(4200m, pH *et al.* 8698),轿子山轿顶(4223m, pH *et al.* 9475),马鬃岭梁子(4012, pH *et al.* 9837);生于多石草坡、山顶岩石缝中。

分布于云南的东川、禄劝、云龙、会泽、鹤庆、丽江、中甸、德钦、维西、贡山;生于海拔 2450 ~ 4000 (~ 4500) m 的多种生境。陕西、甘肃、青海、四川也有。

分布区类型:15 - 3 - c

◎**川甘火绒草**

Leontopodium chuii Hand. - Mazz.

产于炉拱山至九龙(2950m, pH *et al.* 8096);生于林缘灌丛。

分布于云南的东川(云南新记录);生于海拔 2950m 的山坡林缘灌丛。四川西部和南部、甘肃南部也有。

分布区类型:15 - 3 - a

◎**戟叶火绒草**

Leontopodium dedekensii (Bur. et Franch.) Beauv.

产于转龙牛肩膀山(2300m, Mao1429);生于山坡草地。

分布于云南的禄劝、德钦、贡山、维西、中甸、丽江、鹤庆、剑川、洱源、永平、大理、昆明、景东、沧源、澜沧等;生于海拔 1400 ~ 3500m 的松林下、灌丛下或山坡草地。湖南西部、陕西西南部、甘肃南部和西部、青海、四川北部、西部至西南部、贵州和西藏东部有分布。缅甸北部也有。

分布区类型:14 - 1

◎**钻叶火绒草**

Leontopodium subulatum (Franch.) Beauv.

产于雪山乡白家洼(2900m, pH *et al.* 9692);生于疏林下或林缘草地。

分布于云南的禄劝、昆明、会泽、云龙、宾川、楚雄、大理、德钦、剑川、丽江、泸水、维西;生于海拔 2500 ~ 2940m 的针叶林缘。四川(九龙、米易、冕宁、木里、雅江)也有。

分布区类型:15 - 3 - a

◎**川西火绒草**

Leontopodium wilsonii Beauv.

产于法者林场干箐垭口(3130m, pH *et al.* 8739);生于林缘灌丛。

分布于云南的东川;生于海拔 3130m 的林缘灌丛。四川西部也有。

分布区类型:15 - 3 - a

◎**翅柄橐吾**

Ligularia alatipes Hand. - Mazz.

产于轿子山大黑箐至轿顶(4000m, pH *et al.* 9346);生于山坡草地、山间沼泽地。

分布于云南的禄劝、云龙、永德、丽江、永胜、大理、维西;生于海拔 2200 ~ 3660m 的草坡或沼泽草地。四川木里也有。

分布区类型:15 - 3 - a

◎**隐舌橐吾**

Ligularia franchetiana (Lévl.) Hand. - Mazz.

产于禄劝乌蒙乡轿子山景区大黑箐索道背后(3870m, Liu Ende *et al.* 2222);生于溪边。

分布于云南的会泽、巧家、中甸;生于海拔3250~3800m的冷杉林下和高山草甸。四川西南部也有。

分布区类型:15 - 3 - a

◎**沼生橐吾**

Ligularia lamarum (Diels) Chang

产于白石崖(4200m, pH *et al.* 8700);生于多石草坡。

分布于云南的维西、中甸、德钦;生于海拔3300~4200m的冷杉林缘或高山草甸。西藏东南部、四川西南部和甘肃南部有分布。

分布区类型:15 - 3 - a

◎**牛蒡叶橐吾**

Ligularia lapathifolia (Franch.) Hand. - Mazz.

产于白石崖(4200m, pH *et al.* 8615);生于多石草坡。

分布于云南的东川、昆明、富民、大理、鹤庆、丽江;生于海拔2100~3100m的林下草地或草坡。四川西南部有分布。

分布区类型:15 - 3 - a

◎**黑苞橐吾**

Ligularia melanocephala (Franch.) Hand. - Mazz.

产于法者林场燕子洞至大海(3500m, pH *et al.* 9133),轿子山大羊窝(3450m, pH *et al.* 9546);生于山坡草地。

分布于云南的东川、禄劝、洱源、丽江、中甸、德钦;生于海拔3300~3850m的林下或草坡。四川西南部也有。

分布区类型:15 - 3 - a

◎**莲叶橐吾**

Ligularia nelumbifolia (Bur. et Franch.) Hand. - Mazz.

产于法者林场抱水井垭口(3150m, pH *et al.* 8722),轿子山大孝峰崖脚(3660m, Mao112);生于冷杉林缘灌丛、溪旁草地。

分布于云南的东川、禄劝、德钦、中甸;生于海拔3500~3900m的灌丛草地或高山草甸。甘肃南部、湖北西部、四川西部也有。

分布区类型:15 - 3 - a

◎**裂舌橐吾**

Ligularia stenoglossa (Franch.) Hand. - Mazz.

产于轿子山大马路(3450m, pH *et al.* 9545);生于山坡草地。

分布于云南的禄劝、大理、腾冲和福贡一带;生于海拔3000~3750m的针叶林下或沼泽草地。

分布区类型:15 - 2 - b

◎**东俄洛橐吾**

Ligularia tongolensis (Franch.) Hand. - Mazz.

产于东川因民镇落雪往舍块方向三风口(3300m, Liu Ende *et al.* 2156),生于高山草甸。

分布于云南的会泽、丽江、中甸;生于海拔3200~3850m的灌丛草地和高山草甸。四川西部和西藏东南部也有。

分布区类型:15 - 3 - a

◎**苍山橐吾**

Ligularia tsangchanensis (Franch.) Hand. - Mazz.

产于法者林场沙子坡林区至大厂途中大牧场(3000m, ETNEY819);生于林缘草地。

分布于云南的大理、洱源、鹤庆、丽江、维西、中甸、德钦、大姚、东川、会泽、巧家、彝良;生于海拔2900~4100m的草坡、林间草地及高山草甸。四川西南部和西藏东南部也有。

分布区类型:15 - 3 - a

◎**离舌橐吾**

Ligularia veitchiana (Hemsl.) Greenm

产于书姑至马鬃岭梁子干水井(3720m, pH *et al.* 9830);生于多石草坡。

分布于云南的禄劝、西北部。四川、贵州、湖南西部、陕西南部、甘肃南部也有。

分布区类型:15 - 3 - c

◎**棉毛橐吾**

Ligularia vellerea (Franch.) Hand. - Mazz.

产于东川因民镇落雪往舍块方向三风口(3300m, Liu Ende *et al.* 2157);生于高山草甸。

分布于云南的会泽、洱源、鹤庆、丽江、中甸、德钦;生于海拔2600~3800m的草坡和林间。四川西南部也有。

分布区类型:15 - 3 - a

◎**黄帚橐吾**

Ligularia virgaurea (Maxim.) Mattf.

产于九龙沟(3000m, pH *et al.* 8412);生于草坡。

分布于云南的东川、丽江、中甸、德钦;生于海拔

3600～4300m 的林间草地或高山草甸。四川西部、西藏东南部、青海、甘肃也有。尼泊尔至不丹亦产。

分布区类型：14－1

◎**尼泊尔千星菊**

Myriactis nepalensis Less.

产于法者林场燕子洞至大海（3200m，pH *et al.* 9124），轿子山四方井（3150m，pH *et al.* 9653），九龙沟（3000m，pH *et al.* 8351）；林缘灌丛或草地。

分布于几遍云南全省；生于海拔 1000～3000（～4100）m 的多种生境下。广东、广西、贵州、湖北、湖南、江西、四川和西藏有分布。印度、尼泊尔、锡金、越南北部也有。

分布区类型：14－1

◎**圆舌粘冠菊**

Myriactis nepalensis Less.

产于东川红土地镇老炭房背后山（3200m，pH *et al.* 9251）；生于高山草甸。

分布于云南的大部分地区；生于海拔 1000～3000m 的林下、林缘、灌丛中、路边等。江西、广东、广西、湖北、四川、贵州、西藏有分布。越南、印度、尼泊尔、锡金也有。

分布区类型：7

◎**粘冠草**

Myriactis wallichii Less.

产于九龙沟（2800m，pH *et al.* 8151）；生于山坡林缘、石岩；。

分布于云南除西双版纳外的大部分地区；生于海拔 1600～3600m 的林下、灌丛下、山坡草地、路边、溪边。贵州、四川和西藏也有。亦见于印度、尼泊尔、斯里兰卡。

分布区类型：14－1

◎**栌菊木**

Nouelia insignis Franch.

产于禄劝中屏乡普渡河苏铁保护区（1200m，Liu Ende *et al.* 2083）；生于河边密林中。

分布于云南的中甸、宁蒗、丽江、大理、元谋、禄劝、景东、砚山；生于海拔 1000～2900m 的林下或灌丛中。四川西南部有分布。

分布区类型：15－3－a

◎**兔儿风花蟹甲草**

Parasenecio ainsliaeflorus （Franch.） Y. L. Chen

产于书姑至马鬃岭梁子途中磨当丘（3190m，pH *et al.* 9764）；生于黄背栎林下。

分布于云南的禄劝；生于海拔 3200m 左右的黄背栎林下；云南新记录。贵州、湖北、湖南、四川也有。

分布区类型：15－3－b

◎**紫背蟹甲草**

Paraenecio ianthophyllus （Franch.） Y. L. Chen

产于炉拱山至九龙（3000m，pH *et al.* 8033）；生于林缘灌丛。

分布于云南的东川；生于海拔 3000m 的林缘灌丛、草坡；云南新记录。湖北、四川也有。

分布区类型：15－3－b

◎**瓜拉坡蟹甲草**

Paraenecio koualapensis （Franch.） Y. L. Chen

产于九龙沟（3300m，pH *et al.* 8243）；生于林下。

分布于云南的福贡、兰坪、丽江、鹤庆、宾川、洱源、大理、大姚、楚雄、巧家；生于海拔 2850～3500m 的林下。

分布区类型：15－2－b

◎**昆明蟹甲草**

Paraenecio tripteris （Hand. －Mazz.） Y. L. Chen

产于法者林场燕子洞至大海（3500m，pH *et al.* 9114），书姑至马鬃岭梁子磨当丘（3190m，pH *et al.* 9765）；生于林缘、林下、黄背栎林下。

分布于云南的东川、寻甸、嵩明、昆明、盐津；生于海拔 1900～3100m 的山坡林下或草坡。

分布区类型：15－2－a

◎**滇苦菜**

Picris divaricata Vant.

产于轿子山何家村（2800m，Mao962、964）；生于干燥山坡。

分布于云南的禄劝、富民、嵩明、昆明、呈贡、德钦、中甸、丽江、剑川、鹤庆、大理、漾濞、澄江、双柏、易门、新平和富源、师宗等地；生于海拔 2000～3600m 的林下、灌丛下、山坡草地或田边、水沟边、路边。西藏有分布。

分布区类型：15－3－a

◎**毛连菜**

Picris hieracioides Linn.

产于法者林场干箐垭口（3140m，pH *et al.* 8851）；生于林缘草地、灌丛。

分布于云南的东川、云龙、贡山、泸水、中甸、德钦、丽江、景东、富宁及中部、东北部；广布于华北、华中、西北和西南各地。欧洲、地中海地区、伊朗、俄罗斯、日本。

分布区类型：10

◎**日本毛连菜**

Picris japonica Thunb.

产于炉拱山至九龙(2900m,pH *et al.* 8131);生于林缘、草地。

分布于云南的东川;生于海拔2900m的林缘草地。我国南北广布。日本及俄罗斯远东地区也有。

分布区类型:14-2

◎**兔耳一枝箭**

Piloselloides hirsuta (Forssk.) C. J. Jeffr. ex Cufod.

产于转龙文笔山(2100m,Mao1416);生于山坡灌丛。

分布于云南的禄劝、昆明、安宁、富民、嵩明、峨山、云龙、永德、凤庆、耿马、景东、永善、鹤庆、大理、贡山、屏边、金平、西畴、富宁、勐腊;生于海拔900~2500m的疏林、草地、荒坡。西南、中南、华东、华中、华南以及香港有分布。从开普敦和马达加斯加至热带非洲、苏丹南部、埃塞俄比亚、索马里等非洲广大地区,向东至也门、喜马拉雅、印度东北、缅甸、泰国、印支半岛以及印度尼西亚的巴厘岛皆有分布。

分布区类型:6

◎**百裂风毛菊**

Saussurea centiloba Hand.-Mazz.

产于腰棚子林区(2890m,pH *et al.* 8521);生于林缘草坡。

分布于云南的东川、中甸、丽江、会泽、巧家;生于海拔3200~3650m的山坡草地。四川有分布。

分布区类型:15-3-a

◎**三角叶风毛菊**

Saussurea deltoidea (DC.) Schult.-Bip.

产于法者林场干箐垭口至沙子坡(2700m,pH *et al.* 8829);生于路边、林缘。

分布于云南的东川、禄劝、富民、嵩明、昆明、云龙、永德、德钦、贡山、福贡、维西、大理、漾濞、楚雄、景东、澜沧、西盟、大关、镇雄、蒙自、砚山、西畴、广南、罗平;生于海拔1100~3100m的林下、灌丛中、山坡草地、沟边及路旁。华东、华中、华南、西南以及陕西和台湾均有产。老挝、缅甸、尼泊尔、泰国也有。

分布区类型:7-4

◎**川西风毛菊**

Saussurea dzeurensis Franch.

产于九龙沟(3000m,pH *et al.* 8364);生于山坡灌丛。

分布于云南的东川;生于海拔3000m的林缘灌丛。甘肃、青海、四川也有。

分布区类型:15-3-c

◎**长毛风毛菊**

Saussurea hieracioides Hook. f.

产于白石崖(4100m,pH *et al.* 8609);生于高山草甸。

分布于云南的东川、德钦、中甸、丽江、鹤庆、巧家;生于海拔3300~4060m的山坡草地、灌丛中。甘肃、青海、四川、西藏有分布。锡金、尼泊尔也有。

分布区类型:14-1

◎**狮牙草状风毛菊**

Saussurea leontodontoides (DC.) Sch.-Bip.

产于轿子山(4000m,Zhang569、665);生于多石草坡。

分布于云南的禄劝、德钦、中甸、丽江、大理、会泽、巧家;生于海拔3200~4400m的林缘、高山灌丛、高山草地、石质山坡。青海、四川、西藏有分布。锡金、尼泊尔、克什米尔地区也有。

分布区类型:14-1

◎**东俄洛风毛菊**

Saussurea pachyneura Franch.

产于轿子山(3800m,Zhang674),轿顶(4223m,pH *et al.* 9450);生于山坡多石草地;。

分布于云南的德钦、贡山、维西、中甸、丽江、禄劝、东川、巧家;生于海拔3700~4120m的高山草坡。四川、贵州、西藏有分布。

分布区类型:15-3-a

◎**松林风毛菊**

Saussurea pinetorum Hand.-Mazz.

产于九龙沟(3000m,pH *et al.* 8290);生于林缘灌丛。

分布于云南的中甸、丽江、鹤庆、宁蒗和嵩明;生于海拔2100~3800m的山坡草地、林中。四川有分布。

分布区类型:15-3-a

◎**瓜叶千里光**

Senecio cinarifoLiu Ende et al. s Lévl.

产于轿子山(4000m,Zhang613);生于草坡。

分布于云南的禄劝、会泽、巧家、福贡、大理;生于海拔2300~3500m的山坡草甸。

分布区类型:15-2-b

◎**北千里光**

Senecio dubitabilis C. Jeffrey et Y. L. Chen

产于炉拱山至九龙(2900m,pH *et al.* 8130);生于林缘灌丛。

分布于云南的东川;生于海拔2900m的林缘灌丛。甘肃、河北、青海、山西、四川、新疆、西藏也有。

俄罗斯、蒙古、哈萨克斯坦、印度、巴基斯坦均产。

分布区类型:11

◎匍枝千里光

Senecio filiferus Franch.

产于法者林场大海至马鬃岭(3500m,pH *et al.* 9088),干箐垭口至沙子坡(3000m,pH *et al.* 8793);生于林缘草地、林缘灌丛。

分布于云南的东川、嵩明、富民、昆明、巧家、云龙、永德、凤庆、镇康、盐津、曲靖、峨山、腾冲;生于海拔750 ~ 3200m的草坡、林缘、林下。四川也有。

分布区类型:15 - 3 - a

◎纤花千里光

Senecio graciliflorus (Wall.) DC.

产于九龙沟(3000m,pH *et al.* 8266);生于林缘灌丛。

分布于云南的贡山、中甸、维西、丽江、宁蒗、大理;生于海拔2900 ~ 3500m的山坡、林缘、林中、溪边。分布于西藏、四川。锡金至克什米尔地区也有。

分布区类型:14 - 1

◎菊状千里光

Senecio laetus Edgew.

产于轿子山(4000m,Zhang579);生于多石草坡。

分布于云南大部分地区;生于海拔1400 ~ 4000m的林下、林缘、草地、田边、路边。西藏、贵州、重庆、湖南、湖北有分布。巴基斯坦、尼泊尔、不丹、印度也有。

分布区类型:14 - 1

◎凉山千里光

Senecio liangshanensis C. Jeffrey et Y. L. Chen

产于法者林场大海至马鬃岭(3500m,pH *et al.* 9030),轿子山大黑箐至轿顶途中(3900m,pH *et al.* 9276);生于林缘灌丛。

分布于云南东川、禄劝、会泽;生于海拔3450 ~ 3900m的水边、山坡草地、路边灌丛。四川也有。

分布区类型:15 - 3 - a

◎千里光

Senecio scandens Buch. - Ham. ex D. Don

产于轿子山锅盖箐(2100m,Mao1354),法者林场大厂至新发村(2600m,pH *et al.* 8907),雪山乡白家洼(2900m,pH *et al.* 9701);生于路边林缘灌丛。

分布于几遍云南全省;生于海拔1150 ~ 3200m的林缘、灌丛、岩石边、溪边。西藏、四川、贵州、陕西、湖北、湖南、安徽、浙江、江西、福建、广西、广东、台湾均有产。印度、尼泊尔、不丹、缅甸、泰国、菲律宾和日本也有。

分布区类型:14

◎欧洲千里光

Senecio vulgaris Linn.

产于东川二二二林场对面山上瞭望台(3360m,Liu Ende *et al.* 2044);生于高山草甸。

分布于云南的东川、昆明、会泽、师宗、大理、宁蒗、永胜;生于海拔2000m的山坡、草地、路边。贵州、四川、西藏、内蒙古、辽宁、吉林也有。欧亚和非洲北部也有。

分布区类型:10

◎苦苣菜

Sonchus oleraceus Linn.

产于轿子山大马路(3450m,pH *et al.* 9551、9599a);生于林缘灌丛。

分布于云南西部、西北部至中部;生于1150 ~ 2500m的各种生境中,为一常见杂草。除东北外全国各省区均有分布。世界各地广布。

分布区类型:1

◎羽裂绢毛菊

Soroseris hirsuta (Anth.) Shih

产于白石崖(4010m,pH *et al.* 8568A);生于高山草甸。

分布于云南的东川、巧家、德钦、福贡、丽江、维西、中甸;生于海拔3500 ~ 4300m的高山草地,多石草坡。甘肃、四川、西藏也有。

分布区类型:15 - 3 - a

◎大理细莴苣

Stenoseris graciliflora (Wall. ex DC.) C. Shih

产于马鬃岭至大海(3500m,pH *et al.* 9019);生于林缘灌丛。

分布于云南的德钦、贡山、中甸、丽江、鹤庆、大理;生于海拔2800 ~ 3900m的林下、灌丛下或山坡草地。贵州、四川和西藏有分布。缅甸、印度北部、不丹、锡金、尼泊尔也有。

分布区类型:14 - 1

◎翅柄合耳菊

Synotis alata (Wall. ex DC.) C. Jeffrey et Y. L. Chen

产于轿子山大羊窝(3400m,pH *et al.* 9641);生于林缘、沟边。

分布于云南的贡山、福贡、中甸、丽江、漾濞、兰坪、宾川、大姚、东川、景东、蒙自、文山、麻栗坡;生于海拔2200 ~ 3600m的林中或灌丛中。分布贵州。尼泊尔、印度、不丹、缅甸也有。

分布区类型:14 - 1

◎**昆明合耳菊**

Synotis cavaleriei (Lévl.) C. Jeffrey et Y. L. Chen

产于禄劝转龙镇中槽子村中槽子社至猴子石途中(2486m, Liu Ende *et al.* 2062);生于河边、石隙。

分布于云南的盐津、东川、嵩明、昆明、文山;生于海拔 2000 ~ 3000m 的多石山坡或溪边。四川、贵州也有。

分布区类型:15 - 3 - a

◎**心叶合耳菊**

Synotis cordifolia Y. L. Chen

产于东川舍块乡炉拱山至九龙村途中(2800m, pH *et al.* 8156);生于密林中、溪边。

分布于云南的会东川、贡山、大理、文山;生于海拔 2900 ~ 3600m 的林中、山坡草地。

分布区类型:15 - 2 - c

◎**红缨合耳菊**

Synotis erythopappa (Bur. et Franch.) C. Jeffrey et Y. L. Chen

产于炉拱山至九龙(3250m, pH *et al.* 8020);生于沟边灌丛。

分布于云南的东川、云龙、大关、彝良、昭通、贡山、德钦、中甸、兰坪、丽江、鹤庆、宾川、大理、漾濞、昆明、保山等地;生于海拔 2100 ~ 3500m 的林缘、灌丛、草坡。西藏、四川、湖北也产。

分布区类型:15 - 3 - b

◎**林荫合耳菊**

Synotis sciatrephes (W. W. Smith) C. Jeffrey et Y. L. Chen

产于轿子山(3100m, Zhang514);生于向阳山坡灌丛。

分布于云南的禄劝、宣威、嵩明、大理、景东、腾冲、保山;生于海拔 2300 ~ 3500m 的灌丛中。

分布区类型:15 - 2 - a

◎**印度蒲公英**

Taraxacum indicum Hand. - Mazz.

产于炉拱山至九龙(3000m, pH *et al.* 8392);生于山坡草地、路边。

分布于云南的东川、昆明、丽江、中甸、江川;生于路旁草地,海拔 1300 ~ 3800m 处。四川木里有分布,西藏有记载。印度、越南也有。

分布区类型:14 - 1

◎**蒲公英**

Taraxacum mongolicum Hand. - Mazz.

产于白石岩附近(3690m, JZ235);生于路边草地。

分布于云南的东川、云龙、宾川、永胜、元谋;从低至中高海拔地区均有。黑龙江、吉林、辽宁、内蒙古、陕西、甘肃、青海、江苏、安徽、上海、浙江、江西、福建、湖北、湖南、广东、广西、四川、贵州。俄罗斯远东地区。

分布区类型:14

◎**红果黄鹌菜**

Youngia erythrocarpa (Vant.) Babc. et Stebb.

产于九龙沟(3000m, pH *et al.* 8434),烂泥坪(3500m, 杨崇仁 75 - 9);生于林缘灌丛。

分布于云南的东川、威信、师宗;生于海拔 830 ~ 3600m 的灌丛下、山坡草地或放荒地。安徽、浙江、江西、陕西、四川和贵州有分布。

分布区类型:15 - 3 - c

◎**长花黄鹌菜**

Youngia longiflora (Babcock et Stebbins) Shih

产于九龙沟(3000m, pH *et al.* 8262),炉拱山至九龙(3000m, pH *et al.* 8079);生于林缘草地、灌丛。

分布于云南的东川、昆明;生于海拔 2300 ~ 3000m 的林缘草地。江苏、浙江、福建、江西、湖南、西藏也有。

分布区类型:15 - 3 - b

◎**羽裂黄鹌菜**

Youngia paleacea (Diels) Babcock et Stebbins

产于法者林场沙子坡林区附近(2840m, ETNEY504),九龙沟(3000m, pH *et al.* 8414、8432),炉拱山至九龙(3000m, pH *et al.* 8047);生于箭竹杂木林缘、路边灌丛、林缘草地。

分布于云南的德钦、贡山、中甸、维西、丽江、鹤庆、大理、大姚、会泽、东川;生于海拔 2000 ~ 3900m 的林下、林缘、灌丛中、山坡草地或溪边、路旁。四川西部和西藏东南部有分布。

分布区类型:15 - 3 - a

239. 龙胆科 Gentianaceae

◎**尖叶喉毛花**

Comastoma cycnanthiflorum (Franch.) Holub var. *acutifolium* Ma et H. W. Li

产于东川烂泥坪(3500m, 杨崇仁 s. n.);生于草坡。

分布于云南的丽江、贡山等地;生于海拔 3500 ~ 3700m 的草地和石坡。

分布区类型:15 - 2 - b

◎**喉毛花**

Comastoma pulmonarium (Turcz.) Toyokuni

产于轿子山(4200m,Zhang587、596、617);生于山坡草地。

分布于云南的禄劝、洱源、中甸等地;生于海拔2800~4000m的山坡草地。四川、青海、甘肃、陕西、山西有产。日本、俄罗斯(东西伯利亚)也有。

分布区类型:14

◎**高杯喉毛花**

Comastoma traillianum (Forrest) Holub

产于禄劝轿子山(4300m,Zhang596);生于碎石坡。

分布于云南的丽江、中甸等地;生于海拔3000~4200m的山坡草地、林下。四川也有。

分布区类型:15-3-a

◎**膜边龙胆**

Gentiana albo-marginata Marq.

产于乌蒙乡宏德(2700m,尹文清0029);生于山谷坡地。

分布于云南的禄劝、昆明、云龙、大姚、洱源、丽江;生于海拔2200~3000m的疏林下草地。

分布区类型:15-2-b

◎**黑紫龙胆**

Gentiana atropurpurea T. N. Ho

产于轿子山月亮岩至轿顶(3980m,Liu Ende *et al.* 2221);生于高山草甸。

分布于云南的中甸、德钦;生于海拔3200~3800m的山坡草地。四川西南部也有。

分布区类型:15-3-a

◎**头花龙胆**

Gentiana cephalantha Franch.

产于轿子山(3500~4200m,Zhang598、653);生于向阳山坡草地。

分布于云南的禄劝、云龙、永德、大理、洱源、丽江、维西、中甸、德钦、贡山;生于海拔1800~3300m的山坡草地、灌丛边。

分布区类型:15-2-c

◎**景天叶龙胆**

Gentiana crassula H. Smith

产于东川烂泥坪妖精塘(4300m,蓝顺彬535);生于高山草甸。

分布于云南的东川、洱源、丽江、维西、中甸、贡山、德钦;生于海拔3000~4200m的山坡草地和林缘。西藏东南部、四川西南部也有。

分布区类型:15-3-a

◎**肾叶龙胆**

Gentiana crassuloides Bureau et Franch.

产于白石岩附近(3690m,JZ251);生于高山草地。

分布于云南的东川、丽江、中甸、德钦;生于海拔3600~4400m的山坡草地、灌丛。西藏、四川、青海、甘肃、陕西、湖北西部有产。印度、尼泊尔、锡金也有。

分布区类型:14-1

◎**美龙胆**

Gentiana decorata Diels

产于轿子山(4120m,JZ462);生于山坡草地。

分布于云南的禄劝、大理、碧江、贡山、中甸、德钦;生于海拔3800~4700m的山坡草地。西藏东南部有产。缅甸东北部也有。

分布区类型:14-1

◎**微籽龙胆**

Gentiana delavayi Franch.

产于东川因民小田坝(2200m,蓝顺彬336),生于向阳山坡草丛。

分布于云南的东川、洱源、丽江、鹤庆、昆明;生于海拔2100~3300m的山坡草地和灌丛。四川南部也有。

分布区类型:15-3-a

◎**齿褶龙胆**

Gentiana epichysantha Hand.-Mazz.

产于大风丫口(3905m,JZ23-35);生于多石草坡。

分布于云南的东川、中甸、鹤庆等地;生于海拔3500~3700m的松林下。

分布区类型:15-2-b

◎**滇东龙胆**

Gentiana eurycolpa Marq.

产于轿子山(4000m,Zhang626);生于开阔山坡草地。

分布于云南的禄劝、富民、镇雄等地;生于海拔1800~2000m的草地及林缘。贵州也有。

分布区类型:15-2-a

◎**苍白龙胆**

Gentiana forrestii C. Marquand

产于轿子山大羊窝(3450m,pH *et al.* 9538);生于开阔山坡草地。

分布于云南的禄劝、贡山等地;生于海拔3000~4200m的山坡草地、高山草甸。

分布区类型:15-2-b

◎**斑点龙胆**

Gentiana handeliana H. Smith

产于轿子山(4200m,Zhang684);生于山坡草地。

分布于云南的禄劝、德钦、贡山;生于草地,海拔3800~4200m。西藏东南部也有。亦见于缅甸东北部。

分布区类型:14-1

◎**四数龙胆**

Gentiana lineolata Franch.

产于轿子山(3800m,Zhang636);生于林缘岩石上。

分布于云南的东川、禄劝、昆明、洱源、鹤庆;生于山坡草地及林下,海拔1900~3200m。四川西南部也有。

分布区类型:15-3-a

◎**华南龙胆**

Gentiana loureirii (G. Don) Griseb.

产于转龙畔山德至大村(2300m,方瑞征、吕正伟36);生于山坡草丛阳处。

分布于云南的禄劝、景东、屏边;生于林下,海拔1200~2300m。分布于江苏、江西、海南、湖南、浙江、广西、广东、福建、台湾。不丹、印度东北部、缅甸、泰国、越南也有。

分布区类型:7-1

◎**马耳山龙胆**

Gentiana maeulchanensis Franch.

产于轿子山哈依垭口梁子(3600m,Mao1103);生于山坡草地。

分布于云南的禄劝、丽江、鹤庆、维西、福贡、中甸;生于海拔2500~3600m的山坡草地。西藏南部有产。不丹、缅北、锡金也有。

分布区类型:14-1

◎**小齿龙胆**

Gentiana microdonta Franch. ex Hemsl.

产于东川红土地镇老炭房背后山(3500m,pH *et al.* 9232);生于草坡上。

分布于云南的东川、大理、丽江、中甸;生于海拔2600~4300m的山坡草地。四川西南部也有。

分布区类型:15-3-a

◎**流苏龙胆**

Gentiana panthaica Prain

产于法者林场大海至马鬃岭(3500m,pH *et al.* 9075),轿子山何家村至大黑箐(3150m,方瑞征、吕正伟083);生于杜鹃林、落叶-阔叶林下。

分布于云南的东川、禄劝、巧家、鹤庆、洱源、丽江、大理、弥勒;生于山坡草地、灌丛、林下,海拔2500~3650m。亦见于四川、贵州、广西、湖南、江西。

分布区类型:15-3-b

◎**鸟足龙胆**

Gentiana pedata Harry Smith

产于轿子山哈依垭口(3000m, Mao984);生于路旁斜坡干燥处。

分布于云南的东川、禄劝等地;生于山坡草地,海拔1900~2200m。分布于贵州、四川南部。

分布区类型:15-3-a

◎**叶柄龙胆**

Gentiana phyllopoda Lévl

产于禄劝乌蒙乡轿子山轿顶(4223m,pH *et al.* 9455);生于高山草甸。

分布于云南的禄劝、巧家;生于海拔2600m左右的山坡草地。四川西南部也有。

分布区类型:15-3-a

◎**着色龙胆**

Gentiana picta Franch.

产于东川舍块乡火石梁子白石崖(4100m,Liu Ende *et al.* 2058);生于杜鹃和刺柏密林下。

分布于云南的东川、洱源、丽江、剑川、漾濞、保山、中甸;生于海拔2000~2800m的山坡草地、林缘。四川也有。

分布区类型:15-3-a

◎**红花龙胆**

Gentiana rhodantha Franch. ex Hemsl.

产于雪山乡放牛箐(2700m,蓝顺彬316),因民出水窑(2300m,JZ649);生于山坡草地。

分布于云南的东川、禄劝、中部、西部、西北部、东北部;生于海拔1300~2700m的山坡草地及灌丛中。四川、贵州、甘肃、陕西、河南、湖北、广西诸省区均有产。

分布区类型:15-3-c

◎**滇龙胆草**

Gentiana rigescens Franch. ex Hemsl.

产于轿子山(3500m,Zhang498、530);生于草坡、林下灌丛。

分布于云南的中部、西部各县;生于海拔1000~2800m的山坡草地、林下、灌丛中。四川、贵州、湖南、广西亦产。

分布区类型:15-3-b

◎**革叶龙胆**

Gentiana scytophylla T. N. Ho

产于乌蒙团街(2700m,尹文清2929);生于山谷草地。

分布于云南的禄劝(轿子山);生于海拔2700m

的山谷干燥山坡草地。

分布区类型:15－1

◎**锯齿龙胆**

Gentiana serra Franch.

产于轿子山(3500～4200m,Zhang525、626);生于开阔山坡草地、溪边。

分布于云南的东川、禄劝、昆明、洱源;生于山坡草地、林缘,海拔2200～3300m。缅甸也有。

分布区类型:14－1

◎**短管龙胆**

Gentiana sichitoensis C. Marquand

产于轿子山景区大黑箐至轿顶(3900m,pH *et al*. 93407);生于高山草甸和密林中。

分布于云南的贡山等地;生于海拔3000～4000m的山坡草地及灌丛中。西藏东南部、缅甸东北部也有。

分布区类型:7－3

◎**鳞叶龙胆**

Gentiana squarrosa Ledebour

产于白石崖(4200m,pH *et al*. 8638);生于高山草甸。

分布于云南的东川、中甸等地;生于海拔2300～4200m的山坡灌丛草地。西南(除西藏)、西北、华北、及东北等地均产。锡金、原苏联、蒙古、日本、朝鲜也有。

分布区类型:14

◎**圆萼龙胆**

Gentiana suborbisepala Marq.

产于轿子山(4200m,Zhang623);生于多石山坡。

分布于云南的东川、禄劝;生于山坡草地、岩石坡上,海拔4200～4400m。亦见于四川、贵州。

分布区类型:15－3－a

◎**大理龙胆**

Gentiana taliensis Balf. f. et Forrest

产于轿子山哈依垭口(3000m,Mao98);生于干燥山坡路旁。

分布于云南的禄劝以及西部大理(模式标本产地)等地;生于海拔1900～2700m的山坡草地。川西南有产。缅甸北部也有。

分布区类型:14－1

◎**三叶龙胆**

Gentiana ternifolia Franch.

产于轿子山(4000m,Zhang585、661、677);生于山坡草地、沼泽地。

分布于云南禄劝、洱源;生于草地,海拔3000～4200m。四川西南部也有。

分布区类型:15－3－a

◎**川西龙胆**

Gentiana wilsonii C. Marquand

产于轿子山雪山(4090m,JZ61－4);生于高山草地。

分布于云南的禄劝、西北部;生于高山草地,海拔2800～4000m。四川西部及西南部也有。

分布区类型:15－3－a

◎**云南龙胆**

Gentiana yunnanensis Franch.

产于轿子山(3500m,Zhang497、589、604);生于高山草地。

分布于云南的东川、禄劝、昭通、巧家、宾川、大理、洱源、丽江、中甸等地;生于山坡草地、高山草甸、林下、灌丛中,海拔2500～3500m。贵州、四川、西藏东南部也有。

分布区类型:15－3－a

◎**密花假龙胆**

Gentianella gentianoides (Franch.) Harry Smith

产于轿子山(3500～4200m,Zhang630、704);生于多石山坡草地。

分布于云南的禄劝、洱源、宾川、丽江;生于海拔2900～3600m的山坡草地、林下。四川南部也有。

分布区类型:15－3－a

◎**湿生扁蕾**

Gentianopsis paludosa (Munro ex J. D. Hooker) Ma

产于东川至大海(3500m,东川队 179),生于坡面草地。

分布于云南的东川、大理、洱源、中甸、德钦、会泽;生于海拔2500～3300m的山坡草地、林缘。西藏、四川、青海、甘肃、山西、陕西、宁夏、河北、内蒙古也有。尼泊尔、锡金、不丹、印度也有。

分布区类型:14－1

◎**椭圆叶花猫**

Halenia elliptica D. Don

产于法者林场干箐垭口(3130m,pH *et al*. 8783),转龙(2600m,Zhang307);生于林缘草地、山坡草地。

分布于云南的东川、禄劝、昆明、巧家、昭通、镇雄、永德、凤庆、玉溪、双柏、元江、大理、丽江、鹤庆、中甸、维西、福贡、砚山、屏边等地;生于海拔1800～3300m的山坡林下、草地及灌丛中。西藏、四川、贵州、青海、新疆、陕西、甘肃、山西、内蒙古、辽宁、湖南、湖北有产。尼泊尔、不丹、印度、俄罗斯远东、锡金也有。

分布区类型:14 - 1

◎**肋柱花**

Lomatogonium carinthiacum (Wulf.) Reich.

产于东川二二二林场对面山上瞭望台(3363m, Liu Ende *et al.* 2043);生于高山草甸。

分布于云南中甸、贡山、德钦;生于海拔 2900 ~ 4100m 的山坡草地和高山草甸。西藏、四川、青海、甘肃、新疆、山西、河北也有。欧洲、亚洲温带地区也有。

分布区类型:12

◎**云贵肋柱花**

Lomatogonium forrestii(Balf. f.) Fern. var. *bonatianum*(Burk.) T. N. Ho

产于轿子山(4000m, Zhang628);生于草坡。

分布于云南的禄劝、东川、昆明、武定、云龙、大理;生于海拔 1900 ~ 2400m 的山坡草地、灌丛。贵州(威宁、水城)、四川也有。

分布区类型:15 - 3 - a

◎**白花獐牙菜**

Swertia alba T. N. Ho et S. W. Liu

产于禄劝雪山乡书姑村至马鬃岭磨当丘(3190m, pH *et al.* 9768);生于密林中。

分布于云南的中甸等地;生于海拔 2500m 左右的山坡草地。四川西南部也有。

分布区类型:15 - 3 - a

◎**美丽獐牙菜**

Swertia angustifolia Buch. - Ham. ex D. Don var. *pulchella* (D. Don) Burk.

产于转龙(2600m, Zhang295);生于草坡。

分布于云南的禄劝、凤庆、盈江、双柏、元江、景东、蒙自、屏边、砚山;生于海拔 1200 ~ 2000m 的山坡草地。贵州、四川、湖南、湖北、广东、广西、福建均产。克什米尔地区、印度、尼泊尔、锡金、不丹也有。

分布区类型:14 - 1

◎**西南獐牙菜**

Swertia cincta Burk.

产于东川红土地镇老炭房背后山(3500m, pH *et al.* 9232);生于草坡上。

分布于云南的东川、昭通、嵩明、富民、景东、大理、丽江、中甸等;生于海拔 1700 ~ 3500m 的山坡草地、灌丛或林下。四川、贵州也有。

分布区类型:15 - 3 - a

◎**心叶獐牙菜**

Swertia cordata (G. Don) Wall. ex C. B. Clarke

产于东川法者林场大海至马鬃岭途中(3500m, pH *et al.* 9110m);生于密林中。

分布于云南的东川、临沧、景东、腾冲;生于海拔 1700 ~ 2400m 的山坡草地、灌丛中。西藏、克什米尔地区、尼泊尔、锡金、不丹、印度、缅甸也有。

分布区类型:14 - 1

◎**观赏獐牙菜**

Swertia decora Franch.

产于转龙甸尾(2600m, Zhang 294);生于山坡灌丛下。

分布于云南的禄劝、昆明、富民、嵩明、寻甸、丽江、鹤庆等地;生于海拔 1900 ~ 3000m 的山坡草地、砾石地。四川南部也有。

分布区类型:15 - 3 - a

◎**高獐牙菜**

Swertia elata H. Smith

产于白石岩(4200m, JZ216);生于多石山坡灌丛。

分布于云南的东川、云龙、大理、贡山、中甸等地;生于海拔 2500 ~ 4100m 的冷杉林山坡草甸、灌丛及山坡草地。四川西南部也有。

分布区类型:15 - 3 - a

◎**大籽獐牙菜**

Swertia macrosperma (C. B. Clarke) C. B. Clarke

产于大海至马鬃岭(3600m, pH *et al.* 9000);生于山坡草地。

分布于云南的东川、云龙、永德、泸水、大理、丽江、福贡、景东、元江、永善、大关、彝良等地;生于海拔 2000 ~ 3150m 的山坡草地、水边、路边灌丛、林下。广西、贵州、湖北、四川、台湾、西藏有产。不丹、印度、尼泊尔、缅甸、锡金也有。

分布区类型:14 - 1

◎**斜茎獐牙菜**

Swertia patens Burk.

产于普渡河苏铁保护点(1170m, pH *et al.* 9907);生于干旱河谷疏林下。

分布于云南的东川、禄劝、巧家、路南;生于山坡草地,海拔 1100 ~ 2500m。四川南部也有。

分布区类型:15 - 3 - a

◎**紫红獐牙菜**

Swertia punicea Hemsl.

产于东川红土地镇老炭房背后山(3500m, pH *et al.* 9232);生于草坡上。

分布于云南的昆明、楚雄、景东、大理、丽江、中甸、洱源、砚山等;生于海拔 2100 ~ 2900m 的山坡草地、灌丛。西藏、四川、贵州、湖北西部、湖南也有。

分布区类型:15 - 3 - b

◎**大药獐牙菜**

Swertia tibetica Batalin

产于大羊圈(3080m,JZ54 - 44);生于山坡草地。

分布于云南东川、中甸、德钦;生于海拔 3000 ~ 4200m 的高山草甸及山坡流石滩上。

分布区类型:15 - 2 - b

◎**屏边双蝴蝶**

Tripterospermum pingbianense C. Y. Wu et C. J. Wu

产于东川法者林场茅坝子至豹子垭口(2880m, Liu Ende *et al.* 2176);生于林缘溪流边。

分布于云南的东川、屏边等;生于海拔 1400 ~ 2900m 的山坡疏林或峡谷。

分布区类型:15 - 2 - d

◎**尼泊尔双蝴蝶**

Tripterospermum volubile (D. Don) Hara

产于东川法者乡大厂至新发村途中(2700m, pH *et al.* 8956);生于路边密林中。

分布于云南的东川、禄劝、漾濞、丽江、中甸、德钦、贡山等;生于海拔 2700 ~ 3300m 的林下、路边、灌丛中。克什米尔地区、尼泊尔、锡金、不丹、印度、缅甸东北部也有。

分布区类型:14 - 1

240. 报春花科 Primulaceae

◎**腋花点地梅**

Androsace axillaris (Franch.) Franch.

产于轿子山平田(1980m, Mao1231);生于溪边湿润草地。

分布于云南的云龙、中甸、维西、丽江、洱源、景东、双柏、禄劝、富民、昆明、嵩明、昭通、屏边;生于海拔 1700 ~ 2500m 的林下、灌丛下、石隙、草地,常见于湿处。四川木里也有。

分布区类型:15 - 3 - a

◎**莲叶点地梅**

Androsace henryi Oliv.

产于轿子山(3200m, Mao666);生于山谷干燥沙石上。

分布于云南的禄劝、贡山、福贡、大关;生于海拔 1900 ~ 3200m 的阔叶林下、冷杉林下或沟边湿润处。湖北、陕西、四川、西藏(察隅)也有。亦见于不丹、尼泊尔、缅甸北部。

分布区类型:14 - 1

◎**绿棱点地梅**

Androsace mairei Lévl.

产于禄劝雪山乡书姑村至马鬃岭干水井(4000m, pH *et al.* 9841);生于碎石坡上。

分布于云南的禄劝、东北部;生于海拔 4000m 左右的石砾山坡。

分布区类型:15 - 2 - a

◎**柔软点地梅**

Androsace mollis Hand. - Mazz.

产于白石崖(4200m, pH *et al.* 8629、8675);生于多石草坡岩缝中。

分布于云南的东川、大理、漾濞、福贡、贡山、德钦;生于海拔 3200 ~ 4300m 的高山草地、草甸、山坡岩石边或冷杉林下。四川木里也有。

分布区类型:15 - 3 - a

◎**刺叶点地梅**

Androsace spinulifera (Franch.) R. Knuth

产于白石崖(4200m, pH *et al.* 8645、8709), 九龙沟(3000m, pH *et al.* 8406), 马鬃岭梁子(4000m, pH *et al.* 9801);生于多石草坡岩缝中、山坡草地。

分布于云南的东川、禄劝、巧家、昆明、西部、西北部;生于海拔 2500 ~ 3400(~ 4200) m 的向阳山坡、干旱草地、松林下或山坡多石地。四川西部、西南部也有。

分布区类型:15 - 3 - a

◎**过路黄**

Lysimachia christinae Hance

产于雪山乡白家洼(2900m, pH *et al.* 9697);生于沟边、林缘草地、路边。

分布于云南的云龙、大理、漾濞、丽江、泸水、福贡、维西、蒙自、马关、威信、永善、绥江、昆明、嵩明、安宁、富民、峨山、禄劝、景东;生于海拔(850 ~) 1300 ~ 2500m 的山箐边、杂木林下、松林边或草地,通常见于湿润、背荫处。陕西南部、江苏、安徽、浙江、江西、福建、河南、湖北、湖南、广东、广西、四川、贵州也有。

分布区类型:15 - 3 - c

◎**矮桃**

Lysimachia clethroides Duby

产于老炭房后山(3100m, pH *et al.* 9255), 四方井至大羊窝(3340m, 08CS026), 转龙至老君山(2100m, Mao1435);生于云南松林下、林缘灌丛、山谷溪旁草地。

分布于云南的东川、禄劝、安宁、昆明、富民、嵩明、寻甸、镇雄、彝良、武定、马关、屏边、蒙自、文山、砚山、邱北、元阳、元江、峨山、大理;生于海拔 1300 ~ 2300(~2700)m 的云南松林、云南油杉林下或混交林、杂木林、灌丛、水沟边。东北、华北、华中、华东、华南以及四川、贵州也有。分布于俄罗斯、朝鲜、日本、老挝。

分布区类型:14

◎临时救

Lysimachia congestiflora Hemsl.

产于乌蒙乡阿萨里(2000m, Mao1182),乌蒙乡平田(1980m, Mao1229);生于河边草地、沟边、溪旁草地。

分布于云南的禄劝、安宁、昆明、嵩明、富民、云龙、永德、凤庆、景东、富宁、西畴、麻栗坡、马关、屏边、金平、元阳、绿春、建水、江川、峨山、威信、镇雄、楚雄、勐腊、勐海、澜沧、大理、泸西、福贡、贡山等地;生于海拔 700 ~2200(~3200)m 的林内、林缘草地、溪沟边,通常见于潮湿处。我国北起陕西、甘肃南部,南至长江以南各省区,东至台湾均有。不丹、印度东北、缅甸、尼泊尔、锡金、泰国、越南也有。

分布区类型:14 -1

◎小寸金黄

Lysimachia deltoidea Wight var. *cinerascens* Franch.

产老炭房(3220m, JZ49 -36);生于沟边、山坡草地。

分布于云南的东川、景东、昆明、腾冲、永德、大理、漾濞、洱源、丽江、维西、中甸、贡山;生于海拔 1500 ~3500m 的松林、松栎林下、杂木林下、林缘、草坡、草地,通常生于向阳处。广西、贵州、四川也有。也分布于缅甸、泰国、老挝、越南。

分布区类型:7 -4

◎锈毛过路黄

Lysimachia drymarifolia Franch.

产于轿子山何家村(2800m, Mao957),尖峰关(2700m, Mao931),腰棚子林区(2890m, pH *et al.* 8488);生于山谷斜坡湿润草地、山坡林缘草地。

分布于云南的东川、禄劝、宾川、漾濞、丽江、维西、中甸;生于海拔 2200 ~2800m 的山箐边、路旁或灌丛下,通常见于湿润处。四川西南部也有。

分布区类型:15 -3 -a

◎叶苞过路黄

Lysimachia hemsleyi Franch.

产于炉拱山至九龙(3000m, pH *et al.* 8129);生于林缘灌丛。

分布于云南的东川、禄劝、大理、鹤庆、永胜;生路边、水沟边或山坡湿处,海拔 2200m 左右。贵州西部、四川西南部也有。

分布区类型:15 -3 -a

◎丽江珍珠菜

Lysimachia lichiangensis Forrest

产于轿子山大羊窝(3350m, pH *et al.* 9503),书姑至马鬃岭途中大崖头(3358m, pH *et al.* 9810);生于林缘、溪边灌丛。

分布于云南的禄劝、云龙、永德、镇康、大理、漾濞、洱源、鹤庆、丽江、中甸;生于海拔 1800 ~2500(~3100)m 的草丛、灌丛、路边或岩隙。川西南也有。

分布区类型:15 -3 -a

◎长蕊珍珠菜

Lysimachialobelioides Wall.

产于东川法者林场大厂林区大洼子(2900m, pH *et al.* 8928);生于路边。

分布于除西双版纳外的云南大部分地区;生于海拔 800 ~2800m 的林下、草坡或路边。广西、四川、贵州也有。克什米尔地区、尼泊尔、锡金、不丹、缅甸、泰国、老挝、越南也有分布。

分布区类型:7

◎叶头过路黄

Lysimachia phyllocephala Hand. -Mazz.

产于禄劝乌蒙乡崖子桥(2100m, Mao1351);生于溪旁沙地。

分布于云南的东北部;生于海拔 3000 ~4200m 的山坡草地、林下。四川也有。

分布区类型:15 -3 -a

◎阔瓣珍珠菜

Lysimachia platypetala Franch.

产于炉拱山至九龙(2900m, pH *et al.* 8121);生于林缘灌丛。

分布于云南的东川、昆明、安宁、江川、大理、漾濞、丽江、维西、中甸、福贡、贡山、德钦;生于海拔 1800 ~2900m 的山坡、林下或山箐。四川中部至西部也有。

分布区类型:15 -3 -a

◎腺药珍珠菜

Lysimachia stenosepala Hemsl.

产于法者林场大厂大洼子(2930m, JZ572);生于林缘灌丛。

分布于云南的东川、巧家、嵩明、镇雄、彝良、大关、水善、威信;生于海拔 1300 ~1900(3000)m 的林下、溪旁、灌丛或草地湿润处。陕西南部、浙江、湖北、湖南、四川、贵州也有。

分布区类型:15 - 3 - b

◎**腾冲过路黄**

Lysimachia tengyuehensis Hand. - Mazz.

产于轿子山锅盖箐(2100m,Mao1351);生于溪旁沙地。

分布于云南的禄劝、昆明、江川、砚山、西畴、金平、勐海、腾冲、大理;生于海拔(350~)1000~2100m的溪边湿地或林下,亦见于路边或稻田边。

分布区类型:15 - 2 - e

◎**大花珍珠菜**

Lysimachia violascens Franch.

产于九龙沟(3000m,JZ209);生于林缘灌丛。

分布于云南的东川、鹤庆、洱源、大姚;生于海拔2800~3000m的林下或林缘草地。四川盐源也有。

分布区类型:15 - 3 - a

◎**山丽报春**

Primula bella Franch.

产于轿子山大黑箐(3800m,Mao1075);生于溪旁青苔石上。

分布于云南的禄劝、大理、剑川、丽江、中甸、德钦、维西、贡山;生于海拔3500~4300m的冷杉林下、山坡石上、石隙或高山草地。四川西南、西藏东南察隅也有。

分布区类型:15 - 3 - a

◎**糙毛报春**

Primula blinii Lévl.

产于炉拱山(2800m,JZ050);生于山坡草地。

分布于云南的东川、巧家、中甸、维西;生于海拔3200~4000m的高山栎林下、杜鹃林下、石崖上或石砾隙。四川西部也有。

分布区类型:15 - 3 - a

◎**穗花报春**

Primula deflexa Duthie

产于轿子山(3900m,JZ1005);生于山坡草地。

分布于云南的禄劝、中甸、维西、德钦、贡山;生于海拔3300~4200m的林下、草坡、沼泽。四川西部,北至马尔康、炉霍,西藏察瓦龙也有。

分布区类型:15 - 3 - a

◎**峨眉报春**

Primula faberi Oliver

产于白石崖(4200m,pH *et al.* 8559、8711),轿子山大海梁子(3900m,Mao1048),轿子山轿顶(4223m,pH *et al.* 9342、9434);生于岩石缝中、多石山坡青苔石上、山顶草地。

分布于云南东川、禄劝、会泽;生于海拔3300~4200m的草地潮湿处或苔藓覆盖的湿润石上。四川西南部也有。

分布区类型:15 - 3 - a

◎**垂花报春**

Primula flaccida Balakr.

产于法者林场抱水井垭口(3200m,pH *et al.* 8972),轿子山大黑箐(3900m,pH *et al.* 9375、9508),炉拱山至九龙(3200m,pH *et al.* 8011),马鬃岭梁子(4000m,pH *et al.* 9834);生于山坡草地、岩石上、高山草甸。

分布于云南的东川、禄劝、嵩明、大姚、宾川、洱源、鹤庆、大理、镇康;生于海拔2100~3100m的阔叶林内、林缘、草坡或石隙。四川西南部、贵州(威宁)也有。

分布区类型:15 - 3 - a

◎**小报春**

Primula forbesii Franch.

产于白石崖(4200m,pH *et al.* 8547、8612、8663);生于多石草坡。

分布于云南的东川、昆明、宜良、易门、澄江、蒙自、镇康、鹤庆、洱源、丽江;生于海拔1500~2000(~2800)m的田边、水沟边湿草地或路边草坡。四川会理也有。

分布区类型:15 - 3 - a

◎**雅江报春**

Primula involucrata Wall. ex Duby ssp. *yargongensis*(Petitm.)W. W. Smith et Forr.

产于白石崖(4200m,pH *et al.* 8666),轿子山哈依垭口梁子(3480m,Mao1100);生于多石草坡、山谷石头上。

产于云南禄劝、丽江、中甸、德钦、维西;生于海拔3600~4300m的杜鹃灌丛草地、高山草甸或湿草地。四川西南至北部、西藏东部也有。分布于缅甸北部。

分布区类型:14 - 1

◎**鄂报春(原亚种)**

Primula obconica Hance ssp. *obconica*

产于轿子山轿子山(2800m,Mao705),老熊箐(1750m,Mao1304),乌蒙至雪山途中老槽子(2800m,08CS056);生于林缘石上、山坡沟边、岩石上。

分布于云南的永德、凤庆、镇康、景东、思茅、昆明、嵩明、富民、禄劝、姚安、宾川、鹤庆、丽江、中甸、维西;生于海拔1700~2500(~3000)m的混交林下、箐沟边,常生于石岩上。广西、江西、西藏南部、四川、湖北西部、湖南、广东北部、贵州也有。

分布区类型:15 - 3 - b

◎**海棠叶鄂报春(亚种)**

Primula obconica Hance ssp. *begoniiformis* (Petitm.) W. W. Smith et Forr.

产于轿子山(2800m, Mao705);生于多石山坡。

分布于云南的禄劝、昆明(栽培)、大姚、云龙、洱源、大理、剑川、丽江、兰坪、腾冲;生于海拔1600~2200m的湿润岩石上。四川西南部也有。

分布区类型:15 - 3 - a

◎**羽叶穗花报春**

Primula pinnatifida Franch.

产于白石崖(4032m, pH *et al.* 8605),轿子山大黑箐(3650~4000m, Zhang571, Mao1024, pH *et al.* 9392);生于多石草坡、溪旁青苔石上。

分布于云南的东川、禄劝、昆明、巧家、会泽、丽江、中甸、维西、贡山;生于海拔2800~4200(~4600)m的草地、草甸或石隙。四川木里也有。

分布区类型:15 - 3 - a

◎**滇海水仙花**

Primula pseudodenticulata Pax

产于禄劝乌蒙乡轿子山景区飞来瀑布(3920m, Liu Ende *et al.* 2232);生于悬崖石隙。

分布于云南的禄劝、大理、洱源、剑川、丽江、中甸、景东、昆明、玉溪、蒙自;生于海拔1500~2300m的湿草地。四川西部也有。

分布区类型:15 - 3 - a

◎**偏花报春**

Primula secundiflora Franch.

产于九龙沟(2900m, JZ205);生于山坡草地。

分布于云南的东川、丽江、维西(东珠岭)、中甸、德钦;生于海拔2800~4100m的草地、高山沼泽草地或高山针叶林缘。青海东部、川西和川西南、西藏东部也有。

分布区类型:15 - 3 - c

◎**紫花雪山报春**

Primula sinopurpurea Balf. f.

产于轿子山(3700m, Zhang660),大黑箐(3650m, Mao1042),轿顶(4200m, pH *et al.* 9466),炉拱山至九龙(3200m, pH *et al.* 8009);生于多石山坡、路边岩石上。

分布于云南的禄劝、大理、洱源、鹤庆、丽江、中甸、维西、德钦;生于海拔3000~4500m的高山草甸、草地、灌丛草地或冷杉林下。四川西南、西藏(察隅察瓦龙、类乌齐、米林)也有。

分布区类型:15 - 3 - a

◎**峨眉苣叶报春**

Primula sonchifolia Franch. ssp. *emeiensis* C. M. Hu

产于轿子山哈依垭口(3300m, Mao972);生于山坡林下。

分布于云南的禄劝、巧家;生于海拔3300~3800m的高山草甸和灌丛下潮湿处。四川峨眉山也有。

分布区类型:15 - 3 - a

◎**乌蒙紫晶报春**

Primula virginis Lévl.

产于轿子山(3940~4200m, Zhang554, Mao1022),大海梁子(3940m, Mao1049);生于潮湿岩石上、山坡石上。

分布于云南的禄劝、巧家;生于海拔3600~3900m的高山杜鹃灌丛草甸或苔藓覆盖的湿润石上。

分布区类型:15 - 2 - a

◎**云南报春**

Primula yunnanensis Franch.

产于轿子山平箐(3230m, 08CS036);生于山坡岩石上。

分布于云南的禄劝、永德、镇康、景东、大理、漾濞、鹤庆、丽江、中甸;生于海拔3000~3950m的石隙或岩石上湿处。四川(攀枝花、木里)也有。

分布区类型:15 - 3 - a

242. 车前科 Plantaginaceae

◎**车前(原变种)**

Plantago asiatica Linn. var. *asiatica*

产于马房(2940m, JZ51 - 12);生于沟边、山坡草地。

云南全省广布;生于海拔900~2800m的山坡草地、路边、沟边或灌丛下。黑龙江、吉林、辽宁、内蒙古、北京、天津、河北、山西、陕西、宁夏、甘肃、青海、江苏、安徽、上海、浙江、江西、福建、台湾、湖北、湖南、广东、广西、重庆、四川、贵州、西藏有产。俄罗斯远东和东南亚也有。

分布区类型:14

◎**疏花车前(变种)**

Plantago asiatica Linn. var. *erosa* (Wall.) Z. Y. Li

产于法者林场干箐垭口(3130m, pH *et al.* 8809);生于林缘草地。

分布于云南的昆明、富民、峨山、大姚、江川、宾川、丽江、维西、德钦、贡山、香格里拉(中甸)、福贡、景东、勐腊、景洪、勐海、屏边、河口、绿春、西畴、麻栗坡、腾冲;生山坡草地、路边湿润处、灌丛下。生于海拔600~3000m。全国各地有分布。斯里兰卡、尼泊尔、锡金、孟加拉国、印度也有分布。

分布区类型:14-1

◎中央车前

Plantago centralis Pilger

产于法者林场毛坝子(3000m,pH *et al.* 8836),燕子洞至大海(3000m, pH *et al.* 9140),九龙沟(3000m,pH *et al.* 8402);生于山坡林缘草地、路边。

分布于云南的东川、永德、凤庆、丽江、福贡、维西、德钦、宁蒗;生于海拔2300~4100m的山坡草地、路边、河边草地。

分布区类型:15-2-c

243. 桔梗科 Campanulaceae

◎细萼沙参

Adenophora capillaris Hemsl. subsp. *leptosepala* (Diels) Hong

产于炉拱山至九龙(3200m,pH *et al.* 8086);生于山坡草地。

分布于云南的东川、镇康、大理、洱源、宾川、兰坪、鹤庆、丽江、维西、中甸、贡山、德钦;生于海拔2000~3600m的林下、林缘草地或灌丛中。

分布区类型:15-2-c

◎云南沙参

Adenophora khasiana (Hook. f. et Thoms.) Coll. et Hemsl.

产于转龙(2600m,Zhang335);生于林缘草地。

分布于云南的禄劝、昆明、云龙、西畴、砚山、蒙自、屏边、峨山、双江、凤庆、鹤庆、丽江、兰坪、维西、德钦;生于海拔1000~2800m的杂木林、灌丛或草地。四川西南部、西藏东南部也有。印度东部有分布。

分布区类型:14-1

◎天蓝沙参

Adenophora coelestis Diels

产于九龙沟(2800m,pH *et al.* 8494);生于林缘灌丛、草地。

分布于云南的东川、禄劝、昆明、寻甸、嵩民、富民、砚山、洱源、大理、鹤庆、丽江、中甸;生于海拔1200~4000m的林间草地、草坡、林缘或疏林下。四川西南部也有。

分布区类型:15-3-a

◎球果牧根草

Asyneuma chinense Hong

产于雪山乡白家洼(2900m,pH *et al.* 9675);生于山坡草地。

分布于云南的禄劝、昆明、嵩明、永德、勐海、屏边、鹤庆、中甸、维西、德钦等地;生于海拔3000m以下山坡草地,林缘或林下。广西东北部,贵州西部、湖北西部、四川西部也有。

分布区类型:15-3-b

◎灰毛风铃草

Campanula cana Wall.

产于书姑至马鬃岭途中磨当丘(3190m,pH *et al.* 9795);生于林缘灌丛。

分布于云南的禄劝、昆明、大理、德钦、蒙自、景东、屏边;生于海拔1000~4300m的石灰岩山坡草地,或岩石坡面上。西藏南部、四川西部也有。印度北部、尼泊尔、不丹有分布。

分布区类型:14-1

◎西南风铃草

Campanula pallida Wall.

产于法者林场抱水井垭口(3200m, pH *et al.* 8784),大海至马鬃岭(3500m,pH *et al.* 9129),轿子山大羊窝(3250m,pH *et al.* 9634),九龙沟(3000m,pH *et al.* 8025、8934);生于多石山坡、草坡灌丛、林缘灌丛。

分布于云南的东川、禄劝、昆明、会泽、云龙、永德、镇康、景东、鹤庆、丽江、中甸、贡山、福贡、洱源、大理、泸水、屏边、德钦;生于海拔1000~4000m的林缘、山坡草地。贵州、四川、西藏亦有。阿富汗、老挝、尼泊尔也有分布。

分布区类型:14-1

◎管钟党参

Codonopsis bulleyana Forrest ex Diels

产于白石崖(4010m,pH *et al.* 8654),轿子山大黑箐至轿顶(3900m,pH *et al.* 9379、9463、9474);生于多石草坡、林缘灌丛、岩石缝。

分布于云南的东川、禄劝、会泽、丽江、中甸、维西、德钦、鹤庆;生于海拔(2800 ~)3300~4200m的山坡草地及灌丛中。四川西部(木里)及西藏东南部也有。

分布区类型:15-3-a

◎鸡蛋参(原亚种)

Codonopsis convolvulacea Kurz ssp. *convolvulacea*

产于法者林场(2400m,pH *et al.* 9062、9220),大厂至新发村(2600m,pH *et al.* 8886);生于林缘灌丛,

路边灌丛。

分布于云南的东川、昆明、永德、凤庆、临沧、镇康、景东、罗平、元江、龙陵、屏边、砚山、蒙自；生于海拔1000~3100m的灌丛中或山坡草地。贵州西部、四川西南南、西藏南部也产。缅甸也有分布。

分布区类型：7－3

◎**珠子参（亚种）**

Codonopsis convolvulacea Kurz ssp. *forrestii* (Diels) D. Y. Hong et L. M. Ma

产于轿子山（3500m，Zhang537）；生于林缘灌丛。

分布于云南的禄劝、寻甸、昆明、嵩明、双柏、大理、丽江、昭通、中甸、德钦等地；生于海拔2100~3600m的山坡灌丛中。四川西南部（木里、普格）也有。

分布区类型：15－3－a

◎**党参**

Codonopsis pilosula (Franch.) Nannfeldt

产于法者林场大厂至新发村（2700m，pH *et al.* 8924、8989），小横山至沙子坡林区途中（2600m，pH *et al.* 8823）；生于路边林缘灌丛。

分布于云南的西北部；生于海拔1560~3100m的林缘或灌丛中。我国西南、西北、华北至东北各省区都有，现已栽培于全国各地。朝鲜、蒙古、俄罗斯远东地区也有。

分布区类型：14

◎**管花党参**

Codonopsis tubulosa Komarov

产于法者林场大厂至新发村（2760m，pH *et al.* 8766、9061）；干箐垭口至小横山（2650m，pH *et al.* 8986），炉拱山至九龙（3100m，pH *et al.* 8035、8546）；生于路边林缘灌丛。

分布于云南的东川、禄劝、蒙自、晋宁、武定、兰坪、巧家、鹤庆、大理、贡山、丽江、中甸；生于海拔1900~3100m山坡或山谷草地。贵州西北部及四川西南部也有。缅甸北部亦产。

分布区类型：14－1

◎**束花蓝钟花**

Cyananthus fasciculatus Marq.

产于轿子山（3500m，Zhang523、546）；生于多石山坡草地。

分布于云南的东川、禄劝、宾川、大理、丽江、中甸；生于海拔（2800~）3000~3750m的高山草地或灌丛中。四川西南部亦有。

分布区类型：15－3－a

◎**黄钟花**

Cyananthus flavus Marq.

产于东川舍块乡火石梁子白石崖（4200m，pH *et al.* 8646）；生于高山草甸。

分布于云南的西北部；生于海拔3000~3600m的草地和疏林下。

分布区类型：15－2－b

◎**美丽蓝钟花**

Cyananthus formosus Diels

产于轿子山（3980m，JZ413）；生于高山草地。

分布于云南禄劝、丽江、中甸；生于海拔2800~3700（~4200）m的砾石草地、流石滩。四川西部（木里）也有。

分布区类型：15－3－a

◎**蓝钟花**

Cyananthus hookeri C. B. Clarke

产于马鬃岭梁子干水井（3700m，JZ77－11）；生于山坡草地。

分布于云南的东川、会泽、巧家、云龙、永德、丽江、中甸、德钦、大理、洱源、鹤庆；生于海拔2700~4200m的山坡草地。四川西部、西藏南部和东部、青海、甘肃南部。

分布区类型：15－3－c

◎**胀萼蓝钟花**

Cyananthus inflatus J. D. Hooker et Thomson

产于法者林场小清河［2320m，JZ45－41（SWFC）］；生于山坡灌丛、草地。

分布于云南的东川、大理、洱源、中甸、丽江、保山、昆明、文山；生于海拔2300~3600m的山坡灌丛及草坡中。四川西部（木里）也有。尼泊尔、不丹、锡金、印度北部。

分布区类型：14－1

◎**丽江黄钟花**

Cyananthus lichiangensis W. W. Smith

产于法者林场马鬃岭至大海途中（3600m，pH *et al.* 9056），轿子山轿顶（4223m，pH *et al.* 9382、9428）；生于高山草甸、多石草坡。

分布于云南的东川、禄劝、丽江、中甸、德钦；生于海拔3400~4200m高山杜鹃灌丛或草地中。四川西部（木里）及西藏东南部也有。

分布区类型：15－3－a

◎**大萼蓝钟花**

Cyananthus macrocalyx Franch.

产于白石崖（4010m，pH *et al.* 8572），马鬃岭梁子（4000m，pH *et al.* 9840）；生于高山草甸。

分布于云南的东川、会泽、巧家、鹤庆、洱源、丽江、中甸、德钦、维西；生于海拔(2500～)3200～3800(～4200)m的高山草地或林下。四川西部(木里)、西藏东南部(察瓦龙)也有。

分布区类型：15－3－a

◎同钟花

Homocodon brevipes (Hemsl.) Hong

产于空心山头(3538m，JZ63－15)；生于林下沟边。

分布于云南的禄劝、嵩明、昆明、镇雄、永德、凤庆、大理、景东、澜沧、马关、西畴；生于海拔1000～3600m的沟边、灌丛边、林下或山坡草地中。贵州西南部、川西南也有。

分布区类型：15－3－a

◎蓝花参

Wahlenbergia marginata (Thunb.) A. DC.

产于法者林场大厂至新发村(2600m，pH *et al.* 8913)，轿子山锅盖箐(2100m，Mao1342)；生于路边草地、斜坡沙地。

分布于云南全省各地；生于海拔2800m以下的丘陵、山坡草坡或疏林下。长江以南各省至陕西南部均有分布。日本、朝鲜、老挝、越南也有。

分布区类型：7

244. 半边莲科 Lobeliaceae

◎野烟

Lobelia seguinii Levl. et Van.

产于乌蒙乡团街(2800m，Zhang427)；生于林缘灌丛。

云南全省均有分布；生于海拔1100～3000m的山坡疏林、林缘、路边灌丛中、溪沟旁。四川、贵州、湖北、广西、台湾等也有分布。

分布区类型：15－3－b

◎红雪柳

Lobelia taliensis Diels

产于法者林场大厂至新发村(2600m，pH *et al.* 8908)；生于路边灌丛。

分布于云南的西部、西北至西南部(大理、丽江、永胜、保山、腾冲)；生于海拔1780～2600(～3000)m的水沟边、路边灌丛中。湖南有产。缅甸也有分布。

分布区类型：14－1

249. 紫草科 Boraginaceae

◎柔弱斑种草

Bothriospermum zeylanicum (J. Jacquin) Druce

产于轿子山大兴厂(2700m，Mao1145)；生于斜坡沙石地。

分布于云南的禄劝、昆明、麻栗坡、广南、河口、勐腊、沧源、景东、宁蒗；生于海拔230～2700m的草地、路边、田边或稀林下。我国西南、华南、长江中下游各省、台湾及东北广布。阿富汗、印度、印度尼西亚、日本、哈萨克斯坦、韩国、吉尔吉斯斯坦、巴基斯坦、俄罗斯、塔吉克斯坦、土库曼斯坦、乌兹别克斯坦、越南等国家和地区也有。

分布区类型：11

◎倒提壶

Cynoglossum amabile Stapf et J. R. Drummond

产于乌蒙乡普渡河边(1140m，Mao1276)；生于河边草地。

分布于云南的禄劝、云龙、永德、贡山、兰坪、中甸、德钦、丽江及中部、东部；生于海拔1100～3600m的林下、灌丛下、草地、路旁。甘肃南部、贵州西部、四川西部、西藏东南部及西藏西南部亦有分布。不丹也有。

分布区类型：14－1

◎琉璃草

Cynoglossum furcatum Wall.

产于禄劝转龙镇(2600m，Zhang289)；生于开阔林下。

分布于甘肃南部、河南、陕西、江苏、浙江、四川、贵州、广东、广西、云南、海南；生于海拔300～3000m的向阳山坡或林缘草甸。阿富汗、印度、日本、马来西亚、菲律宾、泰国、越南也有分布。

分布区类型：7

◎小花琉璃草

Cynoglossum lanceolatum Forsskål

产于转龙(2600m，Zhang289)；生于疏林下。

分布于云南中、西北、西和南部；生于海拔120～2600m的林下、灌丛下、山坡草地和路边。福建、甘肃、广东、广西、台湾、浙江、海南、湖南、河南、湖南、江苏、江西、四川、贵州、陕西。柬埔寨、印度北部、克什米尔地区、老挝、马来西亚、缅甸、尼泊尔、巴基斯坦、菲律宾、斯里兰卡、泰国北部；西亚和西南亚；非洲也有。

分布区类型：10

◎**倒钩琉璃草(变种)**

Cynoglossum wallichii G. Don var. *glochidiatum* Wall. ex Benth.

产于板山沟(3000m,JZ30-21);生于山坡草地。

分布于云南东川、永德、丽江、中甸、德钦、贡山、兰坪;生于海拔 2800~3600m 的高山草地或林下。甘肃南部、青海、四川北部和西南部、西藏南部有产。阿富汗、不丹、印度、克什米尔地区、缅甸、尼泊尔、巴基斯坦也有。

分布区类型:14-1

◎**宽叶假鹤虱**

Hackelia brachytuba (Diels) I. M. Johnston

产于大海至马鬃岭途中(3500m,pH *et al.* 9053、9058),轿子山大羊窝(3250m,pH *et al.* 9261);生于林下沟边、林缘草地。

分布于云南的东川、西北部;生于海拔 2800~4200m 的林下、灌丛下或草坡;四川西部及西藏东南部也有。

分布区类型:15-3-a

◎**异型假鹤虱**

Hackelia difformis (Y. S. Lian et J. Q. Wang) Riedl

产于轿子山大羊窝(3250m,pH *et al.* 9262);生于林下沟边。

分布于云南的禄劝;生于海拔 3250m 的林下、灌丛下或草坡。四川、西藏也有。

分布区类型:15-3-a

◎**卵萼假鹤虱**

Hackelia uncinatum (Bentham) C. E. C. Fischer

产于禄劝乌蒙乡轿子山(3600m,Mao1086);生于山谷湿润处。

分布于云南西北部、西藏南部;生于海拔 2700~4500m 的林下草地或潮湿山坡。不丹、印度、巴基斯坦也有分布。

分布区类型:14-1

◎**大孔微孔草**

Microula bhutanica (T. Yamazaki) H. Hara

产于东川大海滴水岩至红溜口(3200m,ETNEY232);生于草地。

分布于云南的德钦、维西、中甸、会泽;生于海拔 2600~4100m 的林下草坡。四川西南部也产。不丹也有分布。

分布区类型:14-1

◎**丽江微孔草**

Microula forrestii (Diels) I. M. Johnston

产于九龙沟(3000m,JZ187);生于山坡草地。

分布于云南东川、丽江、鹤庆;生于海拔3200~4000m 的草坡或路旁。

分布区类型:15-2-b

◎**鹤庆微孔草**

Microula myosotidea (Franch.) I. M. Johnston

产于大风丫口(3905,JZ23-21);生于多石山坡草地。

分布于云南的东川、会泽、鹤庆、中甸、丽江;生于海拔 3300~3400m 的草地。

分布区类型:15-2-b

◎**长叶微孔草**

Microula trichocarpa (Maxim.) I. M. Johnston

产于白石岩(4000m,Liu Ende *et al.* 2099);山坡草甸、灌丛。

分布于云南的东川(新纪录);生于海拔 4000m。甘肃、青海东部、陕西、四川也产;生于海拔 2400~3600m 的林下、溪边。

分布区类型:15-3-c

◎**勿忘草**

Myosotis alpestris F. W. Schmidt

产于轿子山哈依垭口(3000m,Mao981);生于山谷草坡潮湿。

分布于云南的禄劝、维西、中甸、丽江、碧江;生于海拔 3000~4200m 的林下或山坡草地。我国南北广布。亚洲温带其他地区、欧洲、北美亦有。

分布区类型:8

◎**湿地勿忘草**

Myosotis caespitosa C. F. Schultz

产于禄劝乌蒙乡轿子山马脖子崖(3600m,Mao1087);生于山谷。

分布于云南的西北部;生于海拔 2000~2900m 的潮湿草地。甘肃、新疆、河北、东北也产。亚洲温带、欧洲、北非和北美也有分布。

分布区类型:8

◎**皿果草**

Omphalotrigonotis cupulifera (I. M. Johnston) W. T. Wang

产于炉拱山至九龙(3200m,pH *et al.* 8083);生于山坡草地、林缘。

分布于云南的东川;生于海拔 3200m 的草坡、林缘。安徽、广西北部、湖南、江西、浙江有产。

分布区类型:15-3-b

◎**露蕊滇紫草**

Onosma exsertum Hemsl.

产于法者林场大厂林区附近(2760m,pH *et al.* 8955);生于山坡草地、水沟边。

分布于云南的东川、中甸、鹤庆、大理、楚雄、蒙自;生于海拔 1120~2800m 的草坡、灌丛下和松栎林下。贵州、四川也产。

分布区类型:15-3-a

◎滇紫草

Onosma paniculatum Bureau et Franch.

产于禄劝乌蒙乡(2800m,Zhang433);生于山坡。

分布于云南的西北部;生于海拔 2000~2900m 的潮湿草地。甘肃、新疆、河北、东北也产。亚洲温带、欧洲和北美也有分布。

分布区类型:8

◎虫实附地菜

Trigonotis corispermoides C. J. Wang

产于轿子山大羊窝(3360m,pH *et al.* 9562);生于山坡草地、水沟边。

分布于云南的东川、禄劝;生于海拔 3300~4100m 的草坡。四川(马尔康也有)。

分布区类型:15-3-a

◎细梗附地菜

Trigonotis gracilipes I. M. Johnston

产于轿子山(3930m,JZ15-34);生于山坡草地、水沟边。

分布于云南的禄劝、维西、德钦、丽江、中甸、贡山;生于海拔 2300~4100m 的草坡;四川西南部和西藏东南部也有。

分布区类型:15-3-a

◎毛脉附地菜

Trigonotis microcarpa (de Candolle) Bentham ex C. B. Clarke

产于乌蒙乡卡机(2100m,Mao1347);生于溪旁草地。

广布于云南西部、中部和南部;生于海拔 1300~2200(~2850)m 的林下、灌丛下、草坡或路边。广西、贵州西南部、西藏南部和东南部亦有分布。不丹、印度、日本、哈萨克斯坦、尼泊尔、俄罗斯也有。

分布区类型:14

◎附地菜

Trigonotis peduncularis (Trev.) Benth. ex Baker et S. Moore

产于乌蒙至雪山乡途中碑根大地(2335m,08CS101),雪山乡白家洼(2760m,pH *et al.* 9706);生于路边、沟边、草地。

分布于云南的禄劝、永德、景东、寻甸、昆明、易门、丽江、兰坪、漾濞、广南、砚山;生于海拔 1200~2300m 的草坡、林下、水沟边、田边。东北、安徽、广东、广西、河北、江苏、贵州、江西、陕西、山西、四川、新疆及西藏均有分布。欧洲东部、亚洲温带也有。

分布区类型:10

249a. 粗糠树科 Ehretiaceae

◎西南粗糠树

Ehretia corylifolia C. H. Wright

产于乌蒙乡摆夷召大桥(1980m,Mao1219),转亮子(1600m,Mao1289);生于斜坡沙地湿润处、山坡干燥。

分布于云南的禄劝、西北部、中部、东南部和西部;生于 800~3000m 的林下、灌丛下、林缘、路旁。

分布区类型:15-2-e

250. 茄科 Solanaceae

◎喀西茄

Solanum aculeatissimum Jacq.

产于禄劝中屏乡普渡河苏铁保护区(1170m,pH *et al.* 9888);生于路边密林中。

分布于云南除东北部和西北部以外的大部分地区,多见于海拔 1300~2300m 的沟边、路旁、灌丛、草坡等。广西、福建、贵州、湖南、江西、四川、西藏、浙江等省区也有分布。热带亚洲、非洲广布。

分布区类型:2

◎假烟叶树

Solanum erianthum D. Don

产于普渡河苏铁保护点(1170m,pH *et al.* 9848);生于河谷灌丛、山坡路边。

云南几乎全省有分布;常见海拔 300~2100m 的荒山荒地及沟边林缘。福建、广东、广西、贵州、海南、四川、台湾、西藏(察隅)也有。广泛分布于热带亚洲、大洋洲、美洲。

分布区类型:2

◎白英

Solanum lyratum Thunb.

产于禄劝乌蒙乡第二村天生桥(2100m,Mao1325);生于山谷干燥处。

分布于云南除西南以外的大部分地区,多生于海拔 1100~2800m 的山谷草地或路旁。甘肃、陕西、河南、山东至江南各省也见。日本、朝鲜、琉球群岛、中南半岛也有。

分布区类型:7

251. 旋花科 Convolvulaceae

◎**白藤**

Dinetus decorus (W. W. Smith) Staples

产于轿子山(3500m, Zhang 512),乌蒙乡摆夷召大桥(1960m, Mao 1197);生于山谷密林中,斜坡溪旁灌丛。

分布于云南禄劝、寻甸、嵩明;生于海拔 1960 ~ 3500m 的山坡灌丛或林缘。四川南部有产。印度东北部、缅北也有。

分布区类型:14 - 1

◎**山土瓜**

Merremia hungaiensis (Lingelsheim et Borza) R. C. Fang

产于转龙甸尾至老君山(2100m, Mao1436);生于山谷斜坡湿润处。

分布于云南的大部分地区;生于海拔 1200 ~ 3200m 的草坡、山坡灌丛或松林下。贵州、四川也有。

分布区类型:15 - 3 - a

252. 玄参科 Scrophulariaceae

◎**鞭打绣球**

Hemiphragma heterophyllum Wall.

产于轿子山各坡(2300 ~ 4100m, pH *et al*. 9005、9319);生于山坡草地、林缘、林下。

分布于云南的全省各地(除河谷地区);生于海拔 1800 ~ 3500(~ 4100)m 的高山草坡、灌丛、林缘、竹林、裸露岩石、沼泽草地、湿润山坡。西藏、四川、贵州、陕西、甘肃、湖北、台湾、福建、浙江有分布。尼泊尔、锡金、不丹、印度(阿萨姆)、菲律宾、泰国北部、印度尼西亚(苏拉威西)也有。

分布区类型:7 - 1

◎**钟萼草**

Lindenbergia philippensis (Cham.) Benth.

产于禄劝中屏乡普渡河苏铁保护区(1200m, Liu Ende *et al*. 2085);生于河边密林中。

分布于云南的巧家、昆明、玉溪、屏边、元阳、大理、景东、勐腊;生于海拔 1200 ~ 2600m 的山坡、岩石缝、墙角。贵州、广西、广东、湖北、湖南也有。印度、菲律宾、柬埔寨、老挝、缅甸、越南也产。

分布区类型:7

◎**多枝通泉草(变种)**

Mazus pumilus (N. L. Burn) Steenis var. *delavayi* (Bonati) C. Y. Wu

产于轿子山大兴厂(2660m, Mao883);生于溪旁草地。

分布于云南的禄劝、永德、澜沧、镇康、大理、中甸;生于海拔 1500 ~ 3200m 的沟边、湖边和草地上。四川西部有分布。锡金、尼泊尔、不丹、印度西北部及克什米尔地区也有。

分布区类型:14 - 1

◎**大萼通泉草(变种)**

Mazus pumilus (N. L. Burn) Steenis var. *macrocalyx* (Bonati) Yamazaki

产于轿子山大兴厂(2700m, Mao1143);生于山坡草地。

分布于云南的禄劝、砚山、富民、景东、宁蒗、贡山;生于海拔 1200 ~ 2600m 的路旁,溪边及砂石地上。陕西、四川、广西、广东及台湾也有。

分布区类型:15 - 3 - b

◎**滇川山罗花**

Melampyrum klebelsbergianum Soó

产于禄劝转龙镇至马鹿山(2200m, Mao1433);生于斜坡。

分布于云南的禄劝、嵩明、玉溪、宾川、易门、大理、洱源、丽江、维西、德钦;生于海拔 1200 ~ 3200m 的山坡草丛或杂木林中。贵州、四川南部也有。

分布区类型:15 - 3 - a

◎**沟酸浆(原变种)**

Mimulus tenellus Bunge

产于禄劝乌蒙乡 (2800m, Zhang435);沟边。

分布于云南的除西双版纳、思茅以外的大部分地区;生于海拔 600 ~ 3400m 的路旁、溪边潮湿处。西藏、甘肃、湖北、湖南、河南、江苏、浙江、贵州、四川南部及台湾也产。越南、尼泊尔、印度北部和日本也有。

分布区类型:7

◎**尼泊尔沟酸浆(变种)**

Mimulus tenellus Bunge var. *nepalensis* (Benth.) Tsoong

产于乌蒙乡团街(2800m, Zhang435);生于林缘沟边。

分布于云南的禄劝、云龙、永德、凤庆、景东、镇雄、寻甸、广南、富宁、文山、屏边、蒙自、西畴、峨山、嵩明、昆明、师宗、富民、大理、绿春、保山、丽江、中甸、贡山、泸水;生于海拔 600 ~ 3400m 的路旁、溪边潮湿处及山坡岩石上。西藏、甘肃、四川、贵州、湖北、湖南、河南、江苏、浙江及台湾有也有。亦见于越南、尼泊尔、印度(阿萨姆)和日本。

分布区类型:14

◎**狐尾马先蒿**

Pedicularis alopecuros Franch.

产于法者林场沙子坡林区至邓家山(2850m, ETNEY512、pH *et al.* 8828),炉拱山至九龙(3300m, pH *et al.* 8132),雪山乡白家洼(2900m, pH *et al.* 9687);生于箭竹林下、林缘灌丛、路边、草坡。

分布于云南的东川、巧家、会泽、永善、丽江、宁蒗、兰坪、中甸、鹤庆、大姚;生于海拔 2300 ~ 4000m 的山坡、草地。四川西南部也有。

分布区类型:15 - 3 - a

◎**丰管马先蒿**

Pedicularis amplituba H. L. Li

产于东川舍块乡火石梁子白石崖妖精塘(4030m, Liu Ende *et al.* 2129);生于高山草坡上。

分布于云南的东川、永德;生于海拔 3500 ~ 4030m 的多石山坡。

分布区类型:15 - 2 - d

◎**狭唇马先蒿**

Pedicularis angustilabris Li

产于白石崖(4000m, pH *et al.* 8682);生于高山草甸。

分布于云南东川、丽江、中甸;生于海拔 3000 ~ 4000m 的高山草地。四川西部也有。

分布区类型:15 - 3 - a

◎**俯垂马先蒿**

Pedicularis cernua Bonati

产于轿子山轿顶(4223m, pH *et al.* 9456);生于多石草坡。

分布于云南的禄劝、德钦、贡山、福贡;生于海拔 3800 ~ 4000m 的高山草甸。四川西南部也有。

分布区类型:15 - 3 - a

◎**康泊东叶马先蒿**

Pedicularis comptoniaefolia Franch. et Maxim.

产于腰棚子林区(2890m, pH *et al.* 8472);生于林缘灌丛。

分布于云南的东川、昆明、宜良、永善、丽江、中甸、鹤庆、腾冲、大理、洱源、宾川;生于海拔 2400 ~ 3000m 的山坡草丛、灌丛中。四川西南部、西藏有产。缅甸也有。

分布区类型:14 - 1

◎**聚花马先蒿**

Pedicularis confertiflora Prain

产于火石梁子小海梁子(3900m, pH *et al.* 8567),轿子山轿顶(4223m, pH *et al.* 9435);生于草坡、多石草甸。

分布于云南的东川、昆明、会泽、昭通、丽江、中甸、维西、贡山、大理、洱源、鹤庆、宾川;生于海拔 2700 ~ 4420m 的山坡草地、路边。川西南、西藏东南部有产。东喜马拉雅向西一直到尼泊尔东部都有。

分布区类型:14 - 1

◎**舟形马先蒿**

Pedicularis cymbalaria Bonati

产于法者林场大海至马鬃岭(3600m, pH *et al.* 8999、9049),轿子山大马路(3400m, pH *et al.* 9536、9578),书姑至马鬃岭梁子刺栎坪(3300m, pH *et al.* 9804);生于林缘灌丛、草地、草坡、栎类林下。

分布于云南东川、中甸、德钦;生于海拔 3400 ~ 4300m 的高山草甸、岩石山坡。四川西南部也有。

分布区类型:15 - 3 - a

◎**三角叶马先蒿**

Pedicularis deltoidea Franch.

产于法者林场沙子坡林区至大厂(3250m, ETNEY813),轿子山大羊窝(3250m, pH *et al.* 9623B);生于箭竹林下、草坡。

分布于云南的东川、会泽、巧家、丽江、中甸、贡山、福贡、大理、兰坪、鹤庆;生于海拔 2600 ~ 3300m 的高山草甸。四川西南部也有。

分布区类型:15 - 3 - a

◎**密穗马先蒿**

Pedicularis densispica Franch.

产于白石崖(4000m, pH *et al.* 8703),法者林场干箐垭口(3130m, pH *et al.* 8849),轿子山何家村(2800m, Mao965),炉拱山至九龙(3000m, pH *et al.* 8022);生于山坡林缘草地。

分布于云南东川、禄劝、巧家、丽江、中甸、德钦、大理、漾濞、洱源、鹤庆、维西、大姚;生于海拔 1880 ~ 4400m 的山坡草地、灌丛中。四川西部、西藏东南部。

分布区类型:15 - 3 - a

◎**细裂叶马先蒿**

Pedicularis dissectifolia Li

产于轿子山大羊窝(3250m, pH *et al.* 9544),九龙沟(2900m, pH *et al.* 8258);生于林缘灌丛、草地、草坡。

分布于云南的东川、禄劝、大理;生于海拔 2000 ~ 3250m 的草坡。四川西南部也有。

分布区类型:15 - 3 - a

◎**中华纤细马先蒿**

Pedicularis gracilis Wall. ssp. *sinensis* (Li) Tsoong

产于法者林场沙子坡林区至大厂途中大校场(3000m,ETNEY816),炉拱山至九龙(3000m,pH *et al.* 8133);生于林缘草坡、灌丛。

分布于云南的东川、昆明、嵩明、大关、镇雄、巧家、云龙、永德、镇康、凤庆、临沧、景东、昭通、宣威、德钦、丽江、维西、泸水、贡山、福贡、兰坪、大理、鹤庆、漾濞、玉溪、潞西、文山、峨山、蒙自、建水;生于海拔 2200 ~ 3450m 的山坡草地、林缘、沟谷溪边。四川西南部也有分布。

分布区类型:15 - 3 - a

◎**鹤首马先蒿**

Pedicularis gruina Franch. ex Maxim.

产于禄劝转龙镇(2600m, Zhang 301);生于开阔林下。

分布于云南的大理、维西、丽江、鹤庆、宾川;生于海拔 2600 ~ 3300m 的高山草甸中。四川西南部也有。

分布区类型:15 - 3 - a

◎**拉氏马先蒿**

Pedicularis larbodei Vaniot ex Bonati

产于法者林场抱水井垭口(3180m, pH *et al.* 8944a),轿子山大羊窝(3250m, pH *et al.* 9613、9623);生于林缘灌丛、山坡草地。

分布于云南的东川、禄劝、嵩明、大姚、丽江、漾濞、镇雄;生于海拔 2800 ~ 3500m 的草地、溪边、灌丛中。贵州西北部、四川西南部也有。

分布区类型:15 - 3 - a

◎**沙坝马先蒿**

Pedicularis maxonii Bonati

产于轿子山大羊窝(3300m, pH *et al.* 9542);生于草坡。

分布于云南禄劝、丽江、永胜;生于海拔 3000 ~ 3300m 的高山草甸。

分布区类型:15 - 2 - b

◎**小唇马先蒿**

Pedicularis microchila Franch. ex Maxim.

产于白石崖(4200m, pH *et al.* 8644、8678);生于多石山坡草地、岩石缝。

分布于云南的东川、贡山、中甸、德钦;生于海拔 2750 ~ 4000m 的开阔草地,山溪边。四川西南部也有。

分布区类型:15 - 3 - a

◎**尖果马先蒿**

Pedicularis oxycarpa Franch.

产于白石崖(4100m, pH *et al.* 8707);生于山坡草地。

分布于云南的东川、会泽、永善、巧家、丽江、中甸、鹤庆、贡山、兰坪、大理、洱源、昆明、彝良;生于海拔 2800 ~ 4360m 的高山草地、路旁、溪边。四川西南部,贵州也有。

分布区类型:15 - 3 - a

◎**大王马先蒿**

Pedicularis rex C. B. Clarke

产于轿子山新山垭口(2772, 08CS116, pH *et al.* 9572、9793),炉拱山至九龙(3300m, pH *et al.* 8031、8981a);生于林缘灌丛、山坡草地。

分布于云南的东川、禄劝、云龙、永德、临沧、景东、昭通、巧家、丽江、维西、中甸、德钦、福贡、腾冲、大理、洱源、漾濞、宾川、昆明、大姚、峨山;生于海拔 2500 ~ 4300m 的高山草甸、稀疏针叶林、灌丛下。四川西南部、西藏东南部有分布。印度北部、缅甸北部也有。

分布区类型:14 - 1

◎**丹参花马先蒿**

Pedicularis salviaeflora Franch. ex Forb. et Hemsl.

产于九龙沟(3100m, pH *et al.* 8138);生于林缘灌丛。

分布于云南的东川、巧家、丽江、中甸、德钦、贡山、大理、鹤庆、洱源、昆明、富民、文山、景东;生于海拔 1970 ~ 3600m 的草坡、林缘、溪边。四川西部和西南部、贵州也有。

分布区类型:15 - 3 - a

◎**台式管花马先蒿**

Pedicularis siphonantha Don var. *delavayi* (Franch. ex Maxim.) Tsoong

产于白石崖(4200m, pH *et al.* 8655),法者林场马鬃岭至大海(3500m, pH *et al.* 9037),轿子山大坪子至一线天(3300m, pH *et al.* 9267);生于多石草坡、岩石上。

分布于云南的东川、丽江、德钦、维西,生于海拔 3100 ~ 4500m 的高山草地、灌丛或冷杉林下。四川也有。

分布区类型:15 - 3 - a

◎**史氏马先蒿**

Pedicularis smithiana Hand. - Mazz.

产于法者林场沙子坡林区至大厂途中(2950m,

ETNEY806)，九龙沟(3000m，pH *et al.* 8285)；生于冷杉箭竹林下、草坡。

分布于云南的东川、会泽、丽江、中甸、德钦；生于海拔3000～4000m的山坡草地、冷杉林或箭竹林下。四川西部也有。

分布区类型:15－3－a

◎黑毛狭盔马先蒿(变种)

Pedicularis stenocorys Franch. subsp. *melanotricha* P. C. Tsoong

产于东川舍块乡火石梁子白石崖(4150m，Liu Ende *et al.* 2091)；生于高山草甸。

分布于云南的东川(云南新记录)；生于海拔4200m左右的高山草甸、灌丛；四川西部也有。

分布区类型:15－3－a

◎纤裂马先蒿

Pedicularis tenuisecta Franch. ex Maxim.

产于轿子山(2600m，Zhang328)；生于山坡草地。

分布于云南的禄劝、丽江、香格里拉(中甸)、德钦、维西、贡山、兰坪、大理、漾濞、剑川、鹤庆、宾川、昆明、嵩明、禄丰、寻甸、楚雄、峨山、景东；生于海拔1500～3660m的草坡、松林林缘、箐边、路边。分布于四川西南部、贵州西部。老挝也有分布。

分布区类型:7－4

◎松蒿

Phtheirospermum japonicum (Thunb.) Kanitz

产于乌蒙乡团街(2100m，Zhang430)；生于山坡草地。

分布于云南的昆明、禄劝、富民、峨山、新平、楚雄、大理、丽江、鹤庆、漾濞、洱源、香格里拉(中甸)、德钦、贡山、福贡、西畴、砚山、彝良，镇雄；生于海拔1500～3000m山坡灌丛草坡，阳处松林下，碎石堆上，江边草地。我国除新疆、青海外，各省区均有分布。日本、朝鲜、俄罗斯远东地区、不丹、尼泊尔也有。

分布区类型:14

◎细裂叶松蒿

Phtheirospermum tenuisectum Bur. et Franch.

产于法者林场大厂至新发村(2600m，pH *et al.* 8915)，法者林场场部至沙子坡林区老纸厂(2850m，ETNEY458)，轿子山新山垭口(2772m，08CS114)，炉拱山至九龙(3000m，pH *et al.* 8004)；生于林缘草地、路边灌丛、山坡路边。

分布于云南的东川、禄劝、云龙、永德、昆明、嵩明、安宁、姚安、峨山、大姚、大理、漾濞、洱源、鹤庆、丽江、中甸、德钦、维西、福贡、贡山、腾冲、景东、屏边、马关、蒙自、巧家；生于海拔1800～3650m的山坡松林、灌丛、河谷路旁、荒坡乱石堆、草坡、田边。四川、贵州、西藏、青海也有。

分布区类型:15－3－c

◎杜氏翅茎草

Pterygiella duclouxii Franch.

产于东川舍块乡炉拱山(3200m，pH *et al.* 8012)；生于路边密林中。

分布于云南的东川、昆明、石林、文山、蒙自、元阳、景东、大理、洱源、丽江、中甸、兰坪；生于海拔630～2600m的山坡灌丛和混交林中。四川、广西也有。

分布区类型:15－3－a

◎大花玄参

Scrophularia delavayi Franch.

产于轿子山石膏菜坪子(3500m，Mao998)；生于山坡灌丛。

分布于云南的禄劝、漾濞、大理、福贡、腾冲、丽江、香格里拉(中甸)；生于海拔2800～3900m的山坡草地、云杉林下岩石缝中。四川西南部也有分布。

分布区类型:15－3－a

◎重齿玄参

Scrophularia diplodonta Franch.

产于轿子山大黑箐至轿顶(3900m，pH *et al.* 9265b)，马鬃岭梁子(4012m，pH *et al.* 9773、9822)；生于高山草甸、溪旁灌丛。

分布于云南的禄劝、丽江、漾濞、大理、福贡、鹤庆；生于海拔3000～3600m的山坡草地或杂木林下。

分布区类型:15－2－b

◎高玄参

Scrophularia elatior Pax et Hoffm.

产于轿子山(2600m，Zhang0321)；生于林下。

分布于云南的禄劝、兰坪、景东、昆明；生于海拔2000～3000m的山坡、草地、溪边灌丛中。分布于西藏南部。尼泊尔，锡金也有分布。

分布区类型:14－1

◎大果玄参

Scrophularia macrocarpa Tsoong

产于轿子山尖峰关(3000m，Mao921)，腰棚子林区(2780m，pH *et al.* 8518)；生于山坡灌丛、林缘灌丛。

分布于云南的禄劝、东川；生于海拔3000m的山坡灌丛。川西南也有。

分布区类型:15－3－a

◎**中甸长果婆婆纳(变种)**

Veronica ciliata Fischer subsp. *zhongdianensis* D. Y. Hong

产于九龙沟(3000m,pH *et al.* 8439);生于林缘灌丛。

分布于东川、禄劝、会泽、宾川、勐腊、丽江、维西、香格里拉(中甸)、德钦;生于海拔 3100 ~ 4400m 的高山草甸及林缘。四川西部和西藏东南部亦产。

分布区类型:15 – 3 – a

◎**疏花婆婆纳**

Veronica laxa Benth.

产于法者林场沙子坡至大厂(3000m, ETNEY814),轿子山大兴厂(2660m, Mao876),新山垭口(2772,08CS113),雪山乡白家洼(2900m,pH *et al.* 9684);生于草坡、路边草地、山谷溪旁、林缘灌丛。

分布于云南的东川、禄劝、绥江、大关、彝良、镇雄、巧家、会泽、云龙、永德、凤庆、大理、腾冲、兰坪、福贡、维西、罗平、文山、马关;生于海拔 950 ~ 3400m 的路旁、溪谷潮湿处及山坡林下。也分布甘肃东南部、四川、贵州、湖北、陕西、湖南及广西。日本、巴基斯坦、印度、克什米尔地区也有。

分布区类型:14

◎**蚊母草**

Veronica peregrina Linn.

产于东川二二二林场对面山上瞭望台(3310m, Liu Ende *et al.* 2153);生于高山草甸。

分布于云南东川、昆明、广南;生于海拔1500 ~ 3500m 的山坡草地或高山草甸。我国大部分地区也有。日本、朝鲜、俄罗斯、欧洲和北美也产。

分布区类型:10

◎**婆婆纳**

Veronica polita Fries

产于白石崖(4030m,pH *et al.* 8561);生于多石山坡草地。

分布于云南的东川、昆明、丽江;生于海拔约 2500m 的水边潮湿地。四川、贵州、湖北、陕西、甘肃、青海、新疆、河北、河南、湖南、江西、江苏、安徽、浙江和台湾也有。亚洲西南部地区也有分布。

分布区类型:14 – 1

◎**尖果婆婆纳**

Veronica rockii Li ssp. *stenocarpa* (Li) D. Y. Hong

产于白石崖(4200m,pH *et al.* 8692),炉拱山至九龙(2800m,pH *et al.* 8153、8350);生于多石山坡草地、林缘灌丛。

分布于云南的东川、德钦;生于海拔 2700 ~ 3000m 的山坡灌丛。川西南也有。

分布区类型:15 – 3 – a

◎**小婆婆纳**

Veronica serpyllifolia Linn.

产于法者林场干箐垭口(3130m, pH *et al.* 8869B),轿子山大兴厂(2660m, Mao878),新山垭口(2772,08CS115);生于林缘草地、山谷溪旁、路边草地。

分布于云南的东川、禄劝、会泽、彝良、云龙、贡山、福贡、中甸、德钦、维西、丽江、大理、漾濞、勐海、师宗;生于海拔 2000 ~ 3600m 的中山至高山湿润草甸、水沟边或岩坡上。西藏、四川、贵州、湖南、湖北、陕西、甘肃、吉林有产。北半球温带、热带和亚热带高山广布。

分布区类型:8

◎**多毛四川婆婆纳(变种)**

Veronica szechuanica Batal. ssp. *sikkimensis* (J. D. Hooker) D. Y. Hong

产于轿子山(4200m,Zhang564、568),大黑箐至轿顶(3900m,pH *et al.* 9265a);生于多石山坡、溪边灌丛、草地。

分布于云南的东川、禄劝、会泽、漾濞、福贡、丽江、香格里拉、德钦;生于海拔 3200 ~ 4500m 的高山草地及冷杉林下。分布于四川西部至西南部、西藏南部。锡金、不丹及印度西北部也有。

分布区类型:14 – 1

◎**美穗草**

Veronicastrum brumonicanum (Benth.) Hong

产于东川舍块九龙沟(2800m,pH *et al.* 8312、8158),法者林场沙子坡林区大横山至邓家山(2850m,ETNEY524);生于林缘灌丛、箭竹林下。

分布于云南的东川、禄劝、永德、大理、泸水、贡山、丽江、鹤庆、中甸、绥江、大关、彝良、巧家、昭通、镇雄、文山、屏边、蒙自;生于海拔 1500 ~ 3550m 的山谷、灌丛、湿草地及林下。贵州(梵净山、盘县)、四川(二郎山以东)、湖北西部、西藏(米林)有分布。尼泊尔、锡金也有。

分布区类型:14 – 1

253. 列当科 Orobanchaceae

◎**丁座草**

Boschniakia himalaica Hook. f. et Thoms.

产于轿子山大坪子至大黑箐(3300m,pH *et al.* 9370),新山垭口(2772m,08CS140),雪山乡白家洼

(2900m,pH *et al.* 9715);生于松林、冷杉林、高山栎、杜鹃灌丛下。

分布于云南的禄劝、云龙、贡山、福贡、中甸、德钦、维西、丽江、漾濞;生于海拔 2200 ~ 4500m(~4600m)的高山林下或灌丛,常寄生于杜鹃属植物的根上。西藏(察隅、芒康、波密、林芝、亚东、定日)、青海、四川(木里、西昌、德昌、盐源、得荣、乡城、稻城、九龙、芒康、康定、理县、汶川、金川、马尔康、茂汶、松潘)、甘肃、陕西、湖北、台湾均有产。锡金、印度北部也有。

分布区类型:14 – 1

256. 苦苣苔科 Gesneriaceae

◎泡叶直瓣苣苔

Ancylostemon bullatus W. T. Wang et K. Y. Pan

产于轿子山平箐至大羊窝途中(3230m,08CS033);生于石灰山岩缝中。

分布于云南的禄劝、罗平;生于海拔 2000 ~ 3230m 的石灰岩山岩缝中。

分布区类型:15 – 2 – a

◎粗筒苣苔

Briggsia kurzii (C. B. Clarke) W. E. Evans

产于法者林场抱水井垭口至大厂林区途中(3000m,pH *et al.* 8723);生于林下岩石缝中。

分布于云南的产东川、鹤庆、丽江、中甸;生于海拔 3000 ~ 3600m 的山地林中石上或树上。四川西南部有产。不丹、缅甸、锡金亦产。

分布区类型:14 – 1

◎西藏珊瑚苣苔

Corallodiscus lanuginosus (Wall. ex R. Brown) B. L. Burtt

产于炉拱山(3000m,pH *et al.* 8101、8323),普渡河苏铁保护小区(1170m,pH *et al.* 9916);生于河边岩石上、干旱河谷山坡岩石上。

分布于云南的禄劝、永德、贡山、德钦、丽江、中甸、维西、大理、鹤庆、洱源、大姚、昆明、寻甸;生于海拔 700 ~ 2800(~3000)m 的山地岩石上。广东北部、广西北部、贵州、河北、河南、湖北、湖南西北部、陕西、山西、四川、西藏有分布。不丹、印度北部、尼泊尔、锡金、泰国也有。

分布区类型:14 – 1

◎狭冠长蒴苣苔

Didymocarpus stenanthos C. B. Clarke

产于东川因民山黄草岭(2000m,蓝顺彬 85);生于石崖上。

分布于云南的东北部;生于海拔 700 ~ 2800m 的山谷峭壁或石山。四川西部、贵州也有分布。

分布区类型:15 – 3 – a

◎云南长蒴苣苔

Didymocarpus yunnanensis (Franch.) W. W. Smith

产于法者林场大厂至新发村途中(2600m,pH *et al.* 8898);生于多石山坡石下。

分布于云南的东川、楚雄、景东、宾川、洱源、大理、漾濞、龙陵、腾冲;生于海拔 1300 ~ 2600m 的山地林下岩石上。四川西部也有。

分布区类型:15 – 3 – a

◎橙黄马铃苣苔

Oreocharis aurantiaca Franch.

产于乌蒙至雪山途中碑根大地(2335m,08CS109);生于多石山坡石缝中。

分布于云南的禄劝、大姚、鹤庆、宾川、宁蒗、维西、丽江;生于海拔 1700 ~ 2400(~3000)m 的山地潮湿或干燥的石上或陡崖上。

分布区类型:15 – 2 – b

◎川滇马铃苣苔

Oreocharis henryana Oliver

产于乌蒙乡团街(2600m,Zhang472);生于多石山坡石缝中。

分布于云南的禄劝、大姚、寻甸、彝良,生于林下阴处石上,海拔 920 ~ 2800m;甘肃南部、四川也有。

分布区类型:15 – 3 – a

◎厚叶蛛毛苣苔

Paraboea crassifolia (Hemsl.) B. L. Burtt

产于轿子山天生桥(2100m,Mao1322);生于干燥石上。

分布于云南的禄劝、昆明、大理、师宗等;生于海拔 2100 ~ 2300m 的石上。贵州、湖南西、四川东南部也有。

分布区类型:15 – 3 – a

◎石蝴蝶

Petrocosmea duclouxii Craib

产于轿子山大兴厂(2600m,Mao849),团街至烂泥塘垭口(2550m,Mao1389);生于山谷溪旁、岩石上。

分布于云南的禄劝、昆明、富民、景东;生于海拔 2100 ~ 2600m 的石灰山岩石隙缝中或岩石上。

分布区类型:15 – 2 – a

◎**东川石蝴蝶**

Petrocosmea mairei Lévl.

产于因民黄草岭(2200m,蓝顺彬 55);生于林缘岩石上。

分布于云南的东川;生于海拔约 2600 ~ 2900m 的山地石上。四川西南部(峨边)也有。

分布区类型:15 – 3 – a

◎**长冠苣苔**

Rhabdothamnopsis sinensis Hemsl.

产于乌蒙乡摆夷召大桥(1960m,Mao1199),乌蒙至雪山途中碑根大地(2335m,08CS112);生于干燥山坡疏林中、多石山坡岩缝中。

分布于云南的禄劝、昆明、楚雄、会泽、永德;生于海拔(1600 ~)2000(~ 2550)m 的山地林内。贵州西部、四川西部和四川西南部也有。

分布区类型:15 – 3 – a

257. 紫葳科 Bignoniaceae

◎**两头毛**

Incarvillea arguta (Royle) Royle

产于九龙沟(3100m,pH *et al.* 8069);生于山坡灌丛。

分布于云南东北部、东部、中部至西部、西北部;生于海拔 1400 ~ 2700(~ 3400) m 地区,澜沧江、金沙江流域的干热河谷地带,路边、灌丛中。四川东南部、贵州西部及西北部、甘肃、西藏亦产。印度及喜马拉雅山区各地也有。

分布区类型:14 – 1

◎**单叶波罗花**

Incarvillea forrestii Fletcher

产于书姑至马鬃岭梁子大崖头(3358m,pH *et al.* 9808),腰棚子林区(2890m,pH *et al.* 8522);生于林缘草地。

分布于云南东川、禄劝、中甸、维西;生于海拔 3040 ~ 3358m 的高山多石草坡。四川也有。

分布区类型:15 – 3 – a

◎**鸡肉参**

Incarvillea mairei (Lévl.) Grierson

产于九龙沟(3000m,pH *et al.* 8273);生于多石山坡草地。

分布于云南的东川、丽江、中甸、永胜、鹤庆、洱源、盐丰;生长于海拔 2400 ~ 3655m 的高山草坡。四川、西藏也有。

分布区类型:15 – 3 – a

259. 爵床科 Acanthaceae

◎**假杜鹃**

Barleria cristata Linn.

产于普渡河苏铁保护小区(1170m,pH *et al.* 9851);生于山坡路边灌丛。

分布于云南的禄劝、元江、蒙自、景东、丽江、宾川、鹤庆;生于海拔 700 ~ 1200m 的山坡、路旁或疏林下阴处,也可生于干燥草坡或岩石中。分布于福建、台湾、广东、海南、广西、四川、贵州和西藏等省区。中南半岛、印度也有。

分布区类型:7 – 2

◎**金江鳔冠花**

Cystacanthus yangzekiangensis (Levl.) Rehd.

产于禄劝中屏乡普渡河苏铁保护区(1200m, Liu Ende *et al.* 2081);生于斜坡密林中。

分布于云南的金沙江及其支流边上。

分布区类型:15 – 2 – b

◎**滇鳔冠花**

Cystacanthus yunnanensis W. W. Smith

产于普渡河苏铁保护小区(1170m,pH *et al.* 9876);生于山坡路边灌丛。

分布于云南的禄劝、昆明、嵩明、大姚、宾川、洱源、大理、龙陵、勐海。

分布区类型:15 – 2 – d

◎**爵床**

Rostellularia procumbens (Linn.) Nees

产于普渡河苏铁保护小区(1170m,pH *et al.* 9943);生于山坡路边灌丛。

分布于云南的禄劝、大理、昆明、凤庆、西畴、屏边、蒙自、楚雄、景东、景洪、勐腊、勐海、砚山、罗平;生于海拔 2200 ~ 2400m 的山坡林间草丛中,为习见野草。我国秦岭以南,东至江苏、台湾、南至广东、西南至云南、西藏(吉鲁)广泛分布。

分布区类型:15 – 3 – b

◎**耳叶马蓝**

Strobilanthes auriculatus (Wall.) Nees

产于轿子山(2600m, Zhang348);生于杂木林下。

分布于云南的禄劝、永德、思茅、景洪;生于海拔 200 ~ 3500m 的林缘、山坡灌丛。广西有产。孟加拉国、印度、喜马拉雅山区以及中南半岛也有。

分布区类型:7 – 1

263. 马鞭草科 Verbenaceae

◎**香莸**

Caryopteris bicolor (Roxb. ex Hard.) Mabb.

产于普渡河苏铁保护点(1308m,JZ101 - 54);生于干旱河谷灌丛。

分布于云南的禄劝普渡河金沙江支流河谷;生于海拔 900 ~ 2000m 的干燥山坡。不丹、印度北部(旁遮普)、尼泊尔也有。

分布区类型:14 - 1

◎**短蕊大青**

Clerodendrum brachystemon C. Y. Wu et R. C. Fang

产于禄劝转龙镇(2000m,李恒,陈介,俞宏渊 980m);生于山坡路旁。

分布于云南的禄劝、西双版纳等地;生于海拔 2000m 以下的山谷疏林湿润处。西藏墨脱也有。

分布区类型:7 - 3

◎**臭牡丹**

Clerodendrum bungei Stued.

产于汤丹至法者途中(2396m,pH *et al.* 8539),雪山乡白家洼(2600m,pH *et al.* 9710);生于路边灌丛。

分布于云南的东川、禄劝、禄丰、昆明、永德、维西、中甸、丽江、腾冲、漾濞、大理、屏边、麻栗坡、文山、砚山、盐津等地;生于海拔(520)1300 ~ 2600m 的山坡杂木林缘或路边。华北、陕西至江南各省都有。越南北部也有。

分布区类型:7 - 4

◎**滇常山**

Clerodendrum yunnanense Hu ex Hand. - Mazz.

产于轿子山(2700m,Mao784);生于山谷斜坡沙地。

分布于云南的禄劝、云龙、永德、镇康、贡山、泸水、兰坪、丽江、宾川、大理、剑川、漾濞、勐海、双柏、峨山、昆明、马龙、盐津、文山;生于海拔 2000m 以下的山坡林缘、路边灌丛。四川也有分布。

分布区类型:15 - 3 - a

◎**草坡豆腐柴**

Premna steppicola Hand. - Mazz.

普渡河支流(1308m,JZ728);生于干旱河谷灌丛。

分布于云南的禄劝、永胜、华坪、宾川的金沙江河谷;生于海拔 1300 ~ 1500m 的山坡灌丛中。四川西南部(会理,1925m)金沙江边亦有。

分布区类型:15 - 3 - a

◎**马鞭草**

Verbena officinalis Linn.

产于法者林场大厂至新发村途中(2600m,pH *et al.* 8904);生于路边。

分布于云南全省各地;生于海拔(350 ~)500 ~ 2500(~ 2900)m 的荒地上。安徽、福建、甘肃、江苏、江西、陕西、山西、新疆、浙江都有分布。广布于全球温带和亚热带地区。

分布区类型:1

◎**黄荆**

Vitex negundo Linn.

产于普渡河保护区(1170m,pH *et al.* 9869);生于干旱河谷、山坡灌丛。

分布于云南东南部至西北部;生于海拔 100 ~ 2500m 的次生混交林中或高山灌丛中。我国长江以南各省,北达秦岭、淮河均产。从热带非洲经马尔加什、叙利亚、巴基斯坦、印度、斯里兰卡、印度支那至太平洋西部群岛;南美玻利维亚亦有归化。

分布区类型:6

◎**微毛布惊(变种)**

Vitex quinata (Lour.) Williams *var. puberula* (Lam.) Moldenke

产于普渡河苏铁保护区(1170m,pH *et al.* 9899);生于干旱河谷、山坡灌丛。

分布于云南东南部至西南部海拔 650 ~ 1700m 的混交林中,西双版纳尤为常见。

分布区类型:15 - 2 - d

◎**黄毛牡荆**

Vitex vestita Wallich ex Schauer

产于普渡河苏铁保护小区(1170m,pH *et al.* 9864);生于干旱河谷、山坡灌丛。

分布于云南西南、东南至南部,海拔 580 ~ 1400(~ 1750)m 的干燥灌丛及疏林下常见。印度东北部(阿萨姆)、缅甸(掸邦)、泰国、中南半岛、马来西亚、印度尼西亚(苏门答腊、爪哇至加里曼丹及小巽他群岛)亦产。

分布区类型:7 - 1

264. 唇形科 Labiatae

◎**弯花筋骨草**

Ajuga campylantha Diels

产于轿子山新山垭口(2772m,08CS124),生于林缘灌丛。

分布于云南的禄劝、祥云、大理、丽江、中甸等地；生于海拔2800~3500m的高山灌丛、杜鹃灌丛草地上及松林下。

分布区类型:15-2-b

◎**康定筋骨草**

Ajuga campylanthoides C. Y. Wu et C. Chen

产于大厂至新发村途中(2600m, pH *et al.* 8885);生于路边灌丛。

分布于云南东川、德钦、丽江;生于海拔2370~3300m的林缘沟边灌丛。四川、西藏也有。

分布区类型:15-3-a

◎**痢止蒿**

Ajuga forrestii Diels

产于炉拱山至九龙(3000m,pH *et al.* 8060);生于山地林下、沟边。

分布于云南的东川、禄劝、昆明、永德、贡山、德钦、维西、中甸、丽江、鹤庆、剑川、漾濞、屏边;生于海拔1700~3200(~4000)m的开阔路旁、溪边等潮湿草地,有时成片生长。四川、西藏也有。

分布区类型:15-3-a-5

◎**散瘀草**

Ajuga pantantha Handel-Mazzeti

产于法者林场至沙子坡老纸厂附近(2700m, ETNEY475);生于路边草地。

分布于云南的东川、会泽;生于海拔2400~2700m的荒坡矮草丛中。

分布区类型:15-2-a

◎**广防风**

Anisomeles indica (Linn.) O. Kuntze

产于普渡河苏铁保护点(1170m, pH *et al.* 9867);生于路边灌丛。

分布于云南全省各地;生于海拔220~1600m的热带及亚热带地区的林缘、路旁、或荒地。我国西南部、南岭附近及以南各地常见。印度、东南亚至马来群岛、菲律宾、帝汶岛广泛分布。

分布区类型:7

◎**多毛铃子香**

Chelonopsis mollissima C. Y. Wu

产于禄劝中屏乡江边村(1700m,向春雷0505);河谷灌丛。

分布于云南的禄劝、会泽;生于海拔1200~1700m的河谷或干草坡。

分布区类型:15-2-a

◎**异色风轮菜**

Clinopodium discolor (Diels) C. Y. Wu

产于九龙沟(2600m,pH *et al.* 9947);生于林缘灌丛。

分布于云南的东川、禄劝、西北部(大理、兰坪、贡山);生于海拔1600~3000m的林下、林缘、路边、荒地上。西藏东部也有分布。

分布区类型:15-3-a

◎**寸金草**

Clinopodium megalanthum (Diels.) C. Y. Wu et Hsuan ex H. W. Li

产于炉拱山至九龙途中(3000m, pH *et al.* 8027);生于林缘灌丛。

分布于云南的东川、云龙、宾川、洱源、鹤庆、景东、丽江、维西、永平、中甸;生于海拔1000~3500m的多种生境。湖北、广东、四川、贵州也有。

分布区类型:15-3-b

◎**匍匐风轮菜**

Clinopodium repens (D. Don) Wall.

产于轿子山大坪子(3150m,pH *et al.* 9278),轿子山大兴厂(2600m, Mao850),轿子山石堆子(2900m,Mao897);生于林缘灌丛、山谷溪旁草地、溪旁岩石上。

分布于云南全省各地,海拔高达3400m,生于山坡草地、林下、路边、沟边。我国陕甘及长江以南、南岭以北各省均有。尼泊尔、不丹、印度、斯里兰卡、缅甸、越南北部、印度尼西亚(苏门答腊、小巽他)、菲律宾、日本亦有。

分布区类型:14

◎**绒叶毛建草**

Dracocephalum velutinum C. Y. Wu et W. T. Wang

产于火石梁子(4000~4100m, pH *et al.* 8530, Liu Ende *et al.* 2015);生于草甸、多石山坡。

分布于云南东川、鹤庆、中甸;生于海拔3400~3650(~4000)m的山谷草坡中。

分布区类型:15-2-b

◎**东紫苏**

Elsholtzia bodinieri Vaniot

产于法者林场大厂至新发村途中晓光河边(2300m,pH *et al.* 8916);生于路边灌丛。

云南自西部大理经中部武定、昆明而南至元阳以南及文山,常成片生长于海拔1200~3000m的山坡草地,稀疏松林中或石山上。贵州西部也有分布。

分布区类型:15-3-a

◎**黄花香薷**

Elsholtzia flava (Benth.) Benth.

产于炉拱山至九龙(3000m,pH *et al.* 8043);生于林缘灌丛。

分布于云南全省各地(除东北部外);生于海拔1050～2900m的沟谷灌丛、开旷耕地、路边或密林边缘。贵州、湖北、四川、浙江等省亦产。印度北部、尼泊尔、锡金也有分布。

分布区类型:14－1

◎**鸡骨柴**

Elsholtzia fruticosa (D. Don) Rehd.

产于大厂至新发村途中(2600m, pH *et al.* 8769),腰棚子林区(2890m,pH *et al.* 8538);生于路边林缘灌丛。

分布于云南全省各地;常见于海拔1450～3200m的沟边、开旷山坡草地、路边或箐底潮湿地。甘肃南部、广西、湖北西部、贵州、四川、西藏有产。不丹、印度、克什米尔地区、尼泊尔、锡金也有。

分布区类型:14－1

◎**川滇香薷**

Elsholtzia souliei Lévl.

产于轿子山大坪子(3300m,pH *et al.* 9396);生于林缘草地。

分布于云南的中部至东北部海拔2800m的山坡草丛中。四川西部也有。

分布区类型:15－3－a

◎**鼬瓣花**

Galeopsis bifida Boenn.

产于法者林场干箐垭口至沙子坡林区(2600m, pH *et al.* 8838);生于路边灌丛。

产云南西北部和东北部,海拔2300～3400m的林缘、路旁、田边、灌丛、草地等空旷处。我国东北、内蒙古、华北、西北、西南、西藏以及湖北西部均有。为一欧亚广布的杂草,自斯堪的纳维亚半岛南部分布至中欧、原苏联、蒙古、朝鲜、日本以及北美。

分布区类型:8

◎**腺花香茶菜**

Isodon adenantha (Diels) Hara

产于乌蒙至雪山途中碑根大地(2335m, 08CS095);生于林缘灌丛、草地。

分布于云南的大部分地区(除极西北外);生于海拔(1150)1600～2300(～3400)m的松林、松栎林及竹林下或林缘草地上。

分布区类型:15－2－e

◎**苍山香茶菜**

Isodon bulleyanus (Diels) Kud?

产于腰棚子林区(2890m,pH *et al.* 8537);生于林缘灌丛。

分布于云南的东川、大理;生于海拔2700～3000m的干燥地灌丛中。

分布区类型:15－2－a

◎**淡黄香茶菜**

Isodon flavidus (Hand. －Mazz.) H. Hara

产于炉拱山至九龙途中(3250m, pH *et al.* 8016);生于林缘灌丛。

分布于云南的中部(禄劝、昆明、嵩明)至西部(景东、巍山、大理、漾濞、宾川、双柏、楚雄、)东南部(砚山);生于海拔1500～3300m的杂木林或林缘潮湿处。贵州西北部亦有分布。

分布区类型:15－3－a

◎**线纹香茶菜**

Isodon lophanthoides (Hamilt. ex D. Don) Hara

产于九龙沟(3100m,pH *et al.* 8118);生于林缘灌丛。

分布于云南全省(除最西北外)海拔500～2700m的沼泽地上或林下潮湿处。我国西藏、四川、贵州、广西、广东、福建、江西、湖南、湖北、浙江也产。克什米尔地区、印度、不丹也有分布。

分布区类型:14－1

◎**弯锥香茶菜**

Isodon loxothyrsus (Hand. －Mazz.) H. Hara

产于汤丹至红土地镇途中(2500m, pH *et al.* 8542);生于路边灌丛。

分布于云南的东川、西北(宾川、鹤庆、丽江、维西、贡山、德钦);生于海拔海拔(1450～)1600～3300m的草坡、沟边、林下或灌木丛中。四川西南部、西藏东南部亦有分布。

分布区类型:15－3－a

◎**黄花香茶菜**

Isodon sculponeatus (Vaniot) Kud?

产于炉拱山至九龙(3000m,pH *et al.* 8045),普渡河苏铁保护点(1170m,pH *et al.* 9846);生于林缘灌丛、路边灌丛。

分布于云南东北部(东川)、云南东南部(文山、蒙自、砚山)、云南中部(昆明、楚雄、峨山、禄劝、武定)、云南西部(景东、临沧)、云南西北部(福贡、大理、漾濞、鹤庆、丽江、兰坪、维西);海拔1100～2800m的空旷草地上或灌丛中。四川、贵州、广西西部、陕西南部也有分布。

分布区类型:15 - 3 - a

◎**疏毛银针七**

Leucas mollissima Wall. var. *chinensis* Benth.

产于普渡河苏铁保护点(1170m, pH *et al.* 9906);生于林缘、路边灌丛。

分布于云南的禄劝、东川、景东、盐津、文山;生长于海拔 470 ~ 2300m 的草坡、灌丛、河谷和路旁。四川、贵州、广西、广东、福建、台湾、湖南、湖北都有分布。

分布区类型:15 - 3 - b

◎**蜜蜂花**

Melissa axillaris (Benth.) Bakh. f.

产于汤丹至红土地镇途中(2600m, pH *et al.* 8541);生于路边灌丛、林缘。

分布于云南全省大部分地区;生于海拔 600 ~ 2800m 的林中、谷地、路旁或山坡。广东北部、广西北部、贵州、湖北西部、湖南西部、陕西南部、四川、台湾等省区均有。不丹、印度东北部、印度尼西亚(苏门答腊、爪哇)、尼泊尔、锡金亦产。

分布区类型:7 - 1

◎**多花荆芥**

Nepeta stewartiana Diels

产于火石梁子小海梁子(4000m, pH *et al.* 8564),腰棚子林区(2890m, pH *et al.* 8534);生于草地、林缘灌丛。

分布于云南的东川和西北部;生于海拔 2700 ~ 4000m 的山地草坡或林下。四川西南部、西藏东部也有。

分布区类型:15 - 3 - a

◎**牛至**

Origanum vulgare Linn.

产于法者林场干箐垭口(3130m, pH *et al.* 8869A),轿子山(3600m, Zhang645),新山垭口(2772m, 08CS123);生于山坡草地、林缘草地。

分布于云南全省;生于海拔 500 ~ 3600m 的路边、干坡、林下、草地。我国自江苏、河南、陕西、甘肃、新疆以南各省均产。欧洲、亚洲、非洲北部均有分布,北美亦有引种。

分布区类型:10

◎**鸡脚参(变种)**

Orthosiphon wulfenioides (Diels) Hand. - Mazz. var. *foliosus* E. Peter

产于禄劝转龙镇(2140m, Mao1394):生于斜坡疏林中乾燥处。

分布于云南的禄劝、昆明、石屏等地;生于海拔 1500 ~ 2200m 的疏林下或草坡上。贵州西部、四川西部、广西也有分布。

分布区类型:7 - 3

◎**大理糙苏**

Phlomis franchetiana Diels

产于法者林场沙子坡老纸厂(2300m, ETNEY487);路边。

分布于云南的东川、大理;生于海拔 1900 ~ 2500m 左右的林下或草地上。

分布区类型:15 - 2 - b

◎**丽江糙苏**

Phlomis likiangensis C. Y. Wu

产于书姑至马鬃岭梁子大崖头(3258m, pH *et al.* 9792);生于黄背栎林下。

分布于云南的东川、禄劝、丽江、中甸;生于海拔 3500m 左右的林下或草地上。

分布区类型:15 - 2 - b

◎**黑花糙苏**

Phlomis melanantha Diels

产于轿子山羊蹄石(3400m, 08CS025);生于多石山坡灌丛。

分布于云南的禄劝、丽江;生于海拔 2800 ~ 3400m 的草坡或林缘灌丛。

分布区类型:15 - 2 - b

◎**美观糙苏**

Phlomis ornata C. Y. Wu

产于九龙沟(3000m, pH *et al.* 8371);生于林缘灌丛。

分布于云南的东川、西北部(中甸);生于海拔 3000 ~ 3700m 的冷杉林下或草地上。四川西部也有。

分布区类型:15 - 3 - a

◎**裂萼糙苏**

Phlomis ruptilis C. Y. Wu

产于九龙沟(3200m, pH *et al.* 8365);生于林缘灌丛。

分布于云南的东川、鹤庆、丽江、维西;生于海拔 3200 ~ 3500m 的草坡。

分布区类型:15 - 2 - b

◎**毛萼康定糙苏**

Phlomis tatsienensis Bur. et Franch. var. *hirticalyx* (Hand. - Mazz.) C. Y. Wu

产于法者林场干箐垭口(3130m, pH *et al.* 8878);生于林缘草地、灌丛。

分布于云南东川、大姚、鹤庆、丽江、维西;生于海拔2700～3000m的山坡草地或林下。

分布区类型:15－2－b

◎**硬毛夏枯草**

Prunella hispida Benth.

产于轿子山新山垭口(2772m,08CS127),雪山乡白家洼(2900m,pH *et al.* 9725);生于林缘、溪边草地。

云南除南部及西南部外均产;生长于1500～3800m的路旁,林缘及山坡草地上。四川西南部有产。喜马拉雅山区也有。

分布区类型:14－1

◎**夏枯草**

Prunella vulgaris Linn.

产于干箐垭口(3130m,pH *et al.* 8856),书姑至马鬃岭梁子磨当丘(3190m,pH *et al.* 9794),腰棚子林区(2890m,pH *et al.* 8474);生于林缘草地。

分布于云南除南部外的大部分地区;生于海拔1400～2800(～3000)m的荒坡、草地、田埂、溪旁及路边等潮湿地上。我国江南各省以至河南、陕西、甘肃、新疆有分布。欧洲、非洲北部、西亚、中亚、俄罗斯西伯利亚、阿富汗、不丹、印度、尼泊尔、巴基斯坦广泛分布;大洋洲及北美偶见。

分布区类型:10

◎**开萼鼠尾**

Salvia bifidocalyx C. Y. Wu et Y. C. Huang

产于腰棚子林区(2890m,pH *et al.* 8536);生于林缘草地、灌丛。

分布于云南的东川、中甸;生于海拔2890～3500m的石山上。

分布区类型:15－2－b

◎**短冠鼠尾**

Salvia brachyloma Stibal

产于书姑至马鬃岭梁子途中(3720m,pH *et al.* 9829);生于山坡草地。

分布于云南禄劝、中甸、丽江;生于海拔3200～3800m的草坡、林缘草地或林下。四川(木里)也有。

分布区类型:15－3－a

◎**圆苞鼠尾**

Salvia cyclostegia E. Peter

产于法者林场抱水井垭口至大厂(3000m,pH *et al.* 8813),干箐垭口(3130m,pH *et al.* 8868);生于林下阴湿处、林缘灌丛。

分布于云南东川、丽江、中甸;生于海拔2500～3300m的草坡、山坡、竹林或松林下。四川(木里)也有。

分布区类型:15－3－a

◎**雪山鼠尾**

Salvia evansiana Hand. －Mazz.

产于九龙沟(3000m,pH *et al.* 8366),炉拱山(3300m,pH *et al.* 8001),老炭房后山(2800m,pH *et al.* 9257);生于林缘灌丛;云南松林下。

分布于云南的东川、丽江、中甸、维西、德钦、贡山等地;生于海拔2800～4200m的高山草地、冷杉或杜鹃林下。四川西南部及西藏东南部也有。

分布区类型:15－3－a

◎**黄花鼠尾**

Salvia flava Forrest ex Diels

产于九龙沟(3200m,pH *et al.* 8237);生于林缘灌丛、草地。

分布于云南的东川、德钦、中甸、维西、丽江、鹤庆、洱源、大理;生于海拔2700～4000m的高山针叶林下、山坡灌丛草地或山箐沟边。四川木里也产。

分布区类型:15－3－a

◎**东川鼠尾草**

Salvia mairei Lévl.

产于轿子山大黑箐至轿顶(3900m,pH *et al.* 9268),石膏菜坪子(3550m,Mao1067);生于溪边草地、山谷溪旁潮湿处;。

分布于云南的禄劝、会泽;生于海拔3550～3900m的山谷、溪边。

分布区类型:15－2－a

◎**荔枝草**

Salvia plebeia R . Brown

产于轿子山(1980m,Mao1228),生于路旁草地。

云南大部分地区有分布;生于海拔350～2800m的路边、田边或山坡草丛及林下。我国吉林、辽宁、华北、陕西至江南各省均有分布。自阿富汗、印度、缅甸、泰国、越南、马来亚至大洋洲,东达朝鲜、日本。

分布区类型:5

◎**长冠鼠尾**

Salvia plectranthoides Griff.

产于轿子山老熊箐(1800m,Mao1308),九龙沟(2800m,pH *et al.* 8342);生于山坡疏林中、林缘草地、灌丛。

分布于云南的东川、禄劝、嵩明、澄江、云龙、洱源、鹤庆、大理、宾川、景东、双柏、文山、砚山、西畴、麻栗坡、广南、昭通等地;生于海拔1200～1800(～2800)m的石灰岩山杂木林下或林边草坡、路旁灌丛,通常见于蔽荫而湿润的地方。我国陕西、湖北西部、贵州、四川、广西西北部等地有产。锡金、不丹也有。

分布区类型:14 - 1

◎**甘西鼠尾**

Salvia przewalskii Maxim.

产于九龙沟(3000m,pH *et al.* 8361);生于山坡草地、林缘灌丛。

分布于云南的东川、永德、贡山、中甸、维西、德钦、丽江;海拔 2200 ~ 4300m 的山坡、路边、草坡或灌丛下。甘肃西部、四川西部及西南部、西藏也有。

分布区类型:15 - 3 - c

◎**云南鼠尾草**

Salvia yunnanensis C. H. Wright

产于炉拱山至九龙(3250m,pH *et al.* 8021),雪山乡白家洼(2900m,pH *et al.* 9695);生于林缘草地、灌丛。

分布于云南的东川、禄劝、昆明、嵩明、澄江、云龙、丽江、永胜、鹤庆、大理、洱源、弥渡、临沧、蒙自、罗平、马龙、昭通等地;生于海拔 1800 ~ 2900m 的山坡杂木林、山坡草地、路边灌丛。四川西南、贵州西部也有。

分布区类型:15 - 3 - a

◎**滇黄芩**

Scutellaria amoena C. H. Wright

产于乌蒙至雪山碑根大地(2335m,08CS100);生于云南松林下。

分布于云南除南部和西南部外的大部分地区;生于海拔 1300 ~ 3200m 的云南松林或灌丛草地中。四川南部、贵州西北部也有。

分布区类型:15 - 3 - a

◎**毛茎黄芩**

Scutellaria mairei Lévl.

产于乌蒙至雪山乡途中多棵栎(2600m,pH *et al.* 9620),生于路边灌丛。

分布于云南的禄劝和东北部;生于海拔 2550 ~ 2600m 的干燥石灰岩山上。

分布区类型:15 - 2 - a

◎**毛水苏**

Stachys baicalensis Fisch. ex Benth.

产于腰棚子林区(2890m,pH *et al.* 8535);生于林缘灌丛、草地。

分布于云南的东川;生于海拔 2890m 的林缘草地。我国东北广布。俄罗斯也有。

分布区类型:14

◎**破布草**

Stachys kouyangensis (Vant.) Dunn

产于大厂至新发村途中(2600m,pH *et al.* 8909),九龙沟(3000m,pH *et al.* 8363);生于路边灌丛、山坡草地、林缘灌丛。

分布于云南的西部、西北部、中部及东南部;生于海拔 900 ~ 3300m 的潮湿沟边、荒地、山坡草地。贵州、湖北、四川也有分布。

分布区类型:15 - 3 - b

◎**针筒菜**

Stachys oblongifolia Benth.

产于法者林场干箐垭口至沙子坡(2800m,pH *et al.* 8827);生于林缘灌丛。

分布于云南的东川、昆明;生于海拔 2800m 以下的河岸、竹丛等处。我国江南各省以至台湾省广布。印度东部和锡金也有。

分布区类型:14 - 1

◎**甘露子(变种)**

Stachys sieboldii Miq. var. *glabrescens* C. Y. Wu

产于法者林场沙子坡(2840m,ETNEY549),雪山乡白家洼(2900m,pH *et al.* 9696);生于地边草丛、林缘草地、灌丛。

分布于云南的东川、禄劝;生于海拔 2900m 的林缘草地,可能为逸野。湖北、四川也有。

分布区类型:15 - 3 - b

蓝叶峨眉香科科(变种)

Teucrium omeiense Sun ex S. Chow var. *cyanophyllum* C. Y. Wu et S. Chow

产于轿子山(2430m,pH5918、5921);生于疏林下。

分布于云南的东川、德钦、维西、兰坪、洱源;生于海拔 2300 ~ 3400m 山谷、溪边的林缘和杂木林下。

分布区类型:15 - 2 - b

◎**香科科**

Teucrium simplex Vanict

产于法者林场大厂至新发村途中(2600m,pH *et al.* 8891);生于路边灌丛。

分布于云南的东川、嵩明;生于海拔 2100 ~ 2600m 的山坡灌丛和松林中。贵州西部也有。

分布区类型:15 - 3 - a

◎**血见愁**

Teucrium viscidum Blume.

产于法者林场干箐垭口(3200m,pH *et al.* 8740),生于林缘草地、沟边。

分布于云南的东川、东南、南部、西南部;生于海拔120～3200m的灌丛、草坡或林下的湿地，在沟边溪旁较为常见。我国江南各省均有生长。日本、朝鲜、缅甸、印度、菲律宾至印度尼西亚。

分布区类型：7

280. 鸭跖草科 Commelinaceae

◎地地藕

Commelina maculata Edgeworth

产于法者林场大厂至新发村（2600m，pH *et al.* 8905）；生于路边灌丛。

分布于云南的东川、昆明、会泽、中甸、丽江、鹤庆、大理、漾濞等地；生于海拔1200～2700m的溪旁、山坡草地及林下阴湿处。四川、西藏亦产。印度北部和缅甸也有。

分布区类型：14－1

◎蓝耳草

Cyanotis vaga（Lour.）Schultes et J. H. Schultes

产于法者林场至沙子坡林区（2500m，ETNEY448）；生于路边草地。

分布于云南的东川、嵩明、富民、昆明、安宁、云龙、永德、双柏、鹤庆、丽江、兰坪、大理、泸水、腾冲、景东、绿春、屏边；生于海拔1510～2700m的草地、山坡或疏林下。西藏南部、四川、贵州、广东均产。北非、中南半岛、中亚、马来西亚、缅甸也有。

分布区类型：6

◎紫背鹿衔草

Murdannia divergens（C. B. Clarke）Brückn.

产于转龙甸尾至大功山（2100m，Mao1390）；生于山坡草地。

分布于云南除东部外的大部分地区；生于海拔1100～2900m的山坡草地、沟谷及林下。四川西南和贵州有分布。锡金、印度东北部（喀西山）、缅甸北部、老挝和越南北部也分布。

分布区类型：14－1

◎竹叶子

Streptolirion volubile Edgew.

产于雪山乡白家洼（2900m，pH *et al.* 9662）；生于路边灌丛。

分布于云南的禄劝、云龙、永德、临沧、会泽、寻甸、安宁、鹤庆、贡山、福贡、兰坪、漾濞、泸水、景东、峨山、元江、普洱、孟连、勐海、勐腊、麻栗坡、文山、江川；生于海拔1100～3000m的密林下、山谷或杂木林中。西南、中南、湖北、浙江、甘肃、陕西、山西、河北、辽宁等省区均产。不丹、朝鲜、老挝、日本、越南也有分布。

分布区类型：14

290. 姜科 Zingiberaceae

◎距药姜

Cautleya gracilis（Smith）Dandy

产于大厂至新发村（2600m，pH *et al.* 8982）；生于林下阴湿处、岩上或树上。

分布于云南的东川、永德、景东、漾濞、泸水、贡山、福贡、景洪、金平、屏边；附生于海拔950～3100m的湿谷中，稀附生于树上。贵州（盘县）、四川西南部（冕宁）、西藏（察隅）也有。不丹、克什米尔地区、印度西北部、缅甸、尼泊尔、锡金、泰国、越南亦产。

分布区类型：14－1

◎早花象牙参

Roscoea cautleoides Gagnep.

产于轿子山四方井（3170m，08CS004）；生于山坡草地。

分布于云南的禄劝、中甸、丽江、剑川、洱源、鹤庆、大理；生于海拔2100～3200m的松林、针阔混交林、杜鹃花林以及林缘、荒坡草地上。四川（盐源、盐边）也有。

分布区类型：15－3－a

◎长柄象牙参

Roscoea debilis Gagnepain

产于乌蒙乡卡机（2100m，Mao1344）；生于溪旁草地。

分布于云南的禄劝、昆明、嵩明、大理、路南、腾冲、砚山与文山；生于海拔1300～2000m的林下。

分布区类型：15－2－d

◎先花象牙参

Roscoea praecox K. Schumann

产于法者林场大厂至新发村（2600m，pH *et al.* 8983），轿子山崖子桥（2900m，Mao1131），哈依垭口（3000m，Mao991）；生于路边草地、山坡灌丛、山坡沙石地。

分布于云南的东川、禄劝、昆明、蒙自、丽江；生于海拔2200～3000m的山坡林下荫湿处。

分布区类型：15－2－b

◎无柄象牙参

Roscoea schmeideriana（Loes.）Cowley

产于东川舍块乡炉拱山至九龙村途中（2900m，pH *et al.* 8028）；生于路边密林中。

分布于云南德钦、丽江、洱源；生于海拔2000～3300m的针阔混交林下或松林、杜鹃林下。西藏、四川也有。

分布区类型:15－3－a

◎**藏象牙参**

Roscoea tibetica Batalin

产于禄劝普渡河谷(1400m,木本油料调查队65－0025);生于松栎林下。

分布于云南禄劝、德钦、中甸、丽江、大理、漾濞、嵩明;生于海拔2400～3800m的山坡林下或林缘草地。西藏、四川也有。

分布区类型:15－3－a

293. 百合科 Liliaceae

◎**高山粉条儿菜**

Aletris alpestris Diels

产于东川舍块乡火石梁子白石崖紧风口(4100m,Liu Ende *et al*. 2117);生于高山草坡。

分布于云南的东川、贡山、丽江、彝良;生于海拔1850～3880m的山坡、水沟边、岩石上或高山草甸。陕西、四川、贵州也有。

分布区类型:15－3－c

◎**星花粉条儿菜**

Aletris gracilis Rendle

产于炉拱山至九龙(3100m,pH *et al*. 8065),九龙沟(3000m,pH *et al*. 8425),书姑至马鬃岭梁子大崖头(3358m,pH *et al*. 9818);生于山坡林缘草地。

分布于云南的禄劝、贡山、福贡、德钦、中甸、维西,生于海拔2500～3880m的竹林下、灌丛边缘或高山草甸。西藏(察隅)也有。不丹、印度东北部、缅甸北部、锡金亦产。

分布区类型:14－1

◎**少花粉条儿菜**

Aletris pauciflora (Klotz.) Franch.

产于白石崖(4200m,pH *et al*. 8687),轿子山(4000m, Zhang681),轿子山毛坝子(3800m,Mao1113),木邦海附件(4000m,pH *et al*. 9309);生于高山草甸、溪旁草地、多石山坡。

分布于云南的东川、禄劝、贡山、云龙、福贡、德钦、中甸、丽江、兰坪、宁蒗、大理;生于海拔2700～3800m的山坡草地、杂木林、松林或竹林下。西藏(聂拉木)、四川西部有产。亦见于尼泊尔、不丹、印度。

分布区类型:14－1

◎**开口箭**

Campylandra chinensis (Baker) M. N. Tamura *et al*.

产于轿子山(2700m, Mao706),生于多石山坡灌丛。

分布于云南的禄劝、景东、思茅、双柏、贡山;生于海拔1100～2700m的竹林、混交林、山谷疏林中。四川(泸定)、广西、广东、湖南、湖北、江西、福建、台湾、浙江、安徽、河南、陕西、台湾有产。

分布区类型:15－3－b

◎**尾萼开口箭**

Campylandra urotepala (Hand. －Mazz.) M. N. Tamura *et al*.

产于东川法者林场白花山(2960m, Liu Ende *et al*. 2194);生于冷杉林下石地。

分布于云南昭通、彝良、大关;生于海拔1800～3000m的杂木林下。四川也有分布。

分布区类型:15－3－a

◎**云南开口箭**

Campylandra yunnanensis (F. T. Wang et S. Y. Liang) M. N. Tamura *et al*.

产于轿子山(2600m, Zhang286、545),轿子山平箐(3230m,08CS045);生于林下、多石山坡灌丛。

分布于云南的禄劝、云龙、巧家、昭通、鲁甸、砚山等地;生于海拔1200～3230m的密林下或石灰岩石缝中。

分布区类型:15－2－a

◎**云南大百合(变种)**

Cardiocrinum giganteum (Wall.) Makino var. *yunnanense* (Leichtlin ex Elwes) Stearn

产于轿子山老槽子(3017m,08CS049);生于林缘灌丛。

分布于云南的禄劝、云龙、永德、临沧、贡山、德钦、碧江、丽江、维西、大理、腾冲、镇雄、彝良、文山、广南;生于海拔1900～3700m的沟谷阔叶林、灌丛、山坡林缘、草坡、箐沟中,或长于潮湿的岩石上。甘肃南部、广东、广西、贵州、河南、湖北、湖南、陕西、四川有产。缅甸北部也有。

分布区类型:14－1

◎**万寿竹**

Disporum cantoniense (Lour.) Mess.

产于轿子山(2700m, Mao712),老槽子(3017,08CS050),乌蒙乡大麦地(2100m, Mao1335);生于山谷石山沙石地、林缘草地、山坡灌丛。

分布于云南的禄劝、昆明、云龙、永德、凤庆、景东、勐海、禄丰、鹤庆、丽江、中甸、维西、贡山、福贡、漾濞、屏边、西畴、富宁、文山、砚山、蒙自、德钦;生于海拔640~3100m的常绿阔叶林下、松林、灌丛、草地、石灰岩山灌丛及火烧迹地。西藏、四川、贵州、陕西、广西、广东、海南、湖南、湖南、安徽、福建、台湾诸省区均有产。不丹、印度北部、老挝、缅甸北部、尼泊尔、锡金、泰国北部和越南北部也有。

分布区类型:14-1

◎卷叶贝母

Fritillaria cirrhosa D. Don

产于轿子山箐门口(3750m,Mao1031),九龙沟(3000m,pH *et al.* 8254);生于山坡林缘草地。

分布于云南的东川、禄劝、巧家、永德、景东、德钦、中甸、丽江、维西、贡山、洱源、宁蒗、保山、腾冲、漾濞、大理;生于海拔3000~4400m的林下、灌丛或草甸中。甘肃、青海、四川、西藏也有。亦见于不丹、印度、尼泊尔、锡金。

分布区类型:14-1

◎玫红百合

Lilium amoenum E. H. Wilson ex Sealy

产于轿子山蜜汁山(2500m,Mao1358);生于山坡灌丛。

分布于云南的禄劝、昆明、富民、大理、蒙自、金平、文山;生于海拔1900~2500m的山坡灌丛、草坡、路旁。

分布区类型:15-2-d

◎滇百合(变种)

Lilium bakerianum Collett et Hemsl. var. *bakerianum*

产于炉拱山至九龙(2800m,pH *et al.* 8163),腰棚子林区(2890m,pH *et al.* 8517);生于山坡灌丛、林缘灌丛。

分布于云南的产东川、中甸、丽江、鹤庆、永胜、昆明、思茅;生于海拔1800~2800m的林缘、草坡。四川(泸定)也有。亦见于缅甸北部。

分布区类型:14-1

◎淡黄花百合

Lilium sulphureum Baker ex J. D. Hooker

产于普渡河苏铁保护点(1170m,pH *et al.* 9908),生于干旱河谷、山坡灌丛。

分布于云南的产东川、中甸、丽江、鹤庆、永胜、昆明、思茅;生于海拔1800~2800m。

分布区类型:15-2-b

◎尖果洼瓣花

Lloydia oxycarpa Franch.

产于轿子山石膏菜坪子(3550m,Mao1068),轿子山顶(4000m,Mao1118);生于山坡岩石缝中、山坡草地。

分布于云南的禄劝、贡山、德钦、中甸、兰坪、维西、丽江、宁蒗、鹤庆、大理、洱源;生于海拔2800~3500(~4600)m的草坡、次生林下岩石上、高山草地和流石滩上。甘肃南部、四川和西藏也有。

分布区类型:15-3-c

◎云南洼瓣花

Lloydia yunnanensis Franch.

产于轿子山大羊窝羊蹿石(3340m,08CS030);生于多石山坡岩石缝中。

分布于云南的东川、禄劝、碧江、中甸、德钦、维西、丽江、腾冲、洱源、漾濞、大理、大姚;生于海拔2350~4000m的山坡阔叶林下、石灰岩石缝岩壁、流石滩上。四川盐源、木里、干宁、茂县、理县也有。

分布区类型:15-3-a

◎高大鹿药

Maianthemum atropurpureum (Franch.) La Frankie

产于法者林场木邦海(3150m,ETNEY849);生于针阔混交林下。

分布于云南的东川、昭通、彝良、大关、永德、景东、贡山、腾冲、德钦、大理、福贡、碧江、泸水、中甸、兰坪、丽江、鹤庆、漾濞;生于海拔1850~4100m的常绿阔叶林、刺竹林、竹箐、红杉林、冷杉杜鹃林、亚高山草地。四川西部和西南部、西藏南部(定结)、湖南西部(桑植)也有。

分布区类型:15-3-b

◎管花鹿药

Maianthemum henryi (Baker) LaFrankie

产于轿子山大兴厂(2800m,Mao831);生于山谷溪旁草地。

分布于云南的禄劝、云龙、大理、漾濞、永德、贡山、德钦、中甸、丽江、维西;生于海拔2580~3900m的落叶阔叶林、黄背栎林、高山针叶林、箭竹林、杜鹃灌丛、高山草甸、流石滩。甘肃、河南、湖北、湖南、陕西、山西、四川、西藏有分布。缅甸北部、越南也有。

分布区类型:14-1

◎窄瓣鹿药

Maianthemum tatsienense (Franch.) LaFrankie

产于轿子山老槽子(3098m,08CS082),石崖子(2900m,Mao909);生于山坡密林中。

分布于云南的禄劝、云龙、永德、景东、贡山、福贡、中甸、维西、丽江、大理、洱源、大姚、昭通、宜良、镇雄;生于海拔1200~3880m的阔叶林或针叶林下、灌丛、高山草甸。甘肃、广西、贵州、湖北、湖南、四川有产。不丹、印度、缅甸北部也有。

分布区类型:14 - 1

◎**豹子花**

Nomocharis pardanthina Franch.

产于九龙沟(3000m,pH *et al.* 8253);生于山坡林缘灌丛。

分布于云南的东川、贡山、碧江、兰坪、德钦、中甸、丽江、宁蒗、华坪、鹤庆、大理、漾濞;生于海拔2800～3500m的杂木林、云南松林、地盘松林、云杉冷杉林或草坡。四川木里、盐源、米易、德昌、雷波也有。

分布区类型:15 - 3 - a

◎**假百合**

Notholirion bulbuliferum (Lingelsheim ex H. Limpricht) Stearn

产于轿子山大孝峰(3650m,Mao1033);生于山坡草地。

分布于云南的禄劝、德钦、中甸、维西、丽江、鹤庆、宁蒗、福贡;生于海拔3200～4100(～4350m西藏)m的红杉林,高山栎林,冷杉林和杜鹃林缘,以及竹林、灌丛、草甸和河滩上。甘肃、陕西(太白山)、四川、西藏也有。亦见于尼泊尔、印度(锡金)、不丹。

分布区类型:14 - 1

◎**沿阶草**

Ophiopogon bodinieri Lévl.

产于雪山乡白家洼(2900m,pH *et al.* 9693),转龙甸尾(1980m,Mao1441);生于林缘草地、林下、溪旁草地。

分布于云南的禄劝、昆明、巧家、镇雄、会泽、彝良、云龙、永德、凤庆、景东、贡山、福贡、德钦、维西、丽江、鹤庆、漾濞、洱源、大理、姚安、大关、江川、石屏;生于海拔1000～4000m的山坡、山谷潮湿处、沟边、灌丛下、密林中。甘肃、贵州、河南、湖北、陕西、四川、台湾、西藏有产。不丹可能有。

分布区类型:14 - 1

◎**间型沿阶草**

Ophiopogon intermedius D. Don

产于抱水井垭口(3200m,pH *et al.* 8808),轿子山(2900m,Mao689),新山垭口(2772,08CS126);生于山坡林下或沟边、冷杉林、高山栎、杜鹃灌丛下。

分布于云南的东川、禄劝、昆明、安宁、嵩明、寻甸、昭通、巧家、云龙、永德、景东、贡山、福贡、泸水、中甸、维西、永胜、丽江、鹤庆、大理、漾濞、大姚、个旧、砚山、文山等地;生于海拔800～3000m的山坡、沟谷、溪边阴湿处。我国秦岭以南各省区皆有产。孟加拉国、不丹、印度西北部、克什米尔地区以东、尼泊尔、锡金、斯里兰卡、泰国和越南也有。

分布区类型:7

◎**卷叶黄精**

Polygonatum cirrhifolium (Wall.) Royle

产于法者林场沙子坡林区邓家山(2860m,ETNEY585),轿子山大坪子(3360m,pH *et al.* 9259),石崖子(2900m,Mao910),书姑至马鬃岭途中磨当丘(3190m,pH *et al.* 9769);生于混交林中、山坡疏林中、林缘灌丛。

分布于云南的东川、禄劝、安宁、昆明、云龙、永德、镇康、耿马、腾冲、保山、大理、泸水、大姚、洱源、碧江、兰坪、剑川、鹤庆、丽江、维西、宁蒗、中甸、贡山、德钦、昭通、彝良;生于海拔1750～4100m的常绿阔叶林中、针阔混交林、杜鹃林、栎林、针叶林下、灌丛中、山坡、草地、河谷、溪边或岩石上。西藏东部和南部、川西、甘东南、青海东部和南部、宁夏、陕西南部也有。不丹、印度北部、尼泊尔、锡金也有。

分布区类型:14 - 1

◎**康定玉竹**

Polygonatum prattii Baker

产于轿子山(2800m,Mao061),老炭房后山(3200m,pH *et al.* 9226),四方井至大羊窝(3200m,08CS009),书姑至马鬃岭梁子磨当丘(3200m,pH *et al.* 9807),乌蒙至雪山乡途中碑根大地(2335m,08CS137);生于林缘灌丛或草地、云南松、石栎林下。

分布于云南的东川、禄劝、巧家、云龙、永德、漾濞、大理、福贡、兰坪、维西、丽江、剑川、华坪、贡山、德钦、中甸、永善;生于海拔2000～3500m的林下、草丛中、山坡、路边、岩石缝隙或火烧迹地。四川西部也有。

分布区类型:15 - 3 - a

◎**吉祥草**

Reineckia carnea (Andr.) Kunth

产于法者林场大厂至新发村(2560m,pH *et al.* 8985);高山栎林下。

分布于云南的东川、嵩明、昆明、云龙、永德、凤庆、镇康、景东、鹤庆、丽江、中甸、维西、大理、元江、龙陵、西畴、麻栗坡、砚山、彝良、大关、德钦;生于海拔1000～3200m的密林下、灌丛中或草地。我国秦岭以南各省区广布,但不到南部热带地区(海南、台湾)。日本也有。

分布区类型:14 - 2

◎**小花扭柄花**

Streptopus parviflorus Franch.

产于轿子山大坪子(3360m,pH *et al.* 9258);生于林缘草地。

分布于云南的禄劝、贡山、中甸、德钦、维西、大理;生于海拔3000~3700m的云杉、冷杉林中或林缘。四川西部、西藏东南部(林芝、察隅)也有。

分布区类型:15-3-a

◎**叉柱岩菖蒲**

Tofieldia divergens Bur. et Franch.

产于九龙(2800m,JZ48);生于山坡岩上。

分布于云南的东川、永德、贡山、泸水、兰坪、德钦、中甸、维西、丽江、剑川、大理、鹤庆至中部及东南部的砚山、蒙自;生于海拔1000~4300m的草坡、溪边、林下岩缝中或岩石表面上、石堆中。贵州西部、四川西南部也有。

分布区类型:15-3-a

◎**毛叶藜芦**

Veratrum grandiflorum (Maximowicz ex Baker) Loesener

产于法者林场大海至马鬃岭途中(3500m,pH *et al.* 9063),轿子山大坪子(3360m,pH *et al.* 9279),大孝峰(3650m,Mao1077);生于林缘灌丛、林下、草地斜坡。

分布于云南的禄劝、东川、会泽、贡山;生于海拔2900~3700m的冷杉林缘和草地。湖北、湖南、江西、四川、浙江。

分布区类型:15-3-b

294. 天门冬科 Asparagaceae

◎**羊齿天门冬**

Asparagus filicinus D. Don

产于轿子山大兴厂(2900m,Mao821),轿子山平箐(3230m,08CS043),炉拱山至九龙(3000m,pH *et al.* 8111);生于山坡多石灌丛。

分布于云南的禄劝、嵩明、昆明、盐津、巧家、宣威、大姚、大理、宁蒗、丽江、维西、鹤庆、德钦、中甸、贡山等地;生于海拔(700~)1200~3500m的云南松林、栎林、灌丛或草坡。西藏、四川、青海、甘肃、陕西、山西、河南、湖北、贵州、湖南、浙江有产。缅甸、印度、不丹、泰国亦有。

分布区类型:14-1

295. 延龄草科 Trilliaceae

◎**金线重楼**

Paris delavayi Franch.

产于法者林场干箐垭口至小横山途中(3300m,HP *et al.* 8842);生于林缘小道旁。

分布于云南的禄劝、东川、威信、盐津、昭通。生于1300~2100m的常绿阔叶林,竹林,杂木林或灌丛中。四川南部、湖南西部(桑植)、湖北西部、贵州(梵净山)也有。

分布区类型:15-3-b

◎**禄劝花叶重楼**

Paris luquanensis H. Li

产于乌蒙乡乐作尼(2100m,朱维明671),乌蒙乡杨家村(2100m,李恒等1182);林缘灌丛。

分布于云南的禄劝;生于海拔2100m的常绿杂木林或灌丛中

分布区类型:15-1

◎**狭叶重楼(变种)**

Paris polyhylla Smith var. *stenophylla* Franchet

产于乌蒙乡乐作尼(1700m,李恒等1083);石山灌丛。

分布于云南省大部分地区,但不见西双版纳等热带地域。西藏、四川、贵州、湖北、湖南、江西、安徽、甘肃、陕西、山西、江苏、浙江、福建、台湾、广西也有。生于海拔3500m以下的铁杉林、云杉林、松林、常绿阔叶林、苔藓林、竹林、灌丛中、石岩地、荒山坡。不丹、印度、缅甸北部、尼泊尔、锡金也有。

分布区类型:14-1

◎**滇重楼(变种)**

Paris polyphylla Smith var. *yunnanensis* (Franch.) Hand.-Mazz.

产于轿子山新山垭口(2772m,08CS121),书姑至马鬃岭途中磨当丘(3190m,pH *et al.* 9820);生于林缘灌丛、黄背栎林下。

分布于云南的全省各地;生于海拔1400~3200m的常绿阔叶林、竹林、灌丛或草坡中。四川、贵州有产。缅甸也有。

分布区类型:14-1

297. 拔葜科 Smilacaceae

◎**西南菝葜**

Smilax bockii Warb.

产于法者林场抱水井垭口(3200m,pH *et al.*

8758);生于林缘灌丛。

分布于云南的东川、云龙、永德、凤庆、镇康、景东、永善、大姚、大理、漾濞、丽江、贡山、福贡、洱源、屏边;生于海拔 1400 ~ 3500m 的山坡林缘、林中、高山针阔混交林。甘肃、广西、贵州、湖南、四川、西藏也有。缅甸亦产。

分布区类型:7 – 3

◎长托菝葜

Smilax ferox Wall. ex Kunth

产于法者林场大厂至新发村(2600m, pH *et al.* 8952),干箐垭口至沙子坡林区途中(2900m, pH *et al.* 8803);生于路边灌丛、林缘沟边。

分布于云南全省大部分地区;生于海拔 810 ~ 3500m 的林下或山坡灌丛。四川、贵州、湖北西南部、广东西部、广西东北部有分布。不丹、印度、缅甸、尼泊尔、锡金、越南也有。

分布区类型:14 – 1

◎无刺菝葜

Smilax mairei Lévl.

产于轿子山大羊窝(3250m, 08CS070, pH *et al.* 9516),老树多(2200m, Mao1316),转龙甸尾(2600m, Zhang374);生于山地林中、林缘灌丛。

分布于云南的禄劝、永德、凤庆、镇康、昆明、嵩明、江川、禄丰、石屏、大理、丽江、鹤庆、中甸、德钦、宁蒗;生于海拔 1700 ~ 3250m 的林内、林缘灌丛、路边。贵州西南部、四川西南部、西藏也有。

分布区类型:15 – 3 – a

◎防已叶菝葜

Smilax menispermoidea A. DC.

产于轿子山大羊窝(3250m, pH *et al.* 9149、9645);生于林缘灌丛。

分布于云南的禄劝、云龙、永德、会泽、德钦、维西、中甸、贡山、福贡、丽江、大理、麻栗坡、景东、兰坪;生于海拔 2600 ~ 3250 m 的林下或山坡灌丛。西藏南部、四川、贵州、湖北、陕西、甘肃南部有产。锡金、印度北部也有。

分布区类型:14 – 1

◎短梗菝葜

Smilax scobinicaulis C. H. Wright

产于马鬃岭至大海(3500m, pH *et al.* 9095);生于林缘灌丛。

分布于云南的东川、镇雄、绥江、彝良、大理、漾濞、贡山、安宁、富民、师宗、江川、文山、屏边、绿春;生于海拔 1600 ~ 2100m 的林下、灌丛中。河北、山西、河南、陕西、甘肃、湖北、湖南、江西、贵州、四川有分布。

分布区类型:15 – 3 – c

◎鞘柄菝葜

Smilax stans Maxim.

产于禄劝乌蒙乡石崖子(2900m, Mao895);林缘灌丛。

分布于云南的禄劝、德钦、贡山、丽江;生于海拔 2000 ~ 3500m 的林下灌丛中。河北、山西、陕西、甘肃、贵州、四川、湖北、浙江、台湾也有。日本也有。

分布区类型:14 – 2

302. 天南星科 Araceae

◎长行天南星

Arisaema consanguineum Schott

产于轿子山(2200m, 李恒等 1005);生于山坡灌丛。

分布于云南大部分地区;生于海拔 3200m 以下的松林、杂木林、灌丛、草坡。安徽、福建、甘肃、广东、广西、贵州、河北、河南、湖北、湖南、江西、山东、山西、四川、台湾、浙江有产。不丹、印度东北部、缅甸、尼泊尔、泰国北部也有。

分布区类型:14 – 1

◎象南星

Arisaema elephas Buchet

产于法者林场抱水井垭口至大厂(3000m, pH *et al.* 8811),轿子山大孝峰崖脚(3600m, Mao1115),石膏菜坪子(3500m, Mao1059);生于林下潮湿处、青苔石上、山谷斜坡山地。

分布于云南北纬 25° 以北各地;生于海拔 1800 ~ 4000m 的河岸、山坡林下、草地或荒地。西藏南部、东南部、四川西部、南部及贵州西部也有。

分布区类型:15 – 3 – a

◎一把伞南星

Arisaema erubescens (Wall.) Schott.

产于轿子山大马路(3180m, pH *et al.* 9494),四方井至大羊窝(3200m, 08CS006、022);山坡林缘灌丛。

分布于云南大部分地区。生长于海拔 1100 ~ 3200m 的林下、灌丛、草坡或荒地。除东北、内蒙古、新疆、江苏外,全国各省都有。印度北部和东北部、缅甸、尼泊尔、锡金、泰国北部也有。

分布区类型:14 – 1

◎黄苞南星

Arisaema flavum (Forrsskaol) Schott subsp. *tibeti-*

cum J. Murata

产于乌蒙乡乐作尼(1800m,李恒等 1047);生于山坡岩石上。

分布于云南的禄劝、西北部;生于海拔 2200 ~ 4400m 的碎石坡或灌丛中,也见于荒地、路旁或庭院中。西藏南部至东南部、四川西南部也有。亦产于也门、阿富汗、克什米尔地区、印度西北部(西姆拉)、尼泊尔、不丹。

分布区类型:14 - 1

◎**象头花**

Arisaema franchetianum Engl.

产于轿子山大兴厂(2700m, Mao873),四方井(3000m,pH *et al.* 9362),九龙沟(3000m,pH *et al.* 8379);生于山坡灌丛中、林缘灌丛。

分布于云南的大部分地地区;生于海拔 900 ~ 3000m 的林下、灌丛、草坡。广西、贵州、四川也有。亦见于缅甸北部(掸邦)。

分布区类型:7 - 3

◎**岩生南星**

Arisaema saxatile Buchet

产于乌蒙乡团街至大黑石头沟(1980m, Mao1177);生于山坡林中。

分布于云南的禄劝、西北部、中部至东北部;生于海拔 1800 ~ 2800m 的河谷草坡及灌丛。四川西南部也有。

分布区类型:15 - 3 - a

◎**山珠半夏**

Arisaema yunnanense Buchet

产于乌蒙乡大黑石头沟(1980m, Mao1176);生于溪旁灌丛。

分布于云南各地;生于海拔 1500 ~ 2600m 的阔叶林、松林或草坡灌丛中。四川、贵州也有。

分布区类型:15 - 3 - a

306a. 葱科 Alliaceae

◎**蓝花韭**

Allium beesianum W. W. Smith

产于白石崖(4200m,pH *et al.* 8627);生于多石草坡。

分布于云南的东川、中甸、丽江、鹤庆、大理;生于海拔 3000 ~ 4350m 的岩石陡坡、荒草地、高山草甸、流石滩。四川西南部亦产。

分布区类型:15 - 3 - a

◎**宽叶韭**

Allium hookeri Thwaites

产于轿子山大黑箐至轿顶(4000m, pH *et al.* 9352);生于多石草坡。

分布于云南的东川、昆明、嵩明、镇雄、贡山、中甸、丽江、维西、鹤庆、洱源、宾川、大理、保山;生于海拔 1500 ~ 4000m 的湿润山坡或林下、水沟边、草甸。四川、西藏也有。亦见于不丹、印度北部、缅甸、斯里兰卡。

分布区类型:14 - 1

◎**小根蒜**

Allium macrostemon Bunge

产于东川因民小羊厩红岩(2600m,蓝顺彬 59);岩石缝隙。

分布于云南的东川、德钦、丽江、维西、宁蒗、永胜、云龙、昆明、澄江、师宗;生于海拔 1500 ~ 3200m 的山坡灌丛、草地、水沟边。除新疆、青海外,全国有分布。俄罗斯、朝鲜、日本也有。

分布区类型:14

◎**大花韭**

Allium macranthum Baker

产于九龙沟(3100m,pH *et al.* 8235),书姑至马鬃岭梁子磨当丘(3200m,pH *et al.* 9821);生于林缘草地、草坡。

分布于云南的东川、禄劝、德钦、中甸、剑川、洱源、会泽;生于海拔 2700 ~ 4200m 的山沟湿地、草甸、高山流石滩上。四川、西藏东南部、甘肃西南部和陕西南部有产。不丹、锡金也有。

分布区类型:14 - 1

◎**滇韭**

Allium mairei Lévl.

产于转龙甸尾(2600m, Zhang326);生于山坡灌丛下。

分布于云南的东川、禄劝、贡山、碧江、兰坪、德钦、中甸、宁蒗、丽江、鹤庆、大理、楚雄、广通、双柏、嵩明、昆明、寻甸、昭通、巧家;生于海拔 1200 ~ 4200m 的松林、杂木林、草坡、石坝、石炭岩山石缝、草地。四川木里、西藏波密至察隅、贵州(威宁)也有。

分布区类型:15 - 3 - a

◎**高山韭**

Allium sikkimense Baker

产于东川舍块乡火石梁子白石崖妖精塘(4100m, Liu Ende *et al.* 2098);生于高山石砾坡上。

分布于云南的东川、德钦、丽江、中甸;生于海拔 2100 ~ 4200m 的高山灌丛、水边、林缘。青海、四川、西藏、甘肃南部、陕西西南部和宁夏南部也有。

不丹、锡金、印度东北部、尼泊尔有分布。

分布区类型:14－1

◎**多星韭**

Allium wallichii Kunth

产于炉拱山至九龙(3000m,pH *et al.* 8164);生于草坡、灌丛。

分布于云南的东川、禄劝、昆明、嵩明、富民、会泽、贡山、碧江、中甸、德钦、丽江、维西、鹤庆、剑川、景东、临沧;生于海拔 2700～4150m 的云南松林、草坡、荒地、石缝、草甸、流石滩。四川、西藏、贵州、广西、湖南有产。不丹、印度、缅甸、尼泊尔、锡金、也有。

分布区类型:14－1

307. 鸢尾科 Iridaceae

◎**西南鸢尾**

Iris bulleyana Dykes

产于法者林场抱水井垭口(3200m,pH *et al.* 8744),大海至马鬃岭(3500m,pH *et al.* 9092、9127);山坡生于林缘草地。

分布于云南的东川、会泽、昆明、云龙、中甸、维西、丽江、鹤庆、兰坪、贡山、德钦、大理等地;生于海拔 2300～3500m 的山坡草地或溪流旁的湿地上。四川、西藏也有。

分布区类型:15－3－a

◎**尼泊尔鸢尾**

Iris nepalensis Wallich

产于轿子山转梁子(1600m,Mao1288);生于山坡草地。

分布于云南的禄劝、丽江、石鼓、巨甸、中甸、维西、大理及砚山;生于海拔 1500～3000m 的荒山坡、草地、岩石缝隙及疏林下。四川、西藏也有。不丹、印度、尼泊尔有分布。

分布区类型:14－1

311. 薯蓣科 Dioscoreaceae

◎**黄独**

Dioscorea bulbifera Linn.

产于普渡河苏铁保护小区(1170m,pH *et al.* 9866);生于河谷山坡灌丛。

分布于云南大部分地区,海拔 2300m 以下,生长于林内或灌丛中。我国陕西、西藏、西南、华南、华中、华东(至台湾)各省区都有。日本、印度、喜马拉雅西北部至尼泊尔、锡金、孟加拉国、缅甸、老挝、越南、泰国、印度尼西亚、菲律宾、大洋洲至社会群岛均有。

分布区类型:5

◎**高山薯蓣**

Dioscorea delavayi Franch.

产于九龙沟(3000m,pH *et al.* 8309b);林缘灌丛。

分布于云南大部分地区,生于海拔 500～3000m 的林缘、灌丛或草坡。四川、贵州也有。

分布区类型:15－3－a

◎**三角叶薯蓣**

Dioscorea deltoidea Wall. ex Griseb.

产于轿子山大兴厂(2700m,Mao855);山坡灌丛。

分布于云南的中部(禄劝、玉溪)至西北部(德钦、维西、中甸、丽江);生于海拔 1600～2900(～3300)m 的河谷灌丛、林缘或松林内。贵州,西藏南部和四川西南部也有。自阿富汗、克什米尔地区经喜马拉雅地区(尼泊尔、不丹、印度东北部)至缅甸及越南北部都有分布。

分布区类型:14－1

◎**粘黏黏**

Dioscorea melanophyma Prain et Burkill

产于九龙沟(3000m,pH *et al.* 8115、8309a);生于林缘灌丛。

分布于云南的东川、昆明、富民、江川、腾冲、景东、思茅、丽江、姚安、宾川、双柏、蒙自、屏边、文山;生于海拔 1300～3000m 的山谷或山坡林缘、灌丛中。贵州、四川、西藏有产。尼泊尔也有。

分布区类型:14－1

◎**毛胶薯蓣**

Dioscorea subcalva Prain et Burkill

产于炉拱山至九龙(2800m,pH *et al.* 8108);生于河谷山坡灌丛。

分布于云南的东川、嵩明、昆明、云龙、永德、景东、禄丰、双柏、宾川、鹤庆、永胜、丽江、洱源、保山、元江、文山、蒙自、个旧;生于海拔 700～2850m 的灌丛中、林缘或疏林。广西、贵州、湖南、四川也有。

分布区类型:15－3－b

◎**云南薯蓣**

Dioscorea yunnanensis Prain et Burkill

产于普渡河保护区(1170m,pH *et al.* 9855);生于河谷灌丛。

分布于云南的禄劝、中甸、丽江、鹤庆、耿马、宾川、勐腊、蒙自;生于海拔 1000～2800m 的沟谷、林缘或灌丛中。贵州也有。

分布区类型:15-3-a

318. 仙茅科 Hypoxidaceae

◎**小金梅草**

Hypoxis aurea Lour.

产干轿子山大村子(2550m,Mao1367),老炭房后山(3200m,pH *et al.* 9234);生于山坡草地。

分布于云南全省各地;生于海拔1400~3100m的山坡草地。安徽、福建、广东、广西、贵州、湖北、湖南、江苏、江西、四川、台湾、浙江有产。不丹、柬埔寨、印度、印度尼西亚、日本、朝鲜、老挝、缅甸、尼泊尔、巴基斯坦、巴布亚新几内亚、菲律宾、泰国、越南也有。

分布区类型:7

326. 兰科 Orchidaceae

◎**黄花白芨**

Bletilla ochracea Schltr.

产于轿子山摆夷召大桥(1960m,Mao1240);生于干燥山坡灌丛。

分布于云南的禄劝、昆明、安宁、中甸、大理、鹤庆、景东、昭通、绥江、西畴、屏边;生于海拔400~2350m的石灰岩山林下、松林、灌丛下、草坡、路边草丛中或沟边。

分布区类型:15-2-e

◎**小白芨**

Bletilla formosana (hayata) Schltr.

产于转龙甸尾至马鹿山(2100m,Mao1444);生于山坡灌丛。

分布于云南的禄劝、云龙、昆明、丽江、蒙自、昭通;生于海拔900~3100m的杂木林、栎林、松林下灌丛中、路边草丛、草坡或岩石缝中。陕西、甘肃、江苏、安徽、上海、浙江、江西、福建、台湾、湖北、湖南、广东、广西、四川、西藏有产。亦见于日本。

分布区类型:14-2

◎**流苏虾脊兰**

Calanthe alpina Hook. f. ex Lindl.

产于法者林场大厂林区附近大洼子(2900m,pH *et al.* 8926);生于冷杉林缘。

分布于云南的东川、永德、贡山、中甸、维西、丽江、漾濞、大姚;生于海拔1500~3500m的山地林下或草坡上。西藏(察隅、吉隆、聂拉木)、四川、甘肃、陕西、台湾有分布。锡金和日本也有。

分布区类型:14

◎**肾唇虾脊兰**

Calanthe brevicornu Lindl.

产于轿子山新槽子(2600m,Mao798);生于溪旁灌丛中。

分布于云南的禄劝、云龙、永德、凤庆、景东、贡山、腾冲、漾濞、双柏、蒙自、文山;生于海拔1600~3100m的山地密林下。西藏(察隅、波密、墨脱)、四川、广西、湖北有产。不丹、印度东北部、尼泊尔、锡金也有。

分布区类型:14-1

◎**三棱虾脊兰**

Calanthe tricarinata Lindl.

产于轿子山羊蹿石[3340m H. Jiang 04520, 04955 (YAF)];生于杜鹃林缘。

分布于云南的禄劝、德钦、中甸、维西、丽江、剑川、宁蒗、临沧、景东、彝良、蒙自;生于海拔1700~3500m的山坡草地或混交林下。西藏、贵州、四川、湖北、陕西、甘肃、台湾均产。克什米尔地区、尼泊尔、锡金、不丹、印度东北部和日本也有。

分布区类型:14

◎**大花头蕊兰**

Cephalanthera damasonium (Miller) Druce

产于轿子山新山垭口(2772m,08CS130),转龙大功山(2100m,Mao1411);生于高山栎、杜鹃灌丛、山坡疏林中。

分布于云南禄劝、昆明、丽江;生于海拔2100~2900m的疏林中。分布于缅甸、不丹、印度、中亚和欧洲。

分布区类型:10

◎**斑叶杓兰**

Cypripedium margaritaceum Franch.

产于轿子山平箐[3250m, H. Jiang 04950 (YAF)];生于多石山坡、林下。

分布于云南的禄劝、中甸、丽江、大理;生于海拔2800~3400m的林下、灌丛草地或石缝中。四川西南部也有。

分布区类型:15-3-a

◎**离萼杓兰**

Cypripedium plectrochilum Franch.

产于转龙大功山(2100m,Mao1404);生于山谷疏林中。

分布于云南的禄劝、昆明、维西、德钦、中甸、丽江、鹤庆、宁蒗、宾川、洱源;生于海拔2200~3400m的冷杉、云杉林下、林缘、草坡或石缝中。西藏东南部(察隅)、四川西部、湖北西部(巴东)。缅甸也有。

分布区类型:14-1

◎**乌蒙杓兰**

Cypripedium wumengense S. C. Chen

产于轿子山何家村[2800m W. M. Zhu et J. L. Wu 03447 (HGUY)];生于多石山坡林下。

分布于云南的禄劝;产于海拔2800m的多石山坡林下石缝中。

分布区类型:15-1

◎**火烧兰**

Epipactis helleborine (Linn.) Crantz.

产于九龙沟(3000m,pH *et al.* 8347),书姑至马鬃岭梁子大崖头(3286m,pH *et al.* 9787);生于山坡林缘。

分布于云南的东川、禄劝、永德、贡山、福贡、泸水、腾冲、兰坪、维西、德钦、中甸、景东、丽江、大理、鹤庆、洱源、昆明、宜良、嵩明、昭通等;生于海拔1300~3300m的山坡草地、林下、灌丛或沟边、路旁。西藏、青海、四川、贵州、湖北、安徽、新疆、甘肃、陕西、山西、河北、辽宁有分布。也见于不丹、锡金、尼泊尔、阿富汗、伊朗、北非、俄罗斯、欧洲及北美洲。

分布区类型:8

◎**大叶火烧兰**

Epipactis mairei Schltr.

产于九龙沟(2900~3000m,pH *et al.* 8081、8367);生于山坡林缘草地。

分布于云南的东川、永德、镇康、贡山、泸水、维西、德钦、中甸、丽江、鹤庆、昆明、洱源、漾濞、镇雄;生于海拔2000~3200m的山坡林下、林缘、灌丛、河滩阶地或冲积扇上。西藏、四川、贵州、湖南、湖北、陕西、甘肃有分布。也见于缅甸、不丹。

分布区类型:14-1

◎**小斑叶兰**

Goodyera repens (Linn.) R. Br.

产于大厂大洼子(2930m,pH *et al.* 9094);生于林下潮湿处。

分布于云南东川、云龙、永德、贡山、福贡、维西、德钦、中甸、丽江;生于海拔2400~3500m的山坡铁杉林、冷杉林或箭竹林下。西藏、四川、青海、新疆、陕西、山西、河南、河北、吉林、辽宁、黑龙江、内蒙古、台湾、湖南、湖北均有分布。缅甸、印度东北部、不丹、锡金、尼泊尔、克什米尔地区、朝鲜半岛、俄罗斯西伯利亚、日本、欧洲和北美的部分地区也产。

分布区类型:8

◎**斑叶兰**

Goodyera schlechtendaliana Rchb. f.

产于法者林场大厂至新发村(2600m, pH *et al.* 8978),马鬃岭梁子磨当丘(3190m,pH *et al.* 9790);生于林缘斜坡。

分布于云南东川、贡山、德钦、丽江、漾濞;生于海拔2000~2400m的山坡或沟谷常绿阔叶林下。西藏(察隅、波密)、贵州、四川、广西、海南、广东、湖南、湖北、河南南部、台湾、福建、江西、浙江、安徽、江苏、甘肃南部、陕西南部、山西均产。尼泊尔、不丹、锡金、印度、越南、泰国、朝鲜半岛南部,日本、印度尼西亚(苏门答腊)也有分布。

分布区类型:14-1

◎**西南手参**

Gymnadenia orchidis Lindl.

产于白石崖(4000m,pH *et al.* 8630);生于高山草地。

分布于云南东川、贡山、福贡、兰坪、维西、德钦、中甸、丽江、宁蒗、鹤庆;生于海拔2170~4100m的山坡混交林、红杉林、黄栎林下、灌丛中、草坡、高山草甸或沼泽中。西藏、四川、青海、甘肃、陕西、湖北有产。克什米尔地区、尼泊尔、锡金、不丹、印度北部至东北部均有分布。

分布区类型:14-1

◎**落地金钱**

Habenaria aitchisonii Rchb. f.

产于九龙沟(3000m, pH *et al.* 8419、8552、8701),书姑至马鬃岭梁子大崖头(3288m,pH *et al.* 9814),雪山乡白家洼(2900m,pH *et al.* 9665);生于山坡林缘草地。

分布于云南东川、禄劝、永德、中甸、德钦、丽江、鹤庆、漾濞、昆明、安宁;生于海拔2100~3550m的山坡松林下、石灰岩灌丛中、草坡、沙地和草地上。西藏东南部至南部、川西、贵州、青海南部也有。阿富汗、克什米尔地区、尼泊尔、锡金、不丹至印度东北部都有分布。

分布区类型:14-1

◎**长距玉凤花**

Habenaria davidii Franch.

产于轿子山(2700m,pH *et al.* 8014),书姑至马鬃岭梁子大崖头(3288m,pH *et al.* 9791);生于林缘草地。

分布于云南禄劝、云龙、永德、贡山、兰坪、维西、中甸、凤庆、丽江、洱源、昆明、江川、罗平;生于海拔2100~3200m的山坡林下、有刺灌丛、草坡或溪旁草地中。贵州、湖北、湖南、四川、西藏也有。

分布区类型:15 -3 -b

◎宽唇角盘兰

Herminium josephi Rchb. f.

产于九龙沟(3000 ~ 3200m, pH *et al.* 8059、8269);生于林缘草地。

分布于云南的东川、福贡、维西、德钦、丽江、宁蒗、大姚、会泽;生于海拔 3400 ~ 4000m 的山坡灌丛、草地和高山草甸中。西藏南部和东南部、四川西部有产。尼泊尔、不丹和锡金也有。

分布区类型:14 -1

◎叉唇角盘兰

Herminium lanceum (Thunb. ex Sw.) Vuijk

产于九龙沟(3000m, pH *et al.* 8270),法者林场大海至马鬃岭(3000m, pH *et al.* 9086);生于山坡林缘草地。

分布于云南东川、昆明、贡山、福贡、泸水、腾冲、龙陵、维西、德钦、中甸、丽江、鹤庆、景东、镇康、思茅、景洪、洱源、华坪、大理、漾濞、玉溪、嵩明、蒙自、文山;生于海拔 1800 ~ 3300m 的阔叶林、松林、疏林、灌丛或草地中。分布于西藏、贵州、广西、广东、湖南、湖北、河南、台湾、福建、江西、浙江、安徽、甘肃、陕西。尼泊尔、锡金、印度东北部、缅甸、中南半岛、马来半岛、朝鲜半岛、日本也有分布。

分布区类型:14

◎宽萼角盘兰

Herminium souliei Schltr.

产于轿子山(4000 ~ 4200m, Zhang621、643, pH *et al.* 9517、9567B);生于山坡草地。

分布于云南的东川、禄劝、昆明、泸水、维西、中甸、丽江、大理、洱源、孟连、等地;生于海拔 2900 ~ 3550m 的山坡灌丛或草地中。四川、西藏也有。

分布区类型:15 -3 -a

◎羊耳蒜

Liparis japonica (Miq.) Maxim.

产于九龙沟(2800m, pH *et al.* 8270A);生于林缘草地。

分布于云南的东川、永德、临沧、景东、贡山、嵩明、镇雄;生于海拔 1900 ~ 2400m 的山坡灌丛、草地、石灰岩中。西藏、四川、贵州、甘肃、陕西、河南、山西、河北、山东、内蒙古、辽宁、吉林、黑龙江有产。俄罗斯远东地区、朝鲜半岛和日本也有。

分布区类型:14 -2

◎沼兰

Malaxis monophyllos (Linn.) Sw.

产于法者林场大厂大洼子(2930m, JZ37 -80);生于林下潮湿处、草坡。

分布于云南的云南的东川、云龙、永德、贡山、德钦、中甸、维西、丽江、洱源、大理、龙陵;生于海拔 2250 ~ 3600m 的林下、灌丛中或草坡上。西藏、四川、青海、甘肃、陕西、山西、河北、河南、内蒙古、辽宁、吉林、黑龙江有分布。日本、朝鲜半岛、俄罗斯西伯利亚以及欧洲和北美也有。

分布区类型:8

◎广布芋兰

Nervilia aragoana Gaud.

产于乌蒙乡摆夷召大桥(1960m, Mao1241);生于斜坡干燥。

分布于云南禄劝、贡山、德钦;生于海拔 1500 ~ 2300m 的山坡灌丛中。西藏、四川、湖北、台湾有产。广布于尼泊尔、锡金、印度、孟加拉国、缅甸、越南、老挝、泰国、马来西亚、日本(琉球)、菲律宾、印度尼西亚、新几内亚岛、澳大利亚、太平洋岛屿。

分布区类型:5

◎广布红门兰

Orchis chusua D. Don

产于法者林场干箐垭口(3130m, pH *et al.* 8771),九龙沟(3500m, pH *et al.* 8240);小戏台(3980m, pH *et al.* 8554),轿子山大羊窝(3250m, pH *et al.* 9635),书姑至马鬃岭梁子大崖头(3288m, pH *et al.* 9788);生高山林缘草地。

分布于云南的东川、禄劝、云龙、永德、贡山、福贡、兰坪、腾冲、维西、中甸、德钦、丽江、鹤庆、洱源、漾濞、大理、昆明、大姚(盐丰)、巧家;生于海拔 1800 ~ 4700m 的林下、高山灌丛、草甸或河滩草地。西藏、川、湖北、青、甘、陕西、宁夏、内蒙古、吉林、黑龙江有产。尼泊尔、锡金、不丹、印度东北部、缅甸北部、俄罗斯西伯利亚、朝鲜半岛、日本也有。

分布区类型:14

◎条叶阔蕊兰

Peristylus bulleyi (Rolfe) K. Y. Lang

产于老炭房后山(2900m, pH *et al.* 9229C),生山坡草地。

产于云南的东川、中甸、丽江、剑川、鹤庆、洱源、大理、大姚、武定、禄劝;生于海拔 2500 ~ 3300m 的山坡林下或草地上。四川西南部也有。

分布区类型:15 -3 -a

◎凸孔阔蕊兰

Peristylus coeloceras Finet

产于九龙沟(3000m, pH *et al.* 8059、8271、

8357)，老炭房后山(2900m, pH *et al.* 9228)，书姑至马鬃岭梁子大崖头(3288, pH *et al.* 9789)；生于山坡林缘草地。

分布于云南的东川、禄劝、福贡、维西、中甸、德钦、丽江、鹤庆、洱源、富源；生于海拔 2050 ~ 3300m 的松林、栎林、山坡针阔叶混交林下、灌丛中和草坡上、草坝中、荒地中。分布于缅甸北部。

分布区类型:14 - 1

◎**盘腺阔蕊兰**

Peristylus fallax Lindl.

产于轿子山大羊窝(3250m, pH *et al.* 9567A)，老炭房后山(2900m, pH *et al.* 9229A)；生于山坡林缘草地。

分布于云南东川、禄劝、大理；生于海拔 3000 ~ 3300m 的山坡林下。西藏南部、四川西南部有产。尼泊尔、锡金和印度也有。

分布区类型:14 - 1

◎**金川阔蕊兰**

Peristylus jinchuanicus K. Y. Lang

产于老炭房后山(2900m, pH *et al.* 9229B)；生于山坡草地。

分布于云南东川、中甸、丽江；生于海拔 1750 ~ 2900m 的山坡针叶林下、灌丛中或草地上。四川西部也有。

分布区类型:15 - 3 - a

◎**滇藏舌唇兰**

Platanthera bakeriana (King et Pantl.) Kraenzl.

产于轿子山大孝峰崖脚(3660m, Mao1126)，老炭房后山(2900m, pH *et al.* 9249B)；生于溪旁草地、山坡草地。

分布于云南的禄劝、贡山、福贡、兰坪、腾冲、保山、维西、德钦、中甸、丽江、鹤庆、大理等地；生于海拔 2700 ~ 3800m 的林缘、竹林、竹箐、草坡、溪旁草地或灌丛草甸中。西藏(墨脱)亦产。也见于尼泊尔、锡金、印度。

分布区类型:14 - 1

◎**察瓦龙舌唇兰**

Platanthera chiloglossa (T. Tang et F. T. Wang) K. Y. Lang

产于老炭房后山(2900m, pH *et al.* 9249A、9282)，书姑至马鬃岭梁子大崖头(3288m, pH *et al.* 9757)；生于山坡林缘草地。

分布于云南的东川、禄劝、贡山、福贡、德钦；生于海拔 2700 ~ 3400m 的山坡林下、沟边或草地中。西藏(察隅)、四川西部也有。

分布区类型:15 - 3 - a

◎**舌唇兰**

Platanthera japonica (Thunb. ex A. Murray) Lindl.

产于九龙沟(3000m, JZ060)；生于林下、沟边。

分布于云南的东川、云龙、永德、泸水、丽江、大理；生于海拔 1840 ~ 2900m 的山坡灌丛、路边或草地上。四川、贵州、广西、湖南、湖北、河南、浙江、安徽、江苏、甘肃、陕西有分布。朝鲜半岛和日本也有。

分布区类型:14 - 2

◎**白鹤参**

Platanthera latilabris Lindl.

产于轿子山大黑箐(3800m, pH *et al.* 9282)，九龙沟(3000m, pH *et al.* 8495)，老炭房后山(2900m, pH *et al.* 9230)；生于山坡草地。

分布于云南的东川、禄劝、昆明、贡山、腾冲、龙陵、景东、鹤庆、丽江、双柏、；生于海拔 1900 ~ 2850m 的山坡林缘、竹林、灌丛中或草坡地上。分布于西藏、四川。克什米尔地区、印度北部至东北部、尼泊尔、锡金、不丹均有分布。

分布区类型:14 - 1

◎**白花独蒜兰**

Pleione alba H. Li et G. H. Feng

产于轿子山平箐[3250m, H. Jiang 04524 (YAF)]；生于林缘岩石上。

分布于云南的禄劝、永德、大理；附生于海拔 2400 ~ 3250m 的阔叶林或针叶林中树上或岩壁上。缅甸北部也有。

分布区类型:7 - 3

◎**独蒜兰**

Pleione bulbocodioides (Franch.) Rolfe

产于轿子山(3150m, 李恒等 1109)；杜鹃林内。

分布于云南的东川、禄劝、嵩明、永德、景东、中甸、丽江、维西、剑川、大理、孟连、大姚、大关、镇雄、文山；生于海拔 1850 ~ 3400m 的常绿阔叶林下、林缘或岩石上。西藏、贵州、四川、广西、广东、湖南、湖北、安徽、陕西、甘肃也有。

分布区类型:15 - 3 - c

◎**缘毛鸟足兰**

Satyrium ciliatum Lindl.

产于东川烂泥坪(3000m, 杨崇仁 85 - 5)，禄劝轿子山(3200m, pH *et al.* 9584、9786)；生于山坡草地。

分布于云南的东川、禄劝、昆明、嵩明、富民、昭通、会泽、云龙、永德、贡山、福贡、兰坪、临沧、景东、维西、中甸、丽江、宁蒗、鹤庆、大姚、宾川、洱源、大理、楚雄、双柏、元江、峨山、江川、砚山、文山、麻栗坡;生于海拔2100~3400m的山坡次生杂木林、云南松林、云杉林、落叶松林下、竹子灌丛下、箐沟、草坡、火烧迹地或岩石上。西藏南部和东南部、四川、贵州、湖南有分布。不丹、印度、尼泊尔、锡金也有。

分布区类型:14-1

◎**绶草**

Spiranthes sinensis (Pers.) Ames

产于老炭房后山(2900m,pH *et al.* 9229B);生于山坡草地。

分布于云南大部分地区;生于海拔3400m以下的山坡、田边、草地、灌丛、沼泽、路边、沟边。全国各省区皆有分布。俄罗斯西伯利亚、蒙古、朝鲜半岛、日本、阿富汗、克什米尔地区、不丹、印度、缅甸、泰国、马来西亚、菲律宾、澳大利亚也产。

分布区类型:10

327. 灯芯草科 Juncaceae

◎**翅茎灯心草**

Juncus alatus Franch. et Savatier

产于禄劝乌蒙乡大兴厂(2900m,Mao893);生于山谷溪中、石上。

分布于云南的绥江;生于海拔1400m的溪边。陕西、安徽、浙江、湖北、广西、四川、贵州也有。

分布区类型:15-3-c

◎**葱状灯芯草**

Juncus allioides Franch.

产于轿子山大黑箐至轿顶(3900m,pH *et al.* 9334);生于灌丛草地。

分布于云南的东川、禄劝、永德、凤庆、大理、漾濞、丽江、中甸、福贡、贡山、德钦;生于海拔2000~4000m的草坡、石坡和高山沼泽地。西藏、四川、青海、甘肃、贵州、宁夏、陕西有分布。

分布区类型:14-1

◎**走茎灯心草**

Juncus amplifolius A. Camus

产于轿子山大黑箐至轿顶(3900m,pH *et al.* 9315a);生于多石山坡草地。

分布于云南的大理、泸水、维西、福贡、贡山;生于海拔2700~4100m的高山草地、山坡林下。陕西、甘肃、青海、四川、西藏也有。

分布区类型:15-3-c

◎**孟加拉国灯心草**

Juncus benghalensis Kunth

产于轿子山大黑箐(3900m,pH *et al.* 9315);生于灌丛草地。

分布于云南的禄劝、大理、维西、碧江、中甸、德钦;生于海拔2450~3950m的草坡湿处。西藏有产。锡金、孟加拉国、克什米尔地区也有。

分布区类型:14-1

◎**小灯心草**

Juncus bufonius Linn.

产于九龙沟(3200m,pH *et al.* 8358);生于山坡草地。

分布于云南的东川、昆明、嵩明、富民、大理、永胜、德钦等地;生于海拔2000~3700m的河边、田中。长江南北地区也有。朝鲜、日本、欧洲、北美广布。

分布区类型:8

◎**雅灯芯草**

Juncus concinnus D. Don

产于法者林场大海至马鬃岭(3215m,pH *et al.* 9112C),轿子山大黑箐(3900m,方瑞征、吕正伟143、144),炉拱山至九龙(3000m,pH *et al.* 8174);生于山坡林缘草地、杜鹃灌丛草地。

分布于云南的东川、禄劝、昆明、富民、大姚、巧家、洱源、兰坪、维西、丽江、中甸、福贡、贡山、德钦、永德;生于海拔2400~3900m的路边、草地。西藏(米林、亚东、察隅)也有。亦见于不丹、锡金。

分布区类型:14-1

◎**星花灯心草**

Juncus diastrophanthus Buchenau

产于大厂(2650m,JZ438);生于路边草地。

分布于云南的东川、昆明、中甸、大理、腾冲、凤庆、建水、景东、澜沧、屏边、河口、麻栗坡;生于海拔2200~2800m的田边、路旁湿处。陕西、甘肃、山东、安徽、浙江、江西、江苏、湖北、湖南、广东、广西、四川等地均有。分布于日本、朝鲜、印度。

分布区类型:14

◎**东川灯心草**

Juncus dongchuanensis K. F. Wu

产于法者林场大海至马鬃岭(3215m,pH *et al.* 9010、9105b、9136),腰棚子林区(2890m,pH *et al.* 8523);生于林缘草地。

分布于云南的东川、大理、会泽、昆明;生于海拔2500~3300m的草丛或路边。

分布区类型:15-2-a

◎**喜马拉雅灯心草**

Juncus himalensis Klotzsch

产于法者林场抱水井丫口(3215,JZ33-39);

生于林缘草地。

分布于云南的东川、维西、丽江、中甸、德钦、贡山;生于海拔 2700 ~ 4200m 的林间草地、山箐林下。甘肃、青海、四川、西藏也有。印度、巴基斯坦、尼泊尔、锡金、不丹亦产。

分布区类型:14 - 1

◎**片髓灯心草**

Juncus inflexus Linn.

产于腰棚子林区(2890m,pH *et al.* 8467);生于林缘草地。

分布于云南的东川、嵩明、寻甸、大姚、大理、西畴、屏边、镇康、剑川、丽江、福贡、贡山、德钦;生于海拔 1300 ~ 3000m 的干燥草坡和沼泽地。我国北部、西部、西南部也有。亚洲西部、欧洲等地均有。

分布区类型:2

◎**密花灯心草**

Juncus lanpinguensis Novikov

产于九龙沟(3000m,pH *et al.* 8440),炉拱山至九龙(3100m,pH *et al.* 8090、8171);生于山坡林缘草地。

分布于云南的东川、兰坪、中甸、宁蒗;生于海拔 3000 ~ 3600m 的草坡和水沟旁。

分布区类型:15 - 2 - b

◎**甘川灯心草**

Juncus leucanthus Royle ex D. Don

产于轿子山大黑箐(3650m,Mao1023);生于山坡草地、灌丛。

分布于云南的禄劝、福贡、丽江、中甸、德钦;生于海拔 2500 ~ 4100m 的山地灌丛中。陕西、甘肃、四川、西藏也有。亦见于不丹、印度、尼泊尔、锡金。

分布区类型:14 - 1

◎**长苞灯心草**

Juncus leucomelas Royle ex D. Don

产于白石崖(4130m,pH *et al.* 8553);生于多石山坡岩缝中。

分布于云南东川、丽江、德钦;生于海拔 3000 ~ 4500m 的高山草甸、河滩、草地。甘肃、四川、西藏也有。不丹、印度、克什米尔、尼泊尔、巴基斯坦、锡金均产。

分布区类型:14 - 1

◎**长蕊灯心草**

Juncus longistamineus A. Camus

产于轿子山大黑箐至轿顶(3980m,pH *et al.* 9372);多石山坡岩缝中。

分布于云南的禄劝、维西、澜沧江与怒江分水岭;生于海拔 3600 ~ 4000m 的山坡草地。

分布区类型:15 - 2 - b

◎**笄石菖**

Juncus prismatocarpus R. Br.

产于大厂至新发村途中(2600m,pH *et al.* 8921);生于路边草地。

云南全省广泛分布;生于海拔 1200 ~ 2800m 的山坡林下或沼泽地。陕西及长江以南各省区均有分布。澳大利亚、马来西亚、日本、斯里兰卡、泰国、新西兰、印度有产。

分布区类型:5

◎**长柱灯心草**

Juncus przewalskii Buchenau

产于白石崖(4200m,pH *et al.* 8604、8625、8643),轿子山轿顶(4223m,pH *et al.* 9429、9451);生于多石山坡岩缝中。

分布于云南的东川、禄劝、巧家、中甸、德钦;生于海拔 3000 ~ 4200m 的路边草坡及高山草甸。甘肃、陕西、青海、四川也有。

分布区类型:15 - 3 - c

◎**地杨梅**

Luzula campestris (Linn.) DC.

产于法者林场大海至马鬃岭(2900m ,pH *et al.* 9103);生于山坡草地。

分布于云南的东川、丽江;生于海拔 2800 ~ 2900m 的草坡。欧亚大陆及北美均有分布。

分布区类型:8

◎**中国地杨梅(变种)**

Luzula effusa Buchenau var. *chinensis* (N. E. Brown) K. F. Wu

产于轿子山石涯子(2900m,Mao893);生于山谷溪中石上 。

分布于云南禄劝、维西、中甸;生于海拔2900 ~ 3400m 的云杉林下、山谷溪边、草坡。四川、贵州也有。

分布区类型:15 - 3 - a

◎**散序地杨梅**

Luzula effusa Buchenau var. *effusa*

产于轿子山大羊窝(3250m,pH *et al.* 9325),乌蒙至雪山途中老槽子山顶(3098m,08CS062);生于林缘草地。

分布于云南的禄劝、大理、泸水、维西、福贡、中甸、贡山;生于海拔 2900 ~ 3500m 的山坡林下或山谷湿处。陕西、甘肃、台湾、湖北、贵州、四川、西藏也有。亦见于尼泊尔、不丹、锡金、印度东北部、缅甸北部至马来西亚。

分布区类型:7 – 1

◎**多花地杨梅**

Luzula multiflora (Retz.) Lejeune

产于轿子山大黑箐至轿顶(3900m, pH *et al.* 9297);生于林缘草地。

分布于云南的东川、禄劝、昆明、富民、大理、漾濞、维西、宁蒗、中甸、贡山;生于海拔 1800 ~ 4050m 的山坡、山顶草丛或灌丛中。我国大部分地区都有。亚洲、欧洲、北美及澳大利亚均有分布。

分布区类型:2

331. 莎草科 Cyperaceae

◎**华扁穗草**

Blysmus sinocompressus Tang et Wang

产于空心山(3538m, JZ63 – 35);生于山坡草地、灌丛。

分布于云南的东川、中甸、维西、丽江、兰坪、宁蒗;生于海拔 2300 ~ 3700m 的山坡草地,沼泽草地和溪边。四川、西藏、青海、甘肃、陕西、山西、河北、内蒙古也有。喜马拉雅山西部至东部亦可能有分布。

分布区类型:14 – 1

◎**山稗子**

Carex baccans Nees

产于乌蒙乡团街(2800m, Zhang442);生于林间草地、草坡。

分布于云南的永德、景东、贡山、福贡、大理、巍山、漾濞、宾川、昆明、禄劝、武定、江川、砚山、麻栗坡、屏边、普洱、西双版纳、保山、潞西;生于海拔 760 ~ 2400m 的山谷林下、灌丛、河边及村边。福建、广东、广西、贵州、海南、四川、台湾有分布。印度、尼泊尔、马来西亚、越南也有。

分布区类型:7 – 1

◎**簇穗薹草**

Carex fastigiata Franch.

产于轿子山大黑箐(3850m, pH *et al.* 9291);生于林缘灌丛。

分布于云南的禄劝、洱源、丽江、维西、宁蒗、中甸;生于海拔 3300 ~ 3600m 山坡、山谷或河边草地。四川也有。

分布区类型:15 – 3 – a

◎**蕨状薹草**

Carex filicina Nees

产于法者林场大海至马鬃岭(3500m, pH *et al.* 9064), 干箐垭口(3130m, pH *et al.* 8741), 九龙沟(3000m, pH *et al.* 8167);生于高山草甸、林缘草地。

分布于云南的禄劝、永德、大关、镇雄、寻甸、丽江、华坪、宁蒗、维西、贡山、福贡、大理、洱源、昆明、西畴、麻栗坡、蒙自、屏边、景东;生于林间或林边湿润草地海拔 1200 ~ 2800m。浙江、江西、福建、台湾、湖北、湖南、广东、广西、海南、四川、贵州、西藏也有。印度、尼泊尔、斯里兰卡、缅甸、越南、马来西亚、印度尼西亚、菲律宾亦产。

分布区类型:7 – 1

◎**亮绿苔草**

Carex finitima Boott

产于法者林场抱水井垭口(3190m, JZ35 – 26);生于林缘草地。

分布于云南的东川、云龙、兰坪、福贡、维西、贡山等地;生于海拔 2100 ~ 3400m 的林下、溪边、路边或灌丛草甸。四川西部、西藏东部和南部也有。不丹、尼泊尔、印度、马来西亚也有。

分布区类型:7 – 1

◎**溪生苔草**

Carex fluviatilis Boott

产于轿子山老槽子(3098m, 08CS080);生于山坡草地。

分布于云南的禄劝、昆明、嵩明、永德、丽江、维西、大理、金平、屏边、景洪、勐海;生于海拔 1300 ~ 3200m 的山谷溪旁和林下湿地。贵州、四川、西藏也有。亦见于印度和缅甸北部。

分布区类型:14 – 1

◎**明亮薹草**

Carex laeta Boott

产于腰棚子林区(2890m, pH *et al.* 8444);生于林缘草地。

分布于云南的东川、丽江、维西、中甸、贡山、德钦等西北部地区;生于海拔 3400 ~ 3800m 的高山灌丛、草甸、林边或河边草地。四川西部和西南部、西藏东部也有。亦见于尼泊尔、锡金。

分布区类型:14 – 1

◎**长穗柄苔草**

Carex longipes D. Don

产于轿子山新山垭口(2772m, 08CS117);生于杜鹃、高山栎林缘。

分布于云南的禄劝、富民、嵩明、漾濞、福贡、贡山、永胜;生于海拔 2200 ~ 3000m 的山坡草地或灌丛中、河边。湖北、四川有产。印度、印度尼西亚、尼泊尔也有。

分布区类型:7－1

◎**云雾苔草**

Carex nubigena D. Don

产于法者林场大海至马鬃岭(3500m,pH *et al.*、9066),九龙沟(3000m,pH *et al.* 8317、8169);生于山坡林缘草地。

分布于云南的东川、禄劝、云龙、永德、景东、德钦、贡山、福贡、维西、丽江、鹤庆、洱源、大理、兰坪、永平、宁蒗、永胜、勐海;生于海拔 2400～3000m 的林下、河边湿草地或高山灌丛草甸。贵州、四川西部、甘肃、陕西、西藏(察隅)有分布。阿富汗、印度、印度尼西亚、斯里兰卡也有。

分布区类型:7－1

◎**刺囊苔草**

Carex obscura Nees var. *brachycarpa* C. B. Clarke

产于轿子山(3900m,方瑞征、吕正伟 157);生于高山杜鹃灌丛、草甸、草丛中。

分布于云南的禄劝、德钦、贡山、中甸、维西、丽江、福贡、宁蒗;生于海拔 2700～3950m 的高山针叶林下荫湿处和浅水中。四川西部、西藏东南部也有。分布于喜马拉雅山区。

分布区类型:14－1

◎**香附子**

Cyperus rotundus Linn.

产于法者林场沙子坡林区(2600m,JZ33－5);生于山坡草地。

分布于云南的东川、昆明、永德、凤庆、景东、勐海、勐腊、河口、蒙自、大理、鹤庆;生于海拔 200～2600m 的山坡荒草地或水边潮湿处。除东北各省未见外,广布于全国各地。分布于全世界热带、亚热带和温带地区。

分布区类型:1

◎**丛毛羊胡子草**

Eriophorum comosum Nees

产于普渡河苏铁保护小区(1170m,pH *et al.* 9942);生于干旱河谷多石山坡。

分布于云南的禄劝、昆明、贡山、德钦、中甸、丽江、泸水、宁蒗、永胜、华坪、大理、祥云;喜生于海拔 1100～3000m 的岩壁上、干热河谷山坡草丛中。西藏、四川、贵州、广西、湖北、甘肃等省区也有。印度北部、喜马拉雅地区、阿富汗、缅甸北部、越南亦产。

分布区类型:14－1

◎**线叶嵩草**

Kobresia capillifolia (Decne.) C. B. Clarke

产于轿子山四方井(3230m,JZ62－50),生于林缘草地。

分布于云南的禄劝及西北部;生于海拔 1800～4800m 的山坡灌丛草甸、林边草地或湿润草地。内蒙古、甘肃、青海、新疆、四川西部和西南部、西藏也有。哈萨克斯坦、塔吉克斯坦、吉尔吉斯斯坦、蒙古西部、阿富汗、克什米尔地区、尼泊尔。

分布区类型:11

◎**尾穗嵩草**

Kobresia cercostachys (Franch.) C. B. Clarke

产于轿子山轿顶(4223m,pH *et al.* 9444A、9471);生于多石草坡。

分布于云南的禄劝、洱源、丽江、中甸、德钦;生于海拔 3800～4400m 的高山灌丛草甸带、高山草甸、流石滩边缘斑状草甸。四川、西藏有产。喜马拉雅山脉南麓也有分布。

分布区类型:14－1

◎**截形嵩草**

Kobresia cuneata Kükenth.

产于轿子山大海梁子(3860m,Mao1054);生于山坡草地。

分布于云南禄劝、德钦、中甸;生于海拔 3000～4650m 的高山灌丛草甸、高山草甸带。甘肃、青海、四川、西藏也有。

分布区类型:15－3－c

◎**三脉嵩草**

Kobresia esanbeckii (Kunth) Noltie

产于轿子山大黑箐(3650m,方瑞征、吕正伟 178),法者林场大海至燕子洞(3500m,pH *et al.* 9035);生于冷杉杜鹃林岩石上、山坡草地。

分布于云南的禄劝、永德、丽江、中甸、德钦、贡山、大理、宾川、腾冲;生于海拔 2800～4000m 的岩石上、石缝中、岩壁上。四川、西藏也有。亦见于不丹、尼泊尔、锡金有分布。

分布区类型:14－1

◎**囊状嵩草**

Kobresia fragilis C. B. Clarke

产于轿子山(3620m,JZ58－42);生于林缘灌丛、草坡。

分布于云南禄劝、丽江、宁蒗、中甸和德钦;生于海拔 2700～4300m 的山坡草地、沟谷及高山灌丛草甸。四川西部和西南部、西藏东部也有。亦见于尼泊尔。

分布区类型:14－1

◎**甘肃嵩草**

Kobresia kansuensis Kükenth.

产于轿子山(3900m,方瑞征、吕正伟 159);生于高山杜鹃灌丛草甸中。

分布于云南禄劝、丽江、德钦;生于海拔 3000 ~ 4800m 的潮湿草地、林边草地。甘肃、青海、四川和西藏也有。

分布区类型:15 - 3 - c

◎**尼泊尔嵩草**

Kobresia nepalensis (Nees) Kükenth.

产于白石崖(4200m,pH *et al.* 8628、8633),轿子山轿顶(4223m,pH *et al.* 9441);生于多石草坡。

分布于云南的东川、禄劝、巧家、丽江、中甸、德钦、维西;生于海拔 3400 ~ 4400m 的高山草甸、高山灌丛草甸、流石滩、岩壁上。四川、西藏有产。锡金、不丹、尼泊尔、印度北部至克什米尔地区也有。

分布区类型:14 - 1

◎**西藏嵩草**

Kobresia tibetica Maxim.

产于轿子山(3620m,JZ58 - 4);生于林缘灌丛、草地。

分布于云南禄劝以及西北部;生于海拔 3000 ~ 4600m 的河滩地、湿润草地、高山灌丛草甸。甘肃、青海、四川、西藏也有。

分布区类型:15 - 3 - c

◎**钩状嵩草**

Kobresia uncinoides (Boott) C. B. Clarke

产于轿子山轿顶(4223m, pH *et al.* 9373、9401),箐门口(3700m,Mao1036);生于多石草甸、山坡草地。

分布于云南的禄劝、永德、丽江、中甸、德钦、维西、贡山、兰坪、大理;生于海拔 2900 ~ 4400m 的高山灌丛草甸、河滩草地、林缘。四川西部和西南部、西藏也有。亦见于不丹、尼泊尔、锡金。

分布区类型:14 - 1

◎**短叶水蜈蚣**

Kyllinga brevifolia Rottb.

产于发地丫口(3500m,JZ64 - 6);生于林缘草地、灌丛。

分布于昆明、大关、镇雄、盐津、勐海、勐腊、景洪、金平、屏边、蒙自、西畴、河口、镇康、澜沧、凤庆、景东、洱源、剑川、丽江、福贡、宾川;生于海拔 1500 ~ 3500m 的山坡荒地,路旁田边草丛中、溪边。西南、华南、华中和华东各省也有。印度、缅甸、越南、马来西亚、印度尼西亚、菲律宾、日本、澳大利亚、非洲和美洲的热带与亚热带地区均产。

分布区类型:2

◎**拟宽穗扁莎**

Pycreus pseudolatespicatus L. K. Dai

产于禄劝转龙镇(2600m,Zhang356);生于沼泽地。

分布于云南、贵州、四川;生于海拔 2100m 的田边。

分布区类型:15 - 3 - a

332. 禾本科 Gramineae

◎**细叶芨芨草**

Achnatherum chingii (Hitchcock) Keng

产于老炭房后山(3400m,pH *et al.* 9240);生于高山草甸。

分布于云南东川、中甸、德钦;生于海拔 3400 ~ 4000m 的灌丛草甸、林缘或林下。西藏、青海、四川、甘肃、山西、陕西有产。

分布区类型:15 - 3 - c

◎**阿里山剪股颖**

Agrostis arisan - montana Ohwi

产于轿子山大黑箐(3850m,pH et al. 9351),大羊窝(3150m,pH et al. 9564、9571);生于林缘草地。

分布于云南禄劝、昆明、漾濞;生于海拔 1700 ~ 3500m 的山坡道旁草地。广西、河南、宁夏、陕西、四川、台湾也有。

分布区类型:15 - 3 - c

◎**剪股颖**

Agrostis clavata Trin.

产于法者林场大海至马鬃岭途中(3500m,pH *et al.* 9033),轿子山大羊窝(3250m,pH et al. 9526、9603、9610),九龙沟(2800m pH *et al.* 8333);生于杜鹃灌丛、山坡草地。

分布于云南全省 300 ~ 3900m 的山坡草地,路旁,林缘,溪边及湿润的生境。东北、华北、华中、西南及台湾有分布。广布于北半球许多温带地区。

分布区类型:8

◎**疏花剪股颖**

Agrostis hookeriana C. B. Clarke ex J. D. Hooker

产于轿子山轿顶(4223m, pH *et al.* 9442、9447);生于山顶多石灌丛、岩石缝。

分布于云南的禄劝、德钦、中甸、维西、兰坪、丽江;生于海拔 3200 ~ 4000m 的灌丛、林缘或草甸。青海、四川、西藏有产。不丹、印度(锡金)、尼泊尔也有。

分布区类型:14 - 1

◎**大锥剪股颖**

Agrostis megathyrsa Keng ex Keng f.

产于空心山(3538m,JZ63－9);生于疏林或草地。

分布于云南的东川、云龙、德钦、中甸、泸水、丽江、永胜、剑川、洱源、昆明、呈贡、禄丰、元谋;生于海拔1600～3600m的路边草地、疏林或灌丛。

分布区类型:15－2－d

◎**多花翦股颖**

Agrostis micrantha Steudel

产于轿子山大黑箐至轿顶(3900m,pH *et al.* 9260、9275、9589),炉拱山至九龙(2950m,pH *et al.* 8088);生于山坡草地或路边潮湿处、林缘草地。

分布于云南全省,生于海拔900～3900m的道旁、山坡、草地、林下、河边、湿地、沼泽。西藏、四川、甘肃、陕西、湖南、贵州、江西、广西等省区有产。锡金、尼泊尔、印度东北部也有。

分布区类型:14－1

◎**泸水剪股颖**

Agrostis nervosa Nees ex Trinius

产于法者林场燕子洞至大海(3500m,pH *et al.* 9055、9159),轿子山大羊窝(3150m,pH *et al.* 9399);生于山坡林缘草地。

分布于云南东川、禄劝、泸水;生于海拔3150～3600m的竹林林缘草地。贵州、四川、西藏亦产。不丹、印度、缅甸北部、尼泊尔也有。

分布区类型:14－1

◎**丽江剪股颖**

Agrostis schneideri Pilger

产于轿子山雷打石(3230m,JZ57－35);生于山坡草地。

分布于云南的禄劝、巧家、会泽、昭通、德钦、中甸、泸水、丽江、永胜、鹤庆、剑川、洱源、漾濞、大理;生于海拔2000～4000m的路旁、田野、山坡、草地或灌丛中。四川西部也有。

分布区类型:15－3－a

◎**岩生剪股颖**

Agrostis sinorupestris L. Liu Ende et al. ex S. M. Phillips et S. L. Lu

产于轿子山轿顶(4223m,pH *et al.* 9459、9460);生于山顶草地、岩石缝。

分布于云南的禄劝、巧家、会泽、德钦、中甸、维西、丽江、永胜、剑川;生于海拔3600～4700m的山坡及多石灌丛。四川、西藏也有。

分布区类型:15－3－a

◎**看麦娘**

Alopecurus aequalis Sobol.

产于东川舍块乡火石梁子白石崖妖精塘(4150m,Liu Ende *et al.* 2136);生于高山草地和石砾坡上。

分布于云南全省海拔1200～4200m的沟谷、田野、湿地、沼泽、林缘及亚高山草甸。广布于全球北温带。

分布区类型:8

◎**西藏须芒草**

Andropogon munroi C. B. Clarke

产于禄劝普渡河苏铁苏铁保护区(1170m,pH *et al.* 9861);生于河谷山坡灌丛。

分布于云南的禄劝、永胜、宁蒗;多生于干燥山坡及石灰岩灌丛中。西藏南部有产。尼泊尔、印度西北部及东北部均有。

分布区类型:14－1

◎**藏黄花茅**

Anthoxanthum hookeri (Grisebach) Rendle

产于法者林场抱水井垭口(3200m,pH *et al.* 8780),马鬃岭至大海(3500m,pH *et al.* 9109b),腰棚子林区(2890m,pH *et al.* 8529b);生于草地或疏林下。

分布于云南的大部分地区;生于海拔1800～3700m的山坡草地、疏林灌丛中。贵州、四川、西藏亦产。不丹、印度东北部、缅甸北部、尼泊尔也有。

分布区类型:14－1

◎**荩草**

Arthraxon hispidus (Thunb.) Makino

产于轿子山(2600m,Zhang318),九龙沟(3000m,pH *et al.* 8305);生于沟谷草丛、林缘灌丛。

分布于云南的大部分地区;生于海拔1300～1800m的田野草地、丘陵灌丛、山坡疏林,湿润或干燥地带均有。遍布全国(从东北到华南、从西南到华东)。旧大陆的温带地区广布;已传入中美至北美以及夏威夷群岛。

分布区类型:10

◎**冷箭竹**

Arundinaria faberi Rendle

产于轿子山大坪子(3300m,pH *et al.* 9365);生于箭竹林中。

分布于云南东川、禄劝、巧家;生于海拔2300～3500m的亚高山针叶林下,也可形成纯林。贵州、四川也有。

分布区类型:15－3－a

◎**西南野古草**

Arundinella hookeri Munro ex Keng

产于法者林场大厂至新发村途中(2600m, pH *et al*. 8949), 老炭房后山(3000m, pH *et al*. 9252); 生于路边灌丛、山坡草地。

分布于云南全省海拔1800~3200m的山坡草地及疏林中, 常见。西藏东南部、四川西部及西南部、贵州西部都有。尼泊尔、锡金、不丹、印度东北部、缅甸北部也有。

分布区类型:14-1

◎**羽状短柄草**

Brachypodium pinnatum (Linn.) Beauv.

产于九龙沟(2800m, pH *et al*. 8332); 生于林缘灌丛。

分布于云南东川、昭通、会泽; 生于海拔2150~3100m的山坡疏林下。藏东南部也有。广布于欧亚温带地区。

分布区类型:10

◎**草地短柄草**

Brachypodium pratense Keng ex Keng. f.

产于九龙沟(3000m, pH *et al*. 8298B); 生于林缘草地。

分布于云南全省海拔1700~3700m的山坡草地, 常见。四川西部也有。

分布区类型:15-3-a

◎**短柄草**

Brachypodium sylvaticum (Huds.) Beauv.

产于法者林场抱水井垭口(3200m, pH *et al*. 8782), 炉拱山至九龙(2900m, pH *et al*. 8077、8173); 生于林缘草坡、灌丛。

分布于云南的东川、云龙、永德、昭通、中甸、贡山、兰坪、丽江、永胜、剑川、楚雄; 生于海拔3000m以下的山坡草地、林缘。也分布于西藏、四川、贵州、江苏、安徽、甘肃、陕西等省区。广布于欧亚温带及亚洲热带地区。

分布区类型:10

◎**喜马拉雅雀麦**

Bromus himalaicus Stapf

产于九龙沟(2800m, pH *et al*. 8297、8334、8441); 生于林缘灌丛、草地。

分布于云南的东川、禄劝、昆明、泸水; 生于海拔2400~3500m的山坡疏林灌丛中。西藏也产。尼泊尔、印度、锡金、不丹也有。

分布区类型:14-1

◎**东川雀麦**

Bromus mairei Hack. ex Hand. -Mazz.

产于法者林场大海至马鬃岭(3500m, pH *et al*. 9006、9108); 生于山坡草地。

分布于云南的东川、昆明、会泽、昭通、永德、镇康、永胜、丽江、鹤庆、泸水、德钦、中甸、剑川、大理; 生于海拔2000~3700m的山坡草地或林缘。四川西部及西南部也有。

分布区类型:15-3-a

◎**疏花雀麦**

Bromus remotiflorus (Steudel) Ohwi

产于东川法者林场沙子坡营林区大横山至邓家山(2880m, ETNEY545); 生于箭竹杂木林缘。

分布于云南的东川、广南; 生于海拔1700~2800m的山坡灌丛或疏林中。贵州、四川、安徽、浙江、江苏、陕西也有。朝鲜、日本也有。

分布区类型:14-2

◎**细柄草**

Capillipedium parviflorum (R. Br.) Stapf

产于马鬃岭梁子干水井(3700m, JZ77-16); 生于林缘灌丛。

云南全省广布; 生于海拔300~3700m的山坡草地、丘陵灌丛、沟边河谷、田野道旁。广布于西南及长江流域以南各省区。旧大陆热带及温暖地区均有。

分布区类型:4

◎**橘草**

Cymbopogon goeringii (Steud.) A. Camus

产于普渡河苏铁保护点(1308m, JZ730); 生于干旱河谷灌丛。

分布于云南的禄劝、会泽、丽江、南涧、晋宁、双柏、澄江、丘北、石屏; 生于海拔1200~2200m的山坡草地。河南、湖南、湖北、山东、江苏、安徽、浙江、江西、福建、台湾、河北有产。日本、朝鲜也有。

分布区类型:14-2

◎**鸭茅**

Dactylis glomerata Linn.

产于法者林场大海至马鬃岭(3500m, pH *et al*. 9067), 干箐垭口(3130m, pH *et al*. 8867), 九龙沟(3000m, pH *et al*. 8298A、8445); 生于草坡、草地或疏林下。

分布于云南大部分地区; 生于海拔1500~4000m的灌草丛中或林下荫处。西南、西北或其他地区引种而归化。欧亚大陆温带广布, 北非和北美也有驯化。

分布区类型:10

◎**细柄野青茅**

Deyeuxia filipes Keng

产于法者林场抱水井丫口(2770m,JZ33－31);生于疏林下或草地。

分布于云南的云龙、永善、会泽、中甸、兰坪、丽江、大理、昆明;生于海拔2500～3800m的山坡草地及高山松林下。四川也有分布。

分布区类型:15－3－a

◎**黄花野青茅**

Deyeuxia flavens Keng

产于轿子山轿顶(4223m, pH *et al*. 9427、9444B);生于山顶草地、岩缝。

分布于云南的禄劝;生于海拔4223m的高山草甸。甘肃、青海、四川、西藏均产。

分布区类型:15－3－c

◎**会理野青茅**

Deyeuxia mazzettii Veldk.

产于老炭房后山(3200m,pH *et al*. 9233),腰棚子林区(2890m, pH *et al*. 8531、8532);生于山坡草地、杜鹃灌丛、林缘草地。

分布于云南的东川、永善、昭通、中甸、永胜、剑川等地;生于海拔2700～3500m的草地。四川也有。

分布区类型:15－3－a

◎**异颖草**

Deyeuxia petelotii (Hitchcock) S. M. Phillips et W. L. Chen

产于九龙沟至老炭房后山(3000～3200m,pH *et al*. 9212);生于草地或疏林下。

分布于云南的东川、禄劝、昆明、安宁、云龙、永德、临沧、昭通、永胜、宾川、双柏、大姚、南华;常生于海拔1400～3250m的灌丛草地或疏林中。贵州西部也有。

分布区类型:15－3－a

◎**小丽茅**

Deyeuxia pulchella J. D. Hooker

产于白石崖(4200m,pH *et al*. 8664),轿子山大黑箐至轿顶(4000m, pH *et al*. 9305、9307),九龙沟(2800m,pH *et al*. 8447);生于多石草坡、杜鹃灌丛、林缘草地。

分布于云南的东川、德钦、中甸、丽江、剑川等;生于海拔2800～4800m的高山草甸。四川、西藏有产。不丹、印度北部、克什米尔地区、尼泊尔也有。

分布区类型:14－1

◎**野青茅**

Deyeuxia pyramidalis (Host) Veldkamp

产于九龙沟(3000m,pH *et al*. 8267、8268B),法者林场马鬃岭至大海(3500m,pH *et al*. 9085);生于林缘灌丛、草坡。

分布于云南的东川、昆明、永善、昭通、德钦、中甸、贡山、丽江、剑川、大理、江川、保山等地;生于海拔1700～3600m之山坡草地、林缘、灌丛、溪边路旁。广泛分布于我国东北、华北、西北、西南及华中地区。欧亚大陆温带及亚热带高山均有分布。

分布区类型:4

◎**糙野青茅**

Deyeuxia scabrescens (Griseb.) Munro ex Duthie

产于法者林场抱水井垭口(3200m,pH *et al*. 8801),马鬃岭至大海(3600m,pH *et al*. 9003),轿子山(4200m,Zhang673),大黑箐至轿顶(4000m,pH *et al*. 9364),九龙沟(3000m,pH *et al*. 8268、8417);生于多石草坡、山坡草地、杜鹃灌丛、林缘灌丛。

分布于云南的东川、禄劝、巧家、昭通、云龙、永德、德钦、中甸、剑川、大理、永胜、宾川、洱源、泸水;生于海拔2900～4500m的高山草地或林下。也分布于西藏、甘肃、青海、四川、陕西、湖北等省区。印度、锡金也有。

分布区类型:14－1

◎**疏穗野青茅**

Deyeuxia effusiflora Rendle

产于东川法者林场沙子坡至大厂(3060m,ETNEY808);生于山顶草地。

分布于云南的东北部至中部;生于海拔1800～2900m的山谷、河边。山西、河南、四川也有。

分布区类型:15－3－c

◎**短颖披碱草**

Elymus burchan－buddae (Nevski) Tsvelev

产于炉拱山至九龙(3000m,pH *et al*. 8102),马鬃岭至大海(3500m, pH *et al*. 9105a);生于林缘草地。

分布于云南的东川、鲁甸、德钦、中甸、永胜、漾濞;生于海拔2500～3600m的山坡草地。四川、西藏、新疆、青海、甘肃有产。尼泊尔及印度北部也有。

分布区类型:14－1

◎**钙生披碱草**

Elymus calcicola (Keng) S. L. Chen

产于东川法者林场沙子坝营林区大横山至邓家山(2880m,ETNEY547);生于箭竹杂木林缘。

分布于云南的东北部至中部;生于海拔2200～

3200m 的山坡和湿润草地。贵州、四川也有。

分布区类型:15 - 3 - a

◎**光脊鹅观草**

Elymus leiotropis (Keng) S. L. Chen

产于九龙沟(2800m,pH *et al.* 8330);生于林缘灌丛、草地。

分布于云南的东川、德钦、丽江、永胜、洱源、宾川;生于海拔 3000 ~ 4000m 的山坡草地。

分布区类型:15 - 2 - b

◎**知风草**

Eragrostis ferruginea (Thunb.) Beauv.

产于法者林场干箐垭口(3140m, pH *et al.* 8840、8950),炉拱山至九龙(2900m,pH *et al.* 8168);生于山坡路边、林缘草地。

分布几遍云南全省;生于海拔 1100 ~ 3500m 的山坡草地、林下、田地及路边。我国大部分地区有分布。锡金至朝鲜及日本也有。

分布区类型:14

◎**东川画眉草**

Eragrostis mairei Hack.

产于大羊圈(3080m, JZ54 - 50);生于林缘草地。

分布于云南的东川、昆明、云龙、昭通、大关、丽江、永胜、中甸、兰坪、剑川、大理、等地;生于海拔 2200 ~ 3400m 的山坡灌丛、路边、草地。四川、贵州、江西也有分布。

分布区类型:15 - 3 - b

◎**四脉金茅**

Eulalia quadrinervis (Hack.) O. Ktze.

产于法者林场燕子洞至大海(3500m,pH *et al.* 9147),老炭房背后山(3200m, pH *et al.* 9246),炉拱山至九龙(3000m, pH *et al.* 8089);生于山坡灌丛、草坡。

分布于云南的东川、昭通、罗平、永胜、中甸、大理、建水、开远、镇康、沧源、保山;生于海拔 1200 ~ 3200m 的山坡草地、灌丛、疏林及路边。我国西南、中南、华东及台湾。印度东北部、尼泊尔、缅甸经中南半岛各国至印度尼西亚爪哇都有。

分布区类型:7 - 1

◎**东川箭竹**

Fargesia semicoriacea T. P. Yi

产于烂泥坪(3000m,杨崇仁 s. n.);松林下。

分布于云南的东川;生于海拔 2000 ~ 3000m 的华山松林下。模式标本采自东川烂泥坪。

分布区类型:15 - 1

◎**伞把竹**

Fargesia utilis T. P. Yi

产于烂泥坪(2700 ~ 3650m,杨崇仁 s. n.);山坡林中。

分布于云南的东川(烂泥坪);生于海拔 2700 ~ 3650m。

分布区类型:15 - 1

◎**长花羊茅**

Festuca dolichantha Keng ex P. C. Keng

产于轿子山大马路(3400m,pH *et al.* 9498);生于山坡草地。

分布于云南禄劝、中甸、丽江;生于海拔 3000 ~ 4000m 的林缘湿地或山坡草甸。四川西部也有。

分布区类型:15 - 3 - a

◎**蛊羊茅**

Festuca fascinata Keng ex L. Liou

产于法者林场抱水井垭口(3200m, pH *et al.* 8781、8859),轿子山大羊窝(3150m,pH *et al.* 9566);生于多石草坡、杜鹃灌丛。

分布于云南的东川、禄劝、云龙、中甸、德钦;生于海拔 2500 ~ 4100m 的沟边草甸或松林、冷杉林下。陕西、四川西部也有。

分布区类型:15 - 3 - c

◎**玉龙羊茅**

Festuca forrestii St. - Yves

产于法者林场大海至马鬃岭(3500m,pH *et al.* 9050、9161),轿子山大马路(3450m,pH *et al.* 9604);生于杜鹃灌丛、多石山坡草地。

分布于云南的东川、禄劝、丽江、剑川、大理;生于海拔 3300 ~ 4400m 的高山草甸。青海、四川、西藏也有。

分布区类型:15 - 3 - c

◎**弱序羊茅**

Festuca leptopogon Stapf

产于法者林场干箐垭口至沙子坡林区(2850m, pH *et al.* 8839);生于林缘草地。

分布于云南的东川、云龙、贡山、鹤庆、漾濞、中甸;生于海拔 2000 ~ 3000m 的山坡道旁及林缘草地。青海、湖北、湖南、四川、贵州、西藏有产。喜马拉雅地区、马来西亚、印度东北部亦产。

分布区类型:7 - 1

◎**昆明羊茅**

Festuca mazzettiana E. B. Alexeev

产于法者林场干箐垭口(3130m, pH *et al.* 8776),九龙沟(2900m,pH *et al.* 8252、8274);生于山

坡林缘灌丛、草地。

分布于云南的东川、昭通、兰坪、永胜、中甸、鹤庆、洱源、宾川；生于海拔1800～3300m的山坡草地、湿地或水沟边。四川也有。

分布区类型：15－3－a

◎羊茅

Festuca ovina Linn.

产于白石崖（4000m，pH *et al.* 8656），轿子山大马路（3450m，pH *et al.* 9570），轿子山箐门口（3700m，Mao1037）；生于多石山坡草地。

分布于云南的东川、禄劝、巧家、昭通、中甸、丽江；生于海拔2700～4000m的山坡灌丛草甸。新疆、西藏、青海、四川、甘肃、内蒙古、吉林均产。塔吉克斯坦、吉尔吉斯坦、哈萨克斯坦、克什米尔地区、巴基斯坦北部、尼泊尔均有分布；欧洲、北美也有。

分布区类型：8

◎小颖羊茅

Festuca parvigluma Steudel

产于法者沙子坡营林区大横山至邓家山（2880m，ETNEY584）；生于高山针阔混交林中。

分布于云南的东川、德钦、中甸、剑川、大理、永德；生于海拔2700～3700m的山坡灌丛或疏林中。西藏、四川、贵州、湖南、广西、湖北、江西、浙江、台湾、江苏、安徽、山东有分布。尼泊尔、日本、朝鲜也有。

分布区类型：14

◎细芒羊茅

Festuca stapfii E. B. Alexeev

产于轿子山木邦海附件（4080m，pH *et al.* 9486）；生于杜鹃灌丛、草坡。

分布于云南的禄劝、德钦、中甸、贡山、鹤庆；生于海拔3000～4200m的山坡草地或林下。四川、西藏有产。不丹、印度北部、尼泊尔、锡金也有。

分布区类型：14－1

◎紫羊茅（原亚种）

Festuca rubra Linn. subsp. *rubra*

产于法者林场大海至马鬃岭（3500m，pH *et al.* 9036）；生于杜鹃灌丛、草坡。

分布于云南的东川、中甸、维西、宁蒗、丽江；生于海拔3300～4200m的山坡草地。我国绝大多数省区都有。广布于北半球温带。

分布区类型：8

◎克西羊茅（亚种）

Festuca rubra Linn. subsp. *clarkei* (Stapf) St. －Yves

产于腰棚子林区（2890m，pH *et al.* 8527、8528）；生于林缘灌丛、草地。

分布于云南的东川、昭通、德钦、中甸；生于海拔2000～3600m的山坡草地。不丹、印度北部、克什米尔地区、巴基斯坦也有。

分布区类型：14－1

◎滇藏羊茅

Festuca vierhapperi Hand. －Mazz.

产于轿子山（3840m，JZ41 －46）；生于山坡草地。

分布于云南的东川、禄劝、云龙、永德、临沧、镇康、昭通、中甸、兰坪、剑川、昆明、易门、大关、贡山、丽江、永胜、鹤庆、大理、广南、石屏；生于海拔1800～3500m的山坡灌丛草地或疏林下。西藏东南部、四川西部也有。

分布区类型：15－3－a

◎柔毛羊茅

Festuca yunnanensis St. －Yves var. *villosa* St. －Yves

产于火石梁子白石崖（4200m，pH *et al.* 8671）；生于高山杜鹃灌丛、岩石缝。

分布于云南的东川、丽江；生于海拔3700～4200m的高山草甸。

分布区类型：15－2－b

◎云南异燕麦

Helictotrichon delavayi (Hackel) Henrard

产于白石崖（4200m，pH *et al.* 8611），轿子山轿顶（4223m，pH *et al.* 9437），九龙沟（2800m，pH *et al.* 8336、8340）；生于多石草坡、林缘草地、山顶草地、岩缝。

分布于云南的东川、中甸；生于海拔2800～3300m的山坡草地。

分布区类型：15－2－b

◎变绿异燕麦

Helictotrichon junghuhnii (Buse) Henr.

产于板山沟（3000m，JZ28 －19）；生于山坡草地、疏林或林缘。

分布于云南的东川、云龙、永德、中甸、兰坪、剑川、永胜、昭通、巧家、罗平、陆良、会泽、嵩明、下关、德钦、泸水等县；常见于海拔1800～3800m之间的山坡草地、疏林和灌丛、林缘和林间空地。克什米尔地区、巴基斯坦、印度、斯里兰卡、尼泊尔、不丹、缅甸、马来西亚、印度尼西亚也有分布。

分布区类型：7－1

◎芒草

Koeleria litvinowii Domin

产于白石崖(4200m,pH *et al*. 8672);生于多石草坡。

分布于云南东川、中甸、德钦;生于海拔3000~4000m的山坡草地,常见。四川、西藏、甘肃、青海、新疆。阿富汗、巴基斯坦北部、尼泊尔、中亚各国、俄罗斯南部也有。

分布区类型:11

◎双药芒

Miscanthus nudipes (Griseb.) Hack.

产于汤丹至红土地途中(2396,pH *et al*. 8544);生于路边灌丛。

分布于云南的东川、福贡、贡山、宁蒗、中甸;生于海拔2300~3200m的山坡、道旁或林缘。贵州、四川、西藏有产。不丹、印度(阿萨姆,锡金)、尼泊尔(东部)也有。

分布区类型:14-1

◎日本乱子草

Muhlenbergia japonica Steud.

产于炉拱山至九龙(3100m,pH *et al*. 8105);生于草坡、灌丛。

分布于云南的禄劝、云龙、永德、镇康、东川、永胜、丽江、剑川、大理、宾川、昆明、武定、禄丰、寻甸、建水;生于海拔1800~3000m的山坡草丛或田野间。华北、华东、华中、西南也有分布。日本也有。

分布区类型:14-2

◎无芒竹叶草

Oplismenus compositus (Linn.) Beauv. var. *submuticus* S. L. Chen et Y. X. Jin

产于普渡河苏铁保护小区(1170m,pH *et al*. 9900);生于山坡灌丛。

分布于云南大部分地区;生于海拔1380~2000m的林缘草地。我国西南、华南有分布。世界热带广布。

分布区类型:4

◎白草

Pennisetum flaccidum Griseb.

产于禄劝雪山乡白家洼(2900m,pH *et al*. 9676);生于山坡灌丛。

分布于云南的禄劝、昆明、德钦、中甸、兰坪、大理、腾冲;常生于海拔1600~3100m较干燥的山坡草地或灌丛边缘,有时也见于道旁及田野。分布于西藏(沿雅鲁藏布江流域)、四川西部及贵州西部。尼泊尔、印度西北部、巴基斯坦北部、向西到达阿富汗及伊朗均有。

分布区类型:11

◎落芒草

Piptatherum munroi (Stapf) Mez

产于九龙沟(2800m,pH *et al*. 8337);生于林缘灌丛、草坡。

分布于云南东川、德钦、中甸;生于海拔2300~3700m的山坡草丛,路旁及田边。西藏、四川、贵州、青海、甘肃、新疆有产。阿富汗、克什米尔地区、巴基斯坦北部、印度北部、尼泊尔也有。

分布区类型:14-1

◎白顶早熟禾

Poa acroleuca Steudel

产于炉拱山至九龙(2900m,pH *et al*. 8085、8103);生于林缘草地、灌丛。

分布于云南的东川、昆明、维西、德钦、泸水、兰坪、丽江、漾濞;生于海拔2000~3000m的山坡及湿润草地。西藏、四川、贵州、广西、广东、湖南、湖北、河南、福建、台湾、江西、浙江、江苏、安徽、山东、河北、陕西。朝鲜、日本、俄罗斯远东地区也有。

分布区类型:14-2

◎早熟禾

Poa annua Linn.

产于腰棚子林区(2890m,pH *et al*. 8525);生于林缘草地。

分布于云南的大部分地区;生于海拔1000~3000m的田野、路旁、河滩或林缘湿地上。西藏、四川、贵州、陕西、甘肃、青海、新疆、河北、河南、山西、湖北、安徽、江西、湖南、江苏、浙江、福建、台湾、广东、广西有产。欧洲、亚洲及北美也有分布。

分布区类型:1

◎喀斯早熟禾

Poa khasiana Stapf

产于东川沙子坡营林区大横山至邓家山(2880m,ETNEY543);生于箭竹杂木林缘。

分布于云南的东川、德钦、中甸、维西、贡山、洱源、漾濞、临沧、永德、潞西;生于海拔800~3000m的山坡草地、灌丛。尼泊尔、锡金、印度东北部、缅甸北部有分布。

分布区类型:7

◎林地早熟禾

Poa nemoralis Linn.

产于轿子山大黑箐至轿顶途中(3900m,pH *et al*. 9274b);生于林缘草地。

分布于云南禄劝、丽江、漾濞;生于海拔2400~

3900m 的山坡草地或疏林下。分布于西南、甘肃、内蒙古、安徽、华北、东北。北半球温带广布。

分布区类型:10

◎**尼泊尔早熟禾**

Poa nepalensis Wall. ex Duthie

产于轿子山崖子桥(2900m, Mao891);生于溪中石上。

分布于云南禄劝、永德、泸水;生于海拔 2500 ~ 2650m 的道旁水沟边。四川西部、西藏有产。尼泊尔、印度东北部(阿萨姆)也有分布。

分布区类型:14 - 1

◎**多鞘早熟禾**

Poa polycolea Stapf

产于法者林场燕子洞至大海(3600m, pH *et al.* 9162);生于林缘草地。

分布于云南东川、德钦、丽江;生于海拔 3200 ~ 3500m 的山涧云杉与冷杉林下。西藏、青海、四川西部有产。克什米尔地区、阿富汗、伊朗、巴基斯坦北部、印度西北部、尼泊尔也有。

分布区类型:14 - 1

◎**草地早熟禾**

Poa pratensis Linn.

产于九龙沟(3200m, pH *et al.* 8339);生于林缘草地。

分布于云南东川、云龙、维西、中甸、德钦、兰坪、剑川等地;生于海拔 2300 ~ 3600m 的山坡道旁、林缘和疏林下。黑龙江、吉林、辽宁、内蒙古、北京、河北、山西、陕西、宁夏、甘肃、青海、新疆、山东、湖南、广东、四川、西藏有产。温带亚洲广布。

分布区类型:11

◎**中甸早熟禾**

Poa zhongdianensis L. Liu

产于轿子山大黑箐至轿顶途中(3900m, pH *et al.* 9274a);生于林缘草地。

分布于云南的禄劝和西北部,生于海拔 3400 ~ 3900m 的草地或栎林下。

分布区类型:15 - 2 - b

◎**金色狗尾草**

Setaria pumila (Poir.) Roem. et Schult.

产于炉拱山(3200m, pH *et al.* 8006);生于山坡草地、路边、灌丛。

分布于云南全省海拔 3200m 以下的河岸、沟边、路旁、田野、撂荒地上、果园及灌丛中常见。全国大部分地区均产。世界热带、亚热带至温带均有,已传入新大陆。

分布区类型:2

◎**鼠尾粟**

Sporobolus fertilis (Steud.) W. D. Clayt.

产于法者林场小清河(2320m, JZ45、57);生于林缘草地。

分布于云南全省;生于海拔 2600m 以下的山坡草地、果树林缘、旷野荒地。华东、华中、西南以及甘肃、陕西、西藏有产。印度、斯里兰卡、尼泊尔、缅甸、泰国、马来西亚、日本也有。

分布区类型:7

◎**中华草沙蚕**

Tripogon chinensis (Franch.) Hack.

产于炉拱山至九龙(3000m, pH *et al.* 8165);生于林缘草地、灌丛。

分布于云南禄劝、德钦、中甸、兰坪;生于海拔 1500 ~ 3000m 的山坡、岩石及墙头上。分布于全国大部分省区。蒙古、菲律宾、俄罗斯西伯利亚也有。

分布区类型:11

◎**优雅三毛草**

Trisetum scitulum Bor

产于轿子山(3800 ~ 4100m, Zhang670、672);生于山坡草地。

分布于云南禄劝、巧家、中甸;海拔 3800 ~ 4000m 的高山灌丛草甸。分布于西藏、四川西部。尼泊尔、锡金也有。

分布区类型:14 - 1

◎**狭穗针茅**

Stipa regeliana Hackel

产于法者林场木梆海(3340m, ETNEY835);生于亚高山草地。

分布于云南东川、宁蒗、中甸;生于海拔 3500 ~ 3700m 的高山草甸。新疆、西藏、青海、甘肃。四川和中亚各国有分布。

分布区类型:12

◎**斑壳玉山竹**

Yushania maculata T. P. Yi

产于法者林场白花山(2960m, Liu Ende et al. 2201);林缘灌丛。

分布于云南的产东川;生于海拔(1800)2700 ~ 3500m 的阴坡。四川西南部也有。

分布区类型:15 - 3 - a

附录 II
轿子山国家级自然保护区常见植物图鉴[①]

大羽鳞毛蕨 *Dryopteris wallichiana*

瓦韦 *Lepisorus thunbergianus*

团羽岩蕨 *Woodsia cycloloba*

滇鳔冠花 *Cystacanthus yunnanensis*

扇叶槭 *Acer flabellatum*

蓝花韭 *Allium beesianum*

①除署名摄影者外，其余图片均为刘恩德摄影。

野香橼花 *Capparis bodinieri*

小叶六道木 *Abelia parvifolia*

袋花忍冬 *Lonicera saccata*

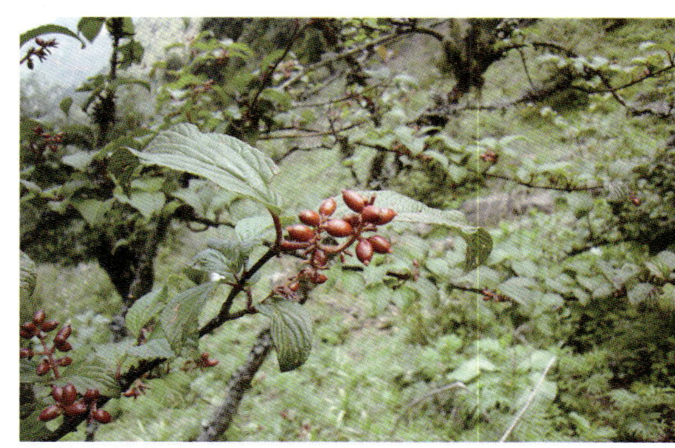
紫药红荚蒾 *Viburnum erubescens* var. *prattii*

滇蜀无心菜 *Arenaria dimorphotricha*

角翅卫矛 *Euonymus cornutus*

棘刺卫矛 *Euonymus echinatus*

阿达子 *Maytenus royleana*

高山三尖杉 *Cephalotaxus fortunei* var. *alpina*

污毛香青 *Anaphalis pannosa*

小舌紫菀 *Aster albescens*

丽江紫菀 *Aster likiangensis*

石生紫菀 *Aster oreophilus*（尹志坚摄）

戟裂毛鳞菊 *Chaetoseris taliensis*

方叶垂头菊 *Cremanthodium principis*

垂头菊 *Cremanthodium reniforme*

箭叶垂头菊 *Cremanthodium sagittifolium*

异叶泽兰 *Eupatorium heterophyllum*

川滇女蒿 *Hippolytia delavayi*

美头火绒草 *Leontopodium calocephalum*

牛蒡叶橐吾 *Ligularia lapathifolia*

莲叶橐吾 *Ligularia nelumbifolia*

东俄洛橐吾 *Ligularia tongolensis*

绵毛橐吾 *Ligularia vellerea*

栌菊木 *Nouelia insignis*

百裂风毛菊 *Saussurea centiloba*

长毛风毛菊 *Saussurea hieracioides*

东俄洛风毛菊 *Saussurea pachyneura*

羽裂绢毛菊 *Soroseris hisuta*

刺榛 *Corylus ferox*

菊叶红景天 *Rhodiola chrysanthemifolia*

长鞭红景天 *Rhodiola fastigiata*

大叶碎米荠 *Cardamine macrophylla*

多叶葶苈 *Draba polyphylla*

罗锅底 *Hemsleya macrosperma*（尹志坚摄）

丛菔 *Solms-Laubachia pulcherrima*

刺柏 *Juniperus formosana*

滇藏方枝柏 *Juniperus indica*

垂枝香柏 *Juniperus pingii*

匙叶翼首花 *Pterocephalus hookeri*

嵩明木半夏 *Elaeagnus angustata* var. *songmingensis*

弯柱杜鹃 *Rhododendron campylogynum*

毛脉杜鹃 *Rhododendron pubicostatum*，轿子山特有种

红棕杜鹃 *Rhododendron rubiginosum*

乌蒙宽叶杜鹃 *Rhododendron sphaeroblastum* var. *wumengense*

糙毛杜鹃 *Rhododendron trichocladum*（尹志坚摄）

领春木 *Euptelea pleiospermum*（杜凡摄）

多变石栎 *Lithocarpus variolosus*（尹志坚摄）

光叶高山栎 *Quercus spinosa* var. *pseudosemicarpifolia*

扭果紫金龙 *Dactylicapnos torulosa*

南黄堇 *Corydalis davidii*

斜茎獐牙菜 *Swertia patens*

泡叶直瓣苣苔 *Ancylostemon bullatus*

粗筒苣苔 *Briggsia amabilis*

长冠苣苔 *Rhabdothamnopsis sinensis*

大刺茶藨子 *Ribes alpestre*（尹志坚摄）

长冠苣苔 *Rhabdothamnopsis chinensis* （向春雷摄）

野八角 *Illicium simonsii*

康定筋骨草 *Ajuga campylanthoides*

多毛铃子香 *Chelonopsis mollissima*（向春雷摄）

绒叶毛建草 *Dracocephalum velutinum*

多花荆芥 *Nepeta stewartiana*

黑花糙苏 *Phlomis melanantha*

云南黄芩 *Scutellaria amoena*

甘西鼠尾草 *Salvia przewalskii*（尹志坚摄）

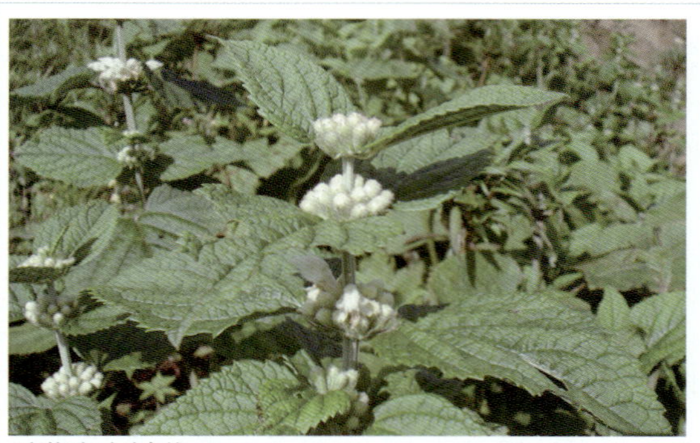
毛萼康定糙苏 *Phlomis tatsienensis* var. *hirticalyx*

短冠鼠尾草 *Salvia brachyloma*

圆苞鼠尾草 *Salvia cyclostegia*

东川鼠尾草 *Salvia mairei*

八月瓜 *Holboellia latifolia*

云南大百合 *Cardiocrinum giganteum* var. *yunnanense*

卷叶贝母 *Fritillaria cirrhosa*

毛叶藜芦 *Veratrum grandiflorum*

皱叶醉鱼草 *Buddleja crispa*

西康玉兰 *Magnolia wilsonii*（尹志坚摄）

白枪杆 *Fraxinus malacophylla*

香花木犀 *Osmanthus suavis*

柳兰 *Chamerion angustifolium*

三棱虾脊兰 *Calanthe tricarinata*

斑叶杓兰 *Cypripedium margaritaceum*

火烧兰 *Epipactis helleborine*

西南手参 *Gymnadenia orchidis*

落地金钱 *Habenaria aitchisonii*

长距玉凤花 *Habenaria davidii*

凸孔阔蕊兰 *Peristylus coeloceras*

全缘绿绒蒿 *Meconopsis integrifolia*

尼泊尔绿绒蒿 *Meconopsis napaulensis*

总状绿绒蒿 *Meconopsis racemosa*

乌蒙绿绒蒿 *Meconopsis wumungensis*，轿子山特有种

锈毛两型豆 *Amphicarpaea rufescens*

灰毛崖豆藤 *Callerya cinerea*

洱源米口袋 *Gueldenstaedtia delavayi*

山蓼 *Oxyria digyna*（尹志坚摄）

西伯利亚远志 *Polygala sibirica*

绒毛钟花蓼 *Polygonum campanulatum* var. *fulvidum*

长苞冷杉 *Abies georgei*

刺叶点地梅 *Androsace spinulifera*

矮桃 *Lysimachia clethroides*

峨眉报春 *Primula faberi*（尹志坚摄）

苣叶报春 *Primula sonchifolia*

爪盔膝瓣乌头 *Aconitum geniculatum* var. *unguiculatum*，轿子山特有

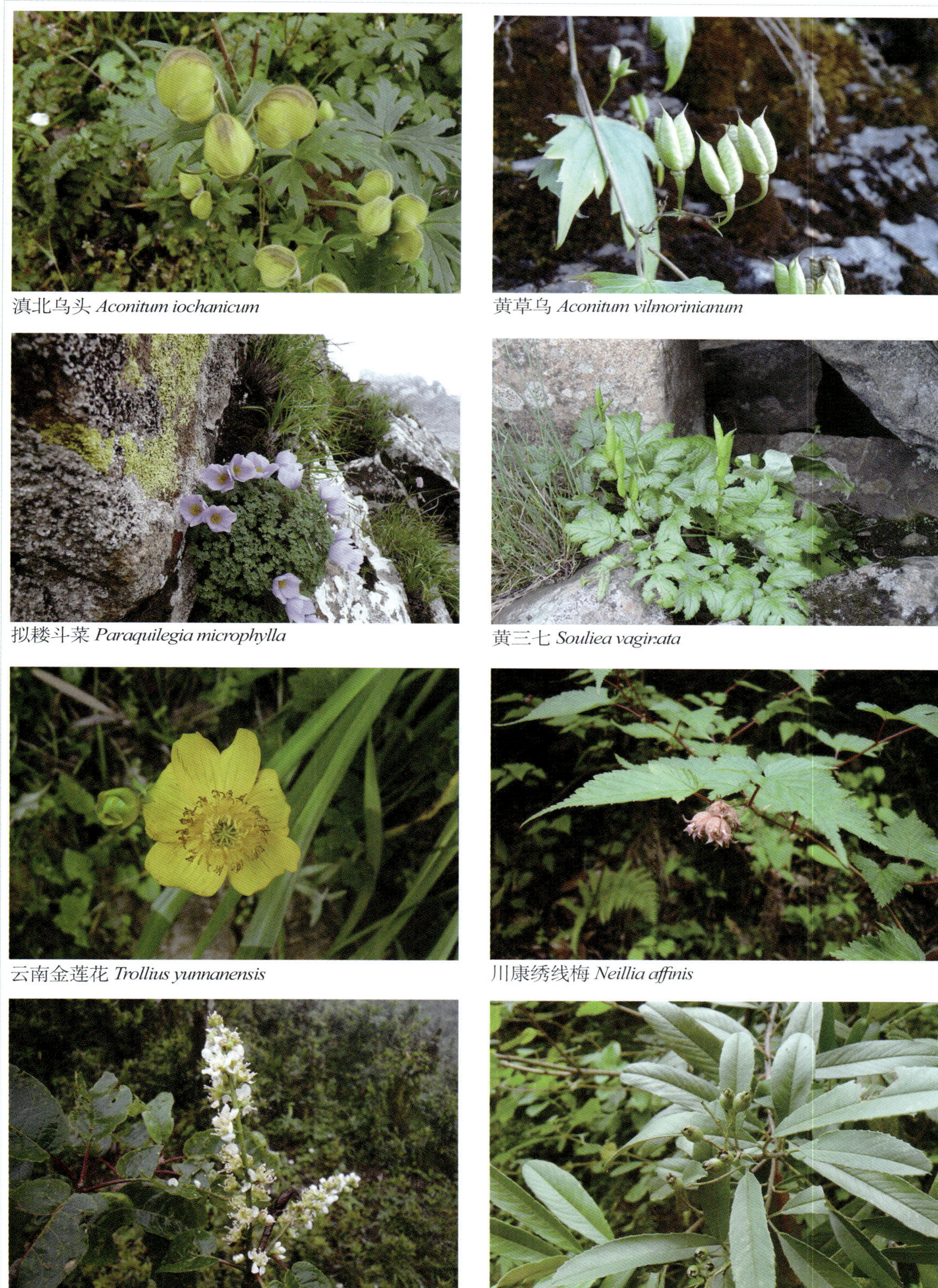

滇北乌头 *Aconitum iochanicum*

黄草乌 *Aconitum vilmorinianum*

拟耧斗菜 *Paraquilegia microphylla*

黄三七 *Souliea vagirata*

云南金莲花 *Trollius yunnanensis*

川康绣线梅 *Neillia affinis*

细齿稠李 *Padus obtusata*

带叶石楠 *Photinia lcriformis*

毛果委陵菜 *Potentilla eriocarpa*

金露梅 *Potentilla fruticosa*

银露梅 *Potentilla glabra*

狭叶委陵菜 (*Potentilla stenophylla*

峨眉蔷薇 *Rosa omeiensis*

大瓣紫花山莓草 *Sibbaldia purpurea* var. *macropetala*

高丛珍珠梅 *Sorbaria arborea* var. *arborea*

江南花楸 *Sorbus hemsleyi*

红毛花楸 *Sorbus rufopilosa*

毛枝绣线菊 *Spiraea martinii*

须弥茜树 *Himalrandia lichiangensis*

光叶泡花树 *Meliosma cuneifolia* var. *glabriuscula*

小垫柳 *Salix brachista*

岩白菜 *Bergenia purpurascens*

突隔梅花草 *Parnassia delavayi*

藏北梅花草 *Parnassia filchneri*，云南新记录

凹瓣梅花草 *Parnassia mysorensis*

线茎虎耳草 *Saxifraga filicaulis*

大花五味子 *Schisandra grandiflora*

密穗马先蒿 *Pdedicularis densispica*

弧尾马先蒿 *Pedicularis alopecuros*

拟蕨马先蒿 *Pedicularis filicula*（郁文彬摄）

聚花马先蒿 *Pedicularis confertiflora*

拉氏马先蒿 *Pedicularis larbodei*

尖果马先蒿 *Pedicularis oxycarpa*

施氏马先蒿 *Pedicularis smithiana*

小唇马先蒿 *Pedicularis microchila*（郁文彬摄）

台氏管花马先蒿 *Pedicularis siphonantha* var. *delavayi*

细裂叶松蒿 *Phtheirospermum tenuisectum*

狭盔马先蒿黑毛亚种 *Pedicularis stenocorys* subsp. *melanotricha*，云南新记录

婆婆纳 *Veronica polita*

长托菝葜 *Smilax ferox*

西域旌节花 *Stachyurus himalaicus*

怒江山茶 *Camellia saluenensis*

唐古特瑞香 *Daphne tangutica*

滇重楼 *Paris polyphylla* var. *yunnanensis*

丽江棱子芹 *Pleurospermum fotens*

苍山越橘 *Vaccinium delavayi*

毛蕊三角车 *Rinorea erianthera*，云南新记录（杜凡摄）

青紫葛 *Cissus javana*

距药姜 *Cautleya gracilis*

附件 1
云南轿子山自然保护区综合科学考察参加单位

组织单位：昆明市林业局

主持单位：中国科学院昆明植物研究所

完成单位：中国科学院昆明植物研究所

中国科学院昆明动物研究所

云南师范大学

西南林业大学

配合单位：云南省林业厅

国家林业局昆明勘察设计院

东川区林业局

禄劝彝族苗族自治县林业局

附件 2
云南轿子山自然保护区综合科学考察团组成人员

一、考察团

团　长：彭　华　中国科学院昆明植物研究所标本馆馆长、研究员

副团长：蒋学龙　中国科学院昆明动物研究所研究员

二、专题组

（一）自然地理专题

王平云　南师范大学旅游与地理科学学院副教授

李玉辉　云南师范大学旅游与地理科学学院教授

徐强云　南师范大学旅游与地理科学学院讲师

任宾宾　云南师范大学旅游与地理科学学院硕士研究生

苏　骅　云南师范大学旅游与地理科学学院硕士研究生

杨　帆　云南师范大学旅游与地理科学学院硕士研究生

刘红楠　云南师范大学旅游与地理科学学院硕士研究生

（二）植被专题

杜　凡　西南林业大学教授、博士生导师

陈　勇　西南林业大学硕士研究生

杜小浪　西南林业大学硕士研究生

李朝阳　西南林业大学硕士研究生

姚　莹　西南林业大学硕士研究生

曾　辉　西南林业大学硕士研究生

张　辉　西南林业大学硕士研究生

（三）植物区系、珍稀濒危植物专题

彭　华　中科院昆明植物研究所研究员、博士生导师

刘恩德　中科院昆明植物研究所助理研究员、博士

向建英　中科院昆明植物研究所助理研究员、博士

向春雷　中科院昆明植物研究所博士研究生

董洪进　中科院昆明植物研究所硕士研究生

董朝辉　中科院昆明植物研究所硕士研究生

王泽欢　中科院昆明植物研究所硕士研究生

尹志坚　中科院昆明植物研究所硕士研究生

陈　丽　中科院昆明植物研究所

刘　成　中科院昆明植物研究所

（四）兽类专题

蒋学龙　中科院昆明动物研究所研究员、博士生导师

王应祥　中科院昆明动物研究所研究员

陈　鹏　中科院昆明动物研究所硕士研究生

普昌哲　中科院昆明动物研究所

（五）鸟类专题

杨晓君　中科院昆明动物研究所研究员、博士

刘鲁明　中科院昆明动物研究所研究实习员

王　凯　中科院昆明动物研究所研究实习员

董　锋　中科院昆明动物研究所硕士研究生

（六）两栖、爬行动物专题

饶定齐　中科院昆明动物研究所副研究员、博士

李泽军　中科院昆明动物研究所博士研究生

辉　洪　中科院昆明动物研究所

甘云浩　东川区林业局高级工程师

（七）社会经济与社区发展专题

刘恩德　中科院昆明植物研究所

张　静　昆明市林业局野生动植物保护办公室

杨　勇　昆明市林业局天然林保护办公室

罗　华　东川区林业局法者林场场长

刘志学　东川区林业局法者林场副场长

（八）保护区建设与管理专题

刘恩德　中科院昆明植物研究所

张　静　昆明市林业局野生动植物保护办公室

杨　勇　昆明市林业局天然林保护办公室

张美珠　东川区林业局法规科科长

杨惠仙　东川区林业局法规科

（九）摄像专题

周雪松　西南林业大学

（十）制图

黎国强　刘智军　朱仕荣　国家林业局昆明勘察设计院

三、参加外业工作的林业局、林场职工

（一）昆明市林业局

张　静　杨　勇　鲁红林

（二）东川区林业局

柏友荣　徐昌凤　张美珠　甘云浩　杨惠仙　范如昱

王昌红　佐红兵　张绍明　吴廷辉　李　俊　马世林

徐　斌　杨再良　罗　华　刘志学　陈　鹏　陈中云

崔双红　冯国昌　高道富　李国存　李心奎　刘恩明

杨高鑫　岳顺红　赵云勇　张仕金　赵光洪　朱金荣

王国稳　曲登志　赵正云　洪国美

（三）禄劝彝族苗族自治县林业局

张学德　杨映忠　耿天玺　李　寅　肖大为　赵庭荣

胡春相　黄　勇　张继良　赵枝锐　刘志恩

参考文献

[1] 包士英，毛品一，苑淑秀 . 云南植物采集史略 [M]. 北京：中国科学技术出版社，1998：10 ~ 203.

[2] 鲍士旦 . 土壤农化分析 (第 3 版) [M]. 北京：中国农业出版社，2003.

[3] 陈永森 . 云南省志 · 地理志 [M]. 昆明：云南人民出版社，1998：245 ~ 247.

[4] 陈玉桥 . 云南轿子山自然保护区土壤类型及其分布规律初探 [J]. 林业调查规划，2006，31 (3)：59 ~ 62.

[5] 陈志诚，龚子同，张甘霖，等 . 不同尺度的中国土壤系统分类参比 [J]. 土壤，2004，36 (6)：584 ~ 595.

[6] 程屏 . 昆明国土资源 (内部资料) [R] .1987：48，50.

[7] 东川市地方志编撰委员会 . 东川市志 [M] . 昆明：云南人民出版社，1995：51，61 ~ 69.

[8] 东川市气象处 . 东川市农业气候资源及农业气候区划 (内部资料) [R] .1987：16 ~ 37.

[9] 东川市气象处 . 东川市气象志 (内部资料) [R] .1987.

[10] 东川市水利电力局 . 东川市水利志 (内部资料) [R] .1998：19 ~ 22，196.

[11] 东川市土壤普查办公室 . 东川土壤 (内部资料) [R] .1984：65，68 ~ 69.

[12] 杜榕桓，康志成，陈循谦，等 . 云南小江泥石流综合考察与防治规划研究 [M]. 重庆：科学技术文献出版社重庆分社，1987：31 ~ 53.

[13] 杜自量 . 元江干热河谷山地植被类型调查与恢复措施 [J] . 云南环境科学，24(增刊) ，2005：71 ~ 73.

[14]方精云，沈泽昊，崔海亭 . 试论山地的生态特征及山地生态学的研究内容 [J]. 生物多样性，2004，12(1)：10 ~ 19.

[15] 高以信，李明森 . 横断山区土壤 [M] . 北京：科学出版社，2000：54 ~ 58.

[16] 黄汲青，任纪舜，姜春发，等 . 中国大地构造及其演化 [M] . 北京：科学出版社，1980：35 ~ 37.

[17] 金振洲，欧晓昆，区普定，等 . 金沙江干热河谷种子植物区系特征的初探 [J] . 云南植物研究，1994，16(1) ：1 ~ 16.

[18] 金振洲，欧晓昆，周跃 . 云南元谋干热河谷植被概况 [J] . 植物生态学与地植物学学报，1987，11(4) ：308 ~ 317.

[19] 金振洲，欧晓昆 . 滇川干热河谷植被布朗布朗喀群落分类单位的植物群落学分类 [J] . 云南植物研究，1998，20(3) ：279 ~ 294.

[20] 金振洲，欧晓昆 . 云南干热河谷植被 [M] . 昆明：云南科学技术出版社，2000：1 ~ 10.

[21] 金振洲，杨永平，陶国达 . 华西南干热河谷种子植物区系的特征、性质和起源 [J] . 云南植物研究，1995，17 (2) ：129 ~ 143.

[22] 金振洲 . 滇川干热河谷与干暖河谷植物区系特征 [M] . 昆明：云南科学技术出版社，2002.

[23] 金振洲 . 云南元江干热河谷半萨王纳植被的植物群落学研究 [J] . 广西植物，1999，19(4) ：289 ~ 302.

[24] 李锡文 . 云南高原地区种子植物区系 [J] . 云南植物研究，1995，17 (1) ：1 ~ 14.

[25] 李兴尧 . 禄劝彝族苗族自治县气象志 [M]. 昆明：云南人民出版社，1997：18 ~ 43，128 ~ 139.

[26] 刘光松，蒋能慧，张连第，等 . 土壤理化分析与描述 [M] . 北京：中国标准出版社，1996：1 ~ 4，100 ~ 116.

[27] 刘彦随 . 山地土地类型的结构分析与优化利用——以陕西秦岭山地为例 [J]. 地理学报，2001，56 (4) ：426 ~ 436.

[28] 禄劝县土壤普查办公室 . 禄劝土壤 (内部资料) [R] .1986：54，66 ~ 68，85.

[29] 禄劝彝族苗族自治县志编纂委员会 . 禄劝彝族苗族自治县志 [M] . 昆明：云南人民出版社，1995：90，95 ~ 110.

[30] 罗荣联．云南省志 · 地震志 [M]. 昆明：云南人民出版社，1999：162 ~ 163,165.
[31] 马焕成，曾小红．干旱和干热河谷及其植被恢复 [J]．西南林学院学报，2005，25(4)：52 ~ 55.
[32] 马杏垣．中国及邻近海域岩石圈动力学图 [M]. 北京：地震出版社，1986：22 ~ 24.
[33] 彭华．滇中南无量山种子植物 [M]．昆明：云南科学技术出版社，1998：1 ~ 162.
[34] 全国地层委员会．中国区域年代地层（地质年代）表说明书 [M]. 北京：地质出版社，2005：78.
[35] 全国土壤普查办公室．中国土壤分类系统 [M]. 北京：农业出版社，1993：145.
[36] 任宾宾，王平．轿子山自然保护区土壤空间结构特征分析 [J]. 云南地理环境研究，2009，21 (4)：71 ~ 76.
[37] 茹文明，张金屯，张峰，等．历山森林物种多样性与群落结构研究[J].应用生态学报，2006,(4):561 ~ 566.
[38] 邵晓梅．基于 GIS 与景观生态学的土壤资源格局分析——以鲁西北地区为例 [J]. 中国农业资源与区划，2004，25 (6)：11 ~ 16.
[39] 施雅风．中国第四纪冰川与环境变化 [M]．石家庄：河北科学技术出版社，2006，535 ~ 544.
[40] 四川省地质局革命委员会．中华人民共和国 1:20 万会理幅(G—47—XIII)区域地质测量报告[R].1970:8 ~ 10，15 ~ 25，39，49，54 ~ 56.
[41] 宋方敏，汪一鹏，俞维贤，等．小江活动断裂带 [M]．北京：地震出版社，1998：2 ~ 4，22 ~ 23.
[42] 宋永昌．植被生态学 [M]．上海：华东师范大学出版社，2001.
[43] 苏骅，王平，徐强．滇中轿子山地区地貌结构与特征研究 [J]．云南地理环境研究，2013，25 (3)：19 ~ 23.
[44] 汤彦承．中国植物区系与其他地区区系的联系及其在世界区系中的地位和作用 [J]．云南植物研究，2000，22(1)：1 ~ 26.
[45] 汪松，解焱．中国物种红色名录 [M]．北京：高等教育出版社，2004.
[46] 王荷生．植物区系地理 [M]．北京：科学出版社，1992：1 ~ 176.
[47] 王铠元．概论云南的构造运动、主要深大断裂带及云南（云贵）高原的形成 [A]．见：王铠元主编．西南三江及扬子西缘区构造岩矿综论集 [C]．昆明：云南科学技术出版社，2001：168 ~ 179.
[48] 王平，任宾宾，易超，等．轿子山自然保护区土壤理化性质垂直变异特征与环境因子关系 [J]. 山地学报，2013，31 (4)：456 ~ 463.
[49] 王文富．云南土壤 [M]. 昆明：云南科学技术出版社，1996：356，374，634 ~ 635.
[50] 王宇．云南省农业气候资源及区划 [M]. 北京：气象出版社，1990：203 ~ 206.
[51] 王宇．云南山地气候 [M]. 昆明：云南科学技术出版社，2006：13 ~ 14，98 ~ 99，241 ~ 251.
[52] 吴征镒，路安民，汤彦承，等．中国被子植物科属综论 [M]．北京：科学出版社，2003：1 ~ 1075.
[53] 吴征镒，路安民，等．中国被子植物科属综论 [M]．北京：科学出版社，2003.
[54] 吴征镒，孙航，周浙昆，等．中国植物区系中的特有性及其起源和分化 [J]．云南植物研究，2005，27(6)：577 ~ 604.
[55] 吴征镒，王荷生．中国自然地理——植物地理（上册）[M]．北京：科学出版社，1983：1 ~ 125.
[56] 吴征镒，周浙昆，孙航，等．种子植物分布区类型及其起源和分化 [M]．昆明：云南科学技术出版社，2006：1 ~ 531.
[57] 吴征镒，朱彦丞．云南植被 [M]．北京：科学出版社，1987：81 ~ 793.
[58] 吴征镒．中国种子植物属的分布区类型 [J]．云南植物研究，1991，增刊 IV：1 ~ 139.
[59] 熊毅，李庆逵．中国土壤（第 2 版）[M]. 北京：科学出版社，1987.23 ~ 29.
[60] 徐才俊．云南省地表水资源图（1 : 250 万）[M]．见：云南省国土资源地图集编辑委员会，云南省国土资源地图集（内部资料）[R]，1990：10.
[61] 许桂林，邓起东．中国主要构造体系中生代和新生代的活动特征及其演化过程 [A]. 见：中国地震学会地震地质专业委员会，中国活动断裂 [C]. 北京：地震出版社，1982：31 ~ 37.
[62] 薛步高，朱智华，陈仪，等．试论述康滇地轴大地构造演化及其对铁矿的成矿控制关系 [A]——见：云南省地质学会．云南省地质学会构造地质、区域地质学术年会论文选集（内部资料）[C]，1981：57 ~ 58.

[63] 薛步高 . 康滇地轴（云南段）前寒武纪大地构造演化与铁铜矿控制关系 [C]// 云南省地质学会 . 云南省地质学会构造地质、区域地质学术年会论文选集（内部资料），1981：69 ~ 70.
[64] 薛纪如 . 云南森林 [M]. 昆明 ：云南科学技术出版社，1986.
[65] 杨荆舟 . 云南省志 · 地质矿产志 [M]. 昆明：云南人民出版社，1997：136 ~ 137, 386, 390.
[66] 杨岚，文贤继，韩联宪，杨晓君 . 云南鸟类志（上卷）[M]. 昆明：云南科学技术出版社，1995.
[67] 杨岚，杨晓君 . 云南鸟类志（下卷）[M]. 昆明：云南科学技术出版社，2004.
[68] 杨宇明，杜凡 . 云南铜壁关自然保护区科学考察研究 [M]. 昆明：云南出版集团公司，云南科学技术出版社，2006.
[69] 易朝露，明庆忠 . 云南东川市雪岭第四纪冰川遗迹 [J]. 冰川冻土，1991, 13(2)：185 ~ 187.
[70] 云南省地震局地震地质队 . 小江断裂带第四纪新构造运动与地震（内部资料）[R]，1990：11 ~ 12.
[71] 云南省地质矿产局 . 云南省区域地质志 [M]. 北京：地质出版社，1990：13 ~ 16, 573, 577 ~ 578, 558 ~ 559.
[72] 云南省林业调查规划院 . 云南自然保护区 [M]. 北京：中国林业出版社，1989.
[73] 云南省林业厅 . 糯扎渡自然保护区 [M]. 昆明：云南科学技术出版社，2004.
[74] 云南省气象档案馆 .1993. 云南省地面气候资料三十年（1960 ~ 1990）整编 [Z], 3 ~ 4, 19 ~ 22, 23 ~ 24, 26 ~ 27.
[75] 云南省气象局 . 云南省农业气候资料集 [M]. 昆明：云南人民出版社，1984：1 ~ 3, 43 ~ 51, 61 ~ 81, 121 ~ 126, 226 ~ 229, 223 ~ 226, 169 ~ 177, 214 ~ 216.
[76] 云南省水利水电厅，云南省水文总站 . 云南省地表水资源（内部资料）[R], 1984：86, 98.
[77] 云南省水文总站革命委员会 . 云南省水文特征值统计资料 [Z], 1971：63 ~ 64, 174.
[78] 张良实 . 云南轿子山自然保护区 [M]. 昆明：云南科学技术出版社，2006：17 ~ 18, 20 ~ 21.
[79] 张荣祖 . 青藏高原横断山区科学考察丛书——横断山区干旱河谷 [M]. 北京：科学出版社，1992.
[80] 张荣祖 . 中国动物地理 [M]. 科学出版社，1999：1 ~ 502.
[81] 张威，崔之久，杨建强，等 . 云南东川末次冰期冰川与泥石流发育的区域特征 [J]. 水土保持研究，2003, 10 (3)：40 ~ 44, 106.
[82] 张威，崔之久 . 云南东川拱王山、轿子山地区次末冰期冰川演化序列 [J]. 水土保持研究，2003, 10 (3)：94 ~ 96, 157.
[83] 郑作新 . 中国鸟类分布名录 [M]. 北京：科学出版社，1976.
[84] 郑作新 . 中国鸟类种和亚种分类名录大全 [M]. 北京：科学出版社，2000.
[85] 中国人民解放军建字 730 部队 . 中华人民共和国 1 : 20 万会理幅（G-47-XIII）区域水文地质调查报告 [R], 1977：21 ~ 29.
[86] 中国森林编辑委员会 . 中国森林 [M]. 北京：中国林业出版社，2000.
[87] 中国植被编辑委员会 . 中国植被 [M]. 北京：科学出版社，1995.
[88] 朱成男 . 小江断裂全新世运动速度测定与地震危险评价 [C]// 中国第四研究委员会全新世分会等 . 史前地震与第四纪地质文集 . 西安：陕西科学技术出版社，1982：109 ~ 111.
[89] 朱华 . 元江干热河谷肉质多刺灌丛的研究 [J]. 云南植物研究，1990, 12(3)：301 ~ 310.
[90] Wu Z Y, Wu S G. A Proposal for A New Floristic Kingdom (Realm) –The E.Asiatic Kingdom, Its Delineation and Characteristics. In：Zhang Aoluo, Wu Sugong ed.,Floristic Characteristics and Diversity of East Asian Plants. Beijing：China Higher Education Press, 1996, 3 ~ 42.